普通高等教育“十二五”规划教材

# 现代环境生物工程

# Environmental Bioengineering

王家德　成卓韦　编著

化学工业出版社

·北京·

现代环境生物工程基于自然界物质循环规律，利用微生物、植物、动物的生命代谢活动，将废弃物和危害物转化为资源利用或矿化为自然界的组成成分，是现代生物技术与环境工程的紧密交叉。因此，本书从系统介绍生物代谢、基因工程、酶（蛋白质）工程、细胞工程、发酵工程等基础理论和技术入手，讲述现代生物技术在污染治理、环境修复、生物质能源、环境友好材料、环境生物监测等领域的应用实践。本书注重结构的合理性和知识的完整性，并反映学科发展的前瞻性，可作为高等学校环境工程、环境科学等相关专业的本科生和研究生教材或教学参考书，也可供相关专业的教师和科技人员使用。

**图书在版编目（CIP）数据**

现代环境生物工程/王家德，成卓韦编著．—北京：化学工业出版社，2014.2（2025.2重印）
普通高等教育“十二五”规划教材
ISBN 978-7-122-19361-2

Ⅰ.①现… Ⅱ.①王…②成… Ⅲ.①环境生物学-高等学校-教材 Ⅳ.①X17

中国版本图书馆CIP数据核字（2013）第311059号

责任编辑：赵玉清　　文字编辑：周　倜
责任校对：顾淑云　李　爽　　装帧设计：尹琳琳

出版发行：化学工业出版社（北京市东城区青年湖南街13号　邮政编码100011）
印　　装：北京盛通数码印刷有限公司
787mm×1092mm　1/16　印张21¾　字数538千字　2025年2月北京第1版第6次印刷

购书咨询：010-64518888　　售后服务：010-64518899
网　　址：http://www.cip.com.cn
凡购买本书，如有缺损质量问题，本社销售中心负责调换。

**定　　价：49.00元**

# 前 言

地球——人类赖以生存的星球，正处于疾速奔驰的人类文明车轮的碾压下，蓬勃发展的世界经济活动开始搅乱这个星球上的物质循环。四季周而复始，但万物渐失轮回，建立以自然的及与人类之间的物质循环为基础的社会体系，成为了21世纪“环境革命”的核心思想。环境保护——这项人类掀起的漫长而艰难的保护地球行为，涉及意识、技术、经济、政策等社会众多领域，是一个多学科交叉的科学领域。

环境生物工程基于自然界物质循环规律，利用微生物、植物、动物的生命代谢活动，将废物和危害物转化为资源利用或矿化为自然界的组成成分，本质是自然界物质循环力的强化，整个过程充满无穷的魅力。

环境生物工程涵盖内容十分广泛，不仅涉及生物代谢、基因工程、酶（蛋白质）工程、细胞工程、发酵工程等基础理论和技术，还包括在清洁能源制造业、污染控制与修复、废弃物资源化等领域的大量应用实践。可以说，环境生物工程所阐述的思想、方法和技术是对现有资源能源利用和废弃物处理方式的有益修正和补充。

伴随生物工程等相关学科的快速发展，环境生物工程的发展前景令人振奋，其在社会可持续发展模式中所展现的分量日益扩大。编写本书的目的是全面准确地描述目前用于解决环境问题的生物学方法和技术，并为读者提供相关的科学知识。因此，本书注重结构的合理性和知识的完整性，并反映学科发展的前瞻性，力求概念准确、语言通俗易懂。

本书可作为环境工程、环境科学等相关专业的本科生和研究生教材或教学参考书，也可供相关专业的教师和研究人员使用。本书编著过程参阅众多的文献资料，主要出版图书列在参考文献中，在此表示衷心的感谢。由于编者水平有限，书中难免有疏漏和不妥之处，在此欢迎读者提出宝贵意见。

编著者

2013年10月

# 目　录

## 第1章　概　述



## 第2章　生物及其代谢



## 第3章　基因工程



## 第4章　酶工程

## 第 9 章 固体废物的生物处理



## 第 10 章 生物修复基础



## 第 11 章 生物修复技术的应用



## 第 12 章 恢复生态学与技术

## 第 13 章 生物质能源



## 第 14 章 生物制烷



## 第 15 章 生物制氢



## 第 16 章 生物制醇

## 第17章 生物采油与生物制油



## 第18章 生物燃料电池



## 第19章 环境友好材料生物技术



## 第20章 环境生物监测

# 第1章 概 述

## 1.1 生物技术

### 1.1.1 生物技术的定义

生物技术（biotechnology 或 biotechniques）一词最初由匈牙利工程师 Karl Ereky 于1917年提出，其含义是指用甜菜作为饲料进行大规模养猪，即利用生物将原材料转化为产品。20世纪中叶，DNA 双螺旋结构的发现及基因重组的成功，使生物技术的发展进入了一个崭新的阶段，相应地，生物技术定义的内涵与外延也有了很大拓展。1982年，国际合作与发展组织将生物技术定义为："应用自然科学及工程学的原理，依靠微生物、动物、植物体对物料进行加工，以提供产品为社会服务的技术。"

1986年，我国在制定《中国生物技术政策纲要》时，将生物技术进一步定义为："以现代生命科学为基础，结合先进的工程技术手段和其他基础学科的科学原理，按照预先的设计改造生物体或加工生物原料，为人类生产出所需产品或达到某种目的。"在这个定义中，"先进的工程技术手段"是指基因工程、细胞工程、酶工程、细胞工程和发酵工程等新技术，"生物体"包括动物、植物、微生物，"生物原料"则指生物的某一部分或生物生长过程中所能利用的一些物质，如淀粉、糖蜜、纤维素等有机物，也包括一些无机化合物等。因此，生物技术不仅仅与生命科学相关，还包含设备、工艺等工程学内容，是一门涉及多学科的综合性技术。

目前，生物技术被世界各国视为一项高新技术，广泛应用于医药卫生、农林牧渔、轻工、食品、化工、能源和环境保护等众多领域，对于解决人类所面临的各类挑战（如食品短缺、健康问题、环境问题及经济问题等）是至关重要的。生物技术既是现实生产力，也是具有巨大经济效益的潜在生产力，是21世纪高技术革命的核心内容，生物技术产业是21世纪的支柱产业。我国《高技术研究发展计划纲要》（863计划）将生物技术列为对中国未来经济和社会发展有重大影响的高技术之一，并组织力量攻关追踪、突破世界前沿技术。

### 1.1.2 生物技术的发展

生物技术的发展可以划分为两个不同的阶段：传统生物技术和现代生物技术。一般认为，前者以酿造为代表，以微生物发酵为主题；后者以重组 DNA 与转基因技术为主导。

（1）传统生物技术

传统生物技术的发展和应用可以追溯到几千年以前，酿酒制醋是人类最早通过实践所掌握的生物技术之一。相传古埃及和中亚两河流域人民在5000～6000年以前已开始酿酒，中国在龙山文化时期（距今4000～4200年）已有酒器出现。但人们在很长时间内，只知其然而不知其所以然。随着自然科学不断发展，传统生物技术的面纱才被逐渐揭开。1857年，法国生物学家 L. Pasteur 通过长期研究用实验证明了酒精发酵是酵母作用的结果；1881年，德国细菌学家 Robert Koch 建立了微生物纯培养技术；1897年，德国生物化学家 Eduard

Buchner 阐明了发酵本质是由酶引起的一类化学反应。19 世纪开始，人类开始有意识进行大规模发酵生产，主要发酵产品有乳酸、酒精、面包酵母、柠檬酸等微生物的初级代谢产物；1928 年，Alexander Fleming 发现了青霉素。20 世纪 40 年代，以获得细菌的次生代谢产物——抗生素为主要特征的抗生素工业成为生物技术产业中的支柱产业，通风搅拌培养技术得以建立，随后氨基酸发酵、酶制剂工业分别在 20 世纪 50 年代和 20 世纪 60 年代成为生物技术产业的新成员。

由于上述生物技术主要是通过微生物的初级发酵来获得产品的，因此被称为传统生物技术，它一般包括三个重要的步骤：

第一步，上游处理过程，主要是对原料进行加工，作为微生物的营养和来源；

第二步，发酵和转化过程，指的是目的微生物大量生长，目的产物大量积累；

第三步，下游处理过程，主要指目的产物的纯化过程。

生物技术研究的主要目标是最大限度地提高上述三个步骤的整体效率，同时寻找一些可以用来制备食品、食品添加剂或药物的微生物。整个微生物生产过程中，生物转化是最难优化的一个环节，人们一般通过诱导突变和代谢控制方法，改良菌种、提高产量。这些传统的工艺和方法对提高产品产量的幅度非常有限，基因工程和细胞培养技术的出现从根本上引发了传统生物技术的革命。

(2) 现代生物技术

现代生物技术是以重组 DNA 技术和细胞融合技术为基础，利用生物体（或者生物组织、细胞及其成分）的特性和功能，设计构建具有预期性状的新物种或新品系，以及与工程原理相结合进行加工生产，为社会提供商品和服务的一个综合性技术体系，是基因工程、细胞工程、酶工程和发酵工程等四大体系组成的现代高新技术。现代生物技术的诞生以 20 世纪 70 年代初 DNA 重组技术和淋巴细胞杂交瘤技术的发明与应用为标志，迄今为止已走过了 40 多年的发展历程。

1953 年，美国生物学家 Waston 和英国物理学家 Crick 用 X 射线衍射法发现了遗传的物质基础——DNA 双螺旋结构，阐明了 DNA 的半保留复制机制，从而使揭开生命秘密的探索从细胞水平进入了分子水平。1973 年，美国加利福尼亚大学旧金山分校 Herber Boyer 教授和斯坦福大学 Stanley Cohen 教授合作，成功地进行了人类历史上第一次有目的的基因重组实验，并据此提出了“基因克隆”策略，标志着现代生物技术的诞生。

淋巴细胞杂交瘤技术是现代生物诞生的又一个标志。细胞融合（cell fusion）是指在自发或人工诱导下，两个不同基因型的细胞或原生质体融合形成一个杂种细胞。1974 年华裔加拿大学者高国楠创立了聚乙二醇（PEG）的细胞化学融合法，1975 年 Kohler 和 Milstein 成功地融合了小鼠 B-淋巴细胞和骨髓瘤细胞而产生能分泌稳定单克隆抗体的杂交瘤细胞，之后 20 世纪 80 年代出现了电融合技术。理论上讲，任何细胞都有可能通过体细胞杂交而成为新的生物资源，这对于种质资源的开发和利用具有深远的意义。

DNA 重组技术和淋巴细胞杂交瘤技术使得传统生物技术中的生物转化过程变得更为有效，利用这些方法不仅可以分离得到高产的微生物菌株，还可以人工制造高产量的菌株；菌株也不仅仅局限于原核生物，植物、动物等真核生物细胞也可以作为发酵菌株。这两项技术的逐步发展与成熟对生命科学的许多领域产生了革命性影响，从而使得生命科学日新月异，使生命科学成为 20 世纪以来发展最快的学科之一。生物技术领域也因此迅速完成了从传统生物技术向现代生物技术的飞越发展，并一跃成为代表着 21 世纪的发展方向、前景远大的新兴学科和产业。

### 1.1.3 现代生物技术的应用

近年来，现代生物技术广泛地应用于医药卫生、农林牧、食品、能源和环保等众多领域，产生了巨大的经济和社会效益，为解决人类面临的食品、健康、能源、环境等问题提供新的手段。

(1) 在医药方面的应用

目前，医药卫生领域是现代生物技术应用最广泛、成绩最显著、潜力最大的一个领域。

① 基因工程药物与疫苗（genetically engineered vaccines） 1982年，美国Lilly公司首次将重组胰岛素投放市场，标志着世界第一个基因工程药物的诞生。迄今为止，已有50多种基因工程药物上市，近千种处于研发状态。利用基因工程可以大量生产一些来源稀少价格昂贵的药物，降低生产成本，减轻患者负担；同时，基因工程药物针对一些疑难病症，起到了良好的治疗效果。

基因工程疫苗是将病原体的某种蛋白基因重组到细菌或真核细胞内，利用细菌或真核细胞来大量产生病原体蛋白，将获得的蛋白作为疫苗。利用重组DNA技术生产的基因工程药物主要有抗生素、乙型肝炎病毒疫苗、流感病毒疫苗、生长激素抑制剂、白细胞介素、溶菌酶等。

② 基因诊断与基因治疗（gene therapy） DNA诊断技术是利用重组DNA技术，从基因中寻找病根，主要应用于肿瘤、人类遗传性疾病、传染性疾病等多种疾病的诊断。DNA诊断技术特点是专一性强、灵敏度高、操作简便，只要检测出该病变基因的存在，就能确诊。目前最新诊断技术是聚合酶链反应的基因诊断技术，它对珠蛋白基因缺陷性贫血、血友病、杜氏肌营养不良症等遗传疾病具有较好的诊断能力。

基因治疗是一种应用基因工程技术、分子遗传学原理和基因组学对某种基因缺陷引起的遗传病进行治疗。器官异种移植则是实现基因治疗最常用的技术，它是利用现代生物技术，将人的基因转移到另一个物种上，再将此物种的器官取出来置入人体，代替生病的“零件”。目前，基因治疗已扩大到心血管系统疾病、肿瘤、神经系统疾病等的治疗，人类也成功实现了肝、胰、肾、肺等器官的异种移植。

③ 药物作用机制与新药筛选（drug screening） 应用蛋白质组学（proteomics）技术，可以更清楚更详尽地阐明药物的作用机制，从而提供更为有效、合理的药理模型。例如，通过比较抗肝癌化合物OGT719和5-氟尿嘧啶分别处理过的肿瘤细胞株的蛋白质组表达图谱，发现它们二者2-DE的表达图谱发生了类似的变化，这表明二者在体内的作用机制相类似。蛋白质组学还可用于对药物不良反应的研究，一般是通过比较正常组织和药物处理过的细胞组织的蛋白质结构，寻找药物具有毒副作用的迹象。

基于上述药理模型和毒理学研究信息，通过分析比较化合物处理（治疗）前后模型细胞或组织的蛋白质组的表达图谱，可快速提取该化合物的有效性和毒性方面有价值的信息。蛋白质组筛选技术将在今后的新药开发中起着越来越重要的作用。

(2) 在农业方面的应用

随着科学技术迅速发展，农业生产正由资源依赖型向科技依赖型转化，以现代生物技术为核心的现代农业方兴未艾。现代生物技术可以培育出优质、高产、抗性强的农作物以及畜禽、林木、鱼类等新品种，提高农产品产量和质量，加快高产、优质、高效、可持续农业的发展，并提高农业资源的利用率。

① 农产品品种改良　品种改良可改善农产品色、香、味、形等性状，提高或降低某种成分含量，缩短果树生长周期，增强耐储藏性能、提高作物经济附加值，使人类有丰富营养的农产品可供选择。常见的品种改良现代生物技术有转基因技术和基因导入技术。转基因技术提高了农作物的单位产量，改善了它们的品质与口感；基因导入技术丰富了观赏植物的性状，蓝色玫瑰花等异色花卉大量出现；利用转基因技术可以使植物产生疫苗，通过食用这些植物人类就能达到接种疫苗的目的。

此外，现代生物技术在动物品种和产品品质改良上也取得了重大突破。利用基因工程方法将某些动物生长激素基因转移到细菌中，然后由细菌繁殖产生大量有用的激素。这些激素在畜禽新陈代谢过程中，能促进其体内蛋白质的合成和脂肪的消耗，从而加快生长发育，即在不增加饲料消耗的情况下提高畜禽产品产量和品质。科学家已经成功地把某些动物基因转移到牛、猪、羊等的受精卵中，获得性能优异的畜禽品种，使这些动物脂肪含量显著减少，瘦肉率明显提高，生长速率加快。

② 植物抗性改良　常规育种对农作物抗逆性的培育非常有限，现代生物技术可有效改善农作物在抗非生物逆境的性能。非生物逆境包括干旱、盐碱、冷冻、高温、营养盆瘤、重金属胁迫、水灾、紫外线等。随着研究的不断深入，农作物抗非生物逆境的机制得以揭示。目前，全世界多数国家都在利用现代生物技术从不同角度研究植物抗逆境的生理、生化、分子生物学机制，并在此基础上进行抗性新品种培育。通过遗传转化获得抗逆境基因，并构建相应的抗逆性植物，如耐盐转基因苜蓿、草莓和烟草等，这些转基因植物都已进入田间试验阶段。

基因工程技术培育的抗虫害植物和抗病毒植物可有效解决农业生产过程中的病虫害问题。例如，科学家从寄生在异小杆线虫消化道内的一种发光杆菌（*Photorhabdus luminescens*）的细胞中找到一个蛋白复合物，这种蛋白复合物除了对鳞翅目具有杀虫活性外，对鞘翅目和双翅目也都有很强的毒杀活性，是一种广谱杀虫蛋白复合物，导入这种蛋白复合物基因的农作物都有有效抵抗鳞翅目、鞘翅目和双翅目病虫侵害的能力。

③ 植物生物反应器　植物生物反应器是以常见的农作物作为“细胞工厂”，通过大规模种植生产具有高附加值的医用蛋白、工农业用酶、生物降解塑料、脂类以及其他一些有益的次生代谢产物等的一种“新型反应器”。利用植物生物反应器生产动物口蹄疫、结核病等疾病的兽用疫苗、降钙素和人乳铁蛋白等功能蛋白在植物医药蛋白及植物生产中起到很重要的作用。

(3) 在环境保护方面的应用

环境污染是人类社会在21世纪面临的四大难题之一。科技的发展充分证明生物技术是解决环境问题、保护环境的理想方法，它从根本上体现了可持续发展的战略思想。生物技术可以彻底去除污染物中有害物质，有效解决环境污染问题，不仅不会产生二次污染，还可以对一些污染物进行转化，使其成为一种再生资源，费用也通常比一般处理技术低，是一种安全而彻底的消除污染的方法。

① 污染治理与修复　生物技术在改善传统的工业生产过程、治理污染、净化环境、改善生态方面发挥着非常大的作用。生物技术是水污染控制、大气污染控制、土壤净化等最为重要的单项技术，人们可以利用特定微生物降解有毒化合物、净化有毒气体和恶臭物质、综合利用废水和废渣，达到净化环境、保护环境、废物利用并获得新产品的目的。目前，生物

技术在此领域的研究应用已朝着具有高效净化能力的微生物种类及菌株的寻找分离、筛选以及基因工程菌的人工构建方向迈进。例如，利用质粒DNA重组和质粒转化技术，把4种假单胞菌的基因组入到同一菌种中，创造了有超常降解石油能力的超级菌，几小时内能降解浮油中三分之二的烃类，而用自然菌需一年多时间；又如，利用基因工程技术，将一种昆虫的耐DDT基因转移到细菌体内，培育一种专门“吃”DDT的细菌，大量培养，放到土壤中，土壤中的DDT就会被“吃”得一干二净。应用植物修复不但可净化环境、美化环境，还可以通过采集进行处理和再利用，在这方面，转基因植物，特别是能超量吸收和累积重金属的超量累积植物（hyper accumulator）是当前研究开发的热点。

② 开发清洁能源资源及能源、资源的综合利用　对能源资源的依赖和使用，使人们预感不可再生能源资源的有限性和潜在的危机，现代生物技术的发展为解决这一问题带来了新希望。今天，生物技术这一概念已从消除有害物质和废物扩展到将这些物质的转化和再利用方面，如利用废物生产单细胞蛋白（SCP）、纤维质原料生产酒精等。德国从木糖生产食用酵母，后来发展了从造纸工业的亚硫酸废液制造饲料酵母，单细胞蛋白年产量$15000\times10^4$t，作为肉类代替品以补充蛋白质的不足。我国科学工作者利用味精废水生产热带假丝酵母（*Candida tropicalis*）单细胞蛋白，含蛋白达60%，产品用作饲料，效果与鱼料相同。英国伦敦一家公司用硬脂嗜热芽孢杆菌将废弃的稻草、玉米芯等转化为乙醇，转化效率明显高于酵母菌。

新资源能源方面，中国科学院遗传所、中国农业科学院将降解除草剂三氮苯的基因转入大豆植株中，转基因大豆不再吸收环境中的三氮苯，利用这一技术可以生产绿色食品供人类安全食用。瑞士和美国科学家利用植物生理生化原理研制出新型太阳能电池。同时，海藻发电、生物絮凝剂、生物表面活性剂、生物农药等其他新型能源资源也已经开发应用。

③ 污染监测　现代生物技术建立了一类新的快速准确监测与评价环境的有效方法，利用指示生物、核酸探针和生物传感器来衡量环境质量的变化。常规的指示生物包括细菌、原生动物、藻类、高等植物和鱼类等，通过监测它们对环境的反应，便能对环境质量作出评价。核酸探针是通过制备特定菌种DNA序列的核酸荧光探针来检测环境中的特异性污染物质，以此分析和辨认污染源构成和污染物来源。生物传感器是以微生物、细胞、酶、抗体等具有生物活性的物质作为污染物的识别元件，具有成本低、易制作、使用方便、测定快速等优点。这些生物传感器的开发和应用不仅克服了传统检测方法烦琐、准确性差、不能及时反映环境状况的缺点，还为自动连续监测、处理设施连续在线监控提供了可能。

一种新技术的出现对人类历史的发展往往产生前所未有的推动作用和深远的影响。同时也可能产生未知的后果或风险，尤其是当人类不能确保对技术正确、有效运用时，其造成的灾难将是令人震惊的，生物技术作为一种迅速发展起来应用于环境领域的高新技术，也不例外其具有利弊双重性，在创造显著经济效益、社会效益和环境效益的同时，也存在环境安全性问题。自20世纪70年代基因工程出现以来，生物技术活动本身及其产品对人类和环境的安全问题便引起人们的高度关注，而基因工程更是争论的焦点。

## 1.2 环境生物技术

生物技术最早应用于环境污染治理的是利用农业废物沤制堆肥，历史之悠久堪与酿酒时间相比。但在环境工程领域，一般将19世纪末生物滤池的出现及1913年W. T. Lockett和

E. Ardern 发明的“活性污泥法”（activated sludge）视为环境生物技术的开端。20世纪50～60年代，工农业引起的环境污染尤其是水污染的加剧，促进了环境生物技术的快速发展。1981年，欧洲生物技术联盟（European Federation of Biotechnology，EFB）首次将它用于设立环境生物技术专门机构的名称，并将污染控制的生物技术概称为环境生物技术（environmental biotechnology，EBT）。1984年，美国化学文摘正式出现环境生物技术的关键词条。20世纪80年代后期，我国国家自然科学基金项目指南设立环境生物技术专题，1992年王炳坤编著《现代环境学概论》首次使用环境生物技术这一名词。

### 1.2.1 环境生物技术的定义

环境生物技术的目的是将微生物、动物或植物应用于农业、环境、工业及人类健康，因此涉及生物化学、微生物学及工程技术等多个科学。南京大学程树培教授指出，环境生物技术是一门由生物技术与环境工程相结合的新兴交叉学科，直接或间接利用完整的生物体或生物体的某些组成部分或某些机能，建立降低或消除污染物产生的生产工艺，或者能够高效净化环境污染以及同时生产有用物质的人工技术系统。

广义地讲，环境生物技术是指自然环境中涉及环境污染控制的一切与生物技术有关的技术。现代环境生物技术，即采用分子生物学方法，改进传统和常规的生物处理工程，进行降低或消除污染物产生或者高度净化环境污染，实现控制污染及维护人体健康与生态安全的目标。

### 1.2.2 污染控制技术

上述提到的污染控制是指运用环境科学的理论和方法，减少或降低污染物的产生与排放，或对污染物的产生、扩散、危害加以控制转化的过程，生物技术是实施污染控制的众多方法之一。根据控制的环境要素，污染控制分为水污染控制、大气污染控制、固体废物控制、噪声污染控制和污染生态修复等。

（1）水污染控制技术

现代水污染控制技术，按处理的程度，划分为一级处理、二级处理和三级处理。一级处理主要是去除废水中的悬浮固体和飘浮物质，同时起到中和、均衡、调节水质的作用；二级处理主要是去除废水中呈胶体和溶解状态的有机污染物质，主要应用各种生物处理技术，处理水可以达标排放；三级处理是在一级、二级处理的基础上，对难降解的有机物、磷、氮等营养性物质进一步处理，处理水可直接排放地表水系或回用。

废水中污染物的组成相当复杂，往往需要采用几种技术方法的组合，才能达到处理要求。对于某种废水，具体采用哪几种技术组合，要根据废水的水质、水量、污染物特性、有用物质回收的可能性等，进行技术和经济的可行性论证后才能决定。

（2）大气污染控制技术

根据污染物的不同形态，大气污染控制技术分为颗粒物污染控制技术和气态污染物控制技术。

颗粒物污染控制的技术和设备主要有四类：①通过重力的作用达到除尘目的的机械力除尘技术，相应的设备包括重力沉降室、惯性除尘器、旋风除尘器、声波除尘器；②用多孔过滤介质来分离捕集气体中的尘粒的过滤式除尘技术，相应的设备包括袋式过滤器和颗粒层过滤器；③利用高压电场产生的静电力、库仑力的作用分离含尘气体中的固体粒子或液体粒子的静电除尘技术，相应的设备包括干式静电除尘器和湿式静电除尘器；④利用液体所形成的液膜、液滴或气泡来洗涤含尘气体，使尘粒随液体排出，气体得到净化的湿式除尘技术，相应的设备包括文丘里管除尘器等。

气态污染物控制的技术和设备主要有两大类：①分离法，它是利用污染物与废气中其他组分的物理性质差异使污染物从废气中分离出来的方法；②转化法，它则是使废气中污染物发生某些化学反应，把污染物转化成无害物质或易于分离的物质，如利用微生物以废气中有机组分作为其生命活动的能源或养分的特性，经代谢降解转化为简单的无机物（$H_2O$ 和 $CO_2$）或细胞组成物质的生物处理法等。

近年来，随着大气污染呈现复合型污染的特点，单一的污染治理技术已不再适合，通常是几种技术的优化组合，如吸收-燃烧、高级氧化-生物处理等。

(3) 固体废物污染控制技术

固体废物是指人类在生产建设、日常生活和其他活动中产生的，在一定时间和地点无法利用而被丢弃的污染环境的固体、半固体废物，是一种“放错地方的原料”。固体废物分类方法有很多，按组成可分为有机废物和无机废物；按形态可分为固体（块状、粒状、粉状）和泥状（污泥）废物；按来源可分为工业废物、矿业废物、城市废物、农业废物和放射性废物；按其危害程度可分为有害废物和一般废物。

为有效控制固体废物的产生量和排放量，相关控制技术的开发主要在三个方向：过程控制技术（减量化）、处理处置技术（无害化）、回收利用技术（资源化）。固体废物“减量化”是指通过清洁生产和综合利用等适宜手段减少和减小固体废物的数量和容量。“无害化”处理是将固体废物经过相应的工程处理，达到不影响人类健康和不污染环境的目的，如垃圾焚烧、堆肥、粪便的厌氧发酵等。固体废物的“资源化”是通过采用工艺措施从固体废物中回收有用的物质和能源。世界上的资源并非“取之不尽，用之不竭”，人类传统的工业发展模式中对资源和能源的不合理开采和利用造成了资源和能源的大量浪费，开发和利用“再生资源”或“二次资源”已经成为许多国家经济发展战略的一部分。

(4) 污染生态修复技术

当前，生态环境问题已成为世界各国普遍关注的一个大问题。我国是世界上自然生态系统退化和丧失很严重的国家，土地荒漠化、沙尘暴、洪水灾害、水资源短缺等，已严重威胁我国的社会经济发展和国民生活。

污染生态修复是指对人类活动影响下受到破坏的自然生态系统，停止人为干扰，依靠生态系统的自我调节和自我恢复能力，辅以人工措施，使遭到破坏的生态系统逐步恢复或向良性循环方向发展。

### 1.2.3 环境生物技术的发展

环境生物技术作为一门新兴交叉学科，具有基础理论和技术应用相结合的鲜明特点。现代生物技术的发展，为环境生物技术向纵深发展增添了强大的推动力。随着细胞融合、基因工程、分子生物等技术的成熟，环境生物技术的研究领域不断扩大，已成为解决环境污染问题既经济又环保的有效手段，具有消耗低、效率高、成本低、反应条件温和、无二次污染等显著特点。美国环境保护局（US Environmental Protection Agency，EPA）在评价环境生物技术时认为“生物治理技术优于其他新技术的显著特点在于其是污染物消除技术而不是污染物分离技术”。

目前，环境生物技术已由低层次过渡到中层次，并逐渐向高层次发展。低层次是指利用天然处理系统进行废物处理的技术（如氧化塘、人工湿地等），其最大特点是充分发挥自然界生物净化环境的功能，投资运行费用低，易于管理；中层次是指传统的生物处理技术以及其在新的理论和技术背景下产生的强化处理技术和工艺，前者包括活性污泥、生物膜法等，后者包括生物流化床、生物强化工艺等，是环境污染治理中的主力军；高层次则指以基因工程为主导的现代污染防治生物技术，如基因工程菌的构建、抗污染型转基因植物的培育等，它是解决目前日益严重且复杂的环境问题的强有力手段。

随着全球范围内对环境保护的高度重视和越来越严厉的环境法律法规，社会对环保技术的需求越来越迫切，环境生物技术已进入蓬勃发展的阶段。环境生物技术今后将着重在以下几个方面得到发展和完善：①考察治理污染的基因工程菌、细胞工程菌在实验室进入模拟系统和现场应用过程中的遗传稳定性、净化功能高效性和生态安全性；②通过对多种污染处理手段相结合和对传统技术的改良，研究高效快速无害的生产工艺流程和污染治理装备，例如，生物洗涤剂、膜生物反应器等技术将日趋完善；③增加由生物发酵处理有机废物的资源化工程的种类和品种，如单细胞蛋白、生物农药、生物肥料等生物处理的副产品；④通过对群体微生物之间代谢途径的研究，阐明各微生物间的互作效应、协同效应或拮抗效应，加快复合微生物菌剂的制备；⑤开发对环境污染物的生理毒性及其对生态的影响检测技术。

# 第2章　生物及其代谢

## 2.1　生物

自然界是由生物和非生物的物质和能量组成的。有生命特征的有机体叫做生物，无生命的包括物质和能量叫做非生物。生物是生物技术的主角，包括微生物、植物和动物，多种多样的生物不仅维持了自然界的持续发展，而且构成了人类赖以生存和发展的基本条件。新陈代谢及遗传性是生物最重要和基本的特征，也是生命现象的基础。

### 2.1.1　微生物

微生物（microorganism）是指形体微小、结构简单、肉眼不可见的低等生命体。微生物主要包括无细胞结构且不能独立生活的病毒，属原核细胞的细菌（真细菌和古细菌）、放线菌、蓝细菌（蓝藻）、支原体、衣原体及立克次体，属真核细胞的真菌、单细胞藻类及原生动物等，具体分类如表2-1所示。

**表2-1　微生物分类**

| 三型 | 八大类 | 特　点 |
|---|---|---|
| 非细胞型 | 病毒 | 无细胞结构，体积微小，能通过细菌滤器；由单一核酸（DNA或RNA）和蛋白质外壳组成；必须寄生在活的易感细胞内生长繁殖 |
| 原核生物 | 细菌、放线菌、螺旋体、支原体、衣原体、立克次体 | 仅有原始核，无核膜、核仁，染色体仅为单个DNA分子；缺乏完整的细胞器 |
| 真核生物 | 真菌（酵母、霉菌） | 细胞核分化程度较高，有核结构（核膜、核仁、多个染色体组成）；通过有丝分裂进行繁殖；胞浆内有多种完整的细胞器 |

微生物可以单独生存，也可以以同种或混合菌群的群落方式生存。生物膜是指包覆在某个物体表面上的微生物群落集合，是微生物群落的一个典型例子，它可能由好几百个物种组成。环境生物技术对生物膜特别感兴趣，因为它们是很多污染治理设施中常见的关键组成部分。在生物膜中，各种微生物聚集生存在一起而相互受益，这种生物复合体可以增大栖息范围，增强对环境压力的耐受力；同时，由于微生物代谢之间相互协同作用，一些难降解污染物最终被代谢为无害的物质（如水、二氧化碳、细胞组成物等）。

### 2.1.2　植物

植物（plant）是一个庞大、复杂的群体，占据了生物圈面积的大部分，其踪迹遍布草原、江河湖海、沙漠以及冰雪覆盖的极地。植物通过光合作用将无机物转化为有机物，给人类提供了生存必需的氧气、食物和能量。目前，人们已知的植物约有30万种，常见的如乔木、灌木、藤类、青草、蕨类、地衣及绿藻等。

绿色植物的光合作用是地球上最为普遍、规模最大的反应过程，在有机物合成、蓄积太阳能量和净化空气、保持大气中氧气含量和碳循环的稳定等方面起很大作用，是农业生产的基础，在理论和实践上都具有重大意义。据计算，整个世界的绿色植物每天可以产生约 $4\times10^8$t 的蛋白质、糖类和脂肪，与此同时，还能向空气中释放出近 $5\times10^8$t 的氧，为人和动物提供了充足的食物和氧气。

呼吸作用是高等植物代谢的枢纽。生活细胞通过呼吸作用将物质不断分解，提供植物体内的各种生命活动所需能量和合成重要有机物的原料，同时还可增强植物的抗病力。根据是否需要氧，呼吸作用分为有氧呼吸和无氧呼吸两种类型，前者是高等植物进行呼吸的主要形式。

植物在环境污染治理上的主要作用有两类：植物修复和植物监测。植物修复是利用植物来转移、容纳或转化污染物使其对环境无害，修复对象主要是重金属、有机物或放射性元素污染的土壤、水体和空气。植物能够给予人类视觉的享受，利用植物进行污染处理的地方看上去更有生机，因而得到了公众的普遍接受。此外，植物作为大气污染的指示生物，能对短期污染和长期污染作出急性和累积反应，既灵敏可靠，又简单易行。实践证明，草本植物、木本植物及地衣、苔藓等受到污染物的作用后能较灵敏和快速地产生明显反应。

### 2.1.3 动物

动物（animal）是多细胞真核生命体中的一大类群。动物不能将无机物合成有机物，无光合作用元素，与植物的形态结构和生理功能不同，只能以有机物（植物、动物或微生物）为食物，进行摄食、消化、吸收、呼吸、循环、排泄、感觉、运动和繁殖等生命活动。动物在环境污染治理中的作用主要有：监测、富集和净化。

利用动物指示环境污染，早在我国古代就已有应用，如隋代巢元方著《诸病源候论》（公元610年）就记载了以鸡或鸭试古井有无毒气的方法。随着人们对自然认识的深入，更多的可以指示环境质量的生物及其反应症状得到人们的认同。水污染指示生物一般采用底栖生物中的环节动物、软体动物、甲壳动物以及水生昆虫等。它们个体大，在水中相对位移小、生命周期较长，能够反映环境污染特点，已经成为水体污染指示生物的重要研究对象。例如，颤蚓类为耐有机污染种类，普遍出现于污染水体中，特别是在严重有机污染水体中数量多、种类单纯，可以用单位面积颤蚓数量作为水体污染程度的指标（表2-2）。

**表2-2 颤蚓数量与水体污染程度之间的关系**

| 颤蚓数量 | 水体污染程度 | 颤蚓数量 | 水体污染程度 |
|---|---|---|---|
| <100条/$m^2$ | 未污染 | 1000～5000条/$m^2$ | 中度污染 |
| 100～999条/$m^2$ | 轻度污染 | >5000条/$m^2$ | 严重污染 |

大量研究证实，多数软体动物对重金属有明显的富集作用。螺蛳对水体中的重金属有很强的富集能力，体内的重金属含量是水体的800～200000倍。螺蛳对不同金属有不同富集能力，对Cu和Zn的富集程度最高，对Pb的富集较弱，对Cr和Cd的富集较差。造成这种现象的主要原因可能是水体中重金属是以不同的结合态存在的，对水生生物的可给性不同。螺蛳为底栖刮食的生物，以残渣形态沉淀在水底的重金属最容易被螺蛳摄入体内。一些研究指出，螺类不但从溶液中而且也从沉积物中吸收重金属，对溶解态、离子交换态、碳酸盐结合态的重金属积累能力强，对结晶态的重金属积累能力最弱。

此外，水生动物还可以对污染环境起到净化的作用。研究螺对太湖五里湖湾水体透明度、总磷、氨氮、溶解氧等作用发现，它能使水体透明度从0.5m左右提高到1.3m，使湖内水体浊度迅速降低，降解总磷的幅度能达到50%，经分析为一种铜锈环棱螺的絮凝作用所致。由于水生动物在整个水生生态系统中处于重要的位置，它的数量和组成将较大影响生物净化效果。从生态位和食物链角度，选择对生态系统不会造成大破坏的水生动物进行放养，探讨对水生生态系统的影响，有助于建立更加完善的水体生物净化体系。

# 2.2 新陈代谢

一切生命现象的基本特征是新陈代谢（metabolism），简称代谢，它包括生物体内进行的所有化学反应。广义的代谢是指生物活体与外界不断进行物质交换，而狭义的代谢则是指物质在细胞中的合成和分解过程，一般称中间代谢。新陈代谢分为合成代谢和分解代谢两大类，合成代谢是指生物体不断地从外界摄取营养物质合成为自身细胞物质的过程，又称同化作用，此过程需要吸收能量并消耗还原力；分解代谢是生物将自身或外来的各种复杂有机物分解为简单化合物的过程，故又称为异化作用，伴随着能量的释放并产生还原力。分解过程产生的中间产物、还原力及能量又可用于合成细胞所需物质。可见，分解代谢与合成代谢包括物质代谢和能量代谢。尽管分解代谢不断为合成代谢提供小分子物质和能量，但分解与合成却常常在细胞或组织的不同部位进行，分解与合成的很多具体反应是不可逆的，由不同的酶担负催化作用。

任何生物都进行新陈代谢，受遗传作用和环境条件的影响，不同物种在底物、产物、代谢过程和代谢条件等各个方面会有很大不同。比如，有的生物能利用光能，有的则只能利用化学能；有的能分解多糖类，有的则只能利用单糖；有的需要 $O_2$，有的则要求绝对无 $O_2$。

细胞生长与维持需要的能量，或者通过化学物质的氧化（化能营养型生物）获得，或者通过光合作用（光养型生物）获得。在化能营养型生物的分解代谢中，微生物通过氧化有机物（化能有机营养型生物）或无机物（化能无机营养型生物）获得能量。化能有机营养型生物分解代谢过程的描述是相当复杂的，原因是有许多不同有机化合物能够被氧化产生电子与能量。同样，合成代谢过程包括许多不同有机化合物的合成，如蛋白质、糖类、脂类、核酸等，也相当复杂。不过，如果从新陈代谢每一条路径的各个步骤的细节中提取共性特点，则可以得到一幅描述代谢过程的简图（图 2-1）。

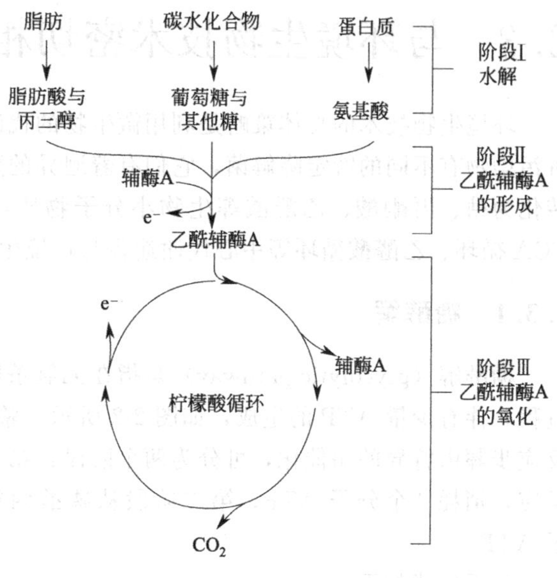

图 2-1 物质代谢过程简图

图 2-1 是由英国科学家 Hans A. Krebs 提出的，图中介绍了有机物代谢过程中的 3 个基本阶段。任何可用作基质提供电子与能量的有机物均适用这张图，但从无机化合物或通过光合作用获得电子与能量的过程，不遵循图中所示的代谢步骤。

在有机物分解代谢过程的第Ⅰ阶段，

通常是通过水解作用，将大分子或复杂分子降解为基本结构单元，在这个过程中即使产生能量也非常少。第Ⅱ阶段，这些较小的分子被转化为少量较简单化合物。大部分脂肪酸以及氨基酸被转化为乙酰辅酶A，己糖、戊糖以及丙三醇被转化为三碳化合物——3-磷酸甘油醛以及丙酮酸，这些物质也能够被转化为乙酰辅酶A。同时，第Ⅱ阶段转化过程中可以释放一些能量供细胞使用。第Ⅲ阶段，第Ⅱ阶段的产物进入一条共同途径，通过这条途径，这些物质被氧化，最终生成 $CO_2$ 和 $H_2O$。阶段Ⅲ中的这条最终途径被称为柠檬酸循环或三羧酸循环，产生最大的能量以及电子，供细胞利用。

有机物合成代谢从代谢过程的相反方向进行。利用少量化合物，从第Ⅱ阶段末期或第Ⅲ阶段开始，细胞可以反过来合成结构单元，构建脂类、多糖、蛋白质以及核酸大分子等细胞的基本组成。当生物缺乏合成某种关键酶的能力无法合成某些特定的结构单元时，就必须从其他来源获得该结构单元。例如，有些细胞缺乏合成关键维生素或氨基酸的能力，必须由另一种生物提供或由生长培养基给细胞提供这些物质。许多高等动物（包括人类）缺乏合成许多种重要有机化合物的能力，所有这些必不可少的维生素以及生长因子，必须通过食物提供。大多数细菌尽管个体很小而且比较简单，却能够合成它们需要的所有物质。

新陈代谢的核心是糖酵解途径和三羧酸（TCA）循环，大量的代谢途径最终归结到这两种代谢上，或者是由这两种代谢衍生出来的。糖酵解是磷酸化的六碳糖（6-磷酸葡萄糖），转化为三碳有机酸丙酮酸的过程，这点可以看作是中心代谢途径最关键的一步；糖再生是与糖酵解相反的途径，与糖酵解共享一些反应，但是有一些是不同的。丙酮酸能继续进入TCA循环，主要作用是产生和接收代谢中间体并产生能量，或者进入其他发酵途径。

糖酵解的原理对所有至今已知的生物体来说都是一样的，尽管不同物种在细节上会有些差异。环境生物技术的重点是降解而不是普遍意义上的代谢，污染物如何被生物降解为糖酵解和三羧酸循环的前体物质，是研究者普遍关心的问题。

## 2.3 与环境生物技术密切相关的代谢途径

环境生物技术的总体策略是利用微生物的代谢途径降解或代谢有机物质。尽管不同的有机污染物有不同的特定降解菌，它们有着迥异的降解或代谢途径，但这些有机污染物都将被转化为糖、丙酮酸、乙醛酸等生物小分子物质，进而进入中心代谢途径。因此，糖酵解、TCA循环、乙醛酸循环等中心代谢途径与环境生物技术密切相关。

### 2.3.1 糖酵解

糖酵解（glycolytic pathway）是指在无氧条件下，葡萄糖或糖原分解为丙酮酸或乳酸的过程，伴有少量ATP的生成，如图2-2所示。整个过程在细胞质中进行，无需氧气，每一反应步骤由特异的酶催化，可分为两个阶段：第一阶段从葡萄糖生成2个磷酸丙糖，共5个反应，消耗2个分子ATP；第二阶段从磷酸丙糖转化为丙酮酸，共5个反应，生成4分子ATP。

总反应式如下：

$$葡萄糖+2ATP+2ADP+2Pi+2NAD+2H^+ \longrightarrow 2丙酮酸+4ATP+2NADH+2H^+ +2H_2O$$

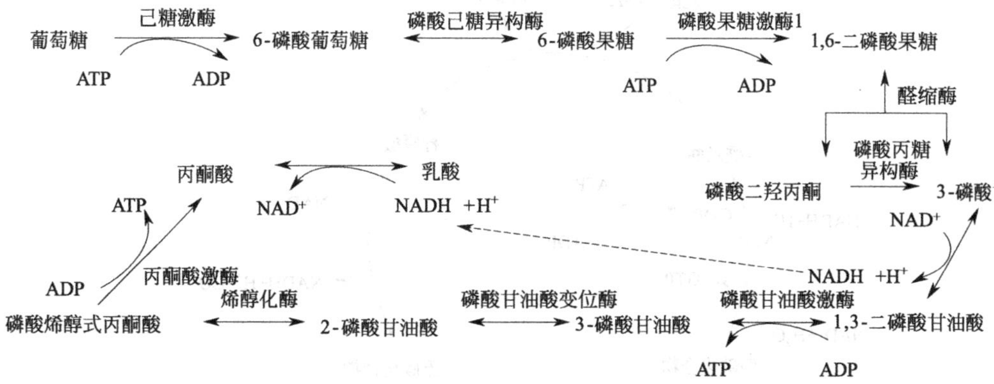


图 2-2 糖酵解途径

$$丙酮酸(CH_3COCOOH)+2NADH \rightleftharpoons 乳酸(CH_3CHOHCOOH)+2NAD$$

糖酵解途径在动植物和许多微生物中普遍存在，是摄入生物体内的葡萄糖最初经历的酶促分解过程，也是葡萄糖分解代谢所经历的共同途径，它对于生物代谢具有非常重要的意义。

葡萄糖不能直接扩散进入细胞内，主要通过两种转运方式进入细胞：一种是与 $Na^+$ 共转运方式，耗能逆浓度梯度转运，主要发生在小肠黏膜细胞、肾小管上皮细胞等部位；另一种是通过细胞膜特定转运载体方式，不耗能顺浓度梯度转运，转运载体具有组织特异性，如转运载体-1（GLUT-1）主要存在于红细胞，而转运载体-4（GLUT-4）主要存在于脂肪组织和肌肉组织。

对于需氧生物，酵解途径是葡萄糖氧化成 $CO_2$ 和 $H_2O$ 的前奏。酵解生成的丙酮酸可进入线粒体，通过三羧酸循环及电子传递链彻底氧化成 $CO_2$ 和 $H_2O$，并生成 ATP。在氧气供应不足（如剧烈收缩的肌肉）的情况下，丙酮酸不能进一步氧化，便还原成乳酸，这个途径叫做无氧酵解。在某些厌氧生物如酵母体内，丙酮酸转变成乙醇，这个途径叫做生醇发酵。

### 2.3.2 TCA 循环

三羧酸（tricarboxylic acid，TCA）循环也称柠檬酸循环，是需氧生物体内普遍存在的一种代谢途径，由英国科学家 Hans A. Krebs 发现，故又称 Krebs 循环。整个循环中，首先由丙酮酸脱羧形成的乙酰辅酶 A 与草酰乙酸缩合生成含有 3 个羧基的柠檬酸，经过 4 次脱氢、2 次脱羧后，生成 4 分子还原物质和 2 分子 $CO_2$，同时生成草酰乙酸，构成循环过程(图 2-3)。

真核生物的线粒体和原核生物的细胞质是三羧酸循环的场所。丙酮酸在有氧气和线粒体存在时进入线粒体，经丙酮酸脱氢酶复合体催化氧化脱羧产生 NADH、$CO_2$ 和乙酰辅酶 A (CoA)，乙酰 CoA 进入三羧酸循环和氧化磷酸化彻底氧化为 $CO_2$ 和 $H_2O$，释放的能量在此过程中可产生大量 ATP。糖经此途径有氧氧化是机体获得 ATP 的主要途径，每分子葡萄糖经有氧氧化生成 $H_2O$ 和 $CO_2$ 时，可净产生 32 分子 ATP（原核好氧生物）或 30 分子 ATP（真核生物）。丙酮酸在无氧或无线粒体条件下加氢还原为乳酸。

三羧酸循环是三大营养素（糖类、脂类、氨基酸）的最终代谢通路，并为其他合成代谢提供小分子前体，是糖类、脂类、氨基酸代谢联系的枢纽。一方面，此循环的中间产物（如草酰乙酸、$\alpha$-酮戊二酸、丙酮酸、乙酰 CoA 等）是合成糖、氨基酸、脂肪等的原料；另一

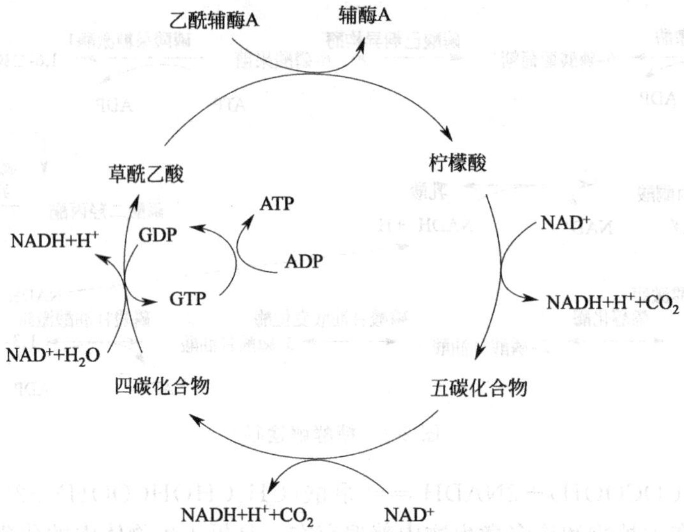


图 2-3 TCA 循环

方面，该循环是糖、蛋白质和脂肪彻底氧化分解的共同途径：蛋白质的水解产物（如谷氨酸、天冬氨酸、丙氨酸等脱氨后或转氨后的碳架）要通过三羧酸循环才能被彻底氧化，脂肪分解后的产物经β氧化后生成乙酰 CoA 以及甘油，也要经过三羧酸循环而被彻底氧化。在植物体内，三羧酸循环中间产物（如柠檬酸、苹果酸等）既是生物氧化物质，也是一定生长发育时期特定器官中的积累物质，如柠檬、苹果分别含有柠檬酸和苹果酸。

反应物乙酰辅酶 A（cetyl-CoA，由一分子辅酶 A 和一分子乙酰相连）是辅酶 A 的乙酰化形式，可以看作是活化了的乙酸，来自脂肪酸的β氧化及糖酵解后产生的丙酮酸氧化脱羧产物。乙酰 CoA 是三大营养物质代谢的共同中间产物，是一个枢纽性的物质，在许多代谢过程中起着关键的作用。

## 2.3.3 乙醛酸循环

植物和微生物细胞内脂肪酸氧化分解为乙酰 CoA 之后，在乙醛酸体（glyoxysome）内生成琥珀酸、乙醛酸和苹果酸，琥珀酸可用于糖的合成，该过程称为乙醛酸循环（glyoxylic acid cycle，GAC），见图 2-4。动物和人类细胞中没有乙醛酸体，无法将脂肪酸转变为糖，而植物和微生物细胞中有乙醛酸体。

2 分子乙酰 CoA 生成 1 分子琥珀酸，琥珀酸由乙醛酸体转移到线粒体，通过 TCA 循环的部分反应及糖酵解的逆转而转变为 6-磷酸葡萄糖并形成蔗糖。油料种子（花生、油菜、棉籽等）在发芽过程中，细胞中出现乙醛酸体，储藏脂肪首先水解为甘油和脂肪酸，然后脂肪酸在乙醛酸体内氧化分解为乙酰 CoA，并通过乙醛酸循环转化为糖，直到种子中

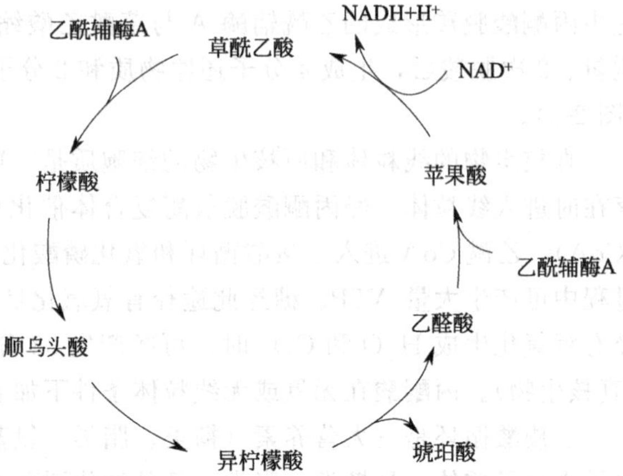


图 2-4 乙醛酸循环

储藏的脂肪耗尽为止，乙醛酸循环活性便随之消失。乙醛酸循环是富含脂肪的油料种子所特有的一种呼吸代谢途径，淀粉种子萌发时不发生乙醛酸循环。

乙醛酸循环和三羧酸循环中存在着某些相同的酶类和中间产物。但是，它们是两条不同的代谢途径。乙醛酸循环是在乙醛酸体中进行的，是与脂肪转化为糖密切相关的反应过程。而三羧酸循环是在线粒体中完成的，是与糖的彻底氧化脱羧密切相关的反应过程。

### 2.3.4　脂类代谢

脂类是三脂酰甘油（甘油三酯）和类脂的总称，是一大类不溶于水而易溶于有机溶剂的化合物。

储存于脂肪细胞中的甘油三酯在激素敏感脂肪酶的催化下水解并释放出脂肪酸，供给全身各组织细胞摄取利用，此过程称为脂肪动员，激素敏感脂肪酶（HSL）是脂肪动员的关键酶。1 分子甘油三酯经脂肪动员后生成 3 分子自由脂肪酸（FFA）和 1 分子甘油。脂肪酸进入细胞后，首先在线粒体外或胞浆中被活化，形成脂酰 CoA，然后进入线粒体进行氧化，经过脱氢、水化、再脱氢和硫解四步反应，变成乙酰 CoA，一部分用来合成新的脂肪酸和其他生物分子，大部分则进入三羧酸循环完全氧化。脂肪酸的完全氧化可以产生大量的能量，1 分子软脂酰 CoA 在分解代谢过程中净产生 129 个 ATP。甘油则转运至肝脏再磷酸化为 3-磷酸甘油，$\alpha$-磷酸甘油在脱氢酶（含辅酶 $NAD^+$）作用下，脱氢形成磷酸二羟丙酮（糖酵解途径的一个中间产物），沿着糖酵解途径的逆过程合成葡萄糖及糖原，或沿着糖酵解正常途径形成丙酮酸，再进入三羧酸循环被完全氧化。

类脂则包括磷脂（甘油磷脂和鞘磷脂）、糖脂（脑苷脂和神经节苷脂）、胆固醇及胆固醇酯。甘油磷脂通过体内各种磷脂酶将其分解为脂肪酸、甘油、磷酸等，然后再进一步降解，胆固醇主要通过转化作用，转变为胆汁酸、类固醇激素、维生素 $D_3$ 等化合物，再进行代谢，或经粪便直接排出体外。

### 2.3.5　蛋白质代谢

蛋白质代谢指蛋白质在细胞内的代谢途径。各种生物均含有水解蛋白质的蛋白酶或肽酶，这些酶的专一性不同，但均能破坏肽键，使各种蛋白质水解成其氨基酸成分的混合物。因此，蛋白质代谢以氨基酸为核心，外界蛋白只有降解为氨基酸才能被机体利用，体内蛋白也要先分解为氨基酸才能继续氧化分解或转化。游离氨基酸可合成自身蛋白，可氧化分解放出能量，可转化为糖类或脂类，也可合成其他生物活性物质。

氨基酸降解的主要步骤是脱氨基后分解为含氮部分和不含氮部分，含氮部分在肝脏转变为尿素，进一步水解为铵离子或氨，同时释放出 $CO_2$；不含氮部分为 $\alpha$-酮酸通过 TCA 循环，氧化分解为 $H_2O$ 和 $CO_2$，或合成糖类和脂肪（图 2-5）。

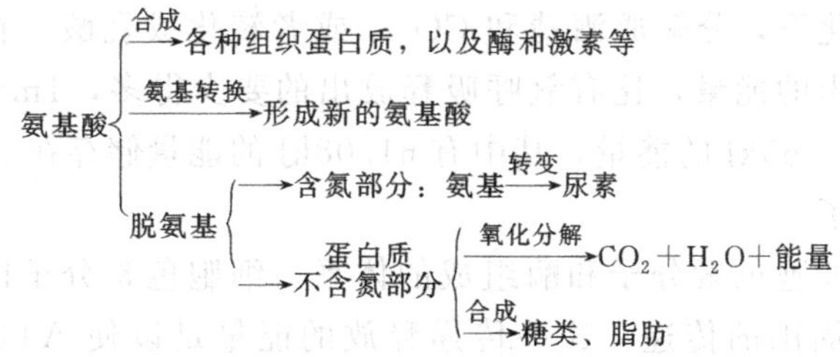


图 2-5　蛋白质代谢

### 2.3.6　能量代谢

能量代谢与物质代谢相伴随，构成完整的新陈代谢。生物体内物质代谢过程中所伴随的能量释放、转移和利用等，称为能量代谢。生物体能量来自糖类、脂肪和蛋白质三种营养物质，这些能源物质分子结构中的碳氢键蕴藏着化学能，在氧化过程中碳氢键断裂，生成 $CO_2$ 和 $H_2O$，同时释放出蕴藏的能量。这些能量的 50%以上迅速转化为热能，用于维持体温稳定，并向体外散发。其余不足 50%则以高能磷酸键的形式储存于体内，供机体利用。高能磷酸键化学物主要是腺苷三磷酸（ATP）和鸟苷三磷酸（GTP），此外，还可有高能硫酯键等。生物体利用 ATP 去合成各种细胞组成分子、各种生物活性物质等，进行各种离子和其他一些物质的主动转运，维持细胞两侧离子浓度差所形成的势能。

大部分化学能的释放是通过磷酸基团的水解来实现的。形成这些分子的能量来源于食物的分解代谢或光合作用。污染物进入分解代谢途径，也可以成为生物体的“食物”。能量从“食物”分子传递到 ATP 有两种完全不同的路径：一种是 ATP 在细胞质内的合成过程，就是磷酸基团直接传递到 ADP 上，通过化学键储存这一反应的能量；另一种包含一个相当复杂的系统，包括电子和质子（或氢离子）的传递，这些主要来源于分解代谢途径中的一些物质的氧化过程。电子和氢离子的最终接受体为氧，在氧化磷酸化作用下生成水。好氧微生物可以使用氧化磷酸化作为 ATP 合成的主要途径，但是，许多微生物都是厌氧生物，例如古细菌的一类——甲烷菌，它们是专性厌氧生物，在氧气氛围中它们将无法存活。在这种情况下，它们不能利用氧化磷酸化途径，而以类似电子传递链的机制来代替。多种简单的有机化合物都可以作为电子和氢的接受体，包括乙酸、甲醇和二氧化碳。在这种情况下，最终产物除了 $CO_2$ 或 $H_2O$ 外，还有 $CH_4$。

碳源分解代谢产生的电子，最终或者用于形成有机分子（该过程称为发酵），或者通过电子链传递到无机电子受体（该过程称为呼吸）。当最终电子受体是氧时，称为有氧呼吸；当最终受体是硝酸盐、硫酸盐、二氧化碳、硫或铁离子时，称为无氧呼吸。

有氧呼吸的全过程，可以分为三个阶段：第一个阶段称为糖酵解，一分子的葡萄糖分解成两分子的丙酮酸，在分解的过程中产生少量的氢，同时释放出少量的能量，这个阶段是在细胞质基质中进行的；第二个阶段称为三羧酸循环或柠檬酸循环，丙酮酸经过一系列的反应，分解成 $CO_2$ 和氢，同时释放出少量的能量，这个阶段是在线粒体中进行的；第三个阶段是电子传递过程，前两个阶段产生的氢，经过一系列的反应，与氧结合而形成 $H_2O$，同时释放出大量的能量，这个阶段也是在线粒体中进行的。在生物体内，1mol 的葡萄糖在彻底氧化分解以后，共释放出 2870kJ 的能量，其中有 977kJ 左右的能量储存在 ATP 中（形成 32 个 ATP），其余的能量都以热能的形式散失了。无氧呼吸的全过程，可以分为两个阶段：第一个阶段与有氧呼吸的第一个阶段完全相同；第二个阶段是丙酮酸在不同酶的催化下，分解成酒精和 $CO_2$，或者转化成乳酸。在无氧呼吸中，葡萄糖氧化分解时所释放出的能量，比有氧呼吸释放出的要少得多，1mol 的葡萄糖在分解成乳酸以后，共放出 196.65kJ 的能量，其中有 61.08kJ 的能量储存在 ATP 中，其余的能量都以热能的形式散失了。

电子传递链是由细胞色素分子和酶组成的体系。细胞色素分子能捕获电子，酶能实现电子从细胞色素向周围的传递。这一传递释放的能量足以使 ATP 合成酶合成约一个 ATP 分子。该电子传递体系全部存在于膜中，这种方式对于任何需要在空间上组织其结构以及形成 pH 梯度的电子传递链都是必需的。有证据表明，在电子传递产生的过程中，膜的形态发生了变化，这被认为是为了储存能量，但详细的内容还有待进一步的研究。因而，一个完整的膜对电子传递链发挥作用是必需的。任何破坏膜完整性的有毒物质对电子传递链功能的发挥都存在潜在的危害，从而能减少 ATP 的合成能力，并能够杀死生物体。

此外，无氧呼吸比有氧呼吸的效率低。氧化相同数量的辅因子，形成甲烷比氧化磷酸化产生的 ATP 量少。因此，要产生一定量的 ATP，糖酵解-发酵过程的葡萄糖量约是糖酵解-氧化磷酸化过程的 16 倍以上，并且葡萄糖通过甲烷形成途径在某种程度上只是中间途径。生物体的代谢能力和是否存在所需无机电子受体决定了从丙酮酸生成能量的多少。这可用来解释实际应用中为什么无氧过程比有氧过程产热少。对给定数量的碳源，有氧过程产热量是无氧过程产热量的 10 倍以上。

# 2.4 主要元素循环

自然界中，生物不断地从地球获得所需要的各种化学元素，通过自养生物的吸收，进入生态系统，被其他生物重复利用，最后再归还于环境中，这就是物质循环，又称生物地球化学循环。因此，元素不断地从非生命物质状态转变成有生命物质状态，然后再从有生命物质状态转变成非生命物质状态，如此循环不断，保证了生态系统的正常运转，生命得以不断进化和发展。

在生物地球化学循环中，生物所需要的能量和营养物质主要来自光能自养生物（绿色植物、微型藻类、蓝细菌及光合细菌等）。微生物是自然界有机物质无机化的最彻底者，只有通过微生物的分解或还原作用，才不致使自然界数量有限的各种化学元素被固定在有机物中而无法参与物质循环。因此，微生物在自然界物质循环中具有非常重要的作用。

## 2.4.1 氧循环

大气中氧含量丰富，约占空气的 21%。人和动物呼吸、微生物分解有机物都需要氧，所消耗的氧由陆地和水体中的植物及藻类进行光合作用产生，源源不断地补充到大气和水体中（图 2-6）。氧在水体的垂直方向分布不均匀。表层水有溶解氧，深层和底层缺氧，

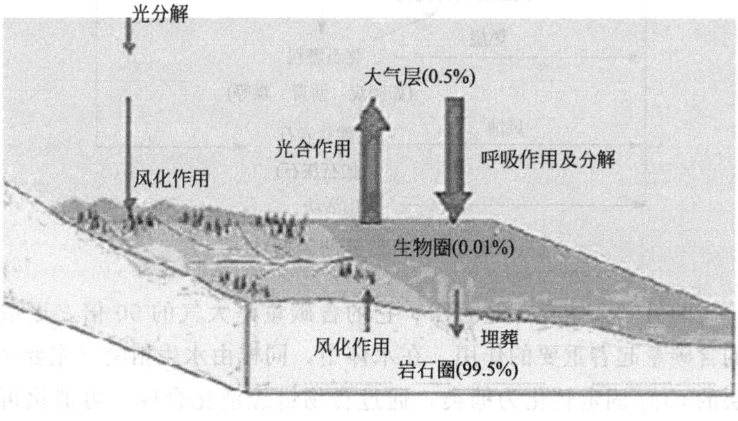


图 2-6 地球上的氧循环

当涨潮或湍流发生时，表层水和深层水充分混合，氧可能被转送到深水层。在夏季温暖地区的水体发生分层，温暖而密度小的表层水和冷而密度大的底层分开，底层缺氧。秋末、初冬时，表层水变冷，比底层水重，发生"翻底"。温暖地区湖泊水的含氧量一年四季有周期性变化。

大气中的氧和水体中的溶解氧之间存在着溶解平衡关系。当由于某种外来原因引起平衡破坏时，该水-气体系还具有一定的自动调节、恢复平衡的功能。例如当水体受有机物污染后，水体中的细菌当即降解有机物并耗用水中溶解氧，被消耗的溶解氧就由大气中的氧通过气-水界面予以补给。反之，当大气中氧的平衡浓度由于某种原因（例如岩石风化加剧）低于正常浓度时，则水体中溶解氧浓度也相应低落。由此，水体中有机物耗氧降解作用缓慢下来，相反地促进了水生生物的光合作用（增氧过程），这样就会进一步引起表面水中溶解氧浓度逐渐提高到呈过饱和状态而逸散到大气中去。

### 2.4.2 碳循环

碳是一切生物体中最基本的成分，有机体干重的45%以上是碳。生物可直接利用的碳是水圈和大气圈中以 $CO_2$ 形式存在的碳。碳的主要循环形式是从大气的 $CO_2$ 蓄库开始，经过生产者（包括绿色植物、微型藻类、蓝细菌及光合细菌等）的光合作用，把碳固定成糖类、脂类和蛋白质，然后经过消费者和分解者，在呼吸和残体腐败分解后，再回到大气蓄库中。在这个过程中，部分碳通过呼吸作用回到大气；另一部分成为动物体的组分，动物排泄物和动植物残体中的碳则由微生物彻底分解为 $CO_2$，再回到大气中（图 2-7）。大气中 $CO_2$ 这样循环一次约需 20 年。

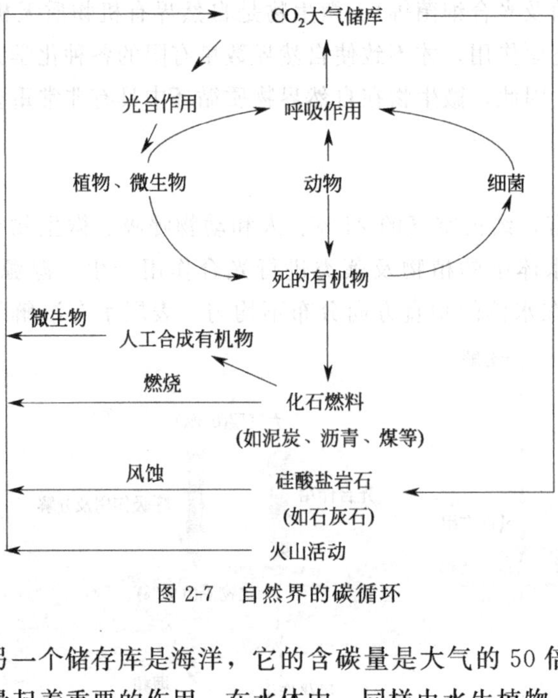


图 2-7 自然界的碳循环

除了大气，碳的另一个储存库是海洋，它的含碳量是大气的 50 倍，更重要的是海洋对于调节大气中的含碳量起着重要的作用。在水体中，同样由水生植物（主要为藻类）将大气中扩散到水上层的 $CO_2$ 固定转化为糖类，通过食物链经消化合成，再消化再合成，各种水生动植物呼吸作用又释放 $CO_2$ 到大气中。动植物残体埋入水底，其中的碳都暂时离开循环。

但是经过地质年代，这些碳又可以石灰岩或珊瑚礁的形式再露于地表；岩石圈中的碳也可以借助于岩石的风化和溶解、火山爆发等重返大气圈。

一般来说，大气中 $CO_2$ 的浓度基本上是恒定的。但是，近百年来，由于人类活动对碳循环的影响，如森林砍伐、荒地大面积开垦、化石燃料的大量燃烧等，使得大气中 $CO_2$ 的浓度呈上升趋势。$CO_2$ 和甲烷都是大气中重要的温室气体，尤其是 $CO_2$，数量最多。甲烷的温室效应是 $CO_2$ 的 40 倍，自 20 世纪 80 年代以来温室效应明显增强，不容忽视。

## 2.4.3 氮循环

氮元素是核酸和蛋白质的主要成分，是构成生物体的必需元素。虽然大气化学成分中氮的含量达 78%（体积分数），但所有动、植物和大多数微生物都不能够直接利用。只有当游离氮被“固定”成为含氮化合物后，才能被这些生物吸收利用，氮成为活细胞的一部分并进入生态系统中的食物链。

自然界的氮素主要有三种形式：分子氮、有机氮（如氨基酸、蛋白质、核酸等）和无机氮（如铵盐、硝酸盐等）。氮循环主要由这三种形式的氮转化反应所组成，包括固氮、氨化(脱氮)、硝化反硝化及硝酸盐还原等（图 2-8）。

如图 2-8 所示，植物吸收土壤中的铵盐和硝酸盐，进而将这些无机氮同化成植物体内的蛋白质等有机氮。动物直接或间接以植物为食物，将植物体内的有机氮同化成动物体内的有机氮，这一过程称为生物体内有机氮的合成。动植物的遗体、排出物和残落物中的有机氮被微生物分解后形成氨，这一过程是氨化作用；在有氧的条件下，土壤中的氨或铵盐在硝化细菌的作用下最终氧化成硝酸盐，这一过程叫做硝化作用。氨化作用和硝化作用产生的无机氮，都能被植物吸收利用。在氧气不足的条件下，土壤中的硝酸盐被反硝化细菌等多种微生物还原成亚硝酸盐，并且进一步还原成分子态氮，分子态氮则返回到大气中，这一过程被称作反硝化作用。由此可见，由于微生物的活动，土壤已成为氮循环中最活跃的区域。

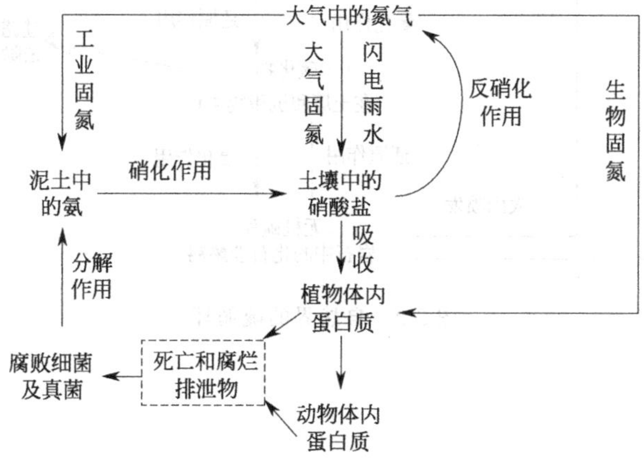


图 2-8 自然界的氮循环

## 2.4.4 硫循环

硫是生命物质所必需的元素，它是一些必需氨基酸和某些维生素、辅酶等的成分，其需要量大约是氮素的十分之一（在生物体内，C：N：S＝100：10：1）。硫元素在自然界中的储量十分丰富，主要蓄库是岩石圈。在沉积相，硫被束缚在有机或无机沉积物中，这些形态的硫主要通过微生物的分解和自然风化作用进入生态系统。硫素循环类似于氮素循环，其各个环节都有相应的微生物参与，可概括地划分为脱硫、同化、硫化和反硫化等。

如图 2-9 所示，陆上火山爆发使地壳和岩浆中的硫以 $H_2S$、硫酸盐和 $SO_2$ 的形式排入大气；海底火山爆发排出的硫，一部分溶于海水，一部分以气态硫化物（$H_2S$）逸入大气。陆地和海洋中的一些有机物质由于微生物分解作用，向大气释放 $H_2S$，其排放量随季节而异，温热季节高于寒冷季节。海洋波浪飞溅使硫以硫酸盐气溶胶形式进入大气。植物可从大气中吸收 $SO_2$，陆地和海洋植物从土壤和水中吸收硫。吸收的硫构成植物本身物质，其残体经微生物分解，硫成为 $H_2S$ 逸入大气。大气中的 $SO_2$ 和 $H_2S$ 经氧化作用形成硫酸根（$SO_4^{2-}$），随降水降落到陆地和海洋，由陆地排入大气的 $SO_2$ 和 $SO_4^{2-}$ 可迁移到海洋上空，沉降入海洋。同样，海浪飞溅出来的 $SO_4^{2-}$ 也可迁移沉降到陆地上，陆地岩石风化释放出的硫也可经河流输送入海洋。水体中硫酸盐在硫酸盐还原菌的反硫化作用下而转化为 $H_2S$。

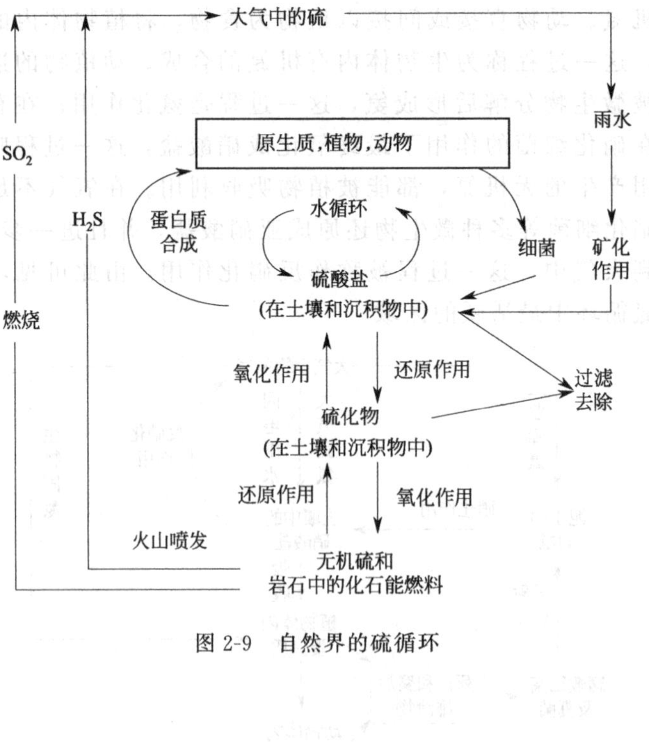


图 2-9 自然界的硫循环

### 2.4.5 磷循环

磷元素在一切生命形式中都及其重要，它主要以磷酸的形式存在于生物体中。细胞内含磷成分最多的是 RNA 分子。此外，DNA、ATP 和细胞膜上的磷脂等都是重要的含磷有机物。自然界中磷元素转化主要通过三个途径进行：有机磷的矿化作用、难溶性无机磷的可溶化作用和磷的同化作用（图 2-10）。

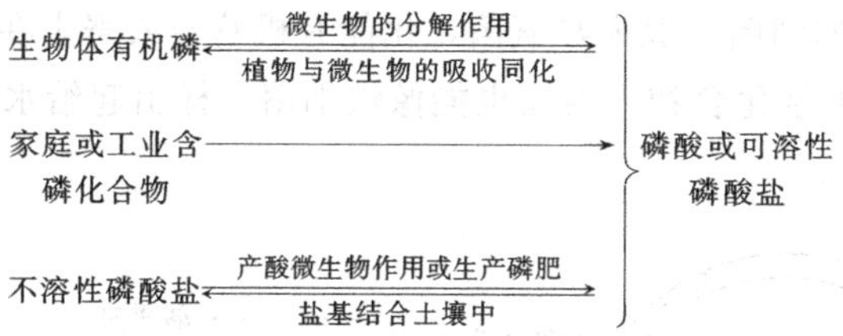


图 2-10　自然界的磷循环

岩石和土壤中的磷酸盐由于风化和淋溶作用进入河流，然后输入海洋并沉积于海底，直到地质活动使它们暴露于水面，再次参加循环。这一循环需若干万年才能完成。在这一循环中，存在两个局部的小循环，即陆地生态系统中的磷循环和水生生态系统中的磷循环。陆地生态系统的磷循环过程如下：岩石的风化向土壤提供了磷，植物通过根系从土壤中吸收磷酸盐，动物以植物为食物而得到磷。动、植物死亡后，残体分解，磷又回到土壤中。在未受人为干扰的陆地生态系统中，土壤和有机体之间几乎是一个封闭循环系统，磷的损失是很少的。

在水生生态系统中，磷首先被藻类和水生植物吸收，然后通过食物链逐级传递。水生动物和水生植物死亡后，残体分散，磷又进入循环。进入水体中的磷，有一部分可能直接沉积于深水底泥，从此不参加这一生态循环。另外，人类渔捞和鸟类捕食水生生物，使磷回到陆地生态系统的循环中。

## 2.4.6　铁循环和锰循环

铁在地壳中的含量极其丰富，但其中只有一小部分参与自然界中铁元素的循环。铁的循环主要是指在无机物或有机物中存在的不溶性铁离子（$Fe^{3+}$）与可溶性亚铁离子（$Fe^{2+}$）间所进行的氧化还原反应。

所有生物生命过程中都需要铁，而且要求溶解性的二价铁。在 pH 值中性和有氧时，二价铁可经纯化学作用而氧化为高价铁；无氧时，主要以二价铁的形式存在。环境中的高价铁化合物是沉淀性的，微生物生命活动时产生的酸类可使之溶解；也可因微生物分解有机质降低了环境的氧化还原电位，从而使高价铁还原成亚铁化物而溶解。自然界中，有一类特殊生理的细菌，它们在生命活动中能引起亚铁化合物氧化成高价铁化合物而沉淀，称为铁细菌，主要有铁锈嘉利翁菌（*Gallionella feruginea*）、多孢泉发菌（*Crenothrix polyspora*）、纤发菌属（*Brtothrix leptothrix*）、球衣菌属（*Sphaerotilus*）。另一些化能自养的硫化细菌如氧化亚铁硫杆菌、氧化亚铁铁细菌（*Ferrobacillus ferrooxidans*）、氧化亚铁钩端螺旋菌等也能在酸性有氧条件下氧化一种结晶态的硫化亚铁——黄铁矿粒而产生硫酸和亚铁离子，并进一步把亚铁离子氧化成三价铁离子。

锰元素也是生物体必需的微量元素，是生物体许多酶反应体系的活化剂。自然界的锰主要以氧化锰的形式存在，微生物可促使不同氧化形式的锰进行转化。氧化锰的细菌有覆盖生金菌（*Metallgenium personatum*）和共生生金菌（*Metallgenium sumbioticum*），还有土微菌属（*Pedomicrobium*）、纤发菌属（*Leptothrix*），这些菌同时也能氧化铁。它们广泛分布于湖泥、淡水湖浮游生物和南半球土壤中，能将氧化的锰、铁产物积累、包裹在细胞表面或积累于细胞内。氧化锰的细菌一般为好氧菌，化能有机营养或寄生在真菌菌丝体上，氧化各种含 $Mn^{2+}$ 的锰矿沥滤的锰化合物，因而也能像铁细菌一样引起给水和排水管道的堵塞（图 2-11）。

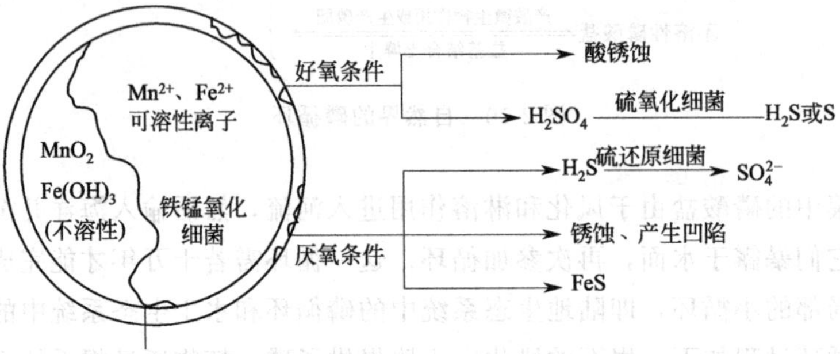


图 2-11 铁/锰循环与管道堵塞/锈蚀现象

# 第3章 基因工程

## 3.1 概述

基因工程（genetic engineering）又称基因拼接技术和DNA重组技术，是以分子遗传学为理论基础，以分子生物学和微生物学的现代方法为手段，将不同来源的基因按预先设计的蓝图，在体外构建杂种DNA分子，然后导入受体细胞内，使这个基因能在受体细胞内复制、转录、翻译表达，以改变受体生物原有的遗传特性，获得新品种，生产新产品。

因此，基因工程具有以下两个重要特征：第一是跨物种性，外源基因在不同的寄主生物中进行繁殖，能够跨越天然物种屏障，把来自任何一种生物的基因放置到新的生物中，而这种生物可以与原来生物毫无亲缘关系，这种能力是基因工程的第一个重要特征；第二是无性扩增，一种确定的DNA小片段在新的寄主细胞中进行大量扩增和高水平表达，实现很少量DNA样品"拷贝"出大量的DNA，而且是没有被其他DNA序列污染的、绝对纯净的DNA分子群体。

根据基因工程的特征，一个完整的、用于生产目的的基因工程技术包括：①外源目标基因的分离、克隆以及目标基因的结构与功能研究，这一部分的工作是整个基因工程的基础，因此又称为基因工程的上游部分；②适合转移、表达载体的构建或目标基因的表达调控结构重组；③外源基因的导入；④外源基因在宿主基因组上的整合、表达及检测与转基因生物的筛选；⑤外源基因表达产物的生理功能的核实；⑥转基因新品系的选育和建立，以及转基因新品系的效益分析；⑦生态与进化安全保障机制的建立；⑧消费安全评价。

## 3.2 基因工程技术

### 3.2.1 工具酶

基因工程的操作，是分子水平上的操作，获得重组和能够重组的DNA片段需要一些重要的酶，这些酶统称为工具酶，是实施基因工程内容的必要条件之一。工具酶有的像"手术刀"，可以进行DNA分子的特定切割；有的像"黏合剂"，可以促进DNA分子之间的黏合和连接；有的像"砌砖机"，可以合成完整的双链DNA分子，从而实现对基因进行人工切割和拼接等操作。

基因工程涉及的工具酶种类繁多、功能各异，按用途可分为3类：①限制性内切酶；②连接酶；③修饰酶。几种重要的工具酶酶学性质见表3-1。

（1）限制性内切酶

20世纪60年代，研究者发现DNA感染宿主后被降解的现象，从而提出限制性酶切和限制酶的概念。1970年，美国约翰·霍布金斯大学的H. Smith从流感嗜血杆菌中找到了能迅速降解外源噬菌体DNA但不能降解自身DNA的*Hin*dⅡ限制性核酸内切酶，这是世界上第一例有关限制性内切酶的研究。现在，人们将生物体内可以识别并切割特异双链DNA序列的一种内切核酸酶，称为限制性核酸内切酶，简称限制酶（restriction enzyme）。它可以将外来的DNA切断，即能够限制异源DNA的侵入并使之失去活力，但对自身DNA却无损害作用，从而保护细胞原有的遗传信息。

**表 3-1　几种重要的工具酶及其酶学性质**

| 酶 | 来源 | 活力 | 底物 | 辅因子 | 特　点 |
|---|---|---|---|---|---|
| 限制酶(Ⅱ型) | 微生物 | 内切 | dsDNA | $Mg^{2+}$ | 特异性的识别与切割，产生平头或黏性末端的DNA片段 |
| 连接酶 | $T_4$ 噬菌体 | 连接两个片段的3′-OH和5′-Pi | dsDNA | $Mg^{2+}$，ATP | 黏性末端多于平头末端 |
| 逆转录酶 | RNA肿瘤 | RNA合成DNA | ssDNA | $Mg^{2+}$ | 指导DNA和RNA，杂交双链，解超螺旋结构 |
| | 病毒 | DNA合成RNA | ssRNA | | |
| TTE | 牛胰酶 | 加核苷酸到3′末端 | ssDNA | $Mg^{2+}$ | $Co^{2+}$存在，可用dsDNA为模板 |
| *Bal*31 | 乳白短杆菌 | 外切 | dsDNA | $Ca^{2+}$ | 5′、3′两端同时等速外切 |
| APE | 细菌、牛肠 | 切去磷酸 | dsDNA，ssDNA | $Mg^{2+}$ | |
| *Taq* DNA聚合酶 | 水生嗜热菌 | 5′到3′聚合和外切 | ssDNA，dNTP | $Mg^{2+}$ | 75～80℃时活性最高 |

限制酶的形式多样，传统上按照亚基组成、酶切位置、识别位点、辅因子等因素将限制酶划分为Ⅰ型、Ⅱ型和Ⅲ型。Ⅰ型和Ⅲ型限制酶是兼有内切酶和修饰酶活性的多个亚基的蛋白复合体，不具备实用性；Ⅱ型限制酶是3类限制酶中唯一用于DNA分析和克隆的酶，由一群性状和来源不尽相同的蛋白质组成，因而任意一种Ⅱ型限制酶的氨基酸序列可能与另一种截然不同。Ⅱ型限制酶的主要特点是：①识别特定的核苷酸序列，其长度一般为4～6个核苷酸，且呈二重对称；②具有特定的酶切位点，即限制性内切酶在其识别序列的特定位点对双链DNA进行切割而产生特定的酶切末端。

限制性内切酶在基因工程中的主要作用是通过切割DNA分子，对含有特定基因的片段进行分离、分析，因此它的专一性非常重要。限制性内切酶对碱基序列有严格的专一性，而被识别的碱基序列通常也具有双轴对称性，即回文序列（palindromic sequence）。在识别碱基序列后，限制性内切酶切割DNA分子中的磷酸二酯链，水解3′酯键，产生3′羟基、5′磷酸基的片段，由此形成黏性末端（cohesive end）、平末端（blunt end）和非对称突出端等3种末端。经限制性内切酶切割产生的DNA分子片段，不管是黏性末端、平末端，还是非对称突出端，5′端一定是磷酸基团，3′端一定是羟基基团。如图3-1所示是典型的限制性内切酶切割DNA的位点和切割片段的末端。

常用的切割方法有单酶切、双酶切和部分酶切等几种。单酶切法是用一种限制性内切酶切割DNA样品。若DNA样品是环状DNA分子，完全酶切后，产生于识别序列数相同的DNA片段数，并且DNA片段的两末端相同；如果是线性DNA片段，完全酶切的结果，产生（$n+1$）个DNA片段数，其中有两个片段的一段仍保留原来的末端。双酶切法是用两种不同的限制酶切割同一种DNA分子的方法。无论是环状DNA分子还是线性DNA片段，酶切结果DNA片段的两个末端是不同的，产生的DNA片段数，前者是两者内切酶识别序列数之和，而后者是两种内切酶识别序列数加1。部分酶切是指选用的限制性核酸内切酶对其在DNA分子上的全部识别序列进行不完全的切割，导致部分切割的原因有底物DNA的纯度低、识别序列的甲基化、酶用量的不足以及反应缓冲液和温度不适宜等。但从另一方面说，根据DNA重组设计的需要，专门创造部分酶切的条件，可以获得需要的DNA片段。

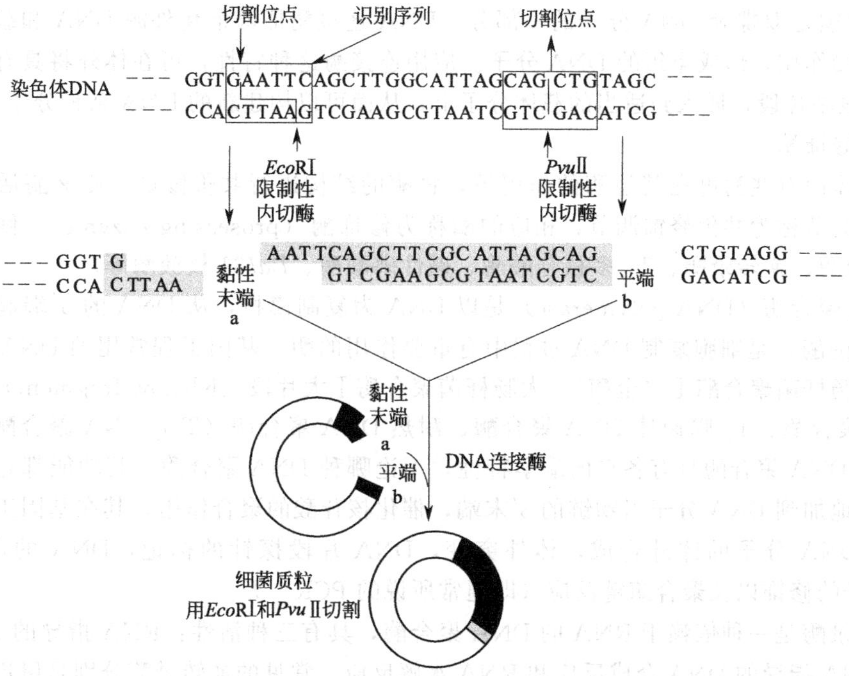


图 3-1　限制性内切酶的作用

(2) 连接酶

DNA 连接酶的发现与应用，对于重组 DNA 技术的创立和发展具有重要的意义。连接酶是在体外构建重组 DNA 分子所必不可少的基本工具酶。现已发现几种不同来源或作用于不同底物的连接酶，分别为 $T_4$ DNA 连接酶（$T_4$ DNA ligase）、大肠杆菌 DNA 连接酶、*Taq* DNA 连接酶和 $T_4$ RNA 连接酶。$T_4$ DNA 连接酶是基因工程中最常用的连接酶，它催化 DNA 5′磷酸基与 3′羟基之间形成磷酸二酯键（图 3-2）。

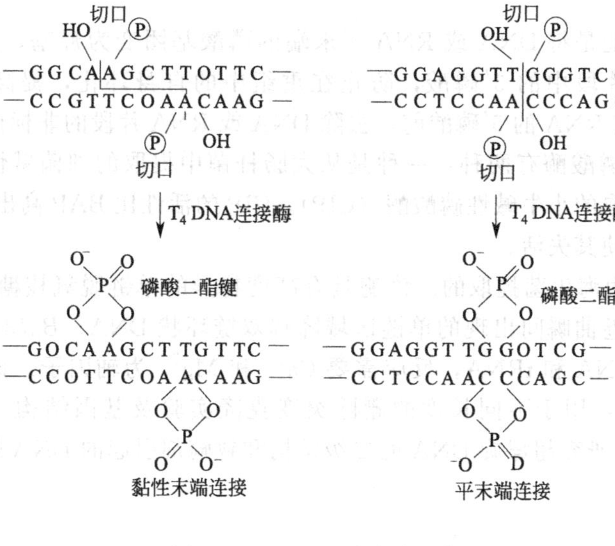


图 3-2　$T_4$ DNA 连接酶的作用

DNA 连接酶并不能够连接两条单链的 DNA 分子或环化的单链 DNA 分子，被连接的 DNA 链必须是双螺旋 DNA 分子的一部分。DNA 连接酶能够催化外源 DNA 和载体分子之间发生连接作用，形成重组的 DNA 分子。应用连接酶这种特性，可在体外将具有黏性末端的 DNA 限制片段，插入到适当的载体分子上，从而可以构建新的 DNA 杂种分子。

(3) 修饰酶

生物体内有些酶可在其他酶的作用下，将酶的结构进行共价修饰，使该酶活性发生改变，这种调节称为共价修饰调节，相应的酶称为修饰酶（prosessing enzyme）。修饰酶分为 DNA 聚合酶、逆转录酶、$T_4$ 多核苷酸酶、碱性磷酸酶、*Bal*31 核酸酶等。

DNA 聚合酶（DNA polymerase）是以 DNA 为复制模板，从 DNA 的 5′端起始开始复制到 3′端的酶，是细胞复制 DNA 过程中有重要作用的酶。基因工程常用的 DNA 聚合酶主要有：大肠杆菌聚合酶Ⅰ（全酶）、大肠杆菌聚合酶Ⅰ大片段（Klenow fragment）、$T_4$ 噬菌体 DNA 聚合酶、$T_7$ 噬菌体 DNA 聚合酶、耐热 DNA 聚合酶（*Taq* DNA 聚合酶）等。不同来源的 DNA 聚合酶具有各自的酶学特性，无论哪种 DNA 聚合酶，其功能都是把脱氧核苷酸连续地加到 DNA 分子引物链的 3′末端，催化核苷酸的聚合作用，其在基因工程中的用途包括：DNA 分子的体外合成，体外突变，DNA 片段探针的标记，DNA 的序列分析，DNA 分子的修饰以及聚合酶链反应（即通常所说的 PCR）等。

逆转录酶是一种依赖于 RNA 的 DNA 聚合酶，具有三种活性：RNA 指导的 DNA 合成反应、DNA 指导的 DNA 合成反应和 RNA 水解反应。常见的逆转录酶分别是鼠逆转录酶和禽逆转录酶，前者在 42℃时迅速失活，后者则在 42℃能有效发挥作用。它们可以 RNA 为模板、以寡聚脱氧核糖核苷酸为引物，合成互补的 DNA（cDNA）；具有 DNA 指导的 DNA 聚合酶活性和核糖核酸酶 H（RNaseH）活性，即从 5′端或 3′端连续降解 RNA，但不具有 DNA 聚合酶那样的 3′→5′外切酶活性。在基因工程中，逆转录酶的主要用途是：将真核基因的 mRNA 转录成 cDNA，构建 cDNA 文库，进行克隆实验；对具有 5′突出端的 DNA 片段的 3′端进行填补和标记，制备探针；代替 Klenow 大片段，用于 DNA 序列测定。

$T_4$ 多核苷酸酶催化 ATP 的 γ-磷酸基团转移到 DNA 或 RNA 片段的 5′末端，主要用于：标记 DNA 片段的 5′端，制备杂交探针；基因化学合成中，寡核苷酸片段 5′磷酸化；用于测序引物的 5′磷酸标记。

碱性磷酸酶的功能是将 DNA 或 RNA 5′末端的磷酸基团变为羟基，产生 5′羟基末端，作用是：去除 DNA 片段中的 5′磷酸，防止在重组中的自身环化，提高重组效率；在用 [$\gamma$-$^{32}$P] 标记 DNA 或 RNA 的 5′磷酸前，去除 DNA 或 RNA 片段的非标记 5′磷酸。基因工程中广泛使用的碱性磷酸酶有两种：一种是从大肠杆菌中提取的细菌碱性磷酸酶（BAP），另一种是从牛小肠提取的小牛碱性磷酸酶（CIP）。CIP 的活性比 BAP 高出 10 倍以上，而且对热敏感，便于加热使其失活。

*Bal*31 核酸酶是由海生菌提取的。该酶具有高度特异的单链脱氧核糖核酸内切酶活性，也可在缺口或超螺旋卷曲瞬间出现的单链区域降解双链环状 DNA。*Bal*31 核酸酶具有核糖核酸活性，能降解 rRNA 和 tRNA，反应需要 $Ca^{2+}$ 和 $Mg^{2+}$ 为辅因子。该酶在基因工程中的研究的主要用途是：用于不同长度的删除突变克隆实验及基因结构、机能分析；绘制 DNA 限制内切图谱；研究超螺旋 DNA 的二级结构和致畸剂引起的 DNA 螺旋结构变化。

### 3.2.2 目的基因

根据功能的差异，基因可分为结构基因、调节基因和操纵基因。其中，结构基因负责将携带的遗传信息转录给 mRNA（信使核糖核酸），再以 mRNA 为模板合成具有特定氨基酸序列的蛋白质或 RNA；调节基因带有阻抑蛋白，控制结构基因的活性；操纵基因位于结构基因的一端，是操纵结构基因的基因，操纵基因与一系列受它操纵的结构基因合起来就形成一个操纵子。

基因工程的主要目的是通过优良性状相关基因的重组，获得具有高度应用价值的新物种。具有优良性状的基因通常称为目的基因，主要指结构基因。

（1）目的基因获得方法

获取目的基因主要有两条途径：一条是从供体细胞的 DNA 中直接分离基因，另一条是人工合成基因。分离基因的方法有“鸟枪法”、化学合成法、聚合酶链反应法和 mRNA 差异显示法。

直接分离基因最常用的方法是“鸟枪法”，又叫“散弹射击法”。具体做法是：用限制酶将供体细胞中的 DNA 切成许多片段，将这些片段分别载入运载体，然后通过运载体分别转入不同的受体细胞，让供体细胞提供的 DNA（即外源 DNA）的所有片段分别在各个受体细胞中大量复制（在遗传学中叫做扩增），从中找出含有目的基因的细胞，再用一定的方法把带有目的基因的 DNA 片段分离出来。如许多抗虫抗病毒的基因都可以用上述方法获得。标准的鸟枪法操作程序如图 3-3 所示。用鸟枪法获得目的基因的优点是操作简便，缺点是工作量大，具有一定的盲目性。

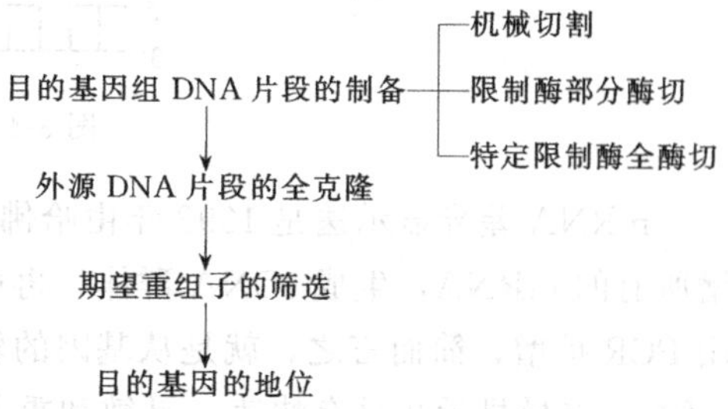

图 3-3 鸟枪法基本操作程序

化学合成法主要适用于已知核苷酸序列的、相对分子质量较小的目的基因的获得，主要有磷酸二酯法、亚磷酸三酯法和寡核苷酸连接法。限制化学法合成基因的因素主要有三个：①已知序列且有应用价值的基因很少，而植物来源的基因更少；②化学合成的寡核苷酸片段长度有限，经基因组装才能合成较大的目的基因，而这往往使基因制备难度加大；③化学基因合成相比之下比较昂贵。

聚合酶链反应（PCR）是以 DNA 变性、复制的某些特性为原理设计的。通过 PCR 技术获取所需要的特异 DNA 片段在实际中用的非常多，但是前提条件是必须对目的基因有一定的了解，需要设计引物。其原理类似于 DNA 的天然复制过程，特异性依赖于与靶序列两端互补的寡核苷酸引物。PCR 技术由变性—退火—延伸三个基本反应步骤构成：第一是模板 DNA 的变性，模板 DNA 经加热至 93℃左右一定时间后，使模板 DNA 双链或经 PCR 扩增形成的双链 DNA 解离，使之成为单链，以便它与引物结合，为下一轮反应作准备；第二是模板 DNA 与引物的退火（复性），模板 DNA 经加热变性成单链后，温度降至 55℃左右，引物与模板 DNA 单链的互补序列配对结合；第三是引物的延伸，DNA 模板-引物结合物在 *Taq* DNA 聚合酶的作用下，以 dNTP 为反应原料，靶序列为模板，按碱基互补配对与半保留复制原理，合成一条新的与模板 DNA 链互补的半保留复制链，重复循环变性—退火—延伸三过程就可获得更多的“半保留复制链”，而且这种新链又可成为下次循环的模板。整个 PCR 反应原理见图 3-4。这项技术自从 1988 年正式推出后，被广泛用于 DNA 酶促扩增、RNA 酶促扩增、直接 DNA 序列测定等，每完成一个循环需 2～4min，2～3h 就能将待扩的目的基因扩增放大几百万倍。但 PCR 技术也存在一些缺点：扩增 DNA 的长度一般不超过 2kb（1kb＝1000 碱基对），*Taq* DNA 聚合酶在合成时也会发生错误，出错率 0.25%，且费用比较昂贵。

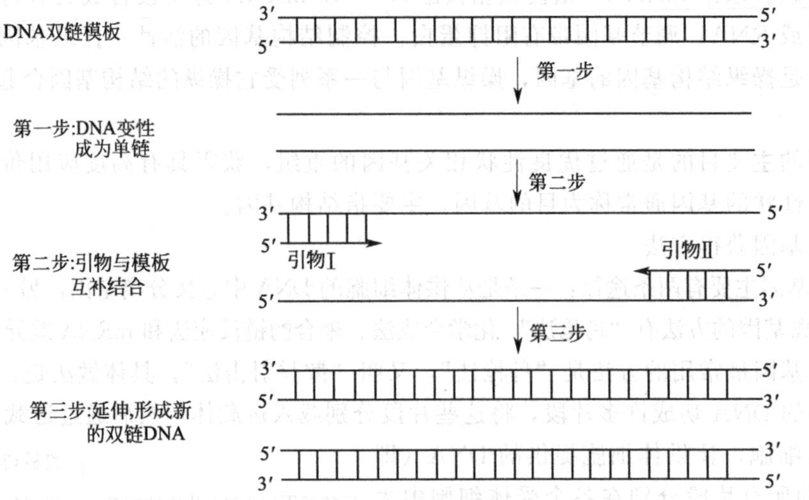


图 3-4 PCR 反应原理图

mRNA 差异显示法是 1992 年由哈佛医学院 Peng 等建立的。其原理是先用 PCR 技术扩增所有的 mRNA，生成 cDNA 群体，再用测序凝胶电泳获取所需要的目的基因，然后再次用 PCR 扩增，简而言之，就是从基因的转录产物 mRNA 来反转录成 cDNA 作为目的基因。mRNA 差异显示法具有快速、灵敏和重复性好等优点。通常情况下，在某一细胞中或某一个关键的发育时间点上有 15000 种以上的基因在表达。如此众多种类的 mRNA 逆转录产物经 PCR 选择性扩增后其类型依然众多，很难用电泳系统加以快速准确地分离。因而需要对逆转录产物的 cDNA 进行归类处理，减轻不同 PCR 产物电泳分离的难度，提高分离的准确率。

(2) 构建基因文库

对于高等真核生物而言，基因组十分庞大，其基因可达数万个，且基因组成结构复杂，因此单个目的基因在整个基因组所占的比例极其微小。由于要分离的目的基因往往是未知基因，因此无法对它进行特异性扩增，而只能对其所有的基因进行扩增，也就是构建该生物材料的基因组文库。基因文库分为基因组 DNA 文库和 cDNA 文库，前者是指将某个生物的基因组全部遗传信息通过克隆载体储存在一个受体菌的群体之中，这个群体即为这种生物的基因组文库；后者是以特定的组织或细胞 mRNA 为模板，逆转录形成的互补 DNA（cDNA）与适当的载体（常用噬菌体或质粒载体）连接后转化受体菌形成重组 DNA 克隆群，这样包含着细胞全部 mRNA 信息的 cDNA 克隆集合称为该组织或细胞的 cDNA 文库。cDNA 文库显然比基因组 DNA 文库小得多，能够比较容易从中筛选克隆得到细胞特异表达的基因。但对真核细胞来说，从基因组 DNA 文库获得的基因与从 cDNA 文库获得的不同，基因组 DNA 文库所含的是带有内含子和外显子的基因组基因，而从 cDNA 文库中获得的是已经过剪接、去除了内含子的 cDNA。

基因组 DNA 文库有 3 种通用的鉴定方法：DNA 杂交法、免疫反应法和酶活性法。

① DNA 杂交法首先需要制备探针，它是根据所需要基因的核苷酸顺序制成一段与之互补的核苷酸短链，并用同位素标记，然后从基因文库中调取目的基因。

② 免疫反应法则不需要制备 DNA 探针，它是对文库中所有的克隆都进行培养，然后转到膜上，对膜进行处理，使菌裂解，同时加入针对某一目的基因编码的蛋白质的

抗体（一抗），反应后多余的杂物经洗脱除去，再加入针对一抗的第二种抗体（二抗），二抗上通常都有一种酶，再次洗脱后就加入该酶的一种无色底物，通过显色反应找出阳性克隆。

③ 酶活性法是通过检查酶性来筛选目的基因的，这种酶通常是目的基因编码的一种酶，而这种酶又是宿主细胞所不能编码的。

建立cDNA文库与基因组文库的最大区别是DNA的来源不同。基因组文库是提取现成的基因组DNA，cDNA文库则是提取细胞中全部的mRNA经逆转录酶生成DNA（即cDNA），其余步骤二者相似。cDNA文库最关键的特征是它只包括在特定组织或细胞类型中已被转录成mRNA的那些基因序列，这样使得cDNA文库的复杂性比基因组文库低得多。正因为如此，构建cDNA文库，并用适当的方法从中筛选目的基因，已成为从真核细胞中分离纯化并获得目的基因的方法。

### 3.2.3 载体技术

基因表达载体的构建（即目的基因与运载体结合）是实施基因工程的第二步，也是基因工程的核心。

将目的基因与运载体结合的过程，实际上是不同来源的DNA重新组合的过程。所谓载体，即连接目的基因、能独立于细胞染色体之外复制的DNA片段。目前，人们在基因工程中通常选用的载体有细菌质粒载体、λ噬菌体载体、柯斯质粒载体和病毒载体等。

一个理想的基因载体应该具有以下几个基本条件：①能在宿主细胞进行独立和稳定的DNA自我复制，并在其DNA中插入外源基因后，仍然保持着稳定的复制状态和遗传特性；②易于从宿主细胞中分离，并进行纯化；③在其DNA序列中，具有适当的限制性内切酶位点（最好是单一酶切位点）。这些位点位于DNA复制的非必需区内，可以在这些位点上插入外源DNA，但不影响载体自身DNA的复制；④具有能够观察的表型特征，在插入外源DNA后，这些特征可以作为重组DNA的选择标志。

上述基本条件主要是从原核生物DNA重组中得出的。到了真核生物阶段，由于将外源DNA引入宿主的方法有了改进，突破了原有要求重组DNA片段的大小限制，因此使得外源DNA进入宿主的能力增强了；同时，由于筛选重组体技术的改进，原来要求载体或外源DNA上有选择标记已经被杂交技术、免疫学技术等替换，从而扩大了DNA重组技术使用的范围。所以，作为载体的最基本要求有了改变，即要有自主复制能力和可利用的限制酶切点。

(1) 质粒载体

质粒是小型环状DNA分子，大小为1～200kb（1kb＝1000碱基对）。质粒不同于病毒，是裸露的DNA分子，没有外壳蛋白，在基因组中，也没有溶菌酶基因。质粒在宿主细胞内才能完成自身复制，同时将编码的一些非染色体控制的遗传性状进行表达，赋予宿主细胞一些额外的特性，包括抗性特性、代谢特性等，其中对抗生素的抗性是质粒最重要的编码特性之一。

质粒载体绝大多数是以天然质粒为基础，加以人工改造和组建。理想的细菌质粒载体，除去其他类型载体相同的特点外，还应具备以下条件：①相对分子质量尽可能小，质粒越小，拷贝数越高，而且便于提取和纯化；②DNA结构和功能清楚，质粒序列中具有包含一系列单一限制酶酶切位点的多克隆位点，便于带有不同末端的外源片段的插入；③具有在宿主中合适的一个或多个选择标记，用以筛选携带有目的片段的克隆，这类选择标记可以分为显性标记和营养缺陷型标记，最主要的显性标记是各种抗生素抗性基因（如氨苄青霉素抗性基因、四环素抗性基因、阿泊拉霉素抗性基因、氯霉素抗性基因等）；④缺失流动基因，这样质粒就不会从一个细菌接触转移到另一个细菌。

在基因工程中，有些载体可用于外源基因的表达等特殊用途，但一般的克隆实验可按载体的不同性质，区分为数种不同的类型。若 DNA 重组中克隆是要获得大量的高纯度的 DNA 片段，则可选用具有高拷贝数的质粒载体，如 ColE1 等松弛型复制子质粒；有些外源基因用高拷贝数质粒载体克隆后，其产物含量过高，会干扰寄主细胞的新陈代谢活动，对于这样的克隆基因，则最好选用由严紧型复制子 PSC101 派生而来的质粒载体，如 PLG338、PLG339 等，这些质粒的拷贝数在每个细胞只有几个，可在低水平的基因剂量下增殖克隆的外源 DNA 片段。

质粒克隆载体的设计和构建过程应遵循以下几条原则。

① 选择合适的出发质粒　出发质粒也叫亲本质粒，它应含有质粒克隆载体必备的元件，如复制起始位点、选择标记基因、克隆位点、启动子和终止子等。

② 正确获得构建质粒克隆载体的元件　一般采用限制性核酸内切酶切割出质粒 DNA 分子，获得含有某种元件的 DNA 片段，还可以采用 PCR 技术从靶 DNA 中扩增出含某种元件的特异性 DNA 片段。

③ 组装合适的选择标记基因　构建的质粒克隆载体应该组装什么样的选择标记基因，必须根据要转化的受体细胞的特性来决定。

④ 选择合适的启动子　为了构建表达质粒的克隆载体，必须组装合适的启动子，当设计真核生物的基因须在原核生物中表达式，常改用原核生物或病毒（噬菌体）基因的启动子，而原核生物基因在真核细胞中表达时，仍可用原核生物基因的启动子。

由于质粒载体可用于简便、快速、大量地制备某些克隆的 DNA 片段，多年来被广泛采用并改进，产生了更多更有用的质粒载体，如 PBR322、PUC 系列、PSP 系列、BluescriptM 等。这些载体多已商品化，可以直接购买。

(2) 病毒和噬菌体载体

病毒主要有 DNA（或 RNA）和外壳蛋白组成，经包装后成为病毒颗粒。通过感染，病毒颗粒进入宿主细胞，利用宿主细胞的合成系统进行 DNA（或 RNA）复制和壳蛋白的合成，实现病毒颗粒的增殖。把感染细菌的病毒专门称为噬菌体，由此构建的克隆载体则称为噬菌体克隆载体。

噬菌体作为载体，可插入长 10～20kb 甚至更大的一些外源 DNA 片段，又由于噬菌体有较高的增殖能力，有利于目的基因的扩增，从而成为当前基因工程研究的重要载体之一。野生型的噬菌体必须经过改造，才能成为比较理想的基因工程载体。噬菌体中首先被改造成为载体的是 λ 噬菌体，此外还有单链噬菌体载体、黏性质粒载体等。

λ 噬菌体由头和尾构成，其基因组是长约 49kb 的线性双链 DNA 分子，组装在头部蛋白质外壳内部，其序列已被全部测出。λ 噬菌体感染时，通过尾管将基因组 DNA 注入大肠杆菌，而将其蛋白质外壳留在菌外。DNA 进入大肠杆菌后以其两端 12bp 的互补单链黏末端环化成环状双链，可以两种不同的方式繁殖（图 3-5）：溶菌性方式（lytic pathway）和溶源性方式（lysogenic pathway）。λ 噬菌体含有线性双链 DNA 分子，其长度为 48502bp，两段各有由 12 个核苷酸组成的 5′端凸出的互补黏性末端，当 λDNA 进入宿主细胞后，互补黏性末端连接成环状 DNA 分子，连接处称为 cos 位点（图 3-6）。

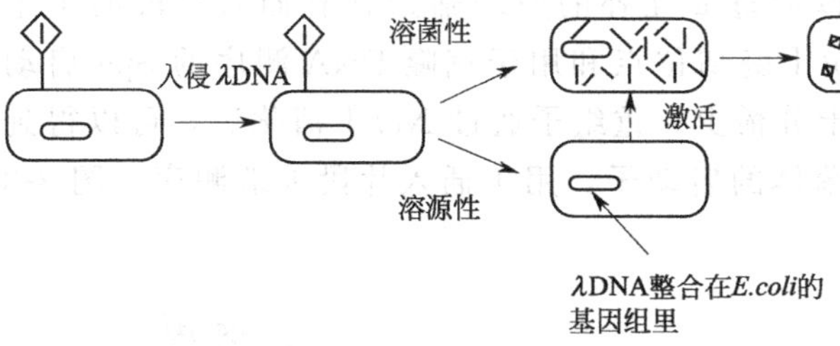


图 3-5 λ 噬菌体的两种繁殖方式

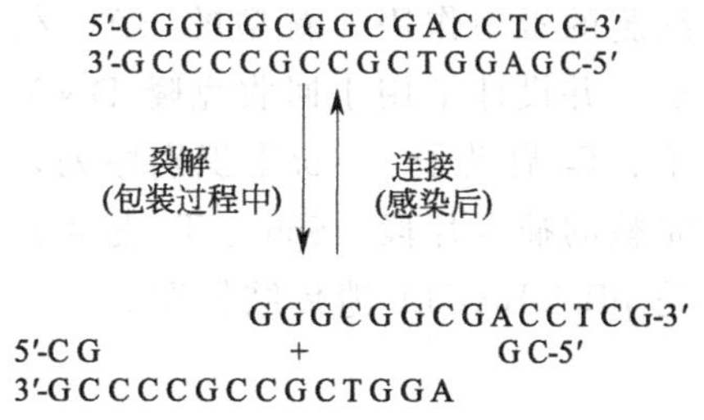


图 3-6 λ 噬菌体的 cos 位点

构建 λ 噬菌体载体的基本途径如下：①抹去某种限制性内切酶在 λDNA 分子上的一些识别序列，只在非必需区保留 1～2 个识别序列；②用合适的限制性内切酶切去部分非必需区，但是由此构建的 λDNA 载体不应小于 38kb；③在 λDNA 分子的合适区域插入可供选择的标记基因。值得指出的是，没有适用于克隆所有 DNA 片段的万能 λ 噬菌体载体，必须根据需要选择合适的噬菌体载体。

（3）人工染色体克隆载体

人工染色体克隆载体实际上是一种穿梭克隆载体，含有质粒克隆载体所必备的第一受体（大肠杆菌）源质粒复制起始位点，还含有第二受体（如酵母菌）染色体 DNA 着丝点、端粒和复制起始位点的序列，以及合适的选择标记基因。这样的克隆载体在第一受体细胞内可以按质粒复制形式进行高拷贝复制，在体外与目的 DNA 片段重组后，转化第二受体细胞，可在转化的细胞内按染色体 DNA 复制的形式进行复制和传递，筛选第一受体的克隆子，一般采用抗菌素抗性选择标记；而筛选第二受体的克隆子，常用与受体互补的营养缺陷型。与其他克隆载体相比，人工染色体克隆载体的特点是能容纳长达 1000kb 甚至 3000kb 的外源 DNA 片段。

常见的人工染色体克隆载体主要有酵母人工染色体、细菌人工染色体载体和 P1 人工染色体载体等。

酵母人工染色载体（YAC）是利用酿酒酵母（*Saccharomyces cerevisiae*）的染色体的复制元件构建的载体，其工作环境也是在酿酒酵母中。酿酒酵母的形态为扁圆形和卵形，生长的代时为 90min。YAC 载体的复制元件是其核心组成成分，其在酵母中复制的必需元件包括复制起点序列即自主复制序列、用于有丝分裂和减数分裂功能的着丝粒和两个端粒（TEL）。YAC 载体的选择标记主要采用营养缺陷型基因，如色氨酸、亮氨酸和组氨酸合成缺陷型基因 *trp1*、*leu2* 和 *his3*、尿嘧啶合成缺陷型基因 *ura3* 以及赭石突变抑制基因 *sup4* 等。与 YAC 载体配套工作的宿主酵母菌（如 AB1380）的胸腺嘧啶合成基因带有一个赭石突变 *ade2-1*。带有这个突变的酵母菌在基本培养基上形成红色菌落，当带有赭石突变抑制基因 *sup4* 的载体存在于细胞中时，可抑制 *ade2-1* 基因的突变效应，形成正常的白色菌落。利用这一菌落颜色转变的现象，可用于筛选载体中含有外源 DNA 片段插入的重组子。图 3-7 是典型的 YAC 载体工作原理。

细菌人工染色体载体（BAC）是基于大肠杆菌的 F 质粒构建的，高通量低拷贝的质粒载体。每个环状 DNA 分子中携带一个抗生素抗性标记，一个来源于大肠杆菌 F 因子（致育因子）的严谨型控制的复制子 oriS，一个易于 DNA 复制的由 ATP 驱动的解旋酶。BAC 载体的低拷贝性可以避免嵌合体的产生，减小外源基因的表达产物对宿主细胞的毒副作用。新型的 BAC 载体可以通过 α 互补的原理筛选含有插入片段的重组子，并设计了用于回收克隆 DNA 的 *Not* Ⅰ酶切位点和用于克隆 DNA 测序的 Sp6 启动子、$T_7$ 启动子。*Not* Ⅰ识别序列，位点十分稀少。重组子通过 *Not* Ⅰ消化后，可以得到完整的插入片段。Sp6 、$T_7$ 是来源于噬菌体的启动子，用于插入片段末端测序。图 3-8 是 pBeloBAC11 遗传结构图。

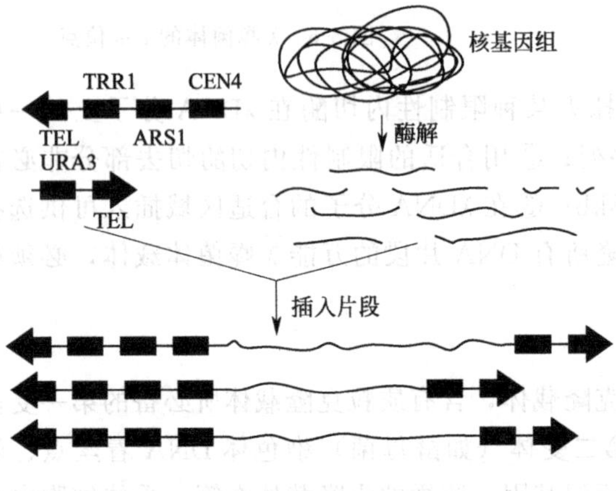


图 3-7　YAC 载体工作原理

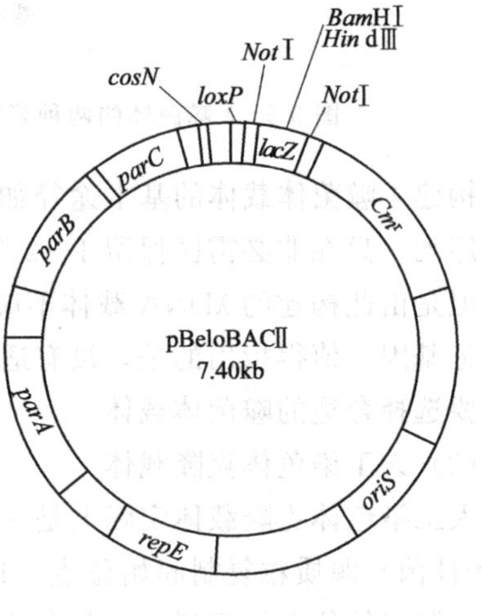


图 3-8　pBeloBAC11 遗传结构图

P1 人工染色体载体（PAC）结合了 P1 载体和 BAC 载体的最佳特性，包括阳性选择标记 sacB 及噬菌体 P1 的质粒复制子和裂解性复制子。然而除了将连接产物包装进入噬菌体颗粒以及在 cre-loxP 位点使用位点特异性重组产生质粒分子以外，在载体连接过程中产生的环状重组 PAC 也可能用电穿孔的方法导入大肠杆菌中，并且以单拷贝质粒状态维持。基于 PAC 的人类基因组文库插入片段的大小在 60～150kb 之间。

### 3.2.4　目的基因导入技术

将目的基因导入受体细胞是实施基因工程的第三步。目的基因的片段与运载体在生物体外连接形成重组 DNA 分子后，下一步是将重组 DNA 分子引入受体细胞中进行扩增。

DNA 重组使用的受体细胞，也称宿主细胞或表达系统，为目的基因的表达（包括复制、转录、翻译、后加工、分泌等）提供条件。已使用的受体细胞主要有三大类：微生物表达系统（大肠杆菌、酵母菌、枯草芽孢杆菌等）、植物细胞表达系统（农杆菌）和动物细胞表达系统。作为基因工程的受体细胞必须具备下面的性能：①具有接受外源 DNA 的能力；②一般应为限制酶缺陷型（或限制与修饰系统均缺陷）；③一般应为 DNA 重组缺陷型；④不适于在人体内或在非培养条件下生存；⑤它的 DNA 不易转移。

根据受体细胞不同，目的基因导入的方法通常分为原核细胞系统和真核细胞系统。

(1) 目的基因导入原核细胞

把外源 DNA 分子导入细菌细胞的过程称为转化，转化过程包括制备感受态细胞和转化处理。感受态细胞（competent cell）是指处于能摄取外界DNA分子的生理状态的细胞。在制备感受态细胞过程中，应注意几点：①在最适培养条件下培养受体细胞至对数生长期，培养时一般控制受体细胞密度$OD_{600}$在0.4左右；②制备的整个过程控制在0～4℃；③为提高转化率，可选用$CaCl_2$溶液，又称氯化钙导入法。

细菌转化（或转染）的具体操作程序是：将DNA分子同经过$CaCl_2$处理的大肠杆菌感受态细胞混合，置冰浴中培养一段时间之后，在42℃水浴中作短暂的热刺激。目前$CaCl_2$转化方法的机制尚不清楚，可能是细胞壁被打了一些孔，DNA分子即从这些孔洞中进入细胞，而这些孔洞随后又可以被宿主细胞修复。大肠杆菌是目前应用最广泛的基因克隆受体，需经诱导才能变成感受细胞，而有些细胞可自然转变到感受态，或改变培养条件和培养基就可实现这种转变。

外源DNA分子还可以通过电穿孔法转入受体细胞。所谓电穿孔法（electroporation），就是把宿主细胞置于一个外加电场中，通过电场脉冲在细胞壁上打孔，细胞膜（基本组成为磷脂）由于电位差太大而呈现不稳定状态，从而产生孔隙使DNA分子随即进入细胞，但还不至于使细胞受到致命伤害，当移出外加电场后，被击穿的膜孔可以自行复原。通过调节电场强度、电脉冲的频率和用于转化的DNA浓度，1μg DNA可以得到$10^9$～$10^{10}$个转化子。电穿孔法可以转化较大的重组质粒（大于100kb），也可以转化小质粒（约3kb）。对于大肠杆菌来说，大约50μL的细菌与DNA样品混合后，置于装有电极的槽内，然后选用大约25μF、2.5kV和2000Ω的电场强度处理4.6ms，即可获得理想的转化效率。

还有一种λ噬菌体导入法，也称体外包装颗粒的转导，是一种使用体外包装体系的特殊的导入技术。它先将重组的λ噬菌体DNA或重组的柯斯载体DNA，包装成具有感染能力的λ噬菌体颗粒，然后经过在受体细胞表面上的λDNA接收器位点，使这些带有目的基因序列的重组体DNA注入大肠杆菌宿主细胞。这种克隆载体的好处是噬菌体本身具备感染特性，因此导入效率很高。

(2) 目的基因导入真核细胞

常见的真核细胞包括酵母细胞、动物细胞和植物细胞。酵母菌由于生长条件简单，成为真核生物基因工程优先选择的宿主细胞。酵母细胞存在细胞壁，因此需要先将细胞壁用纤维素酶水解，然后用氯化钙和聚乙二醇刺激使重组DNA被吸收，再将无细胞壁的酵母细胞置于琼脂平板上培养，就能生出细胞壁来。

外源DNA导入真核细胞的方法多种多样，主要有以下几类。

① 磷酸钙介导的转染法　先将重组DNA同$CaCl_2$混合制成$CaCl_2$-DNA溶液，随后与磷酸钙形成DNA-磷酸钙沉淀，黏附在细胞表面，达到转染目的。被感染的DNA同正在溶液中形成的磷酸钙微粒共沉淀后，通过内吞作用进入受体细胞。

② 脂质体介入法　脂质体是由人工构建的磷脂双分子层组成的膜状结构，把用来转染的DNA分子包在其中，通过脂质体与细胞接触，把外源DNA分子导入受体细胞。基本原理是：细胞膜表面带负电荷，脂质颗粒带正电荷，以电荷间引力将DNA、mRNA及单链RNA导入细胞内。

③ 脂质转染法　用人工合成的阳离子类脂，与外源DNA结合，借助类脂容易穿越脂膜的特性将DNA导入。阳离子脂质体表面带正电荷，能与核酸的磷酸根通过静电作用将DNA分子包裹入内，形成DNA-脂复合体，也能被表面带负电荷的细胞膜吸附，再通过膜

的融合或细胞的内吞作用，也可通过直接渗透作用，传递进入细胞，形成包含体或进入溶酶体，其中一小部分DNA能从包含体内释放，进入细胞质中，最后再进一步进入核内转录、表达。

④ 基因枪　金属微粒在外力作用下达到一定速度后，可以进入真核细胞内，但又不引起细胞致命伤害，仍能维持正常的生命活动。利用这一特性，先将含目的基因的外源DNA同直径1μm左右的惰性重金属钨、金等金属微粒混合，使DNA吸附在金属微粒表面，随后用基因枪轰击，通过氦气冲击波使DNA随高速金属微粒进入真核细胞内部。

⑤ 多聚物介导法　聚乙二醇（PEG）和多聚赖氨酸等是协助DNA转移的常用多聚物，尤以PEG应用最广。这些多聚物同二价阳离子（如$Mg^{2+}$、$Ca^{2+}$、$Mn^{2+}$等）和DNA混合，可在原生质体表面形成颗粒沉淀，使DNA进入细胞内。这种方法常用于酵母细胞以及其他真菌细胞。处于对数生长期的细胞或菌丝体用消化细胞壁的酶处理变成球形体后，在适当浓度的聚乙二醇6000的介导下将外源DNA导入受体细胞中。

基因导入真核细胞的方法还有原生质体融合法、激光微束穿孔法、病毒导入法等，可根据具体要求进行选择。

### 3.2.5 重组体的筛选技术

目的基因导入受体细胞后，并非能全部按照预先设计的方式重组，由于操作的失误及不可预测因素的干扰等，真正获得目的基因并能有效表达的克隆子一般来说只是一小部分，而绝大部分仍是原来的受体细胞，或者是不含目的基因的克隆子。为了从处理后的大量受体细胞中分离出真正的克隆子，目前已建立起一系列筛选和鉴定的方法。主要有三类：①生物学方法，如遗传学方法、免疫学方法和DNA-蛋白质筛选法等；②核酸杂交方法，如原位杂交、Southern杂交、Northern杂交等；③物理方法，如电泳法等。

(1) 遗传学方法

利用抗生素抗性基因进行重组体筛选是使用最早、最广泛的一种遗传学方法。质粒常带有耐药性基因，如四环素抗性基因（$Tet^r$）、氨苄西林抗性基因（$Amp^r$）、卡那霉素抗性基因（$Kan^r$）等，当编码有这些耐药性基因的质粒携带目的DNA进入宿主细胞后，便可在内含这些抗生素的培养基中生长。筛选的目的是要证实携带有目的DNA的质粒存在而不是单独这类质粒的存在，因为不携带目的基因的质粒进入宿主与DNA重组无关。为了防止出现误检，常采用插入缺失的方法，即在体外故意将目的DNA插入到原质粒的某个抗性基因之中，因此宿主细胞可在内含这一抗生素的培养基中存活，其余的被抑制或杀灭，这一方法称为插入失活检测法。在实际操作中，同一质粒往往有两种耐药性基因，其中一个插入失活后，另一个仍完整存在，所以需要经过两次筛选才能确认是其中哪一个耐药性基因被插入，这样就显得比较麻烦（图3-9）。

利用耐药性基因进行筛选的另一方法是直接筛选法。由于在一种质粒上往往具有两种耐药性基因，用插入失活检测法需要分别在含两种抗生素的平板上进行筛选，而直接筛选法则可以在一个平板上进行。将插入缺失重组后转化的宿主细胞培养在含四环素和环丝氨酸的培养基中，重组体$Tet^r$生长受到抑制，非重组体$Tet^r$虽能使细胞生长，但因在蛋白质合成时由于丝环氨酸的渗入而导致细胞死亡，受到抑制的重组体$Tet^r$因仅仅是受抑制，故接种到

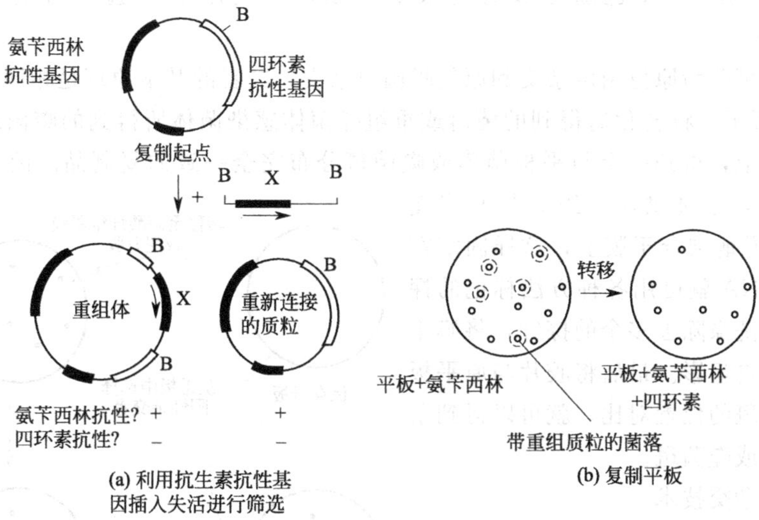


图 3-9 利用抗生素抗性基因进行重组体筛选

另一培养基中时便可重新生长，由此可达到筛选的目的。

营养缺陷互补法是另外一种遗传学方法。重组后进入的外来 DNA 补充宿主细胞在营养代谢上缺少的基因，如宿主细胞缺少亮氨酸合成酶基因，选择性培养基实际上就是恰好缺少宿主细胞不能合成的那种物质。利用 $\beta$-半乳糖苷酶显色反应进行蓝白斑筛选是一种典型的营养缺陷互补筛选法，它大大简化了在质粒载体中鉴定重组体的工作。

(2) 免疫学方法

免疫学方法是一个专一性强、灵敏度高的方法。在某些情况下，如待测的重组体既无任何基因表现特征，又没有容易获得的杂交探针，那么免疫学方法则是筛选重组体的重要方法。只要一个克隆的目的基因能够在大肠杆菌寄主细胞中实现表达，合成出外源的蛋白质，就可以采用免疫化学法检测重组全克隆。免疫化学检测法可分为放射性抗体测定法和免疫沉淀测定法，这些方法都需要使用特异性的抗体。

(3) DNA-蛋白质筛选法

DNA-蛋白质筛选法是专门设计用来检测同 DNA 特异性结合的蛋白质因子的一种方法，已成功地用于筛选并分离表达融合蛋白质的克隆。合成此种融合蛋白的重组 DNA 分子中的外源 DNA 序列，编码一种能专门同某一特定 DNA 序列结合的 DNA 结合蛋白。此法的基本操作程序是：用醋酸纤维素膜进行噬菌斑转移，使其中的蛋白质吸附到滤膜上，再将此滤膜同放射性同位素标记的含有 DNA 结合蛋白质编码序列的双链 DNA 寡核苷酸探针杂交，最后根据放射自显影的结果筛选出阳性反应克隆。

(4) 原位杂交

核酸杂交法的一种，它是让含重组体的菌落或噬菌斑由平板转移到滤膜上并释放出 DNA，变性固定在膜上，再同 DNA 探针杂交。其关键是获得有放射性或非放射性但有其他类似放射性的探针，探针的 DNA 或 RNA 序列是已知的。所依据的原理是利用放射性同位素（$^{32}P$ 或 $^{125}I$）标记的 DNA 或 RNA 探针进行 DNA-DNA 或 RAN-DNA 杂交，即利用同源 DNA 碱基配对的原理检测特定的重组克隆。它是由 Grunstein 和 Hogness 在 1975 年提出的，1980 年 Hanahan 和 Meselon 通过改进，大大提高了检测效率。原位杂交也随之成为有效的手段，广泛用于筛选基因组 DNA 文库和 cDNA 文库等。

原位杂交可分为原位菌落杂交和原位噬菌斑杂交，二者的基本原理是相同的。其基本流程如图 3-10 所示。将转化后得到的菌落或重组噬菌体感染菌体所得到的噬菌斑原位转移到硝酸纤维素膜上，得到一个与平板菌落或噬菌斑分布完全一致的复制品。菌体或噬菌体裂解、碱变性后，通过烘烤（约 80℃）将变性 DNA 不可逆地结合于膜上，这样固定在膜上的单链 DNA 就可用各种方法标记的探针进行杂交。洗涤除去多余的探针，将膜干燥后进行放射自显影。最后将胶片与原平板上菌落或噬菌斑的位置对比，就可以得到杂交阳性的菌落或噬菌斑。

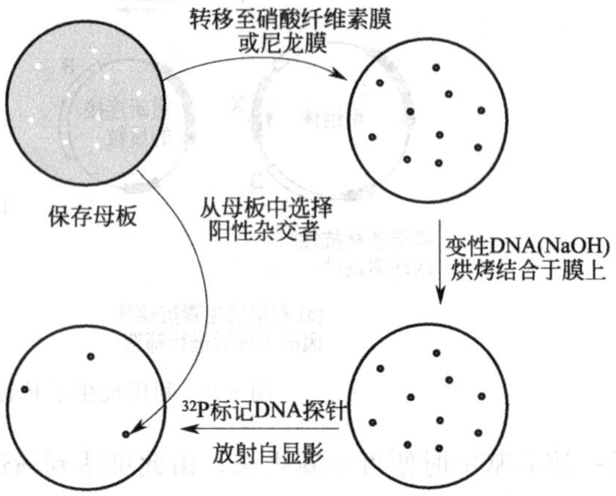

图 3-10　原位杂交筛选原理示意图

(5) 印迹杂交技术

印迹杂交是基因诊断技术的一种，在基因操作中，把 DNA 或 RNA、蛋白质等在薄膜滤器上先经浸润、固定后，于薄膜滤器上进行杂交，生成杂种分子。印迹杂交为基因操作中最常用的技术，有 Southern 印迹杂交、Northern 印迹杂交、Western 印迹杂交等多种方式。

Southern 印迹杂交是 1975 年英国爱丁堡大学 E. M. Southern 提出的。该方法是利用琼脂糖凝胶电泳分离经限制性内切酶消化的 DNA 片段，将胶上的 DNA 变性并在原位将单链 DNA 片段转移至尼龙膜或其他固相支持物上，经干烤或者紫外线照射固定，再与相对应结构的标记探针进行杂交，漂洗除去非特异性结合的探针，用放射自显影或酶反应显色检查目的 DNA 分子所在的位置及其含量。如图 3-11 所示。

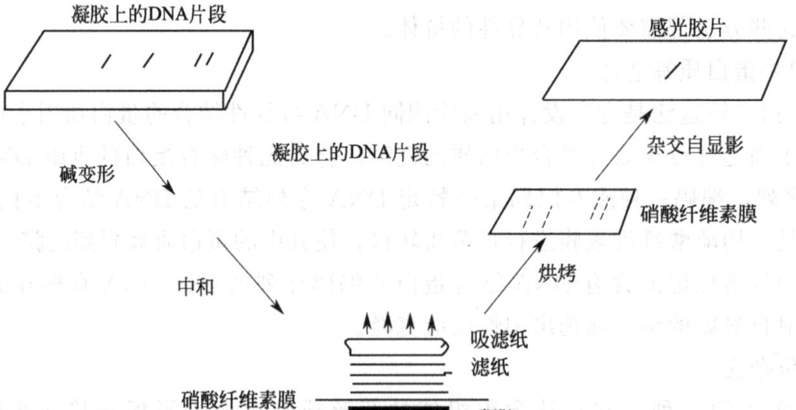

图 3-11　Southern 杂交过程

Northern 印迹杂交由 Southerm 印迹杂交法演变而来，其被测样品是 RNA。经甲醛或聚乙二醛变性及电泳分离后，转移到固相支持物上，进行杂交反应，以鉴定其中特定 mRNA 分子的量与大小。该法是研究基因表达常用的方法，可推算出基因的表达程度。

与此原理相似的蛋白质印迹技术则被称为 Western blot。该方法是将蛋白样本通过聚丙烯酰胺电泳按相对分子质量大小分离，再转移到杂交膜（blot）上，然后通过一抗/二抗复合物对靶蛋白进行特异性检测的方法。Western 印迹杂交是进行蛋白质分析最流行和最成熟的技术之一。

印迹杂交与原位杂交的最大区别是，用于杂交的核酸需经分离、纯化、限制酶解、凝胶电泳分离，然后转移到硝酸纤维素膜等固体支持物上，再与相应的探针杂交。凝胶中 DNA 或 RNA 片段的相对位置在其转移到膜的过程中继续保持着，而膜上的 DNA 或 RNA 与 $^{32}P$ 标记的探针杂交，通过放射自显影确定与探针互补的每一条带的位置，从而可以确定某一特定序列 DNA 或 mRNA 片段的位置与大小。

## 3.3 基因工程技术在环境污染治理中的应用

随着工业的发展，大量的合成有机化合物进入环境，其中绝大部分难于生物降解或降解缓慢，如多氯联苯、多氯烃类化合物，其水溶性差，难生物降解，致使在环境中的持留时间长达数十年。基因工程为改变细胞内的关键酶或酶系统提供了可能，从而达到以下目的：①提高微生物的降解速率；②拓宽底物的专一性范围；③维持低浓度下的代谢活性；④形成降解有毒污染物的新型催化活性（表 3-2）；⑤改善微生物的其他生物学特性（表 3-3）。

**表 3-2 形成降解有毒污染物的新型催化活性**

| 污染物 | 微生物细胞 | 说明 |
|---|---|---|
| 樟脑、萘、水杨酸 | *Pseudomonas putida* | 引入几个稳定的质粒 |
| | *Pseudomonas aeruginosa* | |
| 氯代甲基芳香化合物 | *Pseudomonas* sp. | 引入五种芳香化合物降解途径中的相关酶基因 |
| | *Pseudomonas putida* | 修饰儿茶酚-2,3-双氧合酶 |
| 4-苯甲酸乙酯 | *E. coli* | 引入 *Pseudomonas mendocina* 的基因降解三氯乙烷 |
| 三氯乙烷 | *E. coli* | 引入 *Pseudomonas* sp. 的基因降解 PCB |
| 多氯联苯(PCB) | *Pseudomonas* sp. | 突变株，能耐受 3-氯苯甲酸 |
| 3-氯联苯 | *Acinetobacter* sp. | |

**表 3-3 改善微生物的其他生物学特性**

| 特性 | 微生物细胞 | 说明 |
|---|---|---|
| 提高生长速率 | *Methylophilus methylotrophus* | 谷氨酰胺脱氢酶系统取代谷氨酸/谷氨酰胺合成酶系统 |
| | *Aspergillus nidulans* | 过量表达 3-磷酸甘油醛脱氢酶 |
| 提高细胞密度 | *E. coli* | 引入 *Z. mobilis* 乙醇产生基因，改变乙酸到乙醇的代谢方向 |
| 提高与氧代谢相关过程的速率 | *E. coli* | 引入 *vhb* 基因，提高氧的利用率 |
| 絮凝 | *E. coli* | 引入絮凝基因 |
| 提高对金属离子的耐受性 | *E. coli* | 克隆合成巯基的基因 |
| 提高对盐和低温的耐受性 | *E. coli* | 过量表达富含脯氨酸的多肽 |
| 生物发光检测有机金属化合物 | 各种受体细胞 | 引入 *Xenorhabdus luminescens* 的 *lux* 基因 |

目前，基因工程做成的 DNA 探针能够十分灵敏地检测环境中的病毒、细菌等微生物，利用基因工程培育的指示生物能十分灵敏地反映环境污染的情况，却不易因环境污染而大量

死亡，甚至还可以吸收和转化污染物；基因工程做成的“超级细菌”能吞食和分解多种污染环境的物质。通常一种细菌只能分解石油中的一种烃类，用基因工程培育成功的“超级细菌”却能分解石油中的多种烃类化合物。有的还能吞食转化汞、镉等重金属，分解DDT等毒害物质。

### 3.3.1 微生物基因改造

(1) 设计复合代谢途径

代谢工程亦称途径工程和代谢设计，是一门利用分子生物学原理系统分析细胞代谢网络、并通过DNA重组技术合理设计细胞代谢途径及遗传修饰，进而完成细胞特性改造的应用性学科。其核心内容是对细胞代谢网络进行修饰，以更好地利用细胞代谢进行化学转化、能量转导和超分子组装，完成这一过程首先要对细胞的分解代谢和合成代谢中的多步级联反应进行合理设计，然后利用DNA重组技术强化和/或灭活控制代谢途径的相关基因。代谢工程把细胞的生化反应看作一个整体，假定细胞内的物质、能量处于一拟稳态，通过测定胞外物质浓度根据物料平衡计算细胞内的代谢流，并针对细胞内外环境的不稳定性，揭示细胞代谢的动态变化规律。在此基础上，构建新的代谢途径，将具有特定功能的工程菌应用于实际操作。

细胞是生命活动的基本功能单位，其所有的生理生化过程（即细胞代谢活性的总和）是由一个可调控的、大约有上千种酶催化反应高度偶联的网络以及选择性的物质运输系统来实现的。在大多数情况下，细胞内生物物质的合成、转化、修饰、运输和分解各过程需要经历多步酶催化的反应，这些反应又以串联的形式组合成为途径，其中前一反应的产物恰好是后一反应的底物。根据底物在代谢反应中对通用性酶和特异性酶的使用要求，可将细胞内所有的生物分子分成两大类，一级基因产物和二级基因产物，前者包括tRNA、rRNA、多糖、酯类、蛋白质和核酸等，后者包括氨基酸、维生素、抗生素、核苷酸等小分子化合物。

严格地讲，细胞代谢途径实质上就是与一组特定的流入和流出代谢物质相联系的任何一个合理的可观察的生化反应序列。由于生物细胞自身固有的代谢途径对于实际应用而言并非最优，因此人们需要对之进行目的性修饰，代谢工程的基本理论及其应用策略就是在这一发展背景下形成的。

目前，利用对不同底物具有降解活性的酶的组合构建新的复合代谢途径，已成功应用于卤代芳烃、烷基苯乙酸等的降解。通过引入编码新酶的活性基因，或对现有的基因物质进行改造、重组，构建新的微生物，可用于氯代芳烃等物质的降解。硝基芳香族化合物如2,4,6-三硝基甲苯（简称TNT，是炸药的主要成分），由于苯环上有强的吸电子基团（—$NO_2$），因此难以被好氧生物降解，有关TNT作为微生物唯一碳源的报道极少，并且硝基脱除后形成的甲苯或其他芳香族衍生物也难以被进一步降解。研究者分离出一株假单胞菌，可以利用TNT作为唯一氮源，但形成的代谢产物甲苯、氨基甲苯和硝基甲苯不能被进一步降解。因为该微生物不能利用甲苯为碳源生长，硝基甲苯还原形成的氨基甲苯仍然难以被降解。将具有甲苯降解能力的TOL质粒pWWO-Km导入该微生物，同时进一步修饰消除其硝酸盐还原反应，这样构建的微生物可以利用TNT为唯一碳源和氮源生长，并可以使TNT完全降解。

(2) 拓宽氧化酶的专一性

许多有毒有害有机物，如芳香烃、多氯联苯（PCB）、氯代烃等，其最初的代谢反应大多由多组分氧合酶催化进行，这些关键酶的底物专一性阻碍了一些有机物的代谢，如多氯联苯的异构体等。如何拓宽这些酶的底物范围以有效降解环境中的这类物质，是环境生物技术领域研究的一个重要方面。

对于多氯联苯-联苯降解菌 *Pseudomonas pseudoalcaligenes* 和甲苯-苯降解菌 *Pseudomonas putida* F1，其最初双氧合酶编码基因的遗传结构、大小和同源性是相似的。然而 *Pseudomonas pseudoalcaligenes* 不能氧化甲苯，而 *Pseudomonas putida* F1 不能利用联苯作为碳源生长。将两种双氧合酶不同组分的编码基因“混合”，可以构建复合酶体系，以拓宽其底物专一性（图 3-12）。

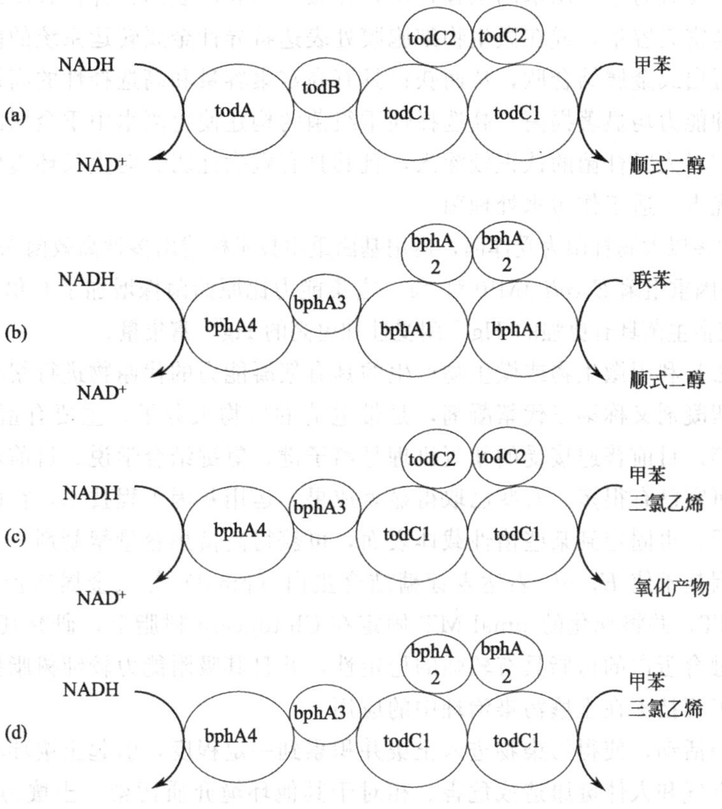


图 3-12 甲苯-联苯双氧合酶的复合组成

(a) 野生型甲苯双氧合酶的亚单元组分；(b) 野生型联苯双氧合酶的亚单元组分；(c) 包含甲苯双氧合酶终端组分和联苯双氧合酶部分组分的杂合酶体系，该系统扩充了对甲苯和三氯乙烯的底物专一性；(d) 由氧合酶组分结合构建的杂合酶，该酶由含有甲苯双氧合酶的大亚单位和联苯双氧合酶的小亚单位的氧合酶与联苯双氧合酶构建成，具有扩充的底物专一性

三氯乙烯（TCE）是一类广泛存在且难以生物降解的有机污染物，虽然某些氧合酶可以氧化该分子，但氧化速率通常很低。甲苯双氧合酶对 TCE 具有部分活性，但在催化易失活。*Pseudomonas pseudoalcaligenes* 中天然的联苯双氧合酶不能氧化 TCE，但实验发现，构建的包含甲苯双氧合酶大氧合酶亚单元的杂合联苯双氧合酶体系可以氧化 TCE，并且其氧化速率为天然甲苯双氧合酶的 3 倍。如果复合酶在 TCE 氧化过程中比甲苯双氧合酶更稳定，那么利用这种方法构建出新的酶系统，拓宽其底物专一性，在环境污染物降解应用方面中将大有所为。

### 3.3.2 基因工程技术与污染治理

（1）基因工程技术在废水处理中的应用

生物法是废水处理的主要方法，由于废水的多样性及其成分的复杂性，自然微生物降解污染物的酶活性有限，利用基因工程技术对这些菌株进行遗传改造，提高微生物酶的降解活性，可以定向获得具有特殊降解性状的高效菌株，大量繁殖后可方便地应用于水污染处理。因此，构建基因工程菌是现代废水处理技术的一个重要研究方向，具有广阔的应用前景。

运用基因工程技术构建具有高效降解能力的菌株是目前的研究热点，国内外学者均进行了大量研究。主要致力于应用基因工程技术，在微生物表面表达特异性金属结合蛋白或金属结合肽进而提高富集容量，或在微生物细胞膜处表达特异性金属转运系统的同时，在细胞内表达金属结合蛋白或金属结合肽，从而获得具有高富集容量和高选择性的高效菌株。构建出的菌株废水处理能力均显著提高，高选择性重组菌的构建使得废水中重金属的再资源化成为可能。由于人们对大肠杆菌的认识较深入，且其具有致病性弱、对生长环境要求不高、易于检验和培养的优点，适于作污水处理菌。

目前研究中多以大肠杆菌为受体菌，运用基因重组技术构建出多种高效菌株。在含镍废水的处理试验中，基因重组菌 *E. coli* JM10 对 $Ni^{2+}$ 富集能力比原始菌株增加了 6 倍多。基因工程菌 *E. coli* JM109 较宿主菌具有更强的 $Hg^{2+}$ 耐受性和更高的 $Hg^{2+}$ 富集量。

生物絮凝法是利用微生物或微生物产生的具有絮凝能力的代谢物进行絮凝沉淀的一种除污方法。生物絮凝剂又称第三代絮凝剂，是带电荷的生物大分子，主要有蛋白质、黏多糖、纤维素和核糖等。目前普遍接受的絮凝机理是离子键、氢键结合学说。目前对于硅酸盐细菌絮凝法的应用研究已有很多，有些已取得显著成果。运用基因工程技术，在菌体中表达金属结合蛋白分离后，再固定到某些惰性载体表面，可获得高富集容量絮凝剂。

利用转基因技术使 *E. coli* 表达麦芽糖结合蛋白（pmal）与人金属硫蛋白（MT）的融合蛋白 pmal-MT，并将纯化的 pmal-MT 固定在 Chitopeara 树脂上，研究其对 $Ca^{2+}$ 的吸附特性，该固定融合蛋白的树脂具有较强的稳定性，并且其吸附能力较纯树脂提高十倍以上。

（2）基因工程技术在土壤污染治理中的应用

由于人类的活动，使得污染物进入土壤并积累到一定程度，引起土壤环境质量恶化，对生物、水体、空气和人体健康造成危害。相对于其他环境介质污染，土壤污染具有隐蔽性、潜伏性、长期性和不可逆性，并且土壤对污染物有富集作用。因此对于土壤污染的治理受到了广大人民的关注。

落地油和含油污水对土壤造成了严重污染，大量的油泥，不仅造成严重的环境问题，同时也给石油行业造成重大的经济损失。在生命科学已成为自然科学核心的今天，一批具有特殊生理生化功能的植物、微生物应运而生，基因修饰、基因改造、基因转移等现代生物技术的渗透推动了污油土壤处理生物技术的进一步发展，因此，利用生物技术进行油污土壤治理，具有广阔的应用前景。

美国利用 DNA 重组技术把降解芳烃、萜烃、多环芳烃、脂肪烃的 4 种菌体基因链接，转移到某一菌体中构建出可同时降解 4 种有机物的“超级细菌”，用之清除石油污染，在数小时内可将水面浮油中的 2/3 烃类降解。在石油开采过程中，采出的原油含有大量水分，原油脱下的废水中，含有大量的石油污染物，基因工程菌降解效率高、底物范围广、表达稳定，比自然环境中的降解性微生物更具竞争力，例如 PCP103 菌株的构建。

美国加利福尼亚大学的微生物学工作者培育出了一种以PCB（多氯联苯）为食物的细菌。PCB是一种污染环境的致癌物质，它不能被一般的自然过程降解，这种从实验室中培育成的细菌被认为是有效解决这一难题的工具。该大学的研究人员是将一种一般土壤细菌（恶臭假单胞菌）的两个菌株的DNA进行交换，产生一种杂交的突变菌株。该基因交换菌株能破坏联苯基，而联苯基正是构成PCB分子的一个关键基团。PCB由两个苯环组成的，有剧毒，在它们紧密结合时便成为潜在的致癌物。PCB进入人体后，不能被人体的新陈代谢过程破坏，且能传给下一代。这种物质也能长期保存在土壤中不会被分解。新培育出的这种两个菌株的遗传物质发生交换的突变菌株则能分解PCB，可使这种有毒害的物质变成无害的物质——$H_2O$、$CO_2$和盐类。

### 3.3.3 基因工程安全性问题

1972年，第一个重组DNA分子在美国产生后，人们对于重组DNA潜在危险性的关注不断高涨。美国国家卫生研究院（National Institutes of Health，NIH）考虑到重组DNA的潜在危险性，组成了一个重组DNA咨询委员会专门进行研究。1976年，NIH制定并正式公布了“重组DNA研究准则”。为了避免可能造成的危险性，规则除了规定禁止若干类型的重组DNA实验之外，还制定了许多具体的规定条文。例如，在实验安全防护方面，明确规定了物理防护和生物防护两个方面的统一标准。随着研究的深入，研究者发现这一准则太过于严格，严重阻碍了基因工程的快速发展，因此，NIH多次对这一准则进行了修改，放宽了限制。就目前情况看，只要重组DNA的实验规模不大，不向自然界传播，实际上已不再受到任何法则的限制。当然，这并不是说重组DNA研究已不具有潜在危险性，相反，作为负责研究的人员对此必须保持清醒的认识，因为基因工程和社会伦理道德一直是社会关注的焦点问题。

# 第4章 酶工程

## 4.1 酶及酶工程

一切生物的生命活动都是由代谢的正常运转来维持的，代谢中的各种生物化学反应几乎都是在酶催化下进行的。因此，酶是生命活动不可缺少的条件，同时，还是分子生物学研究的重要工具，它促进了DNA重组技术的诞生，推动了基因工程的发展，是基因结构表达调控与分子生物学、分子遗传学不可缺少的工具。随着酶学的迅速发展，特别是酶的推广应用，酶和工程学相互渗透结合，发展成为一门新的技术科学——酶工程。

酶工程（enzyme engineering）是利用传统生物学或分子生物学技术，改造酶的化学性质和功能，利用酶所具有的生物催化功能，借助工程手段将相应的原料转化成有用物质并应用于社会生活的一门科学技术。它包括酶制剂的制备、酶的固定化、酶的修饰与改造及酶反应器等方面内容。

酶的使用已有几千年历史，但认识酶是从19世纪开始的。19世纪中叶，Pasteur等人对酵母的酒精发酵进行了大量研究，指出酵母中存在一些使葡萄糖转化为酒精的物质。1878年，Kunne首先把这种物质称为酶（enzyme），这个词来自希腊文，原意为"在酵母中"（in yeast），中文译为酶。20世纪70年代开始，固定化酶及其相关技术的产生使得酶工程正式登上了历史舞台，成为工业生产的主力军，在化工医药、轻工食品、环境保护等领域发挥着巨大的作用。1971年，第一届国际酶工程会议在美国召开，提出酶工程内容主要包括酶的生产、分离纯化、酶的固定化、酶及固定化酶的反应器等。20世纪80年代以来，基因工程及蛋白质工程在酶工程领域得到成功应用。运用基因工程技术，可以改善原有酶的各种性能，如提高酶的生产率、增加酶的稳定性、使其在后提取工艺和应用过程中更容易操作等。

到目前为止，已发现生物体内存在的酶有3000多种，而且每年都有新酶发现。近年来，酶的化学技术以及非水酶学也逐渐发展成为新的研究领域，非水系统中的酶的催化作用已广泛应用于药物、生物大分子、肽类、手性化合物化学中间体、非天然产物等的有机合成。

按化学组成，酶可以分为单纯酶和结合酶。单纯酶完全是由蛋白质组成，酶蛋白本身就具有催化活性，它分泌到细胞外，作为胞外酶，具有催化水解作用。结合酶由酶蛋白质和非蛋白质两部分构成，非蛋白部分又称为酶的辅因子，酶蛋白质必须与辅因子结合才具有催化活性；辅因子通常是对热稳定的金属离子或者有机小分子（如维生素）。与酶蛋白结合疏松的称为辅酶，结合较紧密的称为辅基。

按照国际系统分类命名原则，酶可分为氧化还原酶、转移酶、水解酶、裂解酶、异构酶、合成酶等六大类。

## 4.2 酶的催化特性及作用原理

### 4.2.1 酶的催化特性

酶作为催化剂，它具备一般催化剂的特性，即参与化学反应过程时可以改变化学反应的速率，但不改变化学反应的性质，在反应前后，酶的组成和质量不发生变化；又具有自身特点，如高效性、特异性、活性可调节性等。

(1) 高效性

在相同的条件下，酶的存在可以显著提高反应速率。与化学催化的反应速率相比，可相差 $10^7 \sim 10^{12}$。例如对于过氧化氢的分解，过氧化氢酶的反应速率为 $3.5\times10^6$ mol/(mL·L)，铁离子为 $5.6\times10^{-4}$ mol/(mL·L)，血红素为 $6.0\times10^{-1}$mol/(mL·L)。

酶的高效催化活性主要表现在：①极大地降低反应活化能，酶催化反应所需的活化能远低于非酶催化反应，仍以过氧化氢的分解反应为例，不同催化剂所需活化能如表 4-1 所示；②酶催化是多种催化因素的协同作用，包括酶底物的临近效应和定向效应、酶与底物相互诱导的扭曲变性和构象变化的催化效应、广义的酸碱催化、共价催化及酶活性中心微环境的影响等，这些因素在一个酶催化反应中往往是相互影响的，从而使得酶催化反应具有一般化学催化剂所无法达到的高效催化活性。

**表 4-1　过氧化氢分解反应的活化能**

| 催化剂 | 反应活化能/(kJ/mol) |
|---|---|
| 过氧化氢酶 | 8.36 |
| 胶态钯 | 48.94 |
| 无催化剂 | 75.24 |

(2) 特异性

酶的特异性是指酶的催化反应具有严格的选择性，即一种酶只能催化一种或一类结构类似的底物进行某种类型的反应。这种专一性是普通的化学催化反应无法比拟的。对于酶的专一性，一般认为与酶的结构有关。

酶是一种高度卷曲的蛋白质，具有内壳和外壳。外壳具有亲水性，易于水解，内壳具有疏水性结构，除特定物质外，其他物质不能进入。当符合基质特异性的物质进入时，便能进行特异的反应。如：淀粉酶与淀粉接触时，淀粉就能进入酶内，通过酶的氧化还原分解合成蛋白质。酶的这种特异结构符合 19 世纪 Fischer 提出的著名的“锁钥学说”(lock-and-key hypothesis)，即认为底物和酶在结构上严密互补，一把钥匙只能开一把锁，如图 4-1(a) 所示。20 世纪中期，Koshland 首先认识到底物的存在可以诱导酶活性部位发生一定的结构变化，并提出了著名的诱导契合学说 (induced-fit hypothesis)，如图 4-1(b) 所示。该学说是“锁钥学说”的发展，它指出酶分子与底物邻近时，酶分子受底物诱导，构象发生有利于与底物结合的变化，最终形成酶与底物的互补契合。X 射线衍射分析结果证实，绝大多数酶与底物结合时，确有显著的构象变化。

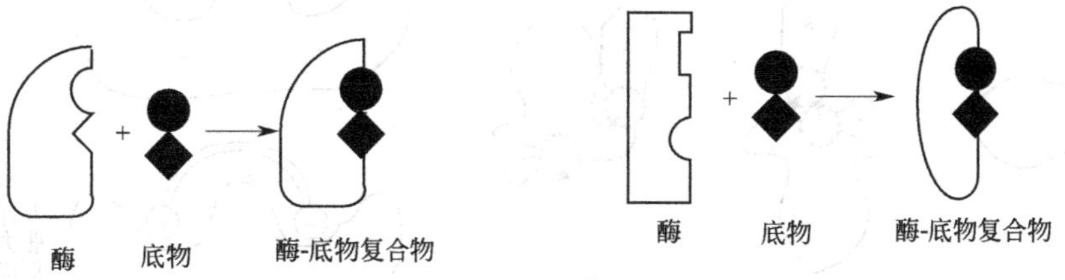


(a) 锁钥学说示意图　　(b) 诱导契合学说示意图

图 4-1　酶与底物的结合

酶的这种特异性表现为绝对特异性和相对特异性两个方面。绝对特异性是指酶只能催化一种物质进行一种反应，这种专一性甚至包括酶对光学异构体的选择性、对几何异构体的选择性等；相对特异性是指一种酶能够催化一类结构形似的物质进行某种相同类型的反应，包括化学键专一性和基因专一性等。

(3) 活性可调节性

酶的专一性是保证细胞内生命活动有序进行的前提，而严格有序的生命活动也说明酶的活性必然受到生命过程的严格调控，这种调控极为严密、精细，是一般催化反应不具备的。

关于酶活性可调控的特点，早已引起关注，酶水平的调控是代谢调控的基本方式，主要有包括浓度调节、共价修饰调节、酶原的活化调节、抑制剂的调节、反馈调节、金属和其他小分子化合物调节等。此外，还有酶的区域化和多酶复合体等都与酶活性的调节控制有密切关系。

### 4.2.2 酶催化反应原理

实践证明，酶的特殊催化能力只局限在大分子的一定区域内，人们将酶分子中与催化功能直接相关的氨基酸残基按照特定立体构象组成的活性结构区域称为活性中心。在酶的活性中心内，必要的基团有两种：结合基团和催化基团。结合基团起与底物结合的作用，特定的底物靠此结合到酶分子上；催化基团则承担催化反应，底物的某种化学键在此部位被打断或在此部位上形成新的化学键，从而发生一定的化学反应。另外，活性中心外还有一些必需基团，这些基团起着维持活性中心构型的作用。酶活性中心是酶催化的关键部位，酶催化活性的特异性实质上就是结合基团和催化基团的特异性。

按照对酶催化作用的结构基础和酶催化机制的一些基本认识，和化学催化相似，酶催化也是通过降低反应活化自由能而加速反应速率。影响酶反应的主要因素有张力效应、酸碱催化、共价催化、表面效应、趋近效应与定向效应等。

(1) 趋近效应与定向效应

底物与酶活性中心结合后，使底物在酶活性中心的一定区域内相互接近，这就是趋近效应。趋近效应使局部底物浓度提高数千倍至数万倍，大大增加底物的碰撞概率；同时可将酶-底物看成是一个分子，将分子间反应转化为分子内反应，大大提高速率常数。底物和酶活性中心结合时，可诱导酶蛋白的构象变化，使底物和酶的活性中心更好地互补，促使底物正确定向，增进反应速率（图 4-2）。

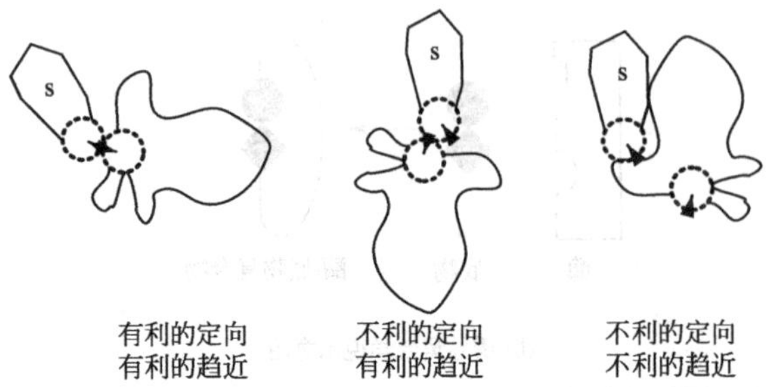


图 4-2　酶的趋近效应与定向效应

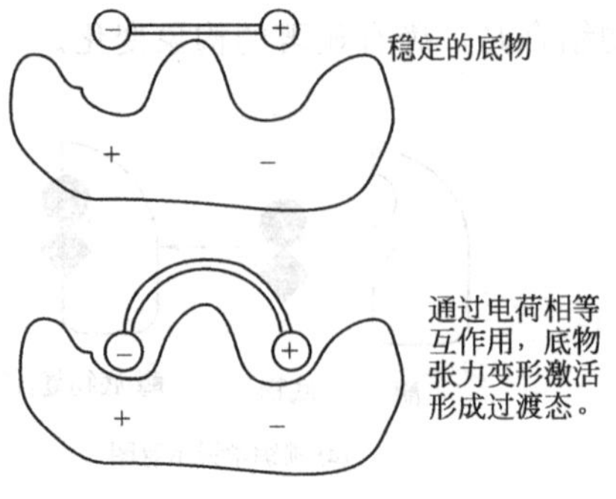


图 4-3　酶的张力效应

(2) 张力效应

酶活性中心的某些基团或金属离子可改变底物敏感键的电子云分布，产生“电子张力”而易于断裂；也可使底物的构象改变，使底物接近过渡状态而易于反应。这两种都称为张力效应（图 4-3）。

(3) 共价催化

底物的一部分基团与酶活性中心基团生成共价中间物，这种作用叫做共价催化作用。例如，蛋白酶、肽酶、脂酶和一些酰基转移酶在催化过程中，可形成底物酰基与酶共价结合的中间物（酰化酶），此中间物上的酰基最后转移给水（水解酶）或转移给醇类、胺类（转移酶），从而完成酯键的水解或酰基转移反应。

(4) 酸碱催化

生物体内一般是中性环境，$H^+$ 和 $OH^-$ 的浓度仅为 $10^{-7}$ mol/L，不可能实现酸碱催化。然而，酶活性中心上的一些基团有质子供体（酸）或质子受体（碱），也能执行和酸碱相同的催化作用，这种现象称为广义的酸碱催化。这些基团在活性中心有一定密度，几个基团可同时发挥作用，从而提高催化效率。例如，巯基和酚羟基在中性 pH 条件下并不解离，主要为质子供体，氨基和胍基则主要以阳离子形式存在而成为质子供体，羧基在中性环境中主要形成—COOH 而成为质子受体。值得注意的是，咪唑基的 $pK_a$ 约为 6，说明咪唑基在 pH 7 时，其酸碱形式的比例接近，故可同时作为质子供体或受体，因此咪唑基是重要的酸碱催化基团，可催化许多酶的活性中心。

(5) 表面效应

一些酶的活性中心为疏水性“口袋”，疏水环境可排除水分子对酶和底物功能基团的干扰吸引或排斥，防止在底物与酶之间形成水化膜，从而有利于酶与底物的密切接触（图 4-4）。

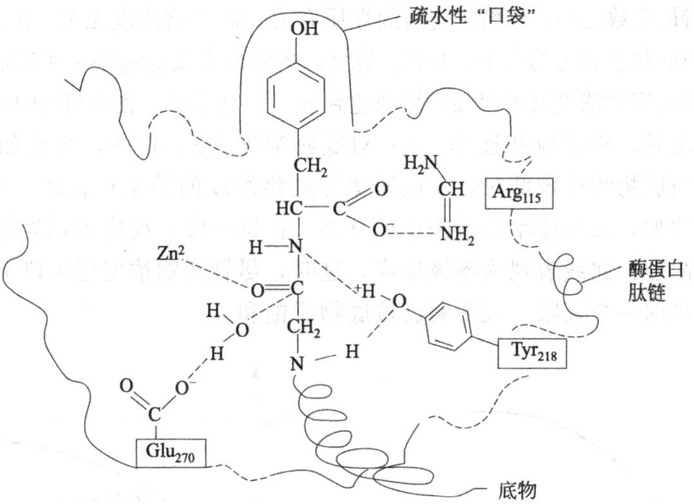


图 4-4　酶的表面效应

# 4.3 酶催化反应动力学

酶催化反应动力学是根据反应物到产物之间可能进行的反应历程，研究酶催化反应的速率以及影响反应速率的各种因素。这对探明酶催化作用机制、优化反应过程、选择合适的生产工艺以及酶反应器的设计等具有重要意义。酶催化反应动力学研究与其他技术相结合，可为酶的催化作用机制提供重要信息，掌握酶在细胞以及代谢过程中的作用，这对揭示酶活力调节机制具有重要价值。

通过测定酶催化过程中不同时间时反应体系中产物的生成量，并以产物生成量对反应时间作图，可得到如图 4-5 所示的反应进程曲线，反应进程曲线在不同时间时的斜率就是此时的反应速率。影响酶催化反应速率的因素主要有底物浓度、酶浓度、温度、pH 值、激活剂和抑制剂等。

### 4.3.1 浓度

Brown（1902）和 Henri（1903）提出酶的中间产物学说，认为酶的高效催化效率是由于酶首先与底物结合，生成不稳定的中间产物（又称中心复合物），然后分解为反应产物而释放出酶。在底物浓度低时，反应速率随底物浓度直线上升，而在底物浓度高时，反应速率上升很少，当底物浓度增加到某种浓度时，反应速率达到一个极限值。

$$E+S \underset{}{\overset{K_s}{\rightleftharpoons}} ES \xrightarrow{k} E+P \tag{4-1}$$

式中，E 为游离酶；S 为底物；ES 为酶与底物的复合物；P 为产物；$K_s$ 为 ES 的解离常数；$k$ 为 ES 复合物分解的反应速率常数。

1913 年，Michaelis 和 Menten 采用快速平衡法，由此推导出单底物的酶促反应动力学方程——Michaelis-Mente 方程，即著名的米氏方程：

$$v=\frac{v_{max}[S]}{K_m+[S]} \tag{4-2}$$

式中，$v_{max}$ 称为最大反应速率；$K_m$ 称为米氏常数，其物理意义是当速率达到最大反应速率一半时的底物浓度，mol/L。

$K_m$ 是酶的特征常数之一，一般只与酶的性质有关，而与酶浓度无关。$K_m$ 的倒数（$1/K_m$）可近似地表示酶对底物亲和力的大小，$1/K_m$ 越大，达到最大反应速率一半所需要的底物浓度就越小，即不需很高的底物浓度就可以很容易地达到 $v_{max}$，显示最适底物与酶的亲和力最大。

当酶浓度一定时，将反应初速率（$v$）对底物浓度［S］作图，得到如图 4-6 所示的曲线。可以看出，当底物浓度较低时，反应速率与底物浓度的关系呈正比，表现为一级反应。随着底物浓度的增加，反应速率不再按正比升高，在这一段，反应表现为混合级反应。如果再继续加大底物浓度，曲线表现为零级反应，这时，尽管底物浓度还可以不断加大，反应速率却不再上升，趋向一个极限，说明酶已被底物所饱和。

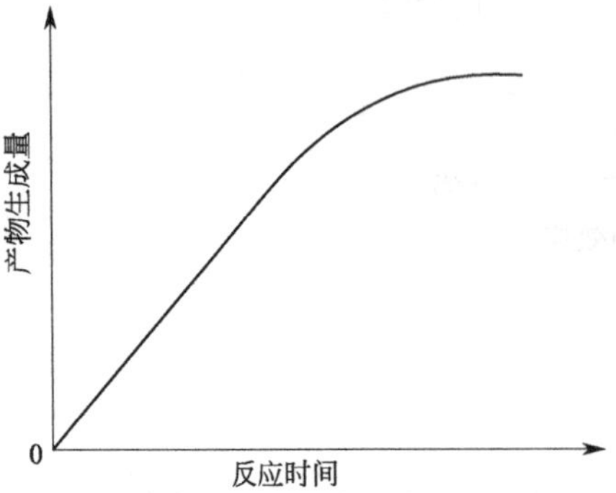


图 4-5 酶反应进程曲线

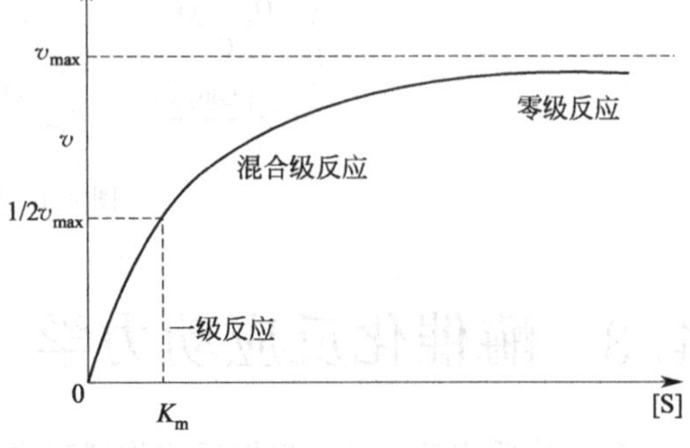


图 4-6 酶反应速率与底物浓度的关系

1925 年，Briggs 和 Haldane 引入了稳态的概念。对米氏方程进行了重要的修正。必须指出的是，现在的酶促动力学还只能较好地反映较为简单的酶作用过程，对于更复杂的酶作用过程，特别是对生物体中的多酶体系则还不能全面地概括和解释。

## 4.3.2　温度

温度对酶反应速率影响很大。任何酶都有一个最适得温度，在最适的温度两侧，反应速率都比较低，类似钟罩形曲线。从温血动物组织中提出的酶，最适温度一般在 35～40℃之间；植物酶的最适温度稍高，在 40～50℃之间；从细菌中分离出的某些酶（如 *Taq* DNA 聚合酶）的最适温度可达 70℃。

温度对酶促反应影响的原因是多方面的，概括起来主要有两点：温度对酶蛋白稳定性的影响，即对酶变性热失活作用；温度对酶促反应本身的影响，其中可能包括影响酶和底物的结合，影响 $v_{max}$，影响酶和底物分子解离状态，影响酶与抑制剂、激活剂和辅酶的结合等。最适温度不是酶的特性常数，酶的热失活与底物浓度、pH、离子强度等许多因素有关。

如图 4-7 所示，温度对酶催化反应速率有两方面的影响：一方面是当温度升高时，与一般化学反应一样，反应速率加快；另一方面，若温度继续升高，酶蛋白将会逐渐变性，反应速率也将随之下降。酶反应的最适温度就是这两方面影响折中平衡的综合结果。在低于最适温度时，以前一种影响为主，在高于最适温度时，则以后一种影响为主。值得注意的是，最适温度不是酶的特征常数，它受酶的纯度、底物、激活剂、抑制剂等因素的影响，因此对某一种酶而言，必须说明是在什么条件下的最适温度。

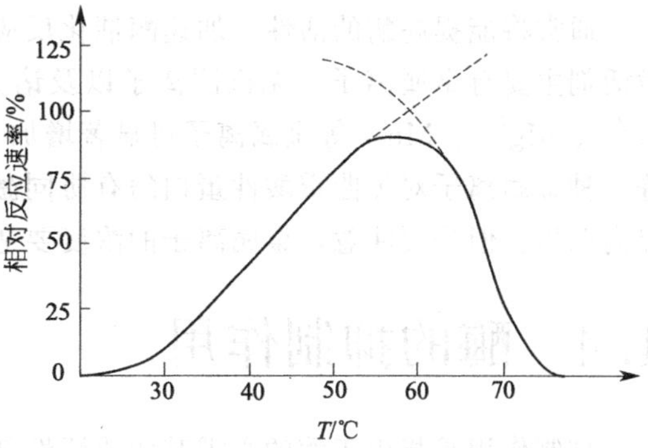

图 4-7　温度对酶催化反应速率的影响

## 4.3.3　pH

酶蛋白是由氨基酸残基通过肽键连接起来的大分子，分子中既有氨基又有羧基，酶在任何 pH 值中都可能同时含有正电荷或负电荷的基团，且这种可离子化的基团常常是酶的活性部位的一部分，因此大多数酶的活性受 pH 值的影响较大，在极端的情况下（强酸或强碱）会导致蛋白质的变性，使酶永久失去活性。

pH 对酶的活性的影响有：①破坏酶的空间结构，引起酶活性丧失；②影响酶活性部位催化基团的解离状态，使得底物不能分解成产物；③影响酶活性部位结合基团或底物的解离状态，使得两者不能结合或者结合后不能生成产物。

因此，在酶的催化过程中，为了完成催化作用，酶通常必须以一种特定的离子化状态存在，并要求催化系统应具有与之相适应的 pH 值。在一定条件下，能使酶发挥最大活力的 pH 值称为酶的最适 pH 值，大多数酶的最适 pH 值在 5～8 之间，当然也有例外，如胃蛋白酶的最适 pH 只有 1.5，木瓜蛋白酶为 5.6，胰蛋白酶为 7.8。图 4-8 为胃蛋白酶和 6-磷酸葡萄糖酶活性与 pH 值的关系曲线。

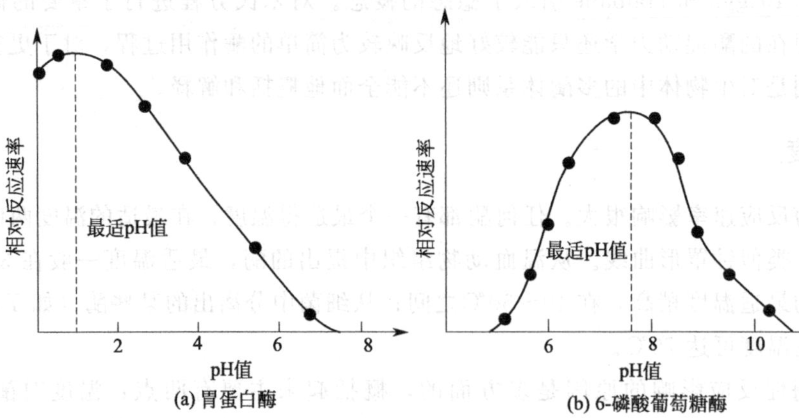


图 4-8　胃蛋白酶和 6-磷酸葡萄糖酶活性与 pH 值的关系曲线

### 4.3.4　激活剂

通常将能提高酶的活性、加速酶催化反应进行的物质都称为酶的激活剂或活化剂。酶的激活剂主要有金属离子、无机阴离子以及诸如半胱氨酸、维生素等小分子有机化合物。如 $Co^{2+}$、$Mg^{2+}$、$Mn^{2+}$ 等金属离子可显著增加 D-葡萄糖异构酶的活性；$Cu^{2+}$、$Mn^{2+}$、$Al^{3+}$ 等三种金属离子对黑曲霉酸性蛋白酶有协同激活作用，若三者同时使用，酶促反应速率将会提高两倍。但是要注意，金属离子的浓度要适当，太高的离子强度会引起酶的失活。

## 4.4　酶的抑制作用

抑制作用是指由于酶的必需基团或活性部位受到某些化学物质的影响发生化学性质改变而引起酶活性降低或丧失，这时酶蛋白不发生变性。能引起抑制作用的物质通称为酶的抑制剂，包括外来添加物、反应产物或底物本身。酶的抑制作用有可逆的，也有不可逆的。

### 4.4.1　可逆性抑制作用

可逆性抑制是指抑制剂与酶的必需基团以非共价键结合而引起酶活性降低或丧失，抑制剂和酶作用后能用物理的方法如透析、超滤等除去抑制剂恢复酶活性。可逆性抑制酶活性途径有两种：一种是抑制剂与酶活性中心结合或酶-底物复合物结合，从而阻止底物形成产物；另一种是抑制剂与酶活性中心以外的部位结合，通过酶分子空间构象的改变而影响酶与底物的结合或催化活性。根据作用机制，可逆性抑制分为竞争性抑制、非竞争性抑制、反竞争性抑制以及混合性抑制等 4 种。

竞争性抑制（competitive inhibition）是指抑制剂的化学结构与底物相似，与底物竞争酶的活性中心并与之结合，减少酶与底物的结合，从而降低酶反应速率。抑制程度取决于抑制剂与酶的相对亲和力和与底物浓度的相对比例，其反应过程及速率曲线见图 4-9。利用酶的竞争性抑制剂作为药物治疗各种疾病已十分普遍，随着对很多酶作用机制的了解，一些新药不断得到开发。例如，L-重氮酪氨酸（azatyrosine）和 erbrastatin 一类药是酪氨酸的类似物，可竞争性抑制酪氨酸蛋白激酶（TPK），有可能应用于抑制有 TPK 活力的生长因子受体而治疗恶性肿瘤。少数情况下和底物不相似的化合物也可表现竞争性

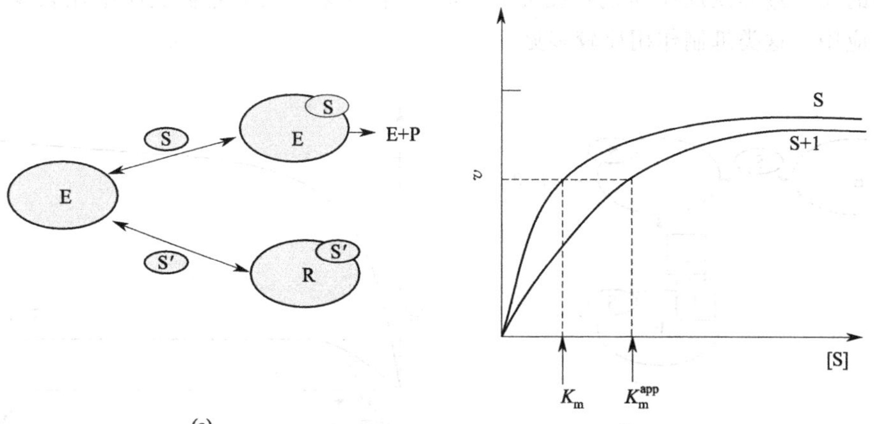


(a)　　(b)

图 4-9　竞争性抑制过程（a）及其反应速率-底物浓度曲线（b）

抑制，如水杨酸和 NADH、ATP 都不相似，却能和 NADH 竞争而抑制醇脱氢酶或和 ATP 竞争而抑制腺苷酸激酶，X 射线衍射证明水杨酸的确结合在醇脱氢酶结合 NADH 或腺苷酸激酶结合 ATP 中腺嘌呤的位点上。因此，抑制剂和底物相似并非竞争性抑制的特点，而抑制剂连接在和底物相同的活性中心位点引起 $K_m$ 增大而 $v_{max}$ 不变才是竞争性抑制最重要的特点。

非竞争性抑制（noncompetitive inhibition）是指某些抑制剂结合在酶活性中心以外的部位，因而与底物和酶的结合无竞争，即底物与酶结合后还能与抑制剂结合，同样抑制剂与酶结合后还能与底物结合，但酶分子上有了抑制剂后其催化功能基团的性质发生改变，从而降低了酶活性，这种抑制作用不能用增加底物浓度的方法来消除。其反应过程和速率曲线如图 4-10 所示。利用非竞争性抑制作用的机制也可阐明某些药物的作用机制、指导新药开发。例如，别嘌呤醇可降低体内的尿酸，因为它是黄嘌呤氧化酶的竞争性抑制剂，但别嘌呤醇也是该酶的底物，可被酶催化成氧嘌呤醇，又称别黄嘌呤，后者又是黄嘌呤氧化酶的非竞争性抑制剂，这种双重抑制是别嘌呤醇治疗痛风症的原理。

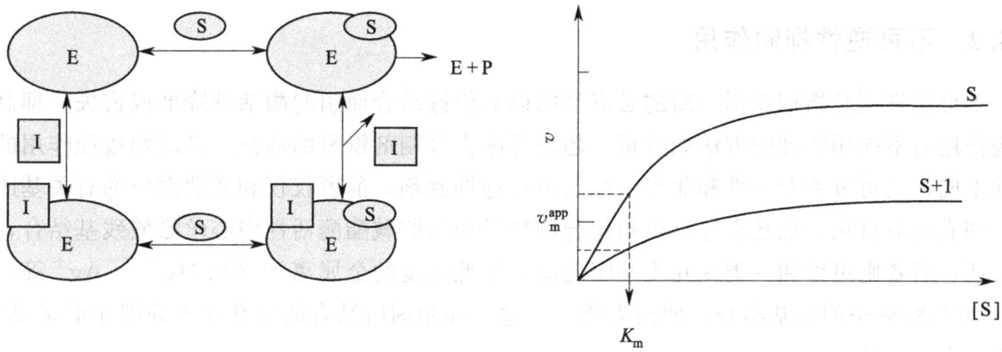


(a)　　(b)

图 4-10　非竞争性抑制过程（a）及其反应速率-底物浓度曲线（b）

反竞争性抑制（uncompetitive inhibition）则是指某些抑制剂不能与游离的酶结合，而只能在酶与底物结合成复合物后再与酶结合，当酶分子上有了抑制剂后其催化功能被削弱。

抑制作用的反应过程及反应曲线见图 4-11。反竞争性抑制在单底物反应中比较少见，而在双底物反应中，这类抑制作用比较多见。

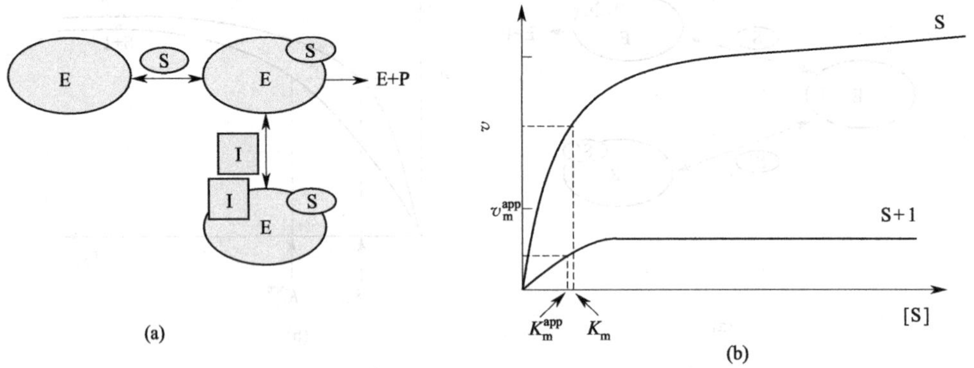


图 4-11　反竞争性抑制过程（a）及其反应速率-底物浓度曲线（b）

表 4-2 总结了三种主要可逆性抑制作用的动力学参数。双倒数作图是区分这 3 类抑制的良好方法，这要看抑制剂浓度增加时直线是相交于 1/[S] 轴还是 $1/v$ 轴就可加以区别了。

**表 4-2　三种主要可逆性抑制作用的动力学参数**

| 作用特点 | 无抑制剂 | 竞争性抑制 | 非竞争性抑制 | 反竞争性抑制 |
|---|---|---|---|---|
| 与 I 结合组分 | | E | E、ES | ES |
| 动力学参数 | | | | |
| 表观 $K_m$ | $K_m$ | $K_m(1+[I]/K_i)\uparrow$ | $K_m$ | $K_m/(1+[I]/K_i)\downarrow$ |
| 表观 $v_m$ | $v_m$ | $v_m$ | $v_m/(1+[I]/K_i)\downarrow$ | $v_m/(1+[I]/K_i)\downarrow$ |
| 双倒数作图 | | | | |
| 斜率 | $K_m/v_m$ | $K_m(1+[I]/K_i)/v_m\uparrow$ | $K_m(1+[I]/K_i)/v_m\uparrow$ | $K_m/v_m$ |
| 纵轴截距 | $1/v_m$ | $1/v_m$ | $(1+[I]/K_i)/v_m\uparrow$ | $(1+[I]/K_i)/v_m\uparrow$ |
| 横轴截距 | $-1/K_m$ | $1/K_m/(1+[I]/K_i)\downarrow$ | $-1/K_m$ | $-(1+[I]/K_i)/K_m\uparrow$ |

## 4.4.2　不可逆性抑制作用

不可逆抑制是指抑制剂与酶的必需基团以共价键结合而引起酶活性降低或丧失，抑制剂和酶作用后不能用物理的方法如渗析、超滤等除去抑制剂恢复酶活性。抑制剂按照作用的选择性不同，又可分为专一性和非专一性的不可逆抑制剂，前者仅仅和活性部位的有关基团反应，如农药敌百虫、敌敌畏等有机磷化合物特异地与胆碱酯酶活性中心丝氨酸残基结合，使酶失活；后者则可以和一类或几类基团反应，如低浓度的金属离子（如 $Hg^{2+}$、$Ag^{+}$ 等）及 $As^{3+}$ 可与酶分子的巯基结合，使酶失活，因这些抑制剂所结合的巯基并不局限于必需基团，故为非专一性的。

常见的不可逆抑制剂主要有碘乙酸、有机磷化物等。有机磷农药如敌敌畏、敌百虫等，它们杀灭昆虫的机制就在于可抑制乙酰胆碱酯酶的活性，该酶的作用是将神经递质乙酰胆碱水解，若它被抑制，会导致乙酰胆碱的积累，使神经过度兴奋，引起昆虫的神经系统功能失调而中毒致死。

# 4.5 酶的生产

酶的生产是酶工程研究的重要内容。酶作为生物催化剂普遍存在于动物、植物和微生物中，因此，酶的生产实际上是选取酶源生物，大量繁殖生物或细胞，从其中分离、提取、纯化酶，并制成某种方便于应用的制剂的全部过程。

早期酶多是从动物脏器和植物原料里提取的。例如，从动物脏器提取胰酶，从小牛胃黏膜制备胰凝乳蛋白，从猪胃黏膜提取胃蛋白酶，从菠萝中提取菠萝蛋白酶等。但是随着酶制剂的应用范围的日益扩大，单纯依靠动植物来源的酶不能满足要求，这就迫使人们把注意力集中到微生物界，从中开辟新的酶源。

## 4.5.1 微生物发酵产酶

微生物作为酶源，具有以下几个特点：①微生物种类繁多，几乎动植物体内含有的酶在微生物体内都能找到；②可人为地控制微生物的培养条件，通过菌种筛选或人工诱变微生物，使其定向高产所需的某种酶，如产 α-淀粉酶的淀粉液化芽孢杆菌，其酶蛋白可占整个蛋白质的10%，从1t培养液得到的淀粉酶相当于从几千头猪胰脏中提取的 α-淀粉酶量；③微生物的生产周期一般都较短，由几小时到几十小时，而植物的生长周期为几个月，动物生长周期则以年为单位，因此，在相同的时间内，微生物可以产更多的酶量；④微生物的培养原料，大部分比较廉价，为一些工业生产副产物，或农业加工废弃物等，加麸皮、米糠、豆饼、米浆、废糖蜜等；⑤提高微生物产酶能力的途径较多，如诱变、基因重组、细胞融合等技术都可用于提高酶产量，且微生物易产生诱导酶，可改变培养条件，加大目的酶产量，甚至可以获得原本不产生的某些目的酶。

目前常用的产酶微生物主要有大肠杆菌、枯草杆菌、啤酒酵母、假丝酵母、曲霉、根霉等。

大肠杆菌细胞有的呈杆状，有的近似球状，大小为 0.5μm×(1.0～3.0)μm，一般无荚膜，无芽孢，革兰染色阴性，菌落从白色到黄白色。大肠杆菌产生的酶一般都属于胞内酶，需要经过细胞破碎才能分离得到。例如，大肠杆菌谷氨酸脱羧酶，用于测定谷氨酸含量或用于生产 γ-氨基丁酸；大肠杆菌青霉素酰化酶，用于生产新的半合成青霉素或头孢霉素；大肠杆菌天门冬酰胺酶，对白血病具有显著疗效；大肠杆菌 β-半乳糖苷酶，用于分解乳糖或其他 β-半乳糖苷。采用大肠杆菌生产的限制性核酸内切酶、DNA 聚合酶、DNA 连接酶、核酸外切酶等，在基因工程等方面也有着广泛应用。

枯草杆菌是芽孢杆菌属细菌，细胞呈杆状，大小为（0.7～0.8)μm×(2～3)μm，单个细胞，无荚膜，革兰氏染色阳性，芽孢（0.6～0.9)μm×(1.0～1.5)μm，椭圆至柱状。菌落污白色或微带黄色。枯草芽孢杆菌是应用最广泛的产酶微生物，可以用于生产 α-淀粉酶、蛋白酶、β-葡聚糖酶、5′-核苷酸酶、碱性磷酸酶等。

啤酒酵母是啤酒工业上广泛应用的酵母。细胞由圆形、卵形、椭圆形到腊肠形。在麦芽汁培养基上，菌落为白色，有光泽，平滑，边缘整齐。营养细胞可以直接变为子囊，每个子囊含有 1～4 个圆形光亮的子囊孢子。啤酒酵母除了主要用于啤酒、酒类的生产外，还可以用于转化酶、丙酮酸脱羧酶、醇脱氢酶等的生产。

假丝酵母的细胞圆形，卵形或长形。无性繁殖为多边芽殖，形成假菌丝，也有真菌丝，不产生色素。在麦芽汁琼脂培养基上，菌落呈乳白色或奶油色。假丝酵母可以用于生产脂肪酶、尿酸酶、尿囊素酶、转化酶、醇脱氢酶等。具有较强的17-羟基化酶，可以用于甾体转化。

曲霉包括黑曲霉、黄曲霉、米曲霉等。黑曲酶可用于生产多种酶，有胞外酶也有胞内酶，例如，糖化酶、α-淀粉酶、酸性蛋白酶、果胶酶、葡萄糖氧化酶、过氧化氢酶、核糖核酸酶、脂肪酶、纤维素酶、橙皮苷酶、柚苷酶等。米曲霉中糖化酶和蛋白酶的活力较强，这使米曲霉在我国传统的酒曲和酱油曲的制造中广泛应用。此外，米曲霉还可以用于生产氨基酰化酶、磷酸二酯酶、果胶酶、核酸酶P等。

为了提高微生物酶的产量，在酶的生产过程中，还应不断改良生产菌种，即通过菌种育种，筛选优良产酶菌种。随着微生物学、生物化学以及分子生物学的发展，出现了转导、转化、原生质体融合、代谢调控和基因工程等定向育种方法。除了控制发酵条件外，还可以采用其他一些措施来达到促进微生物产酶，如添加诱导物、降低阻遏物浓度、促进分泌等。对于一些诱导酶的发酵产生，如果在发酵培养基中添加适量诱导物，可使酶产量显著提高，加入的效应物可以与阻遏蛋白结合，阻止其与操纵基因结合，从而使结构基因得以表达。引起阻遏的原因有两种，即代谢途径末端产物阻遏和分解代谢物阻遏，因此控制这两种产物都可能提高酶产量。为解决产物积累，可以采取去除产物或使其尽量少形成的办法，如添加产物类似物或加入阻止该产物形成的抑制剂。例如在培养基中加入α-噻唑丙氨酸，可使参与组氨酸合成的10种酶产量提高30倍。添加诱导物或降低阻碍物浓度的方法存在成本问题和操作问题，而添加表面活性剂等方法可以促进酶的分泌。常用的表面活性剂有非离子型的Tween-80、Triton X-100等无毒性表面活性剂。1%的Tween-80可使霉菌发酵产生纤维素酶的产量提高1～20倍。此外，添加表面活性剂还有利于提高某些酶的稳定性和催化能力。

### 4.5.2 动植物细胞产酶

植物细胞培养是自20世纪80年代发展起来的新技术，首先选择适宜的植物外植体，再经过筛选、诱变、原生质体融合或DNA重组等技术而获得高产、稳定的植物细胞。然后，用植物细胞在人工控制条件的植物细胞反应器中，如同微生物细胞那样，进行发酵而获得各种所需的产物。

目前已有很多利用植物细胞培养生产酶、色素、香精和各种次级代谢产物的报道。例如，利用木瓜细胞产生木瓜蛋白酶，大蒜细胞生产过氧化氢酶、超氧化物酶，胡萝卜细胞产生糖苷酶，甜菜细胞产生糖化酶等。然而，植物细胞与微生物细胞相比，存在对剪切力敏感和培养周期长等缺点，由此引起的一系列问题有待研究解决。

由于基因工程和杂交瘤技术的迅速发展，通过动物细胞培养可以生产出许多与人类健康和生存有密切相关的生物技术产品，如激素、疫苗、单克隆抗体、酶等各种动物功能蛋白质，动物细胞体外培养具有明显的表达产物方面的优点，是传统的微生物发酵技术所无法替代的。目前利用动物细胞培养来产生的酶也有很多种，例如胶原酶、血纤维蛋白溶酶原活性剂、尿激酶等。

## 4.6 酶的分离纯化

酶的分离与纯化是酶学研究的重要组成部分，也是酶制剂生产的重要内容。酶的种类繁多，性质各异，分离纯化方法不尽相同，即便是同一种酶，也因其来源不同、酶的用途不同，而使得分离纯化的步骤不一样。工业上的用酶一般无需高度纯化，如用于洗涤的蛋白酶，实际上只需经过简单的分离提取即可。而对于食品工业用酶，则需要经过适当的分离纯化，以确保安全卫生。对于医药用酶，特别是注射用酶及分析测试用酶，则须经过高度的纯化或制成晶体，而且绝对不能含有热源物质。酶的分离纯化步骤越复杂，酶的收率越低，材料和动力消耗越大，成本就越高，因而在符合质量要求的前提下，应尽可能采用步骤简单、收率高、成本低的方法。

由于酶很不稳定，在提纯时容易变性失活，因而提纯时应注意温度、pH、盐浓度、搅拌条件及微生物污染。原料不同，酶的分离与纯化步骤也会有所不同，一般的纯化步骤包括预处理（细胞破碎）、溶剂抽提、过滤和离心分离、浓缩、结晶、干燥等。

① 细胞破碎　除了胞外酶以外，大多数酶都是胞内酶。在提取时，首先要根据具体情况选择适宜的方法进行破碎。破碎细胞有许多方法，动植物细胞常用高速组织捣碎机和组织均浆器破碎，而微生物细胞的破碎则有机械破碎法、酶法、化学试剂法和物理破碎法等多种。

② 溶剂抽提　从微生物的发酵液或动植物原料中抽提酶的方法主要有稀酸、稀碱、稀盐及有机溶剂抽提等方法。选用何种溶剂和抽提条件视酶的溶解性和稳定性而定，抽提时应注意溶剂种类、溶剂量、溶剂 pH 等的选择。

③ 过滤和离心分离　这两个方法是酶分离提纯中最常用的方法。离心分离是酶分离提纯中最常用的方法，主要用于除去细胞碎片或抽提过程中生产的沉淀物。工业上常用板框压滤机来完成酶的粗分离。

④ 浓缩　由于发酵液或酶抽提液中酶的浓度一般都比较低，必须经过进一步纯化以便于保存、运输和应用。事实上，大多数纯化酶的操作如吸附、沉淀、凝胶过滤等均包含了酶的浓缩作用，工业上常采用真空薄膜浓缩法以保证酶在浓缩过程中基本不失活。另外，超滤法浓缩酶也可用于工业生产规模。

⑤ 结晶　酶的结晶能获得较高纯度的酶。为了使酶从酶液中析出结晶，必须先将酶液浓缩到一定程度，然后，通过缓慢改变结晶溶液中的酶蛋白的溶解度，使酶处于过饱和状态，再配合适当的结晶条件就能得到结晶。目前常用的结晶方法有盐析结晶法、有机溶剂结晶法和等电点结晶法等。

⑥ 干燥　酶溶液或含水量高的酶制剂即使在低温下也极不稳定，只能作短期保存。为便于酶制剂的长时间的运输、储存、防止酶变性，往往需对酶进行干燥，制成含水量较低的制品。常用的干燥方法有真空干燥、冷冻干燥、喷雾干燥等。

### 4.6.1 沉淀技术

酶的沉淀技术多种多样，常用的有盐析法、PEG 沉淀法、有机溶剂沉淀法、等电点沉淀法、热变性沉淀法等。

(1) 盐析法

在纯化过程中，盐离子与蛋白质分子争夺水分子，减弱了蛋白质的水合程度，使蛋白质溶解度降低，从而达到分离的目的。由于各种蛋白质有不同的相对分子质量和等电点，因此不同的蛋白质将会在不同的盐浓度下析出。盐析法条件温和，且中性盐对蛋白质分子有保护作用，故它是一种广泛采用的“初提纯步骤”。常用的盐析剂主要有钠、钾、铵的硫酸盐、磷酸盐和柠檬酸盐。$(NH_4)_2SO_4$ 因具有高溶解度，对酶作用温和且价格便宜而最为常用。由于各种酶在不同浓度的 $(NH_4)_2SO_4$ 溶液中溶解度不同，故可采用分级沉淀法分离酶。$(NH_4)_2SO_4$ 分级沉淀法通常可去除抽提液中75%的杂蛋白，并可大大浓缩酶液，浓缩程度取决于用多少溶液溶解沉淀的酶蛋白。

影响盐析效果的主要因素有蛋白质的浓度、介质的pH、温度等。一般地，蛋白质浓度越低，各组分间的相互作用越小，分离效果越好。但浓度太低，会造成体积过大，给离心回收带来困难，一般以2.5%～3.0%为宜。通常，蛋白质在等电点处的溶解度最低，若pH值越偏离等电点，则该蛋白质越不易沉淀。温度对大多数蛋白质的分离过程没有影响，但若分离对温度敏感的蛋白质和酶时，最好在4℃下进行。

(2) PEG沉淀法

PEG指的是聚乙二醇（polyethylene glycol），它是水溶性非离子型聚合物，其分子式为 $HO{+}CH_2CH_2O{)_n}H$，$n>4$，常记作PEG××，××表示平均相对分子质量。用PEG分离蛋白质与用 $(NH_4)_2SO_4$ 一样有效，且PEG对蛋白质的活性构象起保护作用，所以，近年来被广泛用作蛋白质分离的有效沉淀剂。

影响PEG沉淀过程的因素主要有以下几个。

① 蛋白质的相对分子质量　蛋白质相对分子质量越大，则将其沉淀所需的PEG浓度越小。

② 蛋白质浓度　蛋白质浓度高时，易于沉淀。但蛋白质浓度越高，不同种蛋白质分子间的摩擦系数也越大，从而使不同蛋白质在不同PEG浓度下出现沉淀的分段作用减弱，减少了沉淀作用的分辨性。

③ pH值　pH越接近蛋白质的等电点，则所需的PEG浓度越低。一般，pH在4.9～8.6范围内对沉淀作用影响不大。

④ 离子强度　一般地，低离子强度（0.3mol/L以下）对沉淀影响不大，而离子强度过高（2.5以上）则影响沉淀作用，使分段效果不明显。

⑤ 温度　因PEG对酶有温度作用，故在0～30℃都可以应用PEG沉淀法。一般，以20℃时分辨率最高，10℃以下则分辨率下降。

⑥ PEG聚合度　对于某一种蛋白质而言，PEG聚合度越高，则使之沉淀下来所需的PEG量越小。但PEG聚合度过高（如PEG20000），其黏度增大，操作不便，不易离心。目前多采用PEG6000。

(3) 有机溶剂沉淀法

有机溶剂引起酶蛋白沉淀的主要原因之一是改变介质的介电常数。水是高介电常数物质（20℃为80），有机溶剂是低介电常数物质（20℃时，甲醇为33，乙醇为24，丙酮是21.4），因此，有机溶剂的加入使水溶液的介电常数降低。介电常数的降低将增加两个相反电荷之间的吸引力，这样，蛋白质分子表面可解离基团的离子化程度减弱，水化程度降低，因此促进了酶分子的聚集和沉淀。常用的有机溶剂有乙醇、丙酮等。当溶液中存在有机溶剂时，酶蛋白溶解度随温度下降而显著降低，因此可以在低温下进行操作，这样不但可以减少加入的有机溶剂量，更重要的是削弱了有机溶剂对酶的失活作用。同时加入适量中性盐，可增加蛋白质溶解度，降低变性作用，提高分级效果。

(4) 等电点沉淀法

蛋白质在其等电点（p*I*）处，其净电荷为零，分子间的排斥力最小，溶解度最低，易于沉淀。因此，可调节介质的 pH，把目的酶与杂质蛋白分开。蛋白质在 p$I$ 附近一定范围的 pH 值下都可发生沉淀，只是沉淀程度不一样。此外，由于相当多的蛋白质 p$I$ 点很靠近，所以等电点沉淀法的分级效果及回收率均不理想，一般只用于酶的粗分离。

(5) 热变性沉淀法

多数蛋白质都有遇热变性的特点，对于一种热稳定酶，适用此方法。通过控制一定的处理温度，可使大量的杂质蛋白变性、沉淀而除去，提纯效果较好。采用添加主要的辅助因子、底物等方法，可以使目的酶的热变性温度提高，既可保护目的酶，又可除去更多的杂质蛋白。热变性沉淀法是一种条件剧烈的方法，若目的酶对热敏感，则不可使用。

### 4.6.2 离心技术

(1) 普通离心技术

离心方法在酶分离纯化中最为常用。许多酶往往富集于细胞中某一特点的细胞器内，因此匀浆处理后应先通过离心得到某一特定的亚细胞器组分，使酶先浓缩 10～20 倍，然后再对某一特定的酶进行纯化。

在酶的分离纯化过程中，离心分离的一般目的是为了压实沉淀，澄清上清液，因此对于一般的沉淀分离，如硫酸铵分级沉淀、有机溶剂沉淀，选用 4000～6000$g$ 的离心力足够用。离心力较大，达到分离所需的离心时间越短，反之亦然。在条件允许和不影响分辨率的情况下，可选用稍大一些的离心力，以节省离心时间。

(2) 差速离心技术

对于某一悬浮液，可先选用较低的转速离心，分离后得到沉淀和上清液，上清液在较高的转速下再离心，又可得到新的沉淀和上清液。如此反复操作，已达到分离样品的目的，这种分离方法称为差速离心法。这种方法分辨率较低，仅适用于粗提或浓缩。

(3) 等密度梯度离心技术

用一定的介质在离心管内形成一连续或不连续的密度梯度，将细胞混悬液或匀浆置于介质的顶部，通过重力或离心力场的作用使细胞分层、酶分离。这类分离又可分为速率沉降和等密度沉降平衡两种。密度梯度离心常用的介质为氯化铯、蔗糖和多聚蔗糖。这种方法在核酸研究中应用更为广泛。

### 4.6.3 色谱分离技术

色谱分离是利用混合物中各组分的物理化学性质（分子的大小和形状、电荷、吸附力、分子亲和力、分配系数等）的不同，使各组分在两相中的分布程度不同而达到分离。色谱分离有两个相——固定相和流动相。当流动相流过固定相时，各组分的移动速率不同，从而实现不同组分分离纯化。常用的色谱分离技术有凝胶过滤色谱、离子交换色谱、亲和色谱、高效液相色谱等。

(1) 凝胶过滤色谱

凝胶过滤色谱也称分子筛色谱。利用这种方法，不仅可以分离酶等大分子物质，也可以测其相对分子质量以及样品脱盐。凝胶是具有网状结构的多孔性高分子聚合物。在凝胶色谱中使用的凝胶都制成颗粒状，经一定方法处理后装进凝胶色谱柱使用。分离酶蛋白时，将含有不同相对分子质量的蛋白质混合物样品加到凝胶柱内，再用洗脱液洗脱时，酶液中各组分分子在柱内同时进行上下移动和不定向的分子扩散运动。分子直径大于凝胶孔径的蛋白质被凝胶排阻，因而在凝胶颗粒间隙中移动，速率较快；小分子蛋白质则可自由出入凝胶颗粒的小孔内，路径加长，移动缓慢。这样通过一定长度的凝胶柱后，不同大小的蛋白质先后流出色谱柱，实现酶的分离纯化（图 4-12）。

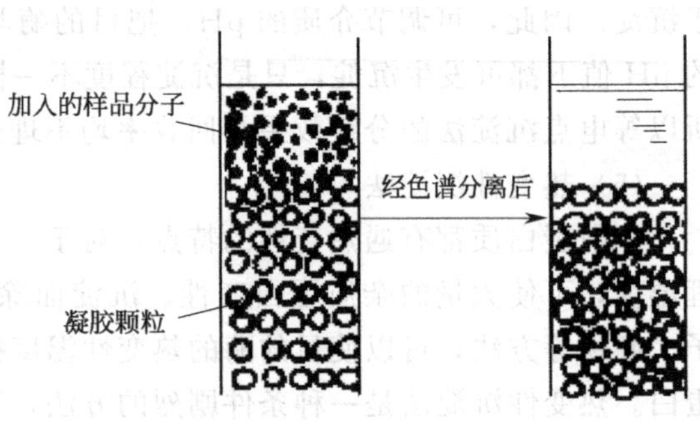

图 4-12　酶的凝胶过滤分离

常用的凝胶过滤介质有交联葡聚糖（Sephadex）系列、聚丙烯酰胺凝胶（Bio-Gel P）系列、琼脂糖凝胶（Sepharose）系列等。实际操作过程中应注意选择合适孔径的分离介质，使待分离的蛋白质相对分子质量落在凝胶的工作范围内。凝胶过滤用的缓冲溶液要具备一定的离子强度，以减少蛋白质分子间非专一性的静电相互作用的影响。特别是使用交联葡聚糖系列凝胶柱时，需注意操作压力，以免压力过大而压实凝胶，影响流速。此外，凝胶柱不用时，加入 0.2%叠氮钠溶液或 0.02%硫柳汞溶液加以保存，以防微生物污染。

（2）离子交换色谱

离子交换色谱是利用吸附在离子交换剂上的可解离基团对各种物质的吸附力不同而使不同物质分离的方法。如图 4-13 所示，由于不同的蛋白质分子暴露在外表面的侧链基因的种类和数量不同，因此在一定 pH 和离子强度的缓冲液中，所带的电荷情况也不相同，通过吸附和改变离子强度或 pH 值解吸洗脱，可使蛋白质依据其静电吸附能力由弱到强的顺序而分离开来，因其具有成本低、设备简单、操作方便等优点而成功地用于酶等蛋白质的分离提取中。

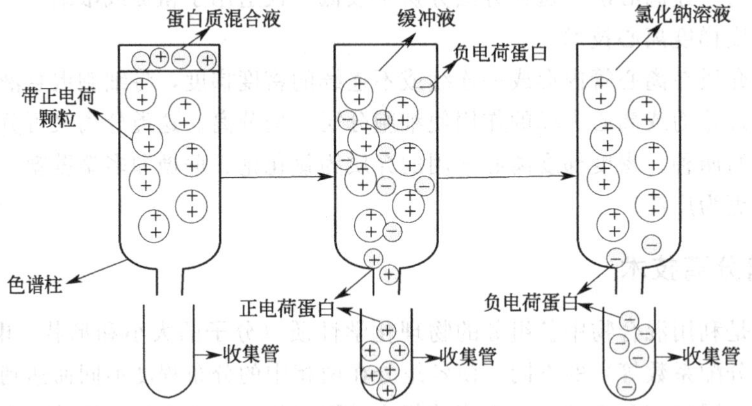

图 4-13　离子色谱原理示意图

按照母体不同，离子交换剂可分为离子交换树脂、离子交换纤维素、离子交换凝胶等。一般离子交换树脂由于网孔太小，不适于酶的分离，常常用于氨基酸混合物的分离。离子交换纤维素以清水的纤维素为母体，引入相应的交换基团制成，其亲水性能好，具有开放性长链结构，因此具有较大的表面积。由于活性基团分布在纤维素表面，交换容量大，用温和洗脱条件即可以达到分离目的而不致引起蛋白质变性。离子交换凝胶是以葡聚糖凝胶、聚丙烯酰胺凝胶等为母体引入活性基团制成。因为它们同时具有离子交换和分子筛的作用，交换容量大、分辨力强，在酶的分离纯化方面具有广阔的应用前景。

常用的洗脱方法有两种。

① 梯度洗脱 逐步地、连续地改变缓冲液离子强度或 pH 值，使混合物中的各组分先后逐个地进入吸附平衡状态而互相分离。

② 阶段洗脱 用具有不同洗脱能力的缓冲液相继进行洗脱，选择离子交换基团时，有两种情况可考虑：对已知等电点的物质，在高于其等电点的 pH 值用阴离子交换剂洗脱，在低于其等电点的 pH 值用阳离子交换剂洗脱；对于未知等电点的物质，可参照电泳分析的结果，在中性或偏碱性条件下进行电泳，向阳极移动较快的物质，在同样条件下可被阴离子交换剂洗脱，向阴极移动或向阳极移动较慢的物质，可被阳离子交换剂洗脱。

(3) 亲和色谱

亲和色谱法是利用生物高分子具有和某些分子专一性相结合的特点来达到分离的目的，它具有分离效率高、速率快的特点。

含有目的酶的混合液通过亲和色谱柱时，只有与配基有专一亲和力的那个酶才能被吸附，其余无关部分均随溶剂流从柱内直接通过。为了使载体能与酶进行亲和结合，载体需进行活化，即将载体与待分离的酶的配基结合，这些配基可以是酶的底物、抑制剂、辅因子，也可以是酶的特异性抗体。如果配基与载体偶联后，由于载体的空间位阻影响，使配基与酶蛋白不能很好结合，可以在配基和载体间加上一“手臂”，如碳氢化合物链。当酶经亲和吸附后，可以通过改变缓冲液的离子强度或 pH 的方法，将酶洗脱下来，也可以使用浓度更高的同一配体溶液或亲和力更强的配体溶液洗脱。

由此可见，载体的选择、配基的选择、载体与配基的偶联方式，以及吸附和洗脱的条件等，都是亲和色谱技术中需要考虑的重要因素。最常用的载体是琼脂糖，它是以 $\beta$-D-半乳糖和 3,6-脱水-$\alpha$-L-半乳糖为基本单位，由 1,4 位相连，构成的直链多糖。在凝胶状态，多糖链形成平行的双螺旋，链之间由氢键连接，这些多糖交错在一起，形成多孔的网状结构。琼脂糖凝胶的优点是多孔、流动性好、取代基团多、非专一性吸附很小。当用卤化氰活化时很稳定，有较大的取代容量。但化学稳定性还不甚理想。为了改善琼脂糖凝胶的性能，可用双环氧化合物将其交联，所得交联琼脂糖凝胶不仅保持原有的多孔性和流动性，而且增加了化学稳定性且耐高温。

(4) 免疫色谱

免疫色谱是利用抗原-抗体反应的高度亲和性进行酶的分离纯化。如果用传统方法从一个生物种属中得到少量的纯酶，利用它在另一种属（通常为兔子、羊或鼠）中产生多克隆抗体，这些抗体由于各自识别酶的不同抗原决定簇，因此与酶的亲和力也大小不一。抗体经纯化后，偶联到溴化氰活化后的葡聚糖上，即可用于从混合物中分离出酶抗原。利用改变洗脱液的 pH，增加离子强度或其他降低抗原抗体结合力的方法将吸附的酶解吸洗脱。解吸过程可能是整个纯化过程中最困难的一步，因为酶在剧烈的解吸过程中，可能会大量失活，回收率大大降低。

(5) 染料配体亲和色谱

由于染料分子与被纯化的酶没有任何生物学关系，因此严格地说只能被称之为准亲和色谱。尽管它们的结合机制尚不清楚，但已被证明是分离含 $NAD^+$ 及 $NADP^+$ 的脱氢酶和与 ATP 有关的激酶类的有效方法。染料配基的色谱效果除主要取决于染料配基与酶亲和力的大小外，还和洗脱时缓冲液的种类、离子强度、pH 及待分离的酶样品的纯度有关。但须注意，在一定条件下，固定化染料能起阳离子交换剂的作用，为避免这种现象发生。最好在离子强度小于 0.1 和 pH 大于 7 时进行色谱操作。

(6) 共价色谱

利用色谱介质与被分离的酶之间形成共价键而达到分离的目的，目前主要用于含巯基的酶的分离纯化。在吸附过程中被分离的物质通过共价键结合到色谱介质上，如形成二硫键。但由于偶联反应是可逆的，因此可在洗去那些没有被吸附的物质后，用含有能还原二硫键的低相对分子质量化合物的洗脱剂洗脱酶。如果酶蛋白的巯基由于空间位阻效应不能参与反应，可在含变性剂的缓冲液中进行。如果蛋白质所含的巯基已形成二硫键，那么可先用还原剂打开二硫键再进行分离。

### 4.6.4 电泳技术

由于不同蛋白质所带净电荷的大小和性质不同，在外电场作用下，其泳动方向和速率也不同，从而能达到分离的目的。为减少扩散，整个过程通常是在多孔性的固体载体如聚丙烯酰胺凝胶上进行的。由于电泳分离的样品量较小，常作为分析用，目前已发展为制备电泳，用这种方法制备的酶，可以在介质中洗脱或直接从电泳柱底部依次流出。在酶学研究中，用得较多的是区带电泳，它是样品溶液在一惰性支持物（如聚丙烯酰胺凝胶、淀粉凝胶、琼脂糖凝胶、醋酸纤维素薄膜、硅胶薄层、滤纸等）上进行电泳的过程。电泳后，不同的蛋白质组分被分离形成带状区间，故称区带电泳。区带的位置可用专一的蛋白质染料染色显示，有些也可利用伴有颜色变化的酶催化反应来显示。区带电泳的种类也很多，在酶分离纯化工作中最常用的有聚丙烯酰胺凝胶电泳、等电聚焦电泳等。

(1) 聚丙烯酰胺凝胶电泳

聚丙烯酰胺是由单体丙烯酰胺、交联剂亚甲基双丙烯酰胺聚合而形成的凝胶，是一种多孔凝胶，俗称“电泳分子筛”，具有很高的分辨率。它的优点是机械强度好，化学稳定性好，透明而有弹性，对 pH 和温度变化稳定，非特异性吸附和电渗都很小，并且可通过单体浓度和交联度来控制凝胶孔径范围。聚丙烯酰胺凝胶电泳按其凝胶的组成可以分成连续凝胶电泳、不连续凝胶电泳、浓度梯度凝胶电泳等。

连续凝胶电泳采用相同浓度的单体和交联剂，用相同 pH 值和相同浓度的缓冲溶液制备成连续均匀的凝胶，然后在同一条件下进行电泳。在电泳过程中，生物大分子按照分子大小和净电荷的不同而具有不同的迁移率，从而彼此相互分开。不连续凝胶是指凝胶孔径大小、缓冲液成分及 pH 均为不连续的，并在电场中形成不连续的电位梯度，从而使样品浓缩成一个极窄的起始区带，通过浓缩效应、分子筛效应和忽然电荷效应等来提高分辨率。蛋白质分子在大孔凝胶中受到的阻力小，速率快，运动到小孔凝胶处遇到的阻力大，速率减慢，从而在大孔胶与小孔胶界面处就会使区带变窄。浓度梯度凝胶电泳使用的凝胶，其丙烯酰胺浓度由上至下形成由低到高的连续梯度。梯度凝胶内部孔径由上而下逐渐减小，电泳后不同相对分子质量的物质停留在与其大小相对应的位置上，因此，浓度梯度凝胶电泳常用于测定蛋白质的相对分子质量。

(2) 等电聚焦电泳

带有电荷的蛋白质分子可在电场中泳动，其电泳迁移率随其所带电荷不同而彼此不同。等电聚焦电泳就是在电解槽中放入载体两性电解质，通以直流电即形成一个由阳极到阴极逐步增加的 pH 梯度，当把两性大分子放入此体系中时，不同的大分子即移动并聚焦于其等电点 pH 的位置，从而达到分离目的。等电焦聚法的分辨率可高达 0.01pH 单位。

载体两性电解质是具有 pH 梯度的物质，它是由多种氨基与羧基比例不同的多氨基多羧酸的混合物构成。当在电场中通以直流电时，它们便依各自氨基与羧基比例的不同而按其等电点的次序排列，从而在两极间形成一个由阳极到阴极逐渐增加 pH 的平滑梯度。在防止对流的情况下，这种 pH 梯度是稳定的，只要有电流存在，它就保持不变。在 pH 梯度中，蛋白质分子表面电荷变化示意图如图 4-14 所示。在聚丙烯酰胺凝胶电泳（PAGE）的基础上，加入不同 pH 范围的载体两性电解质，便构成了按不同蛋白质 p$I$ 对它们进行分析和鉴定的技术。

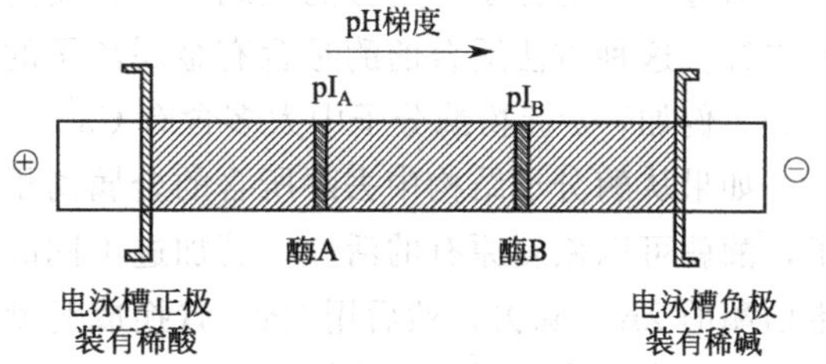

图 4-14 等电聚焦法分离酶蛋白

(3) 色谱聚焦电泳

色谱聚焦电泳类似于等电聚焦电泳，但其连续的 pH 梯度是在固相离子交换载体上形成的。它既具有等电聚焦的高分辨率，又具有柱内容量大的特点，具有较大的应用价值。

当两性电解质组成的多元缓冲液流过时，能形成一 pH 梯度。进行蛋白质分离时，先使柱内的载体处于较高的 pH 环境中，加入样品后，用 pH 低于被分离物等电点的多元缓冲液洗脱，刚开始时，因环境 pH 高于蛋白质的等电点，蛋白质带负电而被载体吸附，随着环境 pH 逐渐降低至等电点以下，开始产生解吸现象，并被洗脱液洗脱下移。不断推进的结果就在柱内形成连续的 pH 梯度。随着洗脱液前移，大部分分子在其等电点附近凝聚，这些凝聚带随着多元缓冲液的流入被反复解吸洗脱，最后在 pH 等于其等电点时被洗脱出色谱柱。

# 4.7 酶分子修饰

酶分子修饰就是使酶分子结构发生某些改变，从而改变酶的某些特性和功能。酶分子经过修饰后，可以显著提高酶的使用范围和应用价值。例如，可以提高酶活力，增加酶的稳定性、消除或降低酶的抗原性等。因此，酶分子修饰成为酶工程中具有重要意义和应用前景的领域。

酶分子修饰技术分为化学修饰和生物修饰。对酶进行修饰的目的主要有：提高酶活力；改进酶的稳定性；允许酶在一个变化的环境中其作用；改变最适 pH 值或温度；改变酶的特异性；改变催化反应类型及提高反应速率等。

## 4.7.1 化学修饰

通过化学手段将某些化学物质或基团结合到酶分子上，以改变酶的物理化学性质达到改变酶的催化性质的目的，这种修饰的方法叫做化学修饰。酶分子化学修饰主要是利用修饰剂所具有的各类化学基团的特性，直接或经一定的活化步骤后与酶分子上的某种氨基酸残基产生化学反应，从而改造酶分子的结构和功能。

酶化学修饰方法多种多样，包括金属离子置换修饰、有机大分子结合修饰、侧链基因修饰、交联修饰、辅因子的改变或转移、肽链的有限水解修饰、氨基酸置换修饰等。

(1) 金属离子置换修饰

通过改变酶分子中所含的金属离子，使酶的特性和功能发生改变的方法称为金属离子置换修饰。这种方法适合的酶是含有金属离子的，而且金属离子往往是酶活性中心的重要组成部分。例如，α-淀粉酶分子中大多含有 $Ca^{2+}$，谷氨酸脱氢酶中含有 $Zn^{2+}$ 等。

如果从酶分子结构中去除所含的金属离子，酶往往会失活，如果重新加入原有的金属离子，酶就可以恢复原有的活性，若加进不同的金属离子，则可使酶呈现不同的特新。将锌型蛋白酶的 $Zn^{2+}$ 除去，然后用 $Ca^{2+}$ 置换成钙型蛋白酶，则酶活力可提高 20%～30%。

(2) 有机大分子结合修饰

有机大分子结合修饰是指有机大分子与酶结合，使酶的空间结构发生某些变化，从而改变酶的特性与功能。运用这种修饰方法，可以提高酶活性、增加稳定性、降低抗原性。

修饰常用的大分子有右旋糖酐、聚乙二醇、肝素、蔗糖聚合物、聚氨基酸、蛋白质等。修饰的方法也很多，主要有溴化氰法、高碘酸盐氧化法、戊二醛法、叠氮法和琥珀酸法等。

(3) 侧链基团修饰

酶蛋白侧链基团修饰是通过选择性的试剂或亲和标记试剂与酶分子侧链上特定的功能基团发生化学反应而实现的，它是酶分子化学修饰中最主要的方法之一。

在构成蛋白质的常见氨基酸中，只有极性氨基酸残基的侧链基团可以进行化学修饰，常见的基团主要有氨基、羧基、巯基、咪唑基、吲哚基、甲硫基等。这些基团通常是组成各种次级基，对于蛋白质空间结构的形成和稳定起着重要作用。如果这些功能基团发生改变，就会引起次级键的改变，使空间结构发生某些改变，从而引起酶的特性和功能的变化。修饰反应主要分为酰化反应、烷基化反应、氧化还原反应、芳香环取代反应等类型。表 4-3 列出了酶蛋白侧链基团的常用修饰剂及其反应类型。

**表 4-3　酶蛋白侧链基团的常用修饰剂及反应类型**

| 酶蛋白侧链基团 | 反应类型 | 常用修饰剂 |
|---|---|---|
| 氨基 | 脱氨基作用、与氨基共价结合 | 亚硝酸、2,4,6-三硝基苯磺酸(TNBS)、2,4-二硝基氟苯(DNFB)、丹磺酰氯(DNS)、磷酸酐、琥珀酸酐、二硫化碳、乙亚胺甲酯、*O*-甲基异脲等 |
| 羧基 | 酯化反应、酰基化反应 | 碳化二亚胺、重氮基乙酸盐、乙醇-盐酸试剂等 |
| 巯基 | 烷基化反应、与另一巯基形成二硫键等 | 烷基化剂(如碘乙酸等)、马来酰亚胺或马来酸酐、5,5′-二硫代双(2-硝基苯甲酸)(DTNB)、硫基乙醇等 |
| 组氨酸咪唑基 | | 碘乙酸、焦炭酸二乙酯(DPC) |
| 酚基修饰 | 碘化、硝化、琥珀酰化反应等 | 四硝基甲烷(TNM) |
| 色氨酸吲哚基 | | *N*-溴代琥珀酰亚胺(NBS)、2-羟基-5-硝基苄溴(HNBB)、4-硝基苯硫氯 |
| 精氨酸胍基 | 生成稳定的杂环类化合物 | 丁二酮、1,2-环己二酮、丙二醛和苯乙二醛等二羰基化合物 |
| 甲硫氨酸甲硫基 | 氧化反应、烷基化 | 过氧化氢、过甲酸、碘乙酰胺等卤代烷基酰胺 |

(4) 氨基酸置换修饰

酶蛋白是由各种氨基酸通过肽链联结而成的，肽链上氨基酸置换会引起酶蛋白空间构象的变化，从而改变酶的某些特性和功能，这种酶修饰改性称作氨基酸置换修饰。通过氨基酸置换修饰，可以提高酶活力或增加酶的稳定性，更有利于酶的应用。

一些酶经过化学修饰后其催化活性的变化如表 4-4 所示。

表 4-4 酶的化学修饰对其他活性的影响

| 酶 | 化学修饰 | 影响 |
|---|---|---|
| α-淀粉酶(枯草杆菌) | 修饰活性部位的色氨酸 | 产物中葡萄糖和麦芽糖的百分比加大 |
| α-胰凝乳蛋白酶 | 向反应混合物中加吡哆醛 | 可使带有自由基的 D-芳香族氨基酸酯水解,减少对正常底物的活力 |
| 木瓜蛋白酶 | 用 7-α-溴乙酰-10-甲基噁烷将活性部位的半胱氨酸烷基化 | 起始二氢尼古丁酰胺的氧化作用 |
| 凝乳酶 | 用各种酐进行酰化 | 使牛奶凝结力增加 100%以上 |

酶分子进行化学修饰时，应注意以下几点。

① 修饰剂　一般情况下，要求修饰剂具有较大的相对分子质量、良好的生物相容性和水溶性，修饰剂分子表面有较多的反应基团及修饰后酶活的半衰期较长。

② 酶性质　应熟悉酶活性部位的情况、酶反应的最适条件和稳定条件、酶分子侧链基团的化学性质以及反应活性等。

③ 反应条件　尽可能在酶稳定的条件下进行化学修饰，避免破坏酶活性中心功能基团。因此需仔细控制反应体系中酶与修饰剂的比例、反应温度、反应时间、盐浓度、pH 值条件，以得到酶与修饰剂高结合率及高酶活性回收率的结果。

### 4.7.2 生物修饰

自从基因工程技术于 20 世纪 70 年代问世以来，酶学研究进入了一个十分重要的发展时期。酶学的基础研究和应用领域正在发生革命性的变化，生物酶工程的诞生充分体现了基因工程对酶学的巨大影响。生物酶工程主要包括三个方面：利用基因工程技术大量生产酶（克隆酶）、修饰酶基因以产生遗传修饰酶（突变酶）和设计新酶基因合成自然界从未有过的新酶。

酶的蛋白质工程是在基因工程的基础上发展起来的，而且仍然需要应用基因工程的全套技术。两者的不同主要在于目的，基因工程的目的在于高效率表达某些目的酶（蛋白质），而蛋白质工程则是通过结构基因的改造达到修饰蛋白质结构，从而改变该蛋白质的性能甚至创造出自然界中尚未发现的新蛋白质的目的。从某种意义上讲，酶的蛋白质工程就是酶的生物修饰。

蛋白质工程不仅为研究酶的结构与功能提供了强有力的手段，而且为修饰已知酶，创造新酶开辟了一条可行的途径。酶的生物修饰不但可以改变酶的底物专一性，提高催化活性，而且可以改变酶的 pH 作用曲线，增加酶对物理、化学因素的稳定性，从而促进酶工业的快速发展。

## 4.8 酶的固定化技术

固定化酶（immobilized enzyme）是指用物理化学的方法将酶束缚于某一空间内并保持酶的活性。经固定化后的酶既具有催化活性，又具有一般化学催化剂能回收、反复使用的优点，并在生产工艺上可以实现连续化和自动化。固定化酶研究的发展可以分为两个阶段：第一阶段主要是载体的开发、固定化方法的研究及其应用技术的发展；第二阶段主要包括辅酶系统或多酶反应系统的建立，以及对疏水体系或微水体系的固定化酶催化反应的研究。近年来，研究者又提出了联合固定化技术，它是酶和细胞固定化技术发展的综合产物，联合固定化可以充分利用细胞和酶各自的特点，把不同来源的酶和整个细胞的生物催化剂结合在一起。

固定化酶除了仍然保持高度专一、高度催化效率的优点外，在应用性质方面表现出游离酶无法类比的优点。

① 有一定的机械强度且稳定性好，催化剂与系统分相，可用搅拌或装柱方法作用于底物溶液，并可以采用不同类型反应器，实现生产过程的连续化、自动化。

② 固定化酶在使用前可充分洗涤去除杂质，在反应中酶与产物自然分开，所以产物易提纯，收率高；在反应后，固定化酶也可方便地从反应液中分离出来重复使用，比较经济。

③ 酶固定化后，稳定性大为提高，可长期使用与储存并可以再生。

### 4.8.1 酶的固定化方法

迄今为止，几乎没有一种固定化技术能普遍适用于每一种酶，特定的酶要根据特殊的应用目的选择合适的固定化方法。酶的固定化方法可以分为：载体结合法（包括物理吸附法、离子结合法、共价结合法）、交联法和包埋法（包括凝胶包埋法、微囊法、脂质体包埋法）（图 4-15）。

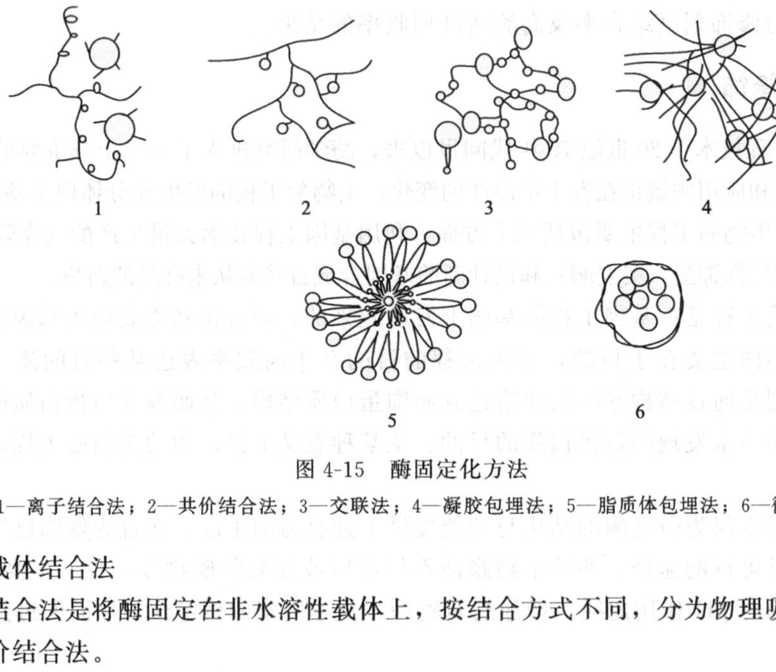


图 4-15 酶固定化方法

1—离子结合法；2—共价结合法；3—交联法；4—凝胶包埋法；5—脂质体包埋法；6—微囊法

（1）载体结合法

载体结合法是将酶固定在非水溶性载体上，按结合方式不同，分为物理吸附法、离子结合法和共价结合法。

① 物理吸附法　利用各种固体吸附剂将酶或含酶菌体吸附在其表面上而使酶固定化的方法称为物理吸附法。吸附的载体可以是活性炭、氧化铝、硅藻土、多孔陶瓷、多孔玻璃、硅胶、羟基磷灰石等。物理吸附法制备固定化酶或细胞，操作简便，条件温和，不会引起酶变性失活，载体廉价易得，而且可反复使用，但由于结合力较弱，酶与载体结合不牢固而容易脱落，所以其应用受到限制。

② 离子结合法　通过离子效应，将酶分子固定到含有离子交换基团的固相载体上。常见的载体有DEAE-纤维素、TEAE-纤维素、DEAE-葡聚糖凝胶等。

用离子结合法进行酶固定化，条件温和，操作简便。只需在一定的pH值、温度和离子强度等条件下，将酶液与载体混合搅拌几个小时，或者将酶液缓慢地流过处理好的离子交换柱，就可使酶结合在离子交换剂上，制备得到固定化酶。而且，采用离子结合法制备固定化酶，活力损失较少。但由于通过离子键结合，结合力较弱，酶与载体的结合不牢固，在 pH 值和离子强度等条件改变时，酶容易脱落。所以用离子结合法制备的固定化酶，在使用时一定要严格控制好 pH 值、离子强度和温度等条件。

③ 共价结合法　通过共价键将酶与载体结合的固定化方法称为共价结合法。这是目前研究最多的固定化方法之一。共价结合法所采用的载体主要有纤维素、琼脂糖凝胶、葡聚糖凝胶、甲壳质、氨基酸共聚物、甲基丙烯醇共聚物等。酶分子中可以形成共价键的基团主要有氨基、羧基、巯基、羟基、酚基和咪唑基等。

载体活化是载体与酶形成共价键的前提。载体活化即借助于某种方法，在载体上引进某一活泼基团，然后此活泼基团再与酶分子上的某一基团反应，形成共价键。载体活化方法主要有重氮法、叠氮法、溴化氰法和烷化法等。

与物理吸附法和离子结合法相比，共价结合法反应条件苛刻，操作复杂，且由于采用了比较激烈的反应条件，容易使酶的高级结构发生变化而导致酶失活，但由于酶与载体结合牢固，一般不会因为底物浓度过高或存在盐类等原因而轻易脱落。

(2) 交联法

交联法与共价结合法一样，都是依靠化学结合方法使酶固定化，两者的区别仅在于是否使用载体。交联是指酶分子和多功能试剂之间形成共价键得到交联网架结构，用多功能试剂进行酶蛋白分子之间的交联，除了酶分子交联外，还存在一定程度的分子内交联。最常用的交联剂是戊二醛，它有两个醛基，它们均可与酶蛋白的游离氨基反应，形成 Schiff 碱，从而使酶分子交联。交联法反应条件比较激烈，固定化酶的回收率比较低，一般不单独使用，常常与吸附法或包埋法联合起来使用。例如，将酶先用凝胶包埋后再用戊二醛交联，或先将酶用硅胶等吸附后再进行交联等。这种固定化方法称为双重固定化法，可制备出酶活性高、机械强度好的固定化酶或固定化细胞。

(3) 包埋法

包埋法是将酶包埋在高聚物凝胶网格中或高分子半透膜内的方法，前者又称为凝胶包埋法，后者又称为微囊法。由于这种方法一般不需要与酶蛋白的氨基酸残基发生结合反应，较少改变酶的高级结构，酶活性的回收率较高。但是，只有小分子底物和产物可以通过高聚物网架进行扩散，对那些底物和产物是大分子的酶并不合适，这是因为高聚物网架或半透膜对大分子的扩散阻力导致固定化酶动力学行为改变，活力减低。

以上几种固定化酶的制备方法及其特点见表 4-5。由表 4-5 可知，没有一个方法是十全十美的，每种方法都有利弊。包埋、交联、共价结合三种方法结合力强，但不能再生、回收。物理吸附法制备简单，成本低，但是结合力弱，在受到离子强度、pH 变化影响后，酶从载体上游离下来。因此，需要将各种因素综合考虑，选择合适的酶固定化方法。

**表 4-5　几种固定化酶的制备方法及其特点**

| 比较项目 | 载体结合法 | | | 包埋法 | 交联法 |
|---|---|---|---|---|---|
| | 物理吸附法 | 离子结合法 | 共价结合法 | | |
| 制备难易 | 易 | 易 | 难 | 较难 | 较难 |
| 固定化程度 | 弱 | 中等 | 强 | 强 | 强 |
| 活力回收率 | 易流失 | 高 | 低 | 高 | 中等 |
| 再生 | 可能 | 可能 | 不可能 | 不可能 | 不可能 |
| 费用 | 低 | 低 | 高 | 低 | 中等 |
| 底物专一性 | 不变 | 不变 | 可变 | 不变 | 可变 |
| 适用性 | 酶源多 | 广泛 | 较广 | 小分子底物、医用酶 | 较广 |

(4) 新型固定化方法

新型固定化方法包括定点固定化、利用等离子体技术固定化、酶结晶交联固定化、多酶系统共固定化等。在固定过程中，酶与固定化载体表面的相互作用、固定位点的随机性与固定化时出现的多点附着导致酶结构变形，造成了固定化酶催化活性急剧下降。为了解决这一难题，需要将酶在膜表面进行有序固定，让酶的活性中心远离膜表面，最大限度地保留其生物活性。换句话说，就是使酶在膜表面形成规整的二维有序阵列（图4-16）。这一阵列的显著特点在于控制酶的空间取向，使得活性中心背对载体表面，这样有利于活性中心"捕捉"底物。酶的有序排列同时也提高了对变性剂、pH值、温度等的耐受能力。定点固定化的方法包括氨基酸置换法、抗体偶联法、蛋白融合法、生物素-亲和素亲和法、疏水定向固定法等。其中生物素-亲和素亲和法应用最为广泛，它是将生物素融合在酶分子的N-末端或C-末端，利用生物素和亲和素的亲和性，将酶分子定点固定在带有亲和素的载体材料上。

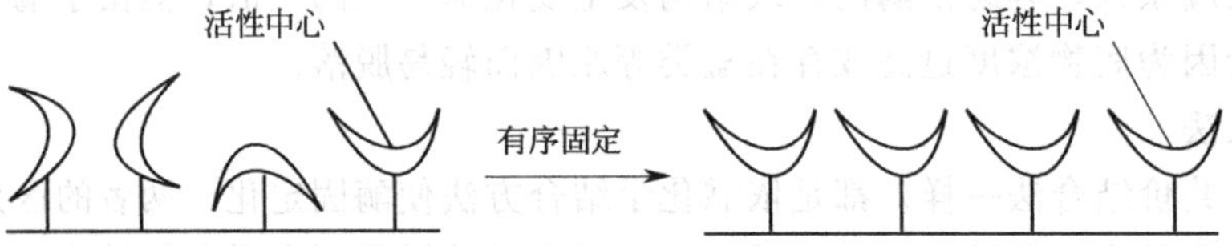

图 4-16　酶的有序固定

等离子体技术能够产生各种能量粒子，利用这种技术对载体材料进行表面修饰，在其表面引入羟基、氨基、羧基、羰基等，然后利用共价偶联或交联法实现酶的固定化。采用等离子体技术对载体表面进行改性有许多优点：与传统方法相比，等离子体技术是"干式"操作，具有成本低、操作简便、单体选择范围大等优点；利用等离子体反应赋予改性表面各种优异性能，可制得超薄、均匀、连续和无孔的高功能薄膜，该膜在底基上有强的黏着力，便于各种载体的表面成膜等。因此，等离子体技术独特的优点为制备酶的固定化载体提供了一条新的思路。

酶结晶交联技术是先将酶结晶，再对酶分子进行交联处理的固定化技术。这种技术酶活性损失较少，而且稳定性好，是一种很有前景的酶固定化技术。因为酶的结晶技术要求很高，作为一种替代，也可采用酶沉淀交联技术。

多酶体系普遍存在于自然界中，生物体中的物质代谢和自然界中生物的共生现象都是由各种各样的多酶体系所维持的。微生物体内多酶体系在催化过程中表现出高选择性、高效率性和高协调性，为构建多酶反应体系、优化改造生物催化过程提供了借鉴。因此，将多种酶同时固定在膜材料上，利用各自的功能协同催化复杂的生物转化过程是酶膜固定化研究的一个新方向。典型的多酶系统共固定化是各种过氧化物酶与葡萄糖氧化酶的共固定化，利用葡萄糖氧化酶产生的$H_2O_2$来启动过氧化酶的催化反应循环，避免了因补加$H_2O_2$对过氧化酶活性的影响，提高了过氧化酶的稳定性。

### 4.8.2　固定化酶的性质

酶被固定化后，受载体特定微环境的影响，以及载体对酶和底物作用的影响，酶的性质会发生变化。

(1) 酶活性

酶经固定化后，活性都会下降，并且认为大分子底物受到立体障碍的影响比小分子底物更大些。固定化酶的活力低于原酶的活力的主要原因是：①酶构象的改变导致酶与底物结合能力或催化底物转化能力的改变；②载体的存在给酶的活性部位或调节部位造成某种空间障碍，影响了酶与底物或其他响应物的作用；③底物和酶的作用受其扩散速率的限制等。

（2）稳定性

酶被固定化后，酶分子的结构被约束，其对外部环境的敏感性降低，稳定性将得到不同幅度的增加，如热稳定性、对有机溶剂及酶抑制剂的稳定性等。固定化酶稳定性提高的原因主要有：固定化酶的酶分子与载体多点连接，防止酶分子伸展变形，酶活力的缓慢释放以及抑制酶的自降解等。

（3）催化特性的改变

底物的专一性、反应的 pH、反应温度、动力学常数等均会因酶的存在状态而有所不同。酶被固定化后，催化底物的最适 pH 和 pH 活性曲线常会发生变化，其原因是微环境表面电荷的影响。当载体带负电荷时，载体内的氢离子浓度要高于溶液主体的氢离子浓度，为了使载体 pH 保持游离酶最适 pH，载体外液 pH 要相应提高，表观上显示最适 pH 向碱性一侧偏移。而且，固定化酶的失活速率下降，故最适温度也随之提高，如色氨酸酶经共价结合后最适合温度比固定前提高了 5～15℃。此外，酶固定于中性载体后，表观米氏常数往往比游离酶的米氏常数高，而当底物与具有带相反电荷的载体结合后，表观米氏常数则减小。表 4-6 比较了一些酶固定化前后米氏常数 $K_m$ 值变化，这种变化主要源于载体电荷性质与底物电荷性质的异同性。如醋酸纤维素为多价阴离子载体，无花果酶的底物苯甲-L-精氨酶乙酯带正电荷，故静电引力作用有助于底物向酶分子移动，表观 $K_m$ 值减少。

**表 4-6　一些酶固定化前后米氏常数 $K_m$ 值变化**

| 酶 | 载体 | 固定化方法 | 底　物 | $K_m$/(mmol/L) | $K'_m/K_m$ |
|---|---|---|---|---|---|
| 无花果酶 | 醋酸纤维素 | 肽键结合法 | 苯甲酰精氨酸乙酯 | | 0.9 |
| 肌酸激酶 | 醋酸纤维素 | 肽键结合法 | ATP、肌酸 | | 10 |
| 天冬酰胺酶 | 尼龙或聚脲 | 微胶囊 | Asn | | $10^2$ |
| 氨基酰化酶 | DEAE-葡聚糖 | | | 8.7 | 1.53 |
| | DEAE-纤维素 | | | 3.5 | 0.61 |
| 木瓜蛋白酶 | 火棉胶 | 酶膜(厚 470μm) | 苯甲酰精氨酰胺 | | 4.8 |
| | | (厚 155μm) | | | 1.8 |
| | | (厚 48μm) | | | 1.1 |
| 碱性磷酸酯酶 | 火棉胶 | 酶膜(厚 8.8μm) | 对硝基苯磷酸 | | 306 |
| | | (厚 2.6μm) | | | 89 |
| | | (厚 1.6μm) | | | 54 |

# 4.9 酶在环境污染治理中的应用

人类赖以生存的环境质量，是目前举世瞩目的重大问题。随着科技的不断发展，人们的生产和生活水平也不断提高，与此同时，环境污染也越来越严重。酶在工业水处理、环境监测等方面都有许多的应用。

## 4.9.1 几种重要的降解酶

（1）腈化物降解酶

腈化物（cyanide）是指含有腈基的有机化合物（RCN），是化学工业中广泛生产和使用的一类有机化学物。腈化物是重要的化工和化纤工业原料，大多数有机腈化物具有强烈的生物毒性、致癌性和致突变性。随着社会经济的发展，腈化物的工业产量和使用量不断增加，腈化物已经广泛分布在环境中，严重危害了环境和人类生活。

腈化物降解酶包括腈化物水合酶、腈化物水解酶和酰胺酶三类。在植物和真菌中能够检测出腈化物降解酶活性相对较少，在细菌中则可以经常监测到腈化物降解酶的活性。腈化物降解酶作为一类重要的酶类，在环境污染治理中发挥着重大的作用。

研究表明，腈化物的酶水解通过两种途径：其一是腈化物水解酶直接水解腈化物，形成相应的有机酸和氨；其二是腈化物水合酶催化有机腈水合，形成中间产物酰胺，然后在酰胺酶的作用下转化为相应的有机酸和氨（图 4-17）。

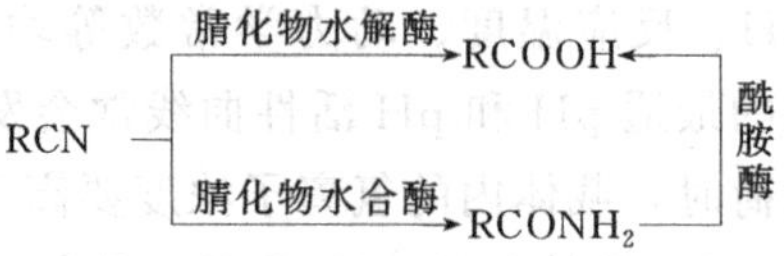


图 4-17　腈化物的酶水解途径

(2) 氨氧化酶

硝化反应是氮循环的重要步骤。在硝化反应中，氨氧化过程是速率限制步骤，氨氧化微生物在废水生物脱氮以及氮元素的地球生物化学循环过程中起着十分关键的作用。氨氧化细菌属于化能自养菌，从氧化 $NH_4^+$ 为 $NO_2^-$ 的过程获得能量，利用 $CO_2$ 为碳源进行细胞合成。

$NH_4^+$ 氧化为 $NO_2^-$ 的过程需要经历两个步骤：

$$2H^+ + NH_4^+ + 2e^- + O_2 = NH_2OH + H_2O + H^+$$

$$NH_2OH + H_2O = HONO + 4e^- + 4H^+$$

上述两个反应分别由氨单加氧合成酶（AMO）和羟胺氧化还原酶（HAO）催化，其中 AMO 催化 $NH_4^+$ 氧化为 $NH_2OH$ 的反应，HAO 催化 $NH_2OH$ 氧化为 $NO_2^-$ 的反应。

现代分子生物学技术为氨氧化细菌提供了有力的工具，人们对氨氧化微生物的生物化学和分子生物学特性有了深入的研究，掌握了氨氧化过程涉及的关键酶及其基因，并且可以对某些氨氧化细菌进行基因操作，从而为控制废水生物脱氮工艺以及富营养化水体的生物修复提供了有用的信息。

(3) 单加氧酶

单加氧酶（MO）是一种氧化还原酶，在该酶的催化作用下 $O_2$ 分子中的 O—O 键断裂，一个 O 原子转移到底物上，参与产物的合成，另一个 O 原子则被还原为水。单加氧酶不但能催化许多内源性底物如脂肪酸、维生素、前列腺素等的合成与代谢，而且能有效降解多种外源毒性物质，因此对维持生物体的正常生长代谢起着极为重要的作用。

单加氧酶按其所含辅基不同，可分为金属蛋白单加氧酶（MMO）和黄素蛋白单加氧酶（FMO）。前者是以 Fe、Cu 等金属为辅基的酶分子，人们较为熟悉的细胞色素 P450 MMO 即属此类；后者则多为单体蛋白，其活性中心是黄素单核苷酸，少数情况下是黄素腺嘌呤二核苷酸，荧光假单胞菌（*Pseudomonas fluorescens*）产生的对羟基苯甲酸酯羟化酶、节杆菌属（*Arthrobacter*）产生的羟苯基丙酸羟化酶以及丝孢酵母属（*Trichosporn*）合成的苯酚羟化酶均属此类。

研究表明，几乎所有的微生物，从细菌到真菌，在特定条件下都可以产生单加氧酶，但不同微生物产生单加氧酶的条件不同，而且即便产生的是同一种类型的单加氧酶（如细胞色素 P450 MO），其结构也不尽相同。利用 MO 生物降解环境污染物具有以下优点：①大多数 MO 的底物选择性比较宽；②MO 来源广、种类多；③生物降解成本低、能耗少。目前，

MO 主要用于降解多环芳烃（PAH）、多氯联苯（PCB）、氯代烃及农药等具有较强的致癌性和毒害作用的污染物。

（4）木质素过氧化物酶

木质素是地球上第二大丰富的多聚物，同时也是含量最大的可再生芳香族物质。由于这种多聚物的存在阻遏了纤维素的生物降解，所以木质素代谢对生物圈中的碳素循环具有特别重要的意义。经过多年的研究，认为木质素的降解主要具有以下几个特点：①木质素的降解属于二次代谢，即微生物的生长繁殖阶段完成以后，才开始进行木质素的降解；②木质素的降解反应不表现通常的酶反应基质特异性和结构特异性；③木质素不能诱导木质素分解酶类的形成；④木质素的降解主要是在微生物分泌的胞外酶作用下，在菌体表面进行各种氧化反应完成。

研究发现，降解这类物质的酶主要是木质素过氧化物酶。木质素过氧化物酶降解有机物的原理非常复杂，它主要是氧化性、非特异性的细胞外过程，既包括生物学原理，也含有一般化学过程，是两者的有机结合。木质素过氧化物酶具有比其他过氧化物酶更高的氧化还原电位，这使它能对许多物质进行直接或间接的氧化作用。直接氧化过程是指两个有活性的酶中间体把木质素和底物氧化成自由基的过程，它能导致 C—C 键断裂、芳环开环、苄基醇化、去甲基化、羟基化、二聚化等。对于某些电位较高不能被木质素过氧化物酶直接作用的化学物质，可以通过一些易被木质素过氧化物酶直接氧化成自由基的化学物质的帮助来发生氧化。这种依赖中间物调节的氧化称为间接氧化。藜芦醇（VA）就是这样一种电子调节物，木质素过氧化物酶通过 VA 作为氧化还原中间体对氨基三唑（AT）的氧化如图 4-18 所示。木质素过氧化物酶也能降解一些已高度氧化的化学物质如 $CCl_4$，降解的第一步是先发生还原反应。在还原过程中，真菌自身分泌的草酸为生理还原剂与电子供体，藜芦醇作为电子调节物，生成的羧酸根阴离子自由基（如 $COO^-$，还原电势－1.9V）作强还原剂还原 $CCl_4$。

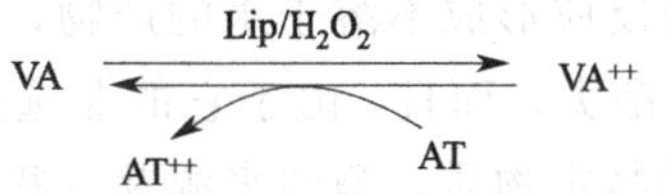

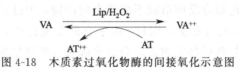

图 4-18 木质素过氧化物酶的间接氧化示意图

（5）漆酶

1883 年日本吉田首次从生漆中发现漆酶，10 年后 Laborade 等又证实真菌中也含有漆酶。漆酶按其主要来源分为漆树漆酶（rhus laccase）和真菌漆酶（fungal laccase）两大类。Givaudan 等还从稻根中分离出细菌（*Asospririllum lipoferum*）漆酶。此外，在一些植物及动物的肾脏和血清中也发现了漆酶。

漆酶是一种含铜糖蛋白酶，是多酚的氧化酶。漆酶是单电子氧化还原酶，初步统计它催化氧化不同类型的底物已达 250 个。最早研究漆酶的催化氧化反应是以二酚及芳香胺作为底物。随后研究发现漆酶的作用底物具有一个宽广的范围。漆酶可以催化酚及其衍生物、芳胺及其衍生物、羧酸及其衍生物，甚至某些甾体激素和生物色素如雌甾二醇、胆红素及某些染料如 ABTS 等。

工业“三废”及化学农药的分解物往往含有毒物酚或芳胺，可将它们用固定化漆酶处理，生成醌或聚合物后，分离除去而使之解毒。Bollag 等用固定化漆酶处理纸厂废水，有效地除去了甲基酚。以硅藻土等为载体固定化漆酶，催化农药 2,4-氯酚氧化分解，生成不溶性的低聚物而被除去。Savolainen 等用漆酶厌氧处理废水，漆酶可去除废水中的木质素衍生物、单宁、酚醛化合物等有毒物质，取得了良好的去除效果。漆酶还可用于染料的脱色，利用腐烂木材中分离到的真菌 SM77 进行偶氮染料的脱色，对 orange G 的脱色主要由漆酶完成，脱色能力随 pH 值的增加而增加，16h 内脱色率达 96%。Ricotta 研究了白腐菌（*T. versicolor*）分泌的漆酶与五氯苯酚（PCP）的矿化关系，发现分离得到的胞外漆酶加剧了 PCP 的矿化。

## 4.9.2 酶在废水处理中的应用

(1) 含芳香族化合物废水处理

芳香族化合物，包括酚和芳香胺，是优先控制的污染物。石油炼制厂、树脂和塑料生产厂、染料厂等很多工业企业的废水中均含有此类物质。大多数芳香族化合物都有毒，在废水被排放前必须把它们去除。目前，在处理含芳香族化合物的废水中，应用较多的酶有过氧化物酶和聚酚氧化酶。

过氧化物酶是一类氧化还原酶，它们能催化很多反应，但均需要过氧化物如过氧化氢的存在来激活。典型的过氧化物酶有辣根过氧化物酶和木质素过氧化物酶。在有过氧化氢存在时，辣根过氧化物酶能催化氧化多种有毒的芳香族化合物，其中包括酚、苯胺、联苯胺及其相关异构体，反应产物是不溶于水的沉淀物，这样就很容易用沉淀或过滤的方法将它们去除。如前所述，木质素过氧化物酶可以处理很多难降解的芳香族化合物和氧化多种多环芳烃、酚类物质，它在木质素解聚中的作用已被证实，催化作用机理与辣根过氧化物酶十分相似。此外，来源于植物的过氧化物酶也可以用于芳香族化合物的去除。例如，它在处理 2,4-二氯酚浓度高达 850mg/L 的废水时，去除速率与辣根过氧化物酶差不多。

聚酚氧化酶代表另外一类催化酚类物质氧化的氧化还原酶，包括酪氨酸酶和漆酶。它们都需要氧分子的参与，但不需要辅酶。酪氨酸酶也叫酚酶或儿茶酚酶，它能催化两个连续的反应：①单分子酚与氧分子通过氧化还原反应形成邻苯二酚；②邻苯二酚脱氢形成苯醌，苯醌非常不稳定，通过酶催化聚合反应形成不溶于水的产物，用过滤即可去除。漆酶由一些真菌产生，通过聚合反应去除有毒酚类。而且，由于它的非选择性，能同时减少多种酚类的含量。漆酶的去毒功能与被处理的特定物质、酶的来源及一些环境有关。

(2) 造纸废水处理

木材造纸工业纸浆中含有 5～8g/100mL 的木质残余物，使得纸浆呈褐色。目前常用的漂白剂是氯气或者二氧化氯，但漂白操作过程会产生黑褐色废水，其中含有对环境有毒有害和致突变的氯化物。若用酶处理造纸废水则不存在上述环境问题。

辣根过氧化物酶和木质素过氧化物酶已应用于造纸废水脱色，它们的固定化形式的处理效果比游离形式好。辣根过氧化物酶是通过将苯环单元催化氧化成能自动降解的阳离子基团而降解木质素。漆酶则是通过沉淀作用去除漂白废水中的氯酚和氯化木质素。分解纤维素的酶主要用于造纸制浆和脱墨操作中的污染处理。纸浆和造纸操作中的废水处理产生的污泥纤维素含量高，可用于生产乙醇等能源物质。使用分解纤维素的酶（由纤维二糖水合酶、纤维素酶和 β-葡萄糖酶组成的混合酶系）既消除了污染，又合成了乙醇。

(3) 含氰（腈）废水处理

氰化物是新陈代谢的抑制剂，对人类和其他生物有致命的危害，因此含氰（腈）废水的处理非常重要。

氰化物酶能把氰化物转变为氨和甲酸盐，该酶具有很强的亲和力和稳定性，且能处理质量浓度低于 0.02mg/L 的氰化物。氰化物酶的活性既不受废水中常见阳离子（如 $Fe^{2+}$、$Zn^{2+}$、$Ni^{2+}$ 等）的影响，也不受诸如醋酸、甲酰胺、乙腈等有机物的影响。硫氰化物是焦化废水中的一种主要污染物，它是由氰化物通过加硫反应转化形成的，可以通过常规的废水处理工艺如活性污泥法等得到去除。硫氰化物可能的微生物代谢机制是：在硫氰化物水解酶作用下，硫氰化物通过水解，形成羰基硫化物和氨（图 4-19）。含有不同腈化物降解酶（腈化物水解酶、腈化物水合酶、酰胺酶）的微生物可以代谢大量的有机腈化物，它们可以利用有机腈化物为底物进行生长和代谢。研究表明，利用特殊的微生物种群可降解含有机腈化物的废水，比传统的活性污泥工艺更具有优势。如利用腈化物水解酶在温和条件下处理乳胶废水，可以有效地去除聚合物乳液引起的丙烯腈污染。

$$-SCN \xrightarrow{+H_2O} -S\overset{O}{C}NH_2 \xrightarrow[-NH_3]{+H_2O} -S\overset{O}{C}OH \xrightarrow[-HO^-]{+H_2O} SCO$$

图 4-19　硫氰化物水解酶的反应机制

(4) 食品加工废水处理

食品加工废水是高附加值的工业生产废水，含有大量易于分解或转化为饲料或其他有经济价值产品的物质。降解酶可应用于这类废水处理，在净化废水的同时可以获得高附加值产品。用于这类废水处理的酶主要有蛋白酶和淀粉酶。

蛋白酶是一类水解酶，在鱼、肉加工工业废水处理中得到了广泛应用。蛋白酶能使废水中的蛋白质水解，得到可回收的溶液或有营养价值的饲料。蛋白酶水解蛋白质，首先被水中固体蛋白吸收，酶使蛋白质表面的多肽链解开，然后更紧密的内核才逐渐被水溶解。淀粉酶是一类多糖水解酶，多糖转变为单糖和发酵能同时进行，淀粉酶用于含淀粉废水处理，可使废水中的有机物转化为酒精。如奶酪乳浆或土豆废水富含淀粉，首先使用α-淀粉酶，使淀粉由大分子化合物转变为小分子化合物，再用葡萄糖酶将其转变成葡萄糖（多于 90%的淀粉可转变为葡萄糖），用于其他产品生产。

使用酶处理废水主要是通过沉淀或无害化去除污染物，因此，酶也可用于废水的预处理，使其下一流程更易于去除。但是，在应用酶时，要特别注意处理过程中有无有毒物质的产生。因此，在应用酶进行具体实际操作前，一定要对酶反应是否可能产生有毒物质进行充分研究。

### 4.9.3　酶在土壤修复中的应用

利用微生物和植物修复受污染环境是现代环境生物技术中一个日益发展、备受关注的领域。在污染物的细胞转化过程中，第一步往往是由细胞释放的胞外酶作用，使大分子化合物降解为可以进入细胞内部的小分子化合物，然后在细胞的新陈代谢作用下进一步降解。

胞外酶包括大量的氧化还原酶和水解酶。这些酶将大分子化合物转化为细胞容易吸收的小分子物质，随后，这些小分子物质被彻底矿化。例如，PAH 被胞外氧化酶部分氧化，形成的产物极性和水溶性都增加，因此生物降解性增加。同时，氧化还原酶也可能将溶解性的有毒物质氧化成不溶性的、不能进入细胞内部的产物，从而对细胞起保护作用。

植物根区的胞外酶和微生物胞外酶可以用来修复土壤污染。植物根区胞外酶通常与植物细胞壁相关，可以将污染物转化为更容易被植物根部或根际微生物吸收的中间产物。漆酶因可氧化许多种有机污染物，在土壤污染修复方面的应用潜力受到广泛重视。筛选具有较高漆酶活性的土壤真菌，可以为污染土壤修复提供生物资源。在适当培养条件下，真菌 F-5 培养液酶活性可达4033U/L，表现出该菌具有较强的产漆酶能力。在多环芳烃（PAH）污染土壤的生物修复中，真菌F-5可使土壤中苯并[*a*]芘、二苯并[*a*,*h*]蒽等高环、高毒性多环芳烃降解，并使土壤多环芳烃毒性大幅降低。

在受污染场所（特别是土壤环境中），当污染物发生转化时，需要胞外酶启动这一过程。因此，胞外酶用于土壤修复是有可能的，不过存在着局限性，主要来自于污染物方面的局限和酶本身的局限。在实际受污染的环境中，污染物都不是单一的，通常是多种污染物同时存在，因此，其他污染物的存在，对酶的转化效率的影响可能是正面的，也可能是负面的，甚至可能出现协同效应。如Bollag等研究表明，不同来源的漆酶用于降解2,4-二氯酚时，当有其他氯酚共存时，不同的氯酚，如4-氯酚（4-CP）、2,4,6-三氯酚（2,4,6-TCP）对其有不同的影响。此外，酶在污染物转化过程中可能会失去活性。漆酶活性降低主要取决于化合物中酚的类型、转化程度以及不同酚类污染物的组合。在污染物聚合过程中会吸附或包裹部分酶，从而阻止了酶与污染物的进一步相互作用，这可能是酶活性丧失的原因。同时，酶在土壤中以复合物的形式存在，矿物质和有机颗粒物会限制酶的运动，影响酶的活性。因此，可以通过基因工程等现代分子生物学方法，对微生物和酶进行改造，促进酶在土壤修复中的应用。

### 4.9.4 酶在环境监测中的应用

酶在环境监测方面的应用十分广泛，在农药、重金属、微生物等污染监测方面取得了许多重要成果。

（1）利用胆碱酯酶检测有机磷农药污染

农药的大量使用，对农作物产量的提高起了一定的促进作用，然而由于农药特别是有机磷农药的滥用，造成了严重的环境污染，破坏了生态环境。采用胆碱酯酶监测有机磷农药的污染就是一种具有良好前景的检测方法。由于胆碱酯酶可以催化胆碱酯水解生成胆碱和脂肪酸（图4-20），而有机磷农药是胆碱酯酶的一种抑制剂，可以通过检测胆碱和有机酸的生成量表征胆碱酯酶的活性变化，从而判断是否受到有机磷农药的污染。现在可以通过固定胆碱酯酶的受抑制情况，检测空气或水中微量的有机磷含量，灵敏度可达0.1mg/L。

$$\mathrm{R{-}\underset{\underset{\displaystyle O}{\|}}{C}{-}O{-}CH_2{-}CH_2{-}\underset{\underset{\displaystyle OH}{|}}{N}(CH_3)_3} + \mathrm{H_2O} \xrightarrow{\text{胆碱酯酶}} \mathrm{HO{-}CH_2CH_2{-}\underset{\underset{\displaystyle OH}{|}}{N}(CH_3)_3} + \mathrm{R{-}COOH}$$

图4-20 胆碱酯酶的作用机制

（2）利用乳酸脱氢酶的同工酶监测重金属污染

乳酸脱氢酶有5种同工酶。它们具有不同的结构和特性。通过检测家鱼血清乳酸同工酶（SLDH）的活性变化，可以检测水中重金属污染的情况及其危害程度。镉和铅的存在可以使$SLDH_4$活性升高，汞污染使$SLDH_1$活性升高，铜的存在则引起$SLDH_4$的活性降低。

（3）通过*β*-葡聚糖苷酸酶监测大肠杆菌污染

将4-甲基香豆素基-*β*-葡聚糖苷酸掺入选择性培养基，如果样品中有大肠杆菌存在，大肠杆菌中的*β*-葡聚糖苷酸酶就会将其水解，生成甲基香豆素。甲基香豆素在紫外线的照射下发出荧光。利用这种方法可以检测水或者食品中是否有大肠杆菌污染。

(4) 利用亚硝酸还原酶检测水中亚硝酸盐浓度

亚硝酸还原酶是催化亚硝酸还原生成一氧化氮的氧化还原酶（图 4-21)。利用固定化亚硝酸还原酶，制成电极，可以检测水中亚硝酸盐的浓度。

$$HNO_2 + NAD(P)H \xrightarrow{\text{亚硝酸还原酶}} NAD(P)^+ + NO + H_2O$$

图 4-21　亚硝酸酶的作用机制

(5) 酶传感器

目前已开发的酶传感器已有多种，并将继续扩大其在环境监测中的应用。如利用多酚氧化酶制成固定化酶柱，将其与氧电极检测器合用，可以检测水中痕量的酚。详细内容在 20.7 节叙述。

# 第5章 细胞工程

## 5.1 细胞及细胞工程

### 5.1.1 细胞

(1) 细胞是生物体结构和功能的基本单位

除了病毒外，一切有机体均由细胞构成。单细胞生物的机体仅由一个细胞构成，多细胞生物的有机体根据其复杂的程度由数百乃至数万亿计的细胞组成。高等生物含有的细胞数目非常巨大，如成人机体内约有 $10^{14}$ 个细胞，新生婴儿约有 $10^{12}$ 个细胞。有些低等生物，如藻类，仅有 4 个、8 个或几十个未分化的相同细胞组成，实际上这种低等生物是单细胞生物与多细胞生物之间的过渡。

细胞是代谢与功能的基本单位。在有机体的生命活动中，细胞呈现出独立的、有序的、自动控制性很强的代谢体系，对任何细胞完整性的任何破坏，都会导致细胞代谢的有序性与自控性的失调。细胞还是有机体生长和发育的基础，有机体的生长是细胞分裂、体积增长和细胞分化的结果，因而研究有机体的生长必须以细胞的增殖、生长、分化为基础。此外，细胞还具有遗传的全能性。无论何种细胞，均含有全套的遗传信息，即全套的基因，也就是说它们具有遗传的全能性。

(2) 细胞大小

支原体是目前发现的最小最简单的细胞，它具备一个细胞生存与增殖必须具备完整的结构，包括细胞膜、遗传信息载体 DNA 与 RNA、进行蛋白质合成的一定数量的核糖体以及催化主要酶促反应所需要的酶。

从保证一个细胞生命活动运转所必需的条件看，至少需要 100 种酶，这些酶分子进行酶促反应占用空间直径约为 50nm，加上核糖体（每个核糖体直径为 10～20nm）、细胞膜与核酸等，由此推算，一个细胞体积的最小极限直径不可能小于 100nm，而现在发现的最小支原体细胞的直径已接近这个极限。比支原体更小更简单的细胞，又要维持细胞生命活动的基本要求，似乎是不可能存在的。各种细胞的直径如下：支原体 0.1～0.3$\mu$m，细菌 1～2$\mu$m，动植物细胞 20～40$\mu$m，单细胞生物约 200$\mu$m（图 5-1）。多数细胞大小在 20～100$\mu$m 之间，必须借助显微镜才能看见。

(3) 细胞的形态与结构

细胞的形态与其所处的环境有关，多种多样，一般有球形的、立方形的、扁平的、不规则的等。按照构成生物体的细胞的特征，可以将细胞分为两大类：原核细胞和真核细胞。两者的主要区别见表 5-1。

按照进化的观点，原核细胞在处于进化的较原始的阶段，结构简单，构成的生物种类也较少。细菌、放线菌等细胞属于原核细胞。原核细胞较小，DNA 裸露在细胞质中，不与蛋白质结合。胞内无膜系细胞器，胞外由肽聚糖构成细胞壁，细胞壁是细胞融合的主要障碍。原核生物细胞虽然结构简单，但具有无蛋白质结合的 DNA，繁殖速率快，易于进行遗传操作，也是细胞工程的良好材料。真核细胞在进化上处于较高级阶段，构成的生物体种类繁

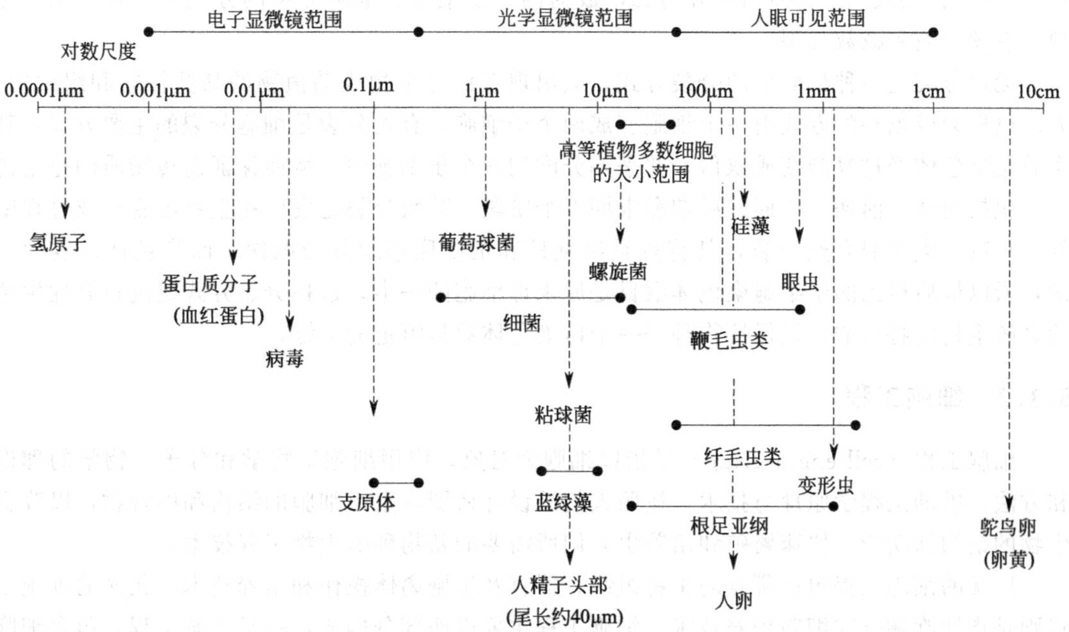


图 5-1 各种细胞的直径大小

**表 5-1 原核细胞和真核细胞的主要区别**

| 特 征 | 原 核 细 胞 | 真 核 细 胞 |
|---|---|---|
| 细胞膜 | 有(多功能性) | 有 |
| 核膜 | 无 | 有 |
| 染色体 | 由环状 DNA 分子构成的单个染色体,DNA 不与或很少与蛋白质结合 | 2 个以上染色体,染色体由线状 DNA 与蛋白质组成 |
| 核仁 | 无 | 有 |
| 线粒体 | 无 | 有 |
| 内质网 | 无 | 有 |
| 高尔基体 | 无 | 有 |
| 溶酶体 | 无 | 有 |
| 核糖体 | 70S(包括 50S 和 30S 的大小亚单位) | 80S(包括 60S 和 40S 的大小亚单位) |
| 光合作用 | 蓝藻有叶绿素 a 的膜层结构,细菌具有菌色素 | 植物叶绿体具有叶绿素 a 和 b |
| 核外 DNA | 细菌具有裸露的质粒 DNA | 线粒体 DNA,叶绿体 DNA |
| 细胞壁 | 细菌细胞壁的主要成分是聚肽糖与壁酸 | 动物细胞无细胞壁,植物细胞壁的主要成分为纤维素和果胶 |
| 细胞骨架 | 无 | 有 |
| 增殖方式 | 无丝分裂 | 有丝分裂 |

多。酵母、动植物等的细胞属于真核细胞，体积较大，在光学显微镜下就能观察到，具有包括细胞核、细胞质和细胞膜等非常复杂的结构，植物细胞通常还包括细胞壁。

(4) 细胞周期

一切生物都是靠细胞分裂增加细胞数目而实现生长发育的。细胞周期也称“细胞分裂周期”，是指一个细胞经生长、分裂而增殖成两个细胞所经历的全过程。细胞周期包括分裂期(M 期) 与间期，间期由 DNA 合成前期 ($G_1$)、合成期 (S)、合成后期 ($G_2$) 3 个阶段组成。细胞在 $G_1$ 期完成必要的生长和物质准备，在 S 期完成其遗传物质——染色体 DNA 的复制，在 $G_2$ 期进行必要的检查及修复以保证 DNA 复制的准确性，然后在 M 期完成遗传物质到子细胞中的均等分配。细胞在正常情况下，沿着 $G_1$-S-$G_2$-M 期的路线运行，大部分时间处于间期。通过M期细胞一分为二，成为两个子细胞。细胞分裂的方式有三种：无丝分裂、有丝分裂和减数分裂。

无丝分裂是一种最简单的分裂方式，只出现在低等生物或动植物的某些器官和组织内，大多以横裂或纵裂的方式由一个细胞变成两个子细胞。有丝分裂是细胞分裂的主要方式，其实质是染色体经过复制变成双份，并平均分配到两个子细胞中，从而保证遗传物质的稳定传递，包括间期、前期、中期、后期和末期五个阶段。减数分裂是发生在生殖细胞形成过程中的一种特殊类型的有丝分裂，其特点是细胞核和细胞质连续分裂两次，而染色体仅复制一次，所以最后得到的子细胞染色体数目是原来母细胞的一半，这种分裂方式是进行有性生殖的真核生物所特有的，是保持物种每一个体染色体数目恒定的关键。

### 5.1.2 细胞工程

细胞工程（cell engineering）是指以细胞为对象，应用细胞生物学和分子生物学的理论和方法，借助工程学原理与技术，按照人们的设计蓝图，重组细胞的结构和内含物，以改变生物的结构和功能，快速繁殖和培养出人们所需要的新物种的生物工程技术。

广义的细胞工程包括所有的生物组织、器官及细胞离体操作和培养技术，狭义的细胞工程则是指细胞融合和细胞培养技术。细胞工程主要由两部分构成：一是上游工程，包含细胞培养、细胞遗传操作和细胞保藏三个步骤；二是下游工程，是将已转化的细胞应用到生产实践中去，生产生物产品的过程。根据研究对象不同，细胞工程可分为微生物细胞工程、植物细胞工程和动物细胞工程，主要研究内容包括：动植物细胞与组织培养、细胞融合（新的物种或品系、单克隆抗体）、细胞核移植（无性繁殖、克隆动物）、染色体工程（多倍体育种，例：八倍体小黑麦）、胚胎工程（优良品种、试管婴儿）、干细胞与组织工程（胚胎干细胞、组织干细胞）、转基因生物与生物反应器（转基因动物、转基因植物）。

细胞工程的优势在于避免了DNA的分离、提纯、剪切、拼接等基因操作，只需将细胞遗传物质直接转移到受体细胞中就能够形成杂交细胞，因而能够提高基因的转移效率。通俗地讲，细胞工程是在细胞水平上动手术，也称细胞操作技术，包括细胞融合技术、细胞器移植、染色体工程和组织培养技术。通过细胞融合技术，可以培育出新物种，打破了传统的只有同种生物杂交的限制，实现种间的杂交。这项技术不仅可以把不同种类或者不同来源的植物细胞或者动物细胞进行融合，还可以把动物细胞与植物细胞融合在一起。这对创造新的动物、植物和微生物品种具有前所未有的重大意义。

21世纪合成生物学快速发展，采用计算机辅助设计、DNA或基因合成技术，人工设计细胞的信号传导与基因表达调控网络，乃至整个基因组与细胞的人工设计与合成，刷新了基因工程与细胞工程技术，并带来生物计算机、细胞制药厂、生物炼制石油等技术与产业革命。

## 5.2 细胞工程技术

细胞工程的目的是获得新性状、新个体、新物质或产品。目前，细胞工程涉及的主要技术有：动植物组织和细胞的培养技术、细胞融合技术、细胞器移植和细胞重组技术、体外授精技术、染色体工程技术、DNA重组技术和基因转移技术等，核心技术是细胞培养与繁殖。这些技术有些在细胞水平上，也有些在基因水平上。它们之间是密切联系的，基因工程技术不断渗入到细胞工程中，在细胞工程的研究开发中发挥着重要作用。

### 5.2.1 微生物细胞工程

微生物细胞工程一般指应用微生物进行细胞水平的研究和生产，包括各种微生物细胞的培养、遗传性状的改造、微生物细胞的直接利用以获得细胞代谢产物等。微生物细胞的培养在本书第 6 章中详细介绍，遗传性状的改造主要目的是选育高产菌株，包括诱变育种、DNA 重组技术和原生质体融合技术，其中，前二者分别属于“发酵工程”和“基因工程”的研究范畴，均在相应的章节中进行论述，原生质体融合技术在本章中重点介绍。

细菌细胞的融合过程如图 5-2 所示。

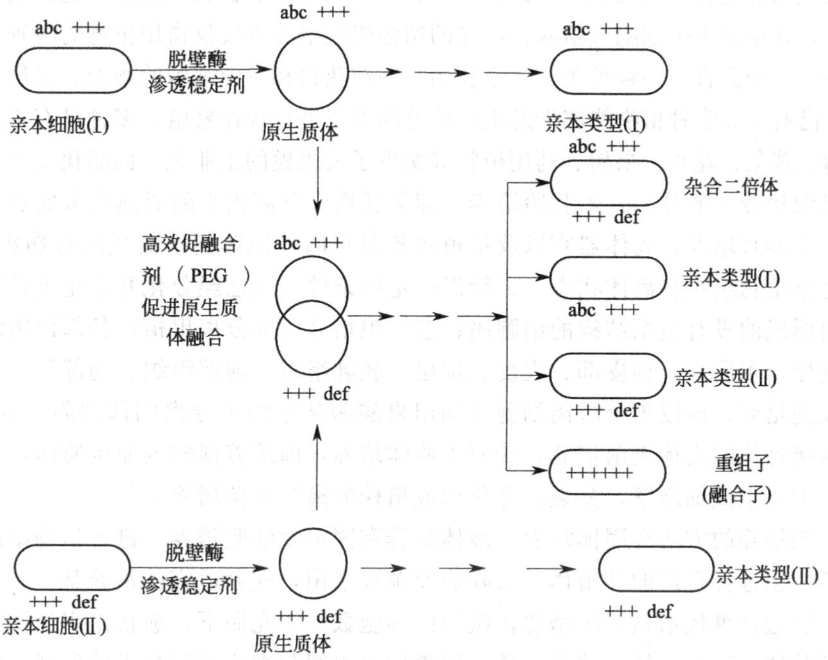


图 5-2　细菌细胞融合过程示意图

首先，采用酶解技术，除去细胞壁。原核细胞和真核细胞的细胞壁组成不同，需采用不同的酶进行处理。溶菌酶能特异性地切开肽聚糖中 *N*-乙酰胞壁酸与 *N*-乙酰氨基葡萄糖之间的 $\beta$-1,4-糖苷键，从而能使革兰阳性菌（原核细胞）的细胞壁溶解，但革兰阴性菌（原核细胞）细胞壁含有脂质双层等特殊物质，因此在处理这类菌时，除了溶菌酶外，一般还需添加 EDTA，才能除去它们的细胞壁，制得原生质体。真菌细胞壁成分比较复杂，主要由几丁质及各类葡聚糖构成纤维网状结构，其中夹杂少量的甘露糖、蛋白质和脂类，采用消解酶、蜗牛酶、纤维素酶、几丁质酶等处理，原生质体得率在 90%以上。

细胞壁溶解后，原生质体即以球状体的形式开始释放，由于原生质体对渗透压很敏感，必须使用渗透压稳定剂维持其稳定性，常用的渗透压稳定剂主要有蔗糖、饱和氯化钾溶液、多种糖和糖醇等。

通常采用染色体标记的遗传重组体来检测融合细胞的效果。如果两亲株的遗传标记为营养缺陷型 $A^+B^-$ 或 $A^-B^+$，则其重组子应为原养型 $A^+B^+$。检出重组子的方法有直接法和间接法。直接法是将融合液涂布在不补充两亲株生长所需营养物或补充两种药物的再生平板上，直接筛选出原养型。间接法是将融合液涂布在营养丰富的再生平板上，使亲株和重组子都再生，然后用影印法到选择培养基上以检出重组子。

## 5.2.2　植物细胞工程

植物细胞工程是利用植物细胞的全能性，以植物组织细胞为基本单位，在离体条件下进行培养、繁殖和人工操作，改变细胞的某些生物学特性，从而改良品种、加速繁育植物个体或获得有用物质。植物细胞工程主要包括植物组织与器官培养、原生质体制备与培养、亚细胞水平的操作技术等。

(1) 组织与器官培养

植物组织培养是在人为控制外因的条件下将植物的组织、器官或细胞在适当的培养基上进行无菌培养，并重新再生细胞或植株。广义的植物组织培养不仅仅指用植物的一种组织进行的培养，还包括一个器官、一粒种子、一个胚胎、一粒花粉和一个细胞的培养。经历了 2 个多世纪的发展，已有 600 多种植物能够借助组织培养的方式进行快速繁殖，多种具有重要经济价值的粮食作物、蔬菜、花卉、果树、药用植物等实现了大规模的工业化、商品化生产。

植物组织培养一般分为：①胚胎培养，即从胚珠中分离出来的成熟或未成熟的胚胎离体无菌培养；②器官培养，离体器官以及从植物各器官的外植体增殖而成的愈伤组织的培养，愈伤组织是指植物组织在离体状态下，给以一定的条件，是已经分化并停止生长的细胞重新分裂生长而形成的没有组织结构的细胞团；③组织培养，即分离出植物各部位组织（如分生组织、形成层、木质部、韧皮部、表皮、皮层、胚乳组织、薄壁组织、髓部等）的离体无菌培养；④细胞培养，即以单个游离细胞（如用果酸酶从组织中分离的体细胞，或花粉细胞，卵细胞）为接种体的离体无菌培养；⑤原生质体培养，即培养裸露的原生质体，使其在特殊的培养基上重新生成细胞壁，分裂、分化形成植株的离体无菌培养。

植物组织培养的方法有固体培养、液体培养和固定化细胞培养。进行植物组织培养，主要步骤包括：①选择合适的外植体，去除病原菌及杂菌，配制适宜的培养基；②诱导器官切段去分化；③通过继代增殖，扩增愈伤组织的细胞数；④光照下，愈伤组织经历生根发芽阶段，形成胚状体；⑤小苗经过移栽成活。随着植物组织与细胞培养技术的发展，植物细胞有可能像微生物那样，在发酵罐内大量连续培养，不仅能生产出过去只能从植物中提取的一些产品，而且能控制次生代谢物质，进行特定的生物转化反应，并通过改变培养条件和筛选新细胞系得到超过整体植物产量的代谢物质，包括重要药用植物的有效成分、香料、调味品、蛋白酶抑制剂、色素等（表 5-2）。

**表 5-2　植物细胞和组织培养物产生的有用物质**

| 生物碱 | 查耳酮 | 植物生长调节物质 | 香水 |
|---|---|---|---|
| 过敏原 | 调味品 | 激素 | 酚 |
| 氨基酸 | 联酮 | 免疫化学物质 | 色素 |
| 蒽醌 | 食品乳化剂 | 类胰岛素物质 | 多糖 |
| 抗白血病物质 | 酶 | 橡胶 | 蛋白质 |
| 抗微生物物质 | 乙烯 | 脂类 | 调味香料 |
| 抗肿瘤物质 | 类黄酮 | 药物 | 皂角配质 |
| 苯甲酸衍生物 | 香味剂 | 萘醌 | 糖 |
| 苯并吡喃酮 | 食物 | 商用油 | 甜味剂 |
| 苯醌 | 香料 | 挥发油 | 单宁 |
| 生物转化物质 | 呋喃酮 | 鸦片 | 萜烯 |
| 糖类 | 香料 | 有机酸 | 植物病毒抑制剂 |

(2) 原生质体制备与培养

原生质体即细胞脱去细胞壁，可以进行各种基本生命活动，如蛋白质和核酸合成、光合作用、呼吸作用、通过质膜的物质交换等。植物原生质体在离体培养条件下能够再生细胞壁，继而生长和分裂，形成愈伤组织，经诱导分化再生成完整植株，即植物原生质体仍然保持着细胞的“全能性”。

为了获得原生质体，需先去除细胞壁。植物细胞壁的主要成分是纤维素，此外还有半纤维素、果胶质和少量的蛋白质等。不同植物和同一植物不同组织的细胞，其细胞壁的结构和组分不同。去除细胞壁的方法主要有机械法和酶法。

植物原生质体融合也称体细胞杂交，其结果是细胞内遗传物质重新组合，获得新的杂合细胞。整个过程一般经过亲本选择（考虑杂种细胞筛选标记）、原生质体制备、原生质体融合、融合细胞筛选、细胞壁再生等步骤。细胞融合技术可产生体细胞杂交种，扩大杂交范围。

开展细胞杂交的关键技术是诱导两个不同植物原生质体融合。目前常用的植物原生质体诱导融合方法有化学法和物理法两种。化学法就是用不同的试剂为诱导剂，如各种盐类、多聚化合物、生物胶及其降解物等。目前比较有效的是高 pH 高钙法和聚乙二醇法。但是这两种方法对原生质体均有一定毒性，因此进行诱导融合的时间要适当。处理时间过短，融合率较低；处理时间过长，原生质体的活力会下降，甚至导致融合失败。近年的研究发现，以丙酸钙取代氯化钙作为助融合剂，细胞融合率有明显的提高。物理法包括采用显微操作、离心、振动等机械手段促进融合，采用电场刺激法近年来也获得了成功。电融合法不像采用多聚化合物那样在诱导融合以后必须洗去多余的诱导剂，如在无菌条件下进行融合，原则上电融合后就可以转入培养。

经过上述融合处理后再生的细胞株将可能出现以下几种类型：①亲本双方的细胞核和细胞质融合为一体，发育成为完全的杂合植株；②融合细胞由一方细胞核与另一方细胞质构成，发育为核质异源的植株；③融合细胞由双方细胞质及一方核或再附加少量它方染色体或 DNA 片段构成。双亲本原生质体经融合处理后产生的杂合细胞，一般要经含有渗透压稳定剂的原生质体培养基培养，生长出细胞壁后再转移到合适的培养基中，待生长出愈伤组织后按常规方法诱导其发芽、生根、成苗。在此过程中需对杂合细胞或植株进行鉴别与筛选。常用的方法有杂合细胞显微镜鉴别、互补筛选法、细胞与分子生物学的方法鉴别和生长出植株的形态特征鉴别等。

### 5.2.3 动物细胞工程

动物细胞工程是通过对细胞及其组分进行人工操作，研究生命活动的规律，实现对动物遗传性状改造，并结合非生物材料的手段，生产用于治疗人类疾病或缺陷的人工器官、组织、细胞及代谢产物。动物细胞工程常用的技术手段有动物细胞培养技术（包括组织培养、器官培养）、细胞融合技术、胚胎工程技术（核移植、胚胎分割、胚胎移植等）、克隆技术（单细胞系克隆、器官克隆、个体克隆）等。其中，动物细胞培养技术是其他动物细胞工程技术的基础。1997 年，英国维尔莫特领导的小组用体细胞核克隆出了“Dolly（多莉）”绵羊，把动物细胞工程推上世纪的顶峰。

(1) 动物细胞培养

动物细胞培养区别于植物和微生物细胞的培养。动物细胞培养是将取自动物体的某些器官或组织细胞，在模拟的体内生理条件下进行离体培养，使之存活和生长。动物细胞培养与组织培养是有区别的，前者是指离体细胞在无菌培养条件下的分裂、生长，在整个培养过程中细胞不出现分化，不再形成组织，而后者意味着取自动物体的某类组织，在体外培养时细胞一直保持原本已分化的特性，该组织的结构和功能不发生明显变化。

(2) 动物细胞融合

理论上，动物细胞在体外培养条件下会自发融合，但频率极低，故需人为地采用一些手段，促进细胞融合。动物细胞融合有融合剂法、电融合法和仙台病毒（HVJ）诱导法。

仙台病毒（HVJ）是最有效的促融合副黏液病毒。副黏液病毒可对多种不同类型的动物细胞起作用。因此在动物细胞融合中，仙台病毒已经成为用以产生细胞杂种的标准融合剂。该病毒具有凝集细胞的能力，它一边粘接在一个细胞表面，另一边粘接在另一个细胞表面，从而使两个细胞在病毒的作用下紧密靠近发生凝集。通常，在使用仙台病毒之前，先用紫外线等对细胞进行处理，这样既保留其融合能力，又去除其感染性，做到安全可靠。

进入20世纪70年代后，由于病毒融合剂制备困难，不易重复和融合率较低等缺点，研究者开始转向化学融合剂的研究。目前使用的化学融合剂有：聚乙二醇、聚乙烯醇、聚甘油、磷脂酰胆碱、油酸、油胺等，其中以聚乙二醇（PEG）最为广泛。分析认为，其诱导原生质体融合的机理是带有大量负电荷的聚乙烯二醇分子和原生质体表面的负电荷间，在钙离子的连接下形成静电作用，促使异源的原生质体间的黏着和结合，在高 pH、高钙离子溶液的作用下，将钙离子和与质膜结合的PEG分子洗脱，导致电荷平衡失调并重新分配，使两种原生质体上的正负电荷连接起来，进而形成具有共同质膜的融合体。

电融合法是20世纪80年代出现的细胞融合技术。在直流电脉冲的诱导下，原生质体质膜表面的氧化还原电位发生改变，使异种原生质体黏合并发生质膜瞬间破裂，进而质膜开始连接，直到形成完整的膜进而形成融合体。电融合法在制备杂交瘤细胞方面展示了良好的应用前景，它克服了病毒或化学介导细胞融合的一些缺点，融合所需的细胞量可以相对减少，而融合率可提高到 $10^{-3}$，较PEG介导法高 $10\sim10^3$ 倍，不存在残留毒性。

(3) 动物细胞拆合

从不同的细胞中分离出细胞器及其组分，在体外将它们重新组装成具有生物活性的细胞或细胞器的过程称为细胞拆合。细胞拆合的研究大多以动物细胞为材料，其中尤以核移植和染色体移植的工作令人瞩目。

克隆绵羊“多莉”的诞生，即说明了体细胞核的遗传全能性，也翻开了人类以体细胞核竞相克隆哺乳动物的新篇章。克隆就是无性繁殖，对于动物而言，克隆就是指不经过生殖细胞而直接由体细胞获得新的个体。在目前的技术水平下，所有的高等动物细胞都必须将其遗传物质转入卵细胞后才能再生，也就是说，必须借助于卵细胞的细胞质中的某些特殊物质才能进行正常的生长发育，而不能从体细胞直接再生出新的个体。但由于体细胞和受精卵一样都含有全部遗传信息，因此，从理论上讲，从体细胞获得完整的动物个体是完全可行的。它的深入研究必将为人类开创一片崭新的天地。

# 5.3 细胞工程在环境污染治理中的应用

作为现代生物技术之一的细胞工程，近半个世纪来有着突飞猛进的发展，其意义在于打破了传统依赖有性杂交和嫁接方法创造新种的界限，扩大了遗传物质的重组范围。细胞融合技术在环境污染物的检测、难降解物质的降解、优良菌种的培育、抗性植物的培养等方面发挥着越来越重要的作用。通过植物细胞工程，能培育出抗虫、抗病毒、抗除草剂等多种抗性植物，同时也能获得用于重金属污染修复和有机污染修复的植物，既治理了污染，又达到了美化环境的作用。此外，基于细胞工程基础理论的微生物表面展示技术通过改造细胞表面结构制备细胞表面吸附剂，实现重金属去除和有毒污染物脱毒的效果，因而已得到了广泛的研究和应用。

## 5.3.1 细胞融合技术的应用

与目前备受关注的基因工程相比，细胞融合技术避免了分离、提纯、剪切、拼接等基因操作，具有投资少、有利于广泛研究和推广的优点。但细胞融合对基因的针对性不强，未知性和不确定性很大，因此，可以将细胞融合与传统育种方法和基因工程相结合，提高细胞融合的准确性。

(1) 微生物细胞融合技术

由于微生物原生质体融合技术可在种内、种间甚至属间进行，不受亲缘关系的影响，遗传信息传递量大，不需了解双亲详细的遗传背景，因而便于操作，大大提高了重组频率，扩大了重组幅度。通过原生质融合技术，可以将多个细胞的优良性状集中到一个细胞内，构建能降解多种污染物的“超级”细胞。

例如，脱氢双香草醛（与纤维素相关的有机化合物，简称 DDV）降解菌 *Fusobacterium variam* 和 *Enterococcus faecium*，单独作用时，在 8d 内可降解 3%～10%的 DDV；混合培养时，降解率可达 30%，说明有明显的互生作用。将两株菌进行细胞融合，构建的融合细胞（FET 菌株）对 DDV 的降解率最高可达 80%。将融合细胞 FET 和具有纤维素分解能力的革兰阳性菌白色瘤球菌（*Ruminnoccusalbu*）进行融合，将纤维素分解基因引入到 FET 菌株中，获得 1 株革兰阳性重组子，它具有 *Ruminnoccusalbus* 亲株 45%左右的 $\beta$-葡萄糖苷酶和纤维二糖酶活性，同时还具有 87%FET 降解 DDV 酶的活性。又如，*Pseudomonas alcaligenes* CO 可以降解苯甲酸酯和 3-氯苯甲酸酯，但不能降解甲苯。而 *Pseudomonas putida* R5-3 可以降解苯甲酸酯和甲苯，但不能利用 3-氯苯甲酸酯。上述两菌株均不能利用 1,4-二氯苯甲酸酯。通过细胞融合，得到的融合细胞可以同时降解上述 4 种化合物。将乙二醇降解菌 *Pseudomomas mendocina* 3RE-15 和甲醇降解菌 *Bacillus lentus* 3RM-2 中的 DNA 转化至苯甲酸和苯的降解菌 *Acinetobacter calcoaceticus* T3 的原生质体中，获得的重组子 TEM-1 可同时降解苯甲酸、苯、甲醇和乙二醇，降解率分别为 100%、100%、84.2%和 63.5%。此菌株用于化纤废水处理时，对 COD 的去除率可达 67%，高于三菌株混合培养时的降解能力。可见将原生质体融合技术引入废水处理应用领域具有良好前景。

(2) 植物细胞融合技术

植物细胞融合可用于培育各种新植株。如抗性植物，将雄性不育的 *Brassicaoleracea* ssp. *botrytis*（花椰菜，染色体 $2n=18$）和有阿特拉津（除草剂）抗性细胞且雄性不育的 *B. napus*

(甘蓝型油菜，染色体 $2n=38$) 体细胞进行融合，得到 3 株融合子 ($2n=56$) 和 6 株花椰菜胞质杂合子 ($2n=18$)，并检测其除草剂抗性。这些融合子和胞质杂合子都具有来自阿特拉津抗性细胞质的叶绿体和线粒体，但没有发现线粒体 DNA 的再结合。现场测定花椰菜胞质杂合子阿特拉津的耐受性结果表明，当阿特拉津在 0.56～4.48kg/$hm^2$ 的施用量下，花椰菜胞质杂合子都为表现出异常。以上结果表明，花椰菜胞质杂合子在阿特拉津残留浓度较高的环境中得以生长，具有潜在使用价值。

美国纽约州厄普顿 Brookhaven 国家实验室的微生物学家 Daniel Van der Lelie 和比利时林堡大学中心的环境生物学家 Jaco Vangronsveld 领导的研究小组发现，向植物中注射一种具有甲苯降解能力的细菌能够使植物降低甲苯致病的能力。于是研究人员采集了一种通常存在于黄羽扁豆内部的细菌，这些无害的细菌多位于细胞的表面，将它们与那些具有甲苯降解能力的细菌进行原生质融合，结果使得黄羽扁豆在与细菌之间的基因交换过程中获得了能够降解甲苯的基因。因此，这种新加载的细菌使得黄羽扁豆能够在受过污染的土壤中茁壮生长，而此前那些未经过改良的普通黄羽扁豆却无法生存。另外，研究者利用电融合对十字花科天蓝遏蓝菜和甘蓝型油菜进行体细胞电融合，目的是将前者的锌耐受和富集相关基因导入到更为大型的植物中。融合子在土壤中生长了 4 个月，5 株开花，一些融合子在高锌介质中能够存活，并能够富集锌和镉，锌富集的特征得到了传递。

(3) 动物细胞融合技术

动物细胞融合技术在环境领域主要用于生产单克隆抗体，进行环境中痕量污染物，如持久性有机污染物 (POPs)、内分泌干扰物 (EDCs) 等的检测。自 Hammock 将免疫检测方法应用于农药检测研究以来，免疫检测法开始应用于检测环境中的痕量污染物。尤其是以杂交瘤技术生产的单克隆抗体，其性质均一稳定，特异性强，交叉反应少，灵敏度高，可大量制备，为生产商品检测盒提供了极为有利的条件，已广泛应用于环境中污染物的检测。

免疫检测法的步骤包括抗原抗体制备、样品的前处理和免疫分析。通常具有免疫原性的物质相对分子质量大于 10000，而环境中有机污染物的相对分子质量一般小于 1000，其本身不能诱导机体产生免疫应答，是半抗原物质。半抗原和载体蛋白通过共价键偶联后转化为完全抗原；单克隆抗体可通过免疫实验用鼠，融合其淋巴 B 细胞和骨髓瘤获得，得到的杂交瘤细胞即可生成单克隆抗体。淋巴 B 细胞具有特异性，骨髓瘤细胞容易生长，杂交瘤细胞具有二者的双重特性。

Okuyama 等建立了检测人乳液中二噁英和多苯并呋喃的单克隆抗体酶联免疫吸附 (ELISA) 分析方法。通过二氧杂芑 C1、C2 位点与牛血清蛋白的结合构造抗原，之后多次免疫 BALB/c 和 A/J 鼠，并用其脾细胞和 P3/NS1/1-Ag4-1 骨髓瘤细胞进行融合，5 次融合后，得到了杂交瘤细胞，该细胞产生的 D9-36 单克隆抗体，能够特异性识别主要的二噁英和多苯并呋喃的同系物，特异性较好。通过竞争性 ELISA 对其进行定量分析，结果表明，免疫分析法的精度很高，2,3,7,8-四氯代二苯并二噁英的检测范围为 1～100pg/50$\mu$L，对实际样品的检测结果与用高分辨率 GC-MS 检测得到的毒性当量结果一致。

## 5.3.2 抗性植物的应用

植物修复是利用植物的一系列生理生化过程部分或完全修复环境污染和消除被污染土壤、水体和空气中的污染物。植物可通过吸附、吸收及超积累、转移、降解和挥发等方式降解和消除环境中的污染物，同时，植物还可以与根际微生物协同作用实现对污染物的降解

（图 5-3）。

将新的性状转入高生物量的植物中，以此开发高效的转基因植物修复系统，用于重金属污染的土壤修复是一项具有广阔应用前景的技术。耐金属的种群和超积累植物通常出现在富含重金属的地区。然而，这些植物不一定是植物修复所需的理想植物，因为通常它们个体小且只有很少的生物量。相反，长势很好的植物通常只有很低的重金属富集能力和很弱的重金属耐受性。利用细胞工程和基因工程改良植物，调整植物吸收、运输和富集重金属的能力以及它们对重金属的耐受性，开拓了植物修复的新领域。

研究发现，自然界现存的植物类群中，有许多植物能对有机污染物进行吸收、富集、转化和降解。植物一般是通过三种机制去除环境中的有机污染物的：根际直接吸收、根系释放分泌物和酶分解以及植物和根际微生物联合作用降解。利用转基因技术将持定外源基因导入植物以提高植物降解除草剂的效率研究获得了良好效果。如共表达大豆 CYP71A10 和 P450 还原酶基因的烟草植株，对苯脲型除草剂降解能力提高 20%～23%。这些转基因研究表明，通过表达单个目标基因或同一代谢途径中的多个目标基因能有效地提高植物去除有机污染物的能力。

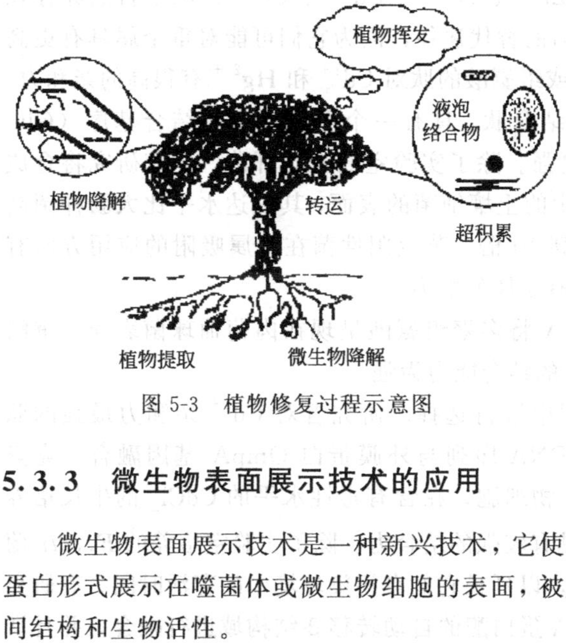


图 5-3　植物修复过程示意图

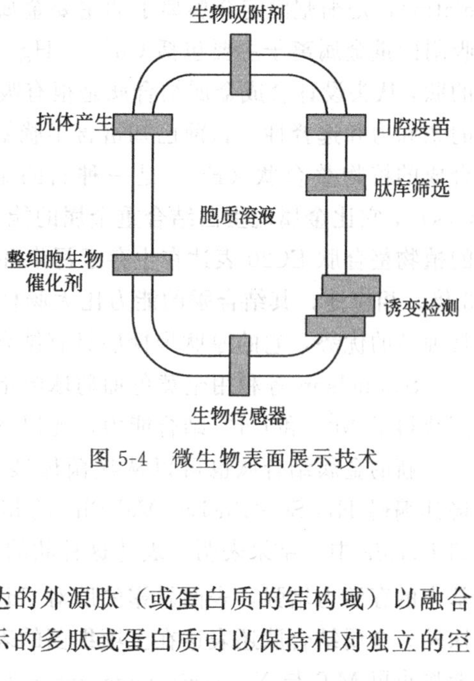


图 5-4　微生物表面展示技术

## 5.3.3　微生物表面展示技术的应用

微生物表面展示技术是一种新兴技术，它使表达的外源肽（或蛋白质的结构域）以融合蛋白形式展示在噬菌体或微生物细胞的表面，被展示的多肽或蛋白质可以保持相对独立的空间结构和生物活性。

环境污染物的生物降解过程是以酶促反应或生物吸附为基础的，用于污染环境生物修复的生物体要完成对有害有毒物的降解、消除，就必须使细胞内酶、蛋白质或污染物跨越细胞膜的屏障，这一过程往往比较缓慢，速率也很有限。表面展示技术很好地解决了这一问题，它将参与生物降解的蛋白质、酶直接展示在细胞表面，使生物修复过程快捷高效（图 5-4）。

自从丝状噬菌体表面展示技术创立以来，研究者相继发展了细菌、真菌等多种表面展示系统。目前研究较多的用于环境治理的表面展示系统有大肠杆菌（*Escherichia coli*）、摩拉克菌（*Moraxella* sp.）等革兰阴性细菌，葡萄球菌（*Staphylococcus* sp.）等革兰阳性细菌和酵母（*Saccharomyces* sp.）等真菌。要在细胞表面实现外源蛋白的功能展示，必须具有分泌和定位到细胞外膜的机制，且不干扰细胞的正常功能，解决这一问题的办法就是将外源蛋白与膜蛋白融合。因为膜蛋白在膜上的定位和折叠成高级结构的机制尚不清楚，可以用来展示外源蛋白的膜蛋白还很有限。革兰阳性菌作为表面展示系统与革兰阴性菌相比具有以下的特点：①外源蛋白转运只需透过一层膜；②生长快；③目前使用的木糖葡萄球菌（*S. xylosus*）和山羊葡萄球菌（*S. carnosus*）为安全的非病原菌。由于酵母是真核生物，因此真核外源蛋白可得到正确表达与修饰。

微生物表面展示技术可以在重金属吸附、有机磷农药解毒等方面得到广泛应用。

（1）重金属吸附

在某些情况下，如低浓度有毒金属离子的去除、金属混合物中微量有毒成分的分离、贵金属的富集以及金属生物催化剂中污染抑制剂的消除等，需要使用具有高亲和力和专一性的金属吸附剂。生物吸附技术可以满足这一要求。通过生物分子在微生物表面的展示，不仅可增进微生物对金属的富集，而且菌体周围金属浓度的提高有利于增强金属离子与其他细菌结构成分（脂多糖、细胞质及外周胞质等）的相互作用，增加不同系统中金属与微生物的结合。

自然界存在的金属结合肽，如金属硫蛋白（metallothionein）和植物螯合肽（phytochelatin），是细胞固定金属离子的主要金属聚集分子，它们具有选择性和高亲和力结合位点。吸附的重金属离子主要包括 $Cu^{2+}$、$Hg^{2+}$、$Zn^{2+}$、$Ni^{2+}$、$Cd^{2+}$、$Co^{2+}$。除了自然界存在的肽，从头设计合成金属结合肽是很有吸引力的替代途径，因为它们可能对重金属具有更高的亲和力和选择性。目前已知富含半胱氨酸或组氨酸的肽对 $Cd^{2+}$ 和 $Hg^{2+}$ 有很高的亲和力。合成的植物螯合肽（EC）是一种新的金属结合肽，具有一个重复的金属结合基序（Glu-Cys）$_n$，它比金属硫蛋白结合重金属的能力更强。除了实验室的大肠杆菌，还有研究将合成的植物螯合肽 EC20 表达在生存于污染环境中的土壤细菌的表面，其表达水平比大肠杆菌高 3 倍，相应地，其结合汞的能力比大肠杆菌高 10 倍。革兰阳性菌在金属吸附的应用方面有其独特的优势，它的厚肽聚糖层具有结合固有金属的能力。

Samuelson 等利用金黄色葡萄球菌蛋白 A 将多聚组氨酸呈现在肉葡萄球菌表面，重组菌获得了 $Ni^{2+}$ 和 $Cd^{2+}$ 结合能力，尤以 $Ni^{2+}$ 的结合能力为强。

新的金属结合肽也可以从噬菌体展示库中进行选择。研究者对 $Cd^{2+}$ 亲和力最强的肽将其编码 His-Ser-Gln-Lys-Val-Phe 的相应 DNA 序列与外膜蛋白 OmpA 基因融合，克隆到 *E. coli* 中。结果表明，表达这种肽的微生物细胞，在含有毒性水平的 $CdCl_2$ 的生长培养基中的存活力增强，表面暴露的肽对 $Cd^{2+}$ 具有较强的结合力。除了实验室培养的 *E. coli* 菌株外，金属结合肽还表达在土壤细菌的表面，以延长它们在污染环境中的存活时间。有研究者将小鼠 MT 与 *Neisseria gonorroeae* 的 IgA 蛋白酶的自动转移 β-结构域进行融合，并且展示在 *Pseudomonas putida* 和 *Ralstonia metallidurans* CH34 的细胞表面，结果显示重组细胞对 $Cd^{2+}$ 的结合力增加 3 倍。这种对金属结合能力的增加足以改进烟草植物 *Nicotiana betamiana* 在污染土壤中的生长和叶绿素的生产。

（2）有机磷农药解毒

神经毒性有机磷制剂广泛用于农业和家用杀虫剂，是已知毒性最强的化合物之一。有机磷水解酶（organophosphorushydrolase，OPH）虽然可将其降解，但其高昂的纯化费用、胞内表达的低效率运输限制了它的应用。而将 OPH 呈现在细胞表面则解决了这些问题。

利用截短的 INP（INPNC）和 Lpp-OmpA 两种融合系统，分别将 OPH 和纤维素结合域（cellubsebinding domain，CBD）呈现在大肠杆菌表面。这种大肠杆菌在牢固地结合于纤维材料的同时，能够快速水解有机磷复合物。这个固定系统在 45d 后仍然十分稳定，水解速率降低不到 10%。OPH 降解有机磷化合物的效率不同，如对对氧磷的降解效率高而对甲基对硫磷的效率低。有学者将随机突变的 OPH 基因片段与截短的 INP 融合，呈现在大肠杆菌表面。并从此突变肽库中筛选出 OPH 突变物，它水解甲基对硫磷的效率是野生型的 25 倍。

尽管酶水解能使对硫磷和甲基对硫磷等有机磷农药的毒性下降 120 倍，但其降解产物对硝基苯酚（*p*-nitrophenol，PNP）仍被认为是环境污染物。PNP 不像有机磷农药，它在水中的溶解度很高。Spain 和 Gibson 发现 *Moraxella* sp. 能以 PNP 为唯一碳源，具有降解 PNP 的能力。Shimazu 等通过 INP 将 OPH 展示在 *Moraxella* sp. 细胞表面，使单一工程菌具备同时降解有机磷农药和 PNP 的能力，工程菌降解甲基对硫磷和对硫磷的速率分别为 0.6μmol/(h · mg) 和 1.5μmol/(h · mg)，约比野生菌高 10 倍，工程菌降解 PNP 的速率与野生菌相同。

除了用于重金属吸附、有机磷农药解毒外，微生物细胞表面展示技术还可以用于制备细胞免疫吸附剂，去除有毒污染物。如利用 PAL 脂蛋白，将抗拉阿特津的抗体片断 scFv 成功地锚定在 *E. coli* 细胞表面。然而，研究中发现这种方法严重降低了微生物的生长，并且表面表达的水平也非常低。因此，离实际应用还有很大的距离。

从理论上讲，大多数环境污染物都有可能通过表面展示技术得到治理，因为自然界存在降解各类有机污染物和转化重金属的微生物及其产生的酶类和蛋白质，如单加氧酶能催化烷烃、卤代烃、硝基取代烷烃、酯、环烷烃及杂环化合物发生羟基化反应，降解多类有机污染物，木质素过氧化物酶（lignin peroxidase）和锰过氧化物酶（manganes peroxidase）可降解多环芳烃（如苯并芘、重油、二噁英等）、氯化芳香族化合物（如 DDT、六六六、毒杀芬等）、染料（偶氮类、杂环类、聚合染料等）以及氰化物、叠氮化合物等多类有机化合物。关键是展示这些酶和蛋白质的微生物应具有旺盛的生长能力、能在较宽的环境条件下正常生长，展示的蛋白质和酶应具有正常的生物学功能或对重金属有较好的富集、耐受能力和选择性。随着细胞表面结构与功能研究的深入，微生物基因组学和蛋白质组学研究的广泛开展，表面展示技术必将不断完善，并在污染环境的生物修复中发挥重要的作用。

# 第6章　发酵工程

## 6.1　概述

发酵（fermentation）最初来自于拉丁语“发泡”（fervere）这个词，是指酵母作用于果汁或发芽谷物产生$CO_2$的现象。19世纪中叶，巴斯德（L. Pasteur）通过实验证明了酒精发酵是酵母在无氧状态下的呼吸过程，是“生物获得能量的一种形式”，并发明了著名的巴氏消毒法，被后人誉为微生物学鼻祖、发酵学之父。因此，发酵是指在无氧等外源氢受体的条件下，底物脱氢后所产生的还原力［H］未经呼吸链传递而直接交某一内源性中间代谢物接受，以实现底物水平磷酸化产能的一类生物氧化反应。

发酵历史悠久，是人类最早通过实践所掌握的生产技术之一，发酵工业是近百年发展起来的，其发展大致经历了以下几个阶段（表6-1）。

**表6-1　发酵经历的阶段**

| 时间 | 发酵阶段 | 主要产品 | 主要技术 |
| --- | --- | --- | --- |
| 古代—1900年 | 天然发酵 | 酒、醋、酱油、酵母 | 天然接种、分批培养 |
| 1905年 | 纯培养 | 酒精、丙酮丁醇 | 密闭纯培养 |
| 1940年 | 通气搅拌 | 抗生素、有机酸、酶 | 通气搅拌技术、连续培养技术 |
| 1956年 | 代谢控制 | 氨基酸、核苷酸 | 选育代谢调节和缺陷生产菌株 |
| 1973年 | 基因工程 | 胰岛素、干扰素等 | 基因工程菌、原生质体融合等 |

对不同的对象，发酵的含义不同。对生物化学家来说，它指有机物分解代谢释放能量的过程；对于工业微生物学家来说，是指利用微生物在有氧或无氧条件下的生命活动来制备微生物菌体或其代谢产物的过程，包括天然发酵过程和人工控制发酵过程两种。现代发酵是在20世纪40年代随着抗生素工业的兴起而得到迅速发展的，通过对微生物（或动植物细胞）进行大规模生长培养，使之发生化学变化和生理变化，从而产生和积累大量人们所需要的代谢产物的过程。

20世纪70年出现的DNA重组技术、原生质体融合技术、固定化细胞连续发酵技术等，为现代发酵工业带来了重大变化。采用DNA重组技术，人们可以按预定方案把外源目的基因克隆到容易大规模培养的微生物（如大肠杆菌、酵母菌）细胞中，人为制造我们需要的“工程菌”；采用原生质体融合技术，可使一些未发生转化、转导和接合等现象的原核生物之间，以及微生物不同种、属、科甚至更远缘的微生物的细胞间融合，获得新性状物种；结合固定化细胞发酵、新型生物反应器、计算机控制等技术，可以高效地生产包括抗生素、氨基酸、有机溶剂、多糖、酶制剂及其他生物活性物质，其产品在医药、食品、化工、轻工、纺织、环境保护等诸多领域获得了广泛应用。

## 6.2　工业发酵菌种

工业发酵生产水平高低取决于生产菌种、发酵工艺和后提取工艺三个因素，其中拥有良好的生产菌种是前提。从自然界分离到的菌种，往往生产能力低下而不能满足工业发酵的需要。因为在正常生理条件下，微生物依靠自身代谢调节系统，趋向于快速生长和繁殖，而发酵工业则需要微生物积累大量的代谢产物。为此，必须通过育种技术和控制培养条件打破微生物的正常代谢，使之按照人们要求的代谢方向积累目的产物。除了提高产量，菌种选育还能提高产品质量、改善加工工艺和开发新产品。因此，在生产和科研中，菌种选育是非常重要的。

### 6.2.1 微生物代谢产物类型

在工业发酵工程中，根据代谢产物的生理作用不同，微生物代谢主要分为初级代谢和次级代谢。初级代谢主要是指把营养物质转化为机体结构和生理活性物质，为微生物的生命活动提供能量。微生物通过初级代谢途径，产生微生物自身生长繁殖所必需的代谢产物，这些代谢产物包括分解或合成过程中的各种中间代谢物、前体物、高分子物质以及能量代谢和代谢调控中起作用的各种物质，如氨基酸、核苷酸、蛋白质、多糖和核酸等。次级代谢是微生物在一定的生理阶段出现的一种特殊代谢类型，是微生物为了避免在代谢过程中某些代谢产物的积累造成的不利作用，而产生的一类有利于生存的代谢类型，次级代谢产物通常是在生长后期合成，如抗生素、生物碱、色素、激素和毒素等，这些产物是对微生物本身无明显生理作用或对自身生长是非必需的，但对产生菌的生存可能有一定价值。

初级代谢和次级代谢对产生菌的生长繁殖作用不同，但合成途径相互联系，之间联系密切。初级代谢是基础，为次级代谢产物合成提供前体物和所需能量；次级代谢是初级代谢在特定条件下的继续和发展，避免初级代谢过程中某些中间体或产物过量积累对机体产生的毒害作用，初级代谢产物合成中的关键性中间体也是次级代谢产物合成中的重要中间体物质。如乙酰 CoA 、莽草酸、丙二酸等都是许多初级代谢产物和次级代谢产物合成的中间体物质，初级代谢产物如半胱氨酸、缬氨酸、色氨酸、戊糖等通常是一些次级代谢产物合成的前体物质。图 6-1 简要阐明了初级代谢与次级代谢的关系。

因此，初级代谢是一类普遍存在于各类生物中的基本代谢类型，代谢途径与产物的类同性强，对环境条件变化的相对敏感性小，同生物体的生长过程呈平行关系，初级代谢产物如单糖或单糖衍生物、核苷酸、脂肪酸等单体以及由它们组成的各种大分子聚合物如核酸、蛋白质、多糖、脂类等通常都是机体生存必不可少的物质；次级代谢只存在于某些微生物当中，而且代谢途径和代谢产物因微生物不同而异，对环境条件变化很敏感，通常在微生物对数生长期末期或稳定期才出现，与微生物的生长不呈现平行关系，代谢产物对于产生菌本身不是机体生存所必需的物质。

### 6.2.2 常见微生物及其代谢产物

(1) 细菌及其代谢产物

发酵工业上常用的细菌有醋酸菌、乳酸菌属、芽孢杆菌、大肠埃希菌（大肠杆菌）、产氨短杆菌、谷氨酸棒杆菌、链球菌、假单胞菌和黄单胞菌等。由于细菌种类繁多，其发酵代谢产物种类也很多。例如，可利用醋酸杆菌生产醋酸、山梨醇、酒石酸等，乳酸菌广泛应用于乳酸的生产以及乳制品工业，利用产氨短杆菌、谷氨酸棒杆菌、黄色短杆菌等可生产氨基酸、核苷酸等，利用梭状芽孢杆菌可生产丁二醇、丙酮、丁醇、乙醇、丙酮丁醇、核黄素以及一些有机酸，利用枯草芽孢杆菌可生产淀粉酶、蛋白酶、果胶酶、多肽类抗生素、氨基酸、维生素以及丁二醇等，利用假单胞菌能生产维生素 $B_{12}$、色素、丙氨酸、葡糖酸以及一

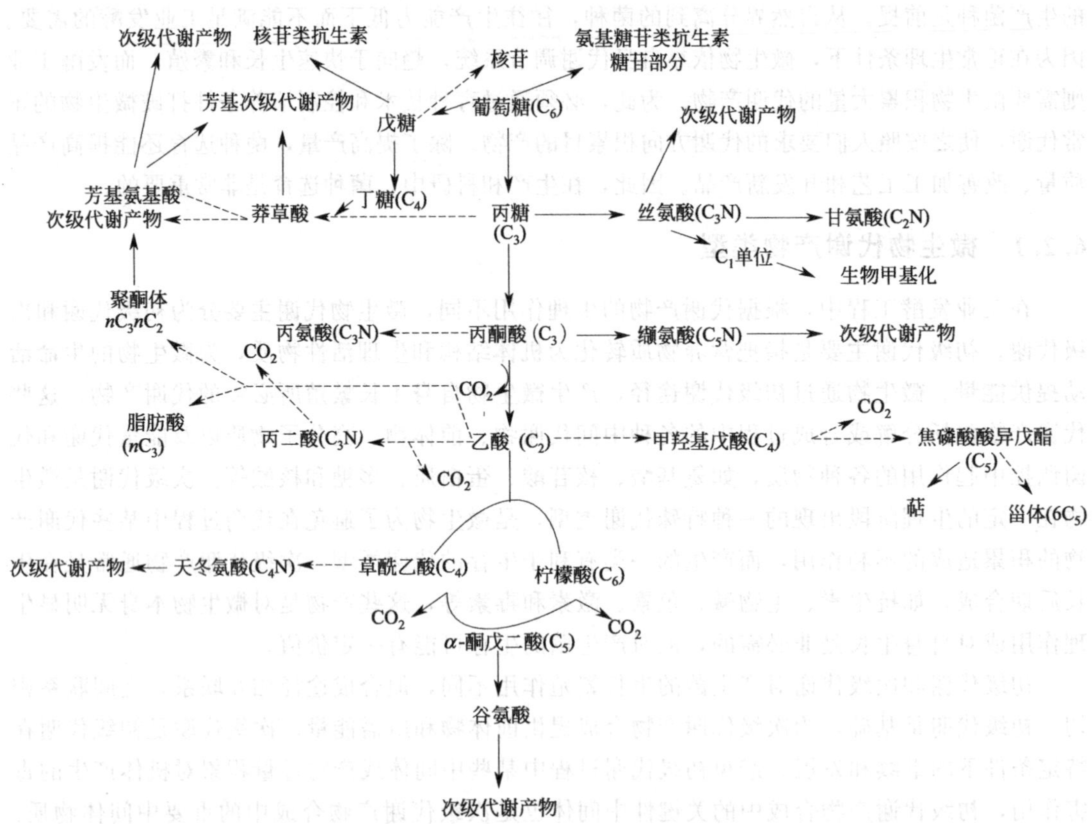

图 6-1　初级代谢与次级代谢的关系

些抗生素和甾体等，利用黄单胞菌可生产维生素 $B_{12}$，利用运动单胞菌可生产乙醇，利用大肠杆菌可生产天冬氨酸、赖氨酸、苏氨酸、缬氨酸以及谷氨酸脱羧酶、天冬酰酶等。

(2) 放线菌及其代谢产物

发酵工业常用的放线菌种主要是链霉菌属。放线菌的主要代谢产物是抗生素，如链霉素、土霉素、金霉素、卡那霉素、争光霉素、春雷霉素和灭瘟素等。根据统计，至今从自然界中分离出来 5500 种以上抗生素，其中 4400 多种是放线菌产生的。此外，有的放线菌还用来生产维生素和酶制剂，有的放线菌用于甾体转化。

(3) 霉菌及其代谢产物

发酵工业上最常用的霉菌有曲霉属、青霉属、根霉属和红曲霉属等。霉菌除了应用于传统的酿酒、制浆和其他发酵食品生产外，还可用于生产乙醇、有机酸、抗生素、酶制剂、维生素、植物生长素以及甾体转化等。如黑曲霉用于生产酸性蛋白酶、淀粉酶、果胶酶、葡糖氧化酶、柠檬酸、葡糖酸、草酸以及抗坏血酸等，红曲霉能发酵生产红曲红色素、红曲黄色素、柠檬酸、琥珀酸、麦角固醇、洛伐他丁、淀粉酶、蛋白酶和酯化酶等，产黄青霉用于生产青霉素、葡糖酸、抗坏血酸以及多种酶，根霉能产生反丁烯二酸、乳酸、琥珀酸、芳香脂和甾族化合物等，毛霉能产生果胶酶、凝乳酶、甾族化合物以及应用于传统的制酱工业等。

(4) 酵母菌及其代谢产物

发酵工业常用的酵母有啤酒酵母、卡尔斯伯酵母、德巴利酵母、汉逊酵母、假丝酵母和毕赤酵母等。酵母细胞本身含有丰富的蛋白质、维生素以及各种酶类，工业上常通过培养酵母制造单细胞蛋白，以供食用或作饲料蛋白，或用来制取核糖核酸、核苷酸、核黄素、细胞色素 c、辅酶 A、凝血质、转化酶和乳糖酶等。在发酵工业上，经常利用酵母的代谢进行啤酒、白酒、黄酒和果酒等各种饮料酒的酿造，以及生产乙醇、甘油、有机酸及麦角固醇等多种产品。

### 6.2.3 工业发酵菌种的选育

菌种选育的目的是改良菌种的特性，使其符合工业生产的要求。具体来说，微生物育种的目的有两个：一是提高其生产能力；二是选育适应工艺条件的菌种，如能利用廉价的发酵原料、能耐受某些化学消沫剂等的菌种。

近年来，由于分子生物学和分子遗传学的发展，基因工程、蛋白质工程、细胞融合、代谢工程等技术作为具有定向作用的育种方法，获得成功，受到了高度重视。下面对经典育种技术（自然育种和诱变育种）及新型育种技术逐一介绍。

（1）自然育种

不经过人工诱变处理，利用菌种的自发突变而进行菌种筛选的过程，称为自然选育或自然分离，它是一种纯种选育的方法。发酵工业最初都是以纯种培养为基础的，因此，要根据菌种的特性、形态、嗜好的差异，运用自然选育的方法，才能将所需要的微生物分离出来，并通过筛选获得新种。

自然选育的步骤主要是：采样，增殖培养，分离和筛选等。微生物具有容易发生自然变异的特性，如果不及时进行自然选育，就有可能使生产水平较大幅度下降。自然变异是偶然的、不定向的，其中多数是负向变异，通过分离筛选排除负突变株，从中选择维持原有生产水平的正突变株，从而达到纯化、复壮菌种，稳定生产的目的。引起微生物自然变异的原因主要是环境因素和菌种遗传的不稳定性。

（2）诱变育种

诱变育种是指利用物理或化学诱变剂处理均匀而分散的微生物细胞群，使其突变率显著提高，然后采用简便、快速和高效的筛选方法，从中挑选少数符合育种目的的突变株。与自然选育比较，诱变育种由于引进了诱变剂处理，因而加速了菌种的突变频率，扩大了变异的幅度，从而提高了获得优良特性的突变组的概率。

大多数微生物菌种经诱变剂处理后其遗传物质可发生两种类型的突变：点突变和染色体突变。前者可分为碱基对的置换突变和移码突变（即在基因中添加或缺失一个或几个碱基），后者包括染色体结构的变化，如缺失、倒位、重复及染色体数目的变化等。诱变剂作用原理很多，目前使用的诱变剂基本上可以分为物理诱变因子、化学诱变因子和生物诱变因子三类。经诱变处理后，微生物遗传物质的化学结构发生改变，从而引起了微生物的遗传变异。表 6-2 列出了一些常用的诱变剂种类及其性质、作用机理和主要生物学效应。

**表 6-2 一些常用的诱变剂种类及其性质、作用机理和主要生物学效应**

| 类别 | 名称 | 性质 | 作用机理 | 主要生物学效应 |
|---|---|---|---|---|
| 物理诱变因子 | 紫外线 | 非电离辐射 | 使被照射物质的分子或原子中的内层电子提高能级 | DNA 链和氢键断裂；DNA 分子内(间)交联；嘧啶水合作用；形成胸腺嘧啶二聚体；造成碱基对转换；修复后造成差错或缺失 |
| | X 射线<br>γ 射线<br>快中子<br>高能电子流 | 电离辐射 | 使被照射物质分子或原子发生电子跃迁，使内外层失去电子或获得电子 | DNA 链断裂<br>碱基受损<br>造成碱基对转换<br>引起染色体畸变<br>修复后造成差错或缺失 |

续表

| 类别 | 名称 | 性质 | 作用机理 | 主要生物学效应 |
|---|---|---|---|---|
| 化学诱变因子 | 氮芥<br>乙烯亚胺<br>硫酸二乙酯<br>甲基磺酸乙酯<br>亚硝基胍 | 烷化剂 | 碱基烷化作用 | DNA 交联；碱基缺失；染色体畸变；碱基对转换或颠换 |
| | 亚硝酸 | 脱氨基诱变剂 | 碱基脱氨基作用 | DNA 交联；碱基缺失；碱基对转换 |
| | 5-氟尿嘧啶<br>5-溴尿嘧啶 | 碱基类似物 | 代替正常碱基渗入到 DNA 分子中 | 碱基对转换 |
| 生物诱变因子 | 吖啶橙、吖啶黄 | 移码诱变剂 | 插入碱基对之间 | 移码突变 |
| | 噬菌体<br>转座因子 | 诱发抗性突变 | 转导、转化及转座等引起的诱变 | 传递遗传信息 |

诱变育种的过程一般包括诱发突变、突变株筛选和高产突变株最佳环境的调整（图 6-2）。诱发突变由出发菌株开始，制备新鲜孢子悬浮液（或细菌悬浮液）作诱变处理，然后以一定稀释度涂布平皿，至平皿上长出单菌落等各步骤。因诱发突变是使用诱变剂促使菌种发生突变，所以诱发所形成的突变与菌种本身的遗传背景、诱变剂（种类、剂量、使用方法）、影响诱变效果的因素等均有密切关系。

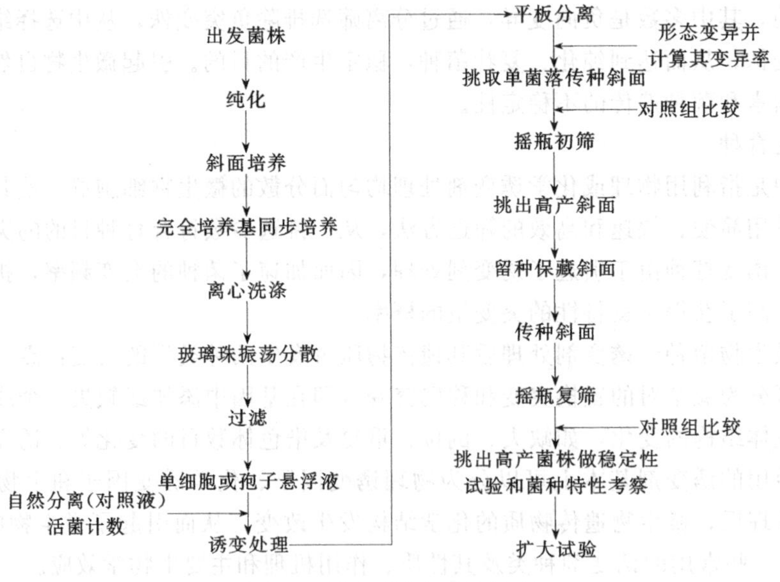


图 6-2　诱变育种的典型流程

① 诱变剂的选择　常用的物理诱变剂有非电离辐射类的紫外线、激光以及能引起电离辐射的 X 射线、γ 射线和快中子等，尤以紫外线最为方便和常用。化学诱变剂主要有亚硝基胍（NTG）、甲基磺酸乙酯（EMS）、氮芥、乙烯亚胺和环氧乙烷等，效果最为显著的为 NTG。

紫外线诱变一般采用功率为 15W 的紫外线灯，照射距离为 30cm，照射时间一般不短于 10～20s，也不应长于 10～20min，常用 5mL 单细胞悬液放置在直径为 6cm 的培养皿中，在无盖条件下进行照射，同时用电磁搅拌器或其他方法搅动细胞悬液，使照射更加均匀有效。化学诱变剂的种类、浓度、处理和中止反应的方法应根据具体情况进行选择。合适的剂量需要经过多次试验才能得到，普通微生物突变率往往随剂量的增高而提高，但达到一定程度后，再提高剂量反而会使突变率降低，而且正变较多地出现在偏低的剂量中，而负变则较多地出现于偏高的剂量中，多次诱变更容易出现负变。因此，在诱变育种工作中，比较倾向于采用较低的剂量。

② 出发菌株的选择　选用合适的出发菌株，可提高育种的效率。出发菌株的选择主要依据有：生产中选育过的自发变异菌株；具有有利性状的菌株，如生长速率快、营养要求低以及产孢子快而多的菌株；已发生其他变异的菌株；对诱变剂的敏感性比原始菌株大的菌株等。

③ 单孢子（或单细胞）悬液的处理　分散状态的细胞即可以均匀地接触诱变剂，又可以避免长出不纯菌落，所以在诱变育种中，所处理的细胞必须是单细胞且处于均匀的悬液状态。在实际工作中，要得到均匀分散的细胞悬液，通常可用无菌的玻璃珠来打碎成团的细胞，再用脱脂棉过滤。

④ 利用复合处理的协同效应　诱变剂的复合处理常呈现一定的协同效应，复合处理主要有：两种或多种诱变剂的先后使用，同一种诱变剂的重复使用，两种或多种诱变剂的同时使用。如以发酵戊糖的短乳杆菌 HF1.7 为出发菌株经过紫外线诱变后，发酵玉米芯半纤维素水解液，L-乳酸产率从 17.5g/L 提高到 20g/L；经过硫酸二乙酯诱变后，L-乳酸产率从 17.5g/L 提高到 19.5g/L；出发菌株先经过紫外线诱变，从中挑选出产量最高的菌株，再进行硫酸二乙酯诱变，筛选出产酸量最高的菌株 L-乳酸产率达到 24.5g/L。

（3）杂交育种

杂交育种是指将已知性状的供体菌株和受体菌株作为亲本，通过结合或原生质体融合使遗传物质重新组合，把不同菌株的优良性状集中于组合体中，再从中分离和筛选出具有新性状的菌株。因此，杂交育种具有定向育种的性质。在诱变育种中，菌株经过多次诱变，诱变剂的诱变热点逐渐钝化，变异的幅度有所下降，菌种生活力逐渐衰退。杂交后的组合体不仅能抑制原有菌种生活力衰退的趋势，而且，杂交使得遗传物质重新组合，改变了菌种的遗传基础，使得菌种对诱变剂更为敏感。因此，杂交育种可以消除某一菌种经长期诱变处理后所出现的产量上升缓慢的现象。通过杂交还可以改变产品质量和产量，甚至形成新的品种。但是杂交育种技术条件要求高、操作也较复杂，尤其是在准备工作上花时间较长，如两个菌株的选择、杂交前亲株的遗传标记等，这些都是杂交育种的不足之处。

传统的杂交育种在原核微生物中（如细菌、放线菌）则可通过接合杂交进行，在真核微生物中可以通过有性杂交和准性杂交两种途径（表 6-3）。20 世纪 70 年代发展起来的原生质体融合杂交育种技术目前应用更为广泛，相关内容已在本书第 5 章介绍，在此不再赘述。下面重点介绍细胞接合。

**表 6-3　杂交育种方式**

| 微生物类别 | 杂交方式 | 供体与受体细胞关系 | 参与交换的遗传物质 |
|---|---|---|---|
| 原核微生物 | 接合 | 体细胞间暂时沟通 | 部分染色体杂合 |
|  | 转化 | 细胞不接触，吸收游离 DNA 片段 | 个别或少数基因杂合 |
|  | 转导 | 细胞不接触，质粒、噬菌体介导 | 个别或少数基因杂合 |
| 真核微生物 | 有性生殖 | 生殖细胞融合或接合 | 整套染色体高频率重组 |
|  | 准性生殖 | 体细胞接合 | 整套染色体低频率重组 |

接合是细菌和放线菌中最常见的杂交方式，通过细胞的暂时沟通和染色体或质粒 DNA

转移而导致基因重组的过程，它是美国遗传学家莱德伯格和生化学家塔图姆 1946—1947 年在大肠杆菌 K12 品系中发现并证实的。细菌接合的生物学意义相当于高等动植物的有性生殖，二者的主要区别是：①细菌接合中的两个细胞是一般的营养细胞，而不像高等生物经减数分裂形成雌雄配子；②细菌接合过程中两细胞只是暂时沟通，而不是融合成一个合子细胞；③细菌接合后形成的是部分合子，而不是雌雄配子的两套染色体；④细菌的部分合子中发生重组的部分只限于进入受体细菌的染色体片段，而不是任何一个染色体部位；⑤基因重组的方式不同。细菌接合现象的发现，使人们更为明确地认识到微生物和高等生物在遗传规律上的一致性，为微生物育种提供了又一个新的途径。

(4) 代谢控制育种

代谢控制育种，是指应用生物化学和遗传学原理，深入研究生物合成代谢途径以及代谢调节控制的基础理论，设计出选择性筛子，通过遗传育种技术获得解除或绕过了微生物正常代谢途径的突变株，即定向选育某种特定的突变型，以达到大量积累有益产物的目的。代谢控制育种可以大大减少传统育种的盲目性，提高效率，很快在初级代谢产物的育种中得到广泛的应用，几乎全部氨基酸和多种核苷酸生产菌株都被打上了抗性或缺陷型遗传标记。

代谢调节控制育种通过特定突变型的选育，达到改变代谢通路、降低支路代谢终产物的产生或切断支路代谢途径及提高细胞膜的透性，使代谢流向目的产物积累方向进行。表 6-4 列举了常见的微生物代谢控制育种措施。

**表 6-4 常见的微生物代谢控制育种措施**

| 调节体系 | 育种措施 |
|---|---|
| 诱导<br>分解阻遏<br>分解抑制 | ①组成型突变株的选育<br>②适应酶系统调节突变株的选育<br>③代谢转化率突变株的选育<br>④有效组分纯度高突变株的选育<br>⑤突变生物合成新产物突变株的选育<br>⑥抗分解调节突变株的选育 |
| 反馈阻遏<br>反馈抑制 | ①营养缺陷型突变株的选育<br>②渗漏缺陷型突变株的选育<br>③回复突变株的选育<br>④抗性突变株的选育<br>⑤条件突变株的选育<br>⑥代谢阻断突变株的选育 |
| 细胞膜渗透 | ①营养缺陷型突变株的选育<br>②温度敏感型突变株的选育 |

(5) 基因工程育种

与传统育种方法不同，基因工程育种不但可以完全突破物种间的障碍，实现真正意义上的远缘杂交，能自觉地、像工程一样事先进行设计和控制的育种技术，也是最新、最有前途的育种方法。

广义的基因工程育种包括所有利用 DNA 重组技术将外源基因导入微生物细胞，使后者获得前者的某些优良性状或者利用后者作为表达场所来生产目的产物的新菌种。真正意义上的基因工程育种应该仅指那些以微生物本身为出发菌株，利用基因工程的方法进行改造而获得的工程菌，或是将微生物甲的某种基因导入到微生物乙中，使后者具有前者的某些性状或表达前者的基因产物而获得新菌种。基因工程具体方法和介绍详见本书第 3 章。

# 6.3 发酵工艺及其控制

## 6.3.1 发酵类型

按产品的来源和特性划分，发酵主要有以下几种类型。

(1) 微生物菌体发酵

这是以获得具有某种用途的菌体为目的的发酵。其产品包括用于焙烤工业的面包酵母、作为食品蛋白来源的单细胞蛋白、担子菌如蘑菇等食用菌以及作为生物防治剂的微生物农药如苏云金杆菌杀虫剂等。

(2) 微生物酶发酵

酶普遍存在于动物、植物的微生物中。最初，人们都是从动物、植物的组织中提取酶，但目前工业应用的酶大多来自微生物发酵，因为微生物具有种类多、产酶的品种多、生产容易和成本低等特点；微生物酶制剂有广泛的用途，多用于食品和轻工业中，其产品包括食品工业中常用的淀粉酶、蛋白酶和糖化酶等；医药生产和医疗检测用的各种酶制剂，如青霉素酰化酶、胆固醇氧化酶和葡萄糖氧化酶等。

(3) 微生物代谢产物发酵

微生物代谢产物的种类很多，已知的有37个大类，其中16类属于药物。在菌体对数生长期所产生的产物，如氨基酸、核苷酸、蛋白质、核酸、糖类等，是菌体生长繁殖所必需的，这些产物称为初级代谢产物。许多初级代谢产物在经济上具有相当的重要性，因而形成了各种不同的发酵工业。在菌体生长静止期，某些菌体能合成一些具有特定功能的产物，如抗生素、生物碱、细菌毒素、植物生长因子等。这些产物与菌体生长繁殖无明显关系，叫做次级代谢产物。次级代谢产物多为低相对分子质量化合物，但其化学结构类型多种多样，据不完全统计多达47类，其中抗生素的结构类型，按相似性来分，也多达14类。由于抗生素不仅具有广泛的抗菌作用，而且还有抗病毒、抗癌和其他生理活性，因而得到了大力发展，已成为发酵工业的重要支柱。

(4) 微生物转化发酵

微生物转化就是利用微生物细胞的一种或多种酶把一种化学物质转变成结构相关的具有经济价值的产物的生化反应。生长细胞、静止营养细胞、孢子或干细胞均可进行转化反应。可进行的转化反应包括脱氢反应、氧化反应、脱水反应、缩合反应、脱羧反应、氨化反应、脱氨反应和异构化反应等，转化收率一般都很高。生物转化最明显的特点是特异性强，包括反应特异性、结构位置特异性和立体特异性。最古老的生物转化，就是利用菌体将乙醇转化成乙酸的醋酸发酵。最突出的微生物转化是甾类转化，甾类激素包括醋酸可的松等皮质激素和黄体酮等性激素，是用途很广的一大类药物。过去制造甾类激素采用单纯的化学方法，工艺复杂，收率很低，而利用微生物转化，合成步骤可以大大减少，且不会产生污染。

(5) 生物工程细胞发酵

这是指利用生物工程技术所获得的细胞，如DNA重组的“工程菌”，细胞融合所得到的“杂交”细胞等进行培养的新型发酵。通过新型微生物发酵，可以生产出更多更好的化工产品。如用基因工程菌生产胰岛素、干扰素、青霉素酰化酶等，用杂交瘤细胞生产用于治疗和诊断的各种单克隆抗体等。

### 6.3.2 发酵工艺

从现有的培养方法看，发酵工艺基本分为两种类型：表面（浅层）培养法和深层培养法。表面培养法是将微生物接种于基质的表面进行培养，由于使用的培养基种类不同，又分为固体表面发酵培养和液体表面发酵培养。深层培养法是以微生物细胞生长于液体培养基深层（需氧或厌氧）进行培养的方法。

(1) 表面（浅层）培养法

这种方法指的是将微生物接种于灭过菌的固体或半固体或液体培养基上，在一定的培养温度下进行培养。一般需氧菌在固体或液体培养基表面上容易形成微生物膜，霉菌或放线菌则容易长到固体培养基中去。经过一定的培养时间，菌体代谢产物或扩散到培养基中，或滞留于细胞内，或两者均有，依产生菌和产物的特性而定。

液体表面（浅层）培养法曾用于青霉素生产初期和某些酶的生产，因其产量低，易污染，劳动强度大，因此已被深层培养所代替。固体表面（浅层）培养至今仍在某些品种的生产中采用，如农用赤霉素的生产，它采用稳定的生产菌种，以麦麸作为固体发酵载体进行发酵，糖的转化率和生产量均较高，生产成本低，其发酵结果优于液体深层发酵的结果。纤维素酶、某些糖化酶的工业化生产也采用固体表面（浅层）培养法，冬虫夏草的固体栽培技术是人工生产冬虫夏草的方法之一。固体表面（浅层）培养法具有投资小、所需生产设备少、简便易行、适于品种的小型化生产等特点。

(2) 深层培养法

深层培养是微生物细胞在液体深层进行培养的方法，根据供气方式的不同，好氧深层培养可分为振荡培养和深层通气（搅拌）培养。

振荡培养就是通常所说的摇瓶培养，培养所需的氧气通过培养液在振荡时与外界空气进行自然交换提供。由于条件的限制，振荡培养通常只限于实验室培养阶段。深层通气（搅拌）培养是指在纯种条件下，强制通入无菌空气到密闭的发酵罐中进行搅拌培养的方式。由于该法具有生产效率高、占地少、可人为控制等优点，已在疫苗、微生物、酶制剂等生产中得到广泛应用。

### 6.3.3 发酵方式

微生物的发酵过程一般有三种操作方式，即分批发酵（间歇发酵）、补料分批发酵（半连续发酵）和连续发酵。发酵所采用的操作方式不同，微生物的代谢变化规律也不同。

(1) 分批发酵

分批发酵也叫间歇式发酵，是指在灭菌后的培养基中按比例接入相应的菌种进行发酵，发酵过程不再添加新的培养基或新的菌种，直至发酵结束的发酵方式。其特点是每次发酵过程都要经过装料、灭菌、接种、发酵、放料等一系列过程，非生产时间长，生产效率低，成本较高。

分批发酵的发酵过程是非恒态，微生物所处的环境在不断地变化，发酵过程中营养成分不断减少，微生物的生长速率随时间而发生规律性变化。整个发酵过程分为延迟期、对数生长期、稳定期和衰亡期 4 个阶段。微生物在快速生长阶段形成的代谢产物多为初级代谢产物，而次级代谢产物的合成发生在生长缓慢的稳定期。分批发酵过程中的 pH 值、温度、溶氧浓度以及多种营养物质浓度都可作为控制变量加以优化。按发酵动力学原理对发酵过程进行优化控制，涉及许多数据的采集、处理、综合运算和参数估计，并要求实时性，因此必须采用在线检测技术和计算机控制。现代微生物发酵工业中的大多数发酵产品都是采用这种方式。

(2) 补料分批发酵

补料分批发酵即半连续发酵，是指在分批发酵过程中间歇或连续地补加新鲜培养基或某些营养物质的发酵方式。目前，它的应用范围非常广泛，几乎遍及整个发酵行业。补料分批发酵的理论研究在 20 世纪 70 年代以前几乎是空白，在早期的工业生产中，补料的方式非常简单，采用的方式就仅仅局限于间歇流加和恒速流加，控制发酵也是以经验为主。直到 1973 年日本学者 Yoshida 等人提出了“fed-batch fermentation”这个术语，并从理论上建立了第一个数学模型，补料分批发酵的研究才进入了理论研究阶段。近年来，随着理论研究和应用的不断深入，补料分批发酵内容得到了丰富。

与传统的分批发酵相比，补料分批发酵的优点在于发酵系统中维持较低的基质浓度，以除去快速利用基质的阻遏效应；维持适当的菌体浓度不至于加剧供氧矛盾；延长次级代谢产物的生产时间；避免培养基中有毒代谢物对菌体生长产生抑制。补料分批发酵应用十分广泛，包括生产抗生素、氨基酸、酶蛋白、核苷酸、有机酸以及高聚物等产品，是发酵工业研究的方向之一。

(3) 连续发酵

连续发酵是指以一定的速率向发酵罐内添加新鲜培养基，同时以相同速率流出培养液，从而使发酵罐内的液量维持恒定的发酵过程。连续发酵包括恒化器发酵和恒浊器发酵。前者以某种基质作为限制因素，通过控制其流加速率造成适应于这种流加条件的生长密度和速率；后者是以恒定的菌体密度控制生长限制基质，这两种方法的基本要求都是保持恒定的发酵液密度。

连续发酵培养可为微生物提供较恒定的生活环境，与补料分批发酵相似，可维持低基质浓度。连续发酵所用的生物反应器比分批发酵所用的生物反应器小，发酵时细胞的生理状态更趋于一致，容易实现生产过程的仪表化和自动化，有利于提高设备利用率和单位时间的产量，减少发酵罐的非生产时间。缺点有：①对设备的合理性和加料的精确性要求甚高；②营养成分的利用较分批发酵差，产物浓度比分批发酵低，产物提取成本较高；③杂菌污染的机会较多，菌种易因变异而发生衰退。啤酒、乙醇、酵母、有机酸的生产都已采用连续发酵生产方式，目前，也已研制出了用于重组微生物发酵工程生产蛋白的连续发酵体系。

(4) 新型发酵方式

固定化酶和固定化细胞发酵是酶工程中固定化酶技术在发酵工程中的应用。其优势在于固定化酶和固定化细胞可以重复使用，酶活力稳定，反应速率快，生产周期短，产品的分离和提纯也比较容易，易于机械化和自动化。

多菌种混合发酵是一种不需要进行体外 DNA 重组也能获得类似效果的新型发酵方式。它与传统的混合菌发酵不同，它是指利用两种以上的纯菌种按一定比例，同时或按顺序接种到同一培养基中进行发酵的过程。它的主要特点是可以形成多菌共生、酶系互补，不但可以提高发酵效率和产品数量、质量，甚至还可以获得新的发酵产品。

### 6.3.4 发酵过程控制

发酵过程中，为了能对生产过程进行必要的控制，需要对有关工艺参数进行定期取样测定或进行连续测量。反映发酵过程变化的参数可以分为两类。一类是可以直接采用特定的传感器检测的参数，包括反映物理环境和化学环境变化的参数，如温度、压力、搅拌功率、转速、泡沫、发酵液黏度、浊度、pH、离子浓度、溶解氧、基质浓度等，称为直接参数。另一类是至今尚难于用传感器来检测的参数，包括细胞生长速率、产物合成速率和呼吸商等。这些参数需要在一些直接参数的基础上，借助于电脑计算和特定的数学模型才能得到，因此被称为间接参数。上述参数中，对发酵过程影响较大的有基质、温度、pH、溶解氧等。

(1) 基质及其浓度

基质即培养微生物的营养物质。对于发酵控制来说，基质是产生菌代谢的物质基础，既涉及菌体的生长繁殖，又涉及代谢产物的形成。发酵过程中缩短菌体生长周期、延长产物分泌期，并保持产物生产的最大增长率是提高产物产量的关键。因此基质的种类和浓度与发酵代谢有着密切的关系。

① 碳源　按照利用的快慢，碳源分为迅速利用的碳源和缓慢利用的碳源。迅速利用的碳源能较迅速地参与合成菌体细胞和产生能量，并合成代谢产物，有利于菌体生长并缩短菌体的生长期。但这一类碳源的代谢分解产物会对合成代谢产物的某些酶产生阻遏作用，进而抑制代谢产物的合成。例如在青霉素的研究中，产黄青霉在迅速利用的葡萄糖培养基中生长良好，但青霉素生成量很少；相反，在缓慢利用的乳糖培养基中，青霉素的产量明显增加。缓慢利用的碳源多数为聚合物，可被菌体缓慢利用，有利于代谢产物的合成期，特别有利于延长次级代谢产物（如抗生素）的分泌期，提高代谢产物的产量。

碳源的浓度也明显影响菌体的生长和产物的合成。由于营养过于丰富会引起菌体异常繁殖，这对菌体的代谢、产物的合成以及氧的传递都会产生不良的影响。若产生阻遏作用的碳源用量过大，则产物的合成明显会受到抑制。反之，仅仅供给维持量的碳源，菌体生长和产物合成就都停止。因此，必须控制碳源浓度，使之适于菌体的生长和产物的合成。控制碳源的浓度可采用经验性方法和动力学方法。经验性方法是指根据不同代谢类型来确定补糖时间、补糖量和补糖方式，采用中间补料的方法来控制，而动力学方法是根据菌体的比生长速率、糖比消耗速率及产物的比生产速率等动力学参数来控制。如在青霉素发酵中，采用流加葡萄糖的方法得到比乳糖更高的青霉素产量。

② 氮源　氮源有无机氮源和有机氮源两大类，它们对菌体代谢都能产生明显的影响。不同种类和不同浓度都能影响产物合成的方向和产量，如谷氨酸发酵，当 $NH_4^+$ 供应不足时，就促使形成 $\alpha$-酮戊二酸；过量的 $NH_4^+$ 反而促使谷氨酸转变为谷氨酰胺，因此控制 $NH_4^+$ 的适量浓度，才能使谷氨酸产量达到最大。

氮源分为迅速利用的氮源和缓慢利用的氮源，前者如氨基酸和玉米浆等，后者如黄豆粉、花生饼粉等。速效氮源容易被菌体利用，促进菌体生长，但对某些代谢产物的合成，特别是某些抗生素的合成产生调节作用，影响产量。缓慢利用的氮源对延长次级代谢产物的分泌期、提高产物的产量是有好处的，但一次投入也容易促进菌体生长和养分过早耗尽，以致菌体过早衰老而自溶，从而缩短产物的分泌期。为了调节生长代谢及防止菌体衰老自溶，除了基础培养基中的氮源以外，在发酵过程中还需补加一定数量的氮源，也可采用定期补加氮源的方法来控制氮的浓度。

③ 磷酸盐　磷是微生物菌体生长繁殖和合成代谢产物所必需的。微生物正常生长所需的磷酸盐浓度一般为 0.3～300mmol/L，合成次级代谢产物所允许的磷的最高平均浓度仅为 1.0mmol/L，磷酸盐浓度提高到 10mmol/L 时会明显抑制产物合成。相比之下，初级代谢

对磷酸盐浓度的要求不像次级代谢那样严格，菌体生长所需的浓度比次级代谢产物合成允许浓度大得多。改变磷酸盐浓度以调节代谢产物合成，其影响对于次级代谢产物合成而言往往是通过促进生长而间接产生的，相应的机制非常复杂。

(2) 温度

由于微生物的生长繁殖和产物的合成都是在各种酶的催化下进行的，温度是保证酶活性的重要条件，因此在发酵过程中必须保证稳定而合适的温度环境。温度对发酵的影响是多方面的，对微生物细胞的生长和代谢、产物生成的影响是各种因素综合表现的结果。温度变化对发酵过程可产生两方面的影响：一方面是影响各种酶反应的速率和蛋白质的性质，并可改变菌体代谢产物的合成方向，影响微生物的代谢调控机制；另一方面是影响发酵液的物理性质，如发酵液的黏度、基质和氧在发酵液中的溶解度和传质速率、某些基质的分解和吸收速率等，进而影响发酵的动力学特性和产物的生物合成。

引起发酵过程中温度变化的原因是发酵过程产生的热量，即发酵热。发酵热主要包括生物热、搅拌热、蒸发热和辐射热等。

$$Q_{发酵}=Q_{生物}+Q_{搅拌}+Q_{通气}-Q_{蒸发}-Q_{显}-Q_{辐射}$$

生物热（$Q_{生物}$）是指产生菌在生长繁殖过程中产生的热能。微生物利用培养基中的糖、脂肪、蛋白质等生成 $CO_2$、水和其他物质时，产生的热量部分用来生成高能化合物供微生物代谢活动需要，部分用来合成产物，其余的以热的形式散发。生物热的特点是产生有强烈的时间性，发酵初期菌体少、呼吸弱、产热少；对数期菌体繁殖快、菌体增多、呼吸强烈、产热多；发酵后期菌体基本停止繁殖，主要靠菌体内酶的作用，产热越来越少；不同的菌株不同的底物，生物产热也不同。搅拌热（$Q_{搅拌}$）是指因搅拌作用而造成液体之间、液体与搅拌器等设备之间的摩擦产生的热量，这种因摩擦产生的热量相对客观。搅拌热受搅拌设备、搅拌方式和发酵液黏度等因素影响。通气热（$Q_{通气}$）是指通入空气温度高于液体温度时所产生的热量，它的大小取决于通入的空气和发酵液的温度差和通气量。蒸发热（$Q_{蒸发}$）和显热（$Q_{显}$）是指空气进入发酵罐后与发酵液进行热交换，同时引起水分蒸发，水的蒸发热以及排除气体夹带散失到外界的部分热量。二者受发酵液温度、通气量以及通入空气的温度和湿度等因素的影响。辐射热（$Q_{辐射}$）是指因发酵罐温度高于环境温度而辐射到环境的热量，取决于罐内、外温度差。

由于 $Q_{生物}$、$Q_{蒸发}$ 和 $Q_{显}$，特别是 $Q_{生物}$ 在发酵过程中是随时间变化的，因此发酵热在整个发酵过程中也随时间变化，引起发酵温度发生变动。为了使发酵能在一定温度下进行，需要对发酵罐采取保温及降温措施以控制温度，保证产生菌在最适温度下生长繁殖和合成代谢物。

理论上，发酵温度的确定应该根据发酵的不同阶段选择不同的培养温度。在生长阶段，应选择最适生长温度；在产物分泌阶段，应选择最适生产温度。这样的变温发酵所得产物的产量比较理想的。但在工业发酵中，由于发酵液的体积很大，升降温度都比较困难，所以在整个发酵过程中，往往采用一个比较合适的培养温度，使得到产物产量最高，或者在可能条件下进行适当调整。

(3) pH

发酵过程的 pH 是微生物在一定环境下生命代谢活动的综合指标，它是一项极其重要的发酵参数。pH 对发酵的影响表现在：①影响细胞膜上的电荷，从而影响某些离子的渗透性，最终影响代谢；②不同的酶具有不同的最适 pH，pH 的改变会改变酶的活性；③影响营养物质和中间代谢物的解离，从而影响对其吸收。

发酵过程中pH的变化决定于微生物的种类、基础培养基的组成和发酵条件等因素。发酵过程中下列情况常引起pH的下降：①C/N不适当，C过多，特别是葡萄糖过量或中间补糖过多；②通风不足导致有机酸积累；③消泡油加量过多；④生理酸性物质存在或目的产物呈酸性。而下列情况常引起pH的上升：①C/N不当，N过多，产生氨基氮多；②中间补加碱性物质（如氨水、尿素）过多；③生理碱性物质存在或目的产物呈碱性。因此，发酵液的pH变化是菌体产酸和产碱的代谢反应的综合结果，从代谢曲线的pH变化就可以推测发酵罐中的各种生化反应速率和pH变化异常的可能原因，提出改进意见。

pH控制的常用方法有：选择合适的营养物质和适当的配比，使发酵过程中的pH维持在合适的范围内；生理酸性或生理碱性物质使用；缓冲剂使用；通过中间补料控制等。在培养液缓冲能力不强的情况下pH可反映生产菌的生理状况。如pH上升超过最适值，意味着菌体处在饥饿状态，可加糖调节；过量的$NH_3$会使微生物中毒，导致呼吸强度迅速下降，所以在通氨过程中监测溶解氧浓度的变化可以防止生产菌中毒。

（4）溶解氧

对于好氧发酵，溶解氧浓度是最重要的参数之一。好氧性微生物在进行深层培养时，需要适量的溶解氧以维持其呼吸代谢和某些产物的合成，氧的不足会造成代谢异常，产量降低。发酵过程中应保持氧浓度在临界氧浓度以上，即不影响菌的呼吸所允许的最低氧浓度。而对产物形成而言，便称为产物合成的临界氧浓度。产物合成的临界氧浓度与呼吸的临界氧浓度是不同的。如头孢霉素C发酵的呼吸临界氧浓度为5%，而其生物合成的最低允许氧浓度比前者大，为10%～20%。

需氧发酵在培养过程中并不是维持溶解氧浓度越高越好。即使是专性好气菌，过高的溶解氧浓度不利于菌体生长或产物形成。氧的有害作用是通过形成新生氧、超氧化合物基和过氧化合物基或羟基自由基，从而破坏许多细胞组分。因为有些带巯基的酶对高浓度的氧敏感，好气微生物曾发展一些机制，如形成触酶、过氧化物酶和超氧化物歧化酶等，来避免细胞组分遭破坏。青霉素发酵的临界氧浓度为5%～10%，低于此值就会对青霉素合成带来不可逆的损失，时间愈长，损失愈大。

要维持一定的溶氧水平，需从供氧和需氧两方面着手。在供氧方面，主要是设法提高氧传递的推动力和氧传递系数，可以通过调节搅拌转速或通气速率来控制。同时要有适当的工艺条件来控制需氧量，使菌体的生长和产物形成对氧的需求量不超过设备的供氧能力。发酵液的需氧量，受菌体浓度、基质的种类和浓度以及培养条件等因素的影响，其中以菌体浓度的影响最为明显。发酵液的摄氧率随菌体浓度增大而增大，但氧的传递速率随菌体浓度的对数关系减少。因此通过控制合适的菌体浓度，使产物比生产速率维持在最大值，从而不会引起需氧大于供氧的现象出现。除控制补料速率外，在工业上，还可采用调节温度（降低培养温度可提高溶氧浓度）、液化培养基、中间补水、添加表面活性剂等工艺措施，来改善溶氧水平。

（5）$CO_2$

$CO_2$是微生物的代谢产物，大量的$CO_2$积累在发酵液中会给发酵带来一定的影响。通常$CO_2$对微生物的生长有直接影响，当排气中$CO_2$浓度较高时，此时微生物的糖代谢和呼吸作用明显下降。高浓度$CO_2$会对某些代谢产物的合成产生影响，如在紫苏霉素生产中，以含1% $CO_2$空气通入发酵罐，结果发现微生物对基质的代谢极慢，代谢物比正常低33%；而精氨酸生产需要一定浓度$CO_2$才能得到最大产量。$CO_2$对细胞的作用机制主要是$CO_2$和

$HCO_3^-$ 都影响细胞膜的结构，它们分别作用于细胞膜的不同位点。溶解于培养液中的 $CO_2$ 主要作用在细胞膜的脂肪酸核心部位，而 $HCO_3^-$ 则影响磷脂、亲水头部带电荷表面及细胞膜表面上的蛋白质。当细胞膜中的脂质相中 $CO_2$ 浓度达到临界值时，膜的流动性及表面电荷密度会发生变化，这将导致许多基质的跨膜运输受阻，影响了细胞膜的运输效率，使细胞生长受到抑制，形态发生改变。

$CO_2$ 在发酵液中的浓度变化不像溶解氧那样，没有一定的规律。它的大小受到许多因素的影响，如菌体的呼吸强度、发酵液流变学特性、通气搅拌程度和外界压力大小等。此外，$CO_2$ 的产生与补料工艺控制密切相关，如在青霉素发酵中，补糖会增加排气中 $CO_2$ 的浓度和降低培养液的 pH。因为补加的糖用于菌体生长、菌体维持和青霉素合成三方面，它们都产生 $CO_2$，使 $CO_2$ 产量增加，溶解的 $CO_2$ 和代谢产生的有机酸，又使培养液 pH 下降。因此，补糖、$CO_2$、pH 三者具有相关性，被作为青霉素补料工艺的控制参数，因排气中 $CO_2$ 量的变化比 pH 变化更为敏感，所以，采用 $CO_2$ 释放率作为补糖的控制参数更为确切。

(6) 泡沫

泡沫是气体被分散在少量液体中的胶体体系，泡沫间被一层液膜隔开而彼此不相连通。发酵过程中所遇到的泡沫，其分散相是无菌空气和代谢气体，连续相是发酵液。发酵过程中形成的泡沫，按发酵液的性质不同有两种类型：一种是发酵液液面上的泡沫，气相所占比例特别大，与它下面的液体之间有较明显的界线；另一种是出现在黏稠的菌丝发酵液中的泡沫，又称流态泡沫，这种泡沫分散很细，而且很均匀，也较稳定，泡沫与液体间没有明显的界线，在鼓泡的发酵液中气体分散相所占的比例由下而上逐渐增加。发酵中起泡的方式被认为有五种：①整个发酵过程中，泡沫保持恒定的水平；②发酵早期，起泡后稳定地下降，以后保持恒定；③发酵前期，泡沫稍微降低后又开始回升；④发酵开始起泡能力低，以后上升；⑤以上类型的综合方式。这些方式的出现与基质的种类、通气搅拌强度和灭菌条件等因素有关，其中基质中的有机氮源（如黄豆饼粉等）是起泡的主要因素。

泡沫的大量存在，降低了发酵设备的装料系数，增加了细菌的非均一性，增加了染菌的机会，从而导致产物损失。泡沫不仅会干扰通气与搅拌的进行，有碍微生物的代谢，严重的还导致大量跑料，造成浪费，甚至引起杂菌感染，直接影响发酵的正常进行。所以当泡沫大量产生时，必须予以消除。发酵工业消除泡沫常用的方法有化学消泡法和机械消泡法。

化学消泡法是一种使用化学消泡剂消除泡沫的方法，其优点是化学消泡剂来源广泛，消泡效果好，作用迅速可靠，尤其是合成消泡剂效率高、用量少、不需改造现有设备，不仅适用于大规模发酵生产，同时也适用于小规模发酵试验。化学消泡机理有以下两种：当泡沫的表面存在着由极性表面活性物质形成的双电层时，可以加入另一种具有相反电荷的表面活性剂，以降低泡沫的机械强度；或者加入某些具有强极性的消泡剂争夺液膜上的空间，降低液膜强度，使泡沫破裂。当泡沫的液膜具有较大的表面黏度时，可以加入某些分子内聚力较小的物质，以降低液膜的表面黏度，使液膜的液体流失，导致泡沫破裂。常用的消泡剂主要有天然油脂类，高碳醇、脂肪酸和酯类，聚醚类，硅酮类（聚硅油类）等四类，以天然油脂类和聚醚类最为常用。

机械消泡法是一种物理方法，利用强烈机械振动或压力变化而促使气泡破裂，其优点是不用在发酵液中加入化学消泡剂，减少由于加入消泡剂所引起的污染，但缺点是不能从根本上消除引起稳定泡沫的因素。机械消泡的方法有罐内消泡和罐外消泡两种，前者是靠罐内消泡桨转动打碎泡沫；后者是将泡沫引出罐外，通过喷嘴的加速作用或利用离心力来消除泡沫，泡沫消除后，液体再返回发酵罐内。

# 6.4 发酵设备

生物反应器，通常是指利用生物催化剂进行生物技术产品生产的反应装置。按照所使用的生物催化剂，生物反应器可分为酶反应器和细胞反应器两类。发酵罐是典型的微生物细胞反应器，诞生于20世纪40年代初，它的出现使青霉素生产实现了工业化，带动了微生物发酵工业的发展。半个多世纪以来，已形成了一整套以发酵罐为主体的生化工程设备。

由于微生物有好氧与厌氧之分，所以其培养装置也相应地分为好氧发酵设备与厌氧发酵设备。对于好氧微生物，发酵罐通常采用通气和搅拌来增加氧的溶解，以满足其代谢需要。根据搅拌方式的不同，好氧发酵设备又可分为机械搅拌式发酵罐和通风搅拌式发酵罐。

## 6.4.1 机械搅拌式发酵罐

机械搅拌式发酵罐是利用机械搅拌器的作用，使空气和发酵液充分混合，促进氧的溶解，以保证供给微生物生长繁殖和代谢所需的溶解氧。比较典型的是通用式发酵罐和自吸式发酵罐。

(1) 通用式发酵罐

通用式发酵罐是指既具有机械搅拌又有压缩空气分布装置的发酵罐（图6-3）。由于这种型式的罐是目前大多数发酵工厂最常用的，所以称为“通用式”。其容积有$20cm^3$～$200m^3$，有的可达$500m^3$甚至更大。罐体各部有一定的比例，罐身的高度一般为罐直径的1.5～4倍。发酵罐为封闭式，一般都在一定罐压下操作，罐顶和罐底采用椭圆形或碟形封头。为便于清洗和检修，发酵罐设有手孔或人孔，甚至爬梯，罐顶还装有窥镜和灯孔以便观察罐内情况。此外，还有各式各样的接管。装于罐顶的接管有：进料口、补料口、排气口、接种口和压力表等。装于罐身的接管有：冷却水进出口、空气进口、温度和其他测控仪表的接口。取样口则视操作情况装于罐身或罐顶。现在很多工厂在不影响无菌操作的条件下将接管加以归并，如进料口、补料口和接种口用一个接管。放料可利用通风管压出，也可在罐底另设放料口。

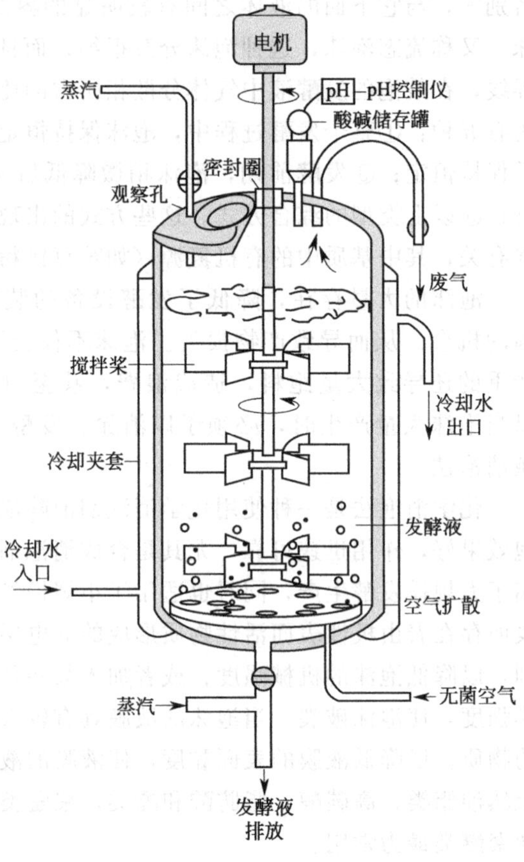

图6-3 通用式发酵罐

在通用式发酵罐内设置机械搅拌的作用是打碎空气气泡，增加气-液接触面积，以提高气-液间的传质速率；其次是为了使发酵液充分混合，液体中的固形物料保持悬浮状态。通用式发酵罐大多采用涡轮式搅拌器。为了避免气泡在阻力较小的搅拌器中心部位沿着轴周边上升逸出，在搅拌器中央常带有圆盘。常用的圆盘涡轮搅拌器有平叶式、弯叶式和箭叶式三种，叶片数量一般为6个，少至3个，多至8个。对于大型发酵罐，在同一搅拌轴上需配置多个搅拌器。搅拌轴一般从罐顶伸入罐内，但对容积$100m^3$以上的大型发酵罐，也可采用下伸轴。为防止搅拌器运转时液体产生漩涡，在发酵罐内壁需安装挡板。

通用式发酵罐内的空气分布管是将无菌空气引入到发酵液中的装置。空气分布装置有单孔管及环形管等形式，装于最低一挡搅拌器的下面，喷孔向下，以利于罐底部分液体的搅动，使固形物不易沉积于罐底。空气由分布管喷出，上升时被转动的搅拌器打碎成小气泡并与液体混合，加强了气液的接触效果。

发酵液中含有大量的蛋白质等发泡物质，在强烈的通气搅拌下将会产生大量的泡沫，导致发酵液外溢和染菌机会增加。消除发酵液泡沫除了可加入消泡剂外，在泡沫量较少时，可采用机械消泡装置来破碎泡沫，如耙式消泡桨、半封闭式涡轮消泡器。

(2) 自吸式发酵罐

自吸式发酵罐罐体的结构大致上与通用式发酵罐相同，主要区别在于搅拌器的形状和结构不同。自吸式发酵罐使用的是带中央吸气口的搅拌器。搅拌器由从罐底向上伸入的主轴带动，叶轮旋转时叶片不断排开周围的液体使其背侧形成真空，将罐外空气通过搅拌器中心的吸气管而吸入罐内，吸入的空气与发酵液充分混合后在叶轮末端排出，并立即通过导轮向罐壁分散，经挡板折流涌向液面，均匀分布。空气吸入管通常采用端面轴封与叶轮连接，确保不漏气。由于空气靠发酵液高速流动形成的真空自行吸入，气液接触良好，气泡分散较细，从而提高了氧在发酵液中的溶解速率。据报道，在相同空气流量的条件下，溶氧系数比通用式发酵罐高。

自吸式发酵罐的缺点是进罐空气处于负压，因而增加了染菌机会；其次是这类罐搅拌转速较高，有可能使菌丝被搅拌器切断，影响菌体的正常生长。所以，在抗生素发酵上较少采用，但在食醋发酵、酵母培养方面已有成功使用的实例。

### 6.4.2 通风搅拌式发酵罐

在通风搅拌式发酵罐中，通风的目的不仅是供给微生物所需要的氧，同时还利用通入发酵罐的空气，代替搅拌器使发酵液均匀混合。常用的有循环式通风发酵罐和高位塔式发酵罐。

(1) 循环式通风发酵罐

循环式通风发酵罐是利用空气的动力使液体在循环管中上升，并沿着一定路线进行循环，所以这种发酵罐也叫空气带升式发酵罐或简称带升式发酵罐。带升式发酵罐有内循环和外循环两种，循环管有单根的也有多根的。与通用式发酵罐相比，它具有以下优点：①发酵罐内没有搅拌装置，结构简单，清洗方便，加工容易；②由于取消了搅拌用的电机，而通风量与通用式发酵罐大致相等，所以大大降低了动力消耗。

(2) 高位塔式发酵罐

高位塔式发酵罐是一种类似塔式反应器的发酵罐，其高径比约为7，罐内装有若干块筛板。压缩空气由罐底导入，经过筛板逐渐上升，气泡在上升过程中带动发酵液同时上升，上升后的发酵液又通过筛板上带有液封作用的降液管下降而形成循环。这种发酵罐的特点是省去了机械搅拌装置，如果培养基浓度适宜，而且操作得当，在不增加空气流量的情况下，基本上可达到通用式发酵罐的发酵水平。

### 6.4.3 厌氧发酵设备

厌氧发酵也称静止培养，因其不需供氧，所以设备和工艺都较好氧发酵简单。严格的厌氧液体深层发酵的主要特色是排除发酵罐中的氧。罐内的发酵液应尽量装满，以便减少上层气相的影响，有时还需充入无氧气体。发酵罐的排气口要安装水封装置，培养基应预先还原。此外，厌氧发酵需使用大剂量接种（一般接种量为总操作体积的10%～20%），使菌体迅速生长，减少其对外部氧渗入的敏感性。酒精、丙酮、丁醇、乳酸等都是采用液体厌氧发酵工艺生产的。具有代表性的厌氧发酵设备如酒精发酵罐和用于啤酒生产的锥底立式发酵罐（图 6-4 和图 6-5）。

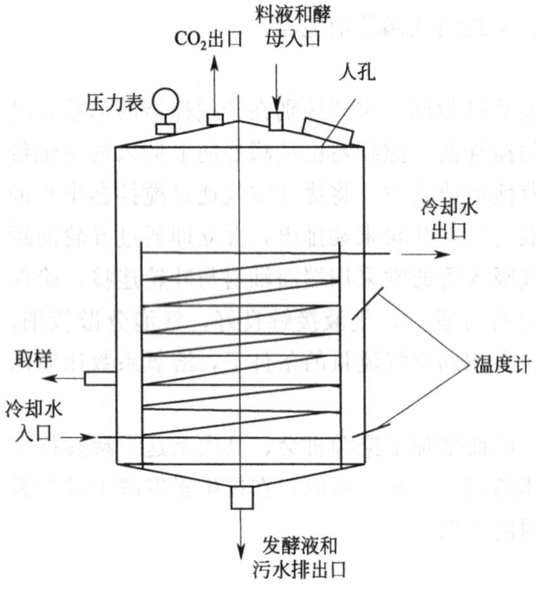


图 6-4　酒精发酵罐的结构示意图

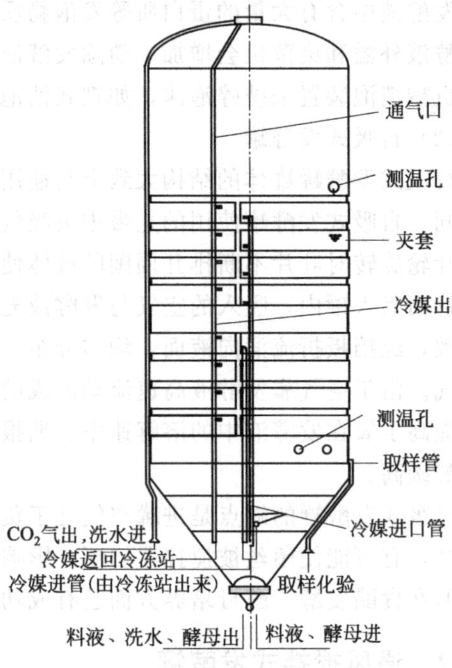


图 6-5　啤酒发酵罐的结构示意图

酒精发酵罐筒体为圆柱形，底盖和顶盖均为碟形或锥形的立式金属容器。罐顶装有废气回收管、进料管、接种管、压力表和其他测量仪表接口管及供观察清洗和检修罐体内部的人孔等。罐底装有排料口和排污口对于大型发酵罐，为了便于维修和清洗，往往在近罐底也装有人孔。罐身上下部装有取样口和温度计接口。根据发酵的大小不同，酒精发酵罐通常采用罐顶喷水淋进行罐外壁面膜状冷却、罐内盘管冷却或两者联合冷却。

啤酒发酵罐外筒体碟形或拱形盖，锥形体底，罐筒体壁和锥底有各种形式的冷却夹套。筒体高度（$H$）与直径（$D$）比值为（2～4）∶1，$H$ 增加有利于加速发酵，$H$ 降低有利于啤酒的自然澄清。考虑到酵母自然沉降有利，发酵罐锥底角 73°～75°，对于储酒罐，主要考虑材料利用率常取锥角为 120°～150°。

## 6.5 发酵工程在环境保护中的应用

微生物的多样性和特殊功能使其在自然界的物质转化过程中有着不可替代的作用，污染物生物处理过程其实就是一个微生物发酵过程，利用微生物的代谢作用消除环境污染，这些内容都将在本书后续章节中详细介绍。在这里，主要举几个发酵工程在环境保护中应用的例子。

### 6.5.1 利用废渣液生产单细胞蛋白

单细胞蛋白（single cell protein，SCP）是指通过培养单细胞蛋白生物而获得的菌体蛋白质。用于生产 SCP 的单细胞生物有微型藻类、非病原细菌、酵母菌类和真菌等，这些单细胞生物可利用各种基质，如糖类、石油副产物及有机废水等在适宜的培养条件下生产单细胞蛋白。菌体中的蛋白含量随所采用菌种的类别及培养基质而异。20 世纪初，人们开始利用发酵工业废渣水生产 SCP，例如，利用味精发酵废水生产热带假丝酵母 SCP，含蛋白达 60%，其产品用作饲料，效果与鱼粉相同。近年来，受能源危机、人口危机、环境危机等因素影响，菌体蛋白的研究和开发再度受到世界各国广泛关注。

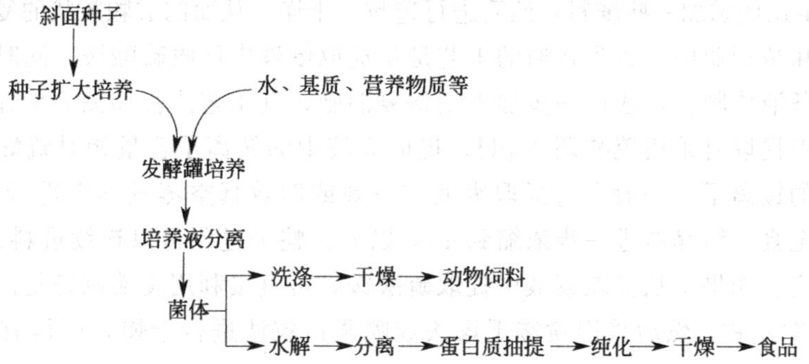


图 6-6 SCP 生产工艺流程

SCP 生产的一般工艺流程如图 6-6 所示。将生长良好的菌种、水、基质、营养物等投入发酵罐中进行培养（可分为分批培养或连续培养），根据菌种的生长需求控制培养条件。为了使废渣水被充分利用，可将部分培养液连续送入分离器进行分离，分离所得上清液回流到发酵罐中继续被菌种利用。分离菌体时，根据菌种类型选择离心机或其他设备，对于难以分离的菌体可以加入适量絮凝剂，提高菌体的沉降性，以便分离。作为动物饲料的单细胞蛋白，离心分离所得菌悬液经洗涤、干燥即可制得成品。作为人类食品的单细胞蛋白则需除去大部分核酸，即需要破坏细胞壁，溶解蛋白质、核酸，再经过分离、浓缩、抽提、洗涤、喷雾干燥等步骤，最后得到食品蛋白。

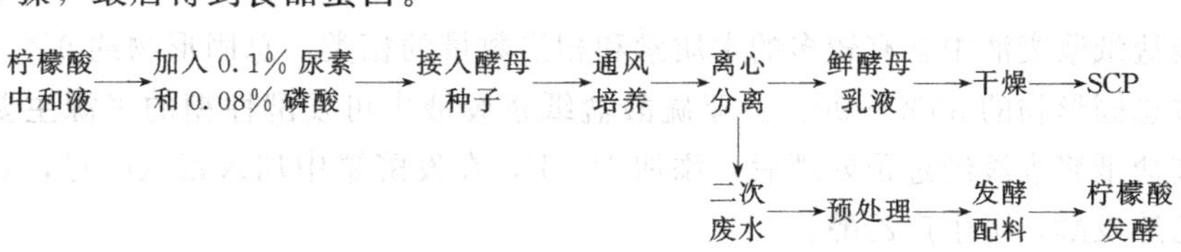


图 6-7 柠檬酸发酵废水 SCP 生产工艺流程

利用假丝酵母对柠檬酸发酵废水进行综合利用，在处理废水的同时生产饲料酵母，工艺流程如图 6-7 所示。在柠檬酸中和废水中补充一定量氮源等，接入假丝酵母的菌种培养液，经通气连续培养 8～12h，培养液中干酵母质量浓度为 11.7g/L，培养液中的干酵母回收率达 81.5%，成品干酵母对废水收率为 0.96%，成本为 891.8 元/t，生产的酵母可达到药用标准；同时，可使废水的 $COD_{Cr}$ 去除率达 30%～50%。该工艺的特点是，其使用的酵母菌种能够在较低的pH（3.5）下正常生长，可省去或简化灭菌步骤，节省了蒸汽消耗及耐压设备投资。另外，该菌种还具有较强的絮凝性，静置一定时间后，90%左右的酵母菌能够沉降下来，大大地节约了离心分离时所需的电能。但是，从废水的净化程度看，该工艺的$COD_{Cr}$去除率仅达30%～50%，其培养酵母后产生的二次废水仍具有较高的$COD_{Cr}$，还需进行再处理以使之达到排放标准。

### 6.5.2 利用废渣液生产颗粒复混肥料

发酵废液的pH一般为4～9，含有N、P、K、Ca、Fe、Mg和Zn等元素以及大量有机物质，具有较高的肥效，回到土壤中能够直接促进植物的生长。同时，发酵废液也能够促进土壤中多种微生物的生长繁殖，这些微生物通过产生各种生理活性物质促进植物的生长。但是，由于发酵废液量相当大，运输困难，直接作为液体肥料受到地理区域的限制，因此，需要进一步加工制成固体颗粒的肥料。在生产过程中，首先通过多效蒸发器将发酵废液蒸发浓缩至一定浓度，再按照一定比例添加一些辅料，然后进行造粒、干燥，从而制成颗粒状的复混肥。

例如，在味精行业中，较为普遍的工艺是从提取废液中回收硫酸铵，同时，硫酸铵结晶母液可用于制备液体肥料，或进一步加工制备复混肥，其工艺流程如图6-8所示。如果对发酵液进行等电点提取时采用硫酸调节pH，提取废液中的铵离子含量相对硫酸根含量少，需适当补充一定的铵离子。一般先将提取废液在三效或四效真空蒸发器中进行浓缩到25℃左右，然后泵送至真空结晶器进一步浓缩到40℃以上。整个过程可以连续进料、结晶、出料，然后连续热分离。如果不从提取废液中提取硫酸铵，可直接利用废液制备复混肥，即首先将废液浓缩至30℃左右，然后采用喷雾干燥法或喷浆造粒法进行干燥，可得有机及无机多元复混肥。

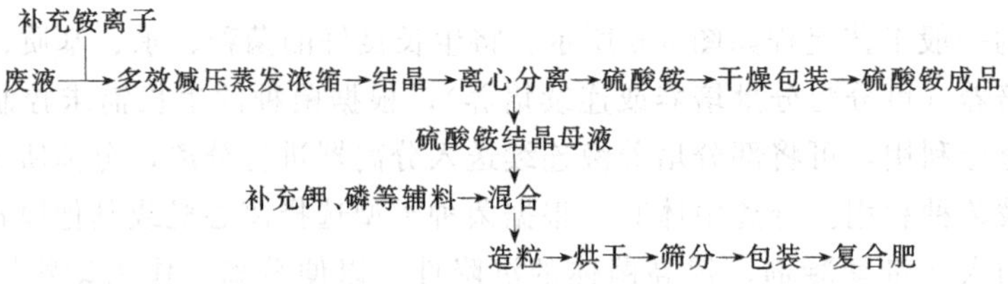


图6-8　废液生产无机肥与复混肥的工艺流程

### 6.5.3 亚硫酸盐纸浆废液乙醇发酵

亚硫酸盐纸浆废液中含有较多的木质素和相当数量的糖类，总固形物约9%～17%，其中有机物占总固形物的85%～90%。亚硫酸盐纸浆废液中可发酵性糖的来源主要是半纤维素。亚硫酸盐纸浆废液经过预处理后，添加N、P，在发酵罐中加入絮状酵母，通入空气搅拌，进行乙醇发酵，可生产乙醇。

### 6.5.4 酵母循环系统

酵母循环系统是一种利用酵母的新式食品废水处理系统，能有效地处理废水并能回收大量的酵母菌体，从而解决了活性污泥法剩余的污泥问题。与细菌活性污泥系统相比，酵母废水系统的性能大大提高。酵母废水处理系统日处理能力达到10～15kg $BOD/m^3$，是细菌法的5～7倍，酵母污泥可在常压下脱水，无需添加药剂。

# 第 7 章　废水生物处理

## 7.1　废水生物处理特性

### 7.1.1　概述

废水生物处理是建立在环境自净作用基础上的人工强化技术，通过创造出有利于微生物生长繁殖的良好环境，增强微生物的代谢功能，促进微生物的增殖，加速有机物的矿化，从而达到净化处理的目的。

根据微生物对溶解氧要求的不同，废水生物处理可分为好氧生物处理和厌氧生物处理两大类。两者相比，好氧生物处理需消耗相对较多的能量来获得较好的出水水质，主要应用于中低浓度废水的处理或者用于厌氧处理的后续处理，是有机废水处理所采用的主要方法。随着氮、磷等营养物质去除要求的提高，同时废水中难降解有机物含量越来越多，厌氧生物处理、厌氧和好氧组合的生物处理应用日渐广泛。

### 7.1.2　废水生物处理原理

(1) 废水好氧生物处理

好氧生物处理（aerobic treatment）是在有氧的情况下，利用好氧微生物（包括一些兼性微生物）来降解有机物，使有机污染物彻底矿化、无害化。在处理过程中，废水中的溶解性有机物质透过微生物的细胞壁和细胞膜而被微生物所吸收；固体和胶体的有机物先附着在细胞外，由其所分泌的胞外酶分解为溶解性物质，再进入细胞内。微生物将有机物摄入体内后，以其作为营养源加以代谢，部分有机物被微生物所利用，合成新的细胞物质（此过程称为合成代谢）；部分有机物被分解形成 $CO_2$ 和 $H_2O$ 等稳定的无机物质，并产生能量（此过程称为分解代谢），提供给合成代谢。同时，微生物细胞也进行自身的氧化分解，即内源代谢或内源呼吸。在好氧处理的过程中，合成代谢和内源代谢处于"此消彼长"的动态过程中，当有机物充足时，合成代谢占优势，内源代谢不明显；当有机物浓度较低时，内源代谢则成为向微生物提供能量、维持其生命活动的主要方式。废水的好氧生物处理基本原理如图 7-1 所示。

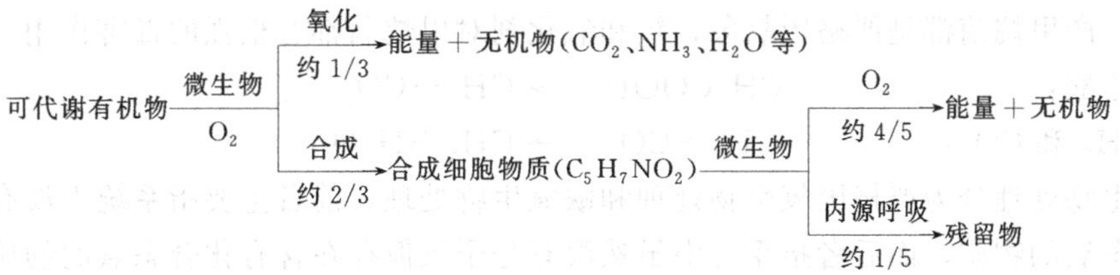


图 7-1　废水好氧生物处理原理示意图

根据微生物的生长状态，好氧生物处理可分为附着生长型和悬浮生长型，前者主要以生物膜法为代表，后者主要以活性污泥法为代表。

(2) 废水厌氧生物处理

人们有目的地利用厌氧生物处理技术已有近百年的历史。由于传统的厌氧生物处理技术存在水力停留时间长、有机负荷低等缺点，在过去很长一段时间里，仅限于处理污水厂的污泥、粪便等，没有得到广泛采用。自 20 世纪 60 年代以来，有关厌氧微生物及其代谢过程的研究取得了长足的进步，推动了厌氧生物处理技术的发展。新的厌氧处理工艺和构筑物不断地被开发出来，新工艺克服了传统工艺的缺点，使得厌氧生物处理技术的理论和实践都有了很大进步，在处理高浓度有机废水方面取得了良好的效果和经济效益。

厌氧生物处理（anaerobic treatment）是在无氧条件下，利用多种厌氧微生物的代谢活动，将有机物转化为无机物和少量细胞物质的过程，这些无机物质主要是大量生物气（沼气）和水。有机物厌氧生物分解可以分为四个阶段（图 7-2）。

① 第一阶段为水解阶段　在该阶段，复杂的有机物在厌氧菌胞外酶的作用下，首先被分解成溶解性的小分子有机物，如纤维素经水解转化成较简单的糖类；蛋白质转化成较简单的氨基酸；脂类转化成脂肪酸和甘油等。水解过程通常比较缓慢，是复杂有机物厌氧降解的限速阶段。

② 第二阶段为发酵阶段　溶解性小分子有机物在产酸菌的作用下，经过厌氧发酵和氧化转化成乙酸、丙酸、丁酸等脂肪酸和醇类、二氧化碳、氨等，同时合成细胞物质。

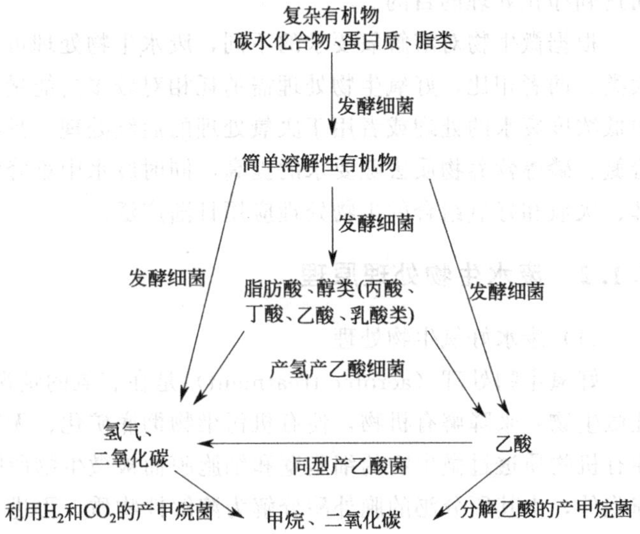

图 7-2　有机物厌氧生物分解过程示意图

③ 第三阶段为产氢产乙酸阶段　在该阶段，产氢产乙酸菌把除乙酸、甲烷、甲醇以外的第一阶段产生的中间产物，如丙酸、丁酸等脂肪酸和醇类等转化成乙酸和氢，并有 $CO_2$ 产生。产酸菌一般都为兼性菌，在有氧或无氧条件下都能存活，并进行生化反应。

④ 第四阶段为产甲烷阶段　在该阶段中，产甲烷菌通过两种途径将乙酸、氢气和二氧化碳等转化为甲烷。其一是在二氧化碳存在时，利用氢气生成甲烷；其二是利用乙酸生成甲烷。在一般的厌氧生物反应器中，约 70％的甲烷由乙酸分解而来，约 30％由氢气还原二氧化碳而来。产甲烷菌都是严格厌氧菌，氧和氧化剂对甲烷菌都有很强的毒害作用。

利用乙酸：　$CH_3COOH \longrightarrow CH_4 + CO_2$

利用 $H_2$ 和 $CO_2$：　$H_2 + CO_2 \longrightarrow CH_4 + H_2O$

厌氧生物处理分为严格厌氧生物处理和缺氧生物处理，前者主要指系统中没有分子氧及含有化合态氧的物质，而后者指系统中虽然没有分子氧但存在含有化合态氧的物质，如硫酸盐、亚硝酸盐、硝酸盐等，特殊微生物利用它们作为电子受体，进行代谢活动。

### 7.1.3　废水生物处理中的微生物生长特性

污染物处理过程中应用的微生物常常是多种微生物的混合群体，则其增殖规律是混合微生物群体的平均表现。本书前文已经述及，在温度适宜、溶解氧充足的条件下，微生物的增殖速率主要与微生物（M）和基质（F）的相对数量有关，即 F/M 相关。随着培养时间的延长，基质浓度逐渐降低，微生物的增殖经历适应期、对数生长期、衰减生长期及内源呼吸期。

当微生物接种到新的基质中时，常常会出现一个适应阶段，它的长短取决于微生物的生长状况、基质的性质及环境条件等。当基质是难降解有机物时，适应期相应会延长。对数增殖期 F/M 很高，微生物处于营养过剩状态，微生物以最大速率代谢基质并自身增殖，其速率与基质浓度无关，与微生物自身浓度成一级反应，并按指数法增殖。随着有机物浓度的下降，新的细胞不断合成，F/M 值下降，营养物质不再过剩，直至成为微生物生长的限制因素，微生物进入衰减期。随着有机物浓度进一步降低，微生物进入内源呼吸阶段，残存营养物质不足以维持细胞生长的需要，微生物开始大量代谢自身的细胞物质，微生物总量不断减少，并走向衰亡。

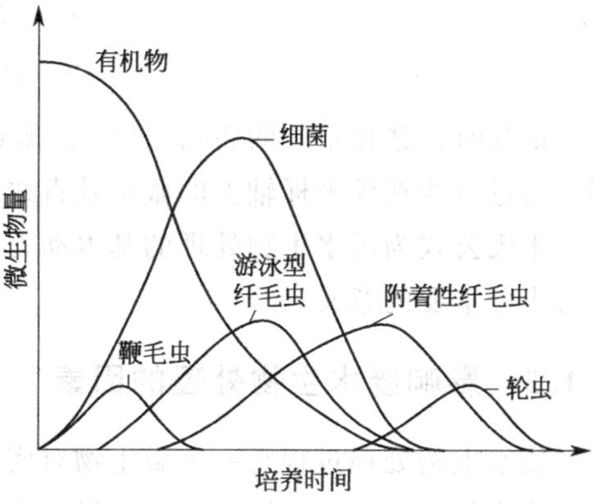

图 7-3　混合微生物的生长曲线

在废水生物处理中，微生物是一个群体，其生长情况比单一微生物生长要复杂得多。各种微生物在群体中相互影响，并共栖于一个生态平衡环境中。不同微生物在废水培养系统中，都有着自己的生长规律及生长曲线，每条曲线都有着自己的形状和位置（图 7-3）。开始，有机物浓度高，以有机物为食料的细菌占优势；之后，出现以细菌为食料的原生动物；再之后，细菌减少，出现以细菌及原生动物为食料的后生动物。这种现象称为微生物的递变现象。

### 7.1.4　废水生物处理中的动力学

废水生物处理过程中，发生的是生物化学反应。生物化学反应是一种以生物酶为催化剂的化学反应，它和其他化学反应一样，都是在反应器内进行的。根据微生物降解对象、微生物生长方式、反应器形式、环境条件等的变化，动力学过程会有一定的差异，动力学方程的形式、参数数值等也有差异。最常见的两种模型是指数模型和双曲线模型。

（1）指数模型

$$-\frac{\mathrm{d}c}{\mathrm{d}t}=Kc^{n} \tag{7-1}$$

式中，$c$ 为污染物浓度，mg/L；$t$ 为反应时间，h；$K$ 为降解速率常数，$\mathrm{h}^{-1}$；$n$ 为反应级数，为大于或等于 1 的数。

指数方程适用于均匀溶液中的化学反应，根据反应历程的不同，$K$、$n$ 取值不同，可在相当大的范围内拟合污染物生物降解的数据。

（2）双曲线模型

双曲线模型适用于非均相的化学反应，在数学表达形式上与表示酶促反应动力学的米氏（Michaelis—Menten）方程相似。

$$-\frac{\mathrm{d}c}{\mathrm{d}t}=\frac{K_1 c}{K_2+c} \tag{7-2}$$

$$\mu=\mu_{\max}\frac{c}{K_s+c} \tag{7-3}$$

式中，$K_1$ 为最大反应速率，$h^{-1}$；$K_2$ 为假平衡常数，mg/L；$\mu$ 为比增长速率；$\mu_{max}$ 为限制增长的底物达到饱和浓度时的最大值；$K_s$ 为饱和常数，即 $\mu=\frac{\mu_{max}}{2}$ 时的底物浓度。

米氏公式表达了酶促反应速率与底物之间的关系。动力学参数 $\mu_{max}$ 和 $K_s$ 可通过试验，并结合 Lineweaver-Burk 图解法求得。米氏公式取倒数得：

$$\frac{1}{\mu}=\frac{K_s}{\mu_{max}}\times\frac{1}{c}+\frac{1}{\mu_{max}} \tag{7-4}$$

试验时，选择不同的底物浓度 $c$，测定对应的 $\mu$，求出两者的倒数，并以 $1/\mu$ 对 $1/c$ 作图，通过直线在纵坐标轴上的截距及直线的斜率可求得 $\mu_{max}$ 和 $K_s$。

米氏公式为污水生物处理的基本动力学方程式，在建立污水生物处理反应器数学模型中具有十分重要的意义。

### 7.1.5 影响废水生物处理的因素

废水生物处理过程是一个微生物对底物的利用、降解过程，处理效果优劣直接与系统中微生物生长密切相关。因此，影响微生物生长的因素也是废水生物处理过程中的控制因素，包括微生物自身活性、污染物特性及环境因子等。

(1) 微生物的活性

微生物的活性取决于微生物的种类、生长状态、环境因素等。不同种类的微生物对同一底物的适应能力、分解及转化能力是不同的，即使是同一种微生物，不同生长时期也会影响其分解转化污染物的能力。理论上，微生物生长代谢最旺盛的时期是对数生长期，这一时期它们分解或转化污染物的能力也最强，废水处理过程中微生物的生长理应控制在对数生长期。但是，处于对数生长期的微生物絮凝、沉降性能较差，出水往往带有较多的有机物质(包括菌体)。利用对数期进行废水的生物处理，虽然反应速率快、处理效率高，但若想取得稳定的出水水质亦比较困难，故一般在废水生物处理中，常用减速生长期或内源呼吸初期的微生物来处理废水中的有机物。

(2) 污染物特性

通常，结构简单、相对分子质量小的化合物比结构复杂、相对分子质量大的化合物易生物降解。半个多世纪以来，人工合成的有机物大量问世，如杀虫剂、除草剂、洗涤剂、增塑剂等，它们都是地球化学物质家族中的新成员。尤其是不少有机物在研制开发时就要求它们具有化学稳定性。因此，普通微生物接触这些新物质，开始时难以降解也是不足为奇的。但由于微生物具有极其多样的代谢类型和很强的变异性，近年来已发现许多微生物能降解人工合成的有机物，甚至原本以为不可生物降解的有机物，也找到了能降解它们的特定微生物。

污染物的化学结构与生物降解的相关性归纳起来主要有以下几点。①烃类化合物一般是链烃比环烃易分解，直链烃比支链烃易分解，不饱和烃比饱和烃易分解。②主要分子链上的C被其他元素取代时，对生物氧化的阻抗就会增强，主链上的其他原子常比碳原子的生物利用度低，其中氧的影响最显著（如醚类化合物较难生物降解），其次是S和N。③每个C原子上至少保持一个氢碳键的有机化合物，对生物氧化的阻抗较小，而当C原子上的H都被烷基或芳基所取代时，就会形成生物氧化的阻抗物质。④官能团的性质及数量对有机物的可生物降解性影响很大，例如，苯环上的氢被羟基或氨基取代，形成苯酚或苯胺时，它们的生物降解性将比原来的苯提高；卤代作用则使生物降解性降低，尤其是间位取代的苯环，其抗生物降解更明显。⑤高分子化合物结构十分复杂，由于微生物及其酶难以扩散到这些物质的内部，袭击其中最敏感的反应键，因此其生物可降解性降低。此外，污染物的浓度对其生物降解性也有较大的影响，有些低浓度易降解的物质在高浓度时会抑制微生物的活性，导致降解速率降低甚至停止。

(3) 环境因子

微生物生长除需要碳源外，还需要一些营养元素，如氮、磷、硫、镁等。因此，如果环境中这些营养成分一种或几种供应不足，微生物的生长会受到抑制，其降解污染物的过程也会受到限制。一般认为，厌氧生物处理对 C∶N∶P 应控制在 300∶500∶1 为宜，同时，C/N 不宜过高或过低，若 C/N 比太高，细胞的氮量不足，消化液的缓冲能力低，pH 容易降低；C/N 比太低，氮量过多，pH 可能上升，铵盐容易积累，也会抑制消化进程。而好氧生物处理可按 BOD∶N∶P=100∶5∶1，此比值小于厌氧工艺。

各类微生物所能生长的温度范围不同，为 5～80℃，此温度范围又可分成最低生长温度、最高生长温度和最适生长温度（微生物生长速率最高时的温度）。依微生物适应的温度范围，微生物可分成嗜热型（thermophiles）、嗜温型（mesophiles）和嗜冷型（psychrophiles）三大类。一般好氧生物处理中的微生物多属于嗜温型微生物，其生长繁殖的最适温度范围为 20～37℃，当温度超过最高生长温度时，微生物的蛋白质迅速变性且酶系统会遭到破坏失去活性，严重时可使微生物死亡，低温则会使微生物代谢活力降低，进而处于生长繁殖停止状态，但仍可维持生命。厌氧生物处理中，常利用嗜热型和嗜温型两种类型的微生物，前者最适温度范围为 50～60℃，后者最适温度范围为 25～40℃，因此厌氧消化中的中温消化常采用温度为 33～38℃，高温消化常采用 52～57℃。

大多数微生物（细菌、放线菌、藻类、原生动物等）的 pH 适应范围是 4.0～10.0，如细菌适宜中性和偏碱性环境（pH=6.5～7.5）；氧化硫化杆菌适宜在酸性环境，其最适 pH 为 3.0，亦可在 pH=1.5 的环境中生活；酵母菌和霉菌要求在酸性或偏酸性的环境中生活，最适 pH 为 3.0～6.0。在废水生物处理过程中，保持合适 pH 是十分必要的。如活性污泥法曝气池中的适宜 pH 为 6.5～8.5，如果 pH 上升到 9.0，原生动物将由活跃转为呆滞，菌胶团活性物质解体，活性污泥结构遭到破坏，处理效果显著下降。如果进水 pH 突然降低，曝气池混合液呈酸性，活性污泥结构也会发生变化，二沉池中将出现大量浮泥现象。

微生物降解转化污染物的过程可以是好氧的，也可以是厌氧的或兼性的，溶解氧是影响生物处理效果的重要因素之一。溶解氧条件、氧化还原电位的变化，会带来微生物种类及其呼吸方式的变化，表 7-1 列出了呼吸方式与氧化还原电位的关系。

**表 7-1 呼吸方式与氧化还原电位的关系**

| 呼吸方式 | 氧化还原电位/mV | 电子受体 | 产物 |
|---|---|---|---|
| 好氧呼吸 | +400 | $O_2$ | $H_2O$ |
| 硝酸盐还原和反硝化 | −100 | $NO_3^-$ | $NO_2$ |
| | | $NO_3^-$ | $N_2$ |
| 硫酸盐还原 | −200～−160 | $SO_4^{2-}$ | $H_2S$ |
| 甲烷产生 | −300 | $CO_2$ | $CH_4$ |

在好氧生物处理中，如果溶解氧不足，好氧微生物活性将受到影响，新陈代谢能力降

低。同时对溶解氧要求较低的微生物将逐步成为优势种属，生化反应过程受到影响，处理效果下降。对于生物脱氮除磷来讲，释磷和反硝化过程又不需要溶解氧，溶解氧存在会导致氮、磷去除效果下降。因此，好氧生物处理的溶解氧一般以 2～3mg/L 为宜，缺氧反硝化一般应控制溶解氧在 0.5mg/L 以下，厌氧磷释放则要求溶解氧低于 0.3mg/L。

# 7.2 废水生物处理工艺

## 7.2.1 活性污泥法

自 20 世纪初开创以来，活性污泥法（activated sludge process）历经近百年的发展与不断革新，现已拥有以传统活性污泥处理系统为基础的多种运行方式，主要包括传统活性污泥法、完全混合活性污泥法、阶段曝气活性污泥法、吸附-再生活性污泥法、延时曝气活性污泥法、高负荷活性污泥法及纯氧曝气活性污泥法等。

（1）传统活性污泥法

传统活性污泥法，又称普通活性污泥法，是依据废水的自净原理作用发展起来的，其工艺系统如图 7-4 所示。废水和回流活性污泥从曝气池的首端进入，呈推流式至曝气池某端流出，活性污泥对有机物吸附、氧化和同化过程是在一个统一的曝气池内连续进行的。曝气池进口端有机物浓度高，沿池长逐渐降低，需氧量也沿池长逐渐降低，活性污泥在曝气池内沿池长方向呈现不同的生长时期：进口端为对数增长期，池中逐渐转变为减数衰减期，出口端则变为内源代谢期。由于进入内源呼吸期的活性污泥沉淀性能良好，易于在二沉池沉淀固液分离。二沉池泥水分离后的大部分活性污泥再回流到曝气池，多余部分则排出活性污泥系统。

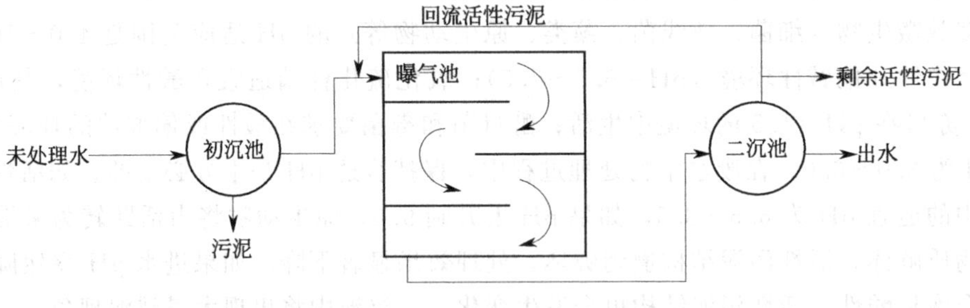


图 7-4　传统活性污泥法工艺系统

活性污泥中的微生物主要有细菌、酵母菌、霉菌、放线菌、藻类、原生动物和某些微型后生动物。细菌主要以菌胶团的形式存在，它是一个相当复杂的微生物群落，多种微生物的相互配合能有效降低废水中的有机污染物质。酵母和霉菌能在酸性条件下生长繁殖，且需氧量比细菌少，在处理某些特定工业废水及有机固体废渣中起到重要作用。此外，原生动物和微型后生动物以游离的细菌和有机颗粒作为食物，它们起到了提高出水水质的作用。活性污泥微生物的增长速率主要取决于微生物与有机基质的相对数量（F/M），它是影响有机物去除速率、氧利用速率的重要因素。F/M 高，微生物对有机物的去除速率虽然很快，但微生物的混凝沉淀性能较差；随曝气时间的增长，F/M 越来越小，当微生物增殖接近于内源呼吸时期，活性污泥的吸附、混凝和沉淀性能都较高。

传统活性污泥法能耗低，运行费用低，但也存在以下弊端：①曝气池容积大，占用的土地较多，基建费用高；②对氮磷的去除率低；③运行效果易受水质、水量变化的影响。

(2) 完全混合活性污泥法

完全混合活性污泥法的工艺流程和普通活性污泥法相同，但废水和回流污泥进入曝气池时，立即与池内原先存在的混合液充分混合（图 7-5）。

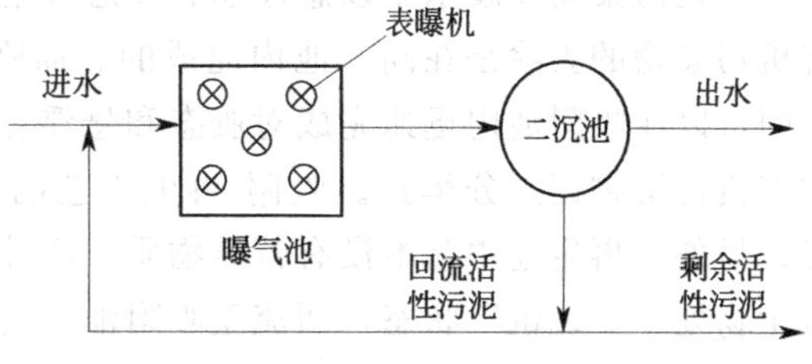


图 7-5　完全混合活性污泥法工艺过程

完全混合活性污泥法处理系统中污泥微生物处于完全相同的负荷之中。当进水的流量及浓度均不变的条件下系统的负荷也不变，微生物生长往往处于生长曲线对数期的某一点，微生物代谢速率甚高。因此废水水力停留时间往往较短，系统的负荷较高，构筑物占地较省。但由于要维持微生物处于对数生长期内，混合液中的基质及废水中的有机污染物往往未被完全降解，导致出水水质较差，处理系统的 BOD、COD 去除率往往较同种废水其他工艺的出水差。此外，还发现它较易发生丝状菌过量生长的污泥膨胀等运行问题。

(3) 阶段曝气活性污泥法

阶段曝气活性污泥法又称分段进水活性污泥法或多段进水活性污泥法，其工艺流程如图 7-6 所示。由于传统工艺曝气池前端 F/M 值高，可能产生供氧不足，而后端 F/M 值很低，可能产生供氧过剩。分段进水或多段进水工艺克服上述缺点，使全池 F/M 值基本一致，从而使全池曝气效果均匀。另一个特点是污泥浓度沿池长逐渐降低，曝气池出口处排入二沉池的混合液 MLSS 浓度很低，有利于固液沉降分离；同时，污水分段注入，提高了曝气池对冲击负荷的适应能力。

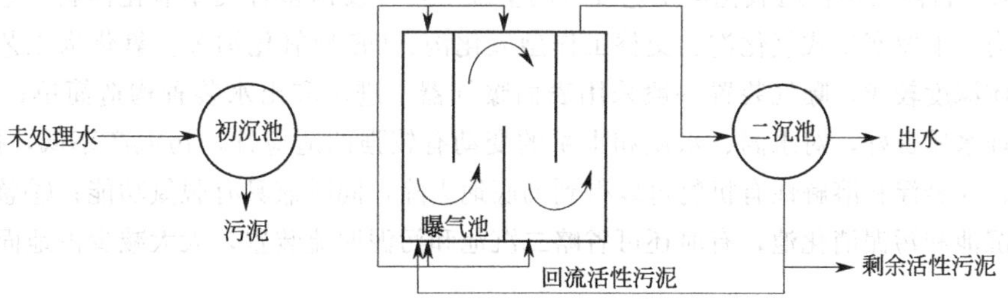


图 7-6　阶段曝气活性污泥法工艺流程

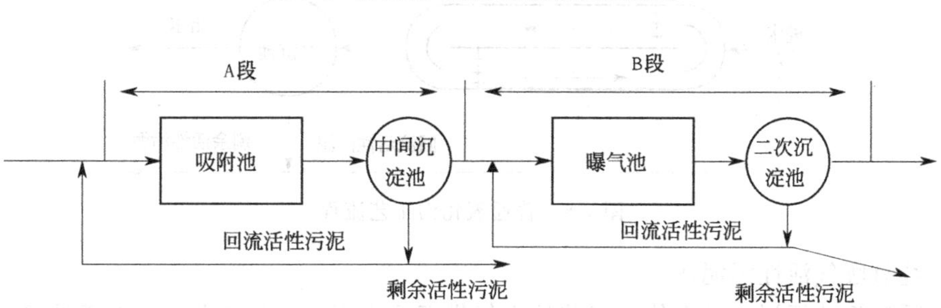


图 7-7　AB 两段活性污泥法工艺流程

(4) 吸附-再生活性污泥法

吸附-再生活性污泥法（A-B 法）（图 7-7）也称为生物吸附法或接触稳定法，它是将活性污泥系统分为两个阶段，即 A 段（吸附段）和 B 段（生物降解段），分别对应于吸附池和降解池，可以分建也可以合建。它的工作原理是充分利用微生物种群的特性，为其创造适宜的环境，使不同的生物种群得到良好的增殖，每段能够培育出各自独立的、适合本段水质特征的微生物种群。

有机污染物在废水中以悬浮态、胶态和溶解态 3 种形式存在，传统工艺对这 3 种形式的有机污染物的去除是在同一池内完成的。而吸附-再生活性污泥法中，活性污泥利用较短的时间可以在吸附池内迅速完成对胶态和悬浮态污染物质的吸附，在再生池内活性污泥将吸附的有机污染物逐渐分解掉。吸附-再生工艺的 F/M 值可适当提高，从而缩小池容，降低投资。另外，再生池中基本没有营养物质，活性污泥处于"空曝"状态，一方面活性污泥中的微生物处于"饥饿"状态，回流至吸附池后会产生更高的吸附速率，另一方面"空曝"状态能有效抑制丝状菌，使活性污泥不易产生膨胀现象。

吸附-再生活性污泥法对于废水有一定的抗冲击负荷的能力，当吸附池的活性污泥受到破坏时，可以由再生池内的活性污泥进行补救。但该工艺处理效果比传统活性污泥法低，对于溶解性有机物含量较多的废水，处理效果略差。

(5) 延时曝气活性污泥法

传统活性污泥工艺属于中等负荷，BOD 污泥（MLVSS）有机负荷比在 0.2～0.5kg/(kg·d) 之间。延时曝气工艺属于低负荷或超低负荷活性污泥法，BOD 污泥（MLVSS）有机负荷比一般在 0.15kg/(kg·d) 以下。该工艺的特点是：剩余污泥排放量少，臭味少，一般不设初沉池，所有悬浮态的有机污染物质均在曝气池内被氧化分解，电耗相对较高。氧化沟就是典型的延时曝气工艺。

氧化沟把连续环式反应池用作生物反应池，污泥混合液在该反应池中以一条闭合式曝气渠道进行连续循环，废水停留时间较长，污泥负荷较低，水平流速约为 0.4m/s，其工艺流程如图 7-8 所示。目前已在普通氧化沟工艺技术的基础上，开发出多种类型氧化沟新工艺，如奥贝尔型氧化沟、卡罗塞尔式氧化沟、交替工作型氧化沟、DE 型氧化沟等。氧化沟工艺主要特点有：①池体深度较浅，曝气装置一般采用表面曝气器，进水和出水装置构造简单；②BOD 负荷低，处理水质良好，对水温、水质和水量的变动有较强的适应性，污泥产率低，排泥量少，污泥龄长；③悬浮和溶解性有机物可以得到彻底地去除，同时兼具有脱氮功能；④整个工艺中省略了初沉池和污泥消化池，有时还可省略二沉池和污泥回流装置，大大减少占地面积。

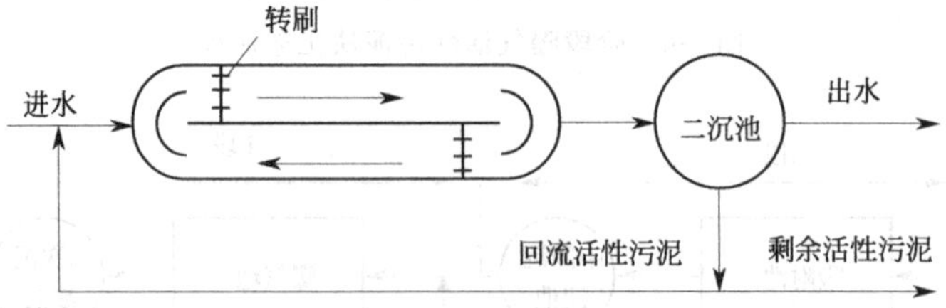


图 7-8 普通氧化沟工艺流程

(6) 纯氧曝气活性污泥法

纯氧曝气活性污泥法是由传统工艺的空气供氧改为用 $O_2$ 直接供氧。由于纯氧曝气可使污水中的溶解氧浓度提高几倍以上，增大了扩散推动力，使曝气速率明显提高，电耗明显降低。供氧速率不再成为微生物活性的限制因素，曝气池的 MLVSS 可以大幅度提高，从而降低了 F/M 值，提高处理效果。

与鼓风曝气相比，纯氧曝气活性污泥法的纯氧分压比空气约高 5 倍，可大大提高氧的转移效率，鼓风曝气氧的转移效率为 10%左右，而纯氧曝气氧的转移率为 80%～90%。纯氧曝气能提高曝气池的容积负荷，剩余污泥产量少，一般不产生污泥膨胀现象。

(7) 序批式活性污泥法

序批式活性污泥法 (sequencing batch reactor，SBR) 也称为间歇曝气活性污泥法，是一种间歇运行的废水处理工艺。废水间歇进入处理系统间歇排出，系统只设一个处理单元，该单元在不同阶段发挥不同的作用。一般来说，SBR 工艺的一个运行周期包括五个阶段 (进水、反应、沉淀、出水和闲置)，如图 7-9 所示。

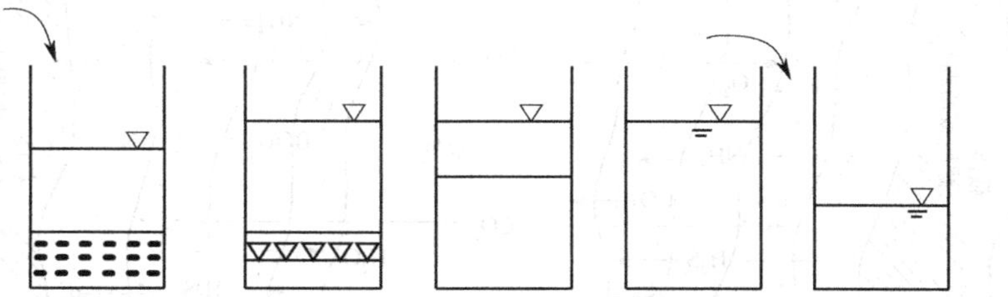


图 7-9　SBR 工艺的典型流程

SBR 工艺与连续式活性污泥法相比，具有许多优点：①工艺流程简单，不需要另外设置二沉池、污泥回流设备，多数情况下可以省略初次沉淀池；②布置紧凑，工艺简洁，因此占地面积小，基建投资节省 30%以上；③处理效果好，兼具有脱氮除磷效果；④污泥沉降性能好，一般不产生污泥膨胀现象，可有效控制丝状菌的过量繁殖；⑤运行稳定性较好，对水量水质的波动具有较好的适应性。

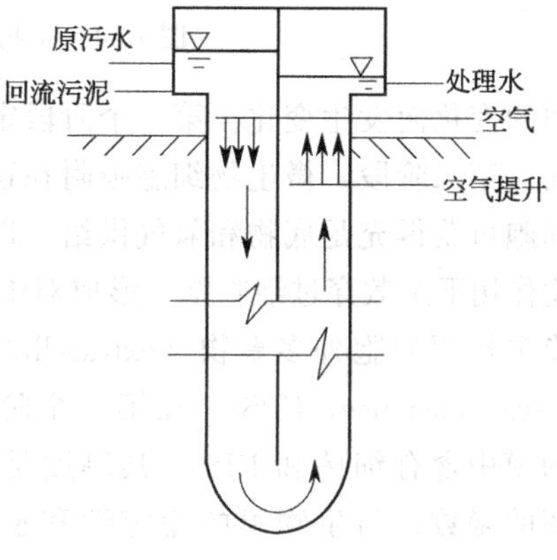


图 7-10　深井曝气系统

(8) 深井曝气法

深井曝气法是利用深井作为曝气池的活性污泥法的废水生物处理过程 (图 7-10)。深井曝气的深度可达 100～300m，废水进入与回流污泥在井上部混合后，混合液沿井内中心管以 1～2m/s 的流速 (超过气泡上升速度) 向下流动。混合液到达井底后，气泡消失并折流，从中心管外面向上流动至深井顶部的锐气池，混合液中的 $CO_2$、氮气和少量未被利用的氧气逸出。部分缓和液溢流至沉淀池进行泥水分离，沉淀活性污泥回流至深井，部分混合液在深井内进行循环。此法可使氧的转换率和水中溶解氧浓度大幅度提高，氧的利用率达 90%，动力效率可达 $6kg(O_2)/(kW\cdot h)$，从而可提高处理效果 (BOD 去除率达 85%～95%)，降低处理成本，节约用地。一般深井曝气法适合生活污水，处理工业废水效果不好。

## 7.2.2　生物膜法

生物膜法 (biofilm process) 是使细菌等微生物和原生动物等微型动物附着在滤料或某些载体上生长繁殖，并在其上形成膜状生物污泥——生物膜。污水与生物膜接触，污水中的有机污染物便作为营养物质，被生物膜上的微生物所摄取，从而使废水得到净化。

图 7-11 为生物膜的构造及各种物质传递、交换示意。生物膜的厚度和组成随位置和时

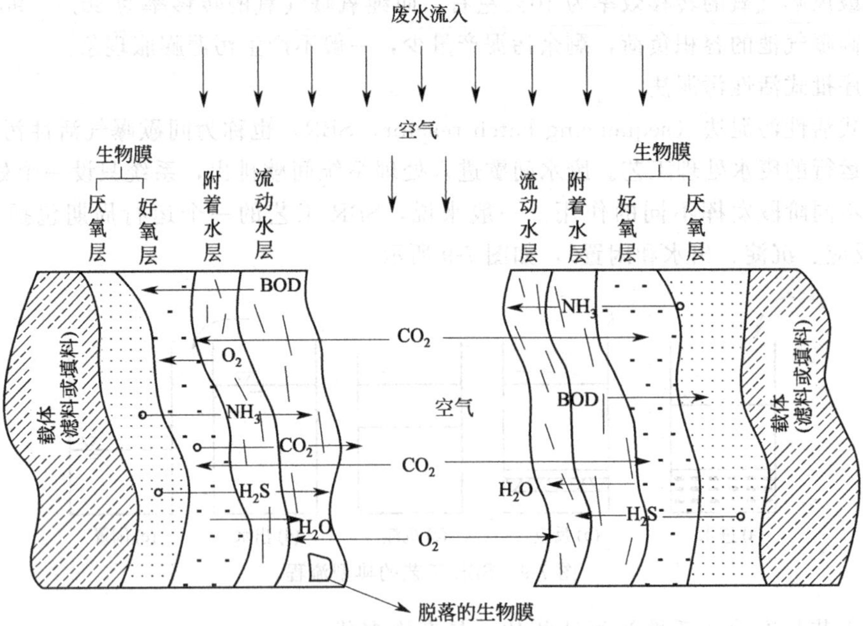


图 7-11　生物膜构造与各种物质传递、交换示意图

间的变化而发生变化。第一个阶段定殖初期，蛋白质、多糖等大分子物质率先吸附在固体表面。第二阶段，微生物细胞吸附在这个表面上，形成一些小菌落并进一步扩展，使得其中的细胞可获得充足底物和氧气供给，以最大速率生长。第二阶段产生的有机分子在胞外酶的催化作用下扩散穿过细胞壁，形成对生物膜有稳定作用的胞外多聚物（extracellular polymeric substance，EPS）。在第三个阶段，生物膜中含有细菌和 EPS，其厚度是生长速率的函数，与生物膜的稳定性和水流的剪切力有关。当生物膜达到一定厚度时，从外表面到内部形成三个区域：好氧区、缺氧区和厌氧区，它们在污染物降解过程中起着不同的作用。

生物滤池、生物转盘、生物接触氧化和生物流化床是生物膜法的典型工艺，它们分别代表了生物膜法不同的发展阶段。

（1）生物滤池

生物滤池是生物膜法废水处理技术中最早开创的废水生物处理构筑物，它是以土壤自净原理为依据发展起来的。在生物滤池中，放置固定滤料，当废水在生物滤池中流动时，不断与滤料接触，微生物在滤料表面繁殖，形成生物膜；微生物吸附并分解废水中悬浮的、胶体的和溶解状态的物质，使废水得到净化（图 7-12）。早期生物滤池，使用的是石料滤料，水量负荷和 BOD 负荷低，

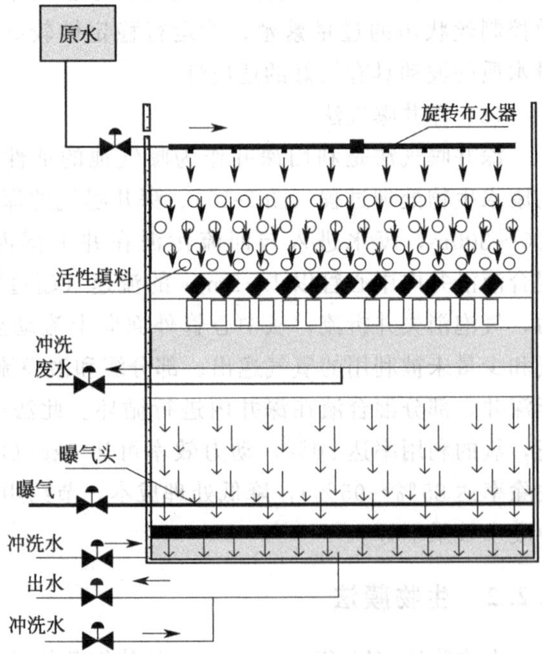


图 7-12　生物滤池基本构造

滤料层高 2m，这种滤池对废水处理效果较好，但占地面积大，而且易于堵塞，在使用上受到了一定的限制。此外，进入生物滤池处理的废水应经过预处理，去除废水中悬浮物等能够堵塞滤料的污染物，并使水质得到净化。滤料上的生物膜不断脱落、更新，脱落的生物膜随处理水流出，因此在生物滤池后应设沉淀池予以截留。

根据处理负荷的不同及构造的差异，常用的生物滤池可分为普通生物滤池、高负荷生物滤池和塔式生物滤池（表 7-2）。

**表 7-2　生物滤池的类型及负荷特性**

| 滤池类型 | 表面有机负荷 /[$m^3/(m^2 \cdot d)$] | BOD 负荷 /[$g/(m^3 \cdot d)$] | 深度 /m | BOD 去除率 /% |
|---|---|---|---|---|
| 普通生物滤池 | 0.9～3.7 | 110～370 | 1.8～3.0 | 85～95 |
| 高负荷生物滤池 | 9～36 | 370～1840 | 0.9～2.4 | 75～85 |
| 塔式生物滤池 | 16～97 | ＞4800 | ＞12 | 65～85 |

普通生物滤池一般为方形或矩形，主要的组成部分包括池壁、滤料、布水系统和排水系统。滤料一般采用实心滤料，如碎石、卵石、炉渣等。理想的滤料是单位体积的表面积和空隙率都比较大，废水在其表面均匀分布，通风条件良好，此外还能承受一定的压力，不易变形和破碎。普通生物滤池常采用固定式布水装置，由投配池、配水管网和喷嘴 3 个部分组成。排水系统位于滤床底部，主要包括渗水装置、集水沟和排水渠，其作用是收集、排出处理后的污水，而且保证滤床通风。

高负荷生物滤池一般为圆形或多边形，采用的滤料粒径较大，一般为 40～100mm，孔隙较高，可以防止滤料堵塞，提高通风能力。滤料一般采用石英石、花岗石等，也可采用塑料滤料。高负荷生物滤池一般采用旋转式布水器，由进水竖管和可以转动的布水横管组成，通风则采用低压鼓风机进行人工鼓风。

塔式生物滤池一般沿高度分层建造，在分层处设置格栅，使滤料荷重分层负担。滤料多选用轻质滤料，例如质轻、比表面积大和孔隙率高的人工合成滤料。塔式生物滤池的布水装置多采用旋转布水器，由进水竖管和可以转动的布水横管组成，可用电机驱动，也可以靠水的反作用力驱动。一些小型的塔式生物滤池多采用固定式喷嘴布水系统，也可以采用多孔管和溅水筛板。

(2) 生物转盘

生物转盘法又称浸没式生物滤池，它使微生物（生物膜）固着在能够转动生物圆板上，而废水处于半静止状态，借水流的推动和外加驱动力使圆盘在水中转动与废水接触(图 7-13)。生物转盘上一般有 40％的表面积浸没在呈半圆状的接触反应池内，圆盘交替地与废水及空气接触，每一周期完成吸附-吸氧-氧化分解的过程，通过不断转动，使废水中的污染物不断分解氧化。由于转盘的回转，废水在接触反应槽内得到搅拌，在生物膜上附着水层中的过饱和溶解氧使池内的溶解氧含量增加。生物膜的厚度因原水的浓度和底物不同而有所不同，一般介于 0.5～1.0mm。转盘的外侧有附着水层，生物膜则分为好氧层和厌氧层，活性衰退的生物膜在转盘回转的剪切力的作用下脱落。

为了增大生物转盘中载体材料的表面积，获得更厚更稳定的生物膜，一些特殊的合成介质被用作载体材料。常用的材料有聚氨酯、聚乙烯苯乙烯等，它们薄而质轻、耐腐蚀、易于加工。此外，为了防止盘片堵塞，保证转盘的通气效果，盘片之间一般有一定

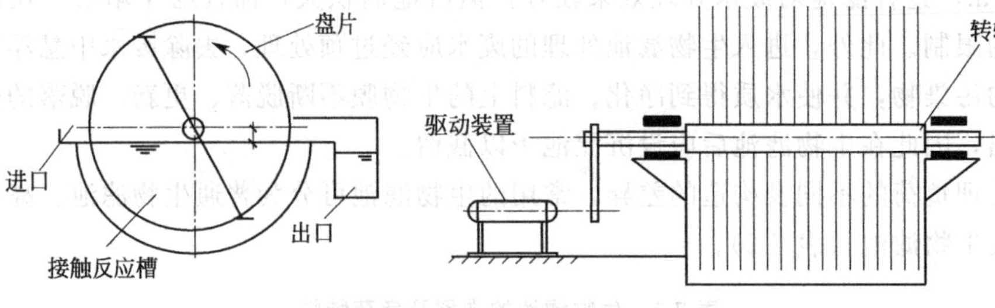


图 7-13 生物转盘构造

间隔。

生物转盘与生物滤池相比，除了 BOD 负荷大于后者外，还具有如下优点：①生物量多，微生物浓度高，净化效率高，具有较强的耐冲击负荷能力；②生物膜上的微生物生长繁殖良好，食物链长，污泥产量少，且易于沉淀；③不需要曝气和污泥回流装置，动力消耗低，节约能源，运行费用低；④不产生滤池蝇，不产生污泥膨胀和二次污染等问题。因此，生物转盘的应用范围更加广阔。

(3) 生物接触氧化

生物接触氧化法是一种介于活性污泥法与生物滤池之间的生物膜法工艺，兼具两者的优点。该工艺是在池内设置滤料，使已经充氧的污水浸没全部滤料，并以一定速率流经滤料，滤料上布满生物膜，废水与生物膜相接触，水中的有机物被微生物吸附、氧化分解，转化成新的生物膜和简单的无机物。生物接触氧化又称为“淹没式生物滤池”。

生物接触氧化根据充氧和接触方式的不同，可分为分流式接触氧化和直流式接触氧化。分流式接触氧化池是使废水和填料分别在不同的间隔实现接触和充氧，池中废水反复地通过充氧、接触两个过程进行循环，水中的氧比较充足，但由于池内水流较慢，因此容易造成生物膜堵塞。直流式接触氧化池是直接在填料底部进行外加动力充氧，生物膜直接受到气流的搅动，加速了生物膜的更新，因此可以保持较高的活性，并且能耗较低。

生物接触氧化池一般由池体、填料、布水装置和曝气系统组成（图 7-14）。选择填料时应考虑废水性质、有机负荷及填料的特性。常用的填料可分为硬性填料、软性填料和半软性填料。硬性填料指由玻璃钢或塑料制成的波状板片，在现场再黏合成蜂窝状（蜂窝填料）。软性填料由尼龙、维纶、腈纶等化学纤维编织而成，又称纤维填料。为防止生物膜生长后纤维结成球状，减小填料的比表面积，又以硬性塑料为支架，上面缚以软性纤维，构成半软性填料或复合纤维填料。布水装置使进入生物接触氧化池的废水均匀分布，当处理水量较小时，可采用直接进水方式，当处理水量较大时，可采用进水堰或进水廊道等方式。曝气装置与填料上的生物膜充分发挥降解有机污染物的作用和提高生化处理效率有很大的关系。按供气方式可分为鼓风曝气、机械曝气和射流曝气，目前用的较多的是鼓风曝气。

与其他生物膜法相比，生物接触氧化具有以下特点：①单位容积的生物固体量高于活性污泥法曝气池及生物滤池，具有较高的容积负荷，处理时间短，占地面积少；②不需要设置污泥回流装置，也不存在污泥膨胀问题，运行管理方便；③生物接触氧化池内生物固体量多，对水质水量的骤变有较强的适应能力，曝气加速了生物膜的更新，生物膜活性高；④不需要专门培养菌种，挂膜容易，可以间隙运行。

(4) 生物流化床

提高处理设备单位容积内的生物量，同时强化传质作用，加速有机物从废水中向微生物细胞的传递过程，是提高生物膜法处理效率的关键所在。生物流化床的出现，恰好满足了以上两个要求。流化床采用相对密度大于 1 的细小惰性颗粒，如砂、焦炭、活性炭、陶粒等作为载体，微生物在载体表面附着生长，形成生物膜，充氧废水自上而下使载体处于流化状态，生物膜与废水充分接触。

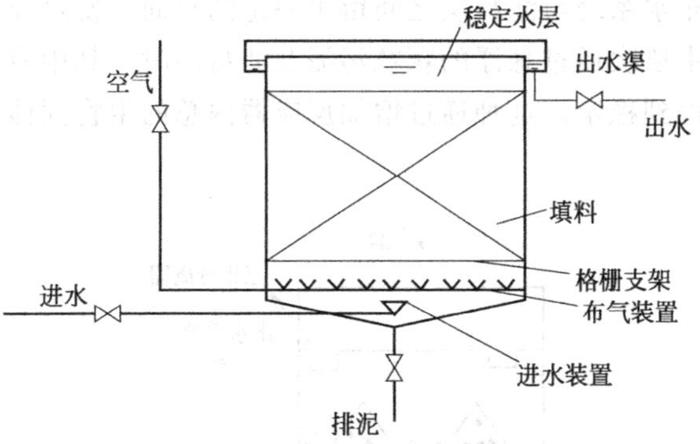


图 7-14　生物接触氧化池的基本构造

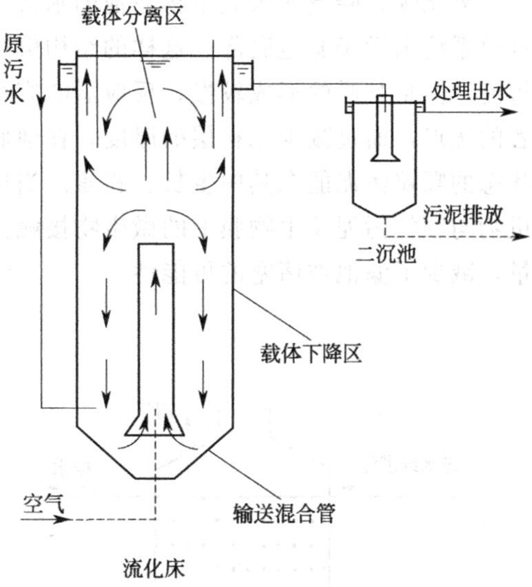


图 7-15　三相流化床结构示意图

根据供氧方式、脱膜方式和床体结构等因素，生物流化床可分为两相流化床和三相流化床。两相流化床是在流化床外设充氧设备和脱膜设备，床内只有液、固两相。三相流化床采用直接充氧的方式向床层内充氧，反应器内存在气、液、固三相。由于气体激烈搅动造成的紊流，生物颗粒之间摩擦较为剧烈，可使表层生物膜自行脱落，因此也可不设体外脱膜装置。三相流化床由内部升流区和外部降流区组成（图 7-15）。空气送入升流区底部，使其中废水夹带载体颗粒上升，至升流区顶部后部分气体由水面逸出，三相混合液的密度减小，由降流区下降。如此循环不已，使三相接触十分充分，氧的传递效率和有机物向生物膜的传递效率都很高。当有载体随出水流失时，可采取回流或补充的办法防止流化床内载体浓度过低。

与传统的好氧生物处理及其他生物膜法相比，生物流化床具有以下突出的优点：①生物固体质量浓度很高（一般可达 10～20g/L），因此水力停留时间可大大缩短，BOD 容积负荷相应提高［大于 7～8kg/($m^3$ · d)］；②不存在活性污泥法中常发生的污泥膨胀问题和其他生物膜法中存在的污泥堵塞现象；③能适应较大的冲击负荷；④容积负荷高、床体高度大，占地面积可大大缩小。

### 7.2.3　厌氧生物处理工艺

（1）厌氧生物滤池

20 世纪 60 年代末，Young 和 Mc Carty 基于微生物固定化原理首次发明了厌氧生物滤池（AF），其构造与一般的好氧生物滤池相似，池内设置填料，但池顶密封。如图 7-16 所示，废水由池底或池一端进入，由池顶部或另一端排出。填料浸没于水中，微生物附着生长在填料之上。滤池中微生物量较高，平均停留时间可长达 15d 左右，因此可以达到较高的处理效果。同时，厌氧生物滤池不需要污泥回流，启动时间短，可间歇运行，管理方便。滤池填料可采用碎石、卵石或塑料等，平均粒径在 40mm 左右。

按池中水流方向，厌氧生物滤池可分为升流式厌氧生物滤池、降流式厌氧生物滤池和升流混合型厌氧生物滤池。升流式厌氧生物滤池在反应器底部均匀布水，水在向上流动过程中，废水中的有机物被生物膜吸附并分解，进而通过微生物的代谢作用将有机物转化为甲烷和二氧化碳。降流式厌氧生物滤池的水流方向正好相反，其布水系统设于滤料层上部，出水排放系统则设于滤池底部。这样的结构解决了上流式中出现的悬浮物堵塞问题和可能形成的短流，但是其膜的形成较慢，反应器的容积负荷也较低。升流混合型厌氧生物滤池结合了两者的优点，通过减少滤料层的厚度，在池底布水系统与滤料层之间留出一定的空间，使悬浮状态的颗粒污泥能在其中生长、积累。当进水依次通过悬浮的颗粒污泥及滤料层时，其中有机物与颗粒污泥及生物膜上的微生物接触并得到稳定。这种通过增加反应器内总的生物固体量，减少了滤池被堵塞的可能性。

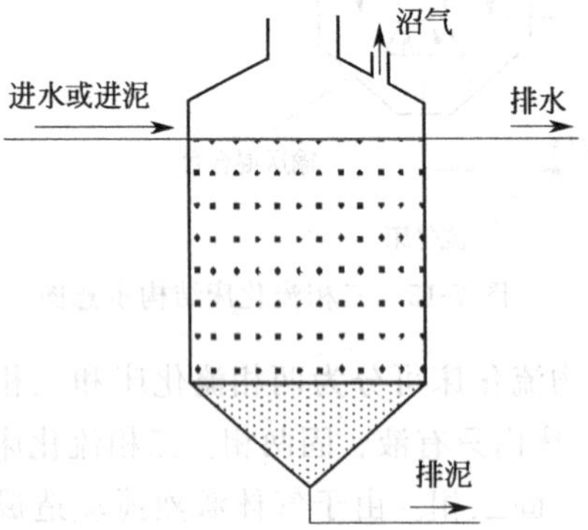


图 7-16　厌氧生物滤池

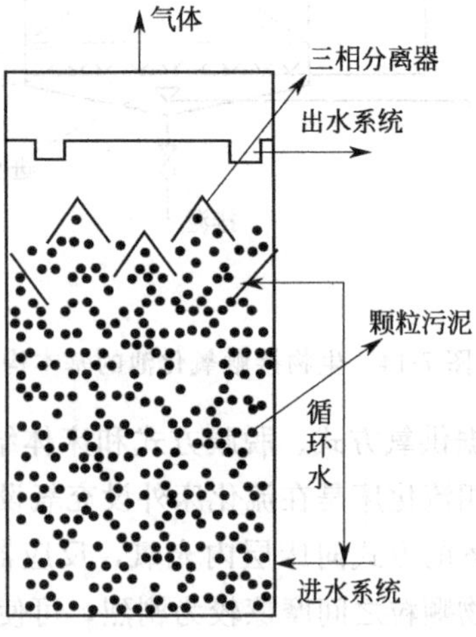


图 7-17　厌氧流化床工艺示意图

（2）厌氧流化床

厌氧流化床与好氧流化床相似，但它不供氧，为内部封闭（隔氧）的水力循环式生物滤池，如图 7-17 所示。采用微粒状填料作为微生物固定化的材料，厌氧微生物附着在这些微粒上形成生物膜，在反应器内通过较高的水流速率使这些颗粒形成流态化。为维持较高的升流速度，流化床反应器高度与直径的比例大于其他同类型的反应器，同时采用较大的回流比。

厌氧流化床由于使用较小微粒的填料，形成比表面积很大的生物膜，流态化又充分改善了有机质向生物膜传递的传质速率，同时克服了厌氧生物滤池中可能出现的短流和堵塞。至今很少有一定规模的流化床，问题在于其工艺控制较困难，投资和运行成本高。另一方面，一些已建造的所谓厌氧流化床实际上并未实现流态化，它们仅仅是“膨胀床”而已。

（3）上流式厌氧污泥床

上流式厌氧污泥床简称为 UASB，其构造如图 7-18 所示。废水自下而上通过厌氧污泥床，床体底部是一层絮凝和沉淀性能良好的污泥层，中部是一层悬浮层，上部是澄清区。澄清区设有三相分离器，用以完成气、液、固三相分离；被分离出的消化气由上部导出，被分离的污泥则自动回流到下部反应区，出水进入后续构筑物。厌氧消化过程所产生的微小沼气气泡，对污泥床进行缓和的搅拌作用，有利于颗粒污泥的形成。UASB 反应器中可以形成沉淀性能非常好的颗粒污泥，能够允许较大的上流速率和很高的容积负荷。

UASB 反应器由于不设填料，在投资和运行成本上更节省、更节能，同时操作相对简单，易于控制，因此是目前应用最为广泛的厌氧反应器。UASB 反应器运行的三个重要前提是：①反应器内形成沉淀性能良好的颗粒污泥；②以产气和进水为动力形成良好的菌（污泥）料（废水中的有机物）接触搅拌，使颗粒污泥均匀地悬浮分布在反应器内；③设计合理的气（沼气）、水（出水）、泥（颗粒污泥）三相分离器，使沉淀性能良好的污泥能保留在反应器内，并保持极高的生物量。

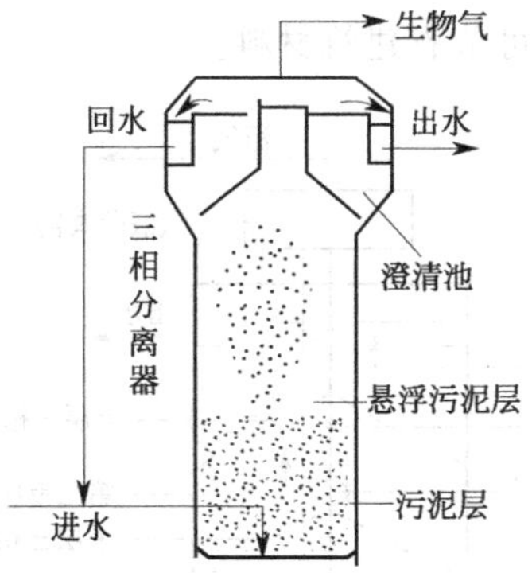


图 7-18　UASB 构造示意图

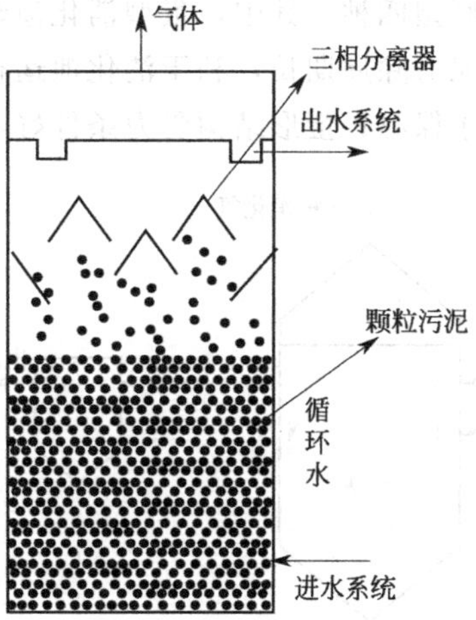


图 7-19　EGSB 构造示意图

(4) 膨胀颗粒污泥床反应器

厌氧颗粒污泥床反应器（EGSB）是在 UASB 反应器的基础上于 20 世纪 80 年代后期发展起来的，它们之间具有许多相似点。两者最大区别是 EGSB 反应器中采用 2.5～6m/h 的上流速率（图 7-19），远远大于 UASB 反应器所采用的约 0.5～2.5m/h 的上流速率。因此在 EGSB 反应器中颗粒污泥床处于部分或全部“膨胀化”的状态，即污泥床的体积由于颗粒之间平均距离的增加而扩大。为了提高上流速率，EGSB 反应器采用较大的高度与直径比和回流比。

在高的上流速率和产气的搅拌作用下，废水与颗粒污泥间的接触更加充分，因此可以允许废水在反应器内有很短的水力停留时间，从而 EGSB 可处理较低浓度的有机废水。一般认为，UASB 反应器更宜于处理浓度高于 1500mg COD/L 的废水，而 EGSB 在处理低于 1500mg COD/L 的废水时仍有很高的负荷和去除率。在常温（25℃）条件下，UASB 有机物负荷为 10～13kg COD/($m^3$·d)，HRT 4～7h，COD 去除效率为 60%～80%；而在 EGSB 反应器中，有机物负荷可达 40kg COD/($m^3$·d)，HRT 1～2h，COD 去除效率为 50%～70%。

EGSB 反应器也可以看作是流化床反应器的一种改良，区别在于 EGSB 反应器不使用任何惰性的填料作为细菌的载体，细菌在反应器内的滞留依赖细菌本身形成的颗粒污泥，同时 EGSB 反应器的上流速率小于流化床反应器，其中的颗粒污泥并未达到流态化而只是不同程度的膨胀而已。

(5) 厌氧接触法

厌氧接触法类似于传统好氧活性污泥，如图 7-20 所示。废水先进入混合接触池（消化池）与回流的厌氧污泥相混合，废水中的有机物被厌氧污泥所吸附、分解，厌氧反应所产生的消化气由顶部排出；消化池出水于沉淀池中完成固液分离，上清液由沉淀池排出，部分污泥回流至消化池，另一部分作为剩余污泥处置。由于采取了污泥回流措施，厌氧接触法有机负荷率较高，并适合于悬浮物含量较高的有机废水处理，微生物可大量附着生长在悬浮污泥上，使微生物与废水的接触表面积增大，悬浮污泥的沉降性能也较好。

在消化池中，搅拌可以用机械方法，也可以用泵循环等方式。排出的消化气可以用于混合液升温，以增加生化反应速率。厌氧接触法的消化池池型一般有传统型、浮盖型、蛋型和欧式平底型四种。其中，蛋型消化池较为常见。池内搅拌均匀，无死角，污泥不会在池底固结，污泥清除周期长，利于消化池运行，浮渣易于清除；在池容相等的情况下，池总表面积小，利于保温；蛋形结构受力条件好，抗震性能高，还可节省建筑材料。

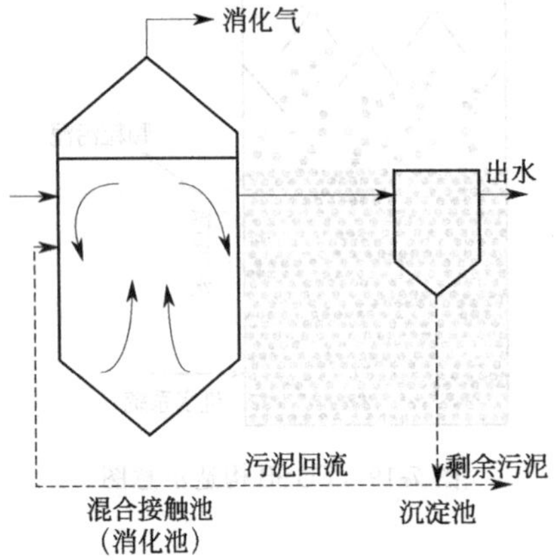


图 7-20 厌氧接触法工艺流程图

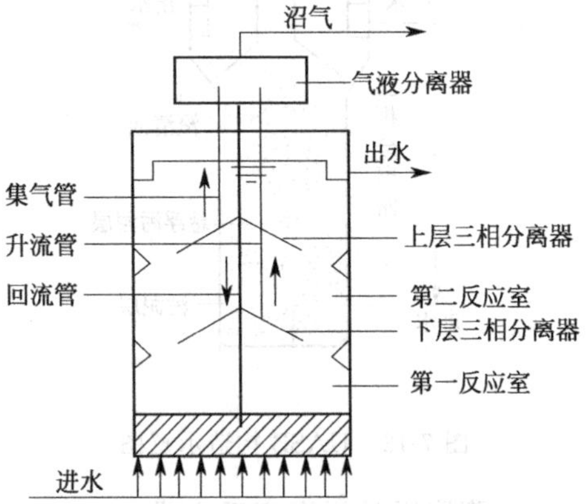


图 7-21 IC 反应器构造原理图

(6) 内循环（IC）厌氧反应器

内循环厌氧反应器（internal circulation reactor，ICR）的基本构造如图 7-21 所示。IC 反应器由第一反应室和第二反应室叠加而成，每个厌氧反应室的顶部各设一个气液固三相分离器，如同两个 UASB 反应器的上下重叠串联组成。在第一反应室的集气罩顶部设有沼气升流管直通顶部的气-液分离器，气-液分离器的底部设一回流管直通至 IC 反应器的底部。与 UASB 反应器不同，三相分离器仅将固液进行分离，而气液分离单独在反应器顶部的气液分离器中进行，气液分离后，气体排出，而泥水混合液回流至反应器底部。配水系统除了进水配水系统外，增加了回流液配水系统。

IC 反应器的特点是在一个反应器内将有机物的生物降解分为两个阶段，底部一个阶段（第一反应室）处于高负荷，上部一个阶段（第二反应室）处于低负荷。进水由反应器底部进入第一反应室与厌氧颗粒污泥均匀混合，大部分有机物在这里被降解而转化为沼气，所产生的沼气被第一厌氧反应室的集气罩收集，沼气将沿着升流管上升，沼气上升的同时把第一厌氧反应室的混合液提升至 IC 反应器顶部的气液分离器，被分离出的沼气从气液分离器顶部的导管排走，分离出的泥水混合液将沿着回流管返回到第一厌氧反应室的底部，并与底部的颗粒污泥和进水充分混合，实现混合液的内部循环。经第一反应室处理过的废水，会自动进入第二厌氧反应室被继续进行处理。第二反应室的液体上升流速小于第一反应室，一般为 2～10m/h。该室除了继续进行生物反应外，由于上升流速的降低，还充当第一反应室和沉淀区之间的缓冲段，对防止污泥流失及确保沉淀后的出水水质起着重要作用。废水中的剩余有机物可被第二反应室的厌氧颗粒污泥进一步降解，使废水得到更好的净化，提高出水水质。产生的沼气由第二厌氧反应室的集气罩收集，通过集气管进入气液分离器。第二厌氧反应室的混合液在沉淀区进行固液分离，处理过的上清液由出水管排走，沉淀的污泥可自动返回到第二厌氧反应室。用下面第一个 UASB 反应器产生的沼气作为动力，实现了下部混合液的内循环，使废水获得强化的预处理；上面的第二个 UASB 反应器对废水继续进行后处理，使出水可达到预期的处理效果。

正由于 IC 反应器具有独特的构造，它具有以下的工艺优点：①具有很高的容积负荷率，传质效果好、生物量大、污泥龄长，其进水有机负荷率远比普通的 UASB 反应器高；②节省基建投资和占地面积；③以自身产生的沼气作为提升的动力实现混合液的内循环，不必另设水泵实现强制循环，从而可节省能耗；④抗冲击能力强，内循环能使原废水中的有害物质得到充分稀释，大大降低对微生物的毒害作用；⑤IC 反应器相当于两级 UASB 工艺处理，出水水质较为稳定。

(7) 折流式厌氧反应器

折流式厌氧反应器（anaerobic baffled reactor，ABR）是 Bachmann 和 McCarty 等人于 1982 年提出的一种新型高效厌氧反应器。ABR 反应器构造如图 7-22 所示。在反应器内设置竖向导流板，将反应器分隔成串联的几个反应室，每个反应室都是一个相对独立的上流式污泥床系统，其中的污泥可以以颗粒化形式或絮状形式存在。水流由导流板引导上下折流前进，逐个通过反应室内的污泥床层，进水中的底物与微生物充分接触而得以降解去除。

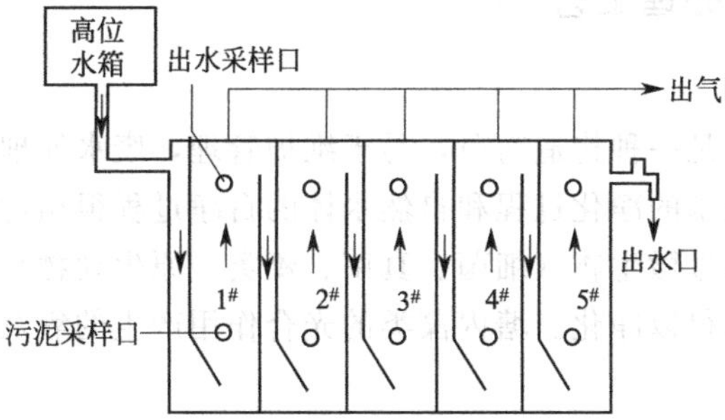


图 7-22　ABR 装置示意图

虽然在构造上 ABR 可以看作是多个 UASB 反应器的简单串联，但工艺上与单个 UASB 有显著不同。UASB 可近似地看作是一种完全混合式反应器，而 ABR 则更接近于推流式工艺。在 ABR 各个反应室中的微生物相是随流程逐级递变的，递变的规律与底物降解过程协调一致，从而确保相应的微生物拥有最佳的降解活性。例如用 ABR 处理葡萄糖为基质的废水时，第一格反应室经过一段时间的驯化，将形成以酸化菌为主的高效酸化反应区，葡萄糖在此转化为低级脂肪酸，而其后续反应室将先后完成各类脂肪酸到甲烷的转化。与单个 UASB 中酸化和产甲烷过程共同进行不同，ABR 反应器有独立分隔的酸化反应室，酸化过程产生的 $H_2$ 以产气形式先行排除，有利于后续产甲烷阶段中丙酸和丁酸的代谢过程在较低的 $H_2$ 分压环境下顺利进行，避免了丙酸、丁酸过度积累所产生的抑制作用。其次，ABR 的推流式特性可确保系统拥有更优的出水水质，同时反应器的运行也更加稳定，对冲击负荷以及进水中的有毒物质具有更好的缓冲适应能力。

ABR反应器的优点为结构简单、效率高、处理出水好、运行稳定可靠，适用于各类中低浓度有机废水的处理。但同时也应看到，ABR也有其不利的一面，在同等的总负荷条件下与单级UASB相比，ABR反应器的第一格不得不承受远大于平均负荷的局部负荷。以拥有5格反应室的ABR为例，其第一格的局部负荷为其系统平均负荷的5倍。

(8) 两相厌氧消化法

根据厌氧消化分阶段进行的理论，研究开发了两相厌氧消化法，即水解酸化的过程和甲烷化过程分开在两个反应器内进行，以使产酸菌群和产甲烷菌群都能在各自的最佳条件下生长繁殖。在水解酸化池中，有机底物被水解酸化成为可被甲烷菌利用的有机酸，同时由底物浓度和进水量引起的负荷冲击得到缓冲，一些难降解的物质在此截留，不进入后续产甲烷池中。产甲烷池中保持严格的厌氧条件和合适的pH，以利于甲烷菌的生长、降解和稳定有机物，产生含甲烷较多的消化气，同时截留悬浮固体，以保证出水水质。

两相厌氧消化法按照所处理的废水水质情况，可以采用不同的方法进行组合。例如对悬浮物含量较高的高浓度工业废水，采用厌氧接触法的酸化池和上流式厌氧污泥床串联的方法；而对悬浮物含量较低、进水浓度不高的废水则可以采用操作简单的厌氧生物滤池作为酸化池，串联厌氧污泥床作为甲烷发酵池。

两相厌氧消化法具有运行稳定可靠，能承受pH、毒性等因素的冲击，有机负荷高，消化气中甲烷含量高等特点，但这种方法设备较多、流程较复杂，在带来运转灵活性的同时，也使得操作管理变得比较复杂。此外，两相厌氧消化法并不是对各种废水都能提高负荷。例如，对于容易降解的废水，两相厌氧消化法和其他厌氧消化反相比，负荷和效果都差不多。

### 7.2.4 其他废水生物处理工艺

(1) 稳定塘

稳定塘也叫氧化塘，是一种构造简单，易于维护管理，废水处理效果良好，节省能源的污水处理法。氧化塘对废水的净化过程和自然水体的自净过程很相近，废水在塘内经较长时间的缓慢流动、储存，通过微生物（细菌、真菌、藻类、原生动物）的代谢作用，使废水中的有机污染物降解，废水得以净化。塘内藻类的光合作用产生的氧及从空气溶解的氧来调节塘内氧的状态。

稳定塘是利用细菌与藻类的互生关系来分解有机污染物的废水处理系统。细菌主要利用藻类光合作用产生的氧分解塘内的有机物，产生的二氧化碳、氮、磷等无机物以及一部分低分子有机物又成为藻类的营养源，同时增殖的菌体与藻类又可以被微型动物所捕食（图7-23）。由于藻类的作用使稳定塘在去除$BOD_5$的同时，也能有效地去除营养盐类。效果良好的稳定塘不仅能使废水中80%～95%的$BOD_5$被去除，而且能去除90%以上的氮、80%以上的磷。

稳定塘具有一些较为突出的优点：①当有旧河道、沼泽地、谷地可利用作为稳定塘时，基建投资低；②稳定塘运行管理简单，动力消耗低，运行费用较低，为传统二级处理厂的1/5～1/3；③可进行综合利用，实现污水资源化。同时，稳定塘也有一些不足之处：①占地面积大，没有空闲余地时不宜采用；②处理效果受气候影响，如季节、气温、光照、降雨等自然因素都影响稳定塘的处理效果；③设计运行不当时，可能形成二次污染如污染地下水、产生臭气和滋生蚊蝇等。

稳定塘的分类常按塘内的微生物类型、供氧方式和功能等进行划分，分类如下。①好氧塘：好氧塘的深度较浅，阳光能透至塘底，全部塘水都含有溶解氧，塘内菌藻共生，溶解氧

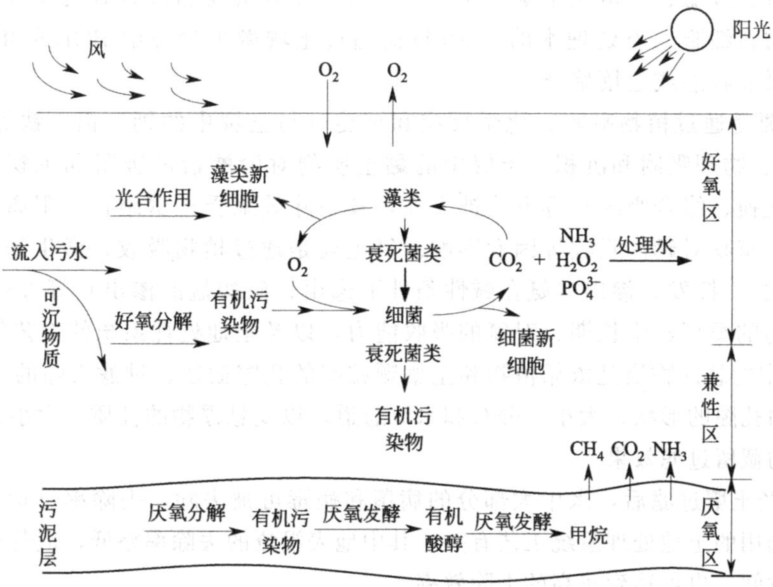


图 7-23 稳定塘内典型的生态系统

主要是由藻类供给，好氧微生物起净化废水作用。②兼性塘：兼性塘的深度较大，上层为好氧区，藻类的光合作用和大气氧使其有较高的溶解氧，由好氧微生物起净化污水作用；中层的溶解氧逐渐减少，称兼性区（过渡区），由兼性微生物起净化作用；下层塘水无溶解氧，称厌氧区，沉淀污泥在塘底进行厌氧分解。③厌氧塘：厌氧塘的塘深在 2m 以上，有机负荷高，全部塘水均无溶解氧，呈厌氧状态，由厌氧微生物起净化作用，净化速率慢，污水在塘内停留时间长。④曝气塘：曝气塘采用人工曝气供氧，塘深在 2m 以上，全部塘水有溶解氧，由好氧微生物起净化作用，污水停留时间较短。⑤深度处理塘：深度处理塘又称三级处理塘或熟化塘，属于好氧塘。其进水有机污染物浓度很低，一般 $BOD_5 \leqslant 30mg/L$。常用于处理传统二级处理厂的出水，提高出水水质，以满足受纳水体或回用水的水质要求。此外，水生植物塘（塘内种植水葫芦、水花生等水生植物提高污水净化效果，特别是提高对磷、氮的净化效果）、生态塘（塘内放养鱼、鸭、鹅等，通过食物链形成复杂的生态系统，提高净化效果）、完全储存塘（完全蒸发塘）等也被广泛研究、开发和应用。

(2) 土地处理

土地处理是将废水经过一定程度的预处理，然后有控制地投配到土地上，利用土壤-微生物-植物生态系统的自净功能和自我调控机制，通过一系列物理、化学和生物化学等过程，使废水达到预期处理效果的一种废水处理技术（图 7-24）。

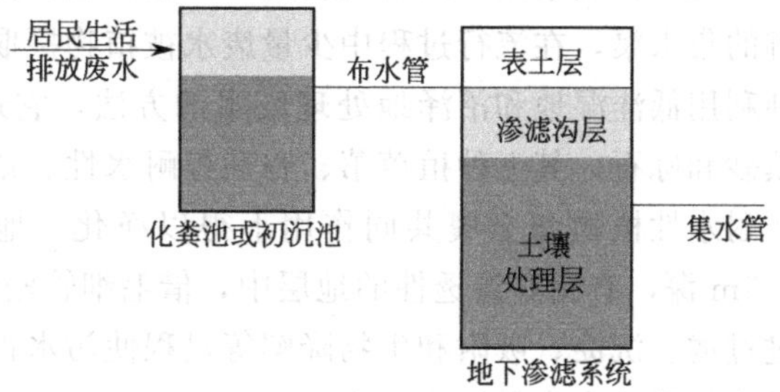


图 7-24 土地处理工艺流程示意图

废水土地处理系统的净化机制十分复杂，它包含了物理过滤、物理吸附、物理沉积、物理化学吸附、化学反应和化学沉淀、微生物对有机物的降解等过程。因此，废水在土地处理系统中的净化是一个综合净化过程。污染物的主要去除途径如下。

① 大部分 BOD 是在土壤表层土中去除的。土壤中含有大量的种类繁多的异养型微生

物，它们能对被过滤、截留在土壤颗粒空隙间的悬浮有机物和溶解有机物进行生物降解，并合成微生物新细胞。当处理水的 BOD 负荷超过土壤微生物分解 BOD 的生物氧化能力时，会引起厌氧状态或土壤堵塞。

② 磷主要是通过植物吸收、化学反应和沉淀（与土壤中的钙、铝、铁等离子形成难溶的磷酸盐）、物理吸附和沉积（土壤中的黏土矿物对磷酸盐的吸附和沉积）、物理化学吸附（离子交换、络合吸附）等方式被去除，其去除效果受土壤结构、阳离子交换容量、铁铝氧化物和植物对磷的吸收等因素影响。氮主要是通过植物吸收、微生物脱氮（氨化、硝化、反硝化），挥发、渗出（氨在碱性条件下逸出、硝酸盐的渗出）等方式被去除，其去除率受植物的类型、生长期、对氮的吸收能力，以及土地处理系统的工艺等因素影响。

③ 废水中的悬浮物质是依靠植物和土壤颗粒间的孔隙截留、过滤去除的。土壤颗粒的大小、颗粒间孔隙的形状、大小、分布和水流通道，以及悬浮物的性质、大小和浓度等都影响对悬浮物的截留过滤效果。

④ 废水经土壤过滤后，水中大部分的病菌和病毒可被去除，去除率可达 92%～97%。其去除率与选用的土地处理系统工艺有关，其中地表漫流的去除率略低，但若有较长的漫流距离和停留时间，也可达到较高的去除效率。

⑤ 重金属的去除主要是通过物理化学吸附、化学反应与沉淀等途径被去除的。重金属离子在土壤胶体表面进行阳离子交换而被置换、吸附，并生成难溶性化合物被固定于矿物晶格中；重金属与某些有机物生成可吸性螯合物被固定于矿物晶格中；重金属离子与土壤的某些组分进行化学反应，生成金属磷酸盐和有机重金属等沉积于土壤中。

当前，废水土地处理系统的常见工艺主要有：慢速渗滤、快速渗滤、地表漫流、人工湿地和地下渗滤系统。慢速渗滤系统适用于渗水性良好的土壤、砂质土壤及蒸发量小、气候润湿的地区。慢速渗滤系统的污水投配负荷一般较低，渗滤速率慢，故污水净化效率高，出水水质优良。快速渗滤土地处理系统是一种高效、低耗、经济的污水处理与再生方法，适用于渗透性非常良好的土壤，如砂土、砾石性砂土、砂质砂土等。快速渗滤法的主要目的是补给地下水和废水再生回用。用于补给地下水时不设集水系统，若用于废水再生回用，则需设地下集水管或井群以收集再生水。进入快速渗滤系统的污水应进行适当预处理，以保证有较大的渗滤速率和硝化速率。地表漫流系统适用于渗透性低的黏土或亚黏土，地面最佳坡度为 2%～8%。废水以喷灌法或漫灌（淹灌）法有控制地分布在地面上均匀的漫流，流向设在坡脚的集水渠，在流行过程中少量废水被植物摄取、蒸发和渗入地下。人工湿地处理系统是一种利用低洼湿地和沼泽地处理废水的方法，它通过人工挖成的浅地（0.5m 左右），池中铺填砂和砾石，其上种植芦苇、香蒲等耐水性、沼泽性植物，废水在沿一定方向流行过程中，在耐水性植物和土壤共同作用下得以净化。地下渗滤处理系统是将污水投配到距地面约 0.5m 深，有良好渗透性的地层中，借毛细管浸润和土壤渗透作用，使污水向四周扩散，通过过滤、沉淀、吸附和生物降解等过程使污水得到净化，地下渗滤系统适用于无法接入城市排水管网的小水量污水处理。

## 7.3 现代生物处理技术在废水处理工程的应用

自活性污泥法于 1913 年在英国试验成功并投入使用以来，废水生物处理已走过了近百年的历程。随着污染状况的加剧、科学技术的进步、环境标准的不断严格，新的废水生物处理技术不断涌现，大大提高了传统生物处理的效率，拓展了该项技术的应用领域。

现代工业的发展，使得大量异生化合物（xenobiotics）进入了工业废水和城市污水中。由于这些物质本身具有结构复杂性和生物陌生性，因此很难在短时间内被常规生物处理系统中的微生物分解氧化。生物强化就是基于现代生物技术提出的一种新的技术，它通过投加具有特定功能的微生物、营养物或基质类似物，达到提高废水处理效果的目的。随着水体富营养化问题的日渐凸现，研究者对脱氮除磷的生物学认识不断深入，多种生物脱氮除磷的新技术应运而生。此外，膜生物反应器的出现则进一步推动了废水生物处理技术的发展。本节将从生物强化技术、废水生物脱氮除磷新技术和生物絮凝剂三方面介绍现代生物处理技术在废水处理工程中的应用。

### 7.3.1 生物强化技术

生物强化技术（bioaugmentation）又称生物增强技术，是通过向废水处理系统中直接投加从自然界中筛选的优势菌种或通过基因重组技术产生的高效菌种，以改善原处理系统的能力，达到对某种或某一类有害物质的去除或某方面性能优化的目的，最终提高系统的处理能力。生物强化技术可分为高效菌种的直接作用、微生物的共代谢作用和固定化微生物作用三个方面。

（1）高效菌种的直接作用

通过驯化、筛选得到以目标降解物质为主要碳源和能源的高效微生物菌种，再经培养繁殖后，投放到具有目标降解物质的废水处理系统中，可大大缩短微生物驯化所需要的时间，并且在水力停留时间不变的情况下，能达到较好的去除效果。利用基因工程等现代生物技术，对环境中筛选分离出的高效菌种进行质粒转移、分子育种、基因重组等技术，能够构建出具有特殊降解功能的超级工程菌，其生长繁殖速率极快，生物降解活性极高、能降解多种典型污染物。例如，美国生物学家 Chakra Barty 利用质粒转移技术将能够降解芳烃、萜烃、多环芳烃的细胞质粒成功地转移到能够降解脂肪烃的假单胞菌属中，获得了能够同时降解四种烃类的“超级菌”，此菌能够将海面浮油中 2/3 的烃降解掉。

要使高效降解菌持续发挥作用，投加的高效降解菌必须满足下列条件：①投加后菌体具有的高活性不被破坏；②菌体可快速降解目标污染物；③在系统中（如曝气池）不仅要具有竞争性生存的能力，而且生物量还应具有一定的水平。高效降解菌在纯培养体系中大多数都能表现出高活性，但在多菌株、多污染物共存的废水处理系统中，投加纯培养高效降解菌株后，能否起到强化生物处理作用，在实际应用中尚难以预料。此外，高效降解菌的生物安全性也是投加前需要重点关注的。

（2）微生物的共代谢作用

微生物的共代谢作用是指只有在初级能源物质存在时，才能进行的有机化物的生物降解过程。共代谢过程不仅包括微生物在正常生长代谢过程中对非生长基质的共同氧化，而且也包括了休眠细胞对不可利用基质的氧化代谢。微生物的共代谢作用可分为：①以易降解的有机物为碳源和能源，提高共代谢菌的生理活性；②以目标污染物的降解产物、前体作为酶的诱导物，提高酶的合成；③不同微生物之间的协同作用。

共代谢虽然能提高难降解有机物的去除效果，但机制十分复杂，迄今仍有很多问题尚处于研究阶段。一些学者曾针对共代谢现象提出了各种假设。Foster 认为微生物不能在某种基质上生长的原因并不是由于微生物无法分解代谢该物质，而是由于微生物本身缺乏吸收、同化其氧化产物的能力。Hughes 提出卤代芳烃化合物的共代谢可能是由于微生物无法从苯环上脱去卤素取代基，并把芳香环基质导向碳吸收同化的节点。Tranter 和 Cain 把具有氧化代谢卤代芳烃化合物功能的细菌不能在该基质上生长的原因归结于有毒产物的积累。

许多难降解有机物的去除是通过共代谢途径进行的。例如在氧化塘处理焦化废水的系统中，投加生活污水可大大提高 COD 的去除率，其主要原因就是生活污水中含有多种营养元素，加强了生物的共代谢作用。Adriaens 等研究发现，一株 *Acinetbacter* sp. 生长在含有 4-氯苯甲酸盐的基质上时，可以将原来不能利用的 3,4-二氯苯甲酸盐转化成 3-氯-4-羟基苯甲酸盐，毫无疑问共代谢在其中发挥了重要的作用。

由于大部分难降解有机物的降解是通过共代谢途径进行的，在常规活性污泥系统中可降解目标污染物的微生物活性和数量都比较低。通过投加某些碳源和能源营养物质，或提供目标污染物降解过程中所需要的因子，将有助于降解菌的生长，改善处理系统的运行工况。利用目标污染物的降解产物、前体作为酶的诱导物，提高酶的活性。

(3) 固定化微生物作用

固定化微生物技术是用化学或物理手段将游离微生物定位于限定的空间区域，以提高微生物细胞的浓度，使其保持较高的生物活性并反复利用的方法。与传统悬浮生物处理法相比，固定化微生物技术的优点是：载体对细胞起一定保护作用，使固定化细胞对有毒底物的耐受性增强；微生物被载体固定后，单位体积内能维持高浓度的生物量，提高了降解率，减少了生物处理装置容积；且固定化后的成品再生性能好，可反复使用。以上优点决定了微生物固定化具有一定的技术优势。

目前，固定化微生物技术在难降解有机废水、重金属离子废水、高浓度有机废水等处理中显示出了较大的优异性，但要实现工业化，还有许多问题需要进一步研究解决：①针对固定化操作中的诸多影响因素，选取固定化细胞的最佳活性，是其广泛应用的关键；②针对不同的废水体系，选择合适的微生物固定化载体；③固定化微生物细胞在废水处理过程中可能对某些悬浮物质或高分子物质处理效果欠佳，还可能出现发胀上浮或堵塞黏结等现象，所以需对废水进行适当的物理、化学预处理，发挥各自的优势以达到最佳处理效果；④固定化载体的成本及使用寿命是决定其经济可行性的关键因素。这些问题解决，将有效推动该项技术在废水生物净化中的成功应用。

### 7.3.2 废水生物脱氮除磷新技术

废水中富含的营养元素的化合物是有价值的，它们能够用作肥料。其中的氮、磷若过量排入江河湖泊则会对环境和生物产生危害，引起水体富营养化。随着水体富营养化问题的日渐突现，水质指标体系不断严格化的趋势使废水脱氮除磷问题成为水污染控制中的热点。近年来，生物脱氮除磷的机制研究不断深入，诞生了多种生物脱氮除磷新工艺，推动了废水生物脱氮除磷技术的发展。

(1) 生物脱氮除磷的基本原理

① 脱氮原理　在未经处理的新鲜废水中，含氮化合物存在的主要形式有：有机氮（蛋白质、氨基酸、尿素等）和氨态氮（$NH_3/NH_4^+$）。生物硝化和反硝化是最有效的除氮过程。在硝化过程中，亚硝化菌（*Nitrosomonas*）首先将氨氮转化为亚硝酸盐（$NO_2^-$），然后硝化菌（*Nitrobacter*）再将亚硝酸盐转化为硝酸盐（$NO_3^-$）。在硝化过程中，这类微生物利用无机碳化合物如 $CO_3^{2-}$、$HCO_3^-$ 和 $CO_2$ 作为碳源，通过氧化作用获得能量，需在有氧条件下进行。

$$NH_4^+ + 1.382O_2 + 1.982HCO_3^- \longrightarrow 0.982NO_2^- + 1.036H_2O + 1.891H_2CO_3 + 0.018C_5H_7O_2N$$

$$NO_2^- + 0.488O_2 + 0.01H_2CO_3 + 0.003HCO_3^- + 0.003NH_4^+ \longrightarrow NO_3^- + 0.008H_2O + 0.003C_5H_7O_2N$$

反硝化由一群异养微生物完成，主要是将硝酸盐氮或亚硝酸盐氮还原成气态氮或氮氧化物，这个过程应在无分子氧状态下进行。反硝化细菌多数是兼性的，在溶解氧浓度极低的环境中可以利用硝酸盐中的氧作为电子受体，有机物则作为电子供体提供能量并得到稳定化。以甲醇作为碳源，可以得到反硝化反应式：

$$NO_3^- + 1.08CH_3OH + 0.24H_2CO_3 \longrightarrow 0.47N_2 + 1.68H_2O + HCO^- + 0.056C_5H_7O_2N$$

$$NO_2^- + 0.67CH_3OH + 0.53H_2CO_3 \longrightarrow 0.48N_2 + 1.23H_2O + HCO^- + 0.04C_5H_7O_2N$$

② 除磷原理　废水中磷的存在形态取决于废水的类型，最常见的是磷酸盐（$H_2PO_4^-$、$HPO_4^{2-}$ 和 $PO_4^{3-}$）、聚磷酸盐和有机磷。微生物正常生长时，活性污泥含磷量一般为干重的1.5%～2.3%，通过剩余污泥排放可获得 10%～30%的除磷效果。废水生物除磷是利用微生物吸收磷量超过微生物正常生长所需的磷量的现象，通过生物处理系统设计或系统运行方式的改变，使细胞含磷量相当高的细菌体在系统的基质竞争中取得优势，最终使得剩余污泥的含磷量达到污泥干重的 3%～7%，出水中磷含量明显下降。

在生物除磷系统中磷的去除可能包括下列几种途径：生物超量除磷，正常磷的同化作用，正常液相沉淀，加速液相沉淀和生物膜沉淀。其中，生物超量除磷是最主要的磷去除途径之一。它是指污泥中的一些细菌生活在营养丰富的环境中，在即将进入对数生长期时，细胞能从外界大量吸收可溶性磷酸盐，能在体内合成多聚磷酸盐，提供下阶段对数生长时期合成核酸所需的磷元素。细菌经过对数生长期而进入稳定期时，大部分细胞已停止繁殖，核酸的合成虽已停止，对磷的需要量也已很低，但若环境中磷源仍有剩余，细胞又有一定的能量时，仍能从外界吸收磷，以多聚磷酸盐的形式积累于细胞内。同时，这类微生物处于极为不利的生活条件时（如好氧菌处于厌氧条件下），积累于体内的多聚磷酸盐就会分解，将磷释放到环境中，在这过程中伴随有能量释放，供细菌在不利环境中维持其生存所需，如果该类细菌再次进入营养丰富的好氧环境时，它将重复上述体内积磷过程（图 7-25）。

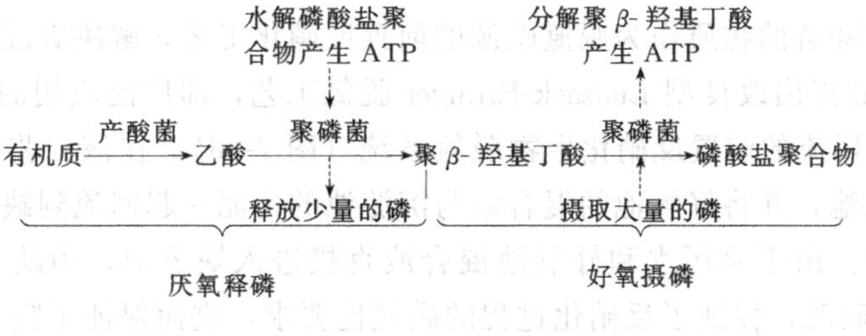


图 7-25　生物除磷机制示意图

根据这类微生物的生理特性，在生物除磷工艺中，要先使污泥处于厌氧的压抑条件下，使积磷菌体内积累的磷充分排出，再进入好氧条件下，使之把过多的磷积累于菌体内，然后使含有这种积磷细菌的活性污泥立即在二沉池内沉淀，污泥中磷含量可占干重的 6%左右，其一部分以剩余污泥形式排放后可作为肥料，另一部分回流至曝气池前段。

(2) 影响脱氮除磷的因素

影响生物脱氮主要因素有溶解氧、温度、有机碳、pH、泥龄等。

① 溶解氧（DO）　对于硝化反应，DO 浓度一般应在 2.0mg/L 以上，最低极限是 0.5

～0.7mg/L。而对于反硝化，反硝化菌是异养型兼性厌氧菌，需要缺氧的环境，DO一般在2.0mg/L以下。在释磷区，应保持严格厌氧，DO小于0.2mg/L；吸磷过程，要保持充足的DO，一般DO应控制在2.0mg/L以上。

② 温度　硝化反应的温度范围为5～40℃，适宜温度为20～30℃，反硝化的适宜温度为20～40℃，低于15℃，硝化反硝化速率极低。厌氧释磷和好氧吸磷受温度的影响十分明显，在15～20℃，好氧吸磷速率达到最大。

③ 有机碳　硝化菌是自养型，其生存率远小于氧化有机物的异养菌，当好氧池中有机物浓度较高时，硝化菌为劣势菌种，当BOD小于20mg/L，硝化反应才不受影响。而反硝化则需要充足碳源为能源，否则反硝化不彻底。较高的有机负荷对除磷有利，一般认为，进水中BOD/TP应大于20，才会获得较好的除磷效果。有机质的类型对厌氧释磷有重要影响，相对分子质量较小的有机物易于被聚磷菌利用。

④ pH值　亚硝酸菌最适pH值为8.0～8.4，硝酸菌的最适pH值为6.5～7.5。当pH低于6.0或高于9.6，硝化反硝化将受到影响，甚至反应将停止。生物除磷pH值为7～8，pH值低于5.2，会引起细胞结构和功能的破坏，造成无效释磷。一般厌氧区的pH在6～8。

⑤ 泥龄（SRT）　硝化菌属于自养菌，生长缓慢，世代时间较长。要保持硝化菌群在活性污泥系统中的比例，就必须保证SRT大于最短的世代时间。一般SRT应大于10d。生物除磷主要通过排出剩余污泥实现的，因此，SRT越短，排放的污泥量越多，除磷的效率越高。SRT一般为3.5～7.0d。

⑥ 有毒有害物质　许多物质对硝化菌有毒害作用，如某些重金属、复合阴离子和有机化合物等，会干扰细胞的新陈代谢，破坏细菌最初的氧化能力。另外，过高的氨氮浓度对硝化反应会产生基质抑制作用。厌氧区的聚磷菌主要是以脂肪酸为碳源完成聚磷的水解和释放，如有硝态氮存在，气单胞菌就不会产酸，聚磷菌所能获得的脂肪酸就少；另一方面，气单胞菌会利用硝态氮进行反硝化，消耗水中的碳源有机物，硝态氮与聚磷菌争夺碳源，这对聚磷菌的厌氧释磷是非常不利的，厌氧区的硝态氮浓度应控制在1.5mg/L以下。

（3）生物脱氮除磷工艺

① 改良Ludzack-Ettinger（MLE）脱氮工艺　1962年，Ludzack和Ettinger首次提出利用进水中可生物降解的物质作为脱氮碳源的前置反硝化工艺，解决碳源不足的问题。1973年，南非的Barnard提出改良型Ludzack-Ettinger脱氮工艺，即广泛应用的缺氧-好氧（A/O）工艺，这是一种有回流的前置反硝化生物脱氮系统（图7-26）。在该工艺中，原水先进入缺氧池，再进入好氧池，并将好氧池的混合液与沉淀池的污泥一起回流到缺氧池，使两池内有足够数量的微生物。由于原污水和好氧池混合液直接进入缺氧池，为缺氧池提供了丰富的$NO_3^-$-N和充足的碳源，保证了反硝化过程的碳氮比要求，进而保证了脱氮的顺利进行。

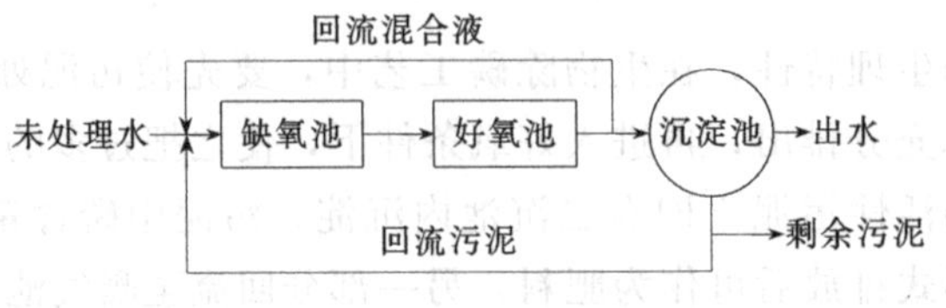


图7-26　A/O工艺示意图

与多级生物脱氮工艺相比，A/O工艺主要有以下特点：流程简单，基建费低，运转费低；不需额外补充碳源；好氧池在缺氧池之后可进一步去除有机物；硝化反应主要在好氧池完成，出水中氨氮浓度较高；前置缺氧池具有生物选择器的作用，有利于改善活性污泥生物沉淀性能；系统总氮去除率可达 88%。

② 厌氧-好氧（An/O）除磷工艺　厌氧-好氧（An/O）工艺，又称为没有硝化的 A/O 工艺（图 7-27），是组成最简单的生物除磷工艺。系统中的废水和污泥顺次厌氧和好氧交替循环流动，厌氧区和好氧区进一步分成体积相同的格产生推流式流态。污泥从二次沉淀池回流到厌氧区，部分富磷污泥以剩余污泥形式从系统中排出，达到除磷目的。

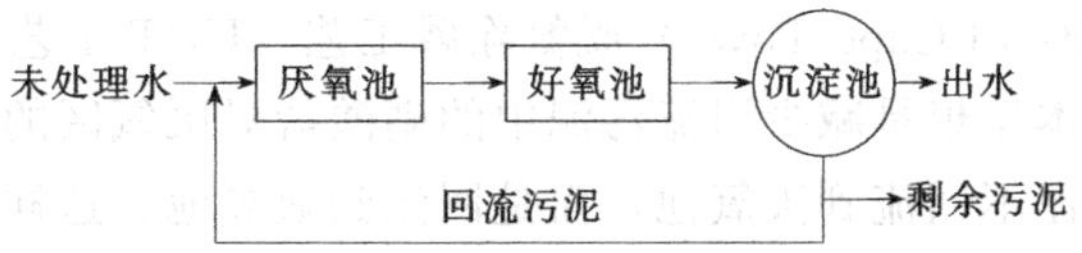


图 7-27　An/O 工艺示意图

厌氧-好氧工艺强调进水与回流污泥混合后维持厌氧区的严格厌氧状态，避免厌氧区硝酸盐的存在，进入厌氧区第一格的硝态氮浓度要低于 0.3mg/L。厌氧区的存在不仅有利于聚磷菌的选择性增殖，而且能抑制丝状菌的生长。

③ $A^2/O$ 脱氮除磷工艺　$A^2/O$（anaerobic-anoxic-oxic）工艺是在 A/O 工艺的厌氧池之后增加一个缺氧池，并将沉淀池污泥回流到厌氧池，即在同一个处理系统中同时做到脱氮、除磷和有机物的降解（图 7-28）。

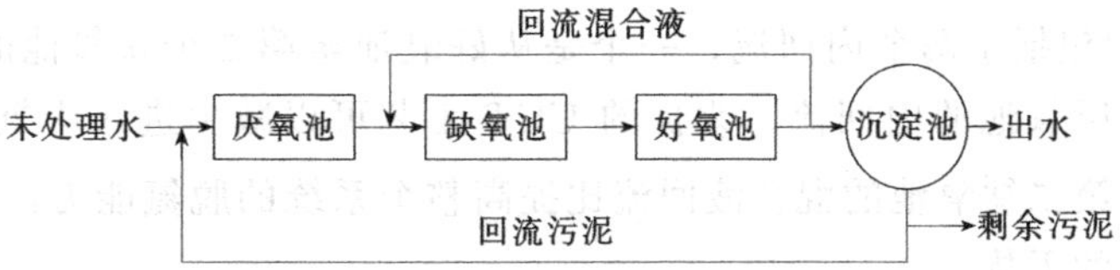


图 7-28　$A^2/O$ 工艺示意图

废水和从二沉池回流的活性污泥一起进入厌氧反应区，聚磷菌在厌氧环境条件下释磷，同时转化易降解 COD、脂肪酸为 PHB，部分含氮有机物进行氨化。废水经过第一个厌氧反应器以后进入缺氧反应器进行脱氮，硝态氮通过混合液内循环由好氧反应器传输过来，通常内回流量为 2～4 倍原污水流量，部分有机物在反硝化菌的作用下利用硝酸盐作为电子受体而得到降解去除。最后，混合液从缺氧反应区进入好氧反应区，混合液中的 COD 浓度已基本接近排放标准，在好氧反应区除进一步降解有机物外，主要进行氨氮的硝化和磷的吸收，混合液中硝态氮回流至缺氧反应区，污泥中过量吸收的磷通过剩余污泥排除。

$A^2/O$ 工艺流程简洁，污泥在厌氧、缺氧、好氧环境中交替运行，丝状菌不能大量繁殖，污泥沉降性能好。该处理系统出水中磷浓度基本可达到 1mg/L 以下，氨氮也可达到 8mg/L 以下。$A^2/O$ 工艺发展至今，为了进一步提高脱氮、除磷效果和节约能耗，又有了多种变形和改进的工艺流程。近年来，同济大学研究开发的改进型 $A^2/O$ 工艺（又称倒置 $A^2/O$ 工艺，如图 7-29 所示）。该工艺的特点是：采用较短时间的初沉池，使进水中的细小有机悬浮固体有相当一部分进入生物反应器，以满足反硝化菌和聚磷菌对碳源的需要，并使生物反应器中的污泥能达到较高的浓度；整个系统中的活性污泥都完整地经历过厌氧和好氧的过程，因此排放的剩余污泥中都能充分地吸收磷；避免了回流污泥中的硝酸盐对厌氧释磷的影响；由于反应器中活性污泥浓度较高，从而促进了好氧反应器中的同步硝化、反硝化，因此可以用较少的总回流量（污泥回流和混合液回流）达到较好的总氮去除效果。目前，由

于倒置 $A^2/O$ 工艺具有明显的节能和提高除磷效果等优点，已在我国一些大、中型城镇污水处理厂的建设和改造工程中得到较为广泛应用。

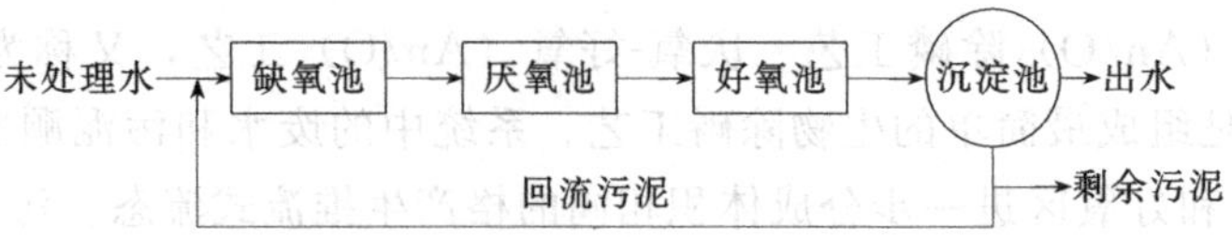


图 7-29　倒置 $A^2/O$ 工艺示意图

④ UCT（University of Cape Town）脱氮除磷工艺　UCT 工艺（图 7-30）为南非开普敦大学研究开发，其基本思想是减少回流污泥中的硝酸盐对厌氧区的影响，因此与 $A^2/O$ 工艺的区别在于沉淀池污泥不回流到厌氧池，而是回流到缺氧池。这样可以防止硝酸盐氮进入厌氧池，破坏厌氧池的厌氧状态而影响系统的除磷效率，增加了从缺氧池到厌氧池的混合液回流，从而提高系统抗冲击负荷的能力。

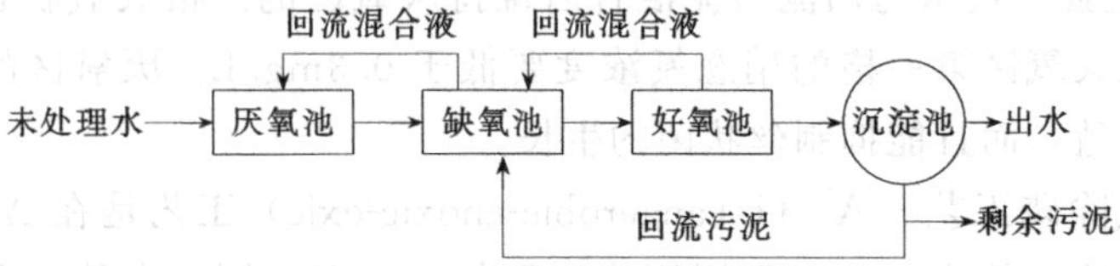


图 7-30　UCT 工艺示意图

改良 UCT 脱氮除磷工艺是在 UCT 工艺的厌氧池和好氧池之间再增加一个缺氧池（图 7-31），因此系统中包括了两个内回流，一个是从好氧池至第二个缺氧池的内回流，另一个是第一个缺氧池至厌氧池的内回流。改良的 UCT 工艺可以减少进入厌氧池的 $NO_3^-$-N 量，通过提高好氧池至第二缺氧池的混合液回流比提高整个系统的脱氮能力，从而消除 $NO_3^-$-N 对厌氧池除磷功能的干扰。

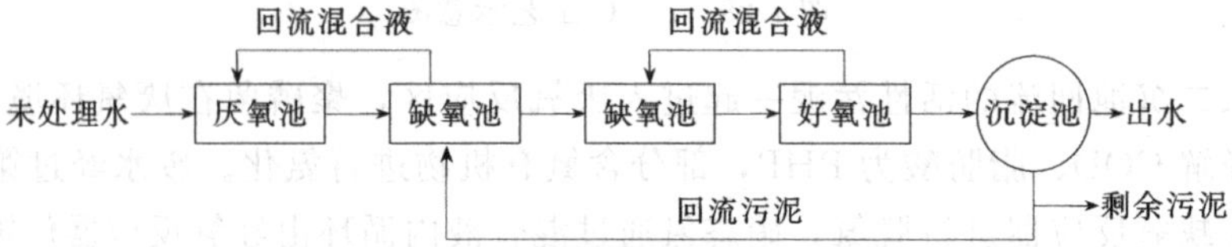


图 7-31　改良型 UCT 工艺示意图

⑤ Bardenpho 脱氮除磷工艺　Bardenpho 工艺由 Barnard 在 1973 年提出，它是在 MLE 工艺的好氧池后再增加一个缺氧池，成为四阶段 Bardenpho 工艺（图 7-32）。改良的 Bardenpho 工艺是在四阶段工艺的前端再增加一个厌氧池，使得该改良工艺同时具备了脱氮除磷功能。若无除磷要求时工艺前端的厌氧池可以作为生物选择器，抑制丝状菌的繁殖。改良的 Bardenpho 工艺流程由厌氧-缺氧-好氧-缺氧-好氧五段组成，第二个缺氧段利用好氧段产生的硝酸盐作为电子受体，利用剩余碳源或内碳源作为电子供体进一步提高反硝化效果，最后好氧段主要用于剩余氮气的吹脱。由于该系统脱氮效果好，通过回流污泥进入厌氧池的硝酸盐量较少，对污泥的释磷反应影响小，从而使整个系统脱氮除磷效果较好。

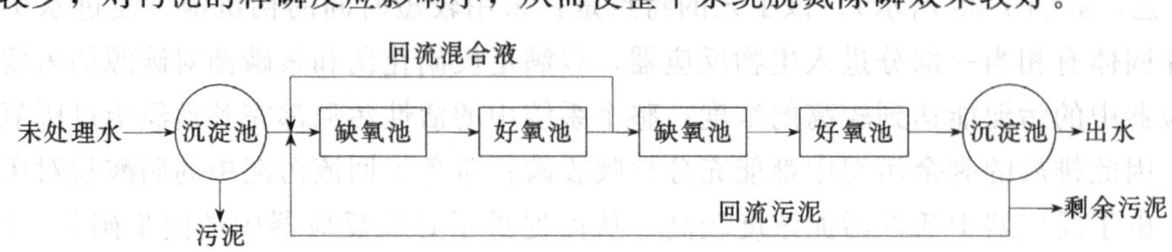


图 7-32　Bardenpho 脱氮除磷工艺示意图

⑥ 膜-生物反应器 膜-生物反应器（membrane bio-reactor，MBR）是一种将污水的生物处理和膜过滤技术相结合的高效废水生物处理技术。以膜组件取代传统生物处理技术末端二沉池、砂滤等单元，用超（微）滤膜对曝气池出水直接进行过滤，活性污泥混合液中的悬浮固体完全被截流并回到反应器中，因此可以延长污泥龄，提高污泥浓度，降低污泥负荷，出水水质稳定、可靠。根据膜组件设置的位置可以分为分置式膜-生物反应器和一体式膜-生物反应器（图 7-33）。

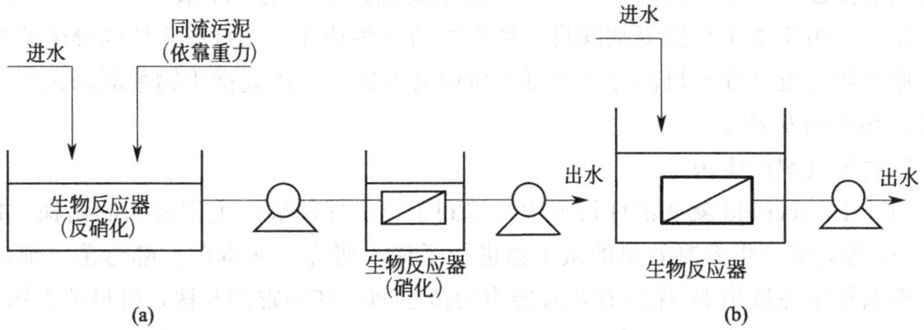


图 7-33 分置式膜-生物反应器（a）和一体式膜-生物反应器（b）

分置式膜-生物反应器把膜组件和生物反应器分开设置。生物反应器中的混合液经循环泵增压后输送至膜组件的过滤端，在压力作用下混合液中的液体透过膜，成为系统处理水。固形物、大分子物质等则被膜截留，随浓缩液回流到生物反应器内。分置式膜-生物反应器的特点是运行稳定可靠，易于膜的清洗、更换及增设；而且膜通量普遍较大。但一般条件下为减少污染物在膜表面的沉积，延长膜的清洗周期，需要用循环泵提供较高的膜面错流流速，水流循环量大、动力费用高，并且泵的高速旋转产生的剪切力会使某些微生物菌体产生失活现象，故限制了其在废水处理中的广泛应用。

一体式膜-生物反应器工艺（MBR 工艺）是将膜组件置于生物反应器内，通过泵的抽吸得到过滤液。该系统采用负压操作，省去了循环系统直接出水，相对能耗较低，运行费用低，因而近年来受到更广泛的关注。但一体系膜-生物反应器膜通量小，膜表面切向流速小，在膜清洗与更换等方面不及分置式膜-生物反应器。

为了强化脱氮除磷效果，一些研究者将 $A^2/O$ 工艺与 MBR 技术相结合。该组合工艺的优点是：①MBR 的污泥龄一般较长，可以在曝气池中累积较多的硝化细菌，从而保持稳定的硝化效果；②MBR 中的污泥浓度较高，局部缺氧环境易于形成，有利于发生同步硝化反硝化；③高污泥浓度可以促进内源反硝化，提高脱氮效果；④膜可以截留胶体磷，进一步降低出水磷浓度。为提高 MBR 的脱氮除磷效果，该研究提出了（$A^2/O$-MBR）工艺，后缺氧段的设置是为了充分利用微生物的胞内碳源强化反硝化，进一步提高污水的脱氮效果。

## 7.3.3 生物絮凝剂

絮凝法是目前国内外常用的一种提高水质处理效率的水处理法，其处理对象主要是水体中溶胶体和悬浮物，包括无机物和有机物，同时也能部分去除一些可溶性杂质。目前，絮凝剂种类繁多，絮凝理论迅速发展，独具特性的新产品絮凝剂不断涌现。根据絮凝剂的组成，可分为无机絮凝剂、有机絮凝剂和生物絮凝剂；根据其相对分子质量高低，可分为低分子和高分子两大类。

微生物絮凝剂（microbial flocculation，MBF）是一类由微生物产生的有絮凝活性的次生代谢产物，通过微生物发酵、提取、精制而得到，可使水中不易降解的固体悬浮颗粒、菌体细胞和胶体颗粒等絮凝沉淀的特殊高分子代谢产物，具有生物分解性和安全性，是一种高效、无毒、无二次污染的新型水处理剂，属于天然有机高分子絮凝剂。

与传统无机和有机絮凝剂相比，微生物絮凝剂具有独特优势：①无毒无害，安全性高，易被微生物降解，无二次污染；②使用范围广，效果好；③微生物絮凝剂来源广泛、生产周期短；④具有除浊和脱色性能；⑤某些微生物絮凝剂还具有受 pH 值影响小，热稳定性好，用量小等特点。由于微生物絮凝剂既具有微生物的某些特性，又具有天然高分子絮凝剂的特性，可克服无机絮凝剂和有机高分子絮凝剂所固有的缺陷，因此微生物絮凝剂正成为当今絮凝剂的研究热点和发展方向。

（1）生物絮凝剂产生菌

1935 年，Butterfield 就从活性污泥中筛选到了第一株能够产生絮凝剂的菌株。1976 年，J. Nakamura 等对能产生絮凝效果的微生物进行了深入研究，从霉菌、酵母菌、细菌、放线菌等 214 株菌株中筛选出 19 株具有絮凝能力的微生物，其中霉菌 8 株，酵母菌 1 株，细菌 5 株，放线菌 5 株。1985 年 H. Takagi 等人从土壤中分离到一株对多种微生物细胞和悬浮胶体颗粒具有良好絮凝作用的真菌，它能分泌一种主要成分是半乳糖胺的物质，相对分子质量约为 30 万，尤其对枯草杆菌、大肠杆菌、啤酒酵母等均有良好的絮凝效果。1986 年，日本的 Kurane 等人利用从自然界分离出的红球菌属微生物 *Rhodococcus erythropolis* 的 S-1 菌株，用特定培养基及培养条件，制成絮凝剂 NOC-1，并把它用于畜产废水处理、膨胀污泥处理、砖场生产废水处理和废水的脱色处理，均取得了很好的处理效果，被认为是目前发现的最好的微生物絮凝剂。目前，已获得的生物絮凝剂产生菌很多，包括细菌、放线菌、霉菌等。现将已经报道的絮凝剂产生菌总结如表 7-3 所示。

**表 7-3　絮凝剂产生菌**

| | | | |
|---|---|---|---|
| 革兰阳性菌 | *R. erythropolis*（阳平红球菌） | 真菌 | *Paecilomyces* sp.（拟青霉属） |
| | *Nocardia restriea*（椿象虫诺卡菌） | | *White rot fungi*（白腐真菌） |
| | *Nocardia rhodnii*（红色诺卡菌） | 其他 | *Agrobacterium* sp.（土壤杆菌属） |
| | *Nocardia calcarca*（石灰壤诺卡菌） | | *Oerskwvia* sp.（厄氏菌属） |
| | *Corynebacterium*（净状杆菌） | | *Pseudomonas* sp.（假单胞菌属） |
| 革兰阴性菌 | *Alcaligenes latus*（广泛产碱菌） | | *Acinetobacter* sp.（不动细菌属） |
| | *Alcaligenes cupidus*（协腹产碱杆菌） | | *Dematium* sp.（暗色孢属） |
| 真菌 | *Aspergillus sojae*（酱油曲霉） | | |

（2）生物絮凝剂种类

根据絮凝剂物质主要组成的不同，微生物絮凝剂可分为 4 类。

① 蛋白质　1976 年，Nakamura 在研究中就发现，酱油曲霉 AJ7002 合成的絮凝剂的主要活性成分是蛋白质和已糖胺。Takeda 等对红球菌属产生的絮凝剂 NOC-1 进行了分离纯化，发现其絮凝活性与蛋白质有重要关系，而与糖分无关，经硫酸铵和正丁醇萃取精炼后检验可知，NOC-1 的主要成分是蛋白质，而且分子中含有较多的疏水氨基酸，进一步分析表明，其最大相对分子质量为 75 万，可溶于吡啶等两性溶液中。

② 多糖　目前，已经鉴定的生物絮凝剂有很多种都属于多糖类物质。协腹产碱杆菌 *Alcaligenes cupidus* KT201 代谢产生的 Al-201 即是一种由葡萄糖、乳糖、普糖醛酸和乙酸组成的生物絮凝剂，其中，乙酸以酯的形式存在。F-J1 是一种硫酸酯化的杂多糖生物絮凝

剂，其主要成分为糖醛酸、鼠李糖、甘露糖以及半乳糖。纤维素作为一种多糖物质，也是某些生物絮凝剂的主要活性组分，但微生物产生的纤维素通常不像其他的生物絮凝剂一样游离于细胞之外而是紧紧附着于产生菌细胞壁上，直接引起细菌细胞的絮凝沉降。但由于这类絮凝剂主要是引起产生菌细胞本身的絮凝，因而适用范围较窄。

③ 脂类 1994 年，Kurane 首次从 *R. erythropolis* S-1 的培养液中分离到了一种脂类絮凝剂，这是脂类生物絮凝剂的首例报道，也是目前发现的唯一的脂类絮凝剂。利用酸解、酶解的方法结合 HPLC、TLC 等分析手段测定了其详细分子结构，发现分子中含有葡萄糖单霉菌酸酯、海藻糖单酶菌酸酯、海藻糖二霉菌酸酯三种组分，霉菌酸碳链长度从 $C_{32}$ 到 $C_{40}$ 不等，其中以 $C_{34}$、$C_{36}$ 和 $C_{38}$ 居多。然而，Takeda 等从同一株菌的发酵液中分离得到了蛋白质性质的絮凝剂 NOC-1。因此，Kurane 认为，在水溶液中，*R. erythropolis* 产生的絮凝剂是由多肽和甘油酯组成的分子质量大于 1000kDa 的聚合体，二者通过强烈的自身絮凝作用结合为一体，并且具有独立的絮凝活性，仅在有机溶剂（如丙酮）的处理下才能分离。由于两人使用的提取方法不同，因而从同一株菌培养液中得到了不同性质的生物絮凝剂。

④ DNA Kazuo Sakka 等用 3mol/L 盐酸胍处理 *Psedomonas* strain C-120 菌细胞后，C-120 失去了絮凝活性，当再加入分子质量大于 $6\times10^6$ Da 的完整 *E. coli* 双链 DNA 或含有高分子 DNA 的盐酸胍浸提液时，C-120 重新恢复了絮凝活性，可见，高分子质量的天然双链 DNA 是 C-120 菌体细胞凝集的直接原因。Watanabe 也报道了一种 DNA 类生物絮凝剂，他们从虾养殖场的水底污泥中分离到一株光合细菌，鉴定为 *Phodovulum* sp. PS88，研究发现，这株菌在黑暗好氧和光照厌氧条件下自身具有絮凝活性，并且其絮凝活性与该菌分泌到胞外的 DNA 有着直接关系。

（3）生物絮凝剂结构及絮凝机制

① 生物絮凝剂结构 微生物絮凝剂微观立体结构有纤维状和球状。前者来自 *Nocardia amarae* 提取的絮凝剂，蛋白质中含有 75%的甘氨酸、丙氨酸和丝氨酸。由于这样的特殊结构，该絮凝剂可以形成丝绸一样的纤维，是絮凝体形成过程中的颗粒间联结物。后者来自曲霉 *Aspergillus sojae* 中获得的絮凝剂，有三种成分：聚己糖胺、蛋白质和 2-葡糖酮酸。2-葡糖酮酸的作用是维持絮凝剂成球形，一旦丧失 2-葡糖酮酸成分后，絮凝剂的微观结构就发生变化，而且絮凝行为模式也由非离子型絮凝剂的絮凝模式转变为阳离子型絮凝利的絮凝模式。

② 絮凝机制 絮凝剂的絮凝作用是一个复杂的物理化学过程，一般认为絮凝作用机制包括两个作用过程——凝聚和絮凝。凝聚的过程是胶体脱稳并形成细小凝集体的过程，而絮凝过程是细小凝聚体在絮凝剂桥联作用下形成大絮凝体的过程。经典的胶体颗粒絮凝作用机制有四种：吸附作用及电中和作用；压缩双电层，减少表面电荷；高分子絮凝剂的桥联作用；“捕集”和“清扫”胶体颗粒。

微生物絮凝剂是一种高分子絮凝剂，与天然高分子絮凝剂的组成相似。另外由于微生物种类的不同，分泌的絮凝产物也有所不同，且成分复杂，因此微生物絮凝剂的絮凝过程也各具特点。相对化学絮凝剂而言，微生物絮凝剂的絮凝机制至今还不甚清楚。根据已报道的相关研究归纳，微生物絮凝理论主要有桥联学说、电性中和学说、基团反应学说、Butterfield 的黏质假说、Crabtree 的利用 PHB 酯合假说、Friedmen 的“菌体外纤维素丝”学说、荚膜学说、“Lectin-like”假说、疏水学说等。

对于菌体胞外分泌产生絮凝物质的絮凝剂絮凝作用机理，大多还是沿用 DLVO 理论

[1941年德亚盖因（Derjguin）和兰多（Landau）、1948年弗韦（Verwey）与奥弗比克（Overbeek）各自提出，以他们名字的首字母命名]来解释，主要有“桥联学说”机制、“电荷中和”机制、卷扫作用、“化学反应”机制。目前较为接受的是“桥联学说”。该机制认为絮凝剂大分子借助离子键、氢键和范德华力，同时吸附多个胶体颗粒，在适宜条件下颗粒间产生“架桥”现象，从而形成一种三维网状结构而沉淀下来（图7-34）。Levy等以吸附等温线和ζ电位测定证明环圈项圈藻PCC-6720所产生絮凝剂对膨润土絮凝过程以“桥联”机制为基础。电镜照片也显示聚合细菌之间有胞外聚合物搭桥相连，正是这些桥使细胞丧失了胶体的稳定性而密集地聚合成凝聚状在液体中沉淀下来。Levy还指出电中和作用在微生物絮凝剂絮凝过程中有时候是不能忽视的。溶液中带有多个电荷的多价电解质能够与颗粒表面带的相反电荷发生中和，从而减弱颗粒间彼此的相互排斥力，促进颗粒的絮凝沉淀，从而为絮凝剂的架桥提供了有利的条件。“卷扫作用”是指絮凝剂投加一定量后形成小絮凝体的同时，在重力作用下迅速网捕、卷扫水中胶粒而沉淀下来，它是一种机械作用。“化学反应”机制则认为微生物絮凝剂的絮凝活性大部分依赖于某些活性基团，这些基团与被絮凝物质的相应基团发生化学反应，形成大分子而沉淀下来。

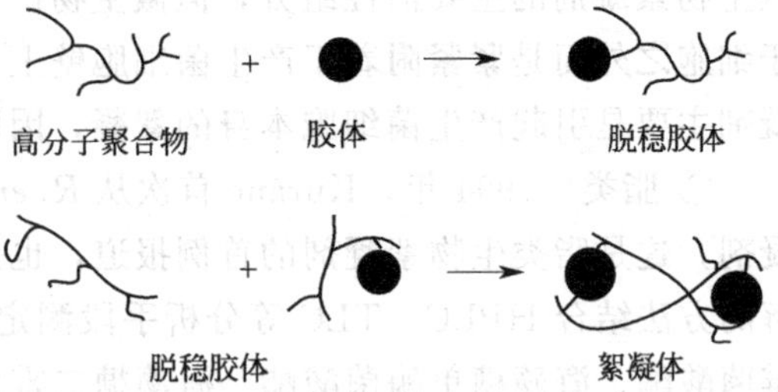

图7-34 高分子絮凝剂的吸附架桥作用

“Lectin-like”假说又叫“类外源絮凝聚素”假说，它能解释酵母菌的絮凝机制，即由絮凝酵母菌细胞壁表面的特定蛋白与其他酵母菌细胞表面的甘露糖间形成专一性结合而引起的絮凝。絮凝的供体对蛋白酶敏感，仅存在于絮凝细胞上，受体对蛋白酶不敏感，受甘露糖专一性控制，存在于絮凝和非絮凝细胞上。Friedmen的“菌体外纤维素丝”学说则主要针对纤维素类絮凝机制提出的，他发现，部分引起絮凝的产生菌体外有纤丝，认为是由于胞外纤丝聚合形成絮凝物。

由于微生物絮凝剂絮凝成分的多样性，很难用单一机制去解释其絮凝过程，可能有几种机制协同共存。随着人们对微生物絮凝剂絮凝机制的深入研究和分析仪器的不断进步，其絮凝机制会越来越明晰。

(4) 影响絮凝活性的因素

生物絮凝剂的絮凝活性不同程度地受到多种因素的影响，包括絮凝剂分子本身的性质和絮凝时的外界条件。

① 底物种类对絮凝活性的影响　有些研究者认为，正是因为一些微生物絮凝剂是通过化学桥联作用将被絮凝物质集聚在一起，所以其絮凝作用通常是广谱的，不易受微生物个体和颗粒表面特性的影响。能被絮凝的物质包括各种细菌、放线菌和真菌的纯培养物、活性污泥、微囊藻、泥浆、土壤固体悬液、底泥、煤灰、血细胞、活性炭粉末、氧化铝、高岭土和纤维素粉等。但也有一些微生物絮凝剂的絮凝作用物质的面较窄，例如：酱油曲霉 *Aspergillus sojae* 产生的絮凝剂可以非常有效地絮凝发酵乳酸短杆菌 *Brevibacterium lactofermentum* 等微生物，絮凝率达到100%；但对另一些微生物絮凝效果较差，有的只有33%。更为极端的例子是，*Hansenula anomal* 产絮凝剂甚至不能絮凝其非絮凝性的突变株细胞。这说明，微生物絮凝剂的絮凝能力受被絮凝物质性质的影响极大。

② 絮凝剂浓度及相对分子质量对絮凝活性的影响　絮凝剂的分子大小、结构、形状和

所带基团都极大地影响着絮凝剂的絮凝活性。微生物絮凝剂的相对分子质量大小对絮凝剂的絮凝活性至关重要。相对分子质量大，吸附位点就多，携带的电荷也多，中和能力也强，桥联作用和卷扫作用明显。目前已分离纯化的微生物絮凝剂都是多聚糖和蛋白质之类的生物大分子，除少数外，相对分子质量大都在几十万至几百万。例如远藤隆一分离出的絮凝剂，其相对分子质量为140000，从酱油曲霉（*Aspergillu sojae*）中分离出的絮凝剂相对分子质量大于200000，从*Alcaligenes cupidus*中纯化的絮凝剂的相对分子质量甚至达到2000000。只有酵母*Hansenula anomala*产生的蛋白质类絮凝剂的相对分子质量为37000。相对分子质量的减少会降低絮凝剂的絮凝活性，例如絮凝剂的蛋白质分降解后，相对分子质量减小，絮凝活性明显下降。

如果絮凝剂分子结构是交联或支链结构，其絮凝效果就差，而线性大分子絮凝剂则活性较高。絮凝剂分子中的一些特殊基团由于在絮凝剂中充当颗粒物质的吸附部位或维持一定的空间构象，对絮凝活性影响很大。Nakamura等用高锰酸钾处理絮凝剂的已糖胺多聚物部分，使其氧化而释放出氨，致使活性消失。对脱乙酰几丁质的研究也发现同样的现象，这可能是由于絮凝剂失去了活性部位——氨基所致。

和其他絮凝剂一样，微生物絮凝剂的絮凝效率也受其浓度的影响，在较低浓度范围内，随絮凝剂浓度的提高，絮凝效率升高，但达到最高点后，再增加絮凝剂的浓度，絮凝效率反而降低。在强酸性废水处理过程中，随着MFH投加量的增加，沉降速率明显加快。

③ 絮凝条件对絮凝活性的影响　除了被絮凝物质和絮凝剂本身的浓度和相对分子质量外，影响微生物絮凝剂絮凝能力的因素还包括温度、pH值、无机金属离子等工艺条件。

温度对一些微生物絮凝剂的活性有较大影响，主要是因为这些絮凝剂的蛋白质成分在高温变性后会丧失部分絮凝能力，但由多聚糖构成的絮凝剂就不受温度的影响。例如：*Aspergillus sojae*产生絮凝剂在温度为30～80℃时，活性最大，高于或低于这个温度活性便迅速下降；*Rhodococcus erythropolis*产生的絮凝剂在100℃的水中加热15min后，其絮凝活性下降50%；而*Paecilomyces* sp.产生的聚半乳糖胺絮凝剂在0～100℃之间时，絮凝活性几乎不变，仍能与胶体颗粒结合。

絮凝过程是胶体颗粒与絮凝剂大分子相互靠近、吸附并形成网状结构的过程，因此絮凝剂分子与胶体颗粒的表面电荷对絮凝活性都有重要的影响。体系的pH值直接影响絮凝剂大分子和胶体颗粒表面电荷，从而影响它们之间的靠近和吸附行为。不同的絮凝剂对pH值的变化敏感程度不同，同一种絮凝剂对不同的被絮凝物存在不同的最适pH值。如真菌*Paecilomyces* sp.产生的絮凝剂聚半乳糖胺，在pH值为4～7.5时，絮凝能力最强；当pH值为3或8时，絮凝能力急剧下降为0。*Aspergillus sojae*、*Pseudomonas aeruginosa*、*Staphylococcus aureus*、*Corynbacterium brevicale*、*Streptomyces vinaceus*在pH3～5时表现出絮凝能力，但在pH7～9时即丧失絮凝能力，原因是高pH值使酵母细胞表面的带电量减少。

有些微生物絮凝剂中含有金属离子，金属离子可以加强生物絮凝剂的桥联作用和中和作用，对微生物絮凝剂的絮凝活性有重要意义，甚至是必需的条件。即使对于不含有金属离子的微生物絮凝剂，添加一些金属离子也能够提高絮凝活性。容易受金属阳离子影响的多数是蛋白质（多肽）型的微生物絮凝剂。例如，*H.anomala*的絮凝和非絮凝菌株细胞壁的脂肪酸和氨基酸的组分与含量虽无较大差别，但其金属离子含量有着极大的差异，前者$Ca^{2+}$、$Mg^{2+}$和$Na^{+}$的含量远比后者高。同时，各种离子在絮凝剂中的作用也得到较为深入的研究。如$Ca^{2+}$可以显著提高微生物絮凝剂的活性，对于一些微生物来说，形成絮凝体必须有$Ca^{2+}$的参与，但对另一些微生物却不是这样。一般认为，$Ca^{2+}$的作用是起化学桥联作用，在絮凝微生物细胞之间联结细胞表面的蛋白质和多糖；$Na^{+}$可以增加絮凝剂的活性，但达到一定浓度后，再提高$Na^{+}$的浓度对增加絮凝活性的意义不大。$Fe^{3+}$和$Al^{3+}$对絮凝活性也有作用，但这两种离子在低浓度时可以提高微生物絮凝剂的活性，达到一定浓度后，反而会抑制絮凝物的形成。有的生物絮凝剂活性还受缓冲液浓度的影响。FIX在1mmol/L磷酸缓冲溶液（pH 6.8）中不发生絮凝作用，而在10mmol/L和50mmol/L磷酸缓冲溶液中表现出较强的絮凝活性。

④ 胶体粒子的表面结构对絮凝活性的影响　胶体粒子的表面结构对絮凝活性也有一定的影响。研究表明，虽然絮凝剂具有广谱的絮凝作用，但对不同的胶体颗粒表现出不同的絮凝活性。NOC-1几乎对所有的无机和有机物质都具有良好的絮凝沉淀作用，但处理对象不同，其活性相差可达20%以上。Nakamura等研究了*Aspergillus sojae* AJ7002产生的絮凝剂F-1对Baker's酵母细胞的絮凝特性，当用伴刀豆球蛋白处理此酵母细胞后，絮凝剂丧失活性，这是因为伴刀豆球蛋白A与酵母细胞表面的甘露糖结合，覆盖在细胞表面，阻止了细胞与絮凝剂F-1的结合。

（5）生物絮凝剂的发酵生产

① 发酵条件　产絮凝剂的微生物分布广泛，不同的微生物培养条件有很大的差异，主要影响因素有：培养基组成、培养温度、初始pH值、培养液内溶解氧等（见表7-4）。

**表7-4　几种絮凝性微生物培养条件**

| 因素 | 气单胞菌GC24 | 酱油曲霉 | 拟青霉菌 | 红半红球菌 |
|---|---|---|---|---|
| 培养基主要成分/(g/L) | 葡萄糖 20<br>脲 0.5<br>酵母膏 0.5 | 酵母膏 20 | 葡萄糖 20<br>干酪酸 3 | 葡萄糖 20<br>酵母膏 0.5 |
| 温度/℃ | 30 | 30 | 25 | 30 |
| 初始pH值 | 8.0 | 6.0 | 7.0 | 8.5 |
| 时间/h | 65 | 70 | 120 | 100-160 |

培养基组成对絮凝剂的产生和活性有较大影响。对于细菌来说，富含单糖和营养丰富的培养基有利于絮凝剂的产生，因为单糖有利于菌体吸收利用，从而加快其生长繁殖和体内物质积累，促进絮凝剂的产生。一些霉菌利用淀粉作为碳源生长和产生絮凝剂的情况也很好，有的甚至超过了葡萄糖和果糖。这是由于这些霉菌可分泌各种淀粉酶，使淀粉水解，生成易于被吸收的糖类，而细菌和其他微生物则不具备这种能力。另外，适当提高培养基的碳氮比，会使絮凝剂的产量提高。

培养温度对微生物积累絮凝剂有明显影响。不同絮凝剂产生菌有各自最适的培养温度，一般都在30℃左右。对某些菌来说，絮凝剂合成的最佳温度与菌体生长的最适温度不同。如*Asp. sojae* AJ7002在25℃培养时菌体生长最快，而30～34℃絮凝剂产量最高。

絮凝剂合成的最佳pH值一般为中性到偏碱性，过酸或过碱均不利于絮凝剂的产生。菌体在发酵过程中，pH值发生较明显的升降变化，最后趋于稳定。培养基的初始pH值还影响絮凝剂的分布位置。当发酵培养基的初始pH值高于7.0时絮凝剂主要被菌体细胞吸附，因而除菌体发酵液表现较低的絮凝活性；而在初始pH 6.0的条件下培养时，絮凝剂被释放到培养基中去，游离于产生菌细胞之外。此外，产絮凝剂的微生物均为好氧微生物，因此培养过程中充氧很重要。实验室通常采用摇床进行振荡培养，这样既可以满足微生物对氧的需求，也可以防止菌体凝聚成较大的颗粒，影响颗粒内部菌对氧气的吸收和营养的摄入及絮凝剂向培养液中的转移。

② 絮凝剂分离纯化　由于微生物发酵液的组成成分及絮凝剂的种类不同，生物絮凝剂的分离纯化不能一概而论，需要针对不同菌体产生的不同种类的絮凝剂采取不同的提取方法。微生物絮凝剂的分离纯化同其他代谢产物的提取一样，一般分为两步进行。首先，以离心或过滤的方法除去菌体，向无菌体发酵液中加入乙醇、丙酮或硫酸铵等物质沉淀絮凝剂，制得其粗制品；之后将其溶解于水或缓冲液中，通过离子交换、硅胶柱或凝胶色谱等方法进一步纯化，最后真空干燥，制得絮凝剂纯品。

(6) 生物絮凝剂的应用

生物絮凝剂作为一类新型絮凝剂，其广谱的絮凝活性、可生物降解性及应用安全性，显示了它在水处理、食品加工和发酵工业等方面的应用前景（表 7-5）。

微生物絮凝剂在废水处理中的应用主要有以下几方面。

**表 7-5　部分微生物絮凝剂的主要应用领域**

| 絮凝剂 | 产生菌 | 应用范围 |
|---|---|---|
| NOC-1 | *R. erythropolis* S-1 | 微生物细胞，活性污泥，泥浆水，河底沉积物，电厂煤灰水，活性炭粉水等 |
| | *Asp.* sp. JS-42 | 微生物细胞，纤维素粉，硅胶，活性炭，氧化铝，河底污泥等 |
| | *Asp. spjae* AJ7002 | 啤酒酵母，活性污泥 |
| | *Alcaligenes latus* B-16 | 钢厂废水除浊，造纸厂废水脱色，油浊液除油等 |
| PF101 | *Paecilomyes* sp. I-1 | 微生物细胞，血红细胞，活性污泥，纤维素粉，活性炭，硅藻土，氧化铝等 |
| MF-3 | *Sporolactobacillus* GC3 | 果汁，血细胞悬液，菌悬液，泥浆水，屠宰废水，碳素墨水，染液等的脱色等 |
| NAT | C-62 | 猪粪尿废水，红豆加工废水等 |

① 废水脱色　废水脱色是废水治理中较难解决的一个问题，国外一般采用的方法是将废水浓缩焚烧，外海弃置或大量稀释后排放等，而国内采用物理化学或生化处理方法，效果不好。采用生物絮凝剂处理这类废水将是一个有效的解决措施。

*Alcaligenes latus* B-16 产生的絮凝剂对化妆品厂排放的蓝色废水具有良好的脱色效果。实验表明，向 80mL 有色废水中加入 2mL *A. latus* 发酵液和 1.5mL 浓度为 1% 的助凝剂聚氨基葡萄糖，即可在废水中形成肉眼可见的絮凝体浮于水面，而下层水的透光率接近清水，脱色率达 94.6%。在含有可溶性着色物质的黑墨水、面包酵母生产过程中排放的培养基糖蜜废水、糖蜜发酵生产酒精过程中精馏后的酒精发酵母液、造纸碱性黑液、颜料废水等有色废水中，加入 NOC-1，经絮凝沉降后，可得到无色透明的上清液。

② 畜产废水的处理　畜牧场废水中含有较高浓度的总有机碳（TOC）和总氨（TN），虽然高分子合成絮凝剂有较好的处理效果，但存在二次污染问题。微生物絮凝剂的应用克服了二次污染的问题，效果也十分显著。

试验表明，在 80mL 畜牧废水中加入 100mL $Ca^{2+}$ 溶液（1%）和 5mL *R. erythropolis* 的培养物，可以使 TOC 从原来的 1420mg/L 下降到 425mg/L，使 TN 从 420mg/L 降为 215mg/L，去除率分别为 70% 和 40%，同时废水的 $OD_{560}$ 值从 8.6 降为 0.02，出水基本是无色澄清的。

③ 含高悬浮物的废水处理　在含有大量极细微悬浮固体颗粒（SS 浓度为 370mg/L）的焦化废水悬浮液中，加入 2% 的 *Alcaligenes latus* 培养物，并加入钙离子，废水中即形成肉眼可见的絮凝体。这些絮凝体可以得到有效的沉降去除，沉降后上清液的 SS 为 80mg/L，

去除率为78%。而原来用聚铁絮凝剂处理同样溶液，效果并不好，SS的去除率仅为47%。

④ 乳浊液的处理　目前尚未见到采用无机或有机合成絮凝剂用于处理油脂乳浊液的报道，但一些研究者却发现了某些微生物絮凝剂具有此独特性能。用*Alcaligenes latus*培养物可以很容易地将棕榈酸从其乳化液中分离出来，向100mL含0.25%的乳化液中加入10mL *Alcaligenes latus*培养物和1mL聚氨基葡萄糖后，在细小均一的乳化液中即形成明显可见的油滴。这些油滴浮于废水表面，有明显的分层，下层清液的COD值从原来的450mg/L降为235mg/L，去除率为48%，无论是无机絮凝剂还是人工合成高分子絮凝剂都没有这样好的絮凝效果。这种微生物絮凝剂不仅实现乳化液的油水分离，也可为海上溢油控制提供一种安全有效的絮凝剂。

⑤ 活性污泥的处理　活性污泥处理系统的效率常因污泥的沉降性能变差而降低。从微生物中分离出的絮凝剂能有效地改善污泥的沉降性能，防止污泥解絮，提高整个处理系统的效率。将从*Rhodococcus erythropolis*中分离的絮凝剂加入已发生膨胀的活性污泥中，可以使污泥的SVI（污泥体积指数）从290下降到50。在活性污泥中添加絮凝微生物可以促进污泥的沉降，但不会降低有机物的去除效率。

用*R. erythropolis*的培养物2mL和5mL 1%的$Ca^{2+}$溶液，处理95mL浓缩后的污泥，可使污泥体积在20min内浓缩为原来的92%，上清液$OD_{560}$值小于0.05。

⑥ 其他方面的应用　已有的研究表明，微生物絮凝剂可以包括细菌、真菌、放线菌以及藻类在内的大多数微生物产生絮凝作用。因此，微生物絮凝剂不仅可以应用于废水处理，更可以成为发酵工业和食品工业中安全有效的絮凝剂，为取代传统工艺中离心和过滤分离细胞的方法提供了可能。

将*R. erythropolis*的絮凝剂用于回收发酵废液中有用的产品，使用时添加金属阳离子或保持在酸性条件下（pH 3.9）。使用絮凝剂后，出水COD为15600mg/L、SS为114mg/L；而不使用絮凝剂时，出水COD为17800mg/L、SS为5190mg/L。由此可见，使用絮凝剂可以大幅度降低出水的SS值，并回收有益的物质。

# 第 8 章　废气生物处理

## 8.1　废气生物处理原理

### 8.1.1　概述

随着有机合成工业和石油化学工业的迅速发展，进入大气的化合物越来越多，包括无机化合物和有机化合物。气态无机化合物如 CO、$CO_2$ 等碳氧化合物，NO 等氮氧化合物，$SO_2$ 等硫氧化合物以及 $H_2S$、$NH_3$ 等无机物；气态有机化合物如苯及其衍生物、酚及其衍生物、醇类、醛类、酮类、脂肪酸类等有机物。这类气态物质往往带有恶臭，不仅对感官有刺激作用，而且不少有机化合物具有一定毒性，产生致癌、致畸、致突变的"三致"效应，给人类健康和环境造成了极大的危害。因此，废气治理是大气污染控制过程中的一个重要环节。废气的处理方法有物理方法、化学方法和生物处理方法。

生物法在废水处理领域的应用已有 100 多年的历史，而在废气处理领域的应用历史则很短。生物法处理废气的工业应用最早始于美国，1957 年 Pomeroy RD 申请了利用土壤过滤装置处理硫化氢的专利，并在美国加州的污水厂成功建立起第一套土壤生物过滤装置；进入 20 世纪 80 年代后，废气生物处理技术在欧洲有了较快的发展，其应用领域也由硫化氢等恶臭废气扩展到控制挥发性有机化合物（volatile organic compounds，VOCs）和其他有毒污染物废气；除欧美国家外，世界其他各国的研究者也先后对此技术展开了研究和应用，进入 21 世纪，由于该技术本身具有的经济方面的优势和巨大的应用潜力，关于其基础和应用研究依然非常活跃。生物法净化废气主要是利用微生物将废气中有机污染物及恶臭物质降解及转化为无害或低毒类物质。同常规的处理方法相比，生物净化法具有设备简单、处理效果好、无二次污染、安全性好、投资运行费用低、易于管理等优点，尤其在处理低浓度、生物可降解性好的气态污染物时显得更加经济可行。

### 8.1.2　废气生物净化原理

与废水的生物处理不同，在废气的生物净化过程中，气态污染物首先要从气相转移到液相或固相表面的液膜中，然后才能被液相或固相表面的微生物吸附并降解。Jennings 及其同事于 20 世纪 70 年代初，在 Monod 方程的基础上提出了废气生物净化中单组分、非吸附性、可生化降解的气态有机物去除率的数学模型。随后，荷兰科学家 Ottengraf 等依据吸收操作的传统双膜理论，在 Jennings 的数学模型基础上进一步提出了目前世界上影响较大的生物膜理论（图 8-1），以后也有学者提出吸附/生物降解的补充理论。按照 Ottengraf 提出的及后来补充的理论观点，废气生物净化一般要经历以下几个步骤：①废气中的污染物首先同水吸收剂或吸附剂接触并溶解（吸附）于吸收剂或吸附剂中（即由气膜扩散进入液膜或固相）；②溶解于液膜中（或吸附与固相）的污染物在浓度差的推动下进一步扩散到生物膜，进而被其中的微生物捕获并吸收；③微生物将污染物转化为生物量、新陈代谢副产物或者二氧化碳（$CO_2$）和水（$H_2O$）；④反应产物 $CO_2$ 从生物膜表面脱附并反扩散进入气相，而 $H_2O$ 则被保持在生物膜内。

废气生物净化过程是人类对自然过程的强化和工程控制，其过程速率取决于：①气相向液相、固相的传质速率（与污染物的理化性质和反应器的结构等因素有关）；②能起降解作用的活性生物质量；③生物降解速率（与污染物的种类、生物生长环境条件、抑制作用等有关）。其中，传质速率和生物降解速率决定了废气生物净化的整体处理效果。

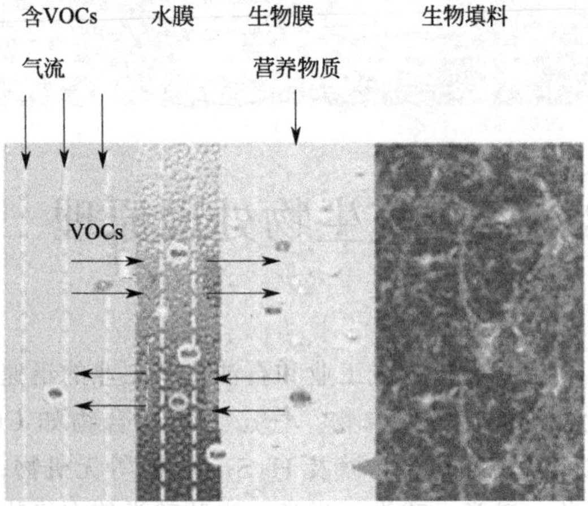

图 8-1 Ottengraf 提出的“双膜理论”

## 8.1.3 废气生物处理的微生物

不同的气态污染物都有其特定的适宜处理的微生物群落，根据营养来源不同，能进行气态污染物降解的微生物可分为自养菌和异养菌两类。自养菌可以在无有机碳和氧的条件下，利用光能氧化氨、硫化氢、铁离子等获得必要能量，生长所需的碳则由 $CO_2$、CO、$CO_3^{2-}$ 中的碳素通过卡尔文循环提供，在细胞内合成复杂的有机物，以构成自身的细胞成分，因此，它特别适合于无机物的转化。但是由于自养菌的新陈代谢活动较慢，导致其生长速率也非常慢，因此对无机气态污染物采用生物处理实际应用上有一定的困难，但在浓度不高的脱臭场合仍然有一定的使用价值，如采用硝化、反硝化及硫酸菌等去除浓度不高的臭味气体 $NH_3$、$H_2S$ 等。异养菌是通过有机化合物的氧化代谢来获得营养物质和能量，在适当的温度、pH 值和氧条件下，它们能较快地完成污染物的降解。因此，这类微生物多用于有机废气的净化处理。目前适合生物处理的气态有机污染物主要有乙醇、硫醇、酚、甲酚、脂肪酸、乙醛、酮和氨等。

微生物对有机物不仅有独立的氧化作用，而且还有协同氧化作用（共代谢），在某些情况下，当微生物在有其他可利用的碳源存在时，对它原来不能利用的物质也能分解代谢。例如，以甲苯作为唯一碳源的微生物，当有其他碳源存在时对甲苯的降解速率比单一甲苯存在时要快。同废水生物处理一样，不同的待处理成分都有特定合适的微生物群落，在某些情况下，起净化作用的多种微生物在相同条件下均可正常繁殖。因此在一套装置内可同时处理含多种成分的气体。表 8-1 是已经筛选到的针对一些典型气态污染物的降解菌种。

**表 8-1 用于大气污染物的一些典型微生物菌属**

| 微生物种类 | 目标污染物 | 举例 |
|---|---|---|
| 假单胞菌属(*Pseudomonas*) | 小分子烃类 | 乙烷 |
| 诺卡菌属(*Nocardia*) | 小分子芳香族化合物 | 二甲苯、苯乙烯 |
| 黄杆菌属(*Flavobacterium*) | 氯代化合物 | 氯甲烷、五氯苯酚 |
| 放线菌(*Actinomyces*) | 芳香族化合物 | 甲苯 |
| 真菌(*Fungi*) | 聚合高分子 | 聚乙烯 |
| 氧化亚铁硫杆菌(*T. ferrooxidans*) | 无机硫化物 | 二氧化硫、硫化氢 |
| 氧化硫硫杆菌(*T. thiooxidans*) | 有机硫化物 | 硫醇(RSH) |

通常，用于接种的微生物菌种可以是活性污泥，也可以是专门驯化培养的纯种微生物或人为构建的复合微生物菌群。针对较难生物降解的物质，选育优异菌种并优化其生存条件是目前废气生物净化的主要研究方向之一。一般细菌适宜在湿润、pH 中性条件下生长，而在

干燥和酸性环境条件下真菌会成为优势种群。真菌是典型的气生型微生物，具有较大的比表面积，对干燥环境或强酸环境具有较强的耐受能力，因此真菌有可能成为废气生物处理过程中更具有广阔前景的菌类，尤其是对于疏水性 VOCs 表现出更好的去除效果。基于菌种的代谢特性，人为构建生态结构合理的复合微生物菌群，对缩短反应器的启动周期、提高接种微生物的竞争性和保持反应器持续高效性具有重要意义。此外，为了提高筛选到菌株的降解性能，利用现代生物技术改造目的微生物也是提高废气生物净化效率的一个途径。根据遗传学原理，通过改变外部环境条件（光照或化学药剂），诱发基因突变，生产优良菌株；通过对微生物基因（DNA）的剪切、重组得到超级微生物，发展固定化微生物（酶）技术，从而提高生物法净化气态污染物的效率。这些技术的研究正方兴未艾，但其在废气生物处理上的应用研究相对较少。

### 8.1.4　废气生物处理的填料

填料作为微生物的载体，是废气生物处理装置的核心组件，其性能直接影响微生物的附着、系统的运行效果等。高效生物填料应具有以下特性：接触比表面积大，有一定的孔隙率，微生物代谢产物容易清除，能为微生物提供最佳的营养、温度、pH 等生长因素，耐腐蚀和不易分解腐烂，有足够的物理强度和较低的填充密度等。除了上述共同特性外，对于生物过滤滤料，要有较好的保水性能，因生物过滤工艺采用间歇喷淋，而填料湿分对于维持微生物活性非常重要；对于生物滴滤滤料，则要有较好的表面特性，既要有利于活性微生物的附着生长，又要有利于老化微生物的及时剥落。表 8-2 列出了不同填料的优缺点。

**表 8-2　不同填料的优缺点比较**

| 材料 | 优点 | 缺点 |
|---|---|---|
| 土壤 | 一项成熟的技术，适合于处理有恶臭或低浓度的气体，费用低 | 低的缓冲量，低吸附能力，低生物降解率，营养物的供应有限 |
| 泥炭和堆肥 | 一种可用于商业的技术，适合于处理低浓度的有机废气，低成本 | 低的缓冲量，低生物降解率，营养物的供应有限 |
| 粒状活性炭 | 高的吸附性能，好的生物量吸着力，可以处理高浓度的有机废气，高的生物降解能力 | 成本高，因为吸附能力高所以很难清洗 |
| 粒状陶瓷 | 易清洗，比活性炭的成本低，高生物降解率 | 比土壤和泥炭堆肥贵 |
| 塑料 | 易清洗，材料易得，价格便宜 | 无吸附能力，比焦炭贵，生物降解率低 |
| 焦炭 | 价格便宜，材料易得，吸水性好，吸附力强 | 生物降解率较低 |

目前，高效生物填料的开发主要体现在两个方面：一是天然材料为主，不断探求适用于生物处理工艺的天然填料，并通过对天然活性填料进行改性以提高填料的综合性能；另一发展趋势是逐渐弱化自然影响因素，强化人工控制过程，通过增加填料比表面积和填料强度、提高孔隙率并减轻质量等方法，从而防止出现填料压实和气体短流等现象。

## 8.2　废气生物处理工艺

废气的生物处理，按系统中微生物的存在形式可分为悬浮生长系统和附着生长系统。悬浮生长系统是指微生物及其营养物质存在于液体中，气相中的污染物通过与悬浮液接触后转移到液相，从而被微生物降解，其典型的工艺有生物吸收法、生物洗涤法。而在附着生长系统中，微生物附着生长于固体介质表面，废气通过由过滤介质构成的固定床层时，被吸附、吸收，最终被微生物降解，其典型的工艺有微生物过滤法。生物滴滤法的原理几乎与生物过滤法相同，唯一不同的是采用连续喷淋的方式给填料层提供所需的无机营养，因此生物过滤法同时具有悬浮生长系统和附着生长系统的特性。近年来，出现了一些新颖的废气生物处理法，如膜生物法、转鼓生物过滤法、两相分离生物法等，受到了研究者的广泛关注。

## 8.2.1 生物吸收法

生物吸收法（bio-absorption process）是利用由微生物、营养物和水组成的微生物混合液作为吸收液，吸收废气中可溶性的气态污染物，然后将吸收了废气的微生物混合液进行好氧处理，去除液体中吸收的污染物，经处理后的吸收液再重复使用。典型的生物吸收法由吸收和再生两个流程组成，如图 8-2 所示。吸收可采用各种常用的吸收设备，如喷淋塔、筛板塔、鼓泡塔等，再生则通常在生物反应器中进行。

吸收液（循环液）自吸收室顶部喷淋而下，与沿吸收室而上的废气逆流接触，使其中的污染物和氧转入水相，实现质量转移。吸收了废气中组分的生物悬浮液流入生物反应器，并通入空气，污染物被微生物降解，同时悬浮液得以再生，继续循环使用。吸收液在生物反应器中一般进行好氧处理，活性污泥法和生物膜法最为常见。相比较而言，吸收过程进行非常迅速，吸收液在吸收室内仅停留几秒，而生物反应的净化过程相对较慢，吸收液在生物反应器中一般需要停留几分钟到十几小时，所以吸收室和生物反应器一般要分开设置。

生物吸收法中气、液两相的接触方法除采用液相喷淋外，还可以采用气相鼓泡。通常，若气相阻力较大可用喷淋法，反之液相阻力较大则用鼓泡法。鼓泡与废水生物处理技术中的曝气相似，废气从池底通入，与新鲜的生物悬浮液接触而被吸收。因此，生物吸收法也可分为洗涤式和曝气式两种。生物吸收法的去除效率除了和污泥的 MLSS 浓度、pH 值、溶解氧等因素有关，还与污泥是否驯化、营养液的投加量及投加时间有关。日本一铸造厂采用生物吸收法处理含胺、酚和乙醛等污染物的气体，工艺采用两段吸收塔，装置运行十多年来一直保持较高的去除率（高于 95%）。德国开发的二级洗涤脱臭装置臭气从上而下经过二级洗涤，浓度从 2100mg/L 下降至 50mg/L，且运行费用极低。

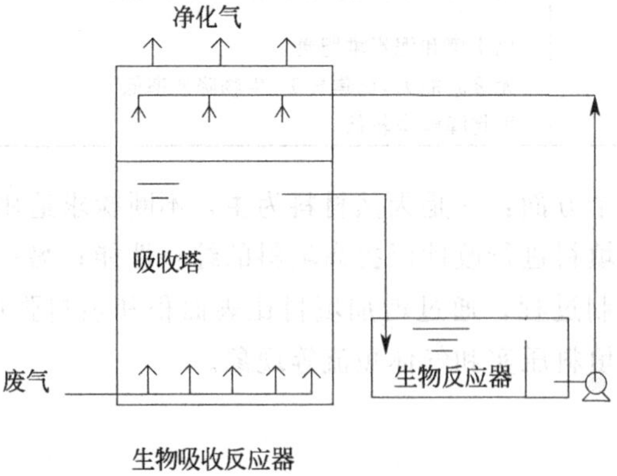


图 8-2 生物吸收器基本工艺流程图

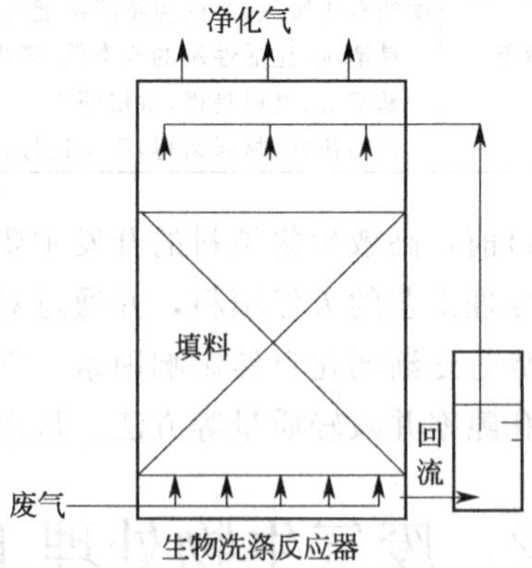


图 8-3 生物洗涤器基本工艺流程图

## 8.2.2 生物洗涤法

生物洗涤器（bioscrubber）实际上是一个悬浮活性污泥处理系统，它是将微生物及其营养物质溶解于液体中，气体中的污染物通过与悬浮液接触后转移到液体中而被微生物降解

(图 8-3)。与生物吸收法相比，生物洗涤法在同一个反应器中实现了废气吸收和生物降解，因此设备少、操作简单、投资运行费用低、去除效率较高；但反应条件控制较难，占地面积大，生物量增长快而易堵塞滤料，从而影响传质效果。

生物吸收法和生物洗涤法都需首先经历废气吸收这个过程，因此要求其处理的污染物都要有较好的水溶性，通常气液分配系数（亨利常数）小于 0.01 的气态组分才能被有效吸收，进而获得较好的处理效果，因此，这两种方法在工业应用中具有一定的局限性。

## 8.2.3 生物过滤法

生物过滤（biofiltration）是一种利用吸附性滤料作为生物填料的废气净化方法，它的工艺流程如下：具有一定温湿度的有机废气进入生物过滤塔，通过 0.5～1m 厚的生物活性填料层，有机污染物从气相转移到生物层，进而被氧化分解（图 8-4)。生物滤池的填料层是具有吸附性的滤料（如土壤、堆肥、活性炭等)。生物滤池因其较好的通气性和适度的通水与持水性，以及丰富的微生物群落，能有效地去除烷烃类化合物，而丙烷、异丁烷、对酯及乙醇等生物易降解物质的处理效果更佳。生物过滤的特点是生物相和液相均不流动，气-液接触面大，启动运行容易，操作简单，运行费用低，不产生二次污染，但反应条件不易控制，易堵塞、气体短流、沟流，占地多，且对进气负荷变化适应慢等。

为了克服上述生物过滤法存在的缺点，近年来研究者开始对高效生物填料进行筛选开发，取得了一定的研究成果。生物过滤填料取材更趋广泛，改性硅藻土、沸石、泥炭、黏土陶粒、珍珠岩、贝壳、植物碎屑、植物纤维、石灰石、谷壳等均被用作填料使用。这些填料不仅使用寿命长，而且具有较高的微生物容纳能力，克服了占地面积大、易堵塞、影响传质效果等缺点。同时，研究者还对几种过滤填料进行组合改性，大大改善了传统滤料的性能。陶佳等采用自行开发的棕纤维复合填料处理鱼粉厂生产废气，处理系统在 9d 内就完成挂膜，当停留时间为 20s，三甲胺和臭气的平均去除率分别达到了 91.98% 和 98.70%，且系统的压降明显小于纯泥炭的生物过滤系统。王家德等针对传统生物滤料释放养料较快的缺点，利用浸渍法制备了缓释填料，这种填料具有营养丰富、阻力系数低、比表面积大等优点，并且所含的营养成分释放缓慢，有利于生物过滤装置长期稳定高效地运行。

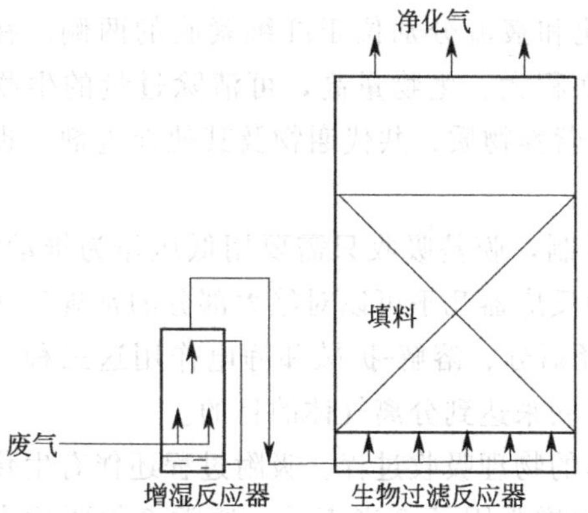


图 8-4　生物过滤基本工艺流程图

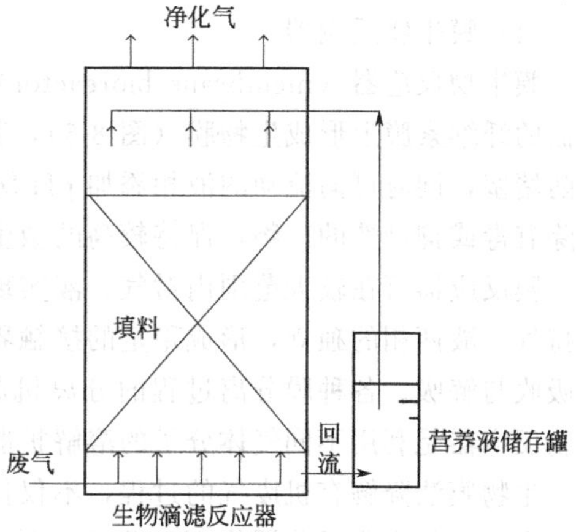


图 8-5　生物滴滤基本工艺流程图

生物过滤法已成功用于化工厂、食品厂、污水处理厂等的废气净化和脱臭。例如，处理

含 $H_2S$ 50mg/m³、$CS_2$ 150mg/m³ 的聚合反应废气，在高负荷下 $H_2S$ 的去除率可达 99%；处理食品厂高浓度的恶臭废气，脱臭率可达 95%。

### 8.2.4 生物滴滤法

生物滴滤法（biotrickling filter）是一种介于生物过滤法和生物洗涤法之间的处理方法，其流程如图 8-5 所示。生物滴滤法的床层填料多为惰性物质（如陶瓷、塑料等），具有较高的机械强度和孔隙率。与生物过滤法相比，生物滴滤法降低了气体通过床层的阻力，并且由于连续流动的液体通过床层使反应条件（如 pH、营养物浓度）易于控制，因此单位体积填料具有的生物量高，更适合净化负荷较高的废气。同时生物滴滤采用连续喷淋，克服了生物过滤法不能处理产酸废气的特点，扩大了生物法处理有机废气的应用范围。生物滴滤法处理的有机废气主要有烷烃、烯烃、醇、酮、酯、单环芳烃、卤代烃等。

生物滴滤法常采用两种进气方式：水气逆流和水气并流，反应器内附着微生物的填料，为微生物的生长、污染物质的降解提供了条件。与生物过滤法的填料不同，滴滤填料不能直接为微生物提供营养物质，必须通过喷淋才能为其提供生长必要的养分，因此对填料的选择比较严格。传统的生物滴滤填料有卵石、粗碎石、木炭、陶粒、火山岩等，随后出现了一些塑料、不锈钢等材质的填料，如聚丙烯小球、不锈钢拉西环、碳素纤维、海绵等，这些填料均具有多孔、结构疏松且材料呈惰性等特点。生物滴滤法启动初期，只需在循环液中接种经驯化的微生物菌种，很快微生物利用溶解于液相中的污染物质进行代谢繁殖，并附着于填料表面，形成生物膜，完成生物膜挂膜过程。随后，气相主体的污染物质和氧气经过传输进入生物膜，被微生物利用，代谢产物再经过扩散作用进入气相主体后外排。由于生物滴滤法的反应条件（pH、温度等）易于控制，可以通过自动酸碱添加设施、循环液加热等方式进行调节，因此生物滴滤法更适合处理含卤代烃、硫、氮等会产生酸性代谢产物的污染物。Hartmans、Diks 等的实验结果表明，气速 145～156m/h，进气二氯甲烷浓度为 0.7～1.8g/m³ 时，二氯甲烷的去除率为 80%～95%。Chen 等采用泡沫聚氨酯作为生物滴滤中试装置的填料处理高浓度 $H_2S$，去除率可达 90%以上。

### 8.2.5 新型废气生物处理法

（1）膜生物反应器

膜生物反应器（membrane bioreactor）的气流和液流分别位于纤维素膜的两侧，在液相面的纤维素膜上形成生物膜（图 8-6），其比表面积大、生物量高，可清除过量的生物量以防堵塞，同时可向流动的液相添加 pH 缓冲剂、营养物质、共代谢物及其他促进剂，也可排除有毒或抑制性的产物，保持较高的微生物活性。

膜反应器可在较大范围内对气、液实现独立控制，膜基吸收只需要用低压作为推动力，保持气、液两相的独立，形成稳定的接触界面。膜反应器几乎可以对绝大部分的常规气体进行吸收与解吸。各种膜分离过程的分离机制有孔径筛分、溶解-扩散和静电作用这三种。膜生物反应器是利用不同气体分子的溶解扩散速度不同来达到分离气体的目的。

生物膜法降解有机废气的过程，不仅仅是简单的物理吸收过程。吸附过程还伴有生化反应，有机废气生化吸收同物理吸收速率的比值可用增强因子 $\beta$ 来表示，通常 $\beta$ 值要远大于 1，说明有机废气的生化吸收能很快完成。在膜生物反应器内，液相中带有大量的微生物，当有机气体通过膜材料时，就会被悬浮在液相或附着在生物膜的微生物降解成 $CO_2$、$H_2O$

和其他物质，转化为生物体自身生长所需要的养分。这样就可实现有机废气的绿色处理，最大限度降低其对大气和环境的污染。

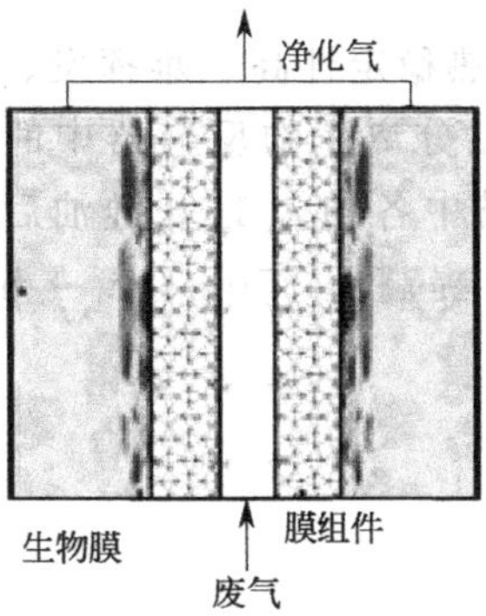


图 8-6 膜生物反应器核心组件示意图

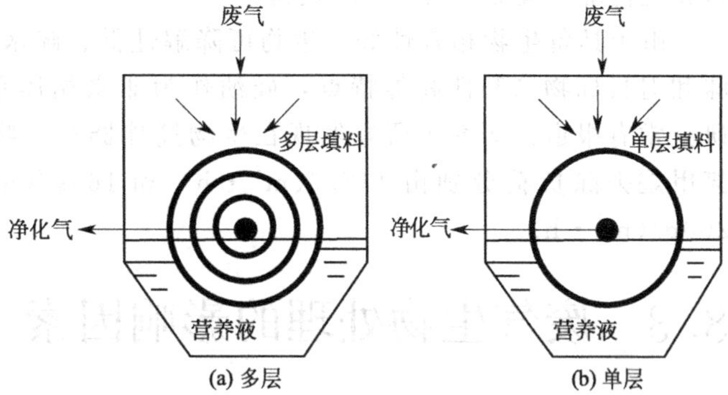


图 8-7 RDB 反应器示意图

膜生物反应器具有以下优点：①膜作为分离气相和液相的界面，提供了大的比表面积，其气液接触面比其他类型的反应器要大，能更有效地去除不易溶于水的气体污染物；②膜生物反应器中由于膜的分离作用可在很宽的范围内对气体、液体流动进行单独控制，提高抗冲击负荷能力，避免了泛沫、泛液等问题；③膜生物反应器对微生物的保护作用比其他类型的生物反应器更强，如在去除 $N_2O$ 时，膜能阻隔汽车尾气中的重金属离子对微生物的侵袭；④膜生物反应器中活性微生物的浓度更高，能有效提高有机废气的处理量，大大减少污泥排放量。

(2) 转动式生物滤床

转动式生物滤床（rotating drum biofilter，RDB）由生物转盘废水处理技术演变而来。该装置由密封外壳、内置生物填料转鼓和营养液槽三个部分构成（图 8-7）。气态污染物从转鼓的外面透过填料层，进入内轴空间，由轴向排气管排出，完成一次气态污染物的净化。转鼓每转一圈，填料层经历一次与营养液充分接触的机会，附着于填料上的生物则经历着一次好氧-厌氧的交替过程，这种交替、接触维持着微生物高效分解污染物的活性。

辛辛那提大学采用了三种不同填料形式和进气方式的转鼓反应器（单层 RDB、多层 RDB 和混合式 RDB），研究了三种不同有机废气（二乙基醚、甲苯和正己烷）在不同条件下净化效率和去除负荷的情况。该工艺运用于有机废气的治理已初见成效，并在美国建成了工业化中试装置。转动式生物滤床集生物过滤和生物滴滤优点于一体，能够有效解决污染负荷、生物量、营养液等分布不均匀的问题，并且能够大大提高有效生物量。

(3) 两相分离生物反应器 为了强化疏水性有机废气的气液传质过程，研究者提出了基于“油-水相”的两相分离生物反应器。通过在反应体系中加入非水相——油相可以有效克服有机废气组分在气相、水相和微生物相之间的传质障碍，实现有机废气的高效净化（图 8-8）。更重要的是，在污染物负荷冲击较剧烈的情况下，两相分离生物反应器可以使水相中的污染物浓度保持在一定范围内。当污染物浓度过高时，非水相体系可以吸收部分污染物，降低水相中的底物浓度，从而减轻或消除高浓度污染物对微生物的毒害作用；当废气中的污染物浓

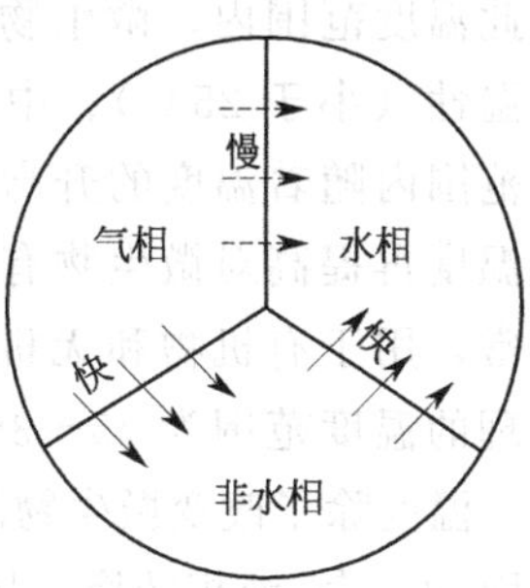


图 8-8 两相反应原理示意图

度较低时，非水相体系又可以通过热力学平衡，向水相中缓慢释放部分污染物，以维持微生物基本的新陈代谢以顺利度过饥饿期。两相分离生物反应器的该项功能无疑使其具备相比传统反应器更高的去除负荷。

由于具备生物相容性好、生物可降解性低、疏水性强、热稳定性高、难挥发、无臭味和对目标物亲和性高等特点，硅油作为非水相体系在两相分离生物反应器中的应用研究常有报道。研究者研究发现在生物搅拌器和生物滴滤塔中各加入10%硅油后，二氯甲烷去除负荷分别由117g/($m^3$·h)和160g/($m^3$·h)提高至350g/($m^3$·h)和200g/($m^3$·h)。

# 8.3 废气生物处理的影响因素

由于废气生物处理主要是利用微生物的新陈代谢作用使污染物转化为简单的无机物或细胞自身组成物质，因此微生物的活性决定了反应器的性能。废气与废水处理技术的最大区别在于，有机物首先必须由气相扩散进入液相，然后才能被微生物吸附降解（图8-9），整个过程影响因素较多而且比较复杂。这些因素包括湿度、pH、温度、氧含量等。

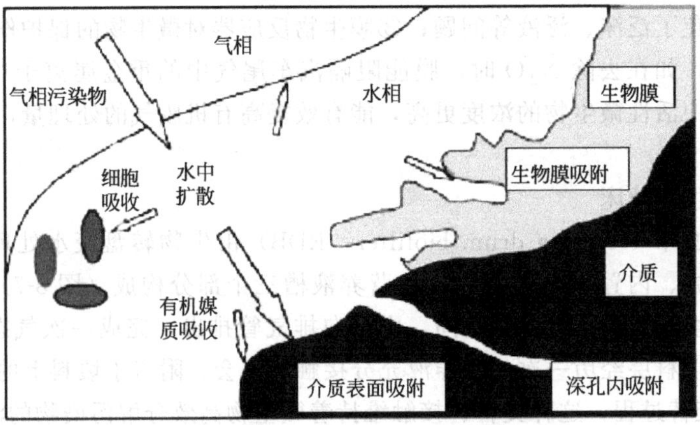


图8-9　反应器内污染物传质过程示意图

## 8.3.1 温度

温度是影响微生物生长的重要环境因素。任何微生物只能在一定温度范围内生存，在此温度范围内，微生物能大量生长繁殖。根据微生物对温度的依赖，可以将它们分为低温性（小于25℃）、中温性（25～40℃）和高温性（大于40℃）微生物。在适宜的温度范围内随着温度的升高，微生物的代谢速率和生长速率均可相应提高，到达一最高值后温度再提高对微生物有致死作用，因此工程上通常根据微生物种类选择最适宜的温度。通常，用于有机物和无机物降解的微生物均是中温、高温菌占优势。一般地，废气生物处理的温度范围为25～35℃。

温度除了改变微生物的代谢速率外，还能影响污染物的物理状态，使得一部分污染物发生固-液、气-液相转换，从而影响废气生物净化效果。如提高温度，会降低污染物特别是有机污染物在水中的溶解以及在填料上的吸附，从而影响气液传质过程，进而影响污染物的最终去除效果。

### 8.3.2 pH

微生物的生命活动、物质代谢都与 pH 有密切联系，每种微生物都有不同的 pH 要求，大多数细菌、藻类和原生物对 pH 的适应范围在 4～10 之间，最佳 pH 为 6.5～7.5。pH 过高或过低对微生物的生长都不利，主要表现为：①pH 的变化引起微生物体表面的电荷改变，进而影响微生物对营养元素的吸收；②影响培养基中有机化合物的离子化作用，从而影响这些物质进入细胞；③酶的活性降低，影响微生物细胞内的生物化学过程；④降低微生物对高温的抵抗能力。

在废气生物处理过程中，一些有机物的降解会产生酸性物质，如：$H_2S$ 和含硫有机物导致 $H_2SO_4$ 的积累；$NH_3$ 和含氮有机物导致 $HNO_3$ 的积累；氯代有机物导致 HCl 的积累；高有机负荷引起的不完全氧化也会导致乙酸等有机酸的积累。这些过程均会使生物反应器的 pH 环境发生变化。通常的做法是在填料中添加石灰、大理石、贝壳等来增加体系的缓冲能力，调节 pH 值。

### 8.3.3 湿度

在废气生物处理过程中，湿度是一个重要的影响因素。首先它控制生物反应器中氧的含量，决定是好氧还是厌氧条件。其次，只有溶解于水相中的污染物才可能被微生物所降解。如果填料湿度太低，不仅将使微生物失活，同时填料也会收缩破裂而产生气流短流；如填料湿度太高，不仅会使气体通过滤床的压降增高、停留时间降低，同时由于空气/水界面的减少引起氧气供应不足，形成厌氧区域从而产生臭味并使降解速率降低。一些研究表明，填料的湿度在 40%～60%（湿重）范围内时，生物滤膜的性能较为稳定。对于致密且排水困难的填料和疏水性挥发性有机废气，最佳含水量一般控制在 40%左右；对于密度较小且多孔性的填料和亲水性挥发性有机废气，则最佳含水量一般在 60%以上。

影响填料湿度变化的主要因素有：湿度未饱和的进气、微生物代谢产生热量与周围环境进行热交换等。当未饱和的进气经过反应器内填料层时，将与填料充分接触并吸收填料水分，最终达到饱和。由于污染物的降解为一放热反应，微生物的代谢作用会使废气和填料温度升高，填料中水分蒸发，湿度减少。

## 8.4 有机废气生物处理发展

### 8.4.1 微生物净化有机废气

前文已述及，废气生物净化方法主要有吸收法、滴滤法和过滤法等。生物吸收法适宜处理进气量较小、浓度大、易溶且生物代谢速率较低的废气；对于气量大、浓度低的废气可采用生物滤池处理系统；而对于负荷较高以及污染物降解后会生成酸性物质的废气处理则以生物滴滤池好。随着研究的深入，有机废气的生物处理所面临的问题日益凸显：①传统的废气生物净化技术还只限于处理低浓度且组成简单的有机废气；②有机废气流量和浓度波动较大时，容易造成废气在设备内的停留时间不够，处理效率降低；③废气中的颗粒物在滤床中积累过多，易造成滤床堵塞，阻力增大；④适合于特定有机物降解的细菌种类和接种方法有待进一步研究与开发，目前能用生物法处理的有机废气几乎都是亲水性或易生物降解的，对于疏水性或难降解废气的处理能力差。

针对上述问题，研究者提出了采用预处理-生物净化组合工艺来处理工业有机废气，特别是废气中含有浓度较大且可生化性较差的组分时预处理技术就显得尤为重要。常见的预处理技术主要有物理技术（主要是吸附、吸收、冷凝等）和化学技术（主要是高级氧化技术等）。

组合工艺的特征是以生物净化工艺为主，根据不同的废气性质配以相应的预处理工艺，从而实现多组分废气的彻底净化。典型的工艺流程包括吸收-生物过滤、冷凝-生物过滤和高级氧化-生物过滤组合工艺等（图 8-10），它们适用于医药化工、石油石化、制革、油漆喷涂等行业生产过程经收集的高浓度、高沸点、部分污染物可生物降解性差、排放要求高的异味控制。虽然吸收、冷凝等传统处理工艺在短时间内能达到较好的预处理效果，但是存在吸附剂、冷凝剂等饱和再生问题，处理费用较大，并且还存在二次污染等。相对而言，无论在处理效果还是在运行费用上，高级氧化技术都显示出了自身的优点。虽然一次性投资费用有可能比传统预处理技术昂贵，但是运行维护费用会大大降低，不存在试剂更换等缺点，产生的部分氧化中间产物甚至会促进后续生物净化过程。高级氧化技术因而成为了生物净化的预处理技术的备选技术之一。

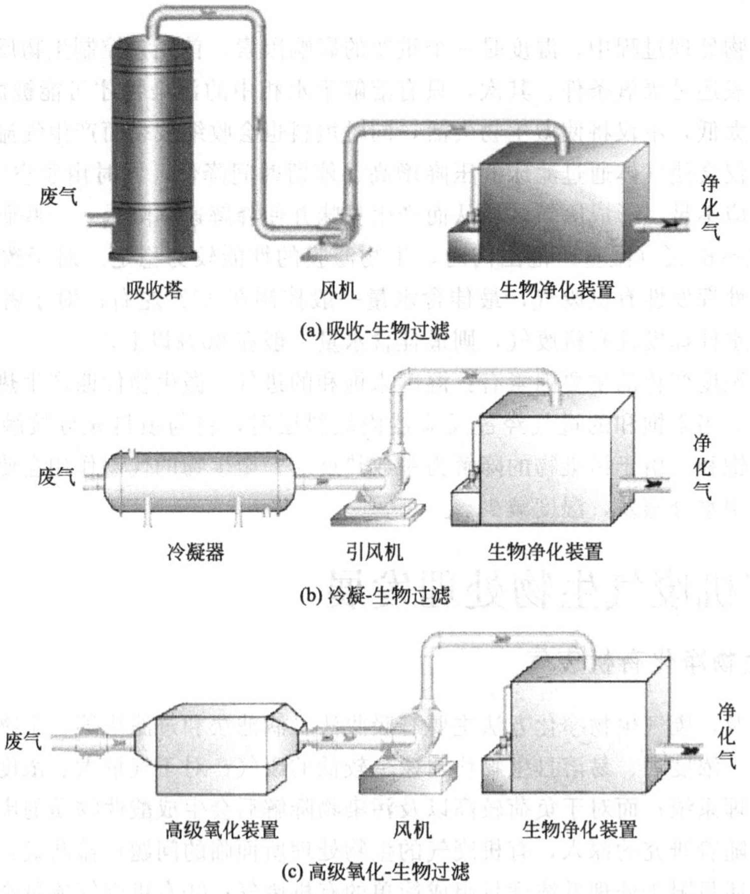


图 8-10　典型的废气生物净化组合工艺示意图

紫外线氧化是高级氧化技术的典型技术，它与生物净化相结合用于废水的处理已有 20 多年的历史，但其应用于废气治理仍是一个相对新的研究领域。Koh 等利用该项技术实现

了对难降解 $\alpha$-蒎烯的有效去除，指出两种技术的组合有利于减小各反应单元的体积，特别适于低水溶性、难生物降解 VOCs 的处理。Mohseni 和 Zhao 对比了有/无紫外线氧化预处理的生物过滤系统对二甲苯的去除效果，其中组合系统在 $20g/(m^3 \cdot h)$ 进口负荷下实现了对二甲苯的完全去除，而单一生物过滤系统在 $15g/(m^3 \cdot h)$ 较低的负荷下运行，出气中仍能检测到目标污染物；组合系统较好的运行效果归因于紫外线将二甲苯转化成了水溶性较好的易降解中间产物及过滤系统中较高的生物量和活性。Wang 等研究指出紫外线氧化单元产生的 $O_3$ 能避免后续生物处理单元中生物量的过多累积，从而延缓滤层压降过快上升、运行不稳定等问题。

然而，也有研究者指出一些有机化合物经光解后有可能产生比母体化合物更难降解、毒性更大的中间产物。因此，光解产物的可生化性直接关系到后续生物降解过程的有效进行。

## 8.4.2　植物净化有机废气

植物净化是一种经济、有效的环境污染净化方式，具有操作简单、成本低等特点，近年来在大气污染尤其是近地表大气的有机污染物净化方面逐渐成为国际上环境污染防治研究的前沿性课题。绿色植物不仅具有良好的景观，而且都具有滞尘、净化空气的作用，能有效控制一些物理性和化学性大气污染，并对空气中病原体附着在尘埃或飞沫上随气流移动进行有效阻止，而且植物的分泌物具有杀菌作用，可减轻生物性大气污染。

植物净化大气污染的主要过程是持留和去除。持留过程涉及植物截获、吸附和滞留等，去除过程包括植物吸收、降解、转化、同化和超同化等。植物对污染物的持留主要发生在地上部分表面，是一种物理过程，其与植物表面的结构如叶片心态、粗糙程度、叶片着生角度和表面分泌物等有关。植物可有效地阻滞空气中的浮尘、雾滴等悬浮物及其附着的污染物。研究表明，植物是从大气中清除多环芳烃（PAH）等亲脂性有机污染物的最主要途径，其吸附过程是清除的第一步。植物可以通过气孔和角质层吸收大气中的多种化学物质，并经由植物维管系统进行运输和分布。光照条件可以显著地影响植物生理活动，尤其是控制叶片气孔的开和关，因而对植物吸收污染物有较大的影响。对于挥发性或半挥发性有机污染物的吸收与污染物本身的理化性质有关。植物降解是指植物通过代谢过程来降解污染物或通过植物自身的物质如酶类来分解植物体内外来污染物。

实际上植物对大气污染的净化作用很早就被注意到并得到应用，如公路边种植植物以减轻汽车造成的污染，一些化工厂或类似的人为污染源附近种植大量植物来减轻污染并美化环境等。目前，盆栽植物净化室内空气成为一个热门的话题。然而，系统地研究大气污染的植物净化还是一项新兴课题，其发展潜力巨大，应用前景广阔。例如，随着大量隧道、地下空间的建设，这类构筑物均设有通风排气设施，尽管污染物浓度低，但风量大，且为人群呼吸区近距离排放，对环境及人体健康影响很大，因此，相应的排气口空气的净化已成为城市环境质量控制（如 $PM_{2.5}$）的当务之急。研究表明，选择合理的植物净化系统或植物配合土壤过滤系统，可有效实现对这类空气的净化。植物净化是最经济实惠的绿色“空气净化器”。

## 8.4.3　有机废气生物净化的研究热点

有机废气生物处理是一项新的技术，由于生物反应器涉及气、液、固相传质及生化降解过程，影响因素多而复杂，有关的理论研究及实际应用还不够深入，需要从以下几方面进行探索和研究。

（1）反应动力学模式研究

废气生物净化过程涉及气液传质和生化降解两个步骤。对于疏水性有机组分，主要的控速步骤是气液传质；而对于难生物降解的有机组分，主要的控速步骤为生化降解反应。实际过程中，两个控速步骤的界限并不分明。此外，Ottengraf 等提出的生物膜理论，是建立在以生物过滤研究基础上的，无法适用于生物吸收、生物洗涤等净化处理有机废气过程机制的描述。因此，通过反应机制的研究，找出决定反应速率的内在依据，并对模型进行完善，揭示废气组分在不同反应器内的去除行为，以便更有效地调控反应速率，提高污染物在生物反应器中的净化效率。

（2）填料特性研究

对于有机废气的生物净化过程来说，深入研究填料的一些特性是非常必要的。填料的比表面积、孔隙率与单位体积填充量不仅与生物量有关，还直接影响着整个床层的压降、堵塞等。气态污染物降解要经历一个气相到液-固相传质过程，污染物在两相中的分配系数是一个重要的决定因素。有资料表明，填料对分配系数有较大的影响，Hodge 等用生物滤池处理乙醇蒸气时，发现颗粒活性炭作填料时污染物的分配系数是以堆肥作填料时的 2.5～3 倍。

图 8-11　发泡聚氨酯填料

对填料进行适当的亲水与生物亲和改性，能够大大提高填料的传质性能、挂膜性能和废气处理效果。经过改进的大孔径的发泡聚氨酯（图 8-11）作为填料处理挥发性有机污染物和恶臭物质，处理效果比普遍填料好，从而得到更多的实际应用。在北京某污水处理厂内，生物除臭池内原有的填料是按一定比例混合的木片和树皮，使用 2 年后部分木片和树皮腐烂，填料层发生板结和塌陷，导致除臭池内的压力损失升高，能耗增大；同时，腐烂的填料散发出臭味，加重了污染。将除臭池内的填料全部更换为聚氨酯泡沫后，新填料孔隙率大，透气性好，压力损失小；保水性强，减少喷淋水的用量；并且不易腐烂，没有异味。

近几年，废气生物处理填料的开发与研究侧重于改进合成材料的比表面积、结构以及填料的布气性能和力学性能。陶粒、聚氨酯、聚乙烯等合成材料的力学性能往往优于天然材料，通过改变和控制生产工艺，可以控制填料的形状、孔径、粒径、孔隙率等，得到的填料更具保水性，其孔径和孔隙率也更适合微生物附着生长，更有利于与污染物的充分接触，提高处理效果。此外，合成材料重量轻、颗粒小且均一，比较容易形成自动化的大规模生产，与装有其他填料的生物反应器相比，采用这种填料的生物反应器能够长期稳定地运行，并且不易发生堵塞。可以预言，在不久的将来，合成材料定能在有机废气生物处理中得到更广泛应用。

（3）动态负荷研究

目前，绝大多数研究报道中采用的是单一组分（或几个简单组分组合）气体作为实验对象，气体负荷的变化是非常有顺序的、平稳的，气速波动不大。而对于非常态负荷气流、组分复杂混合废气的研究较少。在实际工程应用中，气速和负荷都是随时变化的，因此，动态负荷研究具有实际意义。

# 8.5 含硫废气的生物处理

热电、煤化工、橡胶再生、污水处理及城市垃圾处理等工业过程会产生许多含硫废气。含硫废气的种类很多，典型的代表为二氧化硫、硫化氢、二硫化碳、硫醇、硫醚等。

目前，净化二氧化硫、硫化氢等废气的物理和化学方法已比较成熟，根据净化方法的特点，主要有吸收、氧化等。这些方法虽然脱硫效果较好，资源化程度小，而且对设备有腐蚀，存在二次污染问题。微生物脱硫技术的开发，可以很好地解决传统物理化学处理方法存在的弊端。

## 8.5.1 脱硫微生物

脱硫微生物是在需氧条件下能够氧化 $Fe^{2+}$ 、S 和无机硫化物，并将还原性硫化物氧化为 $SO_4^{2-}$，使环境变酸，并放出能量。至今人们已发现的具有脱硫能力的微生物约有十几种，如氧化亚铁硫杆菌、氧化硫杆菌、光合硫细菌以及真菌等。根据营养类型分类，脱硫微生物主要有两大类：异养型的硫氧化菌与自养型的硫氧化菌。

(1) 异养型的硫氧化菌

异养型的硫氧化菌分布很广，包括许多土壤细菌、放线菌和真菌，它们都是以氧化态的含硫化合物作为电子受体，最终生成硫单质。这些异养型的硫氧化菌不能从硫的氧化过程中获得能量，它们生命活动所必需的能量是从有机物的氧化中获得的。大多数硫酸盐还原菌是中温型的，最佳生长温度在 30～37℃，少数是高温型，最佳生长温度在 40～70℃，多数硫酸盐还原菌可在 pH 4～9.5 的范围内生长，而最适 pH 7.1～7.6。硫酸盐还原菌是严格的厌氧菌，其生长环境的氧化还原电位一般应保持在－100mV 以下。

硫酸盐还原菌是异养菌，其生长除了需要有机物外，还需要硫酸盐、亚硫酸盐、硫代硫酸盐等含有氧化态硫的化合物作为电子受体。研究表明，脱硫肠状菌属的大部分菌种及脱硫弧菌属的部分菌种在有合适碳源存在时，还可利用单质硫生长，有些菌种也能在无硫酸盐存在时直接利用丙酮酸盐生长。一般来说，硫酸盐还原菌以有机物作为生长、繁殖所需的碳源和能源，硫酸盐仅作为有机物分解过程中的最终电子受体而起作用。不同的硫酸盐还原菌在不同环境条件和不同基质情况下，所进行的生化代谢反应也不同。根据硫酸盐还原菌对碳源的利用及代谢情况，可将其分为两大类：不完全氧化型和完全氧化型。前者能利用乳酸、丙酮酸等作为生长基质，但只将基质氧化到乙酸水平，并以乙酸作为代谢产物排出体外；后者则专一性地氧化某些脂肪酸，特别是乙酸和乳酸等，最终将其降解为 $CO_2$ 和 $H_2O$。

(2) 自养型硫氧化菌

自然界中大部分硫氧化菌属于化能自养型，主要可分为三大类：丝状硫细菌、光合硫细菌和无色硫细菌。丝状硫细菌主要生活在含硫化物的水中，能在有氧环境中把水中的硫化氢氧化为单质硫，并从中获得生长和活动所需的能量，生成的单质硫则以硫粒的形式沉积在细胞体内，单质硫还可以被进一步氧化为硫酸盐。光合硫细菌是指从光中获得能量，依靠体内特殊光合色素，同化 $CO_2$ 进行光合作用的一类光能营养细菌，能以有机物作为电子供体和碳源，把硫化物或硫代硫酸盐氧化为硫或硫酸盐。无色硫细菌体内没有光合色素，它们的共同特征是能氧化还原态硫化物并从中获取生长和活动所需的能量。对无色硫细菌代谢途径的研究表明，碳的代谢途径较为简单统一，即多数无色硫细菌都通过卡尔文（Calvin）循环进行二氧化碳的固定；但不同种类的无色硫细菌对硫的代谢途径不同，不仅代谢所涉及的酶和电子传递系统不完全相同，而且反应所发生的部位也可能不相同。大多数无色硫细菌以 $O_2$ 作为电子受体，因而多数无色硫细菌是好氧菌。但某些无色硫细菌可在厌氧条件下以 $NO_3^-$ 或 $NO_2^-$ 为电子受体，将其还原为 $N_2$。

### 8.5.2 含硫污染物的脱硫机制

含硫污染物主要包括二氧化硫、硫化氢、甲硫醇、二甲基硫醚、二甲基亚砜等，它们在微生物的代谢下，大部分 S 元素都转化为单质 S 或 $SO_4^{2-}$。生物降解含硫污染物的过程可以归纳为以下几个步骤进行（如图 8-12 所示）：气态污染物与吸收液接触，由气相转移至液相，液相含硫物质经生物转化为单质 S 或 $SO_4^{2-}$，转化过程中产生能量为微生物的生长与繁殖提供能源。生物降解过程中，S 元素一部分转化成为硫黄颗粒，一部分则转化为硫酸盐溶解于喷淋液中，此过程遵循能量守恒定律。

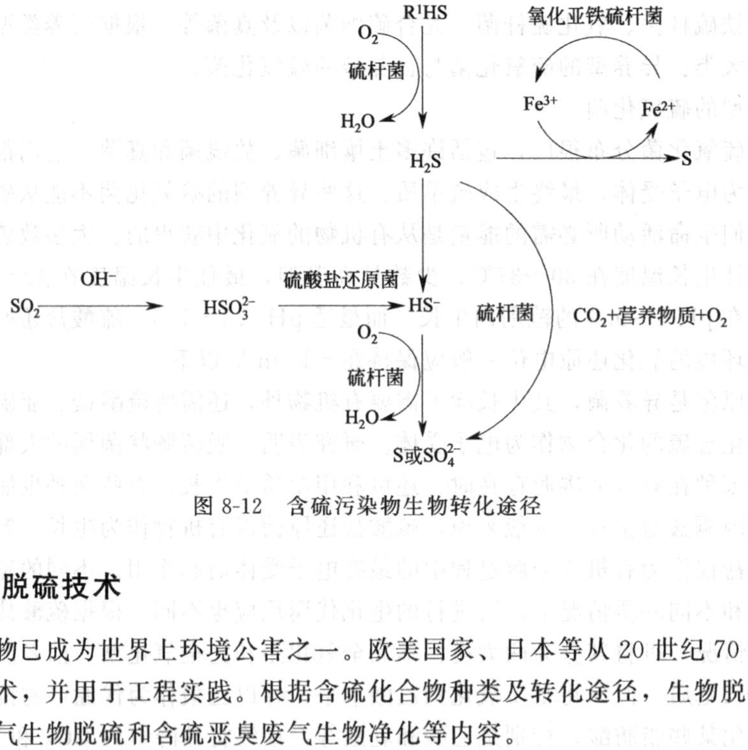


图 8-12 含硫污染物生物转化途径

### 8.5.3 生物脱硫技术

含硫污染物已成为世界上环境公害之一。欧美国家、日本等从 20 世纪 70 年代便开始研究生物脱硫技术，并用于工程实践。根据含硫化合物种类及转化途径，生物脱硫包括烟气生物脱硫、天然气生物脱硫和含硫恶臭废气生物净化等内容。

（1）烟气生物脱硫（Bio-FGD）

烟气中硫主要以 $SO_2$ 形式存在。根据图 8-12，烟气中的 $SO_2$ 通过水膜除尘器或吸收塔溶解于碱转化为亚硫酸盐、硫酸盐；在厌氧环境及有外加碳源的条件下，硫酸盐还原菌将亚硫酸盐、硫酸盐还原成硫化物；然后再在好氧条件下通过好氧微生物的作用将硫化物转化为单质硫，从而将硫从系统中去除。因此，烟气生物脱硫过程分为两个阶段：$SO_2$ 的吸收过程和含硫吸收液的生物脱硫过程。

1992 年，荷兰 HTSE&E 公司和 Paques 公司开发的烟道气生物脱硫工艺（Bio-FGD）标志着烟气生物脱硫技术领域达到了实用技术水平。Bio-FGD 工艺主要通过 1 个吸收器和 2

个生物反应器去除气体中的 $SO_2$。吸附器首先吸收烟气中的 $SO_2$，并且是唯一与气体接触的单元。在第1个反应器通过厌氧生物处理形成硫化物，在第2个反应器通过好氧生物处理将硫化物氧化成高质量的单质硫。

(2) 天然气生物脱硫（Bio-SR）

天然气和沼气中硫主要以硫化氢形式存在。根据图8-12，硫化氢通过化学吸收塔被硫酸铁并氧化为单质硫回收，硫酸铁则还原为硫酸亚铁；亚铁在氧化亚铁硫杆菌作用下被氧化为三价铁，获得再生的硫酸铁继续氧化吸收硫化氢，如此循环进行。

Bio-SR 工艺最初由日本 Dowa Mining 公司开发成功，在1984年，第一套工业装置应用于钡化学试剂厂排放气脱硫；后来日本钢管公司 NKK 获得工艺的独家实施许可，该工艺主要用于处理化工厂以及炼油厂的各种含硫气体，并首次用于胺洗和 Clause 装置尾气净化。之后，美国气体研究院（IGT）与 NKK 公司进行了合作开发，并获得该工艺的使用授权，将工艺用于天然气脱硫。

生物脱硫技术最初都应用于废水、废气脱硫；随着该技术的深入，逐步扩展到用于脱除烟气、天然气、沼气等中的硫，因其具有运行成本低、反应条件温和、能耗少、能有效减少环境污染等优点，已逐渐成为世界工业酸气净化研究的前沿热点研究课题。

# 8.6 $CO_2$ 的生物处理

大气"温室效应"与全球变暖将是21世纪全人类所面临的最大环境问题。其中，$CO_2$ 是对"温室效应"影响最大的气体，占总效应的49%。由于工业的急速发展和人口的迅猛增加，$CO_2$ 的体积分数已由工业革命前的 $2.80\times10^{-4}$ 增加到现在的 $3.60\times10^{-4}$，其浓度远远超出了自然生态系统所能承受的能力。另一方面，$CO_2$ 又是地球上最丰富的碳资源，只要有合适的技术，$CO_2$ 又可转化为巨大的可再生资源，它与工业的发展密切相关，而且还关系到能源政策问题。近年来，能源紧张，资源短缺，环境污染严重，世界各国都在探索解决上述问题的途径，因此，$CO_2$ 的固定在环境、能源方面具有极其重要的意义。

目前 $CO_2$ 的固定方法主要有物理法、化学法和生物法，而大多数物理和化学方法最终必须依赖生物法来固定 $CO_2$。大气中游离的 $CO_2$ 主要通过陆地、海洋生态环境中的植物、自养微生物等的光合作用或化能作用来实现分离和固定，维持整个生物圈的碳循环。

## 8.6.1 植物固定 $CO_2$

高等植物固定 $CO_2$ 的生化途径有3种，即卡尔文循环（$C_3$ 途径）、四碳二羧酸途径（$C_4$ 途径）和景天科植物酸代谢途径（CAM 途径），并以此将高等植物分为 $C_3$、$C_4$ 和 CAM 植物。

在卡尔文循环途径中，碳素同化的最初产物是三碳化合物——三磷酸甘油酸（PGA），$C_3$ 途径因此而得名。以这一途径来同化碳素的植物有水稻、小麦、大豆、棉花等。在 $C_3$ 植物中，$CO_2$ 的接受体是磷酸核酮糖（RuBP），通过羧化、还原、更新三个阶段形成单糖，同时 RuBP 得到再生，这是植物固定 $CO_2$ 最重要的循环。动力学实验结果表明，$CO_2$ 浓度、光照强度等显著影响着卡尔文固定过程的循环进行。

同样，四碳二羧酸途径中，光合作用碳素同化最初产物是四碳化合物，$C_4$ 途径也因此而得名。它由叶肉细胞质中磷酸烯醇式丙酮酸（PEP）固定 $CO_2$ 形成的 $C_4$ 化合物转移到维管束鞘薄壁细胞中，经脱羧作用释放出 $CO_2$，再由卡尔文循环合成糖类。

CAM植物，如景天属、落地生根属、仙人掌属等多种肉质植物，同化 $CO_2$ 的方式非常特殊，一般晚上气孔开放，吸进 $CO_2$，与 PEP 结合，形成草酸乙酸（OAA），进一步还原为苹果酸积于液泡中；白天气孔关闭，液泡中的苹果酸便运到叶绿体，氧化脱羧，放出 $CO_2$，参与卡尔文循环。

### 8.6.2 微生物固定 $CO_2$

过去，人们往往将注意力放在植物的光合作用上。实际上，$CO_2$ 的微生物固定是一支不可忽视的力量。这是因为在地球上存在各种各样的生态系统，尤其是植物不能生长的特殊环境中，自养微生物能很好地发挥固定 $CO_2$ 的优势。高效固定 $CO_2$ 的微生物（生物催化剂），可在温和条件下实现 $CO_2$ 向有机碳的转化，微生物在固定 $CO_2$ 的同时，可获得许多高营养、高附加值的产品。

固定 $CO_2$ 的微生物一般分为两类：光能自养型微生物和化能自养型微生物。前者主要包括微藻类和光合细菌，它们都含叶绿素，以光为能源、$CO_2$ 为碳源合成菌体组成物质或代谢产物；后者以 $CO_2$ 为碳源，能源主要有 $H_2$、$H_2S$、$S_2O_3^{2-}$、$NH_4^+$、$NO_2^-$ 及 $Fe^{2+}$ 等还原态无机物质。根据微生物对氧的需求，固定 $CO_2$ 的微生物又分为好氧微生物和厌氧微生物，前者包括藻类、蓝细菌、氢细菌、硝化细菌、硫化细菌等，后者主要包括光合细菌、甲烷菌和醋酸菌等。

由于微藻（包括蓝细菌）和氢细菌具有生长速率快、适应性强等特点，对它们固定 $CO_2$ 的研究及开发较为广泛、深入。利用微藻固定 $CO_2$ 的光生物技术被认为是一种经济高效的新方法。培养微藻不仅可获得藻生物体，同时还可以产生氢气和许多附加值很高的胞外产物（蛋白质、类胡萝卜素等），是精细化工和医药开发的重要资源。氢氧化细菌是生长速率最快的自养菌，作为化能自养菌固定 $CO_2$ 的代表，引起了人们的高度重视。目前已发现的氢氧化细菌有 18 个属，近 40 个种。Igarashi 和 Nishibara 等筛选的噬氢假单胞菌（*Pseudomonas hydrogenovora*）和海洋氢弧菌（*Hydrogenovibrio marinus*）在固定 $CO_2$ 的同时还可分别积累大量的胞外多糖和胞内糖原型多糖。随着新型固定 $CO_2$ 的微生物不断被发现以及现代微生物育种技术的应用，将不断有高效固定 $CO_2$ 的新菌种出现，从而在固定 $CO_2$ 的同时，实现 $CO_2$ 的资源化。

关于微生物固定 $CO_2$ 的机制研究始于经典的卡尔文循环（Calvin cycle）。研究者发现卡尔文循环在许多自养微生物中存在。但自养微生物固定 $CO_2$ 的途径除了卡尔文循环外，还有三羧酸循环、乙酰辅酶 A 途径和甘氨酸途径（图 8-13）。不论是化能自养型还是光能自养型微生物，在其生命活动中最重要的反应是将 $CO_2$ 先还原成［$CH_2O$］，再进一步合成复杂的细胞成分。

### 8.6.3 生物固定 $CO_2$ 的发展趋势

自养微生物在固定 $CO_2$ 的同时，可以将其转化为菌体细胞以及许多代谢产物，包括有机酸、多糖、甲烷、维生素、氨基酸等。针对目前有望实现工业规模的微藻和氢氧化细菌，前者存在的主要问题是如何提高密度，促进微藻生长和代谢；后者则是如何开发经济且无副产（或少副产）$CO_2$ 的氢源。今后微生物固定 $CO_2$ 的研究方向主要是：①利用基因工程技术构建高效固定 $CO_2$ 的菌株；②开发具有高光密度的光生物反应器；③高效且经济的固定

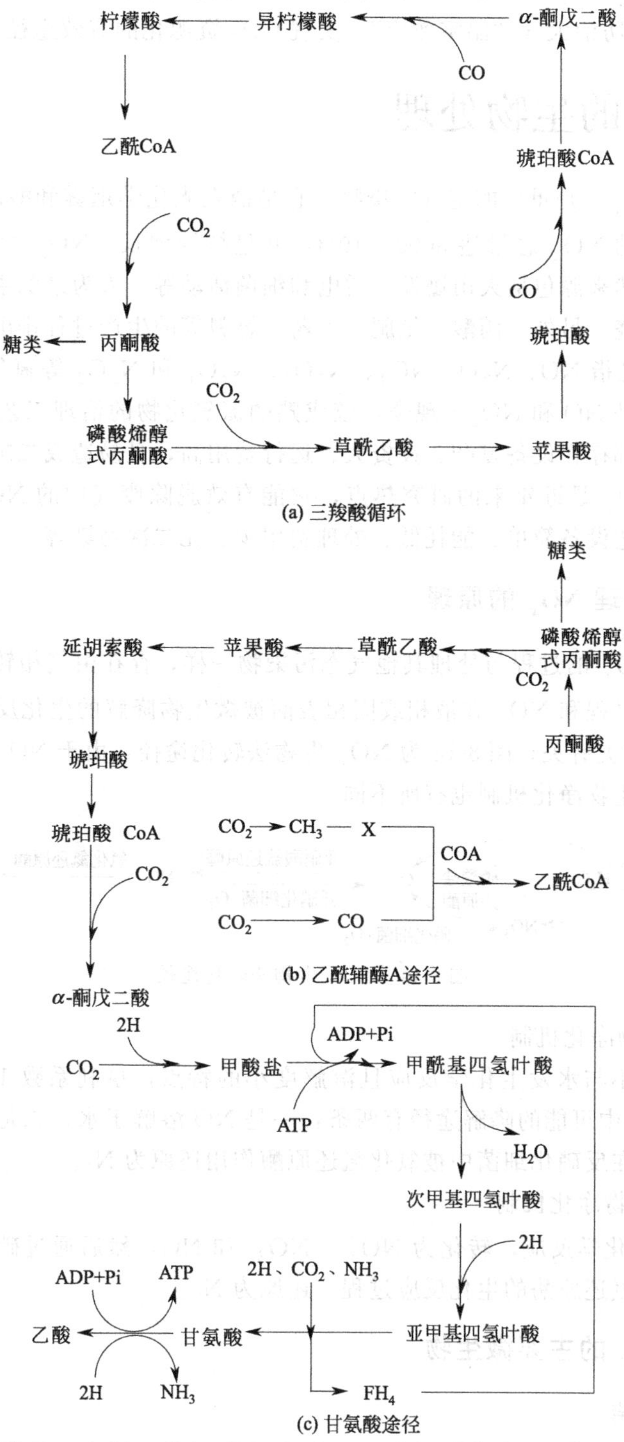


图 8-13　固定 $CO_2$ 的生物途径

$CO_2$ 制氢技术；④进一步深入研究不同种类微生物固定 $CO_2$ 的机制，为 $CO_2$ 固定反应的调控提供理论依据等。

在微生物固定 $CO_2$ 机制方面，还需做许多大量深入细致的研究工作，但可以预见的是，利用微生物分离固定$CO_2$，开发$CO_2$作为潜在资源转化为甲烷、丙烷、甲醇等的技术手段，是21世纪环境工程防治大气“温室效应”、实现$CO_2$资源化的有效途径，应用前景广阔。

# 8.7 $NO_x$的生物处理

氮氧化物（$NO_x$）是重要的空气污染物，它是诱发光化学烟雾和酸雨的主要物质之一。全球每年排入大气的$NO_x$总量达$3000\times10^4$t，并呈持续增长。$NO_x$的来源可分为自然来源和人为来源。自然来源包括火山爆发、雷电和细菌活动等。人为来源主要是工业、交通运输业各种燃料的燃烧，另外，硝酸、氮肥、炸药、燃料等的生产过程排出的废气中也含有大量的$NO_x$。$NO_x$是指NO、$N_2O$、$NO_2$、$N_2O_3$、$N_2O_4$和$N_2O_5$等氮氧化物总称，其中，对人体危害较大的是NO和$NO_2$。现今，较成熟的氮氧化物的治理工艺主要是物理和化学法，但这些方法大都存在设备复杂、投资大、运行费用高，且易造成二次污染等缺点。用微生物进行废气脱$NO_x$是近年来的研究热点，它能有效脱除废气中的$NO_x$，并且具有生物净化法的优点，工艺设备简单、能耗低、处理费用少、无二次污染等。

## 8.7.1 生物法处理$NO_x$的原理

生物法处理$NO_x$的过程与处理其他气态污染物一样，存在由气相转移到液相或固相表面的液膜中的传质过程和$NO_x$在液相或固相表面被微生物降解的生化反应过程，过程速率的快慢与$NO_x$的种类有关。图8-14为$NO_x$生物法转化途径，由于NO和$NO_2$溶解于水的能力差异较大，其生物净化机制也有所不同。

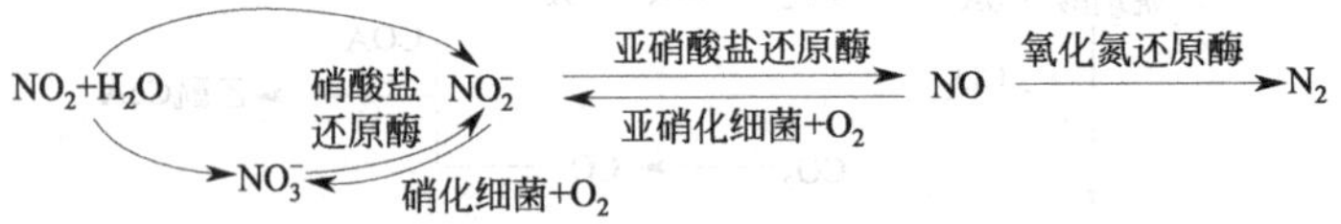


图8-14 $NO_x$生物法转化途径

（1）NO的生物净化机制

因为NO具有不与水发生化学反应且溶解度小的特点，亨利系数17.3～31.4Pa（0～30℃）。它在反应器中可能的降解途径有两条：一是NO溶解于水；二是被反硝化细菌及固相载体吸附，然后在反硝化细菌中被氧化氮还原酶作用还原为$N_2$。

（2）$NO_2$的生物净化机制

$NO_2$与水发生化学反应，转化为$NO_3^-$、$NO_2^-$和NO，然后通过硝酸盐还原酶、亚硝酸盐还原酶和氧化氮还原酶的生化反应过程，还原为$N_2$。

## 8.7.2 降解$NO_x$的主要微生物

（1）反硝化细菌

反硝化细菌可分为异养反硝化细菌和自养反硝化细菌。其中，异养反硝化细菌数量最多，包括无色杆菌属（*Achromobacter*）、产碱杆菌属（*Alcaligebes*）、杆菌属（*Bacillus*）、黄单胞菌属（*Xanthomonas*）等，以有机物为电子供体，以$NO_3^-$、$NO_2^-$和NO为电子受体，进行缺氧呼吸，氧化有机物来获取生长所需的能量，将$NO_3^-$、$NO_2^-$和NO还原为$N_2$，同时生成与好氧呼吸相比相对比较少的ATP和生物质。自养反硝化细菌包括专性自养反硝化细菌和兼性自养反硝化细菌，如硫杆菌属（*Thiobacillus*）中的脱氮硫杆菌（*T. denitrificans*），以无机质如 $H_2$、$H_2S$、S、亚硫酸盐等为电子供体，以 $NO_3^-$、$NO_2^-$ 和 NO 为电子受体，以无机碳为碳源，将 $NO_3^-$、$NO_2^-$ 和 NO 还原为 $N_2$。

（2）硝化细菌

硝化过程处理 $NO_x$ 是在亚硝化细菌、硝化细菌的作用下，以氧为最终电子受体，氧化无机物质获得能量，以 $CO_2$ 为碳源合成细胞物质，将 $NO_x$ 氧化为 $NO_3^-$。因此，硝化细菌为专性好氧自养菌。整个硝化过程一般分为两个阶段，第一阶段由亚硝化细菌（*Nitrosomonas*）将 $NO_x$ 转化为亚硝酸盐，第二阶段由硝化细菌（*Nitrobacter*）将亚硝酸盐转化为硝酸盐。亚硝化细菌包括亚硝化单胞菌属（*Nitrosmonas*）、亚硝化球菌属（*Nitrosococcus*）、亚硝化螺菌属（*Nitrosospim*）和亚硝化叶菌属（*Nitrosolobus*）等；硝化细菌包括硝化杆菌属（*Nitrobacter*）、硝化刺菌属（*Nitrospina*）、硝化球菌属（*Nitrosococcus*）等。

（3）真菌

真菌也具有反硝化能力，存在与细菌反硝化相似的硝酸盐和亚硝酸盐还原酶催化机制，且可在兼氧或好氧条件下进行反硝化反应。真菌在空气中会生成菌丝，向四周分布呈丝网，增大气相污染物与菌体的接触面积，更好地完成传质过程，适合 NO 这类难溶性物质转化。但多数真菌由于缺乏 $N_2O$ 还原酶，反硝化产物主要是 $N_2O$。如与细菌共同反硝化，则可生成 $N_2$。因此，真菌和细菌混合培养协同反硝化可相互促进，提高脱氮率，具有重要的理论意义和实际应用价值。近来有研究表明，腐皮镰刀菌（*Fusarium solani*）、柱孢菌（*Cylindrocarpon tonkinese*）和毛壳菌属（*Chaetomium* sp.）反硝化的最终产物为 $N_2$，而且少数真菌能与其他微生物共同脱氮生成 $N_2$。

### 8.7.3 生物法处理 $NO_x$ 的研究现状及发展趋势

反硝化治理 $NO_x$ 废气，最早是由美国爱达荷国家工程实验室（Idaho National Engineering Laboratory）的研究人员提出用脱氮菌还原烟气中 $NO_x$ 的工艺。将浓度为 100～400mg/m$^3$ 的 $NO_x$ 烟气，通过一个直径 102mm、高 915mm 装填堆肥的填料塔，其上生长绿脓假单胞脱氮菌（*Pseudomonas denitrificans*），堆肥可作为细菌的营养源，每隔 3～4d 向堆肥床层中滴加蔗糖溶液，烟气在塔中停留时间约为 1min，当 NO 进口浓度为 335mg/m$^3$ 时，NO 的去除率达到 99%。塔中细菌的最适温度为 30～45℃，pH 值为 6.5～8.5。硝化处理 $NO_x$ 的生物净化工艺，首先是加州大学戴维斯分校提出来的，他们以铵离子为氮源的自养菌氧化废气中的 NO，在进气浓度为 107mg/m$^3$，停留时间为 12～13min 时，达到 70%的去除率。

由于烟气中 $NO_x$ 的主要成分 NO（占 95%）在水中的溶解度很低，因此其气-液传质阻力非常大。络合吸收法是 20 世纪 80 年代发展起来的一种生物脱氨新方法，在中国、美国、荷兰等国得到了深入的研究。络合吸收法利用液相络合吸收直接与 NO 反应，增大 NO 在水中的溶解性，从而使 NO 易于从气相转入液相，该法特别适用于处理主要含 NO 的烟气，在实验装置中可以达到 90%或更高的 NO 脱除率。亚铁络合吸收剂可以作为添加剂直接加入脱除装置的营养液中，增大 NO 的传质速率，从而提高 NO 去除率。而络合吸收结合生物转化去除 NO 技术是将化学吸收和生物反硝化技术有机结合，综合了两者优点的一项技术，目前已通过可行性论证，该法具有流程短、投资少、运行费用低、操作管理简便等优点，是去除废气中氮氧化物的一项充满前景的技术。其中，吸收剂使用最多的是 $Fe^{II}$（EDTA），其吸收容量大以及吸收时间短等优点逐渐被重视，但 $Fe^{II}$（EDTA）容易被氧化而失去络合 NO 的能力，因此，研究如何将 $Fe^{III}$（EDTA）还原为具有吸收能力的 $Fe^{II}$（EDTA）具有非常重要的意义。

虽然国内外在利用生物法净化氮氧化物方面进行了大量的研究工作，目前的研究工作仍然处于实验室阶段，实现其工程应用还有一定的距离，主要有以下几个方面原因：①微生物的生长速率相对较慢，通常烟道气的气量较大、流速快，导致微生物与烟气的接触时间短；②烟道气的温度一般较高，且不同烟道气的成分差别很大，对低碳含量的烟道气需要外加碳源，导致工艺复杂；③微生物的吸附能力差，使得 NO 的实际净化效率低；④微生物的生长需要适宜的环境，如何在工业应用中营造合适的培养条件，将是必须克服的一个难题。

针对生物法处理氮氧化物面临的问题，未来的发展趋势应着眼于以下几个方面：①通过现代生物技术，采用诱变育种、原生质体融合和基因工程等，获得工程菌种并进行驯化，提高单位体积的生物降解速率；②选择合适的填料，优化反应器设计，提高对各运行参数的控制技术；③选择合适的强化氮氧化物传质技术，寻找廉价易得的络合吸收剂，并建立吸收-降解动力学模式，明晰氮氧化物的去除机制。

# 第9章　固体废物的生物处理

## 9.1　固体废物

固体废物（solid waste）是指在生产、流通、消费等一系列社会活动过程中产生的不再具有进一步使用价值而被丢弃的以固态、半固态存在的物质。固体废物的危害主要表现在：①侵占土地；②污染土壤、水体和大气；③影响环境卫生。其中，有害固体废物因具有毒性、易燃性、腐蚀性、反应性和反射性等特征，对环境的恶劣影响已成为国际公认的严重环境问题。

固体废物按其组成可分为有机废物和无机废物，按其污染特性可分为一般废物和危险废物等，按来源分为矿业固体废物、工业固体废物、城市垃圾、农业废物和放射性固体废物。

固体废物处理技术最早可以追溯到新石器时代。目前，固体废物无害化处理工程已发展为一门崭新的工程技术，如垃圾焚烧、卫生填埋、堆肥、有害废物的热处理和解毒处理等，其中卫生填埋、堆肥等方法属于生物处理。近年来，生物技术在固体废物无害化处理领域日渐广泛应用，从传统的堆肥技术到各种先进的厌氧发酵技术、生物能源回收技术等。利用微生物（细菌、放线菌、真菌等）、动物（蚯蚓等）或植物的新陈代谢作用，固体废物可通过各种工艺转换成有用的物质和能源，如肥料、沼气、单细胞蛋白等，实现减量化、资源化和无害化。

## 9.2　固体废物堆肥化处理

堆肥（compositing）指在可控制的条件下，利用多种微生物的发酵作用，将可生物降解的有机废物转变成稳定的腐殖质的生物化学过程。通过堆肥化处理，有机废物可以转变成有机肥料或土壤调节剂，在实现固体废物资源化的同时，促进了农作物长期的优质高产。

1920年，英国农学家A. Howard首次在印度提出了当时称为“印多尔法”的堆肥化技术，但仅限于厌氧发酵。其方法是将落叶、垃圾、动物及人粪尿堆成约1.5m高的土堆，隔数月翻堆1～2次，经约6个月的厌氧发酵后，这些有机废物便被转化成了肥料。1925年，Bangalore在此基础上增加了翻堆次数，建立了完全通风以促进好氧发酵的分层交替堆积方法，即贝盖洛尔法。1932年，意大利人G. G. Beccari将厌氧发酵和好氧发酵结合在了一起，把物料先放在密闭系统进行厌氧发酵，然后再送入空气进行好氧发酵。1940年，Earp. Thomas在美国取得立式多段发酵塔堆肥专利（厄普·托马斯法），该法采用多段竖炉发酵仓，通过接种特种细菌而使堆肥时间大大缩短，发酵周期缩短至2～3个月。该技术促进了堆肥处理朝高效率、大规模、工厂化方向发展。至20世纪60年代，世界各地规模化的堆肥厂已有数百座。但是从20世纪70年代开始，受化肥大规模使用及生活垃圾难降解组分等因素影响，堆肥开始淡出人们视野，堆肥产业出现滑坡，许多堆肥厂陆续停产关闭。

随着人们生活水平的提高，对绿色食品的需求量日趋增加，有机肥的市场需求也越来越大。这些变化使得固体废物的堆肥化技术又重新得到了重视，并取得了快速发展。

### 9.2.1 堆肥的基本原理

堆肥过程实质是一个生物化学反应过程，不论是好氧堆肥，还是厌氧堆肥，起主导作用的是微生物在一定条件下将垃圾中的有机物质分解成为肥料、$CO_2$、$H_2O$ 及 $NH_3$ 等，并释放能量。这些微生物来自进入垃圾的土壤、食品废物或其他有机废物，一般细菌数量为 $10^6 \sim 10^{25}$ 个/kg，总大肠菌和粪性大肠菌分别占10%和1%。因此，堆肥的生物化学反应是一个由多个生物群体共同作用的动态过程，在该过程中微生物群体对某一种或一类特定的有机物质的降解起作用，中型和微型动物通过取食微生物影响生物群落结构，而大型土壤动物通过破碎、混合、运输来影响有机物质的物理性状。

研究表明，单一的细菌、真菌、放线菌群体，无论其活性多高，在加快堆肥化进程中作用都比不上多种微生物群体的共同作用。在堆肥化过程中，真菌对堆肥物料的分解和稳定起着重要的作用，它不仅能分泌胞外酶，水解有机物质，而且由于其菌丝的机械穿插作用，对物料施加一定的物理破坏作用，促进生化反应。与细菌相比，真菌抗干燥能力强，故物料含水量过大、通风不良时不利于真菌的生长与繁殖，同时机械搅拌对菌丝有破坏作用，过于频繁搅动也不利于真菌活动。

(1) 好氧堆肥

好氧堆肥是指在有氧条件下，好氧微生物通过自身的生命活动进行的氧化分解和生物合成过程。好氧堆肥从垃圾堆积到腐熟，微生物的生化过程比较复杂，根据温度的变化，微生物群落的演替呈现相应的三个阶段：中温阶段、高温阶段和腐熟阶段。

① 中温阶段　堆肥初期，堆层基本呈中温，嗜温性微生物（主要是细菌、真菌和放线菌等）利用堆肥中可溶性有机物质（如单糖、脂肪和碳水化合物）旺盛繁殖，并不断产生热能，使堆体温度不断升高。随着温度上升，嗜温菌更为活跃，并大量繁殖，进而促使更多的有机物降解和热能释放。堆肥温度升到45℃以上时，即进入高温阶段。

② 高温阶段　在此阶段，嗜热性微生物逐渐代替了嗜温性微生物的活动，堆肥中残留和新形成的可溶性有机物质继续分解转化，复杂的有机化合物如半纤维素、纤维素和蛋白质等开始被强烈分解。通常，在50℃左右进行活动的主要是嗜热性真菌和放线菌；温度上升到60℃时，真菌几乎完全停止活动，仅有嗜热性放线菌与细菌活动；温度升到70℃以上时，对大多数嗜热性微生物已不适宜，微生物大量死亡或进入休眠状态。

类似细菌的生长繁殖规律，此阶段微生物活性也经历对数增长期、减数生长期和内源呼吸期三个时期变化。之后，堆积层内就开始发展与有机质相互对立的另一个过程，即腐殖质的形成过程，堆肥物质逐步进入稳定状态，即腐熟阶段。

③ 腐熟阶段　经过高温阶段，微生物处于内源呼吸后期，堆肥中易分解的有机物质（包括纤维素等）已大部分分解，只剩下部分难分解的有机物和新形成的腐殖质，此时微生物活性下降，发热量减少，温度下降，堆肥过程进入第三阶段——腐熟阶段。此阶段嗜温性微生物又开始占优势，对残余的难分解有机物作进一步分解，腐殖质不断增多且稳定化。当温度下降并稳定在40℃左右时，堆肥基本达到稳定。

图 9-1 是好氧堆肥温度变化曲线图。一般地，中温阶段出现在堆肥后40h左右，高温阶段出现在堆肥后40～80h，而腐熟阶段出现在堆肥80h以后。

(2) 厌氧堆肥

人类应用厌氧堆肥技术的历史十分悠久。早期大多数出现在农村，利用人畜粪便和一些

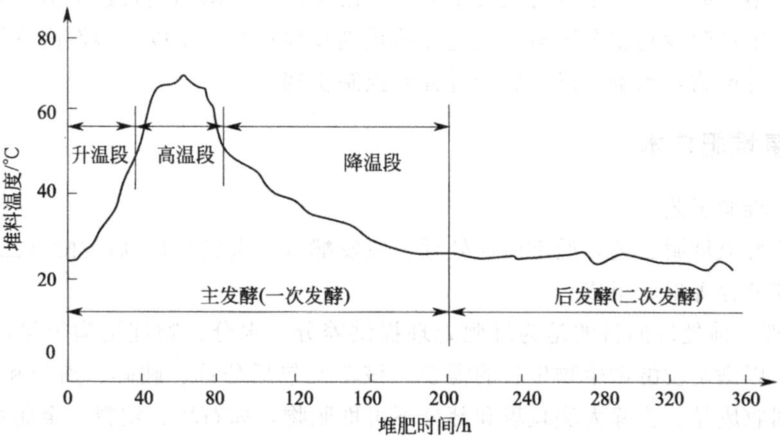


图 9-1　好氧堆肥过程中温度的变化

农业废物进行小规模的厌氧发酵，产生沼气用于家庭取暖等。因此，厌氧堆肥技术最初的工业化应用是处理粪便和污泥，可以去除废物中 30%～50%的有机物，从而使之减量化和稳定化。厌氧条件下，缺乏外源电子受体，各种微生物只能以内源电子受体进行有机物的降解，如果一种微生物的发酵产物或脱下的氢不能被另一种微生物所利用，其代谢作用无法持续进行。厌氧堆肥系统中，微生物主要分为两大类：不产甲烷菌（non-methanogens）和产甲烷菌（methanogens），它们对环境条件的要求差异很大（表 9-1）。

**表 9-1　产甲烷菌和不产甲烷菌的特性参数**

| 参数 | 产甲烷菌 | 不产甲烷菌 |
|---|---|---|
| 对 pH 的敏感性 | 敏感，最佳 pH 为 6.8～7.2 | 不太敏感，最佳 pH 为 5.5～7.0 |
| 氧化还原电位 *Eh* | ＜－350mV(中温)，＜－560mV(高温) | ＜－150～200mV |
| 对温度的敏感性 | 最佳温度：30～38℃，50～55℃ | 最佳温度：20～35℃ |

类似废水厌氧处理过程，厌氧消化分为水解、产氢产酸以及产甲烷三个阶段，如图 9-2 所示。

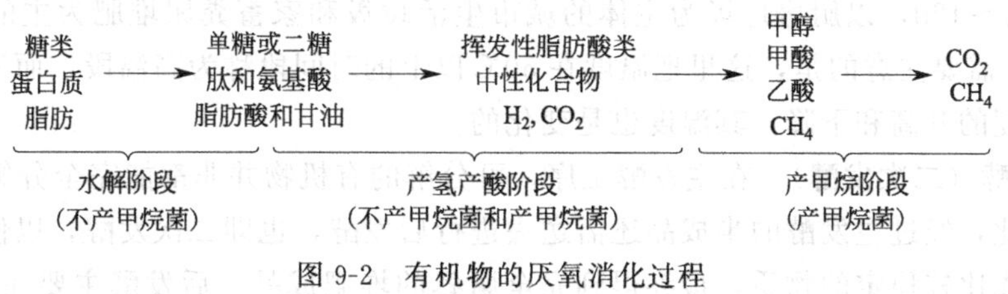


图 9-2　有机物的厌氧消化过程

① 水解阶段　发酵细菌利用胞外酶对有机物进行体外酶解，使固体物质变成可溶于水的物质，然后，细菌再吸收可溶于水的物质，并将其分解成为不同产物。高分子有机物的水解速率很低，它取决于物料性质、微生物浓度，以及温度、pH 等环境条件。

② 产氢产酸阶段　水解阶段产生的简单的可溶性有机物在产氢和产酸细菌的作用下，进一步分解成挥发性脂肪酸（如丙酸、乙酸、丁酸、长链脂肪酸）、醇、酮、醛、$CO_2$ 和 $H_2$ 等。

③ 产甲烷阶段　产甲烷菌将第二阶段的产物进一步降解成 $CH_4$ 和 $CO_2$，同时利用产氢产酸阶段所产生的 $H_2$ 将部分 $CO_2$ 再转变为 $CH_4$。产甲烷阶段的生化反应相当复杂，其中 72% $CH_4$ 来自乙酸。产甲烷菌的活性大小取决于水解阶段和产氢产酸阶段所提供的营养物质。

对于以可溶性有机物为主的有机废水来说，由于产甲烷菌的生长速率低，对环境和底物要求苛刻，产甲烷阶段是整个厌氧消化过程的控制步骤；而对于以不溶性高分子有机物为主的污泥、垃圾等废物，水解阶段是整个过程的控制步骤。

## 9.2.2 好氧堆肥技术

(1) 好氧堆肥工艺

现代化的好氧堆肥工艺，通常由前处理、主发酵（一次发酵）、后发酵（二次发酵）、后处理、脱臭和储存等单元组成。

① 前处理　前处理的目的是为堆肥处理提供养分、水分、物理结构等尽可能均匀一致的发酵原料，以满足发酵微生物生长的需要。该单元包括分选、破碎、筛分和混合等工序。通过分选，回收废品、去除大块垃圾和部分不可堆肥物，如石块、塑料、金属物等；破碎可减少大块可堆肥物的尺寸和调整垃圾的粒度，使原料的表面积增大，便于微生物繁殖，提高发酵速度；通过筛分，获得尺寸比较一致的物料，保持一定程度的空隙率，以便于通风使物料能够获得充足的氧气；混合可使不同物料成分、水分等均匀分布。除此之外，前处理有时还包括水分和养分的调节等，如添加氮、磷以调节碳氮比和碳磷比等。

② 主发酵（一次发酵）　主发酵可在露天或发酵反应器内进行，通过翻堆或强制通风向堆积层或发酵反应器内供给氧气。发酵微生物一般来自于堆肥原料本身携带的各种微生物，也可以在堆肥过程中人工添加一些功能菌剂，来促进堆肥的快速降解。堆肥开始时，首先是易分解的物质分解，产生 $CO_2$ 和 $H_2O$，同时产生热量，使堆温持续升高，这一阶段称升温段（由环境温度上升到 45℃）。在此阶段，起主导作用的是最适生长温度在 30～40℃的中温菌。随着堆温的升高，最适宜温度在 50～60℃的高温菌取代了中温菌，它们的活动使温度进一步升高到 50℃以上（通常在 50～70℃），堆肥进入高温段。高温段分解速度快、效率高，还可杀灭蛔虫卵、病原菌、孢子等。在经历高温段后，堆料的温度开始降低，此时，堆肥进入降温段。当堆温降至一定温度时即不再有明显的变化，表示有机物分解已接近结束，这时堆料即可转入后发酵进行进一步的熟化。通常，把从堆肥开始，经升温段、高温段至降温段结束时的整个过程称为主发酵期或一次发酵期，如图 9-1。一般的有机固体废物堆肥，主发酵期为 4～12d，以厨房垃圾为主体的城市生活垃圾和家畜粪尿堆肥为主的主发酵期一般为 3～8d。需要注意的是，这里把温度在 50℃以上的时间段称为高温段，而实际上，在高温段也有温度的升高和下降，其温度也是变化的。

③ 后发酵（二次发酵）　在主发酵工序，可分解的有机物并非都能完全分解并达到稳定化状态，因此，经过主发酵的半成品还需送去进行后发酵，也即二次发酵，以使有机物进一步分解，变成比较稳定的物质，最终得到完全腐熟的堆肥成品。后发酵主要在敞开的场地、料仓内进行，通常采用条堆或静态堆肥的方式。物料堆积高度一般为 1～2m，露天时需要有防止雨水流入的装置，有时还需要进行翻堆或通风。后发酵期的长短，取决于堆肥的使用情况，一般通常在 20～30d。

④ 后处理　经过二次发酵后的物料中，几乎所有的有机物都变细碎，数量也明显减少。然而，城市生活垃圾堆肥时，在前处理工序中还没有完全去除的塑料、玻璃、金属、小石块等杂物依然存在，因此，还需再经分选工序以去除这些杂物。根据需要，有时还要进行破碎处理，以获得符合要求的高质量的堆肥产品。

⑤ 脱臭　在整个堆肥过程中，因微生物的分解，会产生有味的气体，常见的臭味气体

有 $NH_3$、$H_2S$ 等。为保护环境，需要对产生的臭气进行脱臭处理。去除臭气的方法有除臭剂除臭、生物除臭、吸附除臭等。在露天堆肥时，可在堆肥表面覆盖熟堆肥，以防止臭气逸散。

⑥ 储存　堆肥产品常用于园林绿化和城市绿化，一般在春播、秋种两个季节使用，冬、夏两季生产的堆肥常需要储存一段时间。因此，一般的堆肥厂都需要建立一个可储存几个月生产量的仓库。堆肥可直接储存在二次发酵仓中，也可储存在包装袋中，要求干燥而透气，密闭或受潮会影响堆肥产品的质量。

(2) 好氧堆肥设备

好氧堆肥方法多种多样，堆肥设备也就有很大的不同。国内常把堆肥方法分成露天堆肥法、半快速堆肥法和快速堆肥法等。国外从反应工程的角度出发，把堆肥方法分成非反应器型堆肥和反应器型堆肥两大类。非反应器型堆肥是指物料并不包含在容器中，工程控制措施较少的开放式堆肥；反应器型堆肥是指物料包含在容器中，工程控制措施较多的封闭式堆肥。非反应器型堆肥一般在开放的场地进行，有时还辅以一些机械活动。由于其工程控制措施少，受环境的影响大，很难满足微生物的最适生长要求，因而，有机物降解速率慢、堆肥效率低、受自然条件的影响大，属慢速或半快速堆肥，其典型的工艺有露天条堆、静态堆肥等。但其投资少、对人员和设备的要求低，在场地容易保证、恶臭不太受重视的地方，常使用这种堆肥方法。反应器型堆肥中，有机物降解速率快、堆肥效率高、时间短，不受时间和空间的限制，可实现快速工业化生产，在国内外都得到了普遍的应用。

堆肥过程中最主要的设备就是发酵设备，各种堆肥方法都有相应的堆肥发酵设备。对非反应器型堆肥，主要有翻堆式条堆和静态条堆；对反应器型堆肥可大致分为池槽式（卧式）、塔仓式（立式）和滚筒式（回转式）三大类。图 9-3 列举了国内外各种不同类型的堆肥方法及其相应的堆肥发酵设备。其他还有，涉及运送的传送带、螺旋输送机等，涉及分选的各种类型分选机，涉及后处理的精分选机、造粒机、打包机等，涉及二次污染处理的除尘设备、污水处理设备、除臭设备等，这些设备的合理搭配才能高效地完成堆肥化这一复杂的生物过程，实现有机固体废物的资源化处理。

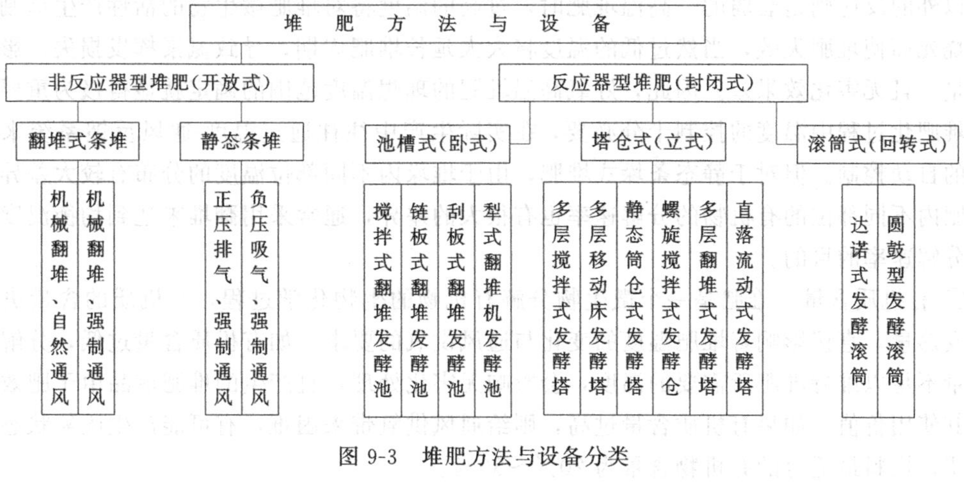


图 9-3　堆肥方法与设备分类

(3) 影响好氧堆肥的因素

影响堆肥生物降解过程（特别是主发酵）的因素很多。对于好氧堆肥工艺而言，堆料含水率、温度、通风供氧量是最主要的发酵条件，其他的还有有机质含量、颗粒度、碳氮比、碳磷比等。

① 通风供氧量 通风的目的是为好氧微生物提供生命活动所必需的氧，是影响堆肥过程的重要因素之一。在堆肥过程中，通风有供氧、散热和去除水分的作用。通常，在堆肥初期，通风的主要目的是满足供氧，使生化反应顺利进行，以达到提高堆层温度的目的。当堆肥温度上升到峰值以后，风量的调节主要以控制温度为主。

通风量与微生物活动的强烈程度和有机物的分解速度及堆肥物的粒度密切相关，通风控制在很大程度上取决于空气的供给方式，常用的通风方式有4种：自然通风供氧、通过堆内预埋的管道通风供氧、利用斗式装载机及各种专用翻堆机翻堆通风、用风机强制通风供氧。工厂化堆肥时，一般通过自动控制装置反馈和控制通风量。由于需氧量与物料水分和温度密切相关，故可利用堆肥过程中堆温的变化进行通风量的自动控制，也可利用耗氧速率与有机物分解程度之间的关系，通过测定排气中氧的含量（或$CO_2$含量）来进行控制。排气中氧的适宜体积分数是14%～17%，可以此为指标来控制通风供氧量。

② 堆料含水率 在堆肥过程中，水分是否适量直接影响堆肥发酵速度和腐熟速度，所以含水率是好氧堆肥的关键因素之一。水在堆肥过程中的主要作用是溶解有机物、参与微生物的新陈代谢和蒸发时带走热量、调节堆肥温度等。堆肥的最适含水率为50%～60%。当物料含水率在40%～50%时，微生物的活性即开始下降，堆肥温度随之降低。当含水率小于20%时，微生物的活动就基本停止。当以城市生活垃圾为主要堆肥原料时，有时含水率偏低，常通过添加稀粪、污水污泥或直接加水等方法来调节。此外，还需注意，在堆肥过程中，有机物分解会释放能量，使物料温度升高。温度升高导致水分蒸发，物料会因此而逐渐干化。因此，在确定初始含水率时，除了要考虑供给有机物生物氧化需要的水分外，还需考虑因通风和高温蒸发掉的水分。

③ 温度 温度是影响微生物活动和堆肥工艺过程的重要因素，常常作为堆肥中微生物生化活动量的宏观指标。堆肥中微生物对有机物进行分解代谢会释放出热量，这是堆肥物料温度上升的内在原因。对于非生物系统而言，反应的速度直接与温度有关，温度越高，反应速度越快。然而，靠酶促作用进行的堆肥生物化学反应系统，则只在某些限度上依靠温度，限度以外的反应则是衰弱的。高温堆肥时，过高的温度将对堆肥微生物的活性产生抑制作用甚至烧死而使堆肥失败，当然过低的温度将大大延长堆肥周期，导致氮素挥发损失，影响堆肥质量，且无害化效果差。因此，好氧高温堆肥的理想温度范围的确定就显得极为重要。

堆肥化过程中温度的控制十分必要，在实际生产中往往通过温度-通风反馈系统来进行温度的自动控制。但对于静态条垛式堆肥，由于堆垛内不同部位温度的分布有较大差异，因此堆肥内不同部位的有机物的分解速率也有很大的差异，通常采用翻堆来达到均衡温度和有机物分解速率的目的。

④ 有机质含量 堆肥是一个微生物分解有机物的生物化学过程，有机质的含量决定着潜在发热量，直接影响着堆肥温度的变化与通风供氧的要求。如有机质含量过低，分解产生的热量不足以维持堆肥所需要的温度，会影响无害化处理，且产生的堆肥成品由于肥效低而影响其使用价值。如果有机质含量过高，则给通风供氧带来困难，有可能产生厌氧状态。研究表明，堆料最适合的有机物含量为20%～80%。

⑤ 碳氮比（C/N）和碳磷比（C/P） 堆肥物料碳氮比的变化在堆肥中有特殊的意义。在堆肥过程中，碳在微生物的新陈代谢过程中由于氧化作用约有2/3变成$CO_2$排出，约1/3用于细胞质的合成，因此碳是发酵过程的动力和能源。氮则主要用于细胞原生质的合成作用

而留于系统内。就微生物对营养要求而言，C/N 是一个重要因素。研究表明，微生物每利用 30 份碳就需要 1 份氮，故初始物料的碳氮比为 30∶1 合乎堆肥需要。通常，城市生活垃圾堆肥的最佳 C/N 在（26～35）∶1，当堆肥原料的 C/N 不在此范围内时，则可以通过添加其他物料进行调节。如果垃圾中的 C/N 过高，垃圾堆肥时常需添加低 C/N 的畜禽粪便或污泥等来调节 C/N；如果垃圾中的 C/N 过低，则要添加含碳废物进行调节，碳主要来自生活垃圾中的蔬菜、废纸、烂布等。

除了碳和氮之外，磷也是微生物必需的营养元素之一，它对微生物的生长也有重要的影响。有时，在垃圾堆肥时会添加一些污泥，其原因之一就是污泥含有丰富的磷，可用来调节物料的 C/P。堆肥原料适宜的 C/P 为（75～150）∶1。

⑥ 颗粒度　堆肥过程中供给的氧气是通过颗粒间的空隙分布到物料内部的，颗粒度的大小对通风供氧有重要影响，因此，堆肥原料颗粒尺寸可以影响堆肥的反应速率以及堆肥时间的长短。研究结果表明，堆肥物料颗粒的平均适宜粒度为 2～60mm，最佳粒径随垃圾物理特性而变化，如纸张、纸板等的最佳粒度尺寸为 3.8～5.0cm；材质比较坚硬的废物粒度要求小些，在 0.5～1.0cm；厨房食品垃圾的粒度尺寸要求大一些，以免碎成浆状物料，妨碍好氧发酵。此外，决定垃圾粒径大小时，还应从经济方面考虑，因为破碎得越细小，动力消耗越大，处理垃圾的费用就会增加。

⑦ pH 值　堆肥过程中，pH 值随时间和温度的变化而变化，因此，pH 值也是指示堆肥分解过程的一个标志。一般微生物生长最适宜的 pH 是中性或者弱碱性，pH 过高或者过低都会使堆肥遇到困难，影响堆肥效率。一般认为 pH 在 7.5～8.5 时，可获得最高堆肥效率。堆肥过程中，pH 值高时可通过添加硫来调整，pH 值较低时则可添加石灰以调整。

⑧ 堆肥腐熟度　堆肥化就是通过微生物的作用，分解有机物使之稳定化的过程。堆肥的稳定化常用堆肥腐熟度来表示，它是评价堆肥化过程和效果的重要参数，堆肥腐熟度的判定标准有多种，常见的有：感官标准，挥发性固体，化学需氧量，碳氮比（C/N），温度，耗氧速率。

### 9.2.3 厌氧堆肥技术

(1) 厌氧堆肥工艺

城市有机垃圾的厌氧消化基本是按照厌氧反应器的操作条件如进料的基质、含固率、运行温度、反应级数、进料方式等进行分类的。

按运行温度分为（类似好氧堆肥分类）常温消化、中温消化（35℃左右）和高温消化（55℃左右）。按固体含量（TS）分为干法厌氧消化工艺和湿法厌氧消化工艺，前者是指反应基质含固率小于 15%，后者是指反应基质含固率为 20%～40%。按反应级数分为单相厌氧堆肥工艺和两相厌氧堆肥工艺，单相是指消化过程在一个反应器中进行，多种菌群在同一环境中生存；两相是指将厌氧堆肥过程的酸性发酵和碱性发酵分别在两个单独的反应器中进行，为产酸菌和产甲烷菌提供各自良好的生存环境。按照进料方式可分为序批式和连续式，前者是指消化罐一次进料、接种后密闭直至降解结束；后者是指消化罐连续进料，分解的物质连续从消化罐底部排出。

以上各类消化工艺使用的厌氧堆肥反应器对预处理和后续处理都有相应的要求，必要的预处理大致包括磁选、粉碎、筛选、搅拌制浆、重力分离和高温灭菌，常见的后续处理有机械脱水、好氧腐熟、废水和臭气处理等。

① 低固体厌氧堆肥技术　低固体厌氧堆肥是一种生化反应，在固体浓度等于或者小于4%～8%的情况下，有机废物被发酵。该工艺的缺点是废物消化时必须加入大量的水，以使固体浓度达到所需要的浓度。加水导致消化污泥被稀释，使后续脱水处理困难。因此，脱水装置的选择是低固体厌氧堆肥工艺一个非常关键的问题。

低固体厌氧堆肥工艺一般分为三个步骤。

第一步是准备阶段，主要涉及接收、分选和减小粒径。

第二步是发酵阶段。调节水分和养分，同时调节消化原料 pH 值到 6～8、加热泥浆到 55～60℃，再在反应器里进行厌氧堆肥。反应器可以是批处理反应器、连续流完全混合反应器。对于大多数工艺，所需要的水分和养分都以废水污泥的形式投加。

第三步主要是沼气的收集与存储，某些情况下，还要对气体成分进行分离。

低固体厌氧堆肥工艺的主要设备设施，通常包括混合设备（内部混合器、内部气体混合、外部泵混合）、消化器（如圆形或卵形）、控制系统以及消化污泥脱水设施等。

② 高固体厌氧堆肥技术　高固体厌氧堆肥工艺处理的总固体含量大约在 22%以上，步骤和低固体发酵相同。高固体厌氧堆肥是一种相对较新的技术，它在有机成分的能量回收利用方面逐步得到了发展与应用。其主要优点是反应器单位体积的需水量低，产气量高。

③ 一阶段湿式完全混合处理技术　一阶段湿式完全混合厌氧堆肥与污水处理厂污泥的厌氧稳定化技术相类似，而后者已经过了几十年的技术实践，所以湿式厌氧堆肥在技术上可靠性更好。在一阶段湿式系统中，垃圾加水搅拌后，形成 TS<15%的浆状物质，从而具备了均一的物理性状。因此，可以采用传统的湿式完全混合技术予以处理。

一阶段湿式完全混合处理工艺的设计比较简单，但是要达到令人满意的处理效果，还需解决许多工艺细节问题。例如，为了将垃圾变成物理性状均一的浆液并从中去除粗大的杂物，必须进行十分烦琐的前期处理。既要去除杂质，又要留下易降解的固形物。现有的筛选、分离、压实、破碎和浮选等操作单元，往往会导致 15%～25%的易降解垃圾流失，相应甲烷气产量也按比例下降。

在消化过程中，由于部分沉淀以及浮渣层的产生，物料并不是完全均匀的，而是随着反应的进行按照不同的密度逐渐分成三层。最重的一层沉积在反应器的底部，它可能会损坏搅拌器；有时，浮渣层达几米厚，会影响混合效果。因此，应当设法定期从反应器中排出沉淀物和浮渣。

一阶段湿式完全混合反应器的另外一个技术缺点是容易发生短路，即在反应器中有些物料的停留时间小于整个物料流的平均停留时间。短路不仅会减少 $CH_4$ 的产量，更为严重的是，它会影响对垃圾的消毒，即达不到消灭微生物病原体所需要的最小停留时间。所以为达灭菌标准，往往进行高温消毒，使浆状物料在 70℃的温度下至少停留 1h。

④ 两段厌氧堆肥技术　有时也称两相厌氧堆肥，它是随着厌氧堆肥机制的研究和厌氧微生物学的发展而出现和改进的技术，如图 9-4 所示。第一阶段包括“液化-酸化”反应，反应速率受纤维素水解速率的限制；第二阶段包括产乙酸及产甲烷反应，反应速率受微生物的生长速率限制。由于这两个阶段在不同的反应器中进行，可在第二阶段的反应器中设计生物停留装置以增加 $CH_4$ 的产率。同样，也可以在第一阶段创造好氧条件或其他方式来增加水解速率。两阶段系统虽然比一阶段系统技术复杂，但却不一定能够在提高反应速率和甲烷产率上取得预期的效果。事实上，两阶段系统的主要优点表现在处理垃圾过程中生物稳定性更强，而一阶段系统的运行往往是不稳定的。

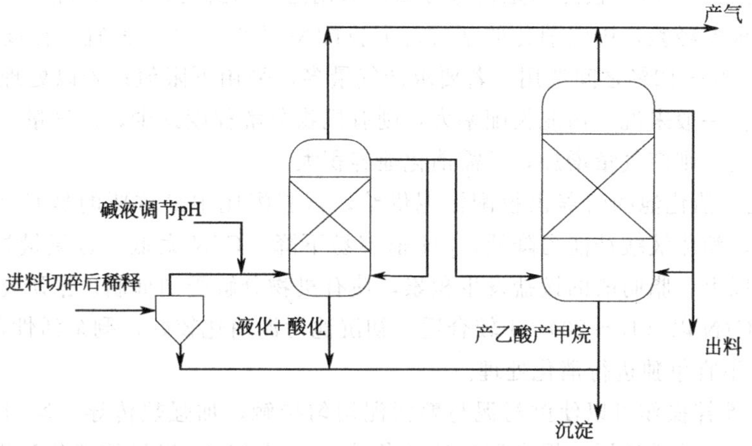


图 9-4　两段厌氧堆肥工艺流程图

⑤ 干式序批式处理系统　干式序批式处理系统中，固体进料是一次性的，总固体浓度在 30%～40%，属于干态降解。批处理系统类似容器封装的土地填埋，但实际上它的产气率比土地填埋高 50～100 倍，主要原因有两个：一是渗滤液连续不断地回流，使接种物、养分和有机酸等在系统中均匀分散；二是批处理系统的运行温度比一般土地填埋的温度高很多。

目前常见的干式序批式处理系统设计方案有三种：单级序批式处理、串联序批式处理和“序批-UASB”混合式。它们的区别在于产酸和产甲烷相的位置不同（图 9-5）。

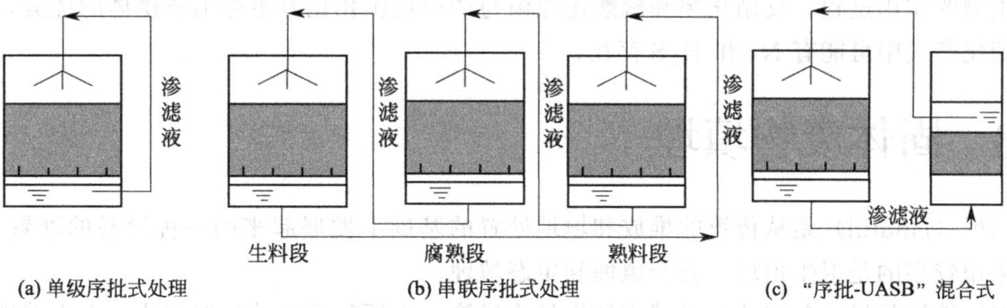


图 9-5　不同批处理渗滤液循环方式

目前干式序批式处理系统设计简单、容易控制，对粗大的杂质适应能力强，投资也少，在欧洲市场得到广泛应用，如比利时 Dranco 工艺、荷兰 Biocell 工艺、瑞士 Kompogas 工艺、法国 Valorga 工艺等。

(2) 影响厌氧堆肥的因素

影响厌氧堆肥生物降解过程的因素很多，主要有温度、污泥投配率、碳氮比、搅拌、酸碱度、有毒物质含量等。

① 温度　温度适宜时细菌生长正常，有机物分解完全，产气量较高。根据操作温度的不同，厌氧消化分为：低温消化(≤30℃)，中温消化(30～35℃)，高温消化(50～56℃)。针对不同的操作温度，微生物有其适宜的温度范围，以产甲烷菌为例，低温菌为 20～25℃，中温菌为 30～45℃，高温菌为 45～75℃。因此，在厌氧消化操作运行过程中，应尽量保持一个稳定的温度区间。

② 污泥投配率　污泥投配率是指每月加入消化池的新鲜污泥体积与消化池体积的比率，以百分比计。根据经验，中温消化的新鲜污泥投配率以 6%～8%为宜。在设计时，新鲜污泥投配率可在 5%～12%之间选用。若要求产气量多，采用下限值；若以处理污泥为主，则可采用上限值。一般来说，污泥投配率大，则有机物分解程度减少，产气量下降，所需消化池容积小；反之，则产气量增加，所需消化池容积大。

③ 碳氮比　消化池的营养由投配污泥供给，营养配比中最重要的是 C/N。C/N 太高，细菌氮量不足，消化液缓冲能力降低，pH 值容易下降；C/N 太低，含氮量过多，pH 值可能上升到 8.0 以上，脂肪酸的铵盐发生积累，使有机物分解受到抑制。据研究，对于污泥消化处理而言，C/N 以（10～20）∶1 较合适，初沉池污泥消化较好，剩余活性污泥因 C/N 低（约为 5∶1），不宜单独进行消化处理。

④ 搅拌　搅拌操作可以使鲜污泥与熟污泥均匀接触，加强热传导，均匀地供给细菌以养料，打碎液面上的浮渣层，提高消化池的负荷。20 世纪 40 年代的消化池没有搅拌设施，其消化时间长，需 30～60d。有搅拌设备的消化池消化时间为 10～15d。

⑤ 酸碱度　酸碱度影响厌氧消化系统的 pH 值和消化液的缓冲能力，因此厌氧消化系统对碱度有一定的要求。若碱度不足，可投加石灰、氨水或碳酸铵进行调节。但大量投加石灰，常使碱度偏高，泥量增加，应尽量合理利用。甲烷菌的最佳 pH 值为 6.5～7.5。

⑥ 有毒物质含量　有毒物质主要包括重金属、$Na^+$、$K^+$、$Ca^{2+}$、$Mg^{2+}$、$NH_4^+$、表面活性剂以及 $SO_4^{2-}$、$NO_2^-$、$NO_3^-$ 等。重金属离子能与酶及蛋白质结合，产生变性物质，对酶有混凝沉淀作用；多种金属离子共存时，对甲烷细菌的毒性有互相对抗作用；阴离子的抑制作用主要来自 $SO_4^{2-}$ 和 $NO_3^-$，因硫酸还原和 $NO_3^-$ 反硝化都在厌氧条件下进行，且都是微生物的作用过程，反硝化菌和硫酸还原菌与产甲烷菌相比有争夺电子供体的优势，所以厌氧消化产气中可能有 $N_2$ 和 $H_2S$ 存在。

## 9.3　固体废物填埋

填埋（landfill）是从传统的堆放和填地处置的基础上发展起来的一种简易的处置方法，目前采用较多的是卫生填埋、安全填埋和生态填埋。

卫生填埋是目前普遍认为对城市垃圾最为经济、方便和适用的处置方法。卫生填埋通常是每天把运到填埋场的废物在限定的区域内铺散成 40～75cm 的薄层，然后压实，以减少废物的体积，并在每天操作之后用一层厚 15～30cm 的土壤覆盖、压实，当土地填埋达到最终的设计高度后，再在上面覆盖一层 90～120cm 的土壤，压实后得到一个完整的卫生土地填埋场。安全填埋是一种改进的卫生土地填埋，主要用于危险废物的填埋处置。安全填埋场必须设置人造或天然衬里，下层土壤或土壤同衬里相结合渗透率小于 $10^{-8}$cm/s，最下层土壤填埋物要位于地下水位之上。生态填埋比卫生填埋有更高的要求，它一方面把垃圾填埋场视为一种特殊的生态系统，另一方面在构建填埋生态系统时，尽量对周围的生态系统不产生危害，填埋完成后需对填埋场进行生态恢复，因此更符合可持续发展的要求。图 9-6 是典型的生态填埋系统。

### 9.3.1　填埋的基本原理

垃圾降解与温度、湿度、垃圾组分、供氧方式（好氧或厌氧）等有关。在填埋生态系统

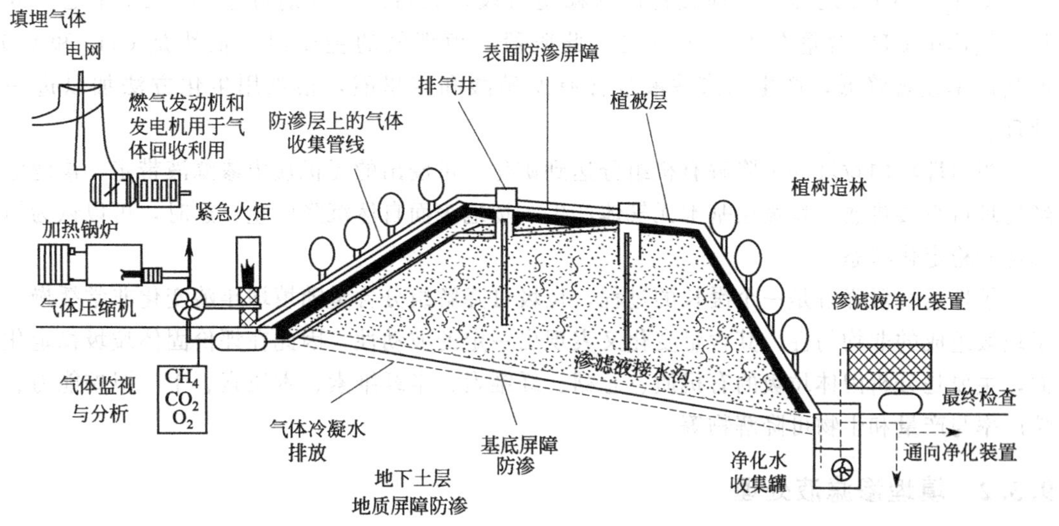


图 9-6　生态填埋系统

中，有机垃圾在填埋层内的生化过程大致分为三个阶段：好氧阶段、厌氧阶段和稳定阶段。

(1) 好氧阶段

在填埋初期及在填埋场中有通风设施时，土壤微生物中的好氧微生物利用填埋场中的氧气，在适当的含水情况下，将垃圾中的一部分有机物质分解成 $H_2O$、$CO_2$ 及稳定细胞质，并产生氨化作用，使有机氮转变成氨氮。

(2) 厌氧阶段

此阶段的特点是氧气逐渐被消耗完，而厌氧条件开始形成并逐步发展。在缺氧或无氧条件下，土壤与垃圾中的厌氧微生物群落（纤维素分解菌、蛋白质水解菌、脂肪分解菌、醋酸分解菌等）将生物固体和有机垃圾先液化，使固体物质变成可溶性有机物，然后经过酸性发酵，产生大量的有机酸和少量 $H_2$。可作为电子受体的硝酸盐和硫酸盐被还原为 $N_2$ 和 $H_2S$。填埋场内氧化还原电位逐渐降低，如有渗滤液产生，则其 pH 值开始急剧下降。

由于有机酸存在且填埋场内 $CO_2$ 浓度升高，以及有机酸溶解于渗滤液的缘故，所产生的渗滤液 pH 值常会下降到 5 以下，其生化需氧量（BOD）、化学需氧量（COD）和电导在此阶段会显著上升，一些无机组分（主要是重金属）在此阶段将会溶解进入渗滤液。假如渗滤液不循环使用，系统将会损失基本的营养物质。但如在此阶段渗滤液没有形成，则转化产物将浓集于废物所含水分中和被废物吸附，从而保存在填埋场内。

在填埋 200～500d 之后，甲烷生成菌开始将有机酸分解为稳定的细胞质、$CH_4$、$CO_2$ 及热量，填埋层内部的温度达到 55℃左右。由于产酸菌产生的有机酸和 $H_2$ 被转化为 $CH_4$ 和 $CO_2$，含氮有机物中也有一部分转变成 $NH_4^+$-N。填埋场 pH 值开始升高到 pH 6.8～8 的中性值范围内，渗滤液 pH 值上升，而 $BOD_5$、COD 及其电导将下降，部分无机组分析出，渗滤液中重金属浓度呈降低趋势。

(3) 稳定阶段

对整个填埋场而言，垃圾中较易分解的有机物历时约 500d 后多数能被分解而接近稳定状态，正常情况下，在最初的两年里产气量达到最大。当废物中的可降解有机物被转

化为 $CH_4$ 和 $CO_2$ 之后，填埋废物进入稳定阶段，其持续产气期可达 10～20 年之久或更长，气体中 $CH_4$ 含量在 40%～50%。此阶段，填埋气的主要组分依然是 $CH_4$ 和 $CO_2$，但其产率显著降低，产生的渗滤液常含有腐殖酸和富里酸，很难用生化方法加以进一步处理。

当填埋场内垃圾的可降解有机组分达到矿化、可浸出的无机盐由渗滤液带走，渗滤液不经处理可直接排放，垃圾层基本无气体产生，场地表面自然沉降停止，这时，可以认为填料场达到稳定化状态。

填埋场垃圾降解是一个漫长的过程，垃圾可降解组分含量随填埋年龄变化非常缓慢。由于垃圾组成的非均匀性，其含量变化又表现出一定的波动性，因此在评价固体垃圾稳定化方面，主要是分析固体垃圾的有机质、总糖、纤维素、半纤维素、木质素、生产甲烷能力、甲烷产率与产量和生物可降解物等。

## 9.3.2 填埋渗滤液处理

垃圾填埋渗滤液的产生来自三个方面：降雨和径流、垃圾中原有的含水、垃圾填埋后由于微生物的分解作用而产生的水。引起渗滤液污染负荷的原因主要有微生物的分解作用和降雨的淋溶作用。一般垃圾渗滤液的典型特征如表 9-2 所示。

**表 9-2 垃圾渗滤液部分典型特征**　　单位：mg/L

| 类别 | 变化范围 | 类别 | 变化范围 | 类别 | 变化范围 |
|---|---|---|---|---|---|
| 颜色 | 黄-黑灰色 | 氨氮 | 20～7400 | Pb | 0.1～0.2 |
| 嗅 | 恶臭 | $NO_2^-$-N | 0.59～19.26 | Cd | 0.03～1.7 |
| pH | 5.5～8.5 | T-P | 0.86～71.9 | As | 0.1～0.5 |
| 总残渣 | 2356～35703 | 有机酸 | 46～24600 | Hg | 0～0.032 |
| $COD_{Cr}$ | 2000～89520 | $Cl^-$ | 189～3262 | Cr | 0.01～2.61 |
| $BOD_5$ | 81～33360 | Cu | 0.1～1.43 | Mn | 0.47～3.85 |

由于渗滤液成分复杂，仅采用普通的生物处理工艺难以达到理想的效果，特别是对老龄垃圾填埋场渗滤液，需采用合适的预处理措施来提高它的可生化性，以改善后续工艺的运行条件。常采用的预处理技术有化学混凝沉淀、活性炭吸附法等。渗滤液的生物处理主要有好氧生物处理和厌氧生物处理，在国内外均取得了良好效果。

(1) 好氧生物处理

好氧生物处理可有效地降低 BOD、COD 和氨氮，还可除去铁、锰等金属，因而得到较多的应用，特别是活性污泥法。活性污泥法对易降解有机物具有较高的去除率，对新鲜的废物渗滤液，保持泥龄为一般城市污水的 2 倍，负荷减半，可达到较好的去除效果。低氧、好氧两段活性污泥法及 SBR 法等改进型活性污泥流程因其能保持较高的运转负荷，而且停留时间短，处理效果好。

与活性污泥法相比，生物膜法具有抗冲击负荷能力强的优点，且生物膜内生物相较丰富，含有生长时期长、具有硝化作用的微生物，有利于渗滤液中氨氮的硝化，因而得到较多的研究。加拿大 British Columbia 大学研究者采用直径为 0.9m 的生物转盘对 $COD_{Cr}$ 为 1000mg/L、氨氮浓度小于 50mg/L 的“弱性”渗滤液处理后，获得其出水中的 $BOD_5$ 和氨氮浓度分别小于 25mg/L 和 1.0mg/L 的良好处理效果。但温度对硝化效果有较大的影响，如温度在 5℃以下时，硝化作用停止。

(2) 厌氧生物处理

用于渗滤液处理的厌氧生物处理包括厌氧生物滤池、上流式厌氧污泥床、厌氧淹没式生物滤池、混合反应器等。厌氧生物处理因其投资及运行费用低、能耗少、剩余污泥量少及所需营养物质较少等优点而适用于高浓度有机废水的处理。它的缺点主要是水力停留时间长，污染物的去除率相对较低，对温度的变化较敏感。但已有的研究表明厌氧系统产生的气体可以满足系统的能量要求，若能将该部分能量加以合理利用，可保证厌氧工艺稳定的处理效果。

采用厌氧处理渗滤液时有机负荷不宜过高，这是因为渗滤液是一种成分复杂的废水，含有较多的干扰因素，在低负荷时这些干扰因素并未达到其产生作用的程度，而当负荷提高后，干扰作用得到体现。适当投加磷有利于处理效果的改进。有研究表明，当厌氧生物滤池的容积负荷为 4.2kg $COD_{Cr}/(m^3 \cdot d)$ 时，投加 40mg/L 的磷可提高 10%的 COD 去除率；但若渗滤液中的 COD 组成以挥发性脂肪酸为主时，则投加磷对 COD 去除率的促进效果作用不大。

上流式厌氧污泥床（UASB）是一种有效的厌氧生物处理反应器。英国水研究中心（WRC）采用 UASB 处理 $COD_{Cr}$ 大于 10000mg/L 的渗滤液，在容积负荷为 3.6～19.7kg $COD_{Cr}/(m^3 \cdot d)$、平均泥龄为 1.0～4.3d、温度 30℃时，COD 和 $BOD_5$ 的去除率分别达到 82%和 85%。可见其处理能力及效率要高于厌氧生物滤池。

(3) 厌氧-好氧组合生物处理

由于渗滤液中的 COD 和 BOD 较高，单纯采用好氧法或厌氧法处理渗滤液均较为少见，也很难使渗滤液处理后达标排放。实践表明，采用厌氧-好氧处理工艺经济合理，处理效率高。A/O、$A^2/O$ 等组合工艺用于处理渗滤液，具有容积负荷高、抗冲击性能强、有机污染物降解效率高等特点，是一种低成本、高效率处理的技术方法。此外，由于渗滤液中磷含量偏低，在生化处理时应投加一定量的磷盐，以保证 $BOD_5:P=100:1$。

### 9.3.3 填埋气体产生、收集与利用

通常，垃圾一旦进入填埋场，微生物的分解过程就开始了。第一阶段是好氧分解，消耗填埋场中的氧气，产生大量的热；第二阶段是厌氧分解，产生沼气。在垃圾填埋的初期，有机物分解产生的废气主要是 $CO_2$，经过一段时间后，气体中的 $CH_4$ 成分逐渐上升，产气高峰一般在垃圾填埋 3～5 年之后出现，而废气中 $CH_4$ 含量较高时会引起爆炸（爆炸极限范围的体积分数是 5%～15%），因此，做好填埋场气体的收集处理是一项重要的工作。

(1) 影响填埋气体产气的主要因素

填埋气体是填埋垃圾中可生物降解的有机物在微生物的作用下形成的降解产物，因此，填埋场理论上能达到的最大产气量取决于填埋垃圾的总量和垃圾中可生物降解的有机物含量。此外，填埋场实际产气还受以下因素的影响。

① 垃圾中的含水率、营养成分、pH 值、温度等。如果这些环境条件超出了产甲烷微生物所能忍受的程度，产甲烷菌就不能正常代谢，实际产气量就会受到一定的影响。

水是微生物分解有机物的必要因素之一。大量研究表明，50%～70%的含水率对填埋场的微生物生长最适宜。决定含水率的因素包括填埋垃圾的原始含水率、当地降水量、地表水与地下水的渗入、填埋场对渗滤液的管理方式等。

填埋场中与产气有关的微生物主要包括水解微生物、发酵微生物、产乙酸微生物和产甲烷微生物等 4 大类，大多数是厌氧菌，在氧气存在状态下，产气会受到抑制。微生物的主要来源是垃圾本身及填埋场表层土壤和每日覆盖的土壤。若将污水处理厂污泥与垃圾共同填埋，通过引入大量微生物，可以显著提高产气速率，缩短微生物生长的停滞期。

填埋场中对产气起主要作用的产甲烷菌，这类微生物适宜于中性或微碱性环境，最佳的产气 pH 值为 6.8～7.2。当 pH 值在 6～8 范围以外时，产气量会受到抑制。

② 如果渗滤液不采取回灌措施，则渗滤液中损失的有机物也会使实际产气量减少。

填埋场中微生物生长代谢需要的营养物质包括 C、O、H、N、P 以及一些微量元素。据研究，当 C/N 在 20～30 之间时，厌氧微生物生长状态最佳，即产气速率最快，这是因为细菌利用碳的速率是利用氮的 20～30 倍。我国大多地区的城市生活垃圾所含有机物以食品垃圾（糖、蛋白质、脂肪）为主，C/N 约为 20，而国外垃圾 C/N 典型值为 49。可见，我国垃圾厌氧分解速率会比国外的快很多，达到产气高峰的时间也相对较短。

受厌氧微生物作用，填埋场有机物质经酸性发酵，产生大量的有机酸，导致一些营养物进入渗滤液。如果渗滤液不循环使用，系统将会损失基本的营养物质，进而影响产气过程。

(2) 填埋气体的净化与回收利用

自由排放的填埋气会对环境和人类健康造成危害，若加以收集则可以作为能源来利用。$CH_4$、$CO_2$、$N_2$ 和 $O_2$ 是填埋气体中四种最主要的组分，其中 $CH_4$ 和 $CO_2$ 占了填埋气体体积分数的 90%以上，因此填埋气体的净化实质上是 $CH_4$ 和 $CO_2$ 的分离过程。目前分离 $CO_2$ 的主要方法有：吸收分离、吸附分离和膜分离。

对填埋气进行收集控制和资源化利用，已成为城市垃圾填埋处置的重要部分。1997 年世界第一个垃圾填埋气回收系统在美国加利福尼亚州南部建立，填埋气作为燃料用于锅炉燃烧。目前填埋气的主要利用方式包括：直接燃烧产生蒸汽，用于生活或工业供热；通过内燃机燃烧发电；作为运输工具（如汽车）的动力燃料；经脱水和深度净化处理后用作城市民用燃气；燃料电池；用作 $CO_2$ 和甲醇工业的原料。其中发电、民用燃气和汽车燃料是三种最为普遍的利用方式。

① 发电　填埋气发电是比较成熟的能源回收方式。一般来说，垃圾填埋量在 $10^6$t 以上、占地面积 10$hm^2$ 以上、填埋高度 10m 以上的填埋场利用填埋气发电具有较好的投资回报率。与垃圾焚烧发电相比，填埋气体发电投资小，运行费用仅为后者的 1/4 左右。由于填埋气中 $CH_4$ 含量一般在 50%以上，属中等热值燃气，只需经过脱水、脱硫等预处理后进入发电机，燃烧转化所产生的电力可传输到电力输出终端站，并入当地电网供用户使用。

② 作为汽车燃料　填埋气与天然气的微量组分含量相近，只是填埋气中含有大量的 $CO_2$，从填埋气净化技术的角度来看，通过对填埋气进行预处理后，将 $CO_2$ 含量降至 3%以下并除去有害成分，达到《车用压缩天然气》（GB 18047—2000）标准，就可以作为燃料汽车的气体燃料。由于其生产成本低，相对于市场销售的燃油压缩天然气具有明显的竞争优势。

③ 作为城市民用燃气　城市燃气是由若干种气体组成的混合气体，其中主要组分是一些可燃气体，如 $CH_4$ 等烃类、$H_2$ 和 CO，另外也含一些不可燃的气体组分，如 $CO_2$、$N_2$ 和 $O_2$ 等。填埋气作为民用燃气已有应用，例如，美国伊利诺伊州填埋场的填埋气经过除湿、除 $H_2S$ 并分离出 $CO_2$ 后，并入民用燃气系统。然而，填埋气可能会存在一些尚未被人

们认识到的有毒有害成分。特别是没有经过分类、分拣的垃圾，有毒有害物质进入填埋场后，易于进入填埋气，对人具有潜在危害，因此，填埋气净化设备及其运行控制要求是很高的。

# 9.4 固体废物的其他生物处理技术

蚯蚓分解处理（earthworm treatment）是近年发展起来的一项主要针对农林废物、城市生活垃圾和污水处理厂污泥的生物处理技术。由于蚯蚓分布广、适应性强、繁殖快、抗病力强、养殖简单，可以大规模进行饲养与野外自然增殖。故利用蚯蚓处理有机固体废物是一种投资少、见效快、简单易行且效益高的技术。

蚯蚓处理固体废物是以蚯蚓为主导的蚯蚓和微生物共同处理过程。废物在蚯蚓体内的停留时间短，一些蚯蚓能快速消化有机物，经过蚯蚓体内砂囊的机械研磨作用，将有机物变碎；蚯蚓从有机物和依靠有机材料生长的微生物中获得营养，同时强化微生物活性。在此过程中，废物中存在的主要营养物，特别是 N、P、K、Ca 等，通过微生物的作用释放出来，变成溶解性和易被植物利用的形态。每天蚯蚓可吞食自身重量几倍的废物，其中大部分废物排放出来被植物利用。

多数农业、工业和城市有机废物，如禽畜粪、纸厂废物、生活垃圾等，均可用于蚯蚓堆肥，但大多需预处理（冲洗、预堆肥、混合等）。几种废物混合使用比用一种材料更易维持好氧条件，且堆肥产物好。

## 9.4.1 有机固体废物的蚯蚓处理技术

(1) 生活垃圾

生活垃圾的蚯蚓处理技术是指将生活垃圾经过分选，除去垃圾中的金属、玻璃、塑料、橡胶等物质后，经初步破碎、喷湿、堆沤、发酵等处理，再经过蚯蚓吞食加工制成有机复合肥料的过程。城市生活垃圾的特点是有机物含量相当高，最高可超过 80%，最低为 30%左右。由于蚯蚓是利用垃圾中腐烂的有机物质为食，垃圾中有机物质含量的多少直接关系到蚯蚓的生长繁殖是否正常。许多研究表明，当城市生活垃圾中有机成分比例小于 40%时，就会影响蚯蚓的正常生存和繁殖。因此，为了保证蚯蚓的正常生存和快速繁殖，用于蚯蚓处理的城市生活垃圾中的有机成分的含量需大于 40%。

(2) 农林废物

农林废物主要是指各种农作物的秸秆、牧草残渣、树叶、花卉残枝、蔬菜瓜果等，其主要成分有纤维素、半纤维素、木质素等，此外还含有一定量的粗蛋白、粗脂肪等。例如，作物残体一般含纤维素 30%～45%、半纤维素 16%～27%、木质素 3%～13%。因此，农林废物都能被蚯蚓分解转化，形成优质有机肥料。它通常包括农林废物的发酵腐熟和发酵腐熟料的蚯蚓分解转化两个过程。

(3) 畜禽粪便

当前对畜牧废物进行无害化处理的方法很多，而利用蚯蚓的生命活动来处理畜禽粪便是很受人们欢迎的一种方法，此方法能获得优质有机肥料和高级蛋白质饲料，不产生二次污染，具有显著的环境效益、经济效益和社会效益，符合社会经济的可持续发展要求，是一种很有发展前途的畜禽废物处理方法。

(4) 固体废物中重金属

蚯蚓对某些重金属具有很强的富集作用，因此，可以利用蚯蚓来处理含这类重金属的废物，从而实现重金属污染的生物净化。在蚯蚓处理废物的过程中，废物中的重金属可被摄入蚯蚓体内，通过消化过程，一部分重金属会蓄积在蚯蚓体内，其余部分则排泄出体外。蚯蚓对镉有明显的富集作用，且对不同重金属有着不同的耐受能力。当某一种重金属元素的浓度超过蚯蚓的耐受极限时，蚯蚓就会通过排粪或其他方式将其排出体外。

(5) 污水厂污泥和造纸厂污泥

污泥可以作为蚯蚓食物被处理。首先，污水厂脱水后的好氧和厌氧污泥 1∶1 混合，堆肥预处理 15d 后，每立方米加 5kg 蚯蚓，并定期往表层加污泥，控制床高不超过 80cm，经过 8～10 个月，初级堆肥结束，此时，污泥体积减少 60%。然后，与造纸厂污泥（纤维素材料为主）混合，室外堆积 20～30d，纤维素被降解，腐殖酸碳增加，得到机械强度好、化学构成及营养结构适合农用的堆肥产品。

### 9.4.2 蚯蚓处理的主要影响因素

(1) 温度

蚯蚓属于变温动物。环境温度不仅直接影响蚯蚓的体温及其活动，而且影响其新陈代谢的强度，以至于呼吸、消化、生长发育、繁殖等生理机能。一般来说，蚯蚓的活动温度为 5～30℃，最适宜的温度为 20℃左右。在这样的温度条件下，蚯蚓能较好地生长发育和繁殖。5℃以下，蚯蚓则进入休眠状态。

(2) 基质含水率

水分是蚯蚓的重要组成成分和必需的生活条件。因此，基质含水率对蚯蚓的新陈代谢、生长发育和生殖有明显的影响。当基质含水率过低时，蚯蚓新陈代谢困难；当基质含水率过高时，影响蚯蚓呼吸，成为蚯蚓生存的限制因子之一。有研究表明，利用蚯蚓处理污水处理厂污泥时发现，在基质含水率为 70%～85%时可获得最大的蚯蚓生物量。

(3) 重金属含量

蚯蚓可以富集污泥中的重金属。土壤中重金属元素浓度与蚯蚓体内重金属元素浓度在一定范围内呈线性关系，当土壤中重金属浓度超过这一范围，则随浓度的增加蚯蚓对重金属的吸收明显减弱。蚯蚓对不同的重金属有着不同的耐受能力。当体内重金属元素的浓度超过蚯蚓的耐受极限时，它就会通过排粪或其他方法排出体外。

(4) C/N

在蚯蚓堆肥处理固废过程中，固废不仅是蚯蚓的处理对象，而且是蚯蚓新陈代谢和生长繁殖所需物质和能量的供应者，固废对蚯蚓的适口性和营养性决定着蚯蚓的处理效率。以处理污泥为例，当污泥 C/N 为 25～35 时，蚯蚓可以获得最高的生殖率以及最高的摄食能力，而且堆制后的产物具有较高的肥力，对环境污染最小。

(5) 其他

有机质含量、pH 值等对蚯蚓处理有着重要的影响。例如，蚯蚓喜欢生活在中性或弱碱性的 pH 值条件下。

### 9.4.3 利用蚯蚓处理固体废物的优势及局限性

蚯蚓技术克服了固体废物资源化的一些限制因素。与填埋技术相比，蚯蚓技术不需要大量的土地，而且彻底解决了填埋引起的污染问题；与焚烧相比，它不需要巨额投资而且也不产生二次污染。另外，同单纯的堆肥工艺相比，废物的蚯蚓处理工艺：①对有机物消化完全，其最终产物较单纯堆肥具有更高的肥效；②使养殖业和种植业产生的大量副产物能合理地得到利用；③对废物减容作用更为明显，单纯堆肥法减容效果一般为15%～20%，经蚯蚓处理后，其减容效果可超过30%。而且，蚯蚓可有效富集重金属，提高土壤肥力；改变固废中水分存在形态，缩短堆肥时间；改善污泥储运中心的周边环境，减少大气污染。

蚯蚓处理固体废物的局限性在于受化学物质和环境条件的限制。蚯蚓对某些化学物质如游离氨、盐敏感。当介质中游离氨超过0.5mg/L、盐含量大于0.5%时蚯蚓会死亡。冲洗或先堆肥预处理可使游离氨和盐扩散。另外，蚯蚓的生存还需要一个较为潮湿的环境，理想的湿度为60%～70%。因此，在利用蚯蚓处理固体废物时，应该从技术上考虑到避免不利于蚯蚓生长的因素，才能获得最佳的生态和经济效益。

# 第10章 生物修复基础

## 10.1 生物修复的概念

(1) 环境修复

修复(remediation)本来是工程上的一个概念,指借助外界作用力使某个受损的特定对象部分或全部恢复到原初状态的过程,包括恢复、重建、改建等三个方面的活动。恢复(restoration)是指使部分受损的对象向原初状态发生改变;重建(reconstruction)是指使完全丧失功能的对象恢复至原初水平;改建(renewal)则是指使部分受损的对象进行改善,增加人类所期望的"人造"特点,减小人类不希望的自然特点。

环境意义上的修复(即环境修复,environmental remediation),是指对被污染的环境采取物理、化学和生物学技术措施,使存在于环境中的污染物质浓度减少或毒性降低或完全无害化,使其部分或全部恢复成为原来初始状态的过程。可以从3个方面来理解。

① 污染环境与健康环境　环境污染(contaminated environment)实质上是任何物质或者能量因子的过分集中,超过了环境的承载能力,从而对环境表现出有害的现象。故污染环境可定义为任何物质过度聚集而产生的质量下降、功能衰退了的环境。与污染环境相对的就是健康环境(sound environment)。最健康的环境就是有原始背景值的环境。健康环境是一个相对概念,特指存在于环境中的各种物质或能量都低于有关环境质量标准。

② 环境修复和环境净化　环境有一定的自净能力。当有污染物进入环境时,并不一定会引起污染,只有当这些物质或能量因子超过了环境的承载能力时才会导致污染。环境中有各种各样的净化机制,如稀释、扩散、沉降、挥发等物理机制,氧化还原、中和、分解、离子交换等化学机制,有机生命体的代谢等生物机制。环境净化(environmental self-purification)更倾向是环境自然的,被动的一个过程。而环境修复是人类有意识的外源活动对污染物质能量的清除过程,是人为的、主动的过程。

③ 环境修复与"三废"治理　传统的"三废"(废水、废气、废渣)治理是环境工程的核心内容,强调的是点源治理,即工厂排污口的治理,需要建造成套的处理设施,在最短的时间内,以最快的速度和最低的成本,将污染物去除。而环境修复强调的是面源治理,即对人类活动的环境进行治理,它不可能建造把整个修复对象包容进去的处理系统。

环境修复根据采用的具体技术,如工程技术、物理技术、化学技术、生物技术等,可分为工程修复、物理修复、化学修复、生物修复等四大类。

(2) 生物修复

所谓生物修复(bioremediation),是指利用生物的生命代谢活动,减少存在于环境中有毒有害物质的浓度或使其完全无害化,从而使污染了的环境部分或全部恢复成为原初始状态的过程。与生物修复概念相同或相近的表达有生物恢复(biorestoration)、生物清除(bioelimination)、生物净化(biopurification)、生物再生(bioreclamation)、生物整治(biorenovation)。

生物恢复又称自然生物修复，即非人为的有目的的生物修复。相对而言，生物修复是有人为的有目的，叫人为生物修复，通常简称生物修复。根据污染物所处的治理位置不同，生物修复可分为 2 类：原位生物修复（in-situ bioremediation）指在污染的原地点采用一定的工程措施进行的修复行为；异位生物修复（ex-situ bioremediation）指移动污染物到反应器内或邻近地点采用工程措施进行的修复行为，异位生物修复中的反应器类型大都采用传统意义上“生物处理”的反应器形式。

生物修复起源于有机污染物的治理，最初的生物修复是从微生物利用开始，主要是利用细菌治理石油、有机溶剂、多环芳烃、农药之类的有机污染。现在，“生物修复”早已拓展到植物修复、动物修复和生态修复，而微生物修复是通常所称的狭义上的生物修复。

植物修复，就是利用植物去治理水体、土壤和底泥等介质中污染的过程。植物修复技术包括六种类型：植物萃取、植物稳定、根际修复、植物转化、根际过滤、植物挥发等技术。

动物修复，指通过土壤或水体动物群的直接（吸收、转化和分解）或间接作用（改善土壤理化性质，提高土壤肥力，促进植物和微生物的生长）而修复污染环境的过程。

1972 年，首次记录生物修复技术清除美国宾夕法尼亚州 Ambler 管线泄露的汽油。1989 年，应用生物修复技术成功处理美国阿拉斯加海滩的埃克森“Valdez”号巨型油轮溢油污染，这是生物修复公认的里程碑事件，从此“生物修复”得到了政府环保部门的认可。目前，生物修复技术已经成为环境工程领域技术发展的重要方向，并将成为生态环境保护最有价值和最有生命力的生物治理方法，被多个国家用于土壤、地下水、地表水、海滩、海洋环境污染的治理。

## 10.2 生物修复特点及原则

### 10.2.1 生物修复特点

生物修复技术优于其他新技术的显着特点是通常能一步到位，消除了污染物在多次转移过程中造成二次污染的可能性。从污染物处理的过程分析，生物修复技术与其他的物理化学处理技术相比较，还具有如下特点。

① 处理时间长　由于生物修复是利用生物体的新陈代谢降解污染物，所需要的反应时间较长，生物特别是高等动植物的生长繁殖也需要经历一定的生命周期。因此，生物修复需要花费较长的时间，一般需要 6 个月或 1 年以上。而利用物理化学处理法使土壤和石油分离所需要的反应时间一般为几小时或十几小时。

② 污染物可以在原地被降解、清除，处理过程消耗低、成本低且处理条件要求低　物理和化学处理法常常需要建设固定的处理设施，投加必要的化学药剂，在处理运行过程中还需要温度、压力、电力供应等条件，因此，处理过程中必然要造成一定的能量消耗，需要比较大的资金投入。而生物修复技术，特别是原位生物修复技术，只需要现场接种微生物，通过简单的翻耕曝氧就可以实现整个修复处理。据资料介绍，生物修复技术在所有处理技术中成本最低，其费用约为焚烧处理费用的 1/4～1/3。20 世纪 80 年代末，采用生物修复技术处理每立方米土壤需要 7.5～20 美元，而采用焚烧或填埋处理需要 20～80 美元。

③ 环境影响小，且无二次污染，遗留问题少　生物修复技术是依靠生物的作用，将污染物分解。整个修复过程只是一个自然净化过程的强化，不会形成二次污染或导致污染物的转移，可以达到永久去除污染物的目标，使土地的破坏和污染物的暴露减少到最小。而一般的物理化学处理技术只能实现将污染物从土壤环境中分离出来，存在污染物的进一步处理问题。

④ 最大限度地降低污染物的浓度　生物修复可以将污染物的残留浓度降到很低，例如：某一受污染土壤经过生物处理后，苯、甲苯和二甲苯的总浓度降为 0.05～0.1mg/L，甚至低于检测限。

⑤ 生物修复技术可以同时处理受污染的土壤和地下水　与其他技术结合，生物修复技术可以处理复合污染。

### 10.2.2　生物修复原则

从生物修复的特点，可以看出它具有广阔的市场前景，但许多方面有待进一步地完善与发展，甚至还存在一些局限并受到某些条件的限制。第一，生物不能降解所有进入环境的污染物，污染物的难生物降解性、不溶性以及与土壤腐殖质或泥土结合在一起常常使生物修复不能进行。第二，生物修复需要对地点的状况和存在的污染物进行详细而昂贵的具体考察，如在一些低渗透性的土壤中可能不宜使用生物修复技术，因为这类土壤或在这类土壤中的注水井会由于细菌生长过多而阻塞。第三，特定的生物只降解特定类型的化学物质，状态稍有变化的化合物就可能不会被同一生物酶破坏。第四，生物活性受温度和其他环境条件影响。第五，有些情况下，生物修复不能将污染物全部去除。

因此，生物修复必须遵循三项原则：合适的生物、合适的场所和合适的环境条件。

合适的生物是生物修复的先决条件。它是指具有正常生理和代谢能力，并能有效降解或转化污染物的生物体系。包括微生物、植物、动物及其组成的生态系统，其中微生物（细菌、真菌）起到十分重要的作用。

合适的场所是指要有污染物和合适的生物相接触的地点。例如，表层土壤中存在的降解苯微生物无法降解位于蓄水层中的苯系污染物，只有抽取污染物于地面生物反应器内处理，或将合适的微生物引入到污染的蓄水层中处理。

合适的环境条件是指要控制或改变污染场地或生物处理反应器的环境条件，使生物的代谢与生长活动处于最佳状态，如提供适当的无机营养、充足的溶解氧或其他电子供体、适宜的温度及湿度，如果污染物被共代谢则还需提供能源及碳源。

## 10.3　生物修复原理

### 10.3.1　微生物修复

微生物修复即通过微生物的作用清除土壤和水体中的污染物或是使污染物无害化的过程。其基本原理有如下几方面。

(1) 转化

通过微生物代谢导致有机或无机化合物的分子结构发生某种改变、生成新化合物的过程称为生物转化，主要是指重金属的生物转化。

重金属污染土壤中存在一些特殊微生物类群，它们对有毒重金属离子不仅具有抗性，同时也可以使重金属进行生物转化。其主要作用机制包括微生物对重金属的生物氧化和还原、甲基化与去甲基化以及重金属的溶解和有机络合降解，改变其毒性，达到微生物对重金属的解毒效果。以重金属汞（Hg）为例，甲基化汞的生物毒性是无机汞的 50～100 倍，通过含有机汞裂解酶基因的微生物去甲基化，能降低汞污染物的毒性；化合态的汞经微生物还原（如汞还原酶），成为游离汞，从机体中除去。

表 10-1 是微生物对某些金属或类金属离子的转化作用。

**表 10-1 微生物对某些金属或类金属离子的转化作用**

| 转化作用类型 | 金属或类金属 | 微 生 物 |
|---|---|---|
| 氧化作用 | As(Ⅲ) | 假单胞菌属、放线菌属、产杆菌属 |
| | Sb(Ⅲ) | 锑细菌属 |
| | Cu(Ⅰ) | 氧化亚铁硫杆菌 |
| 还原作用 | As(Ⅴ) | 小球藻属 |
| | Hg(Ⅱ) | 假单胞菌属、曲霉属、葡萄球菌属 |
| | Se(Ⅳ) | 棒杆菌属、链球菌属 |
| | Te(Ⅳ) | 沙门菌属、志贺菌属、假单胞菌属 |
| 甲基化作用 | As(Ⅴ) | 曲霉属、毛霉属、镰胞霉属、产甲烷拟青霉 |
| | Cd(Ⅱ) | 假单胞菌属 |
| | Te(Ⅳ) | 假单胞菌属 |
| | Se(Ⅳ) | 假单胞菌属、曲霉属、青霉属、假丝酵母属 |
| | Sn(Ⅱ) | 假单胞菌属 |
| | Hg(Ⅱ) | 芽孢杆菌属、产甲烷梭菌、曲霉属、脉胞霉属 |
| | Pb(Ⅳ) | 假单胞菌属、气单胞菌属 |

(2) 吸附与累积

通常所说的微生物吸附（microorganism sorption）仅指失活微生物的吸附作用，而微生物活细胞去除重金属离子的作用一般称为微生物累积（microorganism accumulation）。两者均为微生物富集范畴。

微生物吸附主要是生物体细胞壁表面的一些具有金属络合能力的基团起作用，如巯基、羧基、羟基等。这些基团与吸附的重金属离子形成离子键或共价键达到吸附重金属离子的目的。同时，一些重金属也可通过沉淀、晶化或捕获效应沉积于细胞表面。因吸附与微生物的代谢作用无关，可以将微生物经一定稳定化处理后进行储运。

微生物累积主要利用微生物新陈代谢作用产生的能量，通过单价或二价离子的转移系统将重金属离子输送到细胞内部。这种去除重金属的效果优于微生物吸附。微生物新陈代谢起关键作用，因此，温度、pH 值、能源等影响微生物累积效果。

(3) 降解

复杂有机化合物在微生物作用下转变为结构简单化合物或被完全分解的过程称为生物降解。环境中大部分有机污染物可以被微生物降解，降低其毒性或使其完全无害化。

微生物降解有机污染物主要依靠微生物分泌的胞外酶降解，或污染物被微生物吸收至其细胞内后，由胞内酶降解。微生物从胞外环境中吸收摄取物质的方式主要有主动运输、被动扩散、促进扩散、基团转位及胞饮作用等。微生物降解有机污染物，通常依靠氧化、还原、基团转移以及水解等基本反应模式来实现的。

微生物分解转化污染物的能力是很强的，当环境中有新的化合物存在时，它们能够逐步改变自身条件以适应变化的环境。由于微生物具有个体小、比表面积大、繁殖迅速等特点，它们较之植物和动物更容易适应环境。因此，目前在环境修复中，微生物的作用正日益受到重视。

### 10.3.2 植物修复

植物修复是指利用各种活体植物，通过吸收、降解和稳定等过程清除环境中的污染物或消减污染物的毒性，可以用于受污染的地下水、沉积物和土壤的原位修复。

(1) 吸收

利用富集能力较强的植物通过根系吸收和转运过程，将土壤、水体中的污染物转移到地上部分，通过植物降解或收割植物等手段把污染物移除。吸收效果取决于污染物本身的物理化学特性和植物本身，遗传工程可以增加植物本身的吸收、降解等能力。有机物一旦被吸收，将被植物通过木质化过程代谢、矿化或挥发。重金属主要是通过植物根系萃取、过滤等机制，从环境中吸取和积累超量的有毒金属，对于污染的农地和矿区，植物萃取技术的成本仅为其他物理化学处理技术的十分之一。

被植物吸收之后的污染物通过植物降解、稳定和挥发的形式转化。

(2) 降解

植物降解污染物的途径主要有两条：一是将污染物吸收到植物体内，通过新陈代谢过程将其降解；二是通过根分泌物中的一些物质直接或间接的在根部将其降解。

前者是指植物将有机污染物吸入体内后，可以通过木质化作用将它们及其残片储藏在新的组织结构中，也可以直接代谢或矿化为 $CO_2$ 和 $H_2O$，还可以将其挥发掉。后者则主要是通过植物根际圈的作用使得污染物得到去除。研究表明，植物根系在从土壤中吸收水分、矿质营养的同时，也向根系周围土壤环境释放大量的分泌物。这些物质刺激着某些土壤微生物和土壤动物在根系周围大量地生长繁殖，这使得根际圈内生物数量远远大于根际圈外的数量，它们之间形成了互生、共生、协同及寄生关系，促进了污染物的降解和转化速率。因此，根际修复在土壤污染修复中起着重要的作用。

(3) 稳定

植物稳定是利用植物吸收、沉淀来固定环境中的污染物，防止其进入地下水和食物链，从而减少其对环境和人类健康的影响。如利用超累积植物的富集特性，在根系或植物体内浓缩富集污染水体中的金属或有机污染物，达到处理的效果。

(4) 挥发

植物挥发是指利用一些植物来促进污染物转变为可挥发性的形态，挥发出土壤和植物表面的过程。如汞、硒污染的去除 。当然，植物挥发仅是一种污染物的相转移过程，且这个转移过程污染物向大气挥发的速率应以不构成生态危害为限。

作为一项高效、低廉、非破坏性的污染修复技术，除了成本较低以外，植物修复还有以下几方面的优点：原位修复，不占场地，环境影响小；在修复环境的同时也美化了环境；可使地表长期稳定，控制水土流失，不会形成二次污染或导致污染物的转移等。由于植物的自身特点，这项修复技术还存在一些缺点：修复过程缓慢，植物生长周期长、修复效率低；修复土壤只能局限于植物根系所能延伸的范围，一般不超过 20cm 土层厚度；植物受病虫害袭击时会影响植物的修复能力等。

### 10.3.3 动物修复

土壤动物中有许多腐生动物，它们专门以有机物为食，处理能力相当惊人。在人工控制条件下，土壤动物的处理能力和效率更加强大。土壤动物主要是通过对生活垃圾及粪便污染物进行破碎、消化和吸收转化，把污染物转化为颗粒均匀，结构良好的粪肥。而且这种粪肥中还有大量有益微生物和其他活性物质，其中原粪便中的有害微生物大部分被土壤动物吞噬或杀灭。而且，土壤动物肠道微生物转移到土壤后，填补了土著微生物的不足，提高了微生物处理剩余有机污染物的处理能力。

由于土壤自身的特殊性，它成为了重金属污染物的归宿地，因此土壤肥力退化、农作物产量降低，严重影响环境质量和经济的可持续发展。利用动物来富集重金属或转化其形态，不但不会像植物修复造成土壤肥力降低，反而还可以提高土壤肥力。腐生动物蚯蚓对重金属元素有很强的富集能力，其体内 Cd、Pb、As、Zn 与土壤中相应元素含量呈明显的正相关，对蜘蛛体内重金属含量的分析结果也表现出相似的趋势。重金属锌含量在 0～400mg/kg 内，蚯蚓对土壤氮素矿化、硝化和反硝化活性的促进作用并不受加锌量的影响。

土壤动物不仅直接富集重金属，还和微生物、植物协同富集重金属，改变重金属的形态，使重金属钝化而失去毒性。特别是蚯蚓等动物的活动促进了微生物的转移，使得微生物在土壤修复的作用更加明显；同时土壤动物把土壤有机物分解转化为有机酸等，使重金属钝化而失去毒性。

## 10.4 生物修复的主要方法

### 10.4.1 原位生物修复

原位生物修复（in-situ bioremediation）主要是通过添加营养物质、微生物或酶、表面活性剂、溶解氧、补充碳源及能源等技术手段，强化污染物去除效果。

（1）生物通气法（bioventing）

生物通气法是一种加压氧化的生物降解方法，它是在污染的土壤上打上几眼深井，安装鼓风机和抽真空机，将空气强行排入土壤中，然后抽出，土壤中的挥发性有机物也随之去除（图 10-1）。该技术通常用于修复受挥发性有机物污染的地下水水层上部通气层的土壤。这种处理系统要求污染土壤具有多孔结构，以利于微生物的快速生长，另外，污染物应具有一定的挥发性，亨利常数大于 1.01325Pa/($m^3$ · mol）时才适于通过真空抽提加以去除。该方法在通入空气时，加入一定量的氨气，可为土壤中的降解菌提供所需要的氮源，提高微生物的活性，增加去除效率。生物通气法已经在实际生物修复中得到验证，在面积为 10500$m^2$ 受柴油污染的土壤上，利用生物通气工艺进行修复，两年后，土壤中柴油浓度降低 55%～60%，其中生物的贡献率为 90%以上。

（2）生物注气法（biosparging）

生物注气法是将空气压入饱和层水中使挥发性化合物进入不饱和层进行生物降解，同时饱和层也得到氧气促进其生物降解（图 10-2）。这种补给氧气的方法扩大了生物降解的面积，使饱和带和不饱和带的土著菌发挥降解作用。空气注气井是常见的形式，间歇式运行，在运行中要监测地下水溶解氧和不饱和带挥发性有机物的含量。

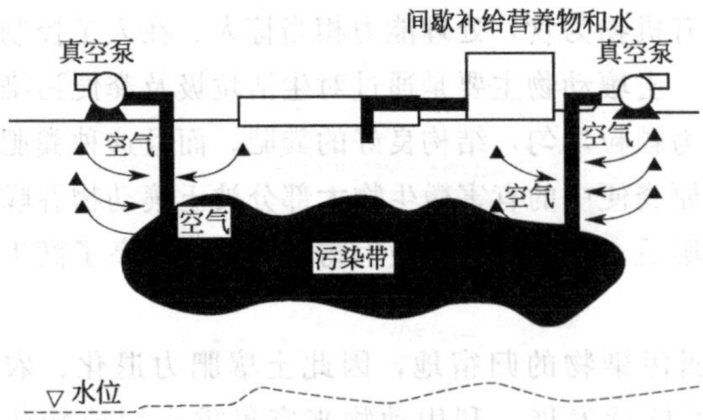


图 10-1 生物通气法修复不饱和层污染

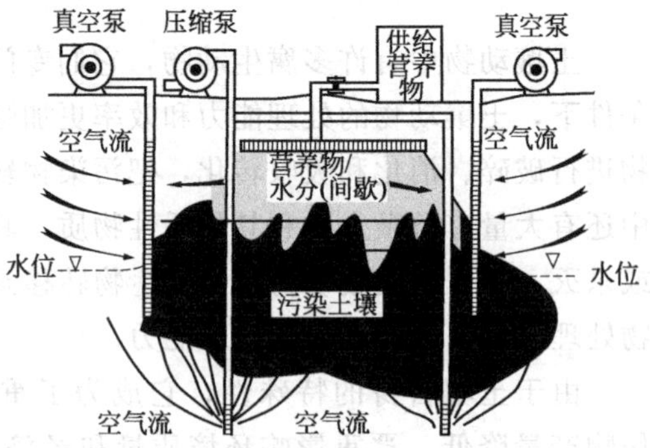


图 10-2 生物注气法修复土壤和地下水污染

(3) 生物冲淋法 (bioflooding)

生物冲淋法又称液体供给系统 (liquid delivery systems)，它是指通过注入井 (或沟) 补充含氧气和营养盐的水以促进土壤和地下水中污染物的生物降解。该方法在各种石油烃类污染治理中得到使用，改进后也用于处理氯代脂肪烃类化合物，如加入甲烷和氧促进甲烷营养菌降解三氯乙烯和氯乙烯等。

通过设置抽水井，可以将地下水抽出，经过必要的处理 (如添加营养物等) 后回注。氧的补充可以用空气或纯氧经喷射供给，也可以加入过氧化氢。由于水中氧溶解度的限制，向污染的亚表层环境供给大量溶解氧很困难，所以也可以供应硝酸盐、硫酸盐、三价铁盐等作为电子受体。

(4) 土壤耕作法 (land farming)

土壤耕作法通过耕翻污染土壤 (但不挖掘和搬运土壤)，补充氧和营养物，提高土壤微生物的活性。在处理过程中，通过施加石灰、肥料、水，给微生物分解污染物提供一个良好环境，包括充足的营养、水分和适宜的 pH 值，保证生物降解在土壤的各个层面上都能发生。这种原位处理法与下面所述的易位土地耕作不同，适于不饱和层土壤处理，不适用于地下水处理。

(5) 微生物-植物联合修复

在污染土壤上栽种对污染物吸收力高、耐受性强的植物，利用植物的生长吸收以及根区的微生物特殊修复作用，从土壤中去除污染物。

### 10.4.2 异位生物修复

异位生物修复 (ex-situ bioremediation) 主要是将污染的土壤或水，通过车辆、管道等方式，输送到经过各种工程准备的场所 (或反应器)，进行生物降解处理，特别适合一些有毒化合物、挥发性大或浓度高的污染物处理。异位修复主要包括异位土壤耕作法、生物堆放法和生物反应器。

(1) 异位土壤耕作法

这种方法适合处理不含重金属污染的污泥、石油污染土壤等。其基本实施步骤为：①场地处理，以贫瘠的砂质黏土或砂质壤土为宜，对垫层进行防渗处理，防治污染物影响地下水水质，并在场地四周建立阻断墙，防止污染物向四周扩散；②把污染土壤运至现场，均匀平铺成 30～80cm 厚的土层；③设置灌溉系统保证土壤湿度；④处理过程中周期性地进行耕作翻土，以保证土壤结构的优化，增加土壤的通透性和一致性，提高氧转移的效率。

同原位土壤耕作法一样，异地土壤耕作法对土壤营养物含量、pH 值和湿度等状况也有严格的控制要求。由于异地土壤耕作法需要较大的土地面积，因此在土地资源紧张的地区，这种方法受到限制。

(2) 生物堆放法

堆放法是一种强化型的土壤降解技术。其实施步骤是：将受污染的土壤从污染地域挖走，运输到异地堆积成条状，中间留有“田埂”便于收集产生的渗出液，避免处理现场的土层受到污染，生物修复处理后再运回原地。该方法的特点是在堆起的土层中铺有管道，提供降解时需要的水和氧气，并在污染土层下设有多孔集水管，收集渗滤液。生物堆放法处理效率高、二次污染少，必要时可以加入土壤调理剂（如干草、树叶、麦秆或肥料）以提高土壤的渗透性，增加氧的传输性，改善土壤质地。

(3) 生物反应器

生物反应器在结构上与常规的生物处理单元类似，如活性污泥、生物接触氧化等。这些反应器可以是一些可移动的单元，能被运到处理现场，与污染物的原位修复处理相结合；也可以是建在处理区的构筑物。

生物反应器修复本质是更加强化的堆肥法，增强了营养物、电子受体及其他添加物的效力，故能达到更高的降解效果。泥浆反应器是一种典型的异位生物修复反应器，它是将污染土壤从污染点挖出来放到一个特殊的反应器中处理（图 10-3）。污染的土壤通常加 2～5 倍的水混合起来形成泥浆，同时加入营养物质或接种物，引入反应器处理，在控制溶解氧、温度、pH 值、混合状态等参数的情况下进行处理。泥浆反应器能有效处理相对分子质量低的多环芳烃、杂环化合物等，可添加一些表面活性剂，以促进微生物与污染物的接触，加速污染物的降解。

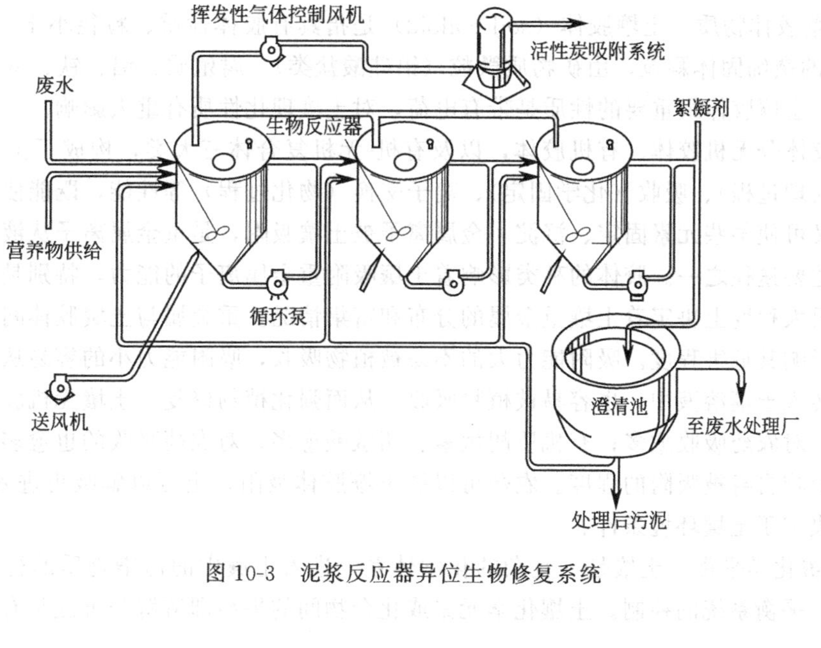


图 10-3　泥浆反应器异位生物修复系统

# 10.5 生物修复的影响因素

## 10.5.1 受体特性

土壤、地表水、地下水、大气是污染物的主要环境载体，也是生物修复的受体。因此，这些受体特性是构成污染生物修复的主要影响因素。

(1) 土壤受体特性

① 土壤物理学特性　土壤（soil）是一个由固、液、气三相组成的分散体系。三相物质的组成彼此互相影响，形成各种物理性质，这些物理性质的差异导致土壤环境功能的差异。土壤物理学特性主要包括土壤孔性和土壤质地。

土壤孔性（soil porosity）是指土壤孔隙数量、大小孔隙分配和比例特征，具有调节土壤水、肥、气、热及生物活动和养分转化等功能。土壤孔隙分为无效孔隙、毛管孔隙和通气孔隙。无效孔隙在无结构的黏土中较多，而在砂质土及结构良好的土壤中较少；毛管孔隙能保持对植物有效的毛细管水，对土壤供水供肥具有重要意义；通气孔隙是土壤水分、空气的通道，其数量是土壤通气、透水性的重要指标，一般能保持植物正常生长的通气孔隙度应大于8%，理想的指标为10%～20%。研究表明，土壤空隙度除与酶活性呈正相关外，土壤的孔隙性状对污染物的过滤截留、物理和化学吸附、化学分解、微生物降解等有重要影响。土壤通气孔隙大，好气性微生物活动强烈，可以加速污染物的分解，但另一方面也使土壤下渗强度增大，渗透量加大，促使土壤上层的污染物容易被淋溶而进入地下水。

土壤质地（soil texture）差异形成不同的土壤结构和通透性状，因而对环境污染物的截留、迁移、转化产生不同的效应。黏质土类，颗粒细小，比表面面积大，大孔隙少，通气透水性差，能阻留悬浮物于土壤表层，增加污染物转移的难度；砂质土类中砂粒含量占优势，通气性、透水性强，分子吸附、化学吸附及交换作用弱，对进入土壤中的污染物的吸附能力弱，污染物容易随水淋溶、迁移；壤土的性质介于黏土和砂土之间，其性状差异取决于壤土中砂、黏粒含量比例。

② 土壤胶体物质　土壤胶体（soil colloid）是指具有胶体性质、粒径小于0.001mm或0.002mm的微细固体颗粒，由矿物质微粒（铝硅酸盐类）、腐殖质、铝、铁、锰、硅含水氧化物组成。土壤胶体最重要的性质是带有电荷，对土壤理化性质有重大影响。

土壤胶体分无机胶体、有机胶体，以及有机-无机复合体三大类，构成了土壤胶体独特的吸附（物理过程）、吸收（化学固定）、离子交换（物化过程）等性能，既能使一些物质元素迁移，又可使某些元素固定、沉淀。金属离子被土壤吸附，是重金属离子从液相转入土壤固相的最主要途径之一。胶体的种类影响着土壤吸附重金属离子的能力，特别是有机胶体的吸附，在很大程度上决定着土壤重金属的分布和富集情况。重金属与土壤胶体间吸附能力大小，也会影响其危害程度。吸附能力大的不易被植物吸收，吸附能力小的容易从土壤胶体上解吸下来转入土壤溶液中，也容易被植物吸收，从而强化植物修复。土壤无机胶体愈多，表面积愈大，对农药吸收愈多；有机质胡敏素、胡敏酸愈多，对农药吸收的也愈多。同时，农药性质也影响自身被吸附的程度。农药可以被土壤胶体吸附，也可以解吸再进入土壤溶液，两种情况决定于土壤环境条件。

③ 土壤化学平衡　土壤是一复杂的化学体系，进入土壤中的污染物质的行为，直接受到土壤化学平衡系统的控制。土壤化学元素或化合物间的平衡即溶解与沉淀是有条件的、暂

时的动态平衡。

人们可以利用土壤各种化合物平衡条件、平衡条件变化后的化学平衡移动特征，利用平衡的转变来提高土壤营养元素释放的数量、有效性，强化植物修复功能。土壤中化学平衡体系除了受元素和化合物的浓度、环境温度、压力影响外，还受到土壤胶体性质、pH 值、氧化还原电位等值的控制。土壤化学平衡包括氧化还原平衡、酸碱平衡、络合-螯合平衡等。

土壤氧化还原反应能改变离子的价态，影响有机物质的分解速率和强度，因而影响土壤物质及污染物质转化、迁移，对改变土壤性质、促进污染物质的转化有重要的作用；影响土壤养分的形态和状况进而影响植物修复。植物所需要的氮素和矿质养分，多数是在氧化态时才容易被吸收利用。土壤物质转化过程中产生各种酸性和碱性物质，决定土壤溶液酸碱反应，影响养分的有效度和微生物活度，影响金属元素的固定、释放和淋洗。pH 值是影响土壤中重金属迁移转化的重要因素，正常土壤的 pH 值在 5～8 之间，当土壤 pH 过低时，金属化合物均溶于水，对植物产生毒害。

土壤胶体的阳离子交换作用，使得土壤溶液具有抵抗酸碱变化的能力，即缓冲作用。土壤缓冲作用可以缓和污染物进入土壤造成的土壤酸碱的变化。因此，土壤对酸碱缓冲作用，在减轻污染物质的危害、强化植物修复方面具有重要作用。另外，土壤作为一个复杂化学体系，存在着形成络合-螯合物的有机和无机配位体及多种金属中心离子。土壤中络合-螯合物的配位体主要是土壤腐殖质酸、土壤酶及无机配位体等。土壤络合-螯合作用可以增加金属离子的活性，增加土壤结构的稳定性，改善土壤理化性质和生物学过程，有利于污染物的转化、迁移，从而减轻或缓解污染物的危害。

(2) 地表水受体特性

地表水体（surface water）是指在一定的自然空间内被水覆盖的自然综合体，它包括河流、湖泊、水库、堰塘、河口、海洋等。天然地表水体一般由水、水中物质、水生生物及底泥等 4 部分组成。污染物进入水体后的迁移、转化，是通过污染物与水体之间相互产生复杂的物理、化学、生物作用而变化的，整个过程取决于污染物的特性和受纳水体的背景条件。

水污染过程的物理作用是指污染物进入水体后只改变其物理性状、空间的位置，而不改变其化学性质、不参与生物作用的过程，如污染物在水中的扩散、向底质中的沉积及底质被水流冲刷的移动过程。水污染过程的化学作用是指污染物进入水体后，发生了化学性质或形态、价态上的转化，如酸化（或碱化）、中和、氧化还原、分解、化合等作用过程，改变污染物的迁移转化能力，以及污染物毒性大小，但未参与生物作用。水污染过程的生物作用是指污染物通过生物的新陈代谢、食物链传递等发生的生命作用过程，如分解、转化及富集，这些作用普遍存在于包含水生生物的地面水体之中。

水体自净作用是指进入水体中的污染物质浓度或毒性，随时间和空间的变化而自然降低的现象。自然界各种水体本身都有一定的自净能力，污染物质进入水体后，会产生水体污染和水体自净两个相互关联的过程。如前所述，污染物进入水体会发生一系列物理、化学和生物的变化，经过这些净化作用，水体环境有可能部分或完全恢复到原先状况，如果污染作用超过水体自净能力，则水质就会恶化。所以说水体污染的发生与发展，即水质是否恶化，要视污染过程与自净过程的强度而定，而这两个过程进行的强度又与污染物性质、污染物浓度大小和受纳水体状况三个方面及它们之间相互作用有关。在河流水体自净过程中，水中溶解氧的变化反映了水中有机物的净化过程，所以常把溶解氧作为水体自净的一个指标。

（3）地下水受体特性

① 地下水种类和特征　地下水（groundwater）即埋藏于地表以下土层孔隙中的水。按照地下水的埋藏条件，地下水分为上层滞水、潜水和承压水。

上层滞水（perchedgroundwater）是指储存于地表浅层局部不透水层上面的滞水（图10-4）。上层滞水完全靠大气降水或地表其他水体的直接渗入补给，水量受季节影响特别显著，一些范围较小的上层滞水在旱季往往干枯无水。这种水因埋藏较浅容易遭受污染。

潜水（phreatic water）埋藏于地下水第一稳定隔水层之上（图10-4），通过上部的透水层可与地表相通，接受大气降水和地表水渗入的补给，有时还接受相邻含水层的地下水补给。潜水具有自由表面，为无压水；在重力作用下，由潜水位较高处向较低处流动；潜水的水位、流量和化学成分随地区和时间的不同而变化；潜水容易受到污染。

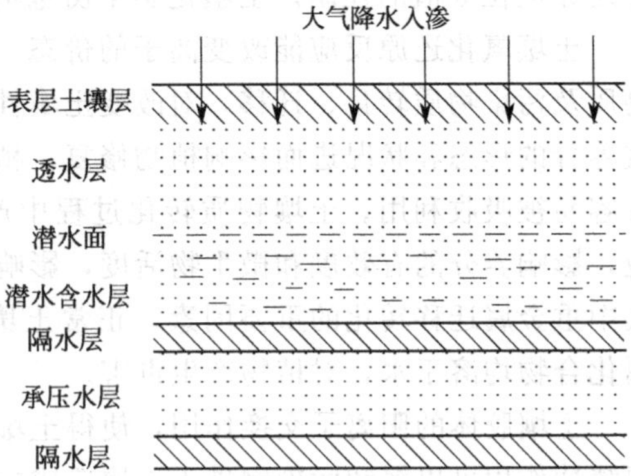

图 10-4　地下水埋藏条件形成示意图

承压水（confined groundwater）又称层间水，它是充满于上下两个稳定隔水层之间的重力水（图10-4），具有一定水头压力的地下水，当水头高于地表时称为自流水。承压水没有自由水面，水体承受静水压力，与有压力的管道中的水相似。承压水由于有稳定的隔水顶板与底板，因而与外界的联系较差，与地表的直接联系大部分被隔绝，所以它的埋藏区与补给区不一致，靠相邻潜水层的侧向补给和上部潜水层的越流补给。承压含水层的埋藏深度较深，因此其水位、水量、水温以及水质等方面受水文气象因素、人为因素及季节变化的影响较小，受到污染的机会比潜水要少。

② 地下水的污染物运移　污染物随地下水的运移通道是多孔介质，因此，溶于流体中的物质输移是在几何结构非常复杂的孔隙空间中进行。这些特殊的条件造成了污染水流在多孔介质中特殊的迁移现象和机制。

当流体在多孔介质中流动时，固相与液相之间的相互作用是非常复杂的，包括溶质颗粒在固体表面上吸附、沉淀、溶解、离子交换、化学反应和生物过程等，但通常最主要的是机械作用。所谓机械作用，就是由于孔隙系统的存在，使得流体的微观速度在孔隙中的大小和方向分布不均一。正是孔隙介质中微观速度分布的不均一性，使得流体通过多孔介质流动时，溶质逐渐散布，超出了仅按平均流动所预期的扩展范围，并占据多孔介质越来越多的体积，这种特有的物质输移现象，称为机械弥散（physical diffusion）。当溶液在多孔介质中流动时，溶质浓度的机械弥散与分子扩散以不可分开的形式同时起作用，合起来就形成了流体的水动力弥散，使溶质既沿平均方向扩展又沿垂直于平均流动的方向扩展。水动力弥散系数 $D$ 通过室内外实验并结合方程解析解或数值解予以确定。

③ 地下水的污染特点　污染过程缓慢，污染物在地表水下渗过程中不断受到各种阻碍，如截留、吸附、分解等，进入地下水的污染物数量随之减小，通过土层愈长截留的愈多，因此，污染过程是缓慢的。但地下水流动远，有些在地表水中容易分解的污染物，一经进入地下水后、就长期不能消除，并且产生大范围的影响，所以防止地下水污染十分重要。

兼有间接污染。地表水污染物在下渗过程中与其他物质发生作用，被携带进入地下水，造成间接污染。如，地表水中的酸碱盐类等在下渗过程中使岩层中大量钙、镁溶解进入水中，因而地下水硬度增高；又如，地表水中的有机物在下渗过程中被生物降解，溶解氧减少等。

环境水文地质影响大。由于地下水埋藏在地下，不同类型的水文地质条件下，污染原因、污染程度、污染分布范围各异，分别表现出不同特征。

(4) 大气受体特性

① 影响大气污染修复的气象因素　影响大气污染修复的气象因素主要有风、大气湍流、温度层结、大气稳定度等。

大气污染物在风的作用下，会沿着下风向输送、扩散和稀释，风向决定了污染物迁移运动的方向，风速则影响污染物的稀释程度。风速越大，一定空间内单位时间与污染物混合的清洁空气量越大，冲淡稀释的作用就越好。

湍流运动造成大气中各组分间的强烈混合。当污染物由污染源排入大气中时，高浓度部分污染物由于湍流混合，不断被清洁空气渗入，同时又无规则地分散到其他方向去，使污染物不断地被稀释、冲淡。大气湍流与大气的垂直稳定度有关，又与近地面状况有关。

大气的气温在垂直方向上随高度的分布，称为大气的温度层结。大气的湍流状况在很大程度上取决于近地层大气的垂直温度分布，因而大气的温度层结直接影响着大气的稳定程度。日常生活中，常用温度层结作为大气湍流状况的指标，以此判断污染物的扩散情况。在正常的气象条件下（即标准大气状况下），近地层的气流温度总要比其上层气流温度高，因此产生了对流。但近地层实际大气的情况非常复杂，各种气象条件都会影响到气温的垂直分布，当气温随高度的增加而增加，其温度垂直分布与标准大气的相反时，这种现象称为温度逆增（简称逆温）。出现逆温的气层叫逆温层。逆温层的出现将阻止气团的上升运动，使逆温层以下的污染物不能穿过逆温层，只能在其下方扩散，因此可能造成高浓度大气污染。

大气稳定度是空气团在铅直方向的稳定程度。气象学家把近地层大气划分为稳定、中性和不稳定三种状态。当气层中的气团受到对流冲击力的作用，产生了向上或向下的运动，若空气团受力移动后移动速度渐减又有返回原来位置的趋势，此时的气层是稳定的；若空气团受力移动后速度渐加又有远离原来位置的趋势，则气层是不稳定的；若空气团受力后以保持一定的速度移动，则气层处于中性稳定状态。当大气处于稳定状态时，湍流受到限制，大气不易产生对流，因而大气对污染物的扩散能力很弱，易引起污染。当大气处于不稳定状态时，空气对流受阻小，湍流可以充分发展，对大气中的污染物扩散稀释能力就很强。

② 影响大气污染修复的近地面因素　近地面因素是指大气底层接触面的性质、地形及建筑物的构成情况。城市、山区和水陆交界处，由于近地面热力和动力效应不同，所表现的局部气象特征会影响到气流的运动，同时也直接影响当地的气象条件，进而对大气污染物的扩散造成影响。除此之外，近地面本身的机械作用也会影响到气流的运动，如近地面粗糙，湍流就可能较强，近地面光滑平坦，湍流就可能较弱。因此，近地面通过本身的机械作用和对该地局部气象条件的影响，最终影响着污染物的扩散。

城市面以两种基本方式改变着当地的气象特征：a. 城市的热力效应；b. 城市动力效应。城市气温高于周边地区，于是城市地区热空气上升，并在高空向四周辐散，而四周郊区较冷的空气流来补充，形成了独特的热力环流——城市热岛环流，这种现象称之为城市热岛效应。城市面粗糙度大，特别是高层建筑，对气流产生了阻挡作用，使得气流的速率与方向变得很复杂，而且还能造成小尺度的涡流，阻碍气流的迅速传输，不利于污染物扩散。这种影响的大小与建筑物的形状、大小、高矮及排气筒高度有关，排气筒越矮，影响越大。

山区地形复杂，日照不均匀，使得各处近地层大气的增热与冷却的速率不同，因而形成了山区特有的局部热力环流，如过山气流、坡风、谷风等，它们对大气污染物的扩散影响很大。气流过山时，在山坡迎风面造成上升气流，山脚处形成反向旋涡；背风面造成下沉气流，山脚处形成回流区。污染源在山坡上风侧时，对迎风坡会造成污染，而在背风侧，污染物会被下沉气流带至地面，或在回流区内回旋积累，无法扩散出去，很容易造成高浓度污染。

坡风又因上下坡风向不同分上坡风和下坡风。上坡风出现在日照的白天，从平原吹向山谷的风（称为谷风）从谷底吹向山坡而形成；下坡风则出现在晴朗的夜晚，由于坡地辐射冷却快，贴近山坡的冷且重的空气顺坡滑向谷底而形成的。下坡风汇集谷底，形成一股速率较大、层次较厚的气流，流向平原或谷地下游，形成山风。坡风的这种风向日不稳定变化，往往导致大气中的污染物也随风摆动，产生循环累积，造成局部地区高浓度污染。

在水陆交界处（沿海、沿湖地带），由于水面和陆面的热力参数的不同，经常出现海陆风或水陆风。白天地表受热增温比海面快，陆上气温高于海面，陆上暖空气上升并在上层流向海洋，而下层空气由海洋流向陆地，形成海风。夜间则因陆地散热快而海洋散热慢，产生和白天相反的气流，形成陆风。一般来说，海风比陆风强大。海陆风这种局地热力环流，将导致污染物不能完全及时被输送、扩散，白天陆地上污染物随气流抬升，在上层流向海洋，下沉后有可能部分地被海风带回陆地，形成重复污染。水陆风主要出现在大湖泊、江河的水陆交界地带，活动范围和强度较海陆风小。

③ 污染物在大气中的转化　从污染源排放进入大气中的污染物，在扩散、输送过程中，由于其自身的物理化学性质受阳光、温度、湿度等因素的影响，污染物之间，以及它们与空气原有组分之间发生化学反应，形成新的二次污染物，这一反应过程称为大气污染的化学转化。它包括光化学过程和热化学过程，其中有发生在气相或液相的均相反应，和发生在气液、液固、固气界面上的非均相反应。

下面以氮氧化物在大气中的化学转化为例，讲述污染物在大气中的转化过程。

$NO_x$ 在大气光化学过程中起着很重要的作用。$NO_2$ 经光离解而产生活泼的氧原子，它与空气中的 $O_2$ 结合生成 $O_3$。$O_3$ 又可把 NO 氧化成 $NO_2$，因而 NO、$O_2$ 与 $O_3$ 之间存在着的化学循环是大气光化学过程的基础。

当阳光照射到含有 NO 和 $NO_2$ 的空气时，便有如下基本反应发生。

$$NO_2 + h\nu \longrightarrow NO + O$$

$$O + O_2 + M \longrightarrow O_3 + M$$

$$O_3 + NO \longrightarrow NO_2 + O_2$$

在大气中无其他反应干预下，$O_3$ 的浓度取决于 $[NO_2]/[NO]$。

在 HO 与烃反应时，HO 可从烃中摘除一个 H 而形成烷基自由基，该自由基与大气中的 $O_2$ 结合生成 $RO_2$。$RO_2$ 具有氧化性，可将 NO 氧化成 $NO_2$。

$$RH + HO \longrightarrow R + H_2O$$

$$R + O_2 \longrightarrow RO_2$$

$$NO + RO_2 \longrightarrow NO_2 + RO$$

生成的 RO 可进一步与 $O_2$ 反应，生成 $HO_2$ 和相应的醛。

$$RO + O_2 \longrightarrow R'CHO + HO_2$$

$$HO_2 + NO \longrightarrow HO + NO_2$$

在一个烃被 HO 氧化的链循环中，往往有 2 个 NO 被氧化成 $NO_2$，同时 HO 还得到复原，因而此反应甚为重要。这类反应速率很快，能与 $O_3$ 氧化反应竞争。在光化学烟雾形成过程中，由于 HO 引发了烃类化合物的链式反应，而使得 $RO_2$、$HO_2$ 数量大增，从而迅速地将 NO 氧化成 $NO_2$。这样就使得 $O_3$ 得以积累，以致成为光化学烟雾的重要产物。

HO 和 RO 也可与 NO 直接反应生成极易光解的亚硝酸或亚硝酸酯。

$$HO + NO \longrightarrow HNO_2$$

$$RO + NO \longrightarrow RONO$$

$NO_2$ 能与 $O_3$、$NO_3$ 及一系列自由基（如 HO、O、$HO_2$、$RO_2$ 和 RO 等）反应，其中比较重要的是与 HO、$NO_3$ 以及 $O_2$ 的反应。

$$NO_2 + HO \longrightarrow HNO_3$$

此反应是大气中 $HNO_3$ 的主要来源，同时也对酸雨和酸雾的形成起着重要作用。白天大气中 HO 浓度较夜间高，因而这一反应在白天会有效地进行。所产生的 $HNO_3$ 与 $HNO_2$ 不同，它在大气中光解得很慢，沉降是它在大气中的主要去除过程。

$$NO_2 + O_3 \longrightarrow NO_3 + O_2$$

此反应在对流层中也是很重要的，尤其是 $NO_2$ 和 $O_3$ 浓度较高时，它是大气中 $NO_3$ 的主要来源。

$NO_x$ 可溶于大气的水中，并构成一个液相平衡体系。在这一体系中 $NO_x$ 有其特定的转化过程。$NO_x$ 的液相反应主要有以下反应：通过非均相反应可形成 $HNO_3$ 和 $HNO_2$。$NO_2$ 也可能经过在湿颗粒物或云雾液滴中的非均相反应而形成硝酸盐。

### 10.5.2 污染物特性

(1) 污染物的化学结构

污染物的生物可修复性主要取决于污染物特性、生物特性及环境特性。污染物，特别是有机污染物，其化学结构特性决定了污染物的溶解性、分子排列和空间结构、化学功能团、分子间的吸引和排斥等特征，并因此影响有机污染物能否为微生物所获得，即污染物的生物可利用性，以及微生物酶能否适合污染物的特异结构，最终决定污染物是否可被生物降解以及生物降解的难易和降解程度。

一般地，结构简单的有机物较结构复杂的先降解，相对分子质量小的有机物比相对分子质量大的易降解。聚合物和高分子化合物之所以抗微生物降解，因为它们难以通过微生物细胞膜进入微生物细胞内，微生物的胞内酶不能对其发生作用，同时也因其分子较大，微生物的胞外酶也不能靠近并破坏化合物分子内部敏感的反应键。研究表明，有机污染物的化学结构、物理化学性质与生物降解性之间存在一些定性关系。

烃类化合物，链烃比环烃易生物降解链烃，单环烃比多环芳烃易生物降解，长链比短链易降解，不饱和烃比饱和烃易分解；对于支链化合物，支链越多，越难降解。

含氧有机物，醇类一般容易降解，醛类与相应的醇类相比，其生物可降解性低，有机酸和酯类化合物较醇、醛容易降解。酚类中的一羟基或二羟基酚、甲酚通过驯化作用可得到很高的降解性，但卤代酚非常难生物降解。与醇、醛、酸和酯相比，酮类难于生物降解，但较醚容易降解。醚类虽然不易生物降解，但只要进行长时间的驯化就能提高其可降解性。

胺类化合物中仲胺、叔胺和二胺均难降解，但通过驯化方法有可能进行降解。二乙醇胺、乙酰苯胺在低浓度时可以被生物降解。有机腈化物经过长时间的驯化后有可能被降解，腈类被分解成氨，进而被氧化成硝酸。

农药，根据化合结构，可以大致排出其生物可降解性难易程度的顺序。各类农药降解由易到难的排列顺序是脂肪族酸、有机磷酸盐、长链苯氧基脂肪族酸、短链苯氧基脂肪族酸、单基取代苯氧基脂肪族酸、三基取代苯氧基脂肪族酸、二硝基苯、氯代烃类（DDT）。

表面活性剂中，阳离子表面活性剂的苯基位置越接近于烷基的末端，其生物可降解性越好；同时，烷基的支链数量越少，其生物可降解性也越好。此外，苯环上的磺酸基和烷基位于对位要比邻位的生物可降解性好。非离子表面活性剂中的聚氧乙烯烷基苯乙醚的生物可降解性受氧化乙烯（EO）链的加成物质的量以及烷基的直链或立锥结构的很大影响。例如 $C_{13}$ 的生物可降解性能好。而 $C_9$ 以下的短链烷基的生物可降解性差。另外直链烷基的置换位置也有影响，邻位的远不及对位的生物可降解性好。阴离子表面活性剂中的 LAS 的生物降解速率随磺基和烷基末端间距离的增大而加快，在 $C_6$～$C_{12}$ 范围内较长者降解速率快，支链化的影响与非离子型表面活性剂的规律相似。

另外，有机化合物主要分子链上除碳元素外，尚有其他元素时，会增加对生物氧化的抵抗力。卤代作用能降低化合物的可生物降解性，尤其是间位取代的苯环，抗生物降解更明显。

（2）污染物的生物可利用性

尽管许多物质可以被生物除去，但并不是任何污染物质在任何环境下都能被生物吸收、转化、降解。不能被生物去除的原因很多，其中一个很重要的原因就是生物有效性（bio-availablity）。基质以不容易被生物利用的形式存在，会限制对污染地点的生物修复。

污染物的生物有效性与其某些固有的物理化学特性有关，如水溶性、辛醇-水分配系数或以非水溶相液体存在等。生物有效性也与周围的环境条件有关，如与周围环境发生吸着作用、螯合作用，或被包埋于土壤、沉积物或含水层的基模（matrix）中与生物隔离而不能被生物利用。

### 10.5.3 环境条件

环境条件的变化是通过生物的活性或者改变污染物的生物可利用性而影响到生物修复的。分非生物因子和生物因子。

非生物因子有温度、湿度、pH 值、溶解氧、营养物质、共存物质（盐分、毒物、其他基质等）。温度、pH 值影响污染物生物降解的途径有二：一是改变生物代谢速率；二是影响污染物的物理、化学状态。溶解氧、营养物质、共存物质等主要是通过改变生物的代谢活动而影响污染物降解的。

生物因子包括协同作用、生物结构、捕食作用等。许多生物修复需要多种生物的合作，这种合作在最初的转化反应和以后的矿化作用中都可能存在。协同作用的机制有：提供生长因子、分解不完全降解物、分解共代谢产物、分解有毒产物等。生物结构是指不同种类生物有其各自的降解对象，相互间可以起到协同作用。如根际微生物有助于植物修复，大量的根际微生物可为植物吸收等创造良好的环境条件。环境中存在有大量的捕食、寄生、裂解微生物，它们常促进或抑制细菌和真菌的生物降解作用。

# 第11章 生物修复技术的应用

## 11.1 污染土壤的生物修复

土壤是生态系统的重要组成部分，是人类赖以生存的主要环境因素之一，也是地球物质生物化学循环的储存库，对环境变化具有极高的敏感性。近年来，农业化肥和农药使用量不断增加，工业废水农田排放，有毒有害固体废物堆放与填埋所引起的有毒有害物质泄漏，使得土壤环境质量日益恶化，被污染的土壤通过对地表水和地下水形成二次污染，并由食物链进入人体，直接危害人体健康。土壤污染具有很大的隐蔽性或潜伏性，可逆性差，恢复难，后果极其严重。

土壤污染的主要处理方式有：热处理（如焚烧法）、物理、物理化学处理（如洗涤法）和生物处理。20世纪80年代，污染土壤的生物修复技术开始引起研究者的广泛关注。

### 11.1.1 微生物修复技术

污染土壤的微生物修复就是利用微生物将存在于土壤中的污染物降解成二氧化碳和水或转化为无害物质的过程。降解过程可以由改变土壤的理化性质（包括pH值、温度、湿度、通气条件及添加营养物质）来完成，也可以接种特种驯化与构建的工程微生物提高降解速率。

(1) 重金属污染修复

在受重金属污染土壤的生物修复中，微生物虽然不能将重金属降解而去除，但可以将它积累在菌体内使之得到固定、移动或转化，改变它在环境中的迁移特性和形态，降低它的毒性，从而进行生物修复。通常包括生物积累、生物吸着、氧化还原、甲基化、去甲基化、金属-有机络合、配位体衰减等。

(2) 石油污染修复

石油污染的生物修复主要有两个途径：一是将石油污染物作为唯一碳源和能源；另一是将石油污染物与其他物质一起以共代谢方式进行。土壤中分离到的一些烃类降解微生物种属有假单胞菌属、黄杆菌属、无色杆菌属、微球菌属、分枝杆菌属等细菌，木霉、青霉、曲霉等真菌。通常认为细菌分解原油比真菌和放线菌容易得多。当石油烃进入非污染区土壤后，经过14～16d，土壤中降解烃的微生物数量可大大增加，其中微生物总数不与降解率相关，但降解石油烃的微生物总数与它的降解速率呈正相关。由于石油是一种混合物，因此它的降解往往是多种微生物联合作用的结果。

微生物暴露于受污染的环境中，将发生一系列适应过程。这一过程包括三种机制：特定酶的产生和失活、导致代谢活性变化的遗传物质的转化、能够迁移降解石油烃的微生物的富集。在这三种机制中，微生物富集作用多见报道。随着分子生物学的发展，已经有人尝试通过基因工程手段选育降解某种化学品的高效菌株，以加速这些物质的降解。各种化学合成物能否被降解取决于微生物能否产生相应的酶系，而这些酶系的编码多在质粒上（称为降解质粒）。降解质粒的出现是微生物适应难降解物质的一种反映，多存在于假单胞菌、产碱杆菌、红假单胞菌等，它们对降解石油烃、多氯联苯有重要作用。

任何影响微生物生长的因素都会影响石油的降解过程。主要包括氧气量，可溶性 N、P 含量，温度的变化，土壤的湿度和 pH 值等。在对某化工厂受石油污染土壤的生物修复研究显示，土层中土著微生物活跃，投加经筛选的混合菌株后，25d 内可将油污矿化作用提高 1 倍。荷兰的一家公司研制出了回转式生物反应器，借助于反应器的回转运动，使土壤与微生物充分接触，这种设备对含油量为 1000～6000mg/kg 的石油污染土壤进行处理，在温度 22℃条件下，处理 17d 后，土壤含油量降至 50～250mg/kg。

### 11.1.2 植物修复技术

污染土壤的植物修复主要是利用植物富集土壤中的污染物，输送到根部可收割部分，通过收获或移去富集了污染物的部分，从而降低污染物的浓度，达到对污染环境进行治理的目的。植物修复的对象主要是土壤中的重金属、氮磷、有机物等，通过植物的吸收、挥发、根际过滤、降解、稳定等作用，达到净化环境的目的。

(1) 重金属污染修复

自 20 世纪 90 年代以来，污染土壤的植物修复成为了环境污染治理研究领域的一个前沿性课题。污染土壤的植物修复措施虽然在实践中还未大规模投入使用，但在实验室研究方面取得了很大的进展，已研究发现了多种重金属超积累植物。经过不断的实验室研究及野外试验，研究者已经找到了一些能吸收不同金属的植物种类及改进植物吸收性能的方法，并逐步向商业化发展。

目前发现超富集植物中超积累 Ni 的植物最多。Ni 超积累植物主要是十字花科的庭荠属植物，十字花科遏蓝菜属植物是 Zn 和 Cd 超积累植物，它是一种生长在富含 Zn、Cd、Pd、Ni 土壤的野生草本植物，其地上部分 Zn 含量高达 33600mg/kg DW，Cd 含量高达 1140 mg/kg DW。Reeves 和 Brooks 发现的一些超积累植物及其可获得部分金属含量见表 11-1。

**表 11-1 某些超富集植物及其重金属含量**（以干重计）

| 重 金 属 | 植物种类 | 可收获部分重金属含量/(mg/kg) |
|---|---|---|
| Cd | *Thlaspi caerulensens* | 1800 |
| Zn | *Thlaspi aerulenscens* | 51600 |
| Cu | *Ipomeao alpine* | 12300 |
| Co | *Haumaniastrum robertii* | 10200 |
| Pb | *Thlaspi otundifolium* | 8200 |
| Mn | *Macadamia neurophylla* | 51800 |
| Ni | *Psychot ria doaarrei* | 47500 |

我国境内的重金属超积累植物共有 5 种：铜超积累植物——海州香薷，砷超积累植物——蜈蚣草和大叶井口边草，锌超积累植物——东南景天，镉超积累植物——宝山堇菜。室内栽培试验发现，砷超富集植物蜈蚣草的羽片含砷量可高达 5070mg/kg，其生长快，生物量大，地理分布广，适应性强，适用于大面积砷污染土壤的治理。研究者在湖南郴州建立的占地 $1hm^2$ 的砷污染土壤植物修复示范工程，已稳定运行达 4 年。

(2) 有机污染物修复

近年来研究发现，利用植物吸附积累与代谢作用、根际圈生物降解作用可以原位修复有机污染土壤，其目标污染物包括石油、三硝基甲苯、农药、多环芳烃和垃圾填埋场的渗出物等。

三硝基甲苯（TNT）是著名的环境危险物，在环境中非常稳定。杨树、曼陀罗、茄科植物、狐尾藻等均可从土壤中迅速吸收 TNT，并在体内迅速代谢为高极性的 2-氨基-4,6-二硝基甲苯及脱氨基化合物，以至于在某些植物体内很难检测到 TNT 的母体化合物。杂交杨树从土壤中吸收的 TNT 中，75%被固定在根系，转移到叶部的量也可高达 10%。

苯达松、阿特拉津等除草剂是通过植物吸收后抑制其代谢过程而起作用的，其在环境中的扩散会影响植物的生长与生存和造成地下水的污染。黑柳、黄桦、柏树、岸黑桦和桦树清除苯达松的对比试验发现，柳树对苯达松的吸收代谢和忍耐能力极强。研究者从培植于含阿特拉津土壤和砂石中的杨树的根、茎、叶中提取到了阿特拉津母体及 6 种代谢产物，随着培养时间的延长，叶片中代谢产物的比例明显上升，说明杨树对阿特拉津具有很强的吸收和同化能力。

植物根际土壤含有根系不断分泌的小分子化合物及大量微生物，对污染物降解促进作用。有学者研究多种草本植物对土壤中多氯联苯、三硝基甲苯和嘌呤的修复能力，发现植物对多氯联苯修复效果的差异可能取决于植物本身的吸收能力，所有供试植物对 TNT 和嘌呤的修复效率很高，且根际微生物降解起主要作用。

植物吸收、积累和降解与植物通过根际活动促进有机污染降解相比，何者更为重要，与化合物性质或化合物在生态体系中降解方式有关。

## 11.2　污染水体的生物修复

### 11.2.1　污染地表水的生物修复

地表水是指存在于地壳表面，暴露于大气的水，包括河流、湖泊等。随着工业的发展和城市人口的膨胀，地表水的污染日趋严重。尤其是湖泊、水库和海湾等封闭性或半封闭性水体及某些河流水体内氮、磷营养元素的富集而导致水体富营养化现象，严重危害了人体健康，破坏生态环境。地表水的污染修复，目前国际上主要有 3 类技术：①物理方法，主要是疏挖底泥、机械除藻、引水冲淤等，但往往治标不治本；②化学方法，如加入化学药剂杀藻，加入铁盐促进磷沉淀，加入石灰脱氮等，但容易造成二次污染；③生物修复，利用培育的植物、动物或培养、接种微生物的新陈代谢活动，对水中污染物进行转移、转化及降解，使水体得到净化。污染地表水的生物修复措施主要包括两类：种植水生植物或投放水生生物，通过生态系统的调节，逐渐恢复水生生态系统的平衡；借助生物处理工程的应用，如生物滤池、生物接触氧化、生物曝气等工艺，强化提高水生生态系统的净化恢复能力。

(1) 富营养化水体的微生物修复技术

水体富营养化是由于过量营养物质（主要是指氮、磷等）排入水体，引起各种水生生物、植物异常繁殖和生长。微生物修复此类富营养化水体主要以投加混合微生物制剂的方式，国际上有关这方面的研究报道很多，其原理是利用复合微生物对污染物的生态降解效应以及生物菌剂本身的絮凝沉降性能，实现水体氨氮、总磷、悬浮物等各项污染指标的降低，增加水体透明度。

此外，研究者还尝试将细胞固定化技术应用于富营养化湖泊生物修复。使用的固定化材料有丙烯酸羟乙酯与乙二醇二甲基丙烯酸酯共聚物、海藻酸钙骨架小球等。将硝化细菌、反硝化细菌联合固定于载体中，使硝化、反硝化过程同时在载体中进行，达到去除湖水中氨氮的目的。

(2) 植物修复技术

水生植物修复技术主要是通过植物吸收、吸附作用，降解、转化水体中的污染物，继而通过收获植物的形式将污染物从水体中清除。水生植物主要有挺水、沉水、漂浮和浮叶等四种类型，它们能吸附水中的养分和污染物质，排出氧气，达到生态平衡。理想的水生植物应具有：适应性强，生长季节长；净化效率高，能大量吸收水中的营养成分、重金属或其他污染物质；生长快、产量高；有一定的经济效益。

重金属污染水体的植物修复是通过植物系统及其根系移去或稳定水体环境中的重金属污染物，降低污染物中的重金属毒性，以期达到清除污染、修复或治理水体为目的的一种技术，应用较多的是人工湿地和生物塘工程。小分子有机污染物的植物修复主要是通过吸收和富集，促进物质沉淀和微生物分解来净化水体。水体中的氮、磷可由生物残体沉降、底泥吸附、沉积等迁移到底质中，而水生植物则通过根部吸收底质中的氮、磷以降低水中的氮、磷。此外，水生植物群落的存在，为微生物和微型生物提供了附着基质和栖息场所，这些生物能大大加速截留在根系周围的有机胶体或悬浮物的分解矿化。

水生植物能大量吸收水体中的营养物质，有效抑制了藻类的过渡生长，为水体富营养化的治理提供了一条切实有效的途径。污染水体的植物修复技术实质上可以看作是一种利用以植物为主的生态系统整体功能去除水体污染物的技术。

(3) 动物修复技术

排入水体中的污染物首先被细菌和真菌作为营养物而摄取，并将有机污染物分解为无机物。细菌、真菌被原生动物吞食，所产生的无机物如氮、磷等作为营养盐类被藻类吸收，藻类进行光合作用产生的氧可用于其他水生生物利用。因此，利用水生动物对水体中有机物和无机物的吸收和利用来净化污水受到重视，尤其是利用水体生态系统食物链中蚌、螺、草食性浮游动物和鱼类，直接吸收营养盐类、有机碎屑和浮游植物，取得明显的效果。这些水生动物就像小小的生物过滤器，昼夜不停地过滤着水体。常见的原生动物有肉足类、鞭毛类和纤毛类，常见的后生动物主要是多细胞的无脊椎动物，包括轮虫、甲壳类动物和昆虫及其幼体等。

微型动物（原生动物和后生动物）在处理过程中主要有如下作用：①微型动物能分泌黏性等有利于细菌凝聚的物质，并且微型生物本身在沉降过程中夹带细菌下沉，因而改善了污泥的沉降性能；②微型动物能吞食游离细菌和污泥碎片，并能活化细菌，带动细菌一起运动，使细菌和有机物质充分接触，提高了细菌对有机物的去除能力，改善了水质；③微型动物本身能代谢可溶性有机物；④微型动物对毒物比细菌敏感，可用以确定污水中毒物的毒阈值。

一些研究表明，水生动物与细菌的关系非常密切，具有特殊的功能作用，因为水生动物是水体系统中最主要捕食者，通过捕食水体中的细菌，水生动物能使水体的色度变淡，氮、磷浓度降低，藻类被除掉，水体透明度大大提高，水体变清。投放数量合适、物种配比合理的水生动物，可延长生态系统的食物链、提高生物净化效果。定期打捞浮游动物和底栖动物，可以防止其过量繁殖造成的污染，同时也可以将已转化成生物有机体的有机质和氮磷等营养物质从水体中彻底去除。研究者发现在每升水体中放养长肢秀体溞600个以上，即可对水体中浮游动物、藻类的数量、生物量、群落结构产生显著影响，同时降低水体中总氮、总磷和 $COD_{Mn}$ 的浓度，增加水体的透明度。牡蛎对水体中氮磷、营养物质和重金属等也具有较好地去除效果。

### 11.2.2 污染海洋的生物修复

海上石油开发与石油运输，使得海上溢油事故时有发生。据估计，每年约有 $10^7$t 的石油进入海洋环境，成为海洋环境的主要污染源。虽然大部分油类对环境只有较低的毒性，但给鸟类、鱼类和其他动物的生命却带来了灾难性的后果。

海洋石油污染降解的生物修复方法主要有以下几种。

第一种方法是通过增加氮磷营养盐来促使土著微生物的生长。土著微生物种群长时间暴露在特定的污染化合物中时，某些种群会形成有限的代谢能力以利用或降解不适的污染物。这些特殊微生物的生长同样受营养状况的限制，但是适量加入 N、P 等生长必需的营养物质后，会促使这些微生物加快生长，相应地促进了污染物的降解。使用的营养盐主要有三类：缓释肥料、亲油肥料和水溶性肥料。缓释肥料要求具有合适的释放速率，通过海潮可以将营养物质缓慢地释放出来，一般要求含有合适的氮磷比。亲油肥料可使营养盐“溶解”到油中，在油相中螯合的营养盐可以促进细菌在表面生长。水溶性肥料是指在海水中溶解度较好的肥料，通常由硝酸铵、三聚磷酸盐等可溶性无机盐组成，可与海水以任意比例混合。利用投加的方法，研究者成功地清除了一油轮在阿拉斯加海岸的漏油，使岸边又黑又黏的岩石表面变成白色。这项试验表明，石油降解受到有效营养盐浓度的限制，施用肥料是一项有效的生物修复措施。

第二种方法是使用表面活性剂。表面活性剂可以增加石油与海水中微生物接触的表面积，提高石油的利用率，目前有许多商品化的制剂可供使用。随着研究的深入，一些表面活性剂由于其毒性和持久性会造成二次污染，因此微生物代谢产生的生物表面活性剂近年来受到了重视。铜绿假单胞菌 SB30 产生的糖脂类表面活性剂在 30℃及以上时，可以提高细菌对石油的利用能力（比只用水的条件下显著提高 2～3 倍）。

第三种方法是通过生物反应器培养，增加有益微生物的数量，然后再将这些微生物按类群接种到污染的海洋洋面进行生长繁殖。这种方法已在一些地方得以成功应用。一些公司开发出了商品化的菌剂，它们能显著增加油污的降解速率。

污染海洋的生物修复技术目前仍有一些限制，其中包括：具有降解作用的土著微生物要能完全适应特定的待处理的环境；引入的外源微生物必须能够在新的环境中成活，同时还能与原有的土著微生物竞争；添加的菌剂必须与污染物紧密接触，避免在水生环境中被稀释。

### 11.2.3 污染地下水的生物修复

存在于土壤中的大量有机化合物或重金属等经土壤的渗漏作用会部分转移到地下水中，从而导致地下水资源的污染。早期地下水污染的修复是通过抽取地下水到反应器中，处理后经表层土壤反渗回地下水中，处理的方法是一些常规的物理化学分离方法。20 世纪 80 年代开始形成了较为完整的地下水生物修复技术，对有机污染物一般采用原位修复技术，对无机污染物则采用异位修复技术。

常用的地下水原位生物修复是通过注射井向含水层内通入氧气及营养物质，依靠微生物分解污染物质，其原理与土壤原位生物处理基本相同，参见前文所述。

异位生物修复技术又称为抽取-处理技术，该技术是将受污染的地下水从地下水层中抽取出来，然后在地面上用一种或多种工艺处理（如汽提法、活性炭吸附、超滤等）进行处理，之后再将水注入地下水层。各类在废水处理中应用的生物反应器均可以在地下水修复中得以应用，反应器可以是移动式的，可移到现场处理抽至地面的污染地下水。反应器依据处理水的产生方式可以连续运行，也可以间歇运行，反应器的形式及操作方式可根据具体问题进行选择。异位生物修复技术在实际运行中很难将吸附在地下水层基质上的污染物提取出来，因而这种方法的效率较低，只是作为防止污染物在地下水层中进一步扩散的一种措施。

在地下水生物修复处理时，要特别注意调查该地区的水文地质学参数是否允许向地上抽取地下水并将处理后的地下水返回；地下水层的深度和范围；地下水流的渗透能力和方向；确定地下水的水质参数等是否适合于应用生物修复技术。

# 11.3 污染大气的植物修复

绿色植物是生态平衡的支柱。绿色植物不仅能美化城市、吸收 $CO_2$、制造 $O_2$，而且具有吸收有害气体、吸附尘粒、杀菌、防噪声等许多方面的长期和综合效果。

## 11.3.1 绿色植物对气态污染物的修复

绿色植物吸收有害气体主要是靠叶片面进行的。据试验，高大森林、草坪的叶面积可达 $75\times10^4 m^2/hm^2$、$(22\sim28)\times10^4 m^2/hm^2$。庞大的叶面积在净化大气方面起到了重要的作用。但大气中的有害气体浓度超过了绿色植物能承受的浓度，植物本身也会受害，甚至枯死。只有那些对有害气体抗性强、吸收量大的绿色植物才能在大气污染较严重的地区顽强地生长，并发挥其修复作用。

(1) 二氧化硫的吸收

大气中的 $SO_2$ 主要来源于燃料燃烧和化肥、硫酸等工业产生的废气。当大气中的 $SO_2$ 浓度达到 $0.57\sim0.86mg/m^3$，并持续一定时间，有些敏感植物可能受到危害；达到 $2.86mg/m^3$ 时有些树木出现受害症状，特别是针叶树则出现明显的受害症状；达到 $5.72\sim28.60mg/m^3$ 时，一般树木均发生急性受害。

硫是植物所需要的营养元素之一，在非污染地区的叶片中硫的含量为 0.1%～0.3%（干重）。对 $SO_2$ 吸收能力较强的树木有垂柳、加杨、山惰、洋槐、云杉、桃树等 15 余种。对 $SO_2$ 吸收能力中等的有侧柏、桧柏、紫穗槐、金银木等 10 余种。

(2) 氟化氢的吸收

氟化氢主要来自化肥、冶金、电镀等工业产生的废气。HF 使植物受害的原因主要是积累性中毒，接触时间的长短是危害植物的重要因素。

植物吸收 HF，修复大气的作用是很明显的。植物对 HF 的最大吸氟量可达 $1071mg/m^3$ 以上，不同植物的最大吸氟量一般相差 2～3 倍（见表 11-2）。

**表 11-2 不同树种的吸氟量** 单位：$kg/hm^2$

| 树种 | 吸氟量 | 树种 | 吸氟量 | 树种 | 吸氟量 |
|---|---|---|---|---|---|
| 白皮松 | 40 | 拐枣 | 9.7 | 杨树 | 4.2 |
| 华山松 | 20 | 油茶 | 7.9 | 垂柳 | 3.5～3.9 |
| 银桦 | 11.8 | 臭椿 | 6.8 | 刺槐 | 3.3～3.4 |
| 侧柏 | 11 | 蓝桉 | 5.9 | 泡桐 | 4 |
| 滇杨 | 10 | 桑树 | 4.3～5.1 | 女贞 | 2.4 |

由于树叶、蔬菜、花草等植物都能吸收大量的氟，人食用了含氟量高的粮食、蔬菜，牲畜食用了含氟量高的饲料，蚕吃了含氟量高的桑叶，均会引起中毒。所以，在 HF 污染比较严重的地区，不宜种植食用植物，而适于种植多种非食用的树木、花草等植物。

(3) 氯气的吸收

氯气是一种具有强烈臭味的黄绿色气体，主要来自化工厂、制药厂和农药厂。根据有关试验证明，氯气的浓度为 6.34mg/$m^3$，作用 6h，朝鲜忍冬即有 25%的叶面积受害，小叶女贞 3d 之后 30%的叶面积受害，而侧柏、桧柏、大叶黄杨、鸢尾等均不受害。

植物对氯气有一定的吸收和积累能力。在氯气污染区生长的植物，叶中含氯量往往比非污染区高几倍到几十倍。几种主要植物的吸氯量分别为怪柳 140kg/$hm^2$、皂荚 80kg/$hm^2$、刺槐 42kg/$hm^2$、银桦 35kg/$hm^2$、蓝桉 32.5kg/$hm^2$、华山松 30kg/$hm^2$、桂香柳 26kg/$hm^2$、构树 20kg/$hm^2$、垂柳 9kg/$hm^2$。

(4) 其他有害气体的吸收

有关单位测定了汞蒸气源附近一批植物叶中的含汞量（叶干重），分别为夹竹桃 96mg/kg、棕榈 84mg/kg、樱花与桑树 60mg/kg、大叶黄杨 62mg/kg、美人蕉 19.2mg/kg、广玉兰与月桂 6.8mg/kg 等，而所有清洁对照点的植物中都不含汞。一些国外的资料报道烟草叶吸汞量可高达 0.47%，即便吸收了如此数量的汞，也只出现轻微症状，这是净化汞蒸气的极好植物。有关试验单位曾测定铅烟环境下植物叶中的含铅量（叶干重），分别为大叶黄杨 42.6mg/kg、女贞与榆树 36.1mg/kg、石榴与榆树 34.7mg/kg、刺槐为 35.6mg/kg 等。以上这些植物达到上述含铅量后均未表现受害症状。试验还证明，大多数植物都能吸收臭氧，其中银杏、柳杉、樟树、青冈栋、夹竹桃、刺槐等 10 余种树木净化臭氧的作用较大。

### 11.3.2　绿色植物对降尘的修复

绿色植物都有滞尘的作用，其滞尘量的大小与树种、林带、草皮面积、种植情况以及气象条件等均有密切的关系。

(1) 树木、绿地的吸尘量

树木滞尘的方式有停着、附着和黏着三种。叶片光滑的树木其吸尘方式多为停着；叶面粗糙、有绒毛的树木，其吸尘方式多为附着；叶或枝干分泌树脂、黏液等，其吸尘方式为黏着。根据我国南京植物所在水泥粉尘源附近的调查与测定，各种树木叶片单位面积上的滞尘量如表 11-3 所示。

**表 11-3　各种树木叶片单位面积上的滞尘量**　单位：g/$m^2$

| 树种 | 滞尘量 | 树种 | 滞尘量 | 树种 | 滞尘量 |
|---|---|---|---|---|---|
| 刺楸 | 14.53 | 楝树 | 5.89 | 泡桐 | 3.53 |
| 榆树 | 12.27 | 臭椿 | 5.88 | 五角枫 | 3.45 |
| 朴树 | 9.37 | 构树 | 5.87 | 乌桕 | 3.39 |
| 木槿 | 8.13 | 三角枫 | 5.52 | 樱花 | 2.75 |
| 广玉兰 | 7.10 | 桑树 | 5.39 | 腊梅 | 2.42 |
| 重阳木 | 6.81 | 夹竹桃 | 5.28 | 加拿大白杨 | 2.06 |
| 女贞 | 6.63 | 丝棉木 | 4.77 | 黄金树 | 2.05 |
| 大叶黄杨 | 6.63 | 紫薇 | 4.42 | 桂花 | 2.02 |
| 刺槐 | 6.37 | 悬铃木 | 3.73 | 栀子 | 1.47 |

绿色树木减尘的效果是非常明显的，一般来说，绿化树木地带比非绿化的空旷地飘尘量

要低得多。根据北京地区测定，绿化树木地带对飘尘的减尘率为 21%～39%，而南京测得的结果为 37%～60%。因此，森林是天然的吸尘器。并且由于树木高大，林冠稠密，因而能减小风速，也就可使尘埃沉降下来。

绿地也能起减尘作用。生长茂盛的草皮，其叶面积为其占地面积的 20 倍以上。同时，其根茎与土壤表层紧密结合，形成地被，有风时也不易出现二次扬尘，对减尘有特殊的功能。据北京地区测定，在微风情况下，有草皮处大气中颗粒物浓度为 0.20mg/$m^3$ 左右；在有草皮的足球场，比赛期间大气中颗粒物浓度为 0.88mg/$m^3$ 左右。而裸露地面的儿童游戏场，大气颗粒物浓度为 2.57mg/$m^3$ 左右；在有 4～5 级风时，裸露地面处的颗粒物浓度可高达 9mg/$m^3$。

(2) 防尘树种的选择

树叶的总叶面积大、叶面粗糙多绒毛，能分泌黏性油脂或汁浆的树种都是比较好的防尘树种，如核桃、毛白杨、构树、板栗、臭椿、侧柏、华山松、刺楸、朴树、重阳木、刺槐、悬铃木、女贞、泡桐等。

### 11.3.3 绿色植物对生物性污染物的修复

大气中散布各种细菌，通常尘粒上附有不少细菌，通过绿色植物的减尘作用，也就减少了空气中的细菌。同时，绿色植物本身也具有杀菌作用。杀菌能力强的树种如表 11-4 所示。

**表 11-4 杀菌能力强的树种和杀死原生动物所需的时间** 单位：min

| 树种 | 时间 | 树种 | 时间 | 树种 | 时间 |
|---|---|---|---|---|---|
| 黑胡桃 | 0.08～0.25 | 柠檬 | 5 | 柳杉 | 8 |
| 柠檬桉 | 1.5 | 茉莉 | 5 | 柊 | 9 |
| 悬铃木 | 3 | 薜荔 | 5 | 稠李 | 10 |
| 紫薇 | 5 | 夏叶槭 | 6 | 枳壳 | 10 |
| 桧柏属 | 5 | 柏木 | 7 | 雪松 | 10 |
| 橙 | 5 | 白皮松 | 8 | | |

据测定，在人流少的绿化地带和公园中。空气中细菌量一般为 1000～5000 个/$m^3$。但在公共场所或热闹的街道，空气中的细菌量可高达 20000～50000 个/$m^3$。基本没有绿化的闹市区比行道树枝叶浓密的闹市区空气中的细菌量要增加 0.8 倍左右。

### 11.3.4 绿色植物的释氧修复

绿色植物是吸收 $CO_2$、放出氧气的天然加工厂。通常，阔叶林在生长季节每天能消耗 $CO_2$ 1.0t/$hm^2$，放出氧气 0.73t/$hm^2$。如果成年人每天呼吸需氧气 0.75kg，排出 $CO_2$ 0.9kg，则每人需要 10$m^2$ 的森林面积，才可消耗其呼吸排出的 $CO_2$，并供给需要的氧气。据有关材料表明，生长良好的草坪，在进行光合作用时可吸收的 $CO_2$ 量为 1.5g/($m^2$·d)，所以白天如有 25$m^2$ 的草坪就可以把一个人呼出的 $CO_2$ 全部吸收。由此可以看出，绿色植物，特别是树木能吸收利用大量的 $CO_2$ 并放出氧气，这对全球生物的生存与气候的稳定有着很大的影响。

此外，绿色植物还有减弱噪声、吸滞放射性物质的作用。试验说明，40m 宽的林带可以减低噪声 10～15dB；城市公园中成片林带可把噪声减少到 26～43dB，使之对人接近无害的程度。比较好的隔声树种有雪松、桧柏、龙柏、水杉、悬铃木、梧桐、垂柳、云杉、山核桃、柏木、臭椿、樟树、榕树、柳杉、碌树、桂花、女贞等。根据南京地区测定，认为用来进行绿化的绿色植物减弱噪声的效果与防声林带的宽度、高度、位置、配置方式以及树种等有密切的关系。林带宽度在城区以 5～6m 为宜，在郊区以 15～30m 为宜，如能建立多年带窄林带，则效果更好。林带中心的高度最好在 10m 以上。林带应靠近受声区，一般林带边沿至声源的距离在 6～15m 之间效果最好。林带以乔木、灌木和草地相结合，形成一个连续、密集的障碍带，效果会更好。绿色植物也具有吸收放射性物质的作用。据有关试验表明，在有辐射性污染的厂矿周围，设置一定结构的绿化林带，可明显地防止和减少放射性物质的危害。杜鹃花科的一种乔木在中子-伽玛混合辐射剂量超过 150Gy（1500 rad）时，仍能正常生长，这说明绿色植物抗辐射的能力是很强的。

## 11.4　固体废物污染的生物修复

### 11.4.1　矿山的生物修复

矿山生态修复包括矿山废弃石场的修复、露天采矿场的修复和矿山尾矿库的修复。矿山生态修复以植物修复为主、其他修复为辅。

（1）影响矿山生物修复的因素

① 金属和其他污染物含量高　矿山固体废物及露天采矿场存在铜、铅、锌、锡等重金属元素。当这些金属元素微量存在时，可作为土壤中的营养物质促进植物生长。但当这些元素超量存在时，就成为植物的毒性物质，对植物生长不利，尤其是这些过量的金属元素共同存在时，由于毒性的协同作用，对植物生长危害更大。一般情况下，可溶性的铝、铜、铅、锌、镍等对植物显示出毒性的浓度为 1～10mg/kg，锰和铁为 20～50mg/kg。

土壤中可溶性碱金属盐的含量，也是修复中应当注意的问题。当固体废物中的电阻超过 7mΩ 时，将会呈现毒性，对植物生长极为不利。其次，含黄铁矿的固体废物，可能自燃产生二氧化硫和硫化氢等有毒气体，危害植物生长。

② 酸碱性强且变化大　多数植物适宜生长在中性土壤中。当固体废物中的 pH 值超过 7～8.5 时，则呈强碱性，可使多数植物枯萎，当 pH<4 时，固体废物则呈强酸性，对植物生长有强烈的抑制作用。这不仅是因为酸本身的危害，而且在酸性环境中，重金属离子更易变化而发生毒害作用。

③ 植物营养物质含量低　植物正常生长需要多种元素，其中氮、磷、钾等元素不能低于正常含量，否则植物就不能正常生长。矿山固体废物中一般都缺少土壤构造和有机物，不能保存这些养分。但堆放时间愈长，固体废物表层中有机物的含量就愈高，对植物生长也就愈有利。

④ 固体废物表面不稳定　矿山固体废物固结性能不好，很容易受到风、水和空气的侵蚀，尤其尾矿受侵蚀以后。其表面出现蚀沟、裂缝，导致覆盖在尾矿和废矿的表土层破裂。由于重力作用，可能使表土层出现蠕动，使其稳定性降低和移动。而这种表土层的不稳定性及位移，均会严重地破坏植物的正常生长。

鉴于上述情况，在植物修复以前，必须针对矿山固体废物和露天采矿场的结构和特性，通过试验，作出全面分析，然后有选择地选择种植一些适应性较强的植物，以利于生态发展。

(2) 矿山生物修复程序

废石场和尾矿库可以采用异位修复和原位修复两种形式，前者是指将废石搬运到陷坑、采空区或谷地进行修复，后者是指在原来的废石堆上进行修复；而露天采矿场则只能采用原位修复，但可以和废石场和尾矿库修复相结合进行。修复程序一般可分为整治废石堆（库或场）、覆土以及植被。

① 整治　整治的目的是为了覆土和植被种植。因此，要按照修复条例要求，合理设计和安排废石堆（库或场）的结构。在整治废石堆和尾矿库的过程中，不强求统一整平，可根据植物修复的要求，进行局部整平或缓和地形即可，注意积水和排水，以及石堆坡度。美国在整治废石堆时，一般把酸性废石铺在下面，中性废石放在上面。对植物生长不利的粗粒老石以及有害物质堆在下面，细粒岩石或易风化的岩石放在上面。经过这样整治以后，修复造田有利于植物生长。在整治废石堆的过程中，为了防止地表径流的冲刷作用，矿山废石堆坡面坡度按不大于10%～15%考虑。另外，尾矿库必要时要考虑酸碱中和处理，以利于植物生长。

② 覆土、种植　根据废石、尾矿及采矿场废土再种植的可能性，还要在其表面覆盖表土。表土的来源，一般是露天开采时预先储存在临时堆放场的耕植土，也可以是采矿场刚剥离下来的表土，或者是从邻近的土地上挖掘出来的表土。不论从何处取来的表土，均应满足植物生长的要求。覆盖表土厚度一般为0.50～1.5m。而且，为了保证土质肥沃促进植物生长，有时在覆盖土上再覆盖一层厚度为10～20cm的耕植土，以利植物生长。

种植时，植物的选择是很重要的。通常应根据废石和覆土的种类、性质，选择适宜生长的农作物，如草本、灌本或其他树木，然后进行人工或机械栽种。

(3) 矿山生物修复注意事项

对于露天矿场（strip mining yard），除种植植被修复外，在各方面条件许可的情况下，还可考虑改造成水库，发展养殖业或将水体作为其他工业用水的水源，或可开辟成水上公园或水上运动场，以美化环境，供人游览，如英国诺森伯兰德鲁瑞其贝露天矿，已规划成海滨公园中的一个人工湖，可用于划船、游泳等，供人们游览娱乐之用。

矿山表面上进行植物修复，是防止废水和粉尘污染环境最理想的方法。但在修复过程中也存在不少问题，如植物生长所需要养分、重金属元素造成种植农作物二次污染等。诸如此类问题，在植物修复之前，都必须根据实际情况，通过试验加以解决，然后才能针对性地进行植物修复。

此外，有些废石堆或尾矿库，如含硫铁矿、黄铁矿等，常因其内部自热、自燃而有很高温度，而且产生的二氧化硫等有毒气体，对附近农业生产也会带来危害。因此，在整治废石堆和尾矿库时，应首先挖出自热、自燃火源，使之冷却、妥善处理。

最后，“废石”是一个相对的概念，今天看来是无用的“废石”，但随着科学技术的进步，若干年后又可能成为提取某种有用物质的原料。因此，废石场修复时，应当考虑这个因素，以便于日后“废石”的复用。

### 11.4.2　垃圾场的生物修复

随着人口的增长与城市化的加快，城市生活垃圾的排放量逐年增加。由于我国的国情，现阶段城市生活垃圾的主要处理方法仍为简易填埋与露天堆放。一方面，垃圾及其渗滤液以其特有的复杂性及肮脏性，对填埋场或堆放场周围的大气、水体、土壤、植物及居民产生严重的二次污染。垃圾渗滤液（refuse leachate）是垃圾在堆放和填埋过程中，由于发酵和雨水的淋溶、冲刷，以及地表水和地下水的浸泡而排放出来的高浓度有机污水，其 COD 最高可达 100g/L，氨态氮可达 1700mg/L。除此之外，渗滤液中还含有多种重金属。另一方面，垃圾的填埋或堆放侵占大量土地，使人地矛盾十分突出。因此，对填埋场或堆放场进行生物修复，使其变为园林绿地直至农牧业用地，既可缓解人地矛盾，又可美化生态环境，治理垃圾二次污染。

（1）垃圾场生物修复的限制因素

无论是垃圾堆放场，还是垃圾填埋场，限制生物修复的仍是基质的不和谐性，表现为“垃圾土”的水、肥、气、热、毒等，难于适宜大多数植物的生长。垃圾土的含水率明显高于土壤，但垃圾土失水速率也高于普通土壤，因此在垃圾场的植被营建过程中，应加强对水分的管理。另外，在植被营建过程中，必须考虑垃圾热对植物根系生长的影响。

（2）垃圾场的生物修复实例

对于使用期满而即将关闭的垃圾填埋场，采用乔木、灌木和草本相结合的措施进行生态修复。在重庆某垃圾场，利用已完成作业的地段，以粉煤灰和建筑弃土为覆盖物，推厢开畦，每畦面积为 $1.2m\times5.0m$，共计 12 畦。在畦内种植珊瑚树、鸢尾、毛叶丁香、菊花、小叶榕、复羽叶亲树、石竹、蒲葵、结缕草、南天竹、麦冬、大叶黄杨，在边坡种植龙芽花（刺桐）、夹竹桃、构树、洋槐、小蜡、一串红等植物，试验总面积近 $300m^2$。通过对比试验，筛选出来垃圾场修复的主要先锋植物类型，即乔木、灌木、草本植物分别为刺桐、小叶榕、毛叶丁香、结缕草。

在另一垃圾场，在原复垦地和新复垦地上种植了刺桐、小叶榕、毛叶丁香、高羊茅、紫羊茅、剪股颖、结缕草，还从日本引种了草本植物萨卜三叶草，发现萨卜三叶草、紫羊茅、剪股颖等不太适宜于垃圾场。在复垦场边坡，宜种构树、蓖麻、刺藤、葛藤，它们既能护坎，又能耐肥、耐毒，生长良好。

# 第 12 章　恢复生态学与技术

## 12.1　恢复生态学形成及发展

### 12.1.1　恢复生态学概念

全球变暖、生物多样性丧失、资源枯竭和生态环境退化使人类陷于自身导演的生态困境之中，并严重威胁到人类社会的可持续发展。因此，如何保护现有的自然生态系统，综合整治与恢复已退化的生态系统，以及重建可持续的人工生态系统，已成为摆在人类面前亟待解决的重要课题。在这种背景之下，恢复生态学（restoration ecology）应运而生，在 20 世纪 80 年代得以迅猛发展，现已成为世界各国的研究热点。1996 年，美国生态学年将恢复生态学列入应用生态学的五大研究领域。

恢复生态学是研究生态系统退化的原因、退化生态恢复与重建的技术与方法、生态学过程与机理的学科（图 12-1）。它是一门年轻的学科，主要的学术观点体现在如下 3 个方面。

（1）强调恢复的生态学过程

生态恢复的过程要采用生态学的方法和技术。生态恢复是有关理论的一种"严密验证"（acid test），它研究生态系统自身的性质、受损机制及修复过程；生态恢复就是再造一个自然群落或再造一个自我维持并保持后代具持续性的群落；生态恢复是关于群落和生态系统组装并试验如何工作的过程。

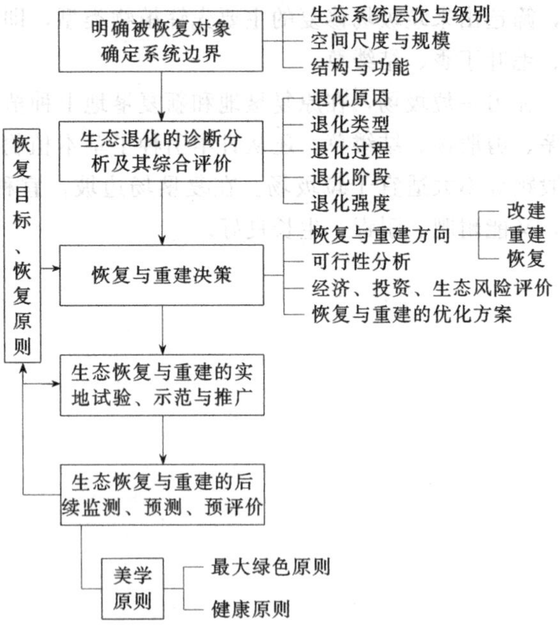


图 12-1　恢复生态学的内涵

（2）强调恢复的生态整合性

国际恢复生态学会认为生态恢复是帮助研究生态整合性的恢复和管理过程的科学，生态整合性包括生物多样性、生态过程和结构、区域及历史情况、可持续的社会实践等广泛的范围。它强调的是生态系统的完整性，而不仅仅局限于单一或局部意义上的生态系统。

（3）强调恢复的最终状态

生态恢复就是使一个使受损生态系统的结构和功能恢复到较接近其受干扰前状态的过程，或者是重建某区域历史上有的植物和动物群落，而且保持生态系统和人类的传统文化功能的持续性的过程。

### 12.1.2　恢复生态学的发展历程

从 20 世纪 40 年代至今，恢复生态学走过了从生态恢复实践、恢复生态学理论诞生到学科方兴未艾的发展历程，大致可分为 3 个阶段：恢复生态学早期阶段、恢复生态学建立阶段和恢复生态学发展阶段。

(1) 恢复生态学早期阶段

恢复生态学起源于100多年前关于山地、草原、森林和野生动物等自然资源管理研究，并在19世纪后期就有一些论著。二十世纪五六十年代，世界各地尤其是欧洲、北美洲和中国都注意到了各自的环境问题，开展了一些工程措施与生物措施相结合的矿山、水体和水土流失等环境恢复和治理工程，并取得了一些成效。1975年3月，在美国弗吉尼亚工学院召开了“受损生态系统的恢复”国际会议，会议讨论了受损生态系统恢复重建的许多重要的生态学问题和生态恢复过程中的原理、概念与特征，提出了对加速生态系统恢复重建的初步设想、规划和展望。

(2) 恢复生态学建立阶段

这一阶段开始于 20 世纪 80 年代初期。1977 年，Cairns 主编了《受损生态系统的恢复与重建》，从不同角度探讨了受损生态系统恢复过程中的重要生态学理论和应用问题。1980 年，Bradshaw 和 Chadwick 出版了《土地恢复——受损及退化土地的修复与生态学》，系统地阐述了废弃地的问题，探讨了有关露天矿、采石场等地的植被恢复与重建的技术和方法。1983 年，“干扰与生态系统”学术会议在美国斯坦福大学举行，翌年 10 月，在美国威斯康星大学召开了恢复生态学学术研讨会，将恢复生态学定位为群落和生态系统水平上的恢复科学和技术，出版了题为《恢复生态学》的论文集。经过近 20 年的生态恢复实践和多次国际会议的讨论，恢复生态学的内涵逐渐清晰、明确，从而为恢复生态学概念的正式提出奠定了基础。1985 年，美国学者 Aber 和 Jordan 首次提出了“恢复生态学”的科学术语，国际恢复生态学学会成立，标志着恢复生态学学科已经形成。

(3) 恢复生态学发展阶段

20 世纪 90 年代是恢复生态学蓬勃发展的时期，标志性的事件主要有：一是英国学者 Bradshaw 在 1993 年撰文“Restoration Ecology as Science”，真正确立了恢复生态学的学科地位及其在退化生态系统恢复中的理论意义；二是创办了恢复生态学的相关学术期刊，如“Restoration Ecology”“Ecological Restoration North American”“Conservation Biology”等；三是国际恢复生态学会议频频召开，如 1994 年 8 月英国曼彻斯特第六届国际生态学大会、1998 年美国生态学年会和 2000 年日本长野市国际植被学学会年会等，这反映了作为现代生物领域三大热点的恢复生态学愈来愈受到全球的关注和重视。

(4) 我国恢复生态学的发展

我国最早的恢复生态学研究始于 20 世纪 50 年代，是较早开始生态重建实践和研究的国家之一。从 20 世纪 50 年代开始，我国就开始了退化环境的长期定位观测试验和综合整治工作。20 世纪 50 年代末，在华南地区退化坡地上开展了荒山绿化和植被恢复工程；20 世纪 70 年代，开始了“三北”地区的防护林工程建设；20 世纪 80 年代，在长江中上游地区进行了防护林工程建设、水土流失工程治理等一系列的生态恢复工程；20 世纪 90 年代，开始了沿海防护建设研究，在中西部地区启动了退耕还林还草试点工程。

近年来，我国恢复生态学的研究工作发展迅速，归纳起来主要有以下特点：①注重实用性；②理论上进行了有益的探索和总结；③显示地域特色；④实施定点观察。

### 12.1.3　恢复生态学的研究内容

恢复生态学是生态学的一个分支，是研究生态退化的机制和过程以及生态恢复的技术与方法，为实现可持续发展理论支持和技术保障的一门学科。因此，恢复生态学涉及基础理论和应用技术两大领域。

(1) 基础理论研究

① 生态系统结构（包括生物空间组成结构、不同地理单元与要素的空间组成结构及营养结构等）、功能（包括生物功能；地理单元与要素的组成结构对生态系统的影响与作用；能流、物流与信息流的循环过程与平衡机制等）以及生态系统内在的生态学过程与相互作用机制。

② 生态系统的稳定性、多样性、抗逆性、生产力、恢复力与可持续性研究。

③ 先锋与顶级生态系统发生、发展机制与演替规律研究。

④ 不同干扰条件下生态系统的受损过程及其响应机制研究，包括自然因素（气候、土地）和人为因素（人口密度、活动方式和强度）。

⑤ 生态系统退化的景观诊断及其评价指标体系研究。

⑥ 生态系统退化过程的动态监测、模拟、预警及预测研究。

⑦ 生态系统健康研究。

(2) 应用技术研究

① 退化生态系统的恢复与重建的关键技术体系研究。

② 生态系统结构与功能的优化配置与重构及其调控技术研究。

③ 物种与生物多样性的恢复与维持技术。

④ 生态工程设计与实施技术。

⑤ 环境规划与景观生态规划技术。

⑥ 典型退化生态系统恢复的优化模式试验示范与推广研究。

# 12.2 恢复生态工程技术

## 12.2.1 生态恢复的目标与原则

(1) 生态恢复的基本目标

根据不同的社会、经济、文化与生活的需要，人们往往会对不同的退化生态系统制定不同水平的恢复目标。主要包括以下 6 个方面。

① 实现基底稳定　通过生态恢复，实现生态系统的地表基底稳定性，这是因为地表基底（地质地貌）是生态系统发育与存在的载体，基底不稳定，就不可能保证生态系统的持续演替与发展。

② 恢复植被与土壤　通过生态恢复，恢复植被和土壤，保证一定的植被覆盖率和土壤肥力。

③ 提高生物多样性　通过生态恢复，促使退化生态系统种类组成增加，提高生态系统的多样性。

④ 增强生态系统功能　通过生态恢复，实现生态系统能量流动和物质循环等功能的恢复，提高生态系统的生产力和自我维持能力。

⑤ 提高生态效益　通过生态恢复，控制水土流失，减少或控制环境污染，提高生态系统的服务功能。

⑥ 构建合理景观　退化生态系统的景观结构往往较差，通过生态恢复，实现生态系统

合理景观构建，增加视觉和美学享受。

从生态恢复的目标中可以看出，恢复生态学不仅涉及自然生态过程，而且还涉及社会、人文和经济等各个方面，因此，生态恢复与重建的原则主要包括自然原则、社会经济技术原则、人文美学原则等。

(2) 恢复和重建的基本原则

在退化生态系统恢复与重建的基本原则中，自然原则是基础。自然原则是指生态恢复过程必须遵循自然客观规律。符合自然客观规律的生态恢复实践，往往有事半功倍的效果。例如，物种构建应该遵循地带性原则，植被恢复需遵循生态学原则中种群密度制约与物种相互作用原则；整个生态系统的构建则应遵循生态学的生物多样性原则和食物链、食物网原则以及系统学的协同恢复重建原则。

社会经济技术原则是服务于退化生态系统的恢复与重建。生态恢复的启动与发展，首先必须是社会可承受的、可操作的和可接受的；其次是风险最小的、无害的和有益的、再则是社会多部门的多种技术的整合，最终必须能实现可持续发展的目标。

人文美学原则是具有动力意义的。当生态恢复具有景观美学价值时，民众将非常乐意前往欣赏和休憩，昔日的退化生态系统将可能成为生态旅游区；当生态恢复地能很好地发挥其生态服务功能时，它们就将成为人们精神文化娱乐和提高健康水平的园地，民众也将以极大的热情支持生态恢复的实践。

## 12.2.2 生态恢复的方式和一般操作程序

(1) 生态恢复的方式

根据生态系统退化的不同程度和类型，可以采取不同的恢复方式：恢复、重建和保护三种形式。

① 恢复　在生态系统的结构和功能已受到严重的干扰和破坏，影响经济的发展。采用人为措施恢复。

② 重建　在生态系统的结构和功能已受到严重的干扰和破坏，自然恢复有困难，进行人工生态设计，实行生态改建或重建。

③ 保护　对生态敏感、景观好、有重要生物资源的地区采用保护的方式。

(2) 恢复和重建的一般操作程序

退化生态系统的恢复与重建一般分为下列几个步骤。

① 首先要明确被恢复对象，并确定系统边界。

② 退化生态系统的诊断分析，包括生态系统的物质与能量流动与转化分析，退化主导因子、退化过程、退化类型、退化阶段与强度的诊断与辨识。

③ 生态退化的综合评判，确定恢复目标。

④ 退化生态系统的恢复与重建的自然、经济、社会、技术可行性分析。

⑤ 恢复与重建的生态规划与风险评价，建立优化模型，提出决策与具体的实施方案。

⑥ 进行实地恢复与重建的优化模式试验与模拟研究，通过长期定位观测试验，获取在理论和实践中具可操作性的恢复重建模式。

⑦ 对一些成功的恢复与重建模式进行示范与推广，同时要加强后续的动态监测与评价。

### 12.2.3 生态恢复的技术体系

生态恢复的技术体系涉及很多领域，在退化生态系统恢复与重建的过程中，不同的生态系统类型与不同的生态恢复阶段需要采取不同的方法。生态恢复的基本技术体系主要有 3 个方面。

(1) 涉及水、土、气等非生物或环境要素的恢复技术

从生态系统的组成看，生态恢复主要包括非生物无机环境的恢复和生物系统的恢复。非生物无机环境的恢复技术包括水体恢复技术（如控制污染、去除富营养化、换水、积水、排涝技术）、土壤恢复技术（如耕作制度光合方式的改变、施肥、土壤改良、表土稳定等）、空气恢复技术（如烟尘吸附、生物吸附、化学吸附等）。生物系统的恢复技术包括生产者（物种的引入、品种改良、植物快速繁殖、植物的搭配等）、消费者（捕食者的引进、病虫害的控制）和分解者（微生物控制）的重建技术以及生态规划技术的应用。

(2) 物种、种群、群落等生物因素的恢复技术

在退化的生态系统恢复过程中，首先要建立生产者系统，由生产者固定能量，并通过能量驱动水分循环，再由水分循环带动营养物质循环。在生产者系统建立的同时或稍后再建立消费者、分解者系统和微环境。在生物措施中，最重要的是植物措施。利用植物群落可以实现固土和防止水土流失，为其他生物提供稳定的生境，逐步恢复已退化的生态系统。

(3) 生态系统与景观的结构和功能的总体规划与组装技术

考虑生态恢复的结构和功能，常常在生态系统层次和景观层次上来进行的，在这两个层次上的评价与规划，总是与土地资源评价与规划、环境评价与规划技术、景观生态评价与规划技术等相衔接。生态工程设计技术、景观设计技术、生态系统构建与集成技术、流域治理技术等是常用的技术。不同类型、不同程度的退化生态系统，其恢复方法也不同。在退化生态系统恢复与重建的实践中，常常是多种技术方法同时应用，进行综合组装与整治。

### 12.2.4 生态工程技术

根据恢复对象不同，生态恢复工程技术主要分为森林生态恢复工程技术、草原生态恢复工程技术和河流生态恢复工程技术。

(1) 森林生态恢复工程技术

森林生态恢复工程技术包括天然林养护工程、次生林生态恢复工程和退耕还林工程等。

天然林是保障可持续发展的物质基础，是人类赖以生存的主要自然资源，在维护生态平衡、促进生态良性循环中起着主导作用。我国天然林资源先天不足，加上过量的采伐和破坏，导致天然林面积锐减、林地生产力下降、森林功能失调，因此迫切需要把天然林保护起来。1998 年，我国启动了“重点地区天然林保护工程”，经过一段时期的建设和保护，从根本上遏制了生态环境的恶化。封山育林是天然林生态恢复的主要技术之一，分全封、半封和轮封。它是利用森林的更新能力，在自然条件适宜的山区，实行定期封山，禁止垦荒、放牧、砍柴等人为的破坏活动，以恢复森林植被的一种育林方式。封山育林投资少，见效快，尤其在高山陡坡、交通不便等地方，采用封山育林的方式恢复森林资源具有独特的优越性。从自然条件看，封山育林摆脱了人为对植物的干扰和破坏，可为树种创造适宜的生态条件，形成了多树种、多层次、结构复杂的具有自我保护性质的地带性森林生态系统，可有效防止

森林病虫害、森林火灾的发生，同时也可有效控制水土流失，提高土壤的透水性，改善生态环境等，从而确保生态系统全面发展。

次生林是原始森林经过多次不合理采伐和严重破坏（火灾、垦殖、过度放牧等）后自然形成的森林。次生林与原始林一起同属天然林，但其立地特点、树种组成、林分结构和起源与原始林、人工林不同。次生林的恢复技术非常广泛，如：封山育林，营造混交林；林中空地的造林或补植、补播；低产林改造；定株定向培育技术等。次生林改造主要是通过采伐和造林工作来实现的，改造目的在于调整林分结构，改灌丛为乔林，改杂木阔叶林为针阔混交林；增大林分密度，改无林（林中空地）为有林，改萌生为实生，改疏林为密林，提高林分经济价值和林地利用率。

退耕还林就是从保护和改善生态环境出发，将水土流失严重的耕地，沙化、盐碱化、沙漠化严重的耕地以及粮食产量低而不稳的耕地，有计划、有步骤地停止耕种，因地制宜地造林种草，恢复植被。退耕还林是减少水土流失、减轻风沙灾害、改善生态环境的有效措施，是促进地方经济发展的有效途径，是西部大开发的根本和切入点。退耕还林实用技术主要包括：植物篱营造技术、覆膜造林技术等。

(2) 草原生态恢复工程技术

草原生态系统是一个自组织系统，具有一定的自我调节能力，对于轻度、中度退化的草原依靠自然植被的内部机制能够达到自然恢复。在生产实践中，人为施加物质和能量是草原生态恢复的必要保障，同时也能够有效地促进草原生态恢复的进程。草原生态恢复工程技术主要包括草原封育、草原松耙、草原补播、草原灌溉和草原施肥等。

草原封育后，消除了家畜过牧等不利因素，牧草生长茂盛，营养储藏充足，盖度增大，优势植物开始形成种子，群落的有性繁殖功能增强。草原封育一般应根据当地草原面积状况及草原退化的程度进行逐年逐块轮流封育，如全年封育、夏秋季封育、春秋两季两段封育等。单纯的封育措施只是保证了植物正常生长发育的机会，而植物的生长发育能力还受到土壤透气性、供肥能力、供水能力等的限制。因此，在草原封育期内需要结合如松耙、补播、施肥和灌溉等培育改良措施。此外，草原封育以后，牧草生长势得到一定的恢复，生长很快，应及时进行利用，以免植物变粗老，品质下降，营养价值降低。

草原松耙目的是为了改善草原土壤紧实、土壤通气和透水作用减弱、微生物活动和生物化学过程降低等对牧草水分和营养物质的供应，促进土壤中有机物质分解。草原松耙的技术主要有划破草皮和耙地。所谓划破草皮是在不破坏天然草原植被的情况下，对草皮进行划缝的一种草原培育措施；耙地是改善草原表层土壤空气状况进行营养更新的常用措施。一般认为以根茎状或根茎疏丛状草类为主的草原，耙地能获得较好的改良效果。耙地最好与其他改良措施如施肥、补播配合进行，可获得更好的效果。

草地补播是在不破坏或少破坏原有植被的情况下，在草群中播种一些适应当地自然条件的、有价值的优良牧草，以增加草群中优良牧草种类成分和草地的覆盖度，达到提高草地盖度和改善草群结构的目的。选择补播地段应考虑当地降水量、地形、土壤、植被类型和草地退化的程度。受诸多因素影响，草地补播出苗率低，故可适当加大播量 50%左右，但播量不宜过大，否则会造成不必要的浪费，甚至会对幼苗本身生长发育产生不利。播种深度应根据草种大小、土壤质地决定。

草原灌溉是为了满足植物对水的生理需要，提高牧草产量的重要措施。很多试验证明，多年生牧草每制造 1g 干物质，需消耗 600～700g 水；当然，不同的植物种类或同一植物不同生长期需水量是不同的。草原灌溉对牧草生长发育的影响，不仅表现在灌溉量上，也表现在水质上。水质主要包括溶解于水中的各种盐类及所含泥沙、有机物三方面。灌溉水中含有过多的可溶性盐类时，不仅破坏牧草的生理过程，而且会导致土壤盐碱化，恶化草原的生态环境，这当中以钠盐类危害最大。此外，水中泥沙过多，会形成胶泥层，妨碍输水，破坏牧草根系和再生。草原灌溉的方法主要有漫灌（浸灌）、沟灌和喷灌。

草原施肥可以促进草原恢复、提高草原牧草产量和品质。肥料种类多，其性质与作用都不同，如何进行合理施肥，发挥肥料的效果，取决于牧草种类、气候、土壤条件、施肥方法和制度。草原施肥的方法包括基肥、种肥和追肥三种。基肥是在草原播种前施入土壤中的厩肥、堆肥、人粪尿、河湖淤泥和绿肥等有机肥料的某一种，其目的是供给植物整个生长期对养分的需要。种肥是以无机磷肥、氮肥为主，采取拌种或浸种方式在播种的同时施入土壤，其目的是满足植物幼苗时期对养分的需要。追肥则是以速效无机肥料为主，在植物生长期内施用的肥料，其目的是追加补充植物生长的某一阶段出现的某种营养的不足。

(3) 河流生态恢复工程技术

20 世纪 70 年代以后，一些发达国家的科学研究者针对水利工程给河流生态系统带来的负面影响，提出了如何进行生态补偿的问题，在此基础上产生了河流生态修复的工程技术。

按照生态水利工程学理论，河流生态修复是利用生态系统原理，采取各种方法修复受损的水体生态系统的生物群落及结构，重建健康的水生生态系统，修复和强化水体生态生态系统的主要功能，并能使生态系统实现整体协调、自我维持、自我演替的良性循环。一些地区结合河流整治和城市水利工程建设，与防洪、排水、疏浚、供水、城市景观、水文化、人文历史等工程结合，开展了河流生态修复示范工程建设。这类工程既具备特定的水利功能，满足经济社会发展的需求，又兼顾河流生态系统健康和可持续性发展的需求，实现了水利功能与生态系统功能的统一。

河流是生态系统物质流、能量流和信息流的载体，是一个连续的系统。自然河流的连续性不仅包括水文过程的连续性，还包括营养物质输移的连续性、生物群落的连续性和信息流的连续性。大坝工程对河流生态系统的影响主要表现在顺水流方向的非连续化问题，即水文过程和营养物质输移的非连续化。大坝对于河流生态系统的影响包括两个方面：一是大坝与水库本身带来的负面影响；二是在大坝运行过程中对生态系统的胁迫。前者主要影响大坝上下游河流地貌学特征，后者则主要影响自然水文周期。通过改善水库调度进行筑坝河流的生态修复是河流生态修复工作的一项重要内容。通过改进水库调度，可以避免和挽回大坝对自然环境的潜在危害，恢复河流已丧失的生态功能或保持自然径流模式，但改进后的调度不宜显著改变传统水利工程的功能，减小原有的灌溉、发电和防洪效益。

随着生态水利工程学和河流生态学理念逐步被人们认知和接受，在一些河道工程规划中，强调自然河道平面形态的保护和修复，遵循宜弯则弯、宜宽则宽的原则。堤防工程建设要兼顾防洪和生态保护，正确处理土地利用和生态保护的关系，尽可能保留河漫滩区域。

# 12.3 湿地生态恢复

## 12.3.1 相关概念

湿地（wetland），顾名思义为有水潮湿的土地，“水”与“土”均是构成湿地的重要因子。湿地是分布于陆地生态系统和水生生态系统之间的具有独特水文、土壤、植被与生物特征的生态系统，是重要的生态环境和自然界最富生物多样性的生态景观之一，被誉为“地球之肾”，与森林、海洋一起并称为全球三大生态系统，是人类赖以生存和发展的重要自然环境资源。

20 世纪 60 年代初期到 20 世纪 70 年代中期，国际生物学计划（IBP）将湿地定义为陆地和水域之间的过渡区域或生态交错带（ecotone），由于土壤浸泡在水中，所以湿地特征植物得以生长。美国鱼类和野生生物保护机构给湿地定义为“陆地和水域的交汇处，水位接近或处于地表面，或有浅层积水，至少有一个至几个以下特征：①周期性地以水生植物为植物优势种；②底层土主要是湿土；③在每年的生长季节，底层有时被水淹没。”定义还指出湖泊与湿地以低水位时水深 2m 处为界，这个定义目前被许多国家的湿地研究者接受。我国学者对湿地的定义为：湿地是指陆地上常年或季节性积水（水深有 2m 以内，积水期 4 个月以上）和过湿的土地，并其生长、栖息的生物种群构成水陆复合生态系统。

虽然这些定义各有侧重，但基本都从水、土、植物 3 个要素出发，界定了多水（积水或饱和）、独特的水成土壤和适水的生物是湿地的基本要素（图 12-2）。

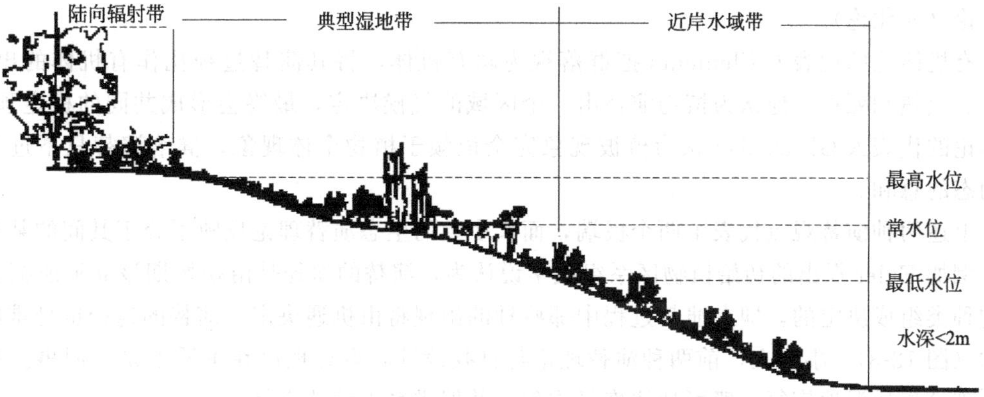


图 12-2 典型的湿地结构

湿地生态恢复，是指对受损的湿地生态系统进行保护使之自然恢复的过程，也包括通过生态技术或生态工程对退化或消失的湿地进行修复或重建，再现干扰前的结构和功能，以及相关的物理、化学和生物学特性，使其发挥应有的作用。它包括提高地下水位来养护沼泽，改善水禽栖息地；增加湖泊、河流中的富营养物沉积以及去除有毒物质以净化水质；恢复泛滥平原的结构和功能以利于蓄纳洪水，提供野生生物栖息地以及户外娱乐区，同时也有助于水质恢复。在湿地生态恢复过程中，由于不同的湿地恢复管理者和计划者所要求达到的恢复目标具有主观性，并且许多物种的栖息地需求和耐性没有被完全了解，再加上湿地生态系统本身的复杂性和脆弱性，因此要恢复到百分之百的原始状态是很困难的，而且几乎是不可能的。

## 12.3.2 湿地生态恢复的指导理论

(1) 自我设计和设计理论

自我设计和设计理论是唯一起源于恢复生态学的理论。湿地自我设计理论认为，只要有足够的时间，随着时间的进程，湿地将根据环境条件合理地组织自己并会最终改变其组分。学者们认为，在一块要恢复的湿地上，种与不种植物无所谓，最终环境将决定植物的存活及其分布位置。他们比较了一块种了植物与一块不种植物的湿地恢复过程，研究发现在前 3 年两块湿地的功能差不多，随后出现差异，但最终两块湿地的功能恢复的一样，由此认为湿地具有自我恢复的功能，种植植物只是加快了恢复过程，湿地恢复一般要 15～20 年。而设计理论认为，通过工程和植物重建可直接恢复湿地，但湿地的类型可能是多样的。这一理论把物种的生活史（即种的传播、生长和定居）作为湿地植被恢复的重要因子，并认为通过干扰物种生活史的方法就可加快湿地植被的恢复。

这两种理论不同点在于：自我设计理论把湿地恢复放在生态系统层次考虑，未考虑到缺乏种子库的情况，其恢复的只能是环境决定的群落；而设计理论把湿地恢复放在个体或种群层次上考虑，恢复的可能是多种结果。这两种理论均未考虑人类干扰在整个恢复过程中的重要作用。

（2）演替理论

演替（succession theory）是生态学中最重要而又争议最多的基本概念之一，一般认为"演替是植被在受到干扰后的恢复过程或从未生长过植物的地点上形成和发展的过程。"演替的观点目前至少已有 9 种，但只有 2 种与湿地恢复最有关，即演替的有机体论（整体论）和个体论（简化论）。

有机体论的代表人 Clements 把群落视为超有机体，将其演替过程比作有机体的出生、生长、成熟和死亡。他认为植物演替由一个区域的气候决定，最终会形成共同的稳定顶级。个体论的代表人 Gleasonian 认为植被现象完全依赖于植物个体现象，群落演替只不过是种群动态的总和。

上述两种演替观点代表了两个极端，而大多数的生态演替理论反映了介于其间的某种观点。例如 Egler 提出的初始植物区系组成学说认为，演替的途径是由初始期该立地所拥有的植物种类组成决定的，即在演替过程中那些种的出现将由机遇决定，演替的途径也是难以预测的（图 12-3）。事实上，前两种演替理论与自我设计和设计理论在本质上是一回事。利用演替理论指导湿地恢复一般可加快恢复进程，并促进乡土种的恢复。

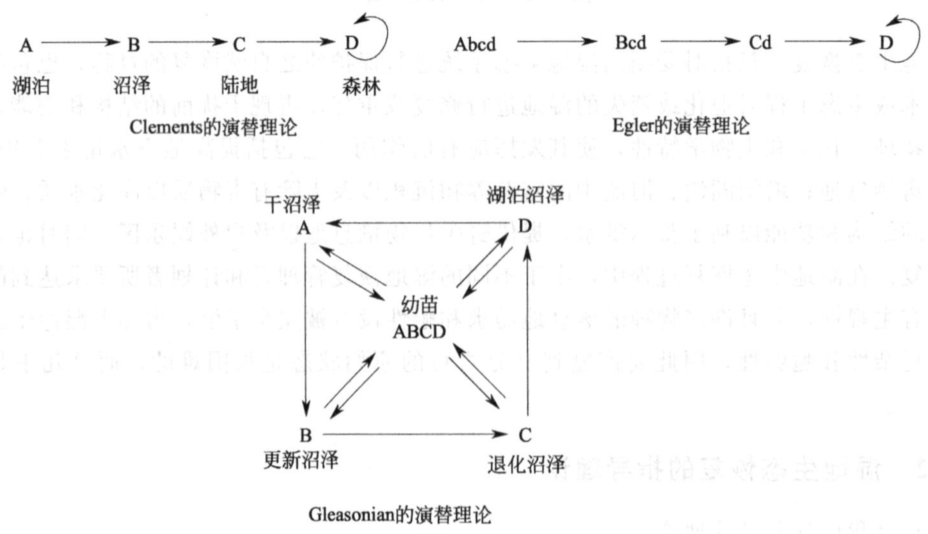


图 12-3　湿地演替的几种理论

(3) 入侵理论

在恢复过程中植物入侵是非常明显的。一般地，退化后的湿地恢复依赖于植物的定居能力（散布及生长）和安全岛（适于植物的萌发、生长和避免危险的位点）。John Stone 提出了入侵窗理论，该理论认为，植物入侵的安全岛由障碍和选择性决定，当移开一个非选择性的障碍时，就产生了一个安全岛。例如，在湿地中移走某一种植物，就为另一种植物入侵提供了一个临时安全岛，如果这个新入侵种适于在此生存，它随后会入侵其他的位点。入侵窗理论能够解释各种入侵方式，在恢复湿地时可人为加以利用。

(4) 河流理论

位于河流或溪边的湿地与河流理论紧密相关。河流理论有河流连续体概念和系列不连续体概念（有坝阻断河流时）两种。这两种理论基本上都认为沿着河流不同宽度或长度其结构与功能会发生变化。根据这一理论：在源头或近岸边，生物多样性较高；在河中间或中游因生境异质性高生物多样性最高，在下游因生境缺少变化而生物多样性较低。在进行湿地恢复时，应考虑湿地所处的位置，选择最佳位置恢复湿地生物。

(5) 边缘效应理论

湿地位于水体与陆地的边缘，又常有水位的波动，因而具有明显的边缘效应和中度干扰，是检验边缘效应理论和中度干扰理论最佳场所。边缘效应理论认为两种生境交汇的地方由于异质性高而导致物种多样性高。湿地位于陆地与水体之间，其潮湿、部分水淹或完全水淹的生境在生物地球化学循环过程中具有源、库和转运者三重角色，适于各种生物的生活，生产力较陆地和水体高。

生态学的许多其他基本理论也会对湿地植物的恢复过程提供指导。如生态因子、主导因子和限制因子理论揭示了生物与环境之间的关系，这些关系往往是复杂的，在生态恢复的实践过程中，需要找到影响生物生存和生态系统演替的主导因子和限定因子，从而为制定生态恢复方案提供依据；又如生态位与生态幅理论反映了生物在进化过程中对环境的适应性，可以为生态恢复过程中的物种选择提供理论依据；至于种群、群落和生态系统的状态与过程、反馈与弹性等相关理论，都构成了湿地生物恢复的理论基础。

### 12.3.3 湿地生态恢复的关键技术

以湿地的构成和生态系统特征为依据，湿地的生态恢复可概括为湿地生境恢复、湿地生物恢复和湿地生态系统结构与功能恢复三个部分。

(1) 湿地生境恢复技术

湿地生境恢复的目标是通过采取各类技术措施，提高生境的异质性和稳定性。湿地生境恢复包括湿地基底恢复、湿地水状况恢复和湿地土壤恢复等。

① 湿地基底恢复　基底恢复是通过采取工程措施，维护基底的稳定性，稳定湿地面积，并对湿地的地形、地貌进行改造。基底恢复技术包括湿地基底改造技术、湿地及上游水土流失控制技术、清淤技术等。清淤技术在盐沼方面的应用较为广泛，需要疏浚沉积物和清除淤泥。在此类盐沼恢复中，历史地图和影像对于确定原始沼泽和溪流生境的位置十分重要，同时需要通过矿物分析来确定原始沼泽的土壤埋深。

② 湿地水状况恢复　湿地水状况恢复包括湿地水文条件的恢复和湿地水环境质量的改善。水文条件的恢复通常是通过筑坝（抬高水位）、修建引水渠等水利工程措施来实现；湿地水环境质量改善技术包括污水处理技术、水体富营养化控制技术等。需要强调

的是，由于水文过程的连续性，必须严格控制水源河流的水质，加强河流上游的生态建设。

湿地补水仅仅是湿地生态恢复的一个前奏。对湿地进行补水时，首先要判断出湿地水量减少的原因。有时恢复湿地的水量可通过其他方式，如利用替代水源，通过挖掘降低湿地表面以补偿降低的水位等。在多数情况下，补水增湿不会受到技术上的限制，而是受到资源需求、土地竞争或政治因素的限制。湿地补水措施包括直接输水、减少湿地排水和重建湿地的原始水供应机制。补水的多少应以目标物种或群落的需水方式为准，水位的极大值、极小值、平均最大值、平均最小值、平均值以及水位变化的频率与周期都可以影响湿地生态系统的结构和功能。

③ 湿地土壤恢复　包括土壤污染控制技术、土壤肥力恢复技术等。由于水流的富集作用（特别是农业或者工业的排放），许多地区的淡水泥地中富含营养物质。营养物质的含量受水流源区、水质以及湿地生态系统本身特征的影响。由于湿地生态恢复的面积较大，对一个具体的湿地而言，一般无法预测营养物质的阈值要达到多少，才能对生态恢复的过程起到决定性的作用。但是对于水量减少的湿地而言，因为干旱，很多的营养物质沉积在土壤中而矿化，矿化的营养物质使土壤板结，致使排水不畅。各类研究表明，湿地排水后，土壤中氮的矿化作用会增加；反之，高的水位可以导致磷的解吸附以及脱氮速率的加快。这种超量的营养物富集或者矿化可能对生态恢复造成负面的影响。因此，需要对湿地系统中的有机物含量进行调整，一般采用降低湿地生态系统中的有机物含量的方法。它主要包括剥离表土法、吸附吸收法、收割法和脱氮法。

湿地酸化是指湿地土壤表面及其附近环境 pH 值降低的现象。其酸化程度取决于进入湿地的污染物种类与性质（金属阳离子和强酸性阴离子的平衡）、湿地系统的给排水状况和湿地植物组成等。恢复酸化湿地的方法取决于湿地酸化程度和原因。对于由失水或碱性水源减少引起的湿地酸化，增加水量的方法比较有效，如提高地下水位或恢复洪水冲积，但恢复洪水冲积法并不适于高营养负荷的湿地。荷兰的一些研究者认为碱度高的地下水供应减少是酸化的主要原因，并报道了沼泽地的许多恢复方法，其中包括地表水的冲积（通过沼生植物过滤后补水）、表层土壤的去除和碱石灰的释放。他们也非常关注陆生泥炭塘内沼泽地酸化的改善，采用的方法包活疏通灌溉管道，促进雨水的流出与碱性水的流入和表层酸化泥炭去除等方法。

④ 湿地水状况恢复与湿地土壤恢复技术综合　除了营养物和氯化物，湿地土壤中还有可能存在其他的污染物，包括潜在毒性重金属和持久性有机污染物。它们可能来自周围工业区或者居民区的点源，也有可能来自农业区的面源，而最常见的污染是湿地环境周围的污水排放。为了控制湿地水体水质恶化的趋势，改善由水质污染导致的湿地污染，结合环境治理实施水质改善工理很有必要。江、河沿岸的城镇要有计划地修建污水处理厂，特别是保护区周边的工厂和企业要有相应的污水处理措施，保证工业废水和生活污水经处理后达标排放，以逐渐改善湿地水体水质。

对于已经在湿地土壤中富集的污染物，最简单的方法是直接清除湿地植被与表层土壤。这样的话，损失可能会超过收益，故而受污染土壤的恢复很困难。1978 年，美国石油公司 Cadiz 漏油事件后，布列塔尼盐沼遭到严重的油污染。一些沼泽地在清除 50cm 厚的沉积物后才清理干净，潮流也比从前疏通拓宽。

目前控制湿度土壤污染的方法中，应用较多的是原位修复，必要时可以增加一些强化措施，如翻耕土地、加入驯化的微生物等。

（2）湿地生物恢复技术

湿地生物恢复技术主要包括物种选育和培植技术、物种引入技术、物种保护技术、种群动态调控技术、种群行为调控技术，群落结构优化配置与组建技术、群落演替控制与恢复技术、生物收获技术等。

① 物种选育和培植技术　先锋物种的选择是植被恢复的重要工作，而在后期进行多种群的生态系统构建更要注意构建种类的选取。恢复通常要结合生活型，优先选用能较好适应环境条件的、满足环境功能需求、净化和抗干扰能力强的本地种作为建群种，在一些特定情况下也采用一些外来树种。如在武汉莲花湖和月湖的水生植被重建工程中，研究者利用水位低、透明度相对高的冬季种植伊乐藻（*Elodea nutall*）、菹草（*Potamogeton crispus*）等沉水植物，从而建立了沉水植物先锋群落，但同时认为伊乐藻作为一种外来物种的危害性尚不明确，因此应逐步用本土种来替代它。

明确被恢复生态系统的功能类型，是选择用于构建群落种类的重要原则。根据相关研究，河流湖泊沿岸的植物缓冲带能够大大地拦截农田中产出的营养物质，使河流湖泊系统的水质得到保护。由于不同植物对径流中污染物质的净化效果不同，其生长受不同土壤环境条件、气候、温度等影响，对污染物的吸收转化能力等有很大差异。因此，对湿地植物的生理生化及生态特性进行深入研究，选择适宜的植物种类，对于提高湖泊周围植物缓冲带对地表径流中污染物的去除效率、有效减缓湖泊富营养化具有一定的意义。

湿地物种的选择和培植还应遵循以下原则：种群遗传学原则；与局部环境相适应原则；对污染物有较强净化作用原则；各种效益协调原则（如兼顾生物与人、生物与生物、生物与环境、社会经济发展与环境之间的协调）；美学与健康原则。

② 群落结构优化配置与组建技术　引入的先锋植物群落在稳定后逐步形成郁闭和混合的斑块结构，通过一定的环境调控措施和群落空间配置技术，才能使之与其他植物种逐渐地相对协调，形成结构相对复杂、生物多样性较高、适应性和稳定性较强的植物群落。因此，在恢复起始阶段，由于环境还不具备容纳太多种类定居的条件，不宜用过多的种类组建先锋群落，否则会造成竞争激烈。首先恢复群落的基本结构，而随着演替从低级到高级，可以逐渐增加群落内的物种组成。

大多数湖泊湿地植物按照生活型呈现带状分布的现象十分明显，随着水环境因子的梯度变化，一个类群取代另一类群形成同心圆带。从陆域到由浅入深的水域依次分布着：旱生植物带、中生植物带、湿生植物带、挺水植物带、浮叶植物带、漂浮植物带和沉水植物带，构成完全系列，而在局部区域可能基地状况不适于构建完全系列，则可配置上述一种或多种生态适应型的植物，构成不完全系列。在洱海的湖滨带生态修复过程中，对陆向亚湖滨带、湖滨核心区和水向亚湖滨带分别配置不同类型的湿地植物，分为乔草带、草被带、挺水植物带和沉水植物带，每个带植物群落结构设计的主要内容包括各种群组成的比例和数量、种植密度、种群的平面布局及群落的垂直结构等。适当引入优良的非原生植物种，对于其他植物种则主要采取自然恢复的方式，在保证其生态功能的基础上，也兼顾景观要求，初步取得了成功。研究者在武汉东湖的水生植物恢复试验中发现挺水植物莲可以抑制夏季浮叶植物的过度发展，因此适当加入挺水植物可以优化沉水植物群落的结构，从而促进沉水植物的恢复。除了空间的配置技术外，也应结合优势种的季节演替规律，在时间上优化群落的配置，保证构建的植物群落能够周年连续地发挥其较强的生态功能。

③ 种群行为和动态调控技术　生态系统的调控是以生态演替理论为基础，通过对生态系统施加人为的影响，从而促进生态系统的结构和功能向人们需要的方向演替的过程。研究者在滇池的围隔实验中放养三种密度的鲢，在有效控制微囊藻水华的同时，原先水体的优势种类发生质的变化，水体中浮游植物的多样性也明显增加。通过鲢滤食作用有效减少水体中的浮游植物（主要为较大型的藻类），改善的水体透明度可使菹草不受遮光限制而生长良好，菹草反过来又控制了浮游植物的生长，同时为浮游动物提供了栖息环境，浮游动物又反过来控制小型的藻类等，水体从藻型稳态向草型稳态转变，说明放养一定密度的鲢鱼对湖泊生态系统的调控效果比较显著。

恢复水生植物对湖泊生态系统的恢复起至关重要的作用，但是由于这些植物群落也相应面临许多生存压力，如漂浮植物往往受到冬季低温的影响而死亡，藻类的大量生长和爆发将对水生植物产生抑制作用甚至是致命伤害，降雨等引起湖泊水位的快速升高、大量泥沙和污染物进入水体等，都会影响构建的水生植物群落，甚至导致恢复失败。因此，选择合适的水域作为恢复地，采取一定的消浪措施，选择适宜的水生植物并对其群落物种组成、生长空间、种群大小等进行一定的人工干预，是很有必要的。

水位变动是影响湖泊生态系统状态长期变化的最主要因素，也是扰动水生植被的重要因子，由此许多的实验研究试图提出适宜的人工调控水文方法，以研究湖泊生态系统特别是水生植物的适应性，对水位进行调控也成为湖泊生态恢复与管理中的重要技术。对于严重富营养化和浊度较高的湖泊来说，降低水位以改善水下光照条件是促进沉水植被恢复的最有效办法。

④ 群落演替控制与恢复技术　付为国等人通过对镇江内江湿地典型演替阶段的植物群落小气候日动态、物种多样性、种群生态位动态等进行研究，分析了处于不同演替阶段的植物群落之间各方面的差异，详细阐释了湿地植物群落演替的过程，发现芦苇群落是内江湿地的终极群落，为湿地植被恢复指明了目标。建议在对受损区域的恢复中，先通过一定的方法判断其所处演替阶段，然后针对性地采取不同的修复方案，合理选择和搭配一些乡土物种，从而扭转逆演替现象，加快演替进程，切忌为了人为增加物种多样性而盲目引进一些外来种，避免导致外来种恶性入侵。这些研究对同类型湿地的植被恢复具有一定的理论指导意义。

⑤ 生物收获技术　在冬季，香蒲和芦苇植株的地面部分枯黄，对污水的净化效果明显低于其他季节。而在冬季人工湿地出水中的无机磷浓度甚至高于进水。同时，某些湿地植物体腐烂后产生的化感物质可能抑制自身或者其他种的生长和繁殖，因此非常有必要在秋冬季节清理湿地植物的枯落物，防止造成对水体的二次污染，在把富余的营养元素转出湿地生态系统的同时，也可以对这些生物资源进行综合利用。在污水控制方面，湿地植物具有可收割以回收利用资源的优势，适当地进行回收利用对湿地生态恢复工程的正常运行和可持续发展也是有利的。在富营养化的草型湖泊内，各种挺水植物和沉水植物的过量生长破坏自然景观、危害渔业生产，沉落腐败后不仅对水体造成二次污染，同时形成强烈的生物促淤作用，导致浅水湖泊迅速沼泽化。同样，在湿地植物恢复过程中也应该有计划、合理地收割水草，防止大型挺水植物过度蔓延。在收割前必须正确掌握这些植物的最低限度维持量，试验合理的收割方式。

另外，一些针对湿地植物种、种群和群落的基础研究，如人工湿地植物净化水污染的能力，湿地植物对水文、土壤、营养物质等环境梯度的响应，对 N、P 等污染物胁迫的响应，湿地植物的种群生态研究，种子库对湿地植被恢复的作用和影响，湿地植物群落组成、群落结构与特征、群落分布、群落演替、群落的优化配置等，为湿地的植被恢复提供了理论基础和实践指导。

（3）湿地生态系统结构与功能恢复技术

湿地生态系统结构与功能的恢复主要表现为结构重建和功能修复，其中结构重建是功能修复的前提，而功能修复是结构重建的目标。

生态系统的功能是以生态系统的结构为载体的。生态系统最主要的生态功能——能量流动与物质循环，依赖于生态系统的食物链。而在大多数生态系统中，每一项生态功能往往由具有相似功能的若干物种组成的群体——功能群来完成。任何一个功能群的缺失都会导致系统功能发生本质的改变，而单一物种的缺失可以通过功能群内物种间的互补仍弥补。功能群是结构重建的基本目标单元。凡是增加原有功能群数量，并且有利于各种功能种团内物种数里增加的措施，都可认为是有利于结构重建。反之，则是对系统结构的破坏。这就要求在进行结构重建时，除了要增加生态系统的生物多样性外，还要维持和增加各功能群的多样性，使生物与生物之间、生物与环境之间、环境各组分之间保持相对稳定的合理结构以及彼此间的协调比例关系，维护与保障物质的正常循环畅通。

然而，在湿地生态系统修复过程中，要完全修复所谓原生态是不可能的，也是毫无意义的。生态修复的主要目标是通过适度的调节手段（包括对系统结构的调整、对辅助能和物质输入的控制等）修复湿地生态系统特有功能。而且在进行功能修复时，要注意维持功能平衡，即生态系统的生产、转化、分解的代谢过程和生态系统与周边环境之间物质循环及能量流动关系维持动态平衡。但是由于各种生物的代谢机能不同，它们适应外部环境变化的能力与大小不同，又由于气候、径流、潮汐等自然因素的季节变化，导致生物与环境间相互维持的平衡不是恒定的，而是经常处于一定范围的波动，是动态平衡。

湿地生态系统结构与功能恢复技术的研究主要包括生态系统总体设计技术、生态系统构建与集成技术等。目前急需针对不同类型的退化湿地生态系统的生态恢复实用技术（如退化湿地生态系统恢复关键技术，湿地生态系统结构与功能的优化配置与重构及其调控技术，物种与生物多样性的恢复与维持技术等）进行研究。另外，湿地受到人为干扰而遭到破坏之前的状态可能是湿林地、沼泽地或开放水体，将湿地恢复为何种状态在很大程度上取决于湿地恢复的决策者，也取决于湿地生态恢复的计划者对干扰前原始湿地的了解程度。

### 12.3.4 湿地生态恢复的常用模式

针对不同的湿地，应该选用不同的恢复方法，因此很难有统一的模式，但是在一定区域内，相同类型的湿地恢复还是可以遵循一定的模式。目前，在湿地恢复与开发实践中，经常产用的模式有湿地公园和自然保护区。

（1）湿地公园

湿地公园是指利用自然湿地或人工湿地，运用湿地生态学原理和湿地恢复技术，借鉴自然湿地生态系统的结构、特征、景观和生态过程，进行规划设计、建设和管理的兼有物种及栖息地保护、生态旅游和生态环境教育功能的湿地景观区域。它是湿地生态恢复的一种有效途径和主要模式，是湿地保护体系的重要组成部分。如中国香港的米埔湿地、日本的铳路湿地国际公园，都是利用典型的湿地生物多样性的景观和该地在流域或河口区的重要地位，以及作为迁徙水鸟通道的独特性，在保护区内的缓冲区或实验区内规划了不同意义上的湿地公园。在我国，除了香港的米埔湿地，还有成都以湿地净化功能为主的府南河活水公园、北京的延庆不里河、宁夏北月海、银川西湖、杭州西溪等湿地公园。其主旨在于培育自然资源，拓展环境容量；在发挥湿地多种生态服务功能的同时，满足人类社会经济发展的需求。

（2）自然保护区

自然保护区是从不同的自然地带和大的自然地理区域内划分出的、将自然资源和自然历史遗产保护起来的场所，包括陆地、水域、海岸和海洋等不同类型。建立各种湿地类型的自然保护区是保护湿地生态系统和湿地资源的有效措施之一。中国从20世纪70年代开始建立湿地自然保护区，经过30多年的努力，截至2011年5月底，中国国家级湿地自然保护区共91个，保护区总面积264000$km^2$，约占全国国土面积的2.5%。

湿地自然保护区具有的功能可以分为四类：一是生产功能，即为人类提供来自自然资源（包括生物资源和非生物资源）的物质和能量；二是承受功能，即为人类活动（包括城市、工业、农村、废弃物产生和旅游活动）提供空间和基底；三是信息功能，即为定位、美学欣赏和哲学鉴别、科学研究、教育及环境变化的指示等提供信息；四是调节功能，即借助废弃物吸收的净化、借助宇宙射线的大气过滤、气候波动的生物圈阻抑、水土滞留和生物调节的环境稳定等。

为了实现这种功能，实现自然资源与人类需求之间的平衡，必须采取以下措施：首先，建立一个合理的自然保护区网；其次，设计一种分区系统，在这种系统中，高敏感性的自然景观能与纯自然的、农业的、城市的、工业的景观整合；最后，确定自然保护区内部与外部管理的战略。

# 第 13 章　生物质能源

## 13.1　能源

### 13.1.1　能源的类型

物质、能量和信息是构成自然社会的基本要素。能源（energy source）是自然界中能为人类提供某种形式能量的物质资源，是各种能量（如热量、电能、光能和机械能等）或可做功的物质的统称。能源是人类赖以生存的基础，是地球演化及外物进化的动力，它与社会经济的发展和人类的进步生存息息相关，人类社会的发展离不开优质能源的出现和先进能源技术的使用。在当今世界，能源的发展，能源和环境，是全世界、全人类共同关心的问题，也是我国社会经济发展的重要问题。

能源种类繁多，而且经过人类不断的开发与研究，更多新型能源已经开始能够满足人类需求。根据不同的划分方式，能源可分为不同的类型。

（1）按来源分为 3 类

① 来自地球外部天体的能源（主要是太阳能）　除直接辐射外，这种能量也为风能、水能、生物能和矿物能源等的产生提供基础。人类所需能量的绝大部分都直接或间接地来自太阳。煤炭、石油、天然气等化石燃料也是由古代埋在地下的动植物经过漫长的地质年代形成的。它们实质上是由古代生物通过光合作用固定下来的太阳能。此外，水能、风能、波浪能、海流能等也都是由太阳能转换来的。

② 地球本身蕴藏的能量　通常指与地球内部的热能有关的能源和与原子核反应有关的能源，如原子核能、地热能等。

③ 地球和其他天体相互作用而产生的能量　如潮汐能。

（2）按能源的产生方式分，分为一次能源和二次能源

① 一次能源即天然能源　指在自然界现成存在的能源，如煤炭、石油、天然气、水能等。一次能源又可分为可再生能源（风能、水能、海洋能、潮汐能、太阳能和生物质能）和非再生能源（煤、石油和天然气）。其中，包括水、石油和天然气在内的三种能源是一次能源的核心，它们成为了全球能源的基础。

② 二次能源　是指由一次能源加工转换而成的能源产品，如电力、煤气、蒸汽及各种石油制品等。

此外，按能源性质分，可分为燃料型能源（煤炭、石油、天然气、泥炭、木材）和非燃料型能源（水能、风能、地热能等）；按能源消耗后是否造成环境污染可分为污染型能源和清洁型能源，前者包括煤炭、石油等，后则包括水力、电力、太阳能、风能等。

### 13.1.2　能源发展

（1）现状

能源是世界发展和经济增长的最基本的驱动力。在过去的 200 多年里，建立在煤炭、石油、天然气等化石燃料基础上的能源体系极大地推动了人类社会的发展与进步。以煤炭为主

要燃料的蒸汽机诞生，大幅度提高了生产率，引起了第一次工业革命，使率先采用蒸汽机国家的经济得到了快速发展。随着石油与天然气的开发和作为一次能源的应用，电力、石油化工、汽车等许多行业的产量和生产效率得到了大幅度的提高，从而促进了世界范围内经济的发展、人类物质生活和精神生活水平的提高。人类在大量使用化石燃料发展经济的同时，也给环境和生态系统带来了严重的污染和破坏，引起了 population（人口）、poverty（贫穷）、pollution（污染）、energy（能源）、ecology（生态）和 environment（环境）等“3P”和“3E”问题。

经济规模的迅速扩大和经济的快速发展，加快了一次能源的消耗量，使非再生能源面临枯竭的严峻局面。人类已经进入21世纪，解决能源的需求问题显得越来越紧迫。因此，在节约现有一次能源的同时，有必要开发和利用新能源和可再生能源，寻求清洁安全可靠的可新能源，走能源、环境、经济可持续发展的道路。

(2) 发展战略

根据经济学家和科学家的普遍估计，到21世纪中叶，也即2050年左右，石油资源将会开采殆尽，如果新的能源体系尚未建立，能源危机将席卷全球，引发战争。

目前，美国、中国、加拿大、日本、欧盟等都在积极开发如太阳能、风能、海洋能（包括潮汐能和波浪能）等可再生新能源，或将注意力转向海底可燃冰（水合天然气）等新的化石能源的挖掘。同时，氢气、甲醇等燃料作为汽油、柴油的替代品，也受到了广泛的关注。部分可再生能源利用技术已经取得了长足的发展，并在世界各地形成了一定的规模。以清洁能源和可再生能源为内涵的新能源成为今后世界上的主要能源之一。来自国际能源署(IEA)对2000～2030年国际电力需求的研究表明，30年内非水利的可再生能源发电将比其他任何燃料的发电都要增长得快，年增长速率近6%，到2030年，它将提供世界总电力的4.4%，其中生物质能将占其中的80%。目前可再生能源在一次能源中的比例总体上偏低，一方面是与不同国家的重视程度与政策有关，另一方面与可再生能源技术的成本偏高有关，尤其是技术含量较高的太阳能、生物质能、风能等。据IEA的预测研究，在未来30年可再生能源发电的成本将大幅度下降，从而显示它的竞争力。

在逐步调整能源结构的同时，发展节能技术也是走能源可持续发展的必由之路。随着工农业生产的发展和人民生活水平的提高，世界能源的总消费量越来越大。节能技术的研究开始得到世界各国的十分重视，特别是节约一次能源中的煤、石油和天然气。为了实现这一目的，需要从能源资源的开发到终端利用进行科学管理和技术改造，以达到高的能源利用效率和低的单位产品的能源消费。

20世纪70年代末实行改革开放以来，中国的能源事业取得了长足发展。目前，中国已成为世界上最大的能源生产国，形成了煤炭、电力、石油天然气以及新能源和可再生能源全面发展的能源供应体系，能源普遍服务水平大幅提升，居民生活用能条件极大改善。能源的发展，为消除贫困、改善民生、保持经济长期平稳较快发展提供了有力保障。今后一段时期，中国仍将处于工业化、城镇化加快发展的阶段，发展经济、改善民生的任务十分艰巨，能源需求还会增加。作为一个拥有13亿多人口的发展中大国，中国必须立足国内增加能源供给，稳步提高供给能力，满足经济平稳较快发展和人民生活改善对能源的需求。在未来的时间里，中国将大力发展新能源和可再生能源，这项战略举措不仅是推进能源多元清洁发展，也是保护生态环境、应对气候变化、实现可持续发展的迫切需要。

# 13.2 生物质能

(1) 生物质

生物质(biomass)是指利用大气、水、土地等通过光合作用而产生的各种有机体,是有机物中除化石燃料外的所有来源于动物植物可再生的物质。生物质遍布世界各地,其蕴藏量极大,仅地球上的植物,每年的生产量就相当于目前人类消耗矿物能的20倍,或相当于世界现有人口食物能量的160倍。

广义的生物质包括所有的植物、微生物以及以植物、微生物为食物的动物及其生产的废弃物,如农作物、农作物废弃物、木材、木材废弃物和动物粪便。狭义的生物质主要是指农林业生产过程中除粮食和果实以外的秸秆和树木等木质纤维素、农产品加工业下脚料、农林废物及畜牧业生产过程中的禽畜粪便和废物等物质。

(2) 生物质能

生物质能(biomass energy)是指以生物质为载体将太阳能以化学能形式储存在生物质中的一种能量形式。它直接或间接地来源于绿色植物的光合作用(如下式所示),可转化为常规的固态、液态和气态燃料,取之不尽、用之不竭,是一种可再生能源。由于生物质能的原始能量来源于太阳,所以从广义上讲,生物质能是太阳能的一种表现形式。在各种可再生能源中,生物质能是独特的、唯一可再生的碳源,具有可再生、储量巨大、分布广泛、低硫、低氮、生长快、$CO_2$零排放的特点。

$$x\mathrm{CO_2}+y\mathrm{H_2O}\xrightarrow{\text{植物光合作用}}\mathrm{C}_x(\mathrm{H_2O})_y+x\mathrm{O_2}$$

在世界能耗中,生物质能是继煤、石油和天然气的第四位能源,约占总消耗的14%,在不发达地区占60%以上,全世界人生活能源的90%以上是生物质能。

虽然地球上的生物质能资源较为丰富,每年经光合作用产生的物质有$1730\times10^8$t,其中蕴含的能量相当于全世界能源消耗总量的10~20倍,但目前对生物质能的利用率不到3%。因此,发展和开发生物质能源是今后许多国家采取的重要能源政策之一。

## 13.2.1 生物质能的分类及特点

(1) 生物质能的分类

世界上生物质资源数量庞大,形式繁多,通常包括:木材及林产品加工业废弃物、农业废弃物、畜禽粪便和工业生产有机废水及生活污水、城镇固体垃圾及能源植物等。但是能够作为能源用途的生物质才属于生物质能,其基本条件是资源的可获得性和可利用性。按化学性质分,生物质能源包括糖类、淀粉和木质纤维素物质。按原料来源分,则主要包括以下几类。

① 林业资源 指森林生长和林业生产过程提供的生物质能源,包括薪炭林、在森林抚育和间伐作业中的零散木材、残留的树枝、树叶和木屑等;木材采运和加工过程中的枝丫、锯末、木屑、梢头、板皮和截头等;林业副产品的废弃物,如果壳和果核等。

② 农业资源 主要包括能源植物和农业生产过程中的各种废弃物两大类。废弃物如农作物收获时残留在农田内的农作物秸秆(玉米秸、高粱秸、麦秸、棉秆等);农业加工业的废弃物,如农业生产过程中剩余的稻壳等。能源植物泛指各种用以提供能源的植物,通常包

括草本能源作物、油料作物、制取碳氢化合物植物和水生植物等几类。

③ 生活污水和工业有机废水　生活污水主要由城镇居民生活、商业和服务业的各种排水组成，如冷却水、洗浴排水、盥洗排水、洗衣排水、厨房排水、粪便污水等；工业有机废水主要是酒精、制糖、食品、制药、造纸及屠宰等行业生产过程中排出的废水等，它们都富含有机物。

④ 城市固体废物　它主要是由城镇居民生活垃圾，商业、服务业垃圾和少量建筑业垃圾等固体废物构成。其组成成分比较复杂，受当地居民的平均生活水平、能源消费结构、城镇建设、自然条件、传统习惯以及季节变化等因素影响。

⑤ 畜禽粪便　畜禽粪便是畜禽排泄物的总称，它是其他形态生物质（主要是粮食、农作物秸秆和牧草等）的转化形式，包括畜禽排出的粪便及其与垫草的混合物。

(2) 生物质能的特点

生物质能蕴藏量巨大，只要有阳光照射，绿色植物的光合作用就不会停止，生物质能也就永远不会枯竭。特别是在大力提倡植树、种草、合理采伐等的情况下，植物将会源源不断得供给生物质能源。生物质能特点主要有以下几个方面。

① 可再生性　生物质能属可再生资源，生物质能由于通过植物的光合作用可以再生，与风能、太阳能等同属可再生能源，资源丰富，可保证能源的永续利用。

② 低污染性　生物质挥发分高、炭活性高、易燃、灰分含量低，在燃烧过程中对环境污染小。400℃左右生物质中大部分挥发分可释放出，而煤在800℃时才释放出30%左右的挥发分。生物质燃烧后灰分少，不易黏结，可简化除灰设备。生物质中含硫量一般少于0.2%，而煤的含硫量一般为0.5%～1.5%，此外生物质中氮的含量也较低，因此燃烧过程中生成的$SO_x$、$NO_x$较少，带来的环境问题较轻。此外，生物质作为燃料时，由于它在生长时需要的$CO_2$相当于它排放的$CO_2$的量，因而对$CO_2$净排放量近似于零，可有效地减轻温室效应。据估算，每利用$10^4$t秸秆代替燃煤，可以减排$CO_2$ $1.4\times10^4$t、$SO_2$ 40t、烟尘100t。

③ 分布广泛性　只要有植物生长的地方，就有生物质能的存在。特别是缺乏煤炭的地域，可充分利用生物质能。

④ 总量十分丰富　生物质能是世界第四大能源，仅次于煤炭、石油和天然气。根据生物学家估算，地球陆地每年生产（1000～1250）$\times10^8$t生物质，海洋年生产$500\times10^8$t生物质。生物质能源的年生产量远远超过全世界总能源需求量，相当于目前世界总能耗的10倍。2010年，我国可开发为能源的生物质资源到达$3\times10^8$t。随着农林业的发展，特别是炭薪林的推广，生物质资源还将越来越多。

⑤ 应用广泛性　生物质能源可以以沼气、压缩成型固体燃料、气化生产燃气、气化发电、生产燃料酒精、热裂解生产生物柴油等形式存在，应用在国民经济的各个领域。

⑥ 使用方便性　在可再生能源中，生物质是唯一可以存储与运输的能源，这给其加工转换与连续使用带来了一定的方便。

当然，生物质能源也有其弱点，从质量密度的角度来看，与燃料与矿物能源相比，生物质是能量密度低的低品位能源；质量轻，体积大，给运输带来一定的难度；同时由于风、雨、雪等外界因素，导致生物质难以保存，这些都是目前亟待解决的问题。

## 13.2.2　生物质能的发展

(1) 发展现状

历史上，100多年前最早的生物质能源技术是气化。目前，国外的生物质能利用技术分两大类：一是把生物质转化为电力；二是把生物质转化为优质燃料，如油、氢等。这两类技术处于不同的发展阶段，而且技术水平相差很远。

生物质能转化为电力主要有直接燃烧后用蒸汽进行发电和生物质气化发电两种。

① 生物质直接燃烧发电　该技术基本成熟，已进入推广应用阶段，如美国大部分生物质采用这种方法利用，近年来已建成生物质燃烧发电站约 6000MW，处理的生物质大部分是农业废弃物或木材厂、纸厂的森林废弃物。这种技术单位投资较高，大规模下效率也较高，但它要求生物质集中，数量巨大，只适于现代化大农场或大型加工厂的废物处理，对生物质较分散的发展中国家不是很合适，如果考虑生物质大规模收集或运输，成本也较高，从环境效益的角度考虑，生物质直接燃烧与煤燃烧相似，会放出一定的 $NO_x$，但其他有害气体比燃煤要少得多。

② 生物质气化发电　它是更洁净的利用方式，几乎不排放任何有害气体，小规模的生物质气化发电已进入商业示范阶段，它比较适合于生物质的分散利用，投资较少，发电成本也低，适合于发展中国家应用。大规模的生物质气化发电一般采用生物质联合循环发电（BIGCC）技术，适合于大规模开发利用生物质资源，发电效率也较高，是今后生物质工业化应用的主要方式。目前生物质气化发电已进入工业示范阶段，美国、英国和芬兰等国家都在建设 6～60MW 的示范工程。但由于投资高，技术尚未成熟，在发达国家也未进入实质性的应用阶段。

生物质制取优质燃料技术主要集中在制取液体燃料和氢燃料两方面。生物质制甲醇和乙醇，该技术已基本成熟，进入商业示范阶段，但由于生产成本很高，不具备竞争力，很难推广。生物质直接裂解制取油料的技术目前仍处于研究和中试的阶段，其产品仍未能具有实际意义，但其前景却非常看好，特别是欧洲国家对这方面非常重视，投入了大量的人力、财力开展这方面的工作，期望在近期内能进入工业示范阶段。生物质制取氢燃料的研究在国外也刚开始，主要是随着氢能的利用技术一起发展起来的。该技术目前仍处于研究试验阶段。由于生物质比煤含有更多的氢，所以从生物质制取氢气更合理和经济。同时从生物质制氢是完全洁净的能源技术，更有发展前途。但其发展速率主要取决于氢能技术的发展情况。

(2) 发展趋势

世界各国对生物质的重视程度差别很大，主要取决于各国的能源结构和生物质资源的情况。2010 年，发达国家主要把目标集中于大型生物质气化发电技术上，在推广直接燃烧的同时，发展可以进入商业应用的整体煤气化联合循环发电系统（IGCC）。美国生物质发电量以每年 7%的速率增加，预计到 2020 年将达到 200TW·h（$1T=10^{12}$），而 2010 年总装机容量为 6.1GW·h。在欧盟，目前生物质占能源总消耗的 2%，预计 15 年后将增加到 15%。在这一时期，生物质制取运输燃料仍处于研发阶段，少量技术可进入示范应用，但由于技术性和经济性的限制，仍难以真正进入市场。

2030 年，这一时期生物质发电技术将完全市场化，与常规能源可以进行平等竞争，所以生物质能所占的比例将大幅度提高，将成为主要的能源之一；同时生物质制取液体燃料也将成熟，部分技术进入商业应用，但生物质液体燃料的商业化程度将取决于石油供应情况和各国对环境要求的程度。

2050 年，这一时期生物质发电和液体燃料将比常规能源具有更强的竞争力，包括环境和经济上的优势，所以生物质能将会是综合指标优于矿物燃料的能源新品种，占有主导地位，其使用量和占有量主要决定于各国各地区生物质的供应情况。

中国的生物质能消耗量一直占有比较大的比例，特别是在农村，仍有30%的能源来自于生物质能。但中国生物质利用技术水平一直较低，大部分为直接燃烧。近年开始发展气化技术和制液技术，势头强劲，生物质气化已开始进入应用阶段。

中国是世界上沼气利用开展得最好的国家之一，生物质沼气技术已发展相当成熟，目前已进入商业化应用阶段，预计2020年我国沼气生产能力将达到$440\times10^{8}m^{3}$。

生物质液化技术研发尽管迟于生物质气化，但速率很快。生物乙醇的产能已经突破$21.5\times10^{8}L$，成为继巴西和美国之后的世界第三生物乙醇生产大国。动植物油脂制备生物柴油、生物法制备正丁醇的生产能力也大幅提升。

# 13.3 生物质能源利用技术

作为生物质能的载体，生物质都是以实物存在的，相对于风能、水能、太阳能、潮汐能，生物质是唯一可存储和运输的可再生能源。生物质能的结构与常规的化石燃料相似，因此它的利用方式也与化石燃料相似。常规能源的利用技术无需做多大的改动，就可以应用于生物质能。生物质能的转化利用途径主要包括物理转化、化学转化和生物转化，这三个途径又包括不同的子技术，它们能获取不同的生物质产品（图13-1）。

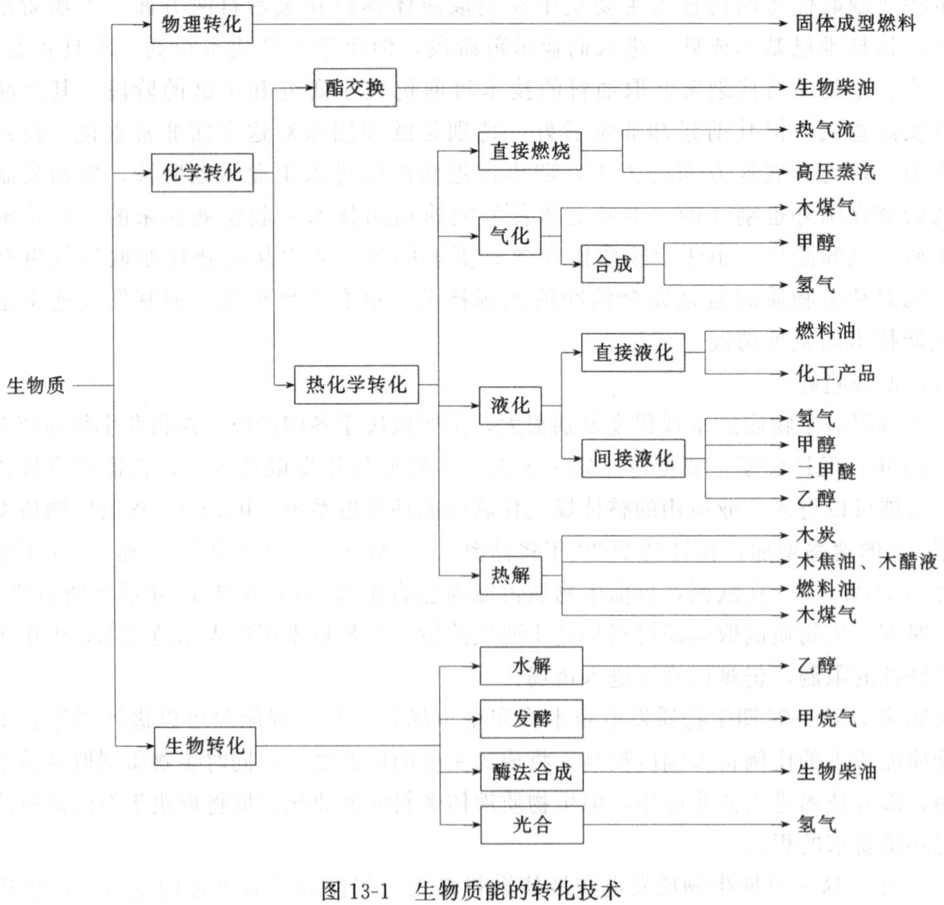


图13-1　生物质能的转化技术

### 13.3.1 物理转化

物理转化主要是指生物质的固化，它是生物质能利用技术的一个重要方面。生物质固化就是将生物质粉碎至一定的平均粒径，不添加黏结剂，在高压条件下，挤压成一定形状，其黏结力主要是靠挤压过程所产生的热量，使得生物质中木质素发生塑化黏结，成型物再进一步炭化制成木炭。物理转化解决了生物质形状各异、堆积密度小且较松散、运输和储存使用不方便等问题，提高了生物质的使用效率，但固体在运输方面不如气体、液体方便。另外，物理转化技术要真正达到商品化阶段，在制造设备可靠性、生产能力与能耗、原料粒度与水分、包装与设备配套等方面还存在一系列问题。

生物质的物理转化技术按成型物的形状主要可分为三大类：圆柱块状成型技术、棒状成型技术和颗粒状成型技术。如果把一定粒度和干燥到一定程度的煤，按一定的比例与生物质混合，加入少量的固硫剂，压制成型，就成为生物质型煤，这是当前生物质固化最有市场价值的技术之一。生物质致密成型燃料具有型煤和木柴的特点，可以在许多场合替代煤和木柴作为燃料。目前，生物质致密成型燃料技术的研究在国内外已经达到较高的水平；许多发达国家对生物质成型技术进行了深入的研究，产生了一系列的生物质成型技术。日本、德国、土耳其等国研究用糖浆作为黏结剂，用锯末和造纸厂废纸与原煤按比例混合生产型煤，成为许多场合的替代燃料。另外，美国、英国、匈牙利等国用生物质水解产物作为黏结剂生产型煤。我国清华大学、浙江大学、哈尔滨理工大学、煤炭研究院北京煤化学研究所等对生物质的固化利用的研究也取得了一系列的成果。

生物质型煤虽然在燃烧性能和环保节能上具有明显的优良特性，但其缺点是压块机械磨损严重，配套设施复杂，使得一次性投资和成本都很高，目前还没有显著的经济优势。技术和经济因素阻碍了生物质型煤的商业化应用，还没有形成大规模产业。

### 13.3.2 化学转化

生物质化学转化可分为传统化学转化和热化学转化。生物质传统化学转化亦称酯化，可获得生物柴油。生物质热化学转化则可获得木炭、焦油和可燃气体等高品位的能源产品。热化学转化按热加工的方法不同，分为直接燃烧、液化、气化和热解。

(1) 直接燃烧

利用生物质原料生产热能的传统办法是直接燃烧，燃烧过程中产生的能量可被用来产生电能或供热。直接燃烧大致可分炉灶燃烧、锅炉燃烧、垃圾焚烧和固型燃料燃烧四种情况。炉灶燃烧是最原始的方法，一般适用于农村或山区分散独立的家庭用户，它的投资最省，但效率最低，燃烧效率在15%～20%。锅炉燃烧采用了现代化的锅炉技术，适用于大规模利用生物质，它的主要优点是效率高，并且可实现工业化生产；主要缺点是投资高，而且不适于分散的小规模利用，生物质必须相对比较集中才能利用。垃圾焚烧也是采用锅炉技术处理垃圾，但由于垃圾的品位低、腐蚀性强，所以它要求技术更高，投资更大，从能力利用的角度，它也必须规模较大才比较合理。固型燃料燃烧是把生物质固化成型后再采用传统的燃煤设备燃用，主要优点是所采用的热力设备是传统的定型产品，不必经过特殊的设计或处理；主要缺点是运行成本高，所以它比较适合企业对原有设备进行技术改造时，在不重复投资前提下，以生物质代替煤，以达到节能的目的，或应用于对污染要求特别严格的场所。

(2) 液化

液化是指生物质在高温高压条件下进行的热化学转化过程，通过液化可将生物质转化成高热值的液体产物。生物质液化是将固态的大分子有机聚合物转化为液态的小分子有机物的过程，主要经历三个阶段：首先是破坏生物质的宏观结构，使其分解为大分子化合物；其次是将大分子链状有机物解聚，使之能被反应介质溶解；最后是在高温高压作用下经水解或溶剂溶解以获得液态小分子有机物。各种生物质由于其化学组成不同，在相同反应条件下的液化程度也不同，但各种生物质液化产物的类别则基本相同，主要为生物质粗油和残留物（包括固态和气态）。为了提高液化产率，获得更多生物质粗油，可在反应体系中加入金属碳酸盐等催化剂，或充入氢气和一氧化碳。

根据化学加工过程的不同技术路线，液化又可以分为直接液化和间接液化。直接液化通常是把固体生物质在高压和一定温度下与氢气发生加成反应（加氢），与热解相比，直接液化可以生产出物理稳定性和化学稳定性都较好的产品。间接液化是指将生物质气化得到的合成气（$CO+H_2$），经催化合成为液体燃料（甲醇或二甲醚等）。生物质间接液化主要有两条技术路线，一个是合成气-甲醇-汽油的 MTG 工艺路线（以合成气为原料首先制得甲醇，然后甲醇通过分子间脱水生成二甲醚和水，二甲醚在催化剂的作用下转化成轻烯烃，最后通过聚合、烷基化、异构化、氢转移等多步反应生成高级烯烃、正/异构石蜡烃、芳烃和环烷烃等的混合物)，另一个是合成气费托（Fischer-Tropsch）合成工艺路线（以合成气为原料在铁系催化剂和适当反应条件下合成以石蜡烃为主的液体燃料的工艺过程）。

(3) 气化

生物质气化是以氧气（空气、富氧或纯氧）、水蒸气或氢气作为气化剂，在高温下通过热化学反应将生物质的可燃部分转化为可燃气（主要为 CO、$H_2$ 和 $CH_4$ 以及富氢化合物的混合物）。通过气化，原先的固体生物质被转化为更便于使用的气体燃料，可用来供热、加热水蒸气或直接供给燃气机以产生电能，并且能量转换效率比固态生物质的直接燃烧有较大的提高。气化技术是目前生物质能转化利用技术研究的重要方向之一。

生物质气化时，随着温度的不断升高，物料中的大分子吸收了大量的能量，纤维素、半纤维素、木质素发生一系列并行和连续的化学变化并析出气体。半纤维素热分解温度较低，在低于 350℃的温度区域内就开始大量分解。纤维素主要热分解区域在 250～500℃，热解后碳含量较少，热解速率很快。而木质素在较高的温度下才开始热分解。从微观角度可将热分解过程分为四个区域：100℃以下是含水物料中的水分蒸发区，100～350℃之间主要是半纤维素和纤维素热分解区，350～600℃之间是纤维素和木质素的热解区，大于 600℃是剩余木质素的热分解区。

(4) 热解

热解是将生物质转化为更为有用的燃料，在热解过程中，生物质经过在无氧条件下加热或在缺氧条件下不完全燃烧后，最终可以转化成高能量密度的可燃气体、生物油和生物质固体炭。热解技术很早就为人们所掌握，人们通过这一方法将木材转化为高热值的木炭和其他有用的产物。在这一转化过程中，随着反应温度的升高，作为原料的木材会在不同温度区域发生不同反应。当热解温度达到 200℃时，木材开始分解，此时，木材的表面开始脱水，同时放出水蒸气、$CO_2$、甲酸、乙酸和乙二醛。当温度升至 200～260℃时，木材将进一步分解，释放出水蒸气、$CO_2$、甲酸、乙酸、乙二醛和少量一氧化碳气体，反应为吸热反应，木材开始焦化。若温度进一步升高，达到 262 ～502℃时，热裂解反应开始发生，反应为放热反应，在这一反应条件下，木材会释放出大量可燃的气态产物，如 CO、$CH_4$、甲醛、甲酸、乙酸、甲醇和 $H_2$，并最终形成木炭。

按照升温速率，热解又分为低温慢速热解和快速热解。低温慢速热解是指热解温度在 400℃以下，主要得到焦炭（转化率 30%）；快速热解则是指温度较高，即在 500℃以上，高加热速率（1000℃/s）短停留时间的瞬时裂解，可以获取液体燃料油（热值为 $1.7\times10^4$kJ/kg）。液化油得率以干物质计，可高达 70%以上。快速热解技术自 20 世纪 80 年代提出以来得到了迅速发展，现已发展成为多种工艺，加拿大 Waterloo 大学流化床反应器、荷兰 Twente 大学旋转锥反应器、瑞士自由降落反应器等均达到最大限度地增加液体产品收率的目的。生物液体燃料油由于具有高的氧含量及低的氢碳比，导致了它的不稳定，尤其是热不稳定性，需要经催化加氢、催化裂解等处理才能用作燃料。

（5）酯化

酯化是一种传统的化学转化方法，又称为酯交换，是指将植物油与甲醇或乙醇等短链醇在催化剂或者在无催化剂超临界甲醇状态下进行反应，生成生物柴油（脂肪酸甲醇），并获得副产物甘油。生物柴油可单独使用以替代柴油，又可以一定比例（2%～30%）与柴油混合使用。除了为公共交通车辆、卡车等柴油机车提供替代燃料外，又可为海洋运输业、采矿业、发电厂等具有非移动式内燃机行业提供燃料。

### 13.3.3 生物转化

生物转化技术主要是以酶法水解和微生物发酵为手段，促进生物质转化的过程。主要包括生物质水解技术、厌氧发酵技术、制氢技术等。

（1）水解技术

水解技术中最具代表的是乙醇发酵。生物技术制备乙醇的生产过程为先将生物质碾碎，通过化学水解（一般为 $H_2SO_4$）或者催化酶作用将淀粉或者纤维素、半纤维素转化为多糖，再用发酵剂将糖转化为乙醇，得到的乙醇体积分数较低（5%～15%），蒸馏除去水分和其他一些杂质最后浓缩冷凝得到液体乙醇（一步蒸馏过程可得到体积分数为 95%的乙醇）。木质纤维素生物质（木材和草）的化学转化较为复杂，其预处理费用昂贵，需将纤维素经过几种酸的水解才能转化为糖，然后再经过发酵生产乙醇。这种化学水解转化技术能耗高，生产过程污染严重、成本高，缺乏经济竞争力。目前正开发用催化酶法水解，但是因为酶的成本高，尚处于研究阶段。

（2）厌氧发酵技术

厌氧发酵是指在隔绝氧气的情况下，通过细菌作用进行生物质的分解。将有机废水置于厌氧发酵罐（反应器、沼气池）内，先由厌氧发酵细菌将复杂的有机物水解并发酵为有机酸、醇、$H_2$ 和 $CO_2$ 等产物，然后由产氢产乙酸菌将有机酸和醇类代谢为乙酸和氢，最后由产 $CH_4$ 菌利用已产生的乙酸和 $H_2$、$CO_2$ 等形成 $CH_4$，可产生 $CH_4$（体积分数为 55%～65%）和 $CO_2$（体积分数为 30%～40%）气体混合物。许多专性厌氧和兼性厌氧微生物，如丁酸梭状芽孢杆菌、大肠埃希菌、产气肠杆菌、褐球固氮菌等，能利用多种底物在氮化酶或氢化酶的作用下将底物分解制取氢气。厌氧发酵制氢的过程是在厌氧条件下进行的，氧气的存在会抑制产氢微生物催化剂的合成与活性。由于转化细菌的高度专一性，不同菌种所能分解的底物也有所不同。因此，要实现底物的彻底分解并制取大量的氢气，应考虑不同菌种的共同培养。厌氧发酵细菌生物制氢的产率较低，能量的转化率一般只有33%左右。为提高氢气的产率，除选育优良的耐氧菌种外，还必须开发先进的培养技术才能够使厌氧发酵有机物制氢实现大规模生产。

(3) 制氢技术

光合微生物制氢主要集中于光合细菌和藻类，它们通过光合作用将底物分解产生氢气。1949年，Gest等首次报道了光合细菌深红红螺菌（*R. hodospirillumrubrum*）在厌氧光照下能利用有机质作为供氢体产生分子态的氢，此后人们进行了一系列的相关研究。目前的研究表明，有关光合细菌产氢的微生物主要集中于红假单胞菌属、红螺菌属、梭状芽孢杆菌属、红硫细菌属、外硫红螺菌属、丁酸芽孢杆菌属、红微菌属等7个属的20余个菌株。光合细菌产氢机制，一般认为是光子被捕获得光合作用单元，其能量被送到光合反应中心，进行电荷分离，产生高能电子并造成质子梯度，从而形成腺苷三磷酸（ATP）。另外，经电荷分离后的高能电子产生还原型铁氧还原蛋白［Fd(red)］，固氮酶利用ATP和Fd(red)进行氢离子还原生成氢气。

# 13.4　生物技术在生物质能源利用中的应用

生物质（biomass）是由生物直接或间接利用绿色植物光合作用而形成的有机物。它包括所有的植物、动物或微生物，以及由这些生物产生的排泄物和代谢物。各种生物质资源中都含有能量，可以转化为能与环境协调发展的可再生能源，即生物质能。利用生物技术能将生物质资源转化为各种洁净的能源，如沼气、燃料乙醇、生物氢和生物柴油等。

## 13.4.1　生物制沼气

在各种可供开发的生物质资源中，农作物秸秆是最为丰富的一种富含有机质（80%～90%）的生物质资源。联合国环境规划署（UNEP）报道，世界上种植的各类谷物每年可提供秸秆$17\times10^8$t。以秸秆为发酵原料可生产替代化石能源的清洁能源——沼气，在美国、希腊、瑞典以及一些发展中国家都对秸秆作为沼气原料生产生物质能进行了大量研究。

早在20世纪80年代，我国以植物秸秆为发酵原料生产沼气的技术就在沼气池中有过应用，后来由于产气效果不理想及出料难等问题没有解决而逐渐停滞。近年来，随着生物技术的进步以及农业主产区秸秆资源的过剩和部分地区农民就地焚烧秸秆带来环境问题，植物秸秆生物转化沼气研究重新引起了重视。植物秸秆生物转化沼气的关键是产甲烷菌的接种和复合菌剂的制备。

由细菌、放线菌、真菌组成生物复合菌剂，既可用于秸秆堆肥，加快秸秆腐熟，又可用于预处理秸秆。用该菌剂预处理后的秸秆，可使秸秆的内部结构发生变化，秸秆变柔软、疏松，作为产沼气的原料入池后，缩短了秸秆产沼气的启动时间，提高了产气量。还有研究表明，生物复合菌剂预处理后的秸秆直接作为产沼气的发酵原料，加快了产沼气的启动时间，启动时间只需2～7d，其产气量比对照提高了42.15%～52.35%。

## 13.4.2　生物制燃料乙醇

生物质通过有机物转化为燃料乙醇的发展经历了3个阶段。第1阶段是以玉米、小麦为原料，是发展燃料乙醇的初始阶段。而利用粮食产品或油料作物，虽然技术已经成熟，但却面临着“与人争粮”的问题。显然，仅依靠粮食作为燃料乙醇的原料，并非长久之计。第 2 阶段是非粮燃料乙醇阶段，以薯类等为原料。但是，薯类也在国家粮食统计范围内，并且薯类生产有地域限制，因此这一方案也不能完全满足未来的需要。第 3 阶段是以农业废弃物如植物秸秆等为主要原料制燃料乙醇。植物秸秆生物转化获得燃料乙醇的关键是获得纤维素乙醇用酶，使纤维素物质产生葡萄糖进而发酵获得燃料乙醇。

2007 年 10 月，丹麦 Genencor 公司宣布为纤维素转化乙醇开发出了第一种商业化生物质酶 *Accellerase* 1000，该酶可使复杂的木质纤维素生物质还原为可发酵的糖类，且具有以下优点：①可提高各种原料的糖化性能；②可使糖化与发酵过程（SSF）同时进行，它是二步依次进行的水解与发酵（SHF）过程或两者的组合；③高活性的葡糖酶，可使残余的纤维二糖量最少，从而有较高的糖化作用，并最终有较快的乙醇发酵速度，产率也可提高；④未澄清的产物，即酶生产中剩余营养物除了由糖化作用产生发酵糖类外，适用于作酶母；⑤可保证酶配方化学品不会影响糖化碳水化合物的分布或继而影响酶母发酵。2008 年 3 月，该公司又开发了新一代纤维素乙醇用酶 *Accellerase* 1500，使用该酶从纤维素原料如谷物秸秆、甘蔗渣、木屑、换季牧草来生产乙醇或生物化学品，可大大降低成本。我国清华大学李十中教授主持研究的甜高粱秆固体发酵乙醇技术，采用我国传统的固体发酵技术，让甜高粱秆在发酵池中发酵，然后再蒸出乙醇。发酵时间 30h（玉米乙醇为 55h），乙醇回收率高达 94%。

### 13.4.3　生物制氢

生物制氢既可用于燃料电池，也可成为今后氢燃料的主要来源之一，具有较大的发展前景。近年来，世界各国在生物质转化制氢方面，从产氢的机制、细菌的选育、细菌的生理生态学、生物制氢反应设备的研制等方面都进行了大量研究。迄今为止，已研究报道的生物质资源生物转化制氢主要有光合生物转化制氢和发酵生物转化制氢两种方式。

光合生物转化制氢是利用藻类和光合细菌直接将太阳能转化为氢能。光合生物转化制氢的途径有光合成生物制氢、光分解生物制氢、光合异养菌水气转化反应和光发酵生物制氢 4 种。光发酵生物制氢主要是通过光子捕获光合作用后的能量，将电荷分离产生高能电子，并形成 ATP，而高能电子产生 Fd(red)，固氮酶利用 ATP 和 Fd(red) 将氢离子还原为氢气，因而这种方式的产氢量相对于其他 3 种途径比较高。由于光发酵生物制氢利用的是厌氧化能异养菌，与光合制氢相比，有无需光照、产氢率高和产氢稳定等优点，因此厌氧发酵制氢法被认为是更具有发展潜力的生物质资源生物转化制氢方式。厌氧产氢微生物是厌氧发酵制氢过程中的核心，很多研究者针对厌氧发酵产氢的发酵类型、菌种选育等方面进行大量的工作。目前报道的产氢细菌多数为丁酸发酵和混合酸发酵，梭菌属（*Clostridium*）为丁酸发酵中的主要产氢细菌，肠杆菌属（*Enterobacter*）为混合酸发酵中的主要产氢细菌。就厌氧发酵进行微生物产氢的方式来看，大体上可分为两种类型：一种是利用纯菌进行微生物产氢；另外一种是利用厌氧活性污泥或其他混合物，以混合培养方式进行产氢。通常 *Enterobacter* sp. 主要用于纯培养，而 *Clostridium* sp. 则是混合培养中的优势微生物。

为了突破野生型细菌的产氢能力，人们把诱变育种和基因改良作为进行高效产氢细菌的育种是一个突破口。其中，诱变育种是一种比较成熟的技术，已有采用紫外线诱变获得的高效稳定产氢突变体的研究报道，突变株的产氢能力比对照菌株提高 40%～65%。

### 13.4.4 生物柴油

生物柴油（biodiesel），又称脂肪酸甲酯，是以植物果实、种子、植物导管乳汁或动物脂肪油、废弃的食用油等作原料，与醇类（甲醇、乙醇）经交酯化反应获得。传统概念的狭义的生物柴油根据美国标准 ASTM D6751 定义为：由植物油脂或者动物油脂制备的含有长链脂肪酸单烷基酯燃料。脂肪链长在 8～22 的各种动植物油脂均可用于制备生物柴油。新概念的广义的生物柴油的定义应该为：以生物质为原料，经过物理、化学和生物技术方法，制备成具有与化石柴油相似性质，并且可以替代化石柴油应用于交通运输等行业的液体燃料油。

生物转化生物柴油主要有化学催化法和生物酶催化法合成两种方式。化学催化法合成生物柴油存在工艺复杂、能耗高、色泽深、成本高、生产过程有废碱液排放等缺点，而生物酶催化法合成生物柴油具有条件温和、酶用量小、无污染排放等优点，因此，生物酶催化法合成生物柴油具有良好的工业应用前景。降低酶催化生产物柴油的成本，提高固定化脂肪酶和固定化细胞催化转酯化反应的转化率及其重复使用批次是生物酶催化法合成生物柴油工艺的关键。

为了增加胞内脂肪酶催化活性的稳定性，Ban 等用 0.1％戊二醛交联处理固定根霉菌 *Rpusoryize* IFO4697 细胞，结果发现，用戊二醛处理固定化细胞后，分 3 步加入甲醇，胞内酶醇解大豆油的活性经 6 次回用，没有明显下降；每次回用，产物甲酯的含量为 70％～83％。这种方法能直接利用微生物细胞内的酶催化合成生物柴油，细胞分批培养与固定化同步进行，其催化效率高；省去了酶的分离纯化过程，生产成本降低；酶对乙醇的耐受性增加，有利于反应后产物的分离及细胞的回用。为生产重组脂肪酶，研究者还通过 DNA 体外重组、定点突变或合理的蛋白质分子设计，对脂肪酶分子进行改造，降低酶的生产成本，增加热稳定性、醇耐受性及 pH 稳定性，提高其催化效率。

# 第 14 章 生物制烷

## 14.1 概述

甲烷（$CH_4$）可产生机械能、电能及热能，目前已作为一种燃料，通过管道输送到用户，供给家庭及工业使用。甲烷是沼气的主要成分，占 60%～70%，剩余部分是 $CO_2$ 和一些杂质。天然的沼气是一种低热值气体，使用极其有限，经干燥及除去二氧化碳等杂质（如硫化氢及硅氧烷类），浓缩净化后可提高甲烷的相对含量（≥90%），热值也相应增加，浓缩后的沼气通常称为生物甲烷，可广泛用于民用、发电、化工原料和工业燃料等领域，前景广阔。目前，国外生物甲烷主要是作为一种新型的能源用于管网供能或作为机动车燃料。

生物甲烷来自多种原料，包括各种有机废弃物，如农作物秸秆、人畜粪便、城市垃圾以及发酵、皮革、制糖、造纸、制药、食品和某些有机合成等工业的有机废物等。这些原料的有机化学成分主要是糖类、蛋白质和脂类，它们在微生物作用下通过乙酸发酵和二氧化碳还原两条途径形成可燃气体——甲烷。生物甲烷成本主要取决于生物原料的种类和效用、使用的厌氧消化器和浓缩净化技术、甲烷的形态和运输方式、离消费终端的距离以及规模扩大带来的经费节支等。目前，比较成熟的生物甲烷浓缩净化技术主要包括：脱除硫化氢、脱除二氧化碳和水、脱除其他杂质、添加除臭剂。

目前，我国能源非常紧张，开发和利用新兴能源，提高资源综合利用效率，是我国未来能源发展的方向。生物甲烷是一种清洁的可再生能源，虽然中国生物甲烷利用还集中在农村地区的供热和发电，生产设施规模小且不集中。但伴随着生物甲烷的发展，规模化、集约化、产业化的沼气（生物甲烷）工程也得到了迅猛的发展，不仅应用于畜禽养殖粪便处理，也应用于工业有机废水和城市生活污水污泥的处理。生物质甲烷在中国有着广阔的应用前景。

## 14.2 产甲烷的生化机制

### 14.2.1 产甲烷菌

产甲烷是一个厌氧过程，在该反应中有机物中的电子被转移给碳，将碳还原到最低价还原态（−4 价），以 $CH_4$ 的形式存在。环境中的甲烷主要来自于天然的湿地、稻根以及动物的肠内发酵后释放。尽管参与产甲烷过程的微生物种群通常非常复杂，但是其中总存在着产甲烷菌，它们是一种独特的古细菌，其特点是通过自身代谢作用产生甲烷。

产甲烷菌的研究开始于 1899 年，当时俄国的微生物学家奥姆良斯基将厌氧分解纤维素的微生物分为两类：一类是产氢的细菌，后来称为产氢产乙酸菌；另一类是产甲烷菌，后来称奥氏甲烷杆菌（*Methanobacillus omelauskii*）。由于研究条件的限制，1950 年，Hungate 创造了无氧分离技术才使产甲烷菌的研究得到了迅速的发展。1974 年，《伯杰细菌鉴定手册》第 8 版记载，最初产甲烷菌只有 1 个科（甲烷杆菌科），分 3 个属、9 个种。2009 年，产甲烷菌已发展为 4 目、12 科、31 属。到目前为止，产甲烷菌主要有 5 个目，分别是甲烷杆菌目（Methanohacteriales）、甲烷球菌目（Methanococcales）、甲烷八叠球菌目（Methanosarcinales）、甲烷微菌目（Methanomicrobiales）和甲烷超高温菌目（Methanopyrales），分离鉴定的产甲烷菌已有200多种。

产甲烷菌是严格厌氧菌，对氧非常敏感，遇氧后会立即受到生长抑制，甚至还会死亡，因此要求环境中绝对无氧。产甲烷菌是自养型微生物，绝大部分产甲烷菌能利用 $H_2$ 和 $CO_2$ 作基质，从氢的氧化反应中获得能量去还原二氧化碳，供其生长；另一些产甲烷菌则能利用甲酸产生甲烷。产甲烷菌不仅需C、N、P等营养元素，同时还需要矿物质营养元素，如 $K^+$、$Na^+$、$Ca^{2+}$、$Co^{2+}$、$Cl^-$、$Fe^{3+}$ 等。产甲烷菌的最适生长温度为30℃左右，嗜热产甲烷菌的最适生长温度达到65～70℃。一般认为，厌氧消化产甲烷在5～83℃温度范围内进行，产气量随温度变化并有两个高峰：中温35℃和相对高温55℃；最适宜的pH值为6.5～7.5，超出这一范围，产甲烷菌受抑制或死亡。产甲烷菌与其他任何细菌相区别的主要特征在于产甲烷菌的代谢产物都是 $CH_4$、$CO_2$ 和 $H_2O$，且其中有7种辅因子与所有微生物及动植物都不同，细胞壁没有D-氨基酸、胞壁酸的独特结构也与其他细菌有很大区别。

### 14.2.2 产甲烷的生化机制及途径

目前，生物制甲烷的合成途径有3种，其中以乙酸为底物的占自然界甲烷合成的60%以上；以氢和二氧化碳为底物的甲烷合成的占30%；以甲基化合物为底物的甲烷合成不足10%。甲烷生物合成过程中，甲烷的形成伴随着细胞膜内外化学梯度的形成，这种化学梯度驱动细胞产生ATP。一般1种产甲烷菌只具有1种甲烷合成途径，而多细胞结构的甲烷八叠球菌同时含有3种甲烷合成途径，且至少可以利用9种甲烷合成的底物。

产甲烷一般发生在有机物的厌氧代谢过程中，厌氧代谢是指在没有溶解氧、硝酸盐和硫酸盐存在的条件下，微生物将各种有机质进行分解并转化为 $CH_4$、$CO_2$、微生物细胞以及无机营养物质等的过程。对复杂有机物的厌氧代谢过程的解释，早期通行的是两阶段理论，认为有机物的厌氧过程是由不产甲烷的发酵细菌和产甲烷的细菌共同完成的过程，即两阶段理论（图14-1）。第一阶段常被称作酸性发酵阶段，即由发酵细菌把复杂的有机物进行水解和发酵（酸化），形成脂肪酸（挥发酸）、醇类、$CO_2$ 和 $H_2$ 等。由于兼性厌氧菌在分解有机物的过程中产生的能量几乎全部消耗作为有机物发酵所需的能量，只有少部分合成新细胞，因此在第一阶段，细胞的增殖很少。第二阶段常被称作碱性或甲烷发酵阶段，是由产甲烷细菌将第一阶段的一些发酵产物进一步转化为 $CH_4$ 和 $CO_2$ 的过程。

两阶段理论简要的描述了厌氧生物代谢过程，但并没有全面反映厌氧代谢的本质。研究表明，产甲烷菌能利用甲酸、乙酸、甲醇、甲胺和 $H_2/CO_2$，但不能利用其他的脂肪酸和醇类产生甲烷，因此两阶段理论难以确切解释这些物质是如何转化为 $CH_4$ 和 $CO_2$ 的。

与两阶段理论相比，Bryant等提出了厌氧代谢的三阶段理论（图14-2）。与两阶段理论相比，该理论强调了产氢产乙酸过程的作用，并把它们独立划分为一个阶段，其中的产氢产乙酸菌与产甲烷菌之间存在互营共生的关系。在第一阶段，复杂的有机物经过水解和发酵转化为脂肪酸、醇类等小分子可溶性有机物，如多糖先水解为单糖，再通过糖酵解进一步发酵为乙醇和脂肪，蛋白质则先被水解成氨基酸，再经过脱氨基作用产生脂肪酸和氨。在第二阶段，以上产物通过产氢产乙酸细菌的作用转化为乙酸和 $H_2/CO_2$。最后，产甲烷菌利用乙酸和 $H_2/CO_2$ 产生 $CH_4$。在众多的代谢产物中，仅无机的 $H_2/CO_2$ 和有机的“三甲一乙”（甲酸、甲醇、甲胺、乙酸）可直接被产甲烷细菌利用，而其他的代谢产物不能为产甲烷细菌直接利用，它们必须经过产氢产乙酸细菌进一步转化为 $H_2/CO_2$ 后，才能被产甲烷菌吸收利用。Zeikus 等提出了厌氧代谢的四阶段理论（图 14-2），此理论在三阶段理论的基础上增加了同型耗氢产乙酸过程，即由同型产乙酸细菌把 $H_2/CO_2$ 转化为乙酸。但这类细菌所产生的乙酸往往不到乙酸总量的 5%，一般可忽略。三阶段理论和四阶段理论实质上都是两阶段理论的补充和发展。

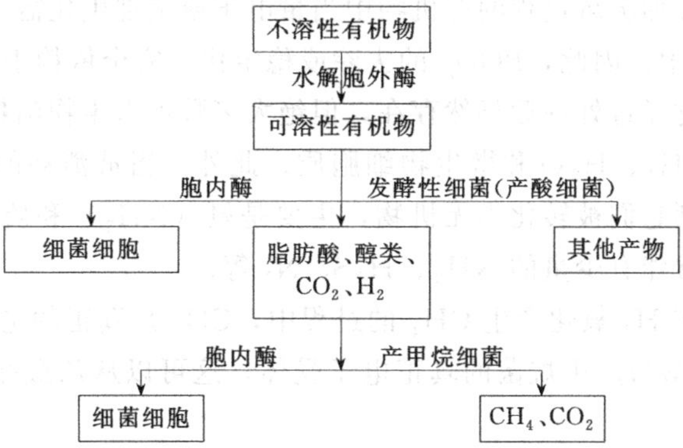


图 14-1 两阶段理论

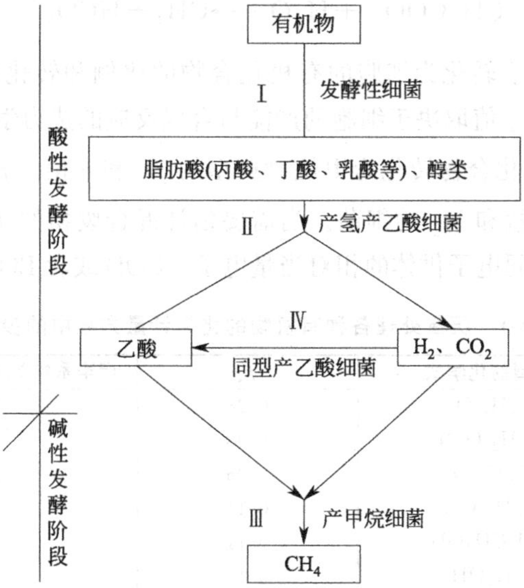


图 14-2 三阶段和四阶段理论

厌氧过程中，各种不同底物降解的最终产物均为甲烷，因此，产甲烷菌在系统中最为重要。在中温条件下，产甲烷八叠球菌和产甲烷丝菌的生长速率慢，其倍增时间长达 24h。又由于该步骤完成 70%的甲烷生成总量，因此，在一般条件下，厌氧过程的速率限制步骤是乙酸发酵产甲烷步骤。但在低温条件下，水解反应速率大大降低，成为了厌氧过程的限制因素。

# 14.3 产甲烷过程的过程化学和微生物学

有机物厌氧代谢产甲烷的过程需要许多不同的微生物种群共同参与完成，涉及过程化学和微生物学。

## 14.3.1 过程化学

厌氧过程的微生物学相当复杂，有机成分通常经过多个中间步骤才能转变为最终产物 $CH_4$。每个步骤中碳、氮、氢、氧和其他元素都保持着物料平衡，最重要的是电子也要保持平衡，因为绝大多数参加厌氧过程的有机物中当量电子或全部生化需氧量 $BOD_L$，最后都要转移到气态物质 $CH_4$ 中。因此，$BOD_L$ 的去除或稳定化，完全依赖于 $CH_4$ 的形成。

尽管一些中间产物经过处理后仍然存在，但绝大多数被微生物消耗的有机物转化为主要的终端产物：$CO_2$、$CH_4$、$H_2O$ 和微生物细胞质。此外，当被消耗的有机物中含有其他元素时，例如氮和硫，则它们被转化为无机物，主要是氨（$NH_3$）和硫化氢（$H_2S$）、硫酸盐等。因此，甲烷气常常伴有少量的 $NH_3$、$H_2S$、$N_2$ 等。

一些研究表明，在 $H_2$ 氧化产生 $CH_4$ 的过程中，$CO_2$ 是真正的电子受体［式(14-1)］，但 $CO_2$ 并不是利用乙酸盐产甲烷菌的真正电子受体，这可以从乙酸盐转化为甲烷的方程式看出［式(14-2)］。

$$CO_2 + 4H_2 \longrightarrow CH_4 + H_2O \tag{14-1}$$

$$CH_3COO^- + H_2O \longrightarrow CH_4 + HCO_3^- \tag{14-2}$$

假设 $f_s$ 和 $f_e$ 分别代表转化为细胞的有机化合物的比例和转化为能量的有机化合物的比例，理论上 $f_s + f_e = 1$。$f_s$ 值取决于细胞的产能与合成反应的热力学、衰减速率（$b$）和时间。表 14-1 总结了常见的有机化合物转化为甲烷时典型的 $f_s^0$ 和 $b$ 值。$f_s^0$ 值包括产甲烷菌和所有其他将有机物转化为乙酸盐和 $H_2$ 的细菌。当需要估计混合废物的 $f_s^0$ 值时，可从表中查得各物质的参数值，再根据不同电子供体的相对当量电子（COD 或者 $BOD_L$），求出其加权平均值。

**表 14-1　厌氧处理各种有机物的化学计量方程中的参数值**

| 废物成分 | 典型的化学式 | $f_s^0$ | 产率系数 $Y/(g\ VSS_s/g\ BOD_L)$ | $b/d^{-1}$ |
|---|---|---|---|---|
| 碳氢化合物 | $C_6H_{10}O_5$ | 0.28 | 0.200 | 0.05 |
| 蛋白质 | $C_{16}H_{24}O_5N_4$ | 0.08 | 0.056 | 0.02 |
| 脂肪酸 | $C_{16}H_{32}O_2$ | 0.06 | 0.042 | 0.03 |
| 市政污泥 | $C_{10}H_{18}O_3N$ | 0.11 | 0.077 | 0.05 |
| 乙醇 | $CH_3CH_2OH$ | 0.11 | 0.077 | 0.05 |
| 甲醇 | $CH_3OH$ | 0.15 | 0.11 | 0.05 |
| 苯甲酸 | $C_6H_5COOH$ | 0.11 | 0.077 | 0.05 |

（1）pH 和碱度要求

厌氧代谢过程需要的 pH 在 6.6～7.6，超出这个范围的 pH 对厌氧代谢是非常有害的，尤其是对微生物产甲烷过程。一般而言，关键在于如何将 pH 保持在 6.6 以上，因为在启动、超负荷或其他非稳态条件下产生的有机酸中间体都会导致 pH 急剧下降，产甲烷过程受到抑制。系统重新启动会非常缓慢，要以周或月计，因此必须避免低 pH 值的产生。

厌氧处理中控制 pH 的主要化学物质是与碳酸体系相关的，即 $CO_2$ 溶于水的量。显然，当消化气中 $CO_2$ 处于正常分数时，即 25%～45%，要想使 pH 在 6.5 以上，需要的碳酸碱度为 500～900mg/L（以 $CaCO_3$ 计），要得到更高的 $CO_2$ 分压就要求更高的碱度。同时，有机物的生物降解也会破坏碱度，进而破坏厌氧代谢过程，这是因为复杂有机物分子发酵为有机酸中和了碱。当系统中不含碱性物质，或为了防止非稳态条件下的 pH 显著下降，常会向水中投加碱度以提供充分的缓冲能力。通常使用的是氢氧化钙［$Ca(OH)_2$］、碳酸氢钠（$NaHCO_3$）、碳酸钠（$Na_2CO_3$）、氢氧化钠（NaOH）、氨（$NH_3$）、碳酸氢铵（$NH_4HCO_3$）。一般地，氢氧化钙、氢氧化钠和氨较为便宜，使用得也较多。但是每种物质各有其本身的问题，使用之前需要仔细研究。如，投加氢氧化物和碳酸盐会消耗 $CO_2$，因此在投加前应当考虑可能会在反应器内产生负压；投加碳酸氢钠不会出现任何问题，但费用太高，而且钠可能会产生抑制作用；投加氨如果投加过多，可能会有毒性，抑制生物降解活性。

(2) 营养要求

和所有的生物处理系统一样，为了满足微生物生长的需求必须有微量营养物质存在。一般地，市政污水和食品加工废水都含有微生物生长所需的营养成分。然而，许多工业废水，尤其是一些化学工业废水，可能缺乏一些必需的营养元素。微生物生长所需要的无机营养主要是氮和磷，所需要的量可根据生物体净生长量来估计。厌氧处理中的氮应当处于还原态（$NH_3$ 或有机氨基氮），在厌氧环境中亚硝酸氮和硝酸氮很容易经反硝化去除。而且，反应器中的氮最好应该比微生物生长的需要量多一些，以保证其不会成为厌氧代谢速度的限制因素，过量约 50mg/L 的浓度足以达到这个目的。产甲烷菌的生长还需要和磷差不多量的硫元素。一般原水中所含的硫酸盐就可以满足这个要求。如果硫不足的话，投加硫酸盐是非常方便的，但是不要过量投加，因为硫酸盐还原会降低甲烷的产生，产生的硫化物也有很多副作用。

厌氧系统还需要少量的金属元素，它们可以激活产甲烷过程中的一些重要的酶。表 14-2 是 Speece（1996）发现的可以促进厌氧处理过程的元素。铁、钴、镍是产甲烷的关键酶所必需的，因而也是进行高效厌氧处理所必需的。缺乏足够的微量金属元素营养可能导致很多工业废水的厌氧处理过程无法进行。水中铁的浓度一般都需要达到 40mg/L，其他的金属元素至多只需要 1mg/L 就足够。

金属和硫化物对微生物厌氧代谢是必需的，但它们两者之间复杂反应能产生难溶性的化合物，这些化合物往往难以被微生物利用，因此必须控制它们的含量。成分复杂的市政污泥中含有许多复杂的有机配体，可以保持足够浓度的溶解态金属，从而能被微生物利用；除此之外，可溶性的微生物产物含有羧基，可以配合金属阳离子。然而，投加强配合剂，如乙二胺四乙酸（EDTA），会产生很强的金属配合物，尽管配合物可溶，但其中的金属也难以被微生物利用。所以，利用特定工业废水厌氧产甲烷，添加微量营养元素是必需的。

(3) 抑制性物质

对于微生物厌氧代谢过程，有机物的毒性比在好氧代谢过程更大，主要有两个原因：①厌氧代谢过程的有机物浓度一般都很高，在这种情况下，其他物质的浓度（包括一些抑制性的物质浓度）也可能很高；②厌氧微生物的比生长速率较低。

表 14-2 厌氧过程中的营养需求

| 元素 | 需要量/(mg/g COD) | 需要过量的浓度/(mg/L) | 典型投加物质 |
|---|---|---|---|
| 大量元素 | | | |
| 氮 | 5～15 | 50 | $NH_3$,$NH_4Cl$,$NH_4HCO_3$ |
| 磷 | 0.8～2.5 | 10 | $NaH_2PO_4$ |
| 硫 | 1～3 | 5 | $MgSO_4 \cdot 7H_2O$ |
| 微量元素 | | | |
| 铁 | 0.03 | 10 | $FeCl_2 \cdot 4H_2O$ |
| 钴 | 0.003 | 0.02 | $CoCl_2 \cdot 2H_2O$ |
| 镍 | 0.004 | 0.02 | $NiCl_2 \cdot 6H_2O$ |
| 锌 | 0.02 | 0.02 | $ZnCl_2$ |
| 铜 | 0.004 | 0.02 | $CuCl_2 \cdot 2H_2O$ |
| 锰 | 0.004 | 0.02 | $MnCl_2 \cdot 4H_2O$ |
| 钼 | 0.004 | 0.05 | $NaMoO_4 \cdot 2H_2O$ |
| 硒 | 0.004 | 0.08 | $Na_2SeO_3$ |
| 钨 | 0.004 | 0.02 | $NaWO_4 \cdot 2H_2O$ |
| 硼 | 0.004 | 0.02 | $H_3BO_3$ |
| 一般阳离子 | | | |
| 钠离子 | | 100～200 | $NaCl$,$NaHCO_3$ |
| 钾离子 | | 200～400 | $KCl$ |
| 钙离子 | | 100～200 | $CaCl_2 \cdot 2H_2O$ |
| 镁离子 | | 75～250 | $MgCl_2$ |

毒性也是一个相对的概念，如图 14-3 所示。大量的物质在低浓度下对厌氧过程有促进作用，中等浓度下没有影响，但在高浓度下对代谢过程有抑制作用。存在于普通废水的大部分物质，包括简单的盐类，都具有上述的特点。如果接触时间充分，一旦微生物对抑制性物质产生了适应性，那么就不存在微生物生长受到抑制的现象。因此，可以通过找到适应性更强的细菌来解决抑制性物质的问题。

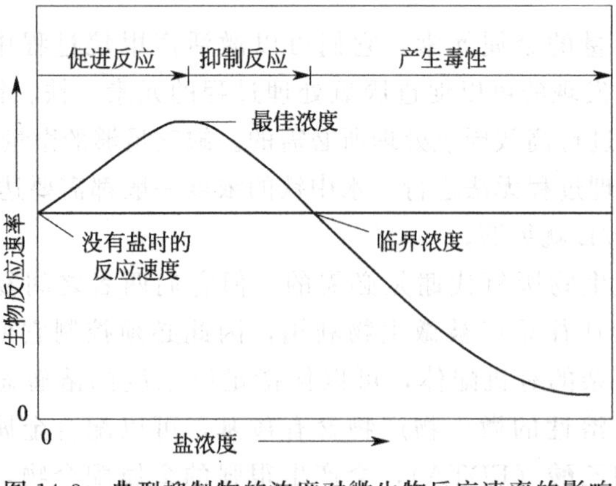


图 14-3 典型抑制物的浓度对微生物反应速率的影响

从控制的观点来看，需要将抑制性物质的浓度以某种方式降低，使其不产生毒性。目前主要的措施有：从废水中去除有毒物质；将废水稀释，使有毒物质浓度降低到阈值以下；生成不溶络合物或将有毒物质沉淀；通过调整 pH 改变有毒物的存在形式；投加对有毒物质有拮抗作用的物质等。从废水中去除有毒物质和稀释废水（例如加入另外一股废水）是常用的措施。稀释的成本可能会相当高，这是因为为了达到一定的处理效率，可能需要较大的反应器容积。如果某种抑制性物质的可利用浓度通过某种方法（例如沉淀或者强络合反应）来降低，那么在整个处理系统内就可以避免抑制现象产生。利用这种方式，某些重金属物质的毒性（如铜和锌），可通过投加硫化物产生不能溶解的沉淀物来去除。在反应过程中加入硫化物的最方便的方法是投加硫酸盐，它在处理系统中被还原为硫化物。但投加率必须小心加以控制，因为过多的硫酸盐还原会减少 $CH_4$ 的产生，导致硫化物过量生成。实际上，硫化物本身也是抑制性物质。

（4）盐毒性

一些工业废水具有较高浓度的碱和碱土金属盐类，这可能会对厌氧代谢过程造成抑制效应。实际上，试图通过投加碳酸氢钠或其他含钠碱来控制高浓度的挥发酸度而产生的高盐度也会产生抑制效应。这种抑制效应与阳离子关系较大，与阴离子关系不大。表 14-3 是各种常见的可能造成抑制作用的阳离子及其对厌氧代谢过程产生不同作用的浓度。与盐毒性有关的一个现象是拮抗效应。如果一个阳离子（如 $Na^+$）处于抑制浓度的话，此时投加其他的离子（如 $K^+$）可能会减弱抑制作用。

**表 14-3 一般阳离子的促进和抑制浓度范围** 单位：mg/L

| 阳离子 | 促进作用 | 中等抑制 | 强抑制 |
|---|---|---|---|
| 钠离子 | 100～200 | 3500～5500 | 8000 |
| 钾离子 | 200～400 | 2500～4500 | 12000 |
| 钙离子 | 100～200 | 2500～4500 | 8000 |
| 镁离子 | 75～250 | 1000～1500 | 3000 |

## 14.3.2 微生物学

复杂有机物质转化为 $CH_4$ 的过程都有微生物群体参与。根据划分的阶段，参与的细菌主要有：①水解酸化菌群；②产氢产乙酸菌群；③同型产乙酸菌群；④产甲烷菌群。

（1）水解酸化菌群

在厌氧系统中，水解酸化细菌的功能主要表现在两个方面：将大分子不溶性有机物在水解酶的催化作用下水解为小分子的水溶性有机物；将水解产物吸收进入细胞内，经细胞内复杂的酶系统催化转化，将其中一部分有机物转化为代谢产物，排入细胞外的水溶液里，成为参与下一阶段生化反应的细菌群可以用的基质。

（2）产氢产乙酸菌群

产氢产乙酸细菌是有机物质转化为 $CH_4$ 过程中一类重要的微生物，它能把第一阶段产生的发酵产物，如三碳及三碳以上的直链脂肪酸、二碳及二碳以上的醇、酮和芳香族有机酸等，转化为产甲烷菌能利用的基质。

（3）同型产乙酸菌群

在厌氧条件下能产生乙酸的细菌有两类：一类是异养型厌氧细菌，能利用有机基质产生乙酸；另一类是混合营养型厌氧细菌，既能利用有机基质产生乙酸，也能利用分子 $H_2$ 和 $CO_2$ 产生乙酸。异养型厌氧细菌就是酸化细菌，而混合营养型厌氧细菌就是同型产乙酸菌。

（4）产甲烷菌群

产甲烷菌群是参与厌氧代谢过程中最后一类也是最重要的一类细菌。它们和参与厌氧代谢过程的其他类型细菌的结构有显著的差异。产甲烷菌的细胞壁中缺少肽聚糖，而含有多糖、多肽或多肽-多糖的囊状物。产甲烷菌能利用的能源物质主要有五种，即 $H_2/CO_2$、甲酸、甲醇、甲胺基类和乙酸。近年来一些研究还发现产甲烷菌目中的一些菌株能氧化二碳及二碳以上的醇和酮。

## 14.4　产甲烷过程的热力学分析

微生物降解有机物的过程，在本质上是一系列的氧化还原过程。在这个过程中，微生物直接或间接地利用反应产生的能量维持自身的新陈代谢作用。生物降解有机物过程中，微生物通过各种形式的氧化剂氧化有机物，释放出可供其利用的能量。理论上，微生物所能利用的能量越高，相应的细胞产率越大。好氧生物代谢过程中的氧化剂是氧气，而厌氧生物代谢过程中的氧化剂则以 $CO_2$ 为主，微生物所能利用的能量小于好氧过程。所以，厌氧代谢过程中微生物细胞的产率系数（一般小于 0.1）远远小于好氧代谢过程中微生物细胞的产率系数（0.5）。

上述机理也可用于解释厌氧过程中存在硝酸根和硫酸根时，产甲烷菌的活性受抑制的现象。因为若存在诸如硝酸根和硫酸根等替代电子受体时，硝酸盐还原菌和硫酸盐还原菌将表现出比产甲烷菌更强的底物获得竞争力。因此，此时产甲烷菌生长受到抑制，产气也将已 $H_2S$ 为主。图 14-4 反映了厌氧发酵过程中主要生化反应的标准自由能随 $H_2$ 分压值的变化情况，它将有助于进一步阐明各种生化作用之间的关系。

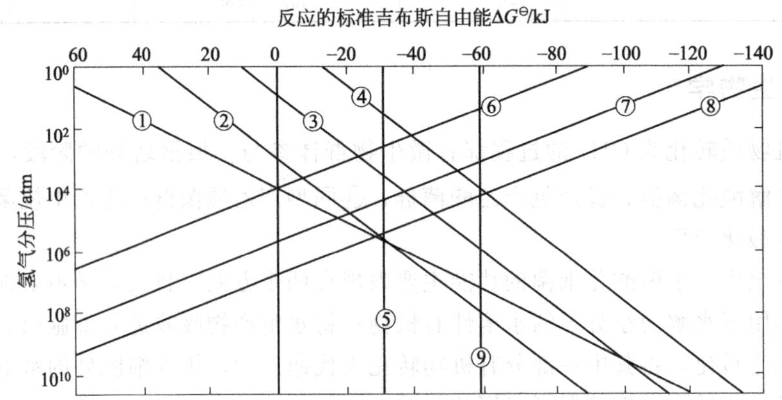


图 14-4　氧化还原半反应与氢分压的关系

注：各特征线编号代表以下特征反应，标准吉布斯自由能定义为 $H_2$ 分压 1atm（101325Pa）下计算所得。

①丙酸⟶乙酸，标准吉布斯自由能 76.1kJ；②丁酸⟶乙酸，标准吉布斯自由能 48.1kJ；

③乙醇⟶乙酸，标准吉布斯自由能 9.6kJ；④乳酸⟶乙酸，标准吉布斯自由能 −4.2kJ；

⑤乙酸⟶甲烷，标准吉布斯自由能 −31.0kJ；⑥碳酸氢根⟶乙酸，标准吉布斯自由能 −104.6kJ；

⑦碳酸氢根⟶甲烷，标准吉布斯自由能 −135.6kJ；⑧硫酸根⟶硫氢根，标准吉布斯自由能 −151.9kJ；

⑨硫酸根⟶硫化氢，标准吉布斯自由能 −59.9kJ

由于 $H_2$ 作为产物或反应物存在于众多的产甲烷产乙酸过程中，因此反应中 $H_2$ 浓度的高低将从热力学条件上决定各反应能否进行，并确定各反应的优先程度。反应产物中包含 $H_2$ 的半反应，随着 $H_2$ 分压的降低，反应的吉布斯自由能数值下降，反应趋于可行。例如，反应⑧和⑨的标准吉布斯自由能均小于反应⑤的标准吉布斯自由能，表明前两者在过程热力学上优于反应⑤，这与硫酸盐还原菌和硝酸盐还原菌在存在硝酸盐和硫酸盐条件下所显示出相对于产甲烷菌的竞争优势是相符合的。

# 14.5 产甲烷过程的工艺和反应器

根据水力停留时间（HRT）、固体停留时间（SRT）和微生物停留时间（MRT）的不同，可将包含产甲烷过程的厌氧工艺及其反应器分为三种类型（表 14-4）。第一类反应器为常规型反应器，其特征是 HRT、SRT 和 MRT 相等，即液体、固体和微生物混合在一起，一周期结束后，反应器内液体被同时冲出，没有足够的微生物，并且固体物质由于停留时间较短得不到充分的消化，因此效率较低。第二类反应器为污泥滞留型反应器，其特征是通过各种固液分离方法，将 HRT、SRT 和 MRT 加以分离，从而在较短 HRT 的情况下获得较长的 MRT 和 SRT，在出水的同时，微生物和固体物质所构成的污泥得以保留在反应器内，提高反应器内微生物浓度的同时，延长固体有机物的停留时间使其充分消化。第三类反应器即附着膜型反应器，在反应器内填充有惰性支持物供微生物附着，从而液体和固体穿流而过的情形下滞留微生物于反应器内，提高微生物浓度以有效提高反应器效率。

**表 14-4 厌氧反应器（工艺）分类**

| 反应器(工艺)类型 | 厌氧消化特征 | 反应器举例 |
|---|---|---|
| 常规型 | MRT＝SRT＝HRT | 常规反应器<br>塞流式反应器(PFR)<br>完全混合式反应器(CSTR) |
| 污泥滞留型 | (MRT 和 SRT)＞HRT | 厌氧接触反应器(ACR)<br>升流式厌氧污泥床(UASB)<br>升流式固体反应器(USR)<br>膨胀颗粒污泥床(EGSB)<br>内循环厌氧反应器(ICR)<br>折流式反应器(ABR) |
| 附着膜型 | MRT＞(SRT 和 HRT) | 厌氧滤器(AF)<br>纤维填料床(FPB)<br>复合厌氧反应器(UBF)<br>厌氧流化床(FBR)<br>厌氧膨胀床(EBR) |
| 干发酵工艺 | 原料中总固体浓度大于 15％ | 干发酵反应器 |
| 两相厌氧发酵工艺 | 产酸相和产甲烷相分开进行 | 两相厌氧发酵反应器 |

以上三类反应器主要针对总固体浓度（TS）较低的原料，通常低于 15％。为了厌氧发酵处理 TS 较高的固体原料，例如城市生活垃圾和作物秸秆（TS 一般高于 20％），最近几年开发了干发酵工艺及其配套的反应器，该反应器能够处理高 TS 的原料，而不需要额外添加水以降低原料的固体浓度。干发酵工艺（反应器）不仅能够减小反应器体积，提高单位体积反应器的处理能力以及产气率，而且还便于利用发酵余物生产固体有机肥。另外，对于容易酸化的有机废水和易腐性固体有机废弃物的厌氧发酵处理，由于这类原料的水解产酸速率较快，在厌氧发酵过程中容易积累大量的挥发性有机酸而抑制产甲烷作用，为避免有机酸抑制，出现了两相厌氧发酵工艺（反应器），将水解产酸过程和产甲烷过程分别在产酸反应器和产甲烷反应器中完成，并对两个反应器单独进行优化以提高整个反应系统的消化速率。

# 14.6 影响产甲烷过程的因素

产甲烷在厌氧代谢中的应用最为广泛，典型的处理构筑物为厌氧消化池。在本节中，将探讨影响厌氧代谢过程及其工艺设计的 5 个关键因素：有机负荷、混合方式、加热方式、气体收集和反应器运行。

## 14.6.1 有机负荷

高速中温消化通常是在 35℃下进行的，因为该温度下，反应速率的增加及其导致的费用增加之间存在一个最优的平衡点。最初设计参数是停留时间，这相当于连续搅拌釜式反应器中的固体停留时间 $\theta_x$。能稳定产 $CH_4$ 过程的 $\theta_x$ 最小值是 10d，典型值是 15～25d。停留时间长能提高过程的稳定性，降低污泥的净产率，并且增加 $CH_4$ 的产率。第二个参数是挥发性固体的负荷，高速消化池的范围通常是 1.6～4.8kg VSS/($m^3$ · d)。尽管挥发性固体负荷是在经验知识基础上建立起来的，但它也有坚实的理论基础。首先，它承认水解步骤是稳定化的第一步。在某些情况下，水解是限速步骤，如果挥发性固体负荷速率过高，水解过程和最后的产甲烷稳定化过程都会进行的不完全。其次，消化池中过高的固体浓度会阻碍混合过程的进行，在大部分实际情况中，合理的挥发性固体负荷速率可以避免污泥的积累。从设计目的考虑，消化池的容积应该由停留时间和挥发性固体负荷速率来计算，取其中的较大容积作为设计值。

## 14.6.2 混合方式

高速消化池内的混合是为了加强基质与微生物之间的传质，并且防止在水层中形成浮渣及污泥在底部沉淀。消化池内的混合是通过下列 3 种方式或它们的结合实现的：①液体借泵在池内循环；②消化池气体被压缩后通过扩散装置注入液体形成扰动；③机械混合，通常是低速涡轮，在消化池内形成液体流动。

无论混合效果如何，目的都是保持足够高的液体流动速率，使固体物质能处于悬浮状态。目前比较流行的反应器是蛋形消化池，它可以促进混合，减少浮渣和沉积物的形成。原浙江杭州四堡污水处理厂就建有 3 座单池容积为 10800$m^3$ 的双曲线、无黏结预应力张拉结构的卵形污泥消化池，稳定运行近 10 年。

## 14.6.3 加热方式

加热是为了增加水解和产 $CH_4$ 速率，保证不论入流污泥温度如何波动，消化池内的温度都是稳定的。能耗的需求取决于入流污泥与池内污泥的温度差、消化池表面热量损失以及流出污泥热量的回收。原则上，如果消化池的绝热性能很好，且出流热量能用热交换器回收，消化池加热的能耗费用可以很小。

加热方式主要有 3 种：①回流加热，即回流污泥通过热交换器后携带热量返回消化池；②池内加热，即消化池内装有热交换器；③蒸汽扩散加热，即用回流蒸汽实现对污泥加热。当采用热交换器的时候，热交换器中的污泥温度不能比消化池内污泥的温度高得太多，温度过高会导致污泥中的蛋白质物质在热交换器表面凝结且沉积，严重降低热交换器的性能。

### 14.6.4 气体收集

在美国有很多高速消化池都有浮动的盖板，可以根据气体产量和去除速率波动状况自动调节升降。盖板必须密封，使空气不能进入消化池，保证消化气体不泄漏。这样做，一方面是为了避免有用气体在盖板附近泄露，另一方面是为了避免 $CH_4$ 和 $O_2$ 混合造成的爆炸。无论盖板浮动或是固定，都必须有气体储存装置，可以是浮动盖板的低压塔或者加压塔。典型的消化池气体组成为70% $CH_4$，其他气体主要为 $CO_2$。由于纯 $CH_4$ 的燃烧值为35800kJ/$m^3$，因此消化池气体净热值约为25000kJ/$m^3$。

### 14.6.5 反应器运行

一个厌氧污泥消化池的处理效果可以用两个指标来衡量：分解可降解固体物质量和沼气产量。常用的表示固体物质分解效率的指标是挥发性固体物质产率。该值随被处理污泥的性质和固体停留时间而变化，变化范围较大。一般地，挥发性固体物质产率值较低（30%～50%），产率值低的部分原因是 $\theta_x$ 不高。在采用延时曝气的活性污泥工艺中，挥发性固体物质产量最低，因为在这种工艺中，固体停留时间长会增强微生物的内源呼吸作用，使挥发性固体物质中的可生物降解部分在进入消化池时已经被分解，从而导致产甲烷菌可利用的基质大量减少。

# 第15章 生物制氢

## 15.1 氢能源

氢（hydrogen）是人类最早发现的元素之一，它位于元素周期表之首，是质量最轻的元素。常温常压下，氢气是一种气体，无色、无味、易燃烧，密度为 0.0899kg/m$^3$；−252.7℃时，转变为液体；若将压力增大到数百个大气压，液氢可变为固态氢。

氢能是一种二次能源，它是通过一定的方法利用其他能源制取的。除核燃料外，氢的热值是所有化石燃料、化工燃料和生物燃料中最高的，约为 142351kJ/kg，是汽油热值的 3 倍。随着化石能源的枯竭，氢能时代将成为继柴薪时代、煤炭时代、石油时代、天然气时代后又一个崭新的能源时代。

时至今日，氢能的开发和利用已有长足进步。自从 1965 年美国开始研制液氢发动机以来，相继研制成功了各种类型的喷气式和火箭式发动机。美国航天飞机已成功使用液氢做燃料，我国长征 2 号、长征 3 号也使用液氢做燃料。此外，利用液氢代替柴油，用于铁路机车或一般汽车的研制也十分活跃。氢能的出现，极大地缓解了一些工业对传统能源的依赖性。

氢作为二次能源除了具有资源丰富、能量密度高、热转化效率高等诸多优点外，还有以下主要特点。

① 氢即可直接作为燃料，又可作为化学燃料和其他合成燃料的原料。氢燃烧性能好、点燃快，与空气混合时有广泛的可燃范围，而且燃点高、燃烧速率快。导热性最好，比其他气体的热导率高出 10 倍。

② 与其他燃料相比，氢燃烧时清洁，不会对环境排放温室气体，除生成水和少量氮化氢外不会产生碳氧化合物、碳氢化合物及粉尘颗粒等对环境有危害的污染物。

③ 通过太阳能等能源制氢大大降低了成本，使制氢的价格与化石燃料的价格相匹配。

世界上氢的年产量在 $3600\times10^4$t 以上。氢的来源主要有两类：一是采用天然气、煤、石油等蒸汽转化或甲烷裂解、氨裂解、水电解等方法得到氢源，再分离提纯得到纯氢；二是从含氢气源（如半水煤气、城市煤气、甲醇尾气等）用变压吸附法、膜法来制取纯氢。在这些获得的氢能中，4%是由电解水的方法制取的，90%以上是使用化学法从石油、煤炭和天然气等化石燃料或工厂副产气转化制成。传统的制氢方法成本高、能耗大、对环境污染严重。生物制氢以其原料来源丰富、反应条件温和、耗能低、可再生等特点得到了研究者的广泛关注，并被认为是理想的化石燃料替代能源之一。

## 15.2 制氢技术

氢既可以通过化学方法对化合物进行重整、分解、光解或水解等方式获得，也可通过电解水制氢，或是利用产氢微生物进行发酵或光合作用来制得氢。

### 15.2.1 热化学制氢

利用热化学工艺生产氢气就是把能源物质（天然气、煤、生物质）输入高温化学反应器中，生成由氢气、一氧化碳、二氧化碳和甲烷组成的合成气，通过蒸气重整、水汽置换后提高合成气中氢气的含量，分离提纯后获得纯度较高的氢气，用于生产。目前，热化学工艺制氢技术主要有煤气化制氢、烃类水蒸气转化制氢、甲醇水蒸气重整制氢等。

（1）煤气化制氢

煤气化制氢是指以煤为原料，首先通过气化将煤转变为以 CO、$H_2$ 为主的粗煤气，再通过变换将粗煤气中的 CO 转变成 $H_2$ 的过程。该工艺过程涉及的主要反应如下。

$$\text{气化反应：}C+H_2O \longrightarrow CO+H_2$$

$$\text{变换反应：}CO+H_2O \longrightarrow CO_2+H_2$$

我国是以煤为主要资源的国家，煤炭资源占能源资源的 75%以上，以煤为原料进行气化制备以 CO、$H_2$ 为主的粗煤气工艺，曾经是我国制氢主要的方法。但由于煤气化处理的物料为固体，且要除去大量灰分，因此该过程较为复杂。

（2）烃类水蒸气转化制氢

烃类水蒸气转化制氢是目前世界上应用最普遍的制氢方法。烃类和水反应生成 $H_2$ 和 CO，CO 经过变换反应生成 $H_2$。以天然气水蒸气转化制氢为例，主要反应如下。

$$CH_4+H_2O \longrightarrow CO+3H_2$$

$$CO+H_2O \longrightarrow CO_2+H_2$$

长期以来，天然气制氢是化石燃料制氢工艺中最为经济与合理的方法。天然气制氢由天然气蒸汽转化制转化气和变压吸附（PSA）提纯氢两部分工艺组成。

① 制转化气　由于甲烷分子稳定，键能较高，因此分解甲烷需要较高的能量。通常甲烷的水蒸气转化反应要在 800℃、2.0MPa 以上的环境中才能进行，为了防止积碳的发生，需要大量的水蒸气（$H_2O/CH_4$ 体积比为 3～5）。压缩脱硫后的天然气与水蒸气混合后，在镍催化剂的作用下在 820～950℃条件下将天然气转化为 $H_2$、CO 和 $CO_2$ 的转化气，转化气可以通过变换将 CO 变换为 $H_2$，成为变换气；

② 提纯氢　转化气或者变换气通过变压吸附（PSA）过程，从而得到高纯度的 $H_2$。

（3）甲醇水蒸气重整制氢

甲醇在催化剂存在的条件下可裂解生成 CO 和 $H_2$，其产物 CO 在水蒸气存在下也可进一步发生水汽转化反应获得 $H_2$：

$$CH_3OH \longrightarrow CO+2H_2$$

$$CO+H_2O \longrightarrow H_2+CO_2$$

该工艺反应温度通常为 250～300℃，压力 1.0～2.5MPa，生成物为 $H_2$、CO、$CO_2$ 的混合气，经冷却后进变压吸附系统分离净化，得到产品 $H_2$。甲醇水蒸气重整制氢工艺具有原料易输送、转化效率高、生成气浓度高（73%～75%）等优点。但随着石油价格的上涨，甲醇的来源及价格问题成为该工艺发展的瓶颈。

## 15.2.2 裂解水制氢

以水为原料制氢是 $H_2$ 与 $O_2$ 燃烧生成水的逆过程，因此只要提供一定的能量，则可使水分解成 $H_2$ 与 $O_2$。

$$2H_2O \longrightarrow 2H_2+O_2$$

裂解水制氢主要包括利用电能、热能、太阳能等能量电解、热解或光解水制氢，电解和光解制氢是研究比较深入的制氢技术。

电解水制氢技术是目前应用较广且比较成熟的技术之一，制氢效率一般在75%～85%。其工作原理是将能增加水导电性的酸性或碱性电解质溶液倒入水中，让电流通过电解质溶液，进而在阴极和阳极上分别获得 $H_2$ 和 $O_2$。电解水所需要的能量由外加电源提供，制备过程比较简单，不会产生污染，但消耗电量大，因此该技术的应用受到了一定的限制。目前电解水的工艺、设备均在不断的改进，但电解水制氢能耗仍然很高。

目前，借助光电过程用太阳光分解水制氢的途径主要有：①光电化学法；②均相光助络合法；③半导体光催化法。1972年日本两位学者 Fujishima 和 Honda 在“Nature”杂志上发表了 $TiO_2$ 光催化可将水分解为 $H_2$ 和 $O_2$，光催化分解水制氢开始受到研究者的广泛关注，在理论和应用上都取得了很大的进展。将 $TiO_2$ 或 CdS 等光敏性半导体微粒直接悬浮在水中进行光化学反应分解水制氢的半导体光催化方法最经济、清洁、实用而富有应用前景。近年来，研究者发现了某些金属氮化物和金属氮氧化物对可见光有也良好的吸收和响应。例如，合成的 $CdS/K_2Ti_{39}Nb_{0.1}O_9$ 等层间复合型光催化剂，以及能响应可见光的 $TiO_{2-x}N_x$ 和 TiN 光催化剂，都具有较高的光催化活性，能有效地利用可见光分解水制氢。能够在可见光区使用的光催化剂几乎都存在光腐蚀，需使用牺牲剂进行抑制。因此，寻找和制备高效吸收和转换可见光的光解水催化剂是太阳能半导体光催化分解水制氢技术发展的关键。

### 15.2.3 生物制氢

生物制氢（bio-hydrogen），广义上是指所有利用生物产生氢气的方法，包括微生物产氢和生物质气化热解产氢等；狭义上仅指微生物制氢，包括光合细菌或藻类产氢和厌氧细菌发酵产氢等。

1931年，Stephenson 等人首次报道了在细菌中存在氢酶；1937年，Nakamura 观察到了光合细菌在黑暗条件下放氢现象；1949年，Gest 报道了深红螺菌在光照条件下产氢和固氮现象；1966年，Lewis 提出了生物制氢的想法。20世纪70年代石油危机使各国政府和科学家意识到急需寻找替代能源，生物制氢第一次被认为是一项实用性的技术。20世纪80年代能源危机结束之前，研究者对各种氢源及其应用技术已进行了大量研究，石油价格回落后，氢及其他替代能源的技术研究一度不再出现在一些国家的议事日程中。到了20世纪90年代，当世界面临着能源与环境的双重压力时，生物制氢研究再度兴起。各种现代生物技术在生物制氢领域的应用，大大推进了生物制氢技术的发展。

相对于传统的制氢方法，生物制氢具有清洁、节能和不消耗矿物资源等突出优点。生物制氢是生物体在常温常压下，利用生物体特有的酶催化而产生 $H_2$。生物制氢与生物体的物质和能量代谢密切相关，是其能量代谢过程的副产物之一。生物制氢耗能小，且可以和有机污染物的分解相结合，虽然目前生物制氢的产量不高，但随着现代生物技术的飞速发展，其产氢能力可以通过遗传改造和过程控制等手段得到提高，特别是生物制氢可以与有机废物的处理过程相结合，达到制氢和环保的双重目的，因而这也将成为未来氢能的主要发展方向。

生物制氢目前正处于起步阶段，进展迅速，制氢过程的能量消耗小，而且也可能把生物制氢与环境治理相结合，即达到制取 $H_2$，又达到改善环境的目的，但其不足之处就是产氢量较小，产氢速率小。若能克服这些不足，生物制氢无疑将成为未来制氢的主要方法之一。

# 15.3 制氢微生物及制氢机制

根据产氢微生物、产氢原料及产氢机制不同，生物制氢可以分为厌氧细菌发酵制氢和光合制氢 2 种类型。光合制氢包括蓝细菌制氢、绿藻制氢和光合细菌制氢三类。蓝细菌和绿藻（也称为蓝绿藻）在光照、厌氧条件下分解水产氢气，通常称为光解水产氢或蓝绿藻产氢；光合细菌在光照、厌氧条件下分解有机物产生氢气，通常称为光解有机物产氢或光发酵产氢。厌氧细菌在黑暗、厌氧条件下分解有机物产生氢气，通常称为厌氧发酵产氢或黑暗（暗）发酵产氢。表 15-1 是这些产氢微生物及其产氢特点比较。

**表 15-1 产氢微生物及其产氢特点比较**

| 产氢微生物 | 特点 | 具体微生物 | 典型产氢速率 |
|---|---|---|---|
| 绿藻 | 需要光；可由水产生；转化的太阳能是植物的 10 倍；体系存在 $O_2$ 威胁；产氢速率慢 | 莱茵衣藻<br>斜生栅藻<br>绿球藻<br>亚心形扁藻 | 莱茵衣藻<br>7mmol $H_2$/(mol 叶绿素 · s) |
| 蓝细菌 | 需要光；可由水产生；主要是固氮酶产生氢气；具有从大气中固氮的能力；氢气中混有 $O_2$；$O_2$ 对固氮酶有抑制作用 | 鱼腥蓝细菌<br>颤蓝细菌<br>丝状蓝细菌<br>黏杆蓝细菌<br>丝状异形胞蓝细菌<br>多变鱼腥蓝细菌 | 丝状异形胞蓝细菌<br>1.3mmol $H_2$/(g DCW · h) |
| 光合细菌 | 需要光；可利用的光谱范围宽；可利用不同的有机废弃物；能量利用率高；产氢速率高 | 球形红细菌<br>荚膜红细菌<br>嗜硫小红卵菌<br>深红红螺菌<br>沼泽红假单胞菌 | 沼泽红假单胞菌<br>310μmol $H_2$/(g DCW · h) |
| 发酵细菌 | 不需要光；可利用的碳源多；可产生有价值的代谢产物如丁酸等；多为无氧发酵，不存在供氧；产氢速率相对最高；发酵废液在排放前需处理 | 丁酸梭菌<br>嗜热乳酸菌<br>巴士梭菌<br>类腐败梭菌<br>产气肠杆菌<br>阴沟肠杆菌 | 丁酸梭菌<br>7.3mmol $H_2$/(g DCW · h) |

## 15.3.1 光解水制氢

光解水制氢是绿藻及蓝细菌以太阳能为能源，以水为原料，通过光合作用及其特有的产氢酶系，将水分解为 $H_2$ 和 $O_2$，此制氢过程不产生 $CO_2$。蓝细菌和绿藻具有两个不同的复杂光合体系，最大理论光转化效率为 10%，在光解厌氧条件下可裂解水产生 $H_2$。蓝细菌和绿藻均不能利用有机物，且在光照的同时需要克服氧气的抑制效应，需要克服较高的吉布斯自由能（+242kJ/mol，以 $H_2$ 计）。虽然蓝细菌和绿藻均可利用体内巧妙的光合组织转化太阳能光裂解水产生 $H_2$，但产氢机制却不相同。

(1) 绿藻及绿藻产氢系统

绿藻产氢就是利用水直接光解产氢，其作用机理和绿色植物光合作用机理相似（图 15-1）。这一过程涉及光吸收的两个不同系统：裂解水、释放 $O_2$ 的光系统Ⅱ（PSⅡ）和生成还原剂还原 $CO_2$ 的光系统Ⅰ（PSⅠ）。PSⅡ吸收光能后光解水，释放出质子、电子和

$O_2$，电子在PSⅠ吸收的光能作用下传递给铁氧还原蛋白，然后到达产氢酶，在一定的条件下催化$H^+$形成$H_2$。由于绿色植物没有产氢酶，所以不能产生$H_2$，这是藻类和绿色植物光合作用过程的重要区别之一。

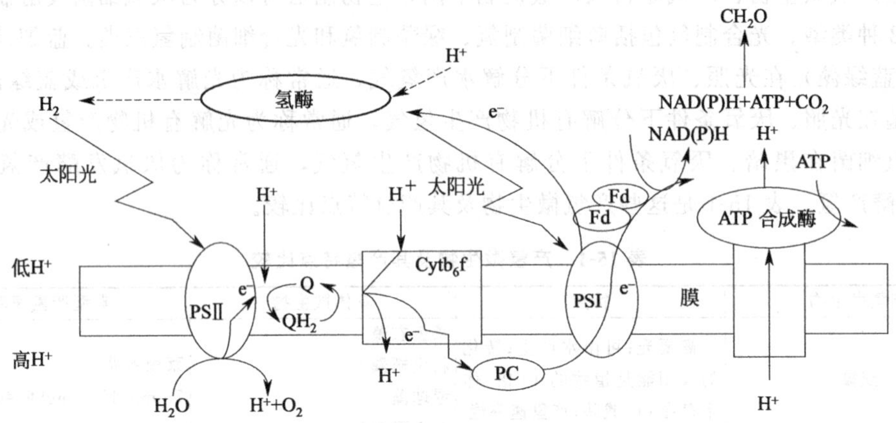


图 15-1　绿藻光合作用产氢原理图

Q—PSⅡ阶段的主要电子受体；$Cytb_6f$—细胞色素 $b_6f$；PC—质体蓝素；Fd—铁氧还原蛋白

在绿藻产氢系统中，厌氧是产氢的先决条件，当环境中$O_2$体积分数接近1.5%时，脱氢酶迅速失活，产氢反应立即停止，所以光合过程产生的$H_2$和$O_2$必须及时进行分离。绿藻中代表微生物为斜生栅藻（*Scenedesmus obliquus*）。

（2）蓝细菌及蓝细菌产氢系统

蓝细菌（或称蓝藻）是一类品种繁多、伴随地球历史而产生的光能自养型微生物，属革兰阳性菌，具有和高等植物同一类型的光合系统及色素，所需的营养非常简单，空气（$N_2$和$O_2$）、水、矿物盐和光照即可，它的产氢系统为间接生物光解产氢系统。蓝细菌中参与氢代谢的酶主要有固氮酶、吸氢酶和可逆氢酶（或称双向氢酶），后两者统称为氢化酶。其中，固氮酶在催化固氮的同时催化氢的产生，吸氢酶可氧化固氮酶放出的氢，可逆氢酶既可以吸收也可释放氢。这三种酶对氧都非常敏感，可以被空气中的氧或光合作用释放的氧抑制而失活。固氮酶催化产氢和氢化酶催化产氢的关系如图15-2所示。

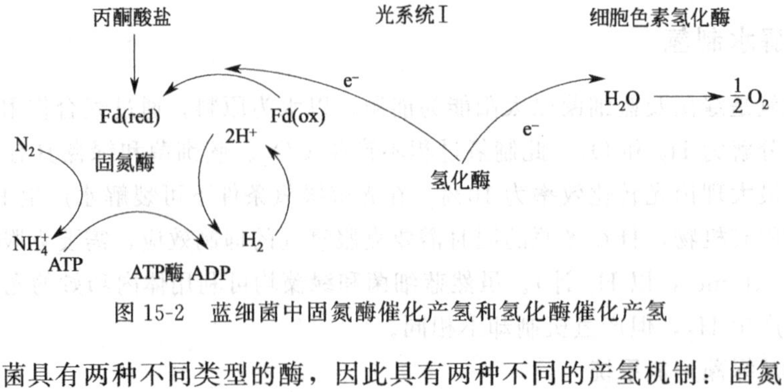


图 15-2　蓝细菌中固氮酶催化产氢和氢化酶催化产氢

由于蓝细菌具有两种不同类型的酶，因此具有两种不同的产氢机制：固氮酶催化产氢和氢化酶催化产氢。固氮酶遇氧失活，对于产氢同时放氧的蓝细菌来说，固氮放氢机制因种而异。*A. cylindrina* 是一种丝状好氧固氮菌，细胞具有营养细胞和异形胞两种类型。营养细胞含光系统Ⅰ和Ⅱ，可进行$H_2O$的光解和$CO_2$的还原，产生$O_2$和还原性物质。产生的还原性物质可通过厚壁孔道运输到异形胞，作为氢供体用于异形胞的固氮和产氢。异形胞只含有光合系统Ⅰ，具有较厚细胞壁的特性，为异形胞提供了一个局部无氧或低氧分压环境，从而保证固氮放氢过程能够顺利进行。无异形胞单细胞好氧固氮菌，其产氢也由固氮酶催化。由于没有防氧保护组织，产氢只能发生在光照与黑暗交替情况下。光照条件下，细胞固定 $CO_2$ 储存多糖并释放氧气，黑暗厌氧条件下，储存的多糖被降解为固氮产氢所需电子供体。相对而言，对氢化酶催化产氢的研究较少。沼泽颤藻（*Oscillatoria limnetica*）是一类无异形胞兼性好氧固氮丝状蓝细菌，其光照产氢过程由氢化酶催化，白天光合作用积累的糖原在光照通氩气或厌氧条件下水解产氢。研究者还报道了一种可逆氢酶（*Reversible hydrogenase*），但对于该类酶，目前仍存在争议。

## 15.3.2 光发酵制氢

光发酵制氢（photo fermentation）是光合细菌在厌氧条件下通过光照将有机物分解转化为 $H_2$ 的过程。

自 1949 年美国生物学家 Gest 首次证实光合细菌在光照条件下的产氢现象后，大量的研究表明，光合细菌只含有一个光合中心，且电子供体是有机物或还原态硫化物，所以整个过程不放氧，且只产生 ATP 而不产生 NAD（P）H。与绿藻和蓝细菌相比，这种只产氢不放氧的特征，可大大简化生产工艺，不存在产物 $O_2$ 和 $H_2$ 分离问题，也不会造成固氮酶的失活。

光合细菌（photosynthetic bacteria，简称 PSB）是一类原始的古细菌，属于原核生物，具有细菌叶绿素 a，只含有一个光系统Ⅰ（PSⅠ），电子供体或氢供体是有机物或还原态硫化物，主要依靠分解有机物产氢。目前研究表明，有关光合细菌产氢的微生物主要集中在红假单胞菌属（*Rhodopseudomonas*）、红螺菌属（*Rhodospririllum*）、梭状芽孢杆菌属（*Clostridium*）、红硫细菌属（*Chromatium*）、丁酸芽孢杆菌属（*Trdiumbutyricum*）等 7 个属的 20 余个菌株。

在光合细菌内参与氢代谢的酶有 3 种：固氮酶、氢酶和可逆氢酶（甲酸脱氢酶）。催化光合细菌产氢的主要是固氮酶，光合细菌在光照条件下产氢，主要是固氮酶发挥作用。固氮酶在缺少其生理性基质 $N_2$ 或 $NH_3$ 时能还原质子放出 $H_2$，表明光合细菌中有关氮代谢的酶与产氢有关。在光照情况下，添加 $NH_4{}^+$ 能抑制一些固氮菌的固氮活性，其抑制程度与添加 $NH_4{}^+$ 的量成正比，这也表明光合产氢是通过固氮酶起作用的。

光合细菌产氢过程由固氮酶催化，需要提供能量和还原力。与蓝细菌和绿藻不同，光合细菌的光合作用仅提供 ATP，并不提供还原力。ATP 来自光合磷酸化，细菌叶绿素和类胡萝卜素吸收光子后，其能量被传送到光合成反应中心，产生一个高能电子。电子转移方向是：电子供体⟶铁蛋白⟶钼铁蛋白⟶可还原底物。即固氮酶在光照及 ATP 提供能量的条件下，接受还原性铁氧还蛋白（Fd）传递的电子 $e^-$，将 $H^+$ 还原为 $H_2$，同时把空气中的 $N_2$ 转化生成氨或氨基酸，完成固氮产氢。下面的等式分别为氮充足有光照的条件下固氮酶催化合成 $NH_3$、在缺氮但有光照的条件下固氮酶催化生成 $H_2$。

$$N_2+12ATP+e^-+6H^+\longrightarrow 2NH_3+12(ADP+Pi)$$

$$2H^++4ATP+2e^-\rightleftharpoons H_2+4(ADP+Pi)$$

光合细菌在黑暗条件下，通过氢酶催化，也能以葡萄糖、有机酸、醇类物质产生 $H_2$，产氢机制与严格厌氧细菌相似。黑暗发酵休止细胞在暗处有较高的放氢活性，光照时放氢活性下降25%左右，而且$CO_2$抑制其放氢，20% $CO_2$几乎完全抑制放氢，这种现象说明黑暗条件下的产氢可能与固氢酶无关而是由氢化酶催化。

光合细菌产氢效率高，可利用光谱范围较宽，并可利用多种有机废弃物作为原料。近年来，利用牛粪废水、精制糖废水、豆制品废水、乳制品废水、淀粉废水、酿酒废水等作底物进行光合细菌产氢的研究较多。利用有机废水产氢需要解决废水的颜色（颜色深的污水减少光的穿透性）、废水中的铵盐浓度（铵盐能够抑制固氮酶的活性从而减少氢气的产生）等问题。若废水中COD值较高或含有一些有毒物质（如重金属、多酚、PAH），在制氢前必须经过预处理。

从产氢机制可看出，由于光合细菌不能分解水，所以用于光合作用反应的电子则是由有机物质或还原性硫化物提供，反应中的质子则由有机物的碳代谢提供。与其他可以产氢的光合微生物，如绿藻和蓝细菌相比，光合细菌光合放氢过程不产氧，无需氢氧分离，故工艺简单，而且产氢纯度和产氢效率高，原料转化率和能量利用率高，并且光合产氢过程使氢气的生成、有机物的转化和光能的利用结合到一起，显示了光合细菌利用有机物进行光能转化的优越性。但由于光合产氢过程的复杂性和精密性，在产氢机制研究中仍有很多问题需要解决。目前，有关其碳代谢途径、固氮酶的调控机制还不很清楚，对光合细菌适应外界环境变化进行代谢模式转化的调控机制也有待研究和探索。

### 15.3.3 暗发酵制氢

暗发酵制氢（dark fermentation）是异养型厌氧细菌利用碳水化合物等有机物，通过暗发酵作用产生$H_2$。以造纸工业废水、发酵工业废水、农业废料（秸秆、牲畜粪便等）、食品工业废液等为原料进行生物制氢，既可获得洁净的$H_2$，又不额外消耗能源。

根据不同的碳源类型，厌氧发酵微生物产氢过程有四种基本途径：混合酸型发酵、丁酸型发酵、乙醇型发酵和NADH途径（图15-3）。从图15-3中可以看出，以葡萄糖为代表的糖类首先经已糖二磷酸途径生成丙酮酸（EMP），合成ATP和还原态的烟酰胺腺嘌呤二核苷酸（$NADH+H^+$），当微生物体内的NADH和$H^+$积累过多时，NADH会通过氢化酶的作用将电子转移给$H^+$，释放分子氢。而丁酸型发酵、乙醇型发酵和混合酸型发酵途径均发生于丙酮酸脱羧过程中，它们是微生物解决这一过程中所产生的“多余”电子而采取的一种调控机制。

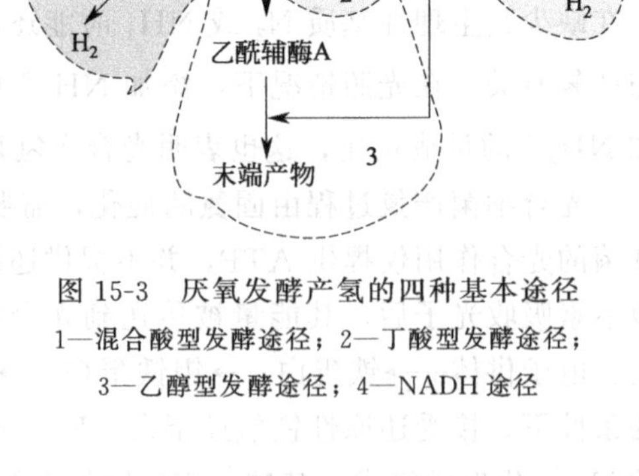

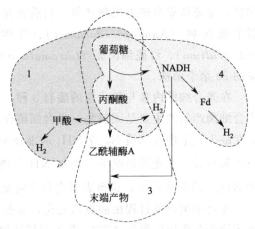


图15-3 厌氧发酵产氢的四种基本途径
1—混合酸型发酵途径；2—丁酸型发酵途径；3—乙醇型发酵途径；4—NADH途径

(1) NADH途径

在微生物的新陈代谢过程中，经EMP途径产生的NADH和$H^+$一般均可通过与丙酸、丁酸、乙酸或乳酸等发酵相偶联而得以再生，从而保证$NADH/NAD^+$平衡（图15-4）。如果$NADH+H^+$的再生相对于其形成较慢时，必然要使$NADH+H^+$得以积累。因此，一些生物机体需要采取其他调控机制再生$NADH+H^+$，使厌氧发酵过程顺利进行。如在氢化酶的作用下，通过释放分子氢以使 NADH 与 $H^+$ 再生。此外，$NADH+H^+$ 的积累量也会起到反馈抑制或阻遏作用，从而减缓糖酵解速率，减少乙酸、丙酸、丙酮、丁酸、丁醇或乳酸的产率从而减少 $NADH+H^+$ 的再生量，或通过增加甲酸、琥珀酸的产率以增加 $NADH+H^+$ 的消耗量。

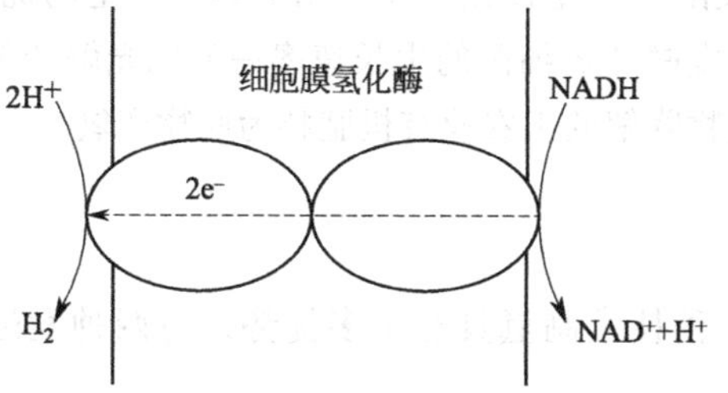


图 15-4 NADH 途径

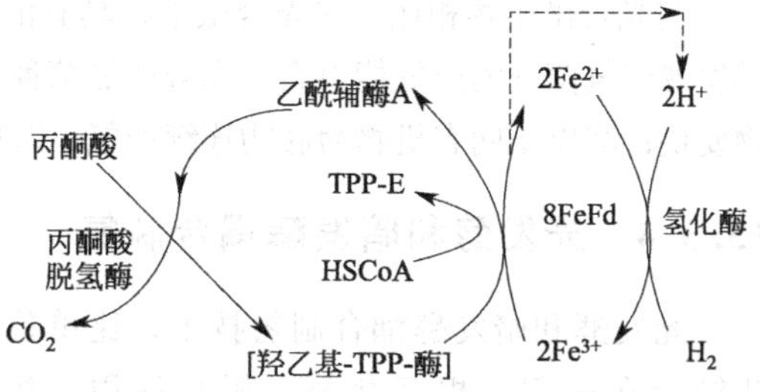


图 15-5 丁酸型发酵产氢途径

(2) 丁酸型发酵产氢途径

许多研究结果表明，可溶性糖类（如葡萄糖、蔗糖、淀粉等）的发酵以丁酸型发酵为主，发酵的主要末端产物为丁酸、乙酸、$H_2$、$CO_2$ 和少量的丙酸。糖类经过三羧酸循环形成的丙酮酸首先在丙酮酸脱氢酶作用下脱羧，形成焦磷酸硫胺素-酶的复合物，同时将电子转移给铁氧还原蛋白，还原的铁氧还原蛋白被氢化酶重氧化，释放出 $H_2$（图 15-5）。其代表菌属维梭状芽孢杆菌属，如丁酸梭状芽孢杆菌（*Clostridium*）和酪丁酸梭状芽孢杆菌（*C. tyrobutyficum*）。

从氧化还原反应平衡来看，以乙酸作为唯一终产物是不理想的，因为产乙酸过程中产生了大量的 $NADH+H^+$，同时由于乙酸所形成的酸性末端过多，所以常因 pH 值很低而产生负反馈作用。在这一循环机制过程中，尽管葡萄糖的产丁酸途径中并不能氧化产乙酸过程中的 $NADH+H^+$，但是，因为产丁酸过程可减少 $NADH+H^+$ 的产生量，同时减少发酵产物中的酸性末端，所以对加快葡萄糖的代谢进程有促进作用。

(3) 混合酸型发酵产氢途径

以混合酸发酵途径产氢的典型微生物主要有埃希菌属（*Escherichia*）和志贺菌属（*Shigella*）等，主要末端产物有乳酸（或乙醇）、乙酸、$CO_2$、$H_2$ 和甲酸等。在混合酸发酵产氢过程中，葡萄糖在厌氧条件下发酵生成丙酮酸，脱羧后形成甲酸和乙酰基，然后甲酸裂解形成 $CO_2$ 和 $H_2$（图 15-6）。

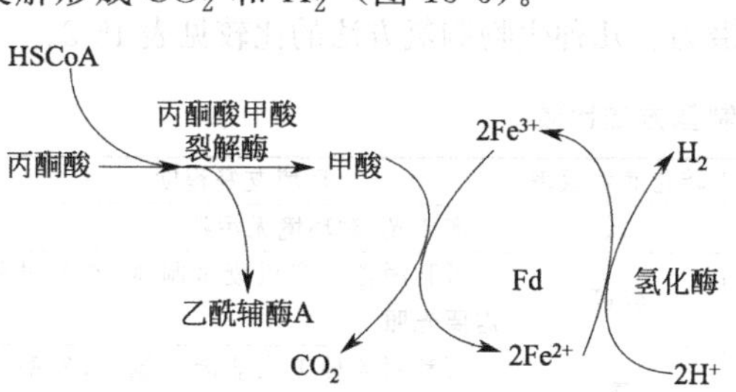


图 15-6 混合酸型发酵产氢途径

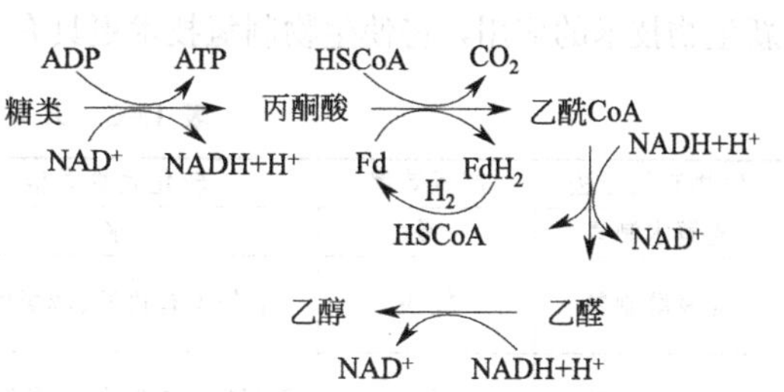


图 15-7 乙醇型发酵产氢途径

(4) 乙醇型发酵产氢途径

在经典的生化代谢途径中，所谓乙醇型发酵是由酵母菌属等将糖类经糖酵解生成丙酮酸，丙酮酸经乙醛生成乙醇，并没有 $H_2$ 产生。而哈尔滨工业大学的任南琪发现，典型的乙醇型发酵末端产物除液相中以乙醇和乙酸为主以外，气相中还存在大量的 $H_2$ 和 $CO_2$（图 15-7）。这一发酵类型并非经典的酵母菌的乙醇发酵，而是丙酮酸在乙酰辅酶 A、丙酸铁氧化还原酶和氢化酶的共同作用下生成乙醇，同时生成 $H_2$ 和 $CO_2$。因此，任南琪将这一发酵类型称作乙醇型发酵，主要末端发酵产物为乙醇、乙酸、$H_2$、$CO_2$ 及少量丁酸。

与光合微生物相比，非光合微生物具有的厌氧发酵产氢途径在工业应用上具有一定的优势：①发酵产氢菌种的产氢能力高于光合产氢菌种，而且发酵产氢细菌的生长速率一般比光解产氢生物要快；②以不同有机物为底物连续产氢；③以能生物降解的工农业有机肥料为底物产氢。

## 15.3.4 光发酵和暗发酵耦合制氢

光发酵和暗发酵耦合制氢技术，比单独使用一种技术制氢具有很多优势。将两种发酵方法结合在一起，相互交替，相互利用，相互补充，可提高氢气的产量。

图 15-8 所示为联合产氢系统中厌氧发酵细菌和光合细菌利用葡萄糖产氢的生物化学途径和吉布斯自由能变化情况。从图中所示自由能可能看出，由于反应只能向吉布斯自由能降低的方向进行，在分解所得有机酸中，除甲酸可进一步分解出 $H_2$ 和 $CO_2$ 外，其他有机酸不能继续分解，这是发酵细菌产氢效率很低的原因所在。然而光合细菌可能利用太阳能来克服有机酸进一步分解所面临的正吉布斯自由能堡垒，使有机酸得以彻底分解，释放出有机酸中所含的全部氢。因此，光发酵和暗发酵制氢的结合可以互相弥补各自产氢系统的弊端。

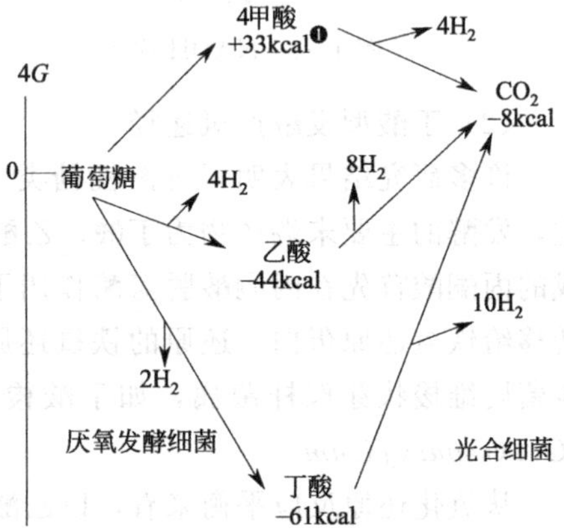


图 15-8　联合产氢系统产氢机制

在上述生物制氢方法中，发酵细菌的产氢速率最高，而且对条件要求最低，具有直接应用前景；而光合细菌产氢的速率比藻类快，能量利用率比发酵细菌高，且能将产氢与光能利用、有机物的去除有机地耦合在一起，因而相关研究也最多，也是具有潜在应用前景的一种技术。非光合生物可降解大分子物质产氢，光合细菌可利用多种低分子有机物光合产氢，而蓝细菌和绿藻可光裂解水产氢，依据生态学规律将之有机结合的共产氢技术已引起研究者的兴趣。混合培养技术和新生物技术的应用，将使生物制氢技术更具有开发潜力。几种生物制氢方法的比较见表 15-2。

**表 15-2　几种生物制氢方法比较**

| 生物制氢方法 | 产氢效率 | 转化底物类型 | 转化底物效率 | 环境友好程度 |
|---|---|---|---|---|
| 光解水制氢 | 慢 | 水 | 低 | 需要光，对环境无污染 |
| 光发酵制氢 | 较快 | 小分子有机酸、醇类物质 | 较高 | 可利用各种有机废水制氢，制氢过程需要光照 |
| 暗发酵制氢 | 快 | 葡萄糖、淀粉、纤维素等糖类 | 高 | 可利用各种工农业废物制氢，发酵废液在排放前需处理 |
| 光发酵和暗发酵耦合制氢 | 最快 | 葡萄糖、淀粉、纤维素等糖类 | 最高 | 可利用各种工农业废物制氢，在光发酵过程中需要氧气 |

❶　1cal＝4.1840J。

总体上，生物制氢技术尚未完全成熟，在大规模应用之前尚需深入研究。目前的研究大多集中在纯细菌和细胞固定化技术上，如产氢菌种的筛选及包埋剂的选择等。

# 15.4 生物制氢反应器

## 15.4.1 光生物反应器

光生物反应器是培养有光合作用能力的细胞或组织的反应器，具有与一般生物反应器相似的结构，光照、温度、pH 值和营养物质等培养条件可以调节和控制。由于光生物反应器有较高的光能利用效率，可以进行连续或半连续培养，因此，它能实现光合生物的高密度培养并获得较高的单位面积或体积产量。

光生物反应器的研究始于 20 世纪 40 年代，当时的主要目的是进行微藻的大量培养，探讨微藻作为人类未来食用蛋白和燃料资源的可行性。自 20 世纪 50 年代以来人们已经相继研制出水平管状、垂直管状和柔性袋状等多种密闭式光生物反应器，但在较长的一段时间内仅被作为一种理论而闲置。与之相对应的开放培养系统因具有技术简单、投资低廉、建设容易和操作简便等优点，得到了良好的发展并一直沿用至今，成功地用于螺旋藻、小球藻和盐藻等多种微藻的大规模培养并取得了良好的效果。20 世纪 80 年代，人们又重新将目光转向密闭式光生物反应器的研制与开发。1983 年，Pirt 等人的开创性研究工作为光生物反应器的设计、运转原理及生物工程原理奠定了基础。

(1) 开放式光生物反应器

开放式光生物反应器就是指开放池培养系统（open pond culture system），已普遍应用于商业化微藻大规模培养中。开放式光生物反应器具有投资少、成本低、技术要求简单等优点，主要有四种类型：浅水池、循环池、跑道池、池塘。其中最典型、最常用的开放池培养系统是 Oswald 设计的跑道池反应器（race-way photo bioreactor）。该类培养系统实际上就是占地面积为 1000～5000$m^2$、培养液深度为 15cm 的环形浅池。以自然光为光源和热源，靠叶轮转动的方式使培养液在池内混合、循环，防止藻体沉淀并提高藻体的光能利用率；通入空气或 $CO_2$ 气体进行鼓泡或气升式搅拌。为防止污染，减少水分蒸发，生产中常在池体上方覆盖一些透光薄膜类的材料，使之成为封闭池。目前国际上较著名的大规模生产微藻的公司（如 Cyanotech、Earthrise Farms 等）均采用这种反应器，在螺旋藻、小球藻和盐藻的大规模培养中取得良好的效果。

虽然开放式光生物反应器在微藻培养中取得了一定的效果。但是，开放式光生物反应器仍存在以下不足：①易受外界环境影响，难以保持较适宜的温度与光照；②会受到灰尘、昆虫及杂菌的污染，不易保持高质量的单藻培养；③光能及 $CO_2$ 利用率不高，无法实现高密度培养；这些因素都将导致细胞培养密度偏低，使得采收成本较高，只能用于螺旋藻、小球藻等少数能耐受极端环境的微藻培养。对于要求温和培养条件和种群竞争能力较弱的微藻，则只能采用封闭式光生物反应器培养。因此，对于高卫生要求的微藻产品生产，以及将来的基因工程微藻，研制高效、易于控制培养条件的新型光生物反应系统，实现高密度纯种培养，已经成为微藻培养技术的发展趋势。

(2) 密闭式光生物反应器

20 世纪 90 年代以来，涌现出了与密闭式光生物反应器大量有关的专利。目前，一般密闭式光生物反应器有：管道式、平板式、柱状式、搅拌式、浮式薄膜袋等。

管道式光生物反应器一般采用透明、直径较小的硬质塑料或玻璃、有机玻璃管，弯曲成不同形状，借助外部光源进行藻类繁殖的反应器。由于密封的管道系统容易与其他加工设备配套，可用泵把管道内生长到一定生物量的藻体传递到下道工序，因而整个过程可实现自动化的生产过程。典型的管道光生物反应器主要有水平放置的气升式管状光生物反应器、螺旋盘绕管式光生物反应器和环形管式光生物反应器（图 15-9）。

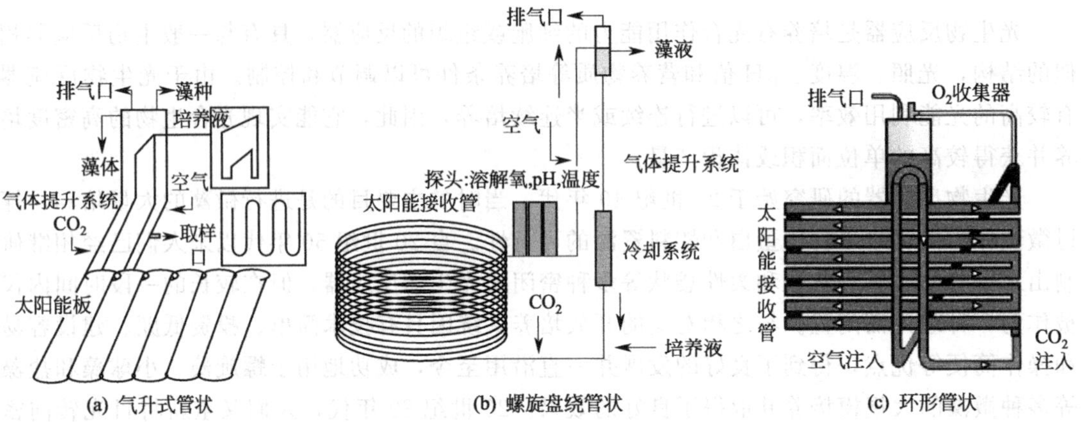


图 15-9 管道式光生物反应器

典型的平板式光生物反应器主要有通气式串联平板式光生物反应器、鼓泡式平板式光生物反应器和 L 形平板式光生物反应器。该类型的反应器具有光利用率高、易放大培养、易清洗等特点，结构相对简单，可以随意调节放置角度以便使其获得最佳的取光效果。此外，该类反应器中较短的光通路及气流强烈湍动，可实现高密度高产培养。

柱状式光生物反应器的主体通常由外桶和内桶组成，通过气流传动使藻液在内外筒间循环，提高藻类的光能利用效率和传质效率，同时防止培养液中溶解氧过饱和。该反应器已用于微生物发酵和动、植物细胞培养，且符合大多数藻类培养的基本要求。典型代表主要有内导流气升式光生物反应器和磁悬浮气升式光生物反应器。

机械搅拌式生物反应器是广泛用于规模化培养微生物的生物反应器，技术条件成熟，易于控制，只要配套光源，就可成为培养微藻的光生物反应器。国内外许多学者在这方面都做了尝试，获得了比较高的生物量。

采用聚乙烯薄膜袋封闭式培养海洋微藻，它有受光面积大、保温性能好、污染机会小、成功率高、成本低、操作简单的优点，在提高藻种的密度和纯度上有良好的效果。聚乙烯薄膜袋浮式培养法在三级培养中除了具有塑料薄膜袋培养的所有特点外，还具有以下优点：①膜袋内外压力均衡，薄膜几乎不受张力，且薄膜袋在水中漂浮，自由度相对较大，因而不仅大大方便了操作，而且有效地解决了塑料薄膜袋的破损漏水问题；②藻种分布均匀；③具有良好的保温性能；④可以直接由封闭培养的一级藻种向三级培养的塑料袋中接种，避免了多次接种操作造成的污染。

与开放式光生物反应器相比，密闭式光生物反应器具有以下优点：①无污染，能实现单种、纯种培养；②培养条件易于控制；③培养密度高，易收获；④适合于所有微藻的光自养培养，尤其适合于微藻代谢产物的生产；⑤有较高的光照面积与培养体积之比，光能和 $CO_2$ 利用率较高等。

### 15.4.2 厌氧发酵制氢反应器

利用厌氧微生物制氢的研究始于 20 世纪 60 年代，其中 Suzuki 和任南琪的研究最具代表性。日本 Suzuki 琼脂固定化 *C. butyrzum* 菌株对糖蜜酒精废液进行的产氢试验表明，随搅拌速率的提高，产氢速率也由 7mL/min 增加到 10mL/min。但随后，产氢速率很快下降，这是因为搅拌破坏了固化细胞颗粒的完整性，同时，副产物有机酸的积累也是导致产氢下降的主要原因。图 15-10 为带搅拌的固定化微生物厌氧产氢系统示意图。微生物细胞经固定化后，其氢化酶系统的稳定性提高，能连续产氢。例如，用聚丙烯酰胺凝胶包埋丁酸梭状芽孢杆菌 IF03847 菌株，可以利用葡萄糖生产 $H_2$，并且稳定性好，无需隔氧。细胞固定化技术可实现稳定的产氢与储氢，但为保证较高的产氢速率，实现工业规模的生产，还必须进一步完善固定化培养技术，优化反应条件，如培养基的成分、浓度、pH 等。

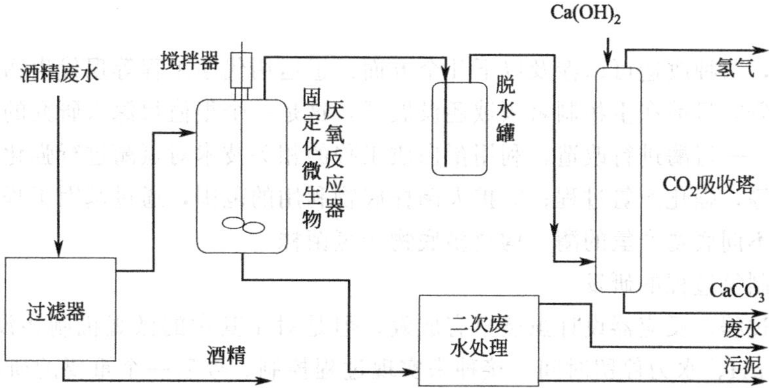


图 15-10 带搅拌的固定化微生物厌氧产氢系统示意图

利用两段厌氧生物处理工艺（图 15-11）的产酸相对有机废水进行发酵产氢，产酸相产生的有机挥发酸，经产甲烷相微生物的作用可进一步产生甲烷。这是一项集发酵法生物制氢和高浓度有机废水处理为一体的综合技术。厌氧发酵细菌生物制氢的产率一般较低，能量转化率一般只有 33%左右，但若考虑到将底物转化为 $CH_4$，能量转化率则可达 85%。为提高氢气的产率，除选育优良的耐氧且受底物成分影响较小的菌种外，还需要开发先进的培养技术。近年来，研究者对厌氧发酵有机物制氢的过程开展了研究，在菌种选育驯化和反应器结构方面进行

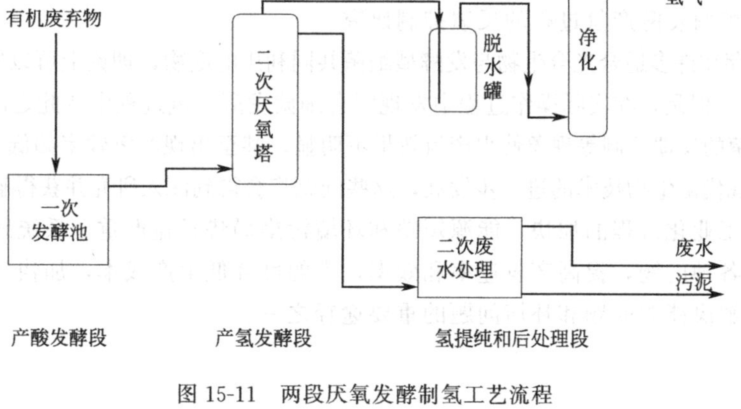


图 15-11 两段厌氧发酵制氢工艺流程

了较多的工作。我国哈尔滨工业大学任南琪教授领导的研究团队也较早开展了发酵法生物制氢技术的研究，以有机废水为原料，利用驯化厌氧微生物菌群的产酸发酵作用生产 $H_2$，形成了集生物制氢和高浓度有机废水处理为一体的综合工艺，获得了阶段性研究成果。

## 15.5 生物制氢研究展望

虽然生物制氢技术在国内外已有几十年的研究历史，但由于微生物多样性及新陈代谢过程的复杂性，还有许多技术问题有待解决。生物制氢技术正处于探索和研究的初级阶段，今后研究方向主要集中在以下几个方面。

(1) 筛选高产氢率的菌株，并对菌株进行定向改造

无论是纯菌还是混合菌培养，提高关键菌株产氢速率都是最重要的工作。传统的条件优化段已经不能满足这一要求，需要运用分子生物学的手段对菌种进行改造，从而达到高效产氢的目的。

概括起来，菌种改造可以涉及以下几个方面：①运用代谢工程等现代生物技术对产氢细菌进行改造的研究目前在生物制氢领域还没展开，这是一个很值得深入研究的方向；②对产氢过程关键酶——氢酶进行改造，利用蛋白质工程的相关技术对氢酶进行强化，包括增加其活性、耐氧性等，强化产氢过程；③扩大菌株底物利用的范围，通过基因工程技术在目标菌株中表达利用不同底物产氢的酶，构建多底物产氢菌株。

(2) 高效制氢过程的研发

高效制氢过程、反应器设计虽然卓有成效，但是对于其中的微观机制还没有细致研究，而仅仅是依靠 pH、水力停留时间、接种来实现过程控制。今后一个重要的研究方向是打开制氢过程黑箱，研究不同菌间的相互作用关系，实现对过程的有效、智能控制。现代分子生物学的发展为这一研究提供了可能，采用荧光原位杂交技术、荧光示踪技术可以分析产氢污泥中细菌分布，优化菌落结构和菌群分布，从而强化产氢过程。除此之外，产氢反应器的放大也是一个重要的问题。采用载体固定化策略的高效产氢反应器最大体积仅为 3L，因此，研发大型高效产氢反应器将是未来一段时间制氢过程研发的重要课题。

(3) 发酵细菌产氢的稳定性和连续性的研究

利用发酵型细菌产氢虽然在我国取得了长足的进步，但是产氢的稳定性和连续性问题一直是困扰产氢工业化的一个很大障碍。研究者正试图通过菌种固定化、酶固定化技术来解决这一问题。产氢酶固定化技术的突破必将加速产氢的工业化进程。

(4) 混合细菌发酵产氢过程的反馈抑制研究

有机废水存在许多适合光合生物与发酵型细菌共同利用的底物，理论上可以实现在处理废水的同时制取 $H_2$。但是，在实际操作过程中发现混合细菌发酵产氢过程中彼此之间的抑制、发酵末端产物对细菌的反馈抑制等现象使得产氢效果不明显，甚至出现产氢效率偏低等问题。随着废水处理技术和现代微生物技术的进一步发展，这些问题将会得到深入研究并获得解决。

随着人类工业化进程的加快，能源短缺和环境污染局势日益严重。系统地研究生物制氢技术所面临的各种问题，提高产氢速率和效率，大幅度降低生产成本，加快生物制氢的工业化进程，将是解决能源问题和环境问题的重要途径之一。

# 第16章 生物制醇

## 16.1 概述

乙醇（ethanol），俗称酒精，是一种重要的能源物质和工业原料，它可由玉米、甘蔗、小麦、薯类、糖蜜等原料经发酵、蒸馏而制成。燃料乙醇，一般是指体积浓度达到99.5%以上的无水乙醇。燃料乙醇是燃烧清洁的高辛烷值燃料，其优点是辛烷值高、抗爆性能好，在燃烧过程中不生成有毒的CO，其污染程度低于其他常用燃料所造成对大气的污染，是可再生能源，其成本相对较低。经过适当加工，燃料乙醇可作为汽油、柴油、润滑油等工业产品的原料。例如，全球现在使用燃料乙醇做成乙基叔丁基醚替代甲基叔丁基醚，通常以5%～15%的混合量在不需要修改或替换现有汽车引擎的情况下加入，可使汽车尾气中的CO、碳氢化合物排放量分别下降30.8%和13.4%，$CO_2$ 的排放量减少3.9%；乙基叔丁基醚也以替代铅的方式加入汽油中，提高汽油的辛烷值。

乙醇可以通过微生物发酵生物质而大量获得，是一种可再生能源，目前世界上各国已用生物乙醇替代化石燃料，广泛用于日常生产生活中。中国生物燃料乙醇的生产技术相对成熟，黑龙江、吉林、辽宁、河南、安徽5省及河北、山东、江苏部分地区基本实现用乙醇汽油替代普通无铅汽油。中国也已成为了世界上继巴西、美国之后的第三大生物燃料乙醇的生产国和应用国。

### 16.1.1 生物燃料乙醇特点

生物燃料（biofuel）乙醇的主要特点如下。

① 乙醇与汽油、柴油的理化性质接近。如表16-1所示，乙醇可以作为新的燃料替代品，减少对石油的消耗。虽然乙醇热值较低，只相当于汽油的三分之二，但因它在燃烧时所需要的氧气少，可燃混合气的热值（即单位混合气的发热量）基本和汽油一致，因此乙醇可直接作为液体燃料或同汽油混合使用。

**表16-1 乙醇与汽油、柴油的理化性质**

| 项目 | 乙醇 | 汽油 | 柴油 |
|---|---|---|---|
| 化学式 | $C_2H_5OH$ | $C_9H_6$ | $C_{14}H_{30}$ |
| 相对分子质量 | 46 | 114 | 198 |
| 辛烷值 | 90 | 70 | 十六烷值 |
| 密度(20℃)/(g/cm$^3$) | 0.79 | 0.70～0.75 | 0.80～0.95 |
| 黏度(20℃)/mPa·s | 1.19 | — | 3.5～8.5 |
| 比热容(20℃)/(kcal/kg) | 0.65 | 0.58 | 0.46 |
| 汽化热/(kJ/kg) | 约850 | 约335 | 251 |
| 沸点/℃ | 78.4 | 40～200 | 270～340 |
| 热值($\alpha$=1)/(kcal/kg) | 7100 | 10650 | 10000 |
| 每千克燃料理论上所需的空气量/(m$^3$/kg) | 7.0 | 11.5 | 11.2 |
| 含氧量(质量分数)/% | 35 | — | — |
| 理论空燃比 | 9 | 14.8 | 14.4 |

注：汽油以常用的70号为例。

② 乙醇的辛烷值比汽油高，抗爆性能较好。试验和使用证明，在无铅汽油（R 级）加入不同比例的乙醇后，汽油的辛烷值可以得到提高。例如，当乙醇加入量为 10%时，辛烷值提高 3；加入量为 15%时，辛烷值提高 7；加入量为 25%时，辛烷值提高 9。可见乙醇与汽油混合燃料辛烷值的提高，随乙醇加入量的增加而提高。同时，乙醇对烷烃类汽油组分辛烷值调和效应好于对烯烃类汽油组分和芳烃类汽油组分的调和效应，有效地改善了汽车发动机的抗爆性。

③ 根据汽车发动机台架试验，在汽油中添加低纯度乙醇（纯度 85%以上），添加量在 10%～50%之间，发动机的功率、比油耗等指标，均能获得较好的效果。发动机在常用转速时喷入不同量的乙醇对功率、油耗的影响如表 16-2 所示。

**表 16-2　喷入不同量的乙醇对功率、油耗的影响**

| 汽油量/% | 喷入乙醇量/% | 相对功率/% | 耗油量/% |
|---|---|---|---|
| 100 | 0 | 100 | 100 |
| 90 | 10 | 101.6 | 95.3 |
| 85 | 15 | 100 | 92.1 |
| 80 | 20 | 98.5 | 90.3 |
| 70 | 30 | 105.2 | 103.6 |
| 60 | 40 | 102.6 | 106.5 |
| 50 | 50 | 103.8 | 110.5 |

④ 从生态、经济角度考虑，燃料乙醇是一种较理想的新能源。由于乙醇中含氧量高达 35%，在汽车燃料中添加适量的燃料乙醇（通常不超过 15%），不仅不会对车辆行驶有明显影响，提高汽油的辛烷值，而且其排放的尾气中碳氢化合物、氮氧化物、CO 含量明显降低，大大减少了汽车尾气对环境的污染。

⑤ 乙醇是可再生能源，采用小麦、玉米、稻谷壳、薯类、甘蔗、糖蜜等生物质发酵生产乙醇，其燃烧所排放的 $CO_2$ 和作为原料的生物质生长所消耗的 $CO_2$ 在数量上基本持平，这对减少大气污染及抑制“温室效应”意义重大，因而燃料乙醇也被誉为“绿色能源”和“清洁燃料”。

### 16.1.2 生物燃料乙醇的生产

生物燃料乙醇通常利用酵母菌将蔗糖、淀粉或纤维素在蔗糖水解酶和酒化酶的作用下而获得。蔗糖水解酶是胞外酶，能将蔗糖水解为单糖（葡萄糖、果糖）；酒化酶是参与乙醇发酵的多种酶的总称，酒化酶是胞内酶，单糖必须透过细胞膜进入细胞内，在酒化酶的作用下进行厌氧发酵反应，转化成乙醇及 $CO_2$，然后通过细胞膜将这些产物排出体外。生物乙醇的原料主要有：①糖类原料，如甘蔗、甜菜等作物的汁液以及废糖蜜等；②淀粉原料，如玉米、马铃薯等；③纤维素原料，如农业和林业废弃物、城市固体垃圾、草本和木本植物、未充分利用的森林产品等。表 16-3 列出了可用于微生物发酵生产乙醇的原材料。

目前，利用糖类和淀粉作为原料生产乙醇的技术非常成熟并已商业化，但是由于糖类和淀粉类生物质（如玉米）等价格较高，产量有限，因此生产成本高，阻碍了生物乙醇的生产。而利用纤维素（主要为农林废弃物和城市固体垃圾）作为生产原料，量大、来源广、价格低，可以大幅度降低乙醇的生产成本。同时，在非耕地上大量种植速生林，还可以增加植被，改善生态系统；利用农林废弃物和固体垃圾生产乙醇则可以减轻环境污染。因此，利用纤维素生产乙醇的发酵技术成为了近二三十年来人类研究的热点问题之一。美国能源部从 20 世纪 80 年代起就开始研究使用非粮食类生物质，如农作物秸秆等生产乙醇。

**表 16-3 微生物发酵生产乙醇的原料**

| 淀粉类 | 纤维素类 | 糖类 | 其他 |
|---|---|---|---|
| 禾谷类 | 木材 | 蔗糖 | 菜花 |
| 玉米 | 木屑 | 转化糖 | 葡萄干 |
| 高粱 | 废纸 | 甜高粱 | 香蕉 |
| 小麦 | 森林残留物 | 糖蜜 | |
| 大麦 | 农业残留物 | 糖甜菜 | |
| 压榨产品 | 固体废物 | 饲料甜菜 | |
| 面粉饲料 | 产品废物 | 糖蔗 | |
| 碎玉米饲料 | | 乳浆 | |
| 淀粉 | | 葡萄糖 | |
| 木薯 | | | |
| 土豆 | | | |

虽然能用于微生物发酵生产乙醇的原材料很多，但多数原料都是可供人及动物使用的粮食和食品，仅有纤维素所含的原材料不能作为粮食及饲料之用。因此，如何解决乙醇发酵所需的原材料与人类生存所需粮食的供需矛盾，是评价如何发展生产乙醇代替石油的基本依据之一。若能开发出可以高效利用纤维素来代替粮食作为生产乙醇的原材料的技术，那么用乙醇代替石油是完全有可能的。

# 16.2 纤维素生物质生产燃料乙醇

由纤维素生物质生产燃料乙醇主要有预处理、纤维素的水解和发酵 3 个步骤（图 16-1）。①预处理，通常采用热化学预处理去除木质素、溶解半纤维素或破坏纤维素的晶体结构，使木质纤维素的结构更适用于后续的水解过程；②水解，利用纤维素酶和半纤维素酶水解糖化纤维素，生成可发酵的糖类；③发酵，利用的生物对糖类进行发酵生产乙醇。

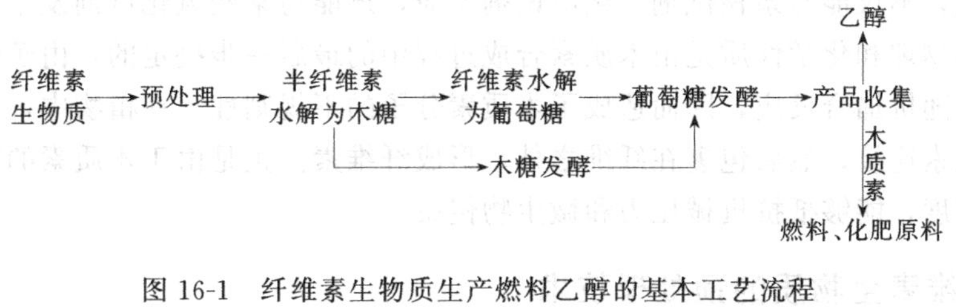


图 16-1 纤维素生物质生产燃料乙醇的基本工艺流程

## 16.2.1 纤维素生物质原料

纤维素生物质原料的主要组成为纤维素、半纤维素和木质素，它们的质量分数一般分别为 40%～60%、20%～40%和 10%～25%（干基计），以及少量的其他化学成分。

(1) 纤维素化学组成及其结构

纤维素（cellulose）是由脱水葡萄糖单元经 β-D-1，4-葡萄糖苷键连接而成的直链高分子多糖，通用化学式为 $(C_6H_{10}O_5)_n$，相对分子质量 50000～2500000，相当于 300～15000

个葡萄糖基。图 16-2 为纤维素的化学结构式。

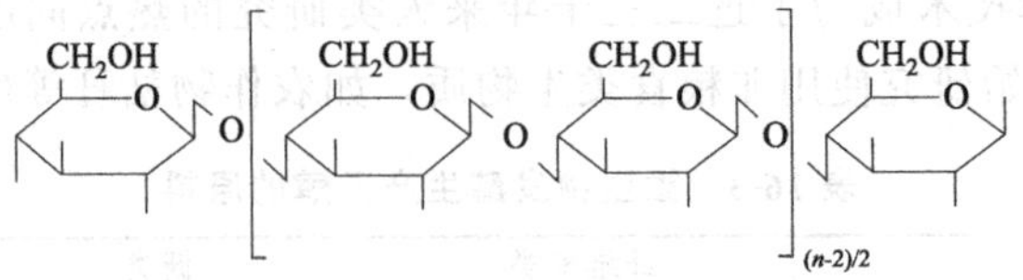

图 16-2 纤维素化学结构式

纤维素呈微元纤束状态，具有很强的结晶性，由原纤维构成的微纤维素集合而成。纤维素大分子具有以下特点：①纤维素大分子中的每个基环均具有 3 个醇羟基，可发生氧化、酯化、醚化反应；②分子间易形成氢键、容易吸水、膨胀等；③由于苷键的存在，使纤维素分子对水解作用的稳定性降低，易生成纤维四糖、纤维三糖、纤维二糖、葡萄糖等。

（2）半纤维素化学组成及其结构

半纤维素（hemicellulose）是一种无定形的非同源分子糖的聚合物，是多种复合聚糖的总称。半纤维素的相对分子质量较低，聚合度小于 200，其分子结构是一种类型的糖重复形成长链线性分子骨架，周围有较短的醋酸酯和糖组成的分支链。半纤维素主要分为三类：①木聚糖（骨架由聚 $\beta$-1,4-木糖构成，其侧链则由阿拉伯糖、葡糖酸、阿拉伯酸组成）；②甘露聚糖（包括葡糖甘露聚糖、半乳甘露聚糖）；③阿拉伯半乳聚糖。

半纤维素的组成随着木材种类不同而有所差异，特别是软木和硬木之间差别更大。不同种类原料中的半纤维素，它们的复合聚糖是不同的，就是同一种原料，不同部位的复合聚糖的组成也不同。目前已知的复合聚糖可分为聚戊糖和聚己糖两类，聚戊糖和聚己糖都分别有 4 种。聚戊糖有聚 *O*-乙酰基-4-*O*-甲基葡萄糖醛酸-木糖、聚阿拉伯糖-4-*O*-甲基葡萄糖醛酸-木糖、聚鼠李糖-4-*O*-$\alpha$-D-半乳糖醛酸-木糖和聚阿拉伯糖-木糖 4 种；聚己糖有聚 *O*-乙酰基-葡萄糖-甘露醇、聚半乳糖-葡萄糖-甘露糖、聚阿拉伯糖-半乳糖和聚半乳糖醛酸-半乳糖 4 种。

（3）木质素化学组成及其结构

木质素（lignin）是由苯丙烷单体组成的不规则的近似球状的多聚体，可以和其他不能转化为乙醇的残渣一起作为废弃的燃料使用。由于木质素具有多种功能基团，如苯环上的甲氧基，反应性能活泼的酚羟基、醇羟基等，且存在酚型和非酚型的芳香族环，因此木质素反应能力相当强，不仅能与亲核试剂、亲电试剂反应，还能与某些氧化试剂发生化学反应。

木质素的物理和化学性质是由木质素合成过程中的最后一步决定的，由于这步反应是非酶促的自由基随机加合反应，因而造成了木质素分子的不规则性。在植物中，木质素通过化学键与半纤维素连接，然后包裹在纤维之外，形成纤维素。正是由于木质素的存在使得植物具有一定的硬度，能够抵抗机械压力和微生物侵染。

### 16.2.2 纤维素生物质的预处理技术

由于纤维素周围包围着难分解的木质素，使得纤维素水解酶难以起作用，因此直接采用酶水解效率很低，通常需要采取预处理措施。其目的是破坏木质素的结构，分离或脱除生物质中木质素，增加生物质的孔隙率，提高接触比表面积和酶对纤维素的可及性，从而提高纤维素和半纤维素的转化率和转化速率。理想的预处理技术要尽可能实现以下几个目标：①提高纤维素和半纤维素酶水解后糖的得率；②避免糖类的分解；③避免后续的水解和发酵过程有抑制作用的化合物生成；④避免使用对环境污染严重和对反应器材质高要求的化学试剂；⑤处理条件无苛刻要求；⑥木质素能回收再利用；⑦最小的热量和能量要求，从而降低生产成本。

目前，纤维素生物质原料预处理的方法有很多，主要分为物理法、物理-化学法、化学法和生物法 4 大类。

(1) 物理法

纤维素生物质原料物理法预处理包括机械粉碎、辐射处理和微波处理。机械粉碎是利用削片、粉碎或研磨把木质纤维索生物质变成 10～30mm 的切片或 0.2～2mm 甚至更为细小的颗粒，以提高比表面积和可及性，降低纤维素结晶度和聚合度，从而提高酶解转化率，其优点是经处理的纤维素颗粒没有膨润性且体积小，原料中水溶性组分增加、纤维素水解速率提高，但能耗与粉末粒度、材料性质密切相关，考虑能耗成本，此方法的经济可行性不高。微波是一种新型节能、无温度梯度的加热技术，能使纤维素分子间的氢键发生变化，能提高纤维素的比表面积和可及性，从而提高纤维素酶水解效率。用微波处理后，纤维素转化率、半纤维素转化率、总糖化效率都有不同程度提高，并且能部分脱除木质素。

(2) 物理-化学法

物理-化学法是将物理处理与化学处理相结合，从而提高预处理效果。物理-化学法主要包括蒸汽爆破、$SO_2$ 蒸气爆破、氨纤维爆裂、$CO_2$ 爆破和高温热解处理等。蒸汽爆破法是目前木质纤维素生物质预处理中最常用的方法。它是用 160～260℃饱和水蒸气加热原料至 0.69～4.83MPa，作用几秒至几分钟后骤然降至常压的方法。在蒸汽爆破过程中，高压蒸汽渗入纤维内部，以气流的方式从封闭的孔隙中释放出来，使纤维素发生一定的机械断裂；同时，高温高压加剧纤维素内部氢键的破坏，游离出新的羟基，纤维素内有序结构发生变化，结构疏松，大大增加了生物质的比表面积和孔隙度，酶解效率明显提高。蒸汽爆破预处理技术因其节能、无污染、酶解效率高和应用范围广，适用于处理植物纤维原料的简单高效的处理方式，可用于硬木、软木和农业废弃物等各种植物生物质，其缺点是木糖损失多，且可能产生对发酵有害的物质。

(3) 化学法

纤维素生物质原料物理法预处理包括酸处理、碱处理、湿氧化处理、有机溶剂处理和臭氧处理等方法。各种方法具有优缺点，主要问题是化学药剂的毒性和污染效应，导致处理成本和环境成本大，制约技术的推广应用。

(4) 生物法

生物法是利用能分解木质素的微生物除去木质素，解除木质素对纤维素的包裹作用。在生物预处理中，白腐菌、褐腐菌和软腐菌等是常用的微生物，它们在培养过程中可以产生分解木质素的酶类，从而可以专一性地分解木质素，提高纤维素和半纤维素的酶解糖化率。其中最有效的是白腐菌，它能分泌出有效的木质素降解酶（如过氧化物酶和漆酶）。据报道，用白腐菌降解杨木，6 周后木质素脱除率为 19.3%，以棉秆为底物，白腐菌可在 3 周时间内将原料中的木质素降解 65%。

生物处理法具有作用条件温和、能耗低、专一性强，不存在环境污染，处理成本低等优点。但是，存在的问题也比较多：能降解木质素的微生物种类少，降解条件苛刻，木质素分解酶类的酶活力低，作用周期长，在处理过程中部分纤维素和半纤维素会被细菌消耗掉等。研究者已对木质纤维素生物质的生物降解进行了大量的研究，基因工程正在被用来改良驯化真菌。随着基因工程技术的发展，许多改进的基因工程菌将在木质纤维素预处理中发挥重要的作用，生物法预处理技术将更具有竞争力。

### 16.2.3 纤维素的水解

一些生产乙醇的高活性菌株不能直接利用纤维素作为发酵底物，必须对纤维素进行水解，转化为菌株可利用的糖类。水解过程也称为糖酵解过程，通过酶的作用，破坏纤维素和半纤维素中的氢键，将其分解为可发酵性单糖——五碳糖和六碳糖。典型的水解过程如下。

纤维素 $(C_6H_{10}O_5)_n$(葡聚糖)$+nH_2O \longrightarrow nC_6H_{12}O_6$(葡萄糖)

半纤维素 $(C_5H_8O_4)_n$(缩戊糖)$+nH_2O \longrightarrow nC_6H_{12}O_6$(戊糖)

酶水解工艺的优点在于：可在常温下反应，水解副产物少，糖化得率高，不产生有害发酵物质，并且可以和发酵过程耦合。不过由于酶水解的预处理需较高的设备和操作成本，所以在一定程度上降低了其相对于酸碱水解的优越性。目前，酶法水解纤维素的主要问题是纤维素酶的生产效率较低，成本较高，难以大规模推广使用。因此，纤维素酶生产过程中需要解决的两个关键问题是筛选培养能高效产酶的微生物和开发低成本的产酶工艺。

纤维素酶是一种复合酶，主要包括葡聚糖外切酶、葡聚糖内切酶和β-葡萄糖苷酶等三种。在纤维素酶的作用下，纤维素可最终被水解为葡萄糖，这个过程工业上也称为纤维素的糖化。葡聚糖内切酶可以在纤维素的无定形区催化相邻葡萄糖分子β-1,4-糖苷键的水解，从中间切断纤维素链。葡聚糖外切酶可以从非还原末端开始分解纤维素分子，其分解产物是葡萄糖、纤维二糖和纤维三糖。β-葡萄糖苷酶也称为纤维二糖酶，它能将纤维二糖或一糖转化为葡萄糖。目前，较为普遍接受的纤维素分解机制是协同机制，即几种酶共同作用下完成分解过程（图 16-3）。葡聚糖内切酶首先进攻纤维素的非结晶区，形成葡聚糖外切酶可以利用的新的游离末端，然后葡聚糖外切酶从多糖链的非还原端切下纤维二糖单位，而β-葡萄糖苷酶水解纤维二糖或纤维糊精，形成葡萄糖，完成协同分解反应。

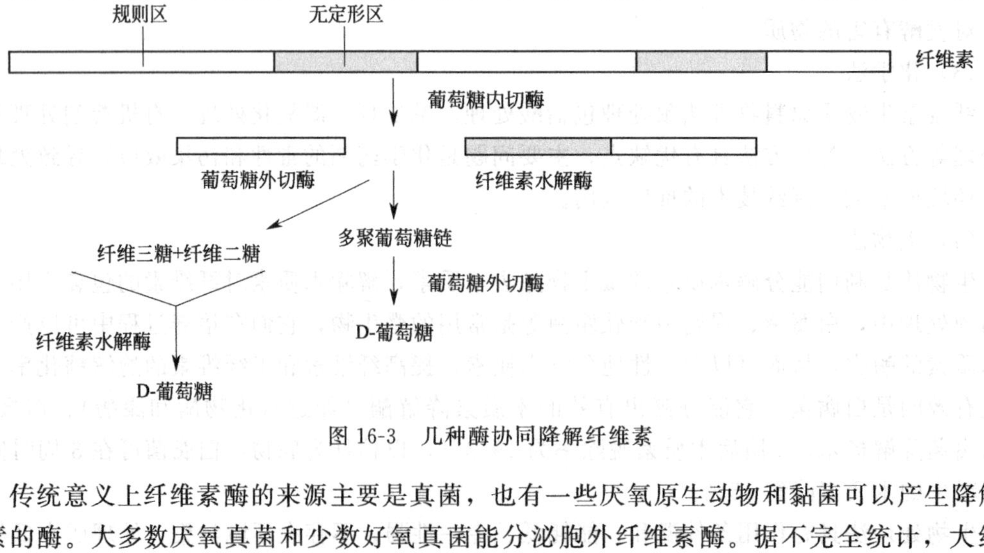


图 16-3 几种酶协同降解纤维素

传统意义上纤维素酶的来源主要是真菌，也有一些厌氧原生动物和黏菌可以产生降解纤维素的酶。大多数厌氧真菌和少数好氧真菌能分泌胞外纤维素酶。据不完全统计，大约有53个属的几千个菌株可以产生纤维素酶。研究较多的真菌是木霉，如绿色木霉（*Trichoderma viride*）、康氏木霉（*Trichoderma koniggii*）等，曲霉和青霉素也可产生较高活力的纤维素酶。此外，细菌类主要有纤维黏菌属（*Cytophag*）、生孢纤维黏菌属（*Sporocytophag*）、丝状杆菌属（*Fibrobacter*）和芽孢杆菌属（*Clostridium*）等；放线菌类主要有链霉菌属（*Streptomyces*）、高温放线菌属（*Thermoactinomycete*）和弯曲热单孢菌（*There-*

*momonospora curvata*）等。

细菌产生的纤维素酶的量较少，主要为内切酶，且多数不能分泌到胞外，而真菌所产生的纤维素酶具有酶谱较全、活力较高的特点，且一般分泌到胞外。放线菌产生的纤维素酶活性较高，且结构简单，为单细胞，便于遗传分析，因而，放线菌纤维素酶的研究近年来也受到了重视。细菌和放线菌主要产生中性和碱性纤维素酶，这类酶往往具有耐热耐碱的特点，在洗涤剂工业中有良好的应用价值，而真菌产生的一般为酸性或中性偏酸性纤维素酶。

纤维素酶的生产原料有麸皮、秸秆粉、玉米粉和废纸等，生产方法主要有两种：适于小规模生产的固态发酵法和适用于大规模生产的液体深层发酵法。生物床及固定化细胞等技术都能应用于纤维素酶的生产，这两种方法是固体发酵与液体发酵的融合，集中了固、液发酵的优点，更适于规模化生产。通过发酵生产的纤维素酶，经过盐析、离心、超滤、色谱等方法，可得到纯化的纤维素酶。

为了提高纤维素酶的水解效率，并降低水解成本，今后可以采取以下途径来改善纤维素酶解过程：①选育高效产纤维素酶的菌株，构建高产纤维素酶基因工程菌，选取合适的发酵法和提取工艺；②在纤维素酶水解过程中加入非离子表面活性剂，能有效避免纤维素酶的失活；③在酶水解过程中采用酶复合制剂，使各种不同的酶更好地发挥协同作用；④对纤维素酶进行固定化，使纤维素酶可以重复利用，从而降低植物纤维素原料的酶水解成本；⑤为了有效地消除产物抑制作用，将水解还原糖从酶水解系统通过超滤移出，或采用同步发酵及时将生成的还原糖消耗掉。

### 16.2.4 纤维素的发酵

纤维素水解为单糖由纤维素酶参与完成，属于蛋白质层次上的酶反应，它是生物转化制乙醇过程的限速步骤；而单糖发酵由酵母菌参与完成，属于活细胞层次上的微生物反应。工业上利用微生物生产乙醇主要有四种工艺：单独水解和发酵法、同时糖化和发酵法、同时糖化和共发酵法、联合生物加工法。

(1) 单独水解和发酵法

单独水解和发酵法（separate enzymatic hydrolysis and fermentation，SHF）是将酶的产生、纤维素的水解和葡萄糖发酵三个过程分开进行(图 16-4)。其主要优点是糖化和发酵都能在各自最优条件下进行——纤维素酶水解糖化所需的最适温度在 45～50℃，而大多数发酵产乙醇的微生物最适温度在 28～37℃。其缺点是糖化产物葡萄糖和纤维二糖的积累会抑制纤维素酶的活力，最终导致产率的降低。研究发现，纤维二糖的浓度达到 6g/L 时，纤维素酶的活力就将降低 60%，葡萄糖对纤维素酶的抑制作用则没有那么明显，但是，它会对 β-葡糖苷酶（一种关键的纤维素水解酶）产生强烈的抑制，葡萄糖浓度达到 3g/L 时，β-葡糖苷酶的活力就将降低 75%。此外，水解用的纤维素酶（主要来自于真菌）不仅组分相对单一而且价格昂贵，并且当其活力受到抑制时，就得增加用量，最终导致使用成本提高。

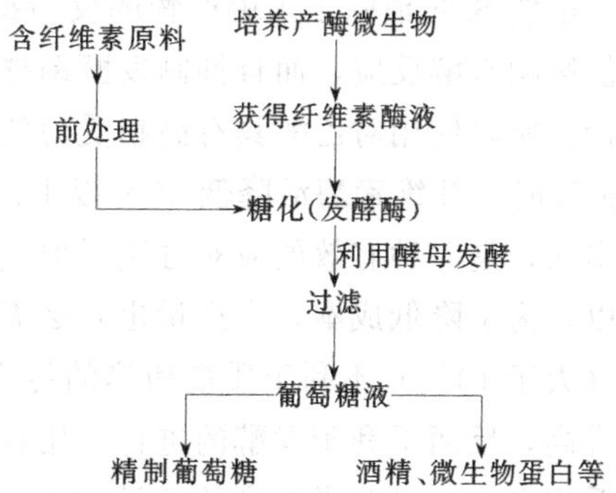


图 16-4 单独水解和发酵法生产乙醇

(2) 同时糖化和发酵法

同时糖化和发酵（simultaneous saccharification and fermentation，SSF）即在一个容器中同时进行这两步反应（图 16-5）。水解产生的葡萄糖立即被发酵微生物利用产生乙醇，消除了糖对纤维素酶的产物抑制作用，进而可以减少纤维素酶的用量，缩短反应时间，免去了 SHF 的固液分离操作，避免了还原糖的损失；同时节省了反应器，降低投资成本 20%以上。SSF 提高了乙醇产量，通常比 SHF 增加 40%。一种解释是 SSF 中的发酵菌株对抑制物的耐受力较好，能将其转化为毒性较低的化合物。SSF 作为目前广泛应用的工艺，已有不少学者对其进行数学建模，以期深入了解其运行过程。大部分研究认为，SSF 的性能决定于三方面——底物特性、水解酶特性和发酵微生物特性，SSF 的限速步骤在反应初期表现为发酵微生物的生长，后期则是酶水解糖化，其中最关键的是酶对纤维素的可接触性。

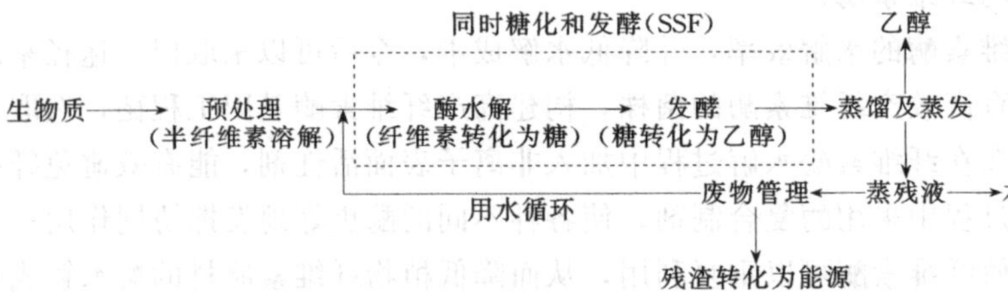


图 16-5　同时糖化和发酵工艺生产乙醇

SSF 工艺的缺点主要是糖化和发酵的最优温度和 pH 值不同，无法同时满足，从而不能使两步都处于最佳状态。相对于温度差异，两者的 pH 值差异较小，对过程的影响也就相对弱些。通常由两种解决方法：①选择耐高温的高产发酵菌株，如克鲁维酵母菌（*Kluyveromyces*）能在 42℃的高温下发酵；②改进工艺，如采用不等温同时糖化和发酵（NSSF）、循环温度同时糖化和发酵（CTSSF）等，与传统 SSF 中的等温相比，这些改进强化了纤维素酶的水解作用。

虽然 SSF 消除了水解产物的反馈抑制，但终产物乙醇同样存在产物反馈抑制效应，这不仅影响水解反应，而且抑制发酵菌株的生长，加速其细胞死亡，进而影响发酵反应的顺利进行。所以使用对乙醇具有高耐受力的发酵菌株就显得尤为重要。研究发现，乙醇浓度达到 30g/L 时，纤维素酶活降低 25%以上。当乙醇在发酵液中达到一定浓度时，及时地将其抽提出来，是一种有效的应对方法。但是，当乙醇浓度低于 45g/L，蒸馏提纯的效率会很低。所以，为了降低成本，高产量也是必需的。固态发酵可以提高产物浓度，但是较高的固体浓度（大于 10%）不利于质量和热的传递，能耗高，而且前处理产生的抑制物的浓度也会随之升高，反而不利于发酵的进行。用补料发酵代替固态发酵，既能使抑制物的浓度被控制在较低水平，又可获得较高的乙醇浓度。此外，在 SSF 中，纤维素酶与微生物可能存在互相抵触的现象，如微生物分泌不利于酶的物质，酶中某些成分会对微生物有害。再者，由于 SSF 过程的复杂性，使得酶和微生物的循环使用变得比较困难。如果不重复利用，每次发酵都需加入新的菌种和酶，不仅增加成本，而且由于菌种的生长消耗了一部分糖，这必然影响到乙醇产量；同时新的菌种又需要适应期，其结果是延长了反应时间。

(3) 同时糖化和共发酵法

为了提高产量，可将纤维素和半纤维素产生的糖都进行发酵，同时糖化和共发酵（simultaneous saccharification and co-fermentation，SSCF）应运而生。前处理完成后，半纤维素水解产生的戊糖不与纤维素分离，而是与其一起进入后续发酵产乙醇。与前面两种工艺相比，SSCF 不仅减少了水解过程的产物反馈抑制，而且去除了单独发酵戊糖这一步，将其融入己糖的发酵。可见，戊糖和己糖共发酵，不仅能提高底物利用率和乙醇产率，还有助于生产成本的降低。但是，如果不加改造，目前用于乙醇发酵的微生物（主要是 *S. cerevisiae*）是无法利用戊糖的，这就阻碍了 SSCF 的应用，也是 SSCF 应重点研究的问题。一般来说，木质纤维素中，己糖主要是葡萄糖，戊糖主要是木糖。在大多数真菌和细菌细胞内，木糖要经过一系列的生化反应，转变为 5-磷酸木酮糖，才能通过戊糖磷酸途径（pentose phosphate pathway，PPP）产生糖酵解中间产物，从而进入糖酵解，最终转变为乙醇（图 16-6）。其中，木糖还原酶、木糖醇脱氢酶（真菌）和木糖异构酶（细菌）最为关键。基因工程主要就是将编码前 2 个酶或第 3 个酶的基因正确导入目的菌株，使其能利用木糖产乙醇。一个好的可溶性糖发酵微生物不一定是好的 SSCF 菌株，因为用于 SSCF 的菌不仅要求能较好地发酵戊糖和己糖，还要对乙醇和其他抑制物有较好的耐受力。

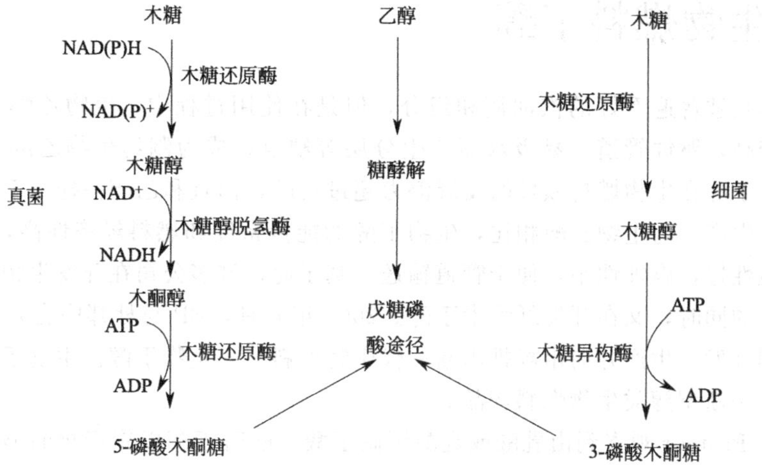

图 16-6　木糖发酵的生化途径

由于木糖能利用和葡萄糖相同的转运蛋白进入细胞，而这些蛋白对葡萄糖的亲和力大约是对木糖的 200 倍，结果细胞对木糖的利用受到了抑制。对此，可以通过控制纤维素酶的添加量来改善或是对葡萄糖进行前发酵来减少竞争性抑制。

（4）联合生物加工法

在之前提到的几种工艺中，多糖水解酶（如纤维素酶）都需要单独进行生产，而且回收困难。联合生物加工（consolidated bioprocessing，CBP）则是将多糖水解酶的产生、水解糖化、戊糖和己糖发酵全部融入一个反应器中，整个过程都由一种微生物或微生物团聚体进行的一种工艺，又被称为直接生物转化（direct microbial conversion，DMC）。作为低成本的简化的木质纤维素生物处理方法，CBP 很有潜力，可能代表着所有工艺的最终目标。对 CBP 的研究发现，当每生产 1gal（3.78L）乙醇需花费 0.1 美元来购买纤维素酶时，如果用成熟的 CBP 取代先进的 SSCF，对于生物处理过程，将使成本减少为原来的 1/4，而对于木质纤维素产乙醇的整个过程，成本将减少为原来的 1/2，这是相当可观的。但关键就在于目前 CBP 技术还不成熟，乙醇终产量和浓度都很低，主要是因为没有找到能用于此工艺的既高产、高乙醇耐受力又能有效分泌全部CBP所需酶的微生物或微生物团聚体。

自从1996年CBP的提出，寻找这种微生物就成为此工艺的重点。在自然界中存在的能直接利用木质纤维素产乙醇的微生物，如嗜热纤维梭菌（*Clostridium thermocellum*），不仅发酵过程缓慢，而且乙醇产量低，还有不少副产物。目前，将CBP需要的所有酶集于一个菌，构建超级菌，成为研究热点。构建超级菌有两种途径，第一种是向乙醇高产菌中插入糖基水解酶基因，第二种则是改造能有效分泌糖基水解酶的发酵微生物使其能较高水平地产乙醇。利用DNA重组技术重新设计其糖酵解途径，阻断副产物的形成，解除乙醇生物合成的代谢阻遏作用，同时提高细胞对高浓度乙醇的耐受性，是构建这类基因工程菌的关键之处。

在对CBP工艺的优化方面，研究者利用生物膜技术，将CBP中的微生物固定于膜上，给它们提供一小环境，便于其进行物质传递和信息交流，这也能够使水解酶集中于底物与膜的接触面从而提高水解效率，同时膜上微生物的分层结构使得各反应能有序发生，最终促进发酵的进行。为了达到更进一步的一体化，近年来还出现了Highly CBP工艺，它是将木质素的去除、糖化、发酵、产物分离集于一体的一种工艺。

## 16.3 生物燃料丁醇

生物乙醇是被普遍看好的汽油调和组分，但是在使用过程中，生物乙醇存在能量密度低，蒸气压较高，腐蚀管道，易吸水而产生分层等缺点，成为制约生物乙醇发展的问题之一。近年来，丁醇在生物燃料领域的发展潜力超过乙醇，而且和乙醇一样，丁醇也可以采用生物质原料来生产。与生物乙醇相比，生物丁醇的能量密度和燃料经济性高，蒸气压力低，与汽油的配伍性好，腐蚀性小，便于管道输送。基于此，许多公司在开发生物乙醇（主要是纤维素乙醇）的同时，又在开发纤维素丁醇。2006年6月，BP与杜邦联合宣布建立合作伙伴关系，共同开发、生产并向市场推出新一代生物燃料——生物丁醇。生物丁醇业已成为继生物乙醇后又一新型醇类生物燃料产品。

1861年，Pasteur观察到由乳酸或乳酸钙做丁酸发酵时丁醇以副产物的形式出现。1914年Weizmann博士成功分离得到一种丙酮丁醇梭菌可以发酵各种谷物原料，生成产物的比例是丁醇∶丙酮∶乙醇=6∶3∶1（质量比），$CO_2$∶$H_2$=60∶40（体积比）。20世纪初，汽车工业高速发展，天然橡胶供应不足，促进了合成橡胶的研究。当时英国发明用丙酮为原料，经异戊二烯再重合可制得橡胶。以正丁醇为原料，经1,3-丁二烯也可获得人造橡胶。特别是一战对丙酮需求的激增，刺激了丙酮丁醇发酵的发展。1914年英国建立起第一座丙酮发酵工厂，由于当时以丙酮为主要产物，所以又叫丙酮发酵。1945年美国改用糖蜜进行生产，并且开发了丙酮丁醇新的用途。20世纪60年代末，由于石油化工的发展以低成本的优势淘汰了丙酮丁醇发酵，但随着石油危机的出现以及温室效应的日趋严重，使得丙酮丁醇发酵工业又重新得到了重视。

### 16.3.1 主要菌株及代谢过程

目前工业生产中主要是通过丙酮丁醇发酵生产丁醇，按照底物的不同可以将生产菌分为两大主要类别。

一类是以淀粉为底物的菌株，称丙酮丁醇梭菌（*Clostridium acetobutylicum*），典型的菌株有*C. acetobutylicum* ATCC824，适用于发酵玉米、马铃薯和甘薯等淀粉质原料，发酵产溶剂能力较差。该菌的生产溶剂能力只有10～16g/L，已基本不用于工业生产。还有一类是以糖蜜为底物进行生产的菌株，如丁基丙酮梭菌（*Clostridium accharobutyl-acetonicum*）。其中P262是最新用于工业化生产的菌种，也是目前为止生产溶剂能力最强的野生型菌株。另外还有一些其他菌株，如适于农林副产物水解液或亚硫酸盐纸浆废液发酵的地浸麻梭状芽孢杆菌（*C. felsineum*）、丁基梭状芽孢杆菌（*C. butylicm*）等。

从宏观上看丙酮丁醇发酵过程可以分为产酸阶段和产醇阶段两部分。在接种初期，产生$CO_2$和$H_2$，由于产生乙酸、丁酸等，发酵液pH迅速下降。当pH值达到3.8左右时，进入产溶剂期，此时产生丙酮、丁醇和乙醇，也有部分$CO_2$和$H_2$产生。葡萄糖经过EMP途径变为丙酮酸，而戊糖需经过HMP途径变为3-磷酸甘油醛进入EMP途径变为丙酮酸。丙酮酸和CoA在酶的作用下生成乙酰CoA，同时产生$CO_2$。铁氧化蛋白通过NADH/NADPH铁氧化蛋白氧化还原酶及氢酶和此过程耦合同时产生$H_2$，产气与细菌生长关联。当酸积累到一定程度，溶剂产生开始涉及碳代谢由产酸途径向产溶剂途径的转变，生产丁醇。

还可将丙酮丁醇的发酵过程分为3个阶段，即前发酵期、主发酵期和后发酵期。发酵期主要为菌种繁殖期，又称为增酸期，通常前发酵期为开始发酵后的15～18h；主发酵期是将前一阶段产生的乙酸、丁酸转变为丙酮、丁醇等溶剂，此阶段又称为减酸期，这个阶段发生在18～40h；后发酵期是酸度达到最低后，又稍微上升，维持一定水平直至发酵结束，所以又成为酸度复生期。在这一阶段中活动的丙酮丁醇菌逐渐减少，发酵逐渐衰弱直至结束，一般发生在40～70h。

### 16.3.2 生产工艺

生物丁醇的生产工艺与生物乙醇一样，均采用生物质发酵法，即以玉米、木薯等淀粉质产品或糖蜜、甜菜等糖质产品为原料，经水解得到发酵液，然后在丙酮丁醇梭菌作用下，经发酵制得丙酮、丁醇和乙醇混合物，三者比例因菌种、原料和发酵条件不同而异，一般情况下三者质量分数依次为：30%，60%，10%。传统的丙酮丁醇梭菌发酵生产中的丁醇质量浓度维持在13～14g/L，难于超过这一阈值的原因在于所生成的溶剂特别是丁醇对梭菌细胞的毒害作用。

由于传统发酵以粮食为原料，最新采用的发酵法是先将纤维素原料经水解转化为糖，再在丙酮丁醇梭菌作用下进行发酵、分离即得生物丁醇，具体工艺包括分批发酵和整合发酵。分批发酵的主要问题在于产物对细胞的毒性大，导致产物浓度较低，以及由于发酵菌种的延迟期较长使得生物丁醇的产率较低，因此纤维丁醇发酵可采用补料发酵、连续发酵、同步糖化发酵、汽提发酵等整合技术，以提高生物丁醇的产量及设备的利用率。采用分批发酵，以甘蔗渣、稻草秸秆、小麦秸秆等为原料，通过碱法预处理进行丙酮丁醇发酵，总溶剂质量浓度可达13.0～18.1g/L。采用整合发酵，以玉米秸秆为原料，生物丁醇质量浓度可以达到前者的1.5倍。

传统的丙酮丁醇发酵主要以间歇发酵和蒸馏提取的方式进行，目前产量较低而能耗很高所以导致竞争力很低。其主要问题在于较低的产物浓度导致后续分离提取能耗很大使成本大幅度提高。提高发酵液中丙酮、丁醇浓度，开发低能耗的提取工艺是增强丙酮丁醇发酵竞争力的根本途径。丙酮丁醇发酵的生产工艺改进主要有：萃取发酵、汽提发酵、渗透蒸发和廉价原料发酵。

萃取发酵采用萃取和发酵相结合，利用萃取剂将丙酮丁醇从发酵液中分离出来，控制发酵液中丁醇的浓度小于对丙酮丁醇梭菌生长的抑制浓度。丁醇质量浓度小于 3.7g/L 时，不影响微生物的生长，而当丁醇质量浓度达到 11g/L 时，50%左右的微生物将受到抑制而不能生长。萃取发酵的关键是选择分离因子大、对微生物无毒性的萃取剂。Ishizaki 等以甲基化的天然棕榈油为萃取剂进行丙酮丁醇萃取发酵，结果 47%左右的溶剂被萃取到棕榈油层中，葡萄糖的消耗率由 62%提高到 83%，丁醇质量浓度由 15.4g/L 提高到 20.9g/L。杨立荣等从 13 种有机物中选出了油醇和混合醇（油醇和硬脂醇的混合物）作为丙酮丁醇发酵的萃取剂，当初始葡萄糖浓度为 110g/L 时，发酵后折合水相总溶剂浓度达到 33.63g/L。

汽提法是一种在线回收产物的方法，可与发酵过程同时进行。为使丙酮丁醇发酵产物的回收简单、经济，可以使用发酵产生的气体进行丁醇的在线回收。即利用发酵过程产生的 $CO_2$ 和 $H_2$ 或者惰性气体作为载气，使其在动力作用下进入发酵体系并带走有机溶剂，后在冷凝器内收集，而循环气体再次进入反应器作为载气使用继续带走溶剂。Ezeji 等研究了汽提分离工艺对丙酮丁醇发酵的影响，该工艺和间歇发酵相比，溶剂产率和产量分别提高 200%和 118%。汽提技术不但减少了代谢产物对菌体的抑制作用，而且利用发酵产气进行气体循环，经济合理，在丁醇生产中潜力巨大。

渗透蒸发是一种新型膜分离技术，该技术利用选择性膜作为核心部件。膜的前侧为原料混合液，经过选择性渗透，在膜的温度相应于组分的蒸汽压气化，然后在膜的后侧通过减压不断地把蒸汽抽出，经过冷凝捕集，从而达到分离的目的。该技术用于液体混合物的分离，其突出优点是能以低能耗实现蒸馏、萃取、吸收等传统方法难以完成的分离任务的一种膜分离技术。由于渗透蒸发的高分离效率和低能耗的特点，使得它在丙酮丁醇发酵中有广阔的发展前景。渗透蒸发技术的关键是选择合适的膜，以期达到最佳的分离效果。

# 第 17 章 生物采油与生物制油

## 17.1 生物采油

### 17.1.1 石油开采

石油是一类复杂的烃类化合物，以气态、液态和沥青质的固态存在于地下的沉积岩层中，液态烃俗称原油。石油开采一般分三个阶段：一次采油、二次采油和三次采油。一次采油是指利用油藏天然能量开采的过程，如利用溶解气驱、气顶驱、天然水驱、岩石和流体弹性能驱及重力排驱等能量；二次采油是指采用外部补充地层能量（如注水、注气），以保持地层能量为目的的提高采收率的采油方法。常规的一次、二次采油技术只能开采出地下油藏30%～40%的原油，剩余原油因吸附在岩石空隙间难以开采，因此需要用新的方法进行三次采油。

三次采油的主要机制是采用物理、化学、生物等方法改变油藏岩石及流体性质，降低原油黏度，或增加注入水黏度，缩小油水之间的黏度差，控制水的流动性，提高驱油面积，从而提高油藏采收率。采油方法有：热驱油（含蒸汽驱）、化学驱油（含表面活剂驱和聚合物驱）和微生物采油。油藏经过三次采油后，采收率可达 50%～90%。

相对而言，微生物采油是目前最经济的三次采油方法，能开采出流动的原油和不动的石油，延长枯竭井寿命，是一项最有前途的强化采油方法。

### 17.1.2 微生物采油原理

微生物采油又称微生物强化原油采收技术（microbial enhanced oil recover，MEOR）是通过微生物本身及其代谢产物，来改变原油组分、物性和驱油环境，生成各类代谢产物（如生物气、表面活性剂、聚合物、酸或有机溶剂），以溶解、乳化原油，降低原油黏度，增加地层压力和原油流动性，改变岩石孔道和油藏原油的物理化学性质，驱动不能流动的残余油，提高原油产量和增加原油采收率。因此，微生物采油活动不但包括微生物在油层中的生长、繁殖和代谢等生物化学过程，而且包括微生物菌体、微生物营养液、微生物代谢产物在油层中的运移，以及与岩石、油、气、水的相互作用引起的物性变化。

具体地，微生物采油原理主要体现在如下几个方面。

（1）微生物降解作用

烃类是原油的主要组成部分，约占其总量的 85%。研究证实，微生物能够降解直链烷烃、环烷烃及芳烃，将长链烃分解为短链烃，使重质组分减少、轻质组分增加，降低凝固点和黏度，改善原油在油层中的流动性，提高原油品质。微生物体内的各种氧化酶和还原酶有能力代谢相对分子质量大的胶质、沥青质等物质，产生长链分子脂肪酸及含羰基化合物等生物表面活性剂，改善界面张力，增加原油流动性；将烃类进一步降解为醇类、酮类、醛类和酸类等，提高原油在岩层空隙的有效渗透率。

（2）代谢产物的作用

微生物分解石油的代谢产物包括生物气、表面活性剂、聚合物、酸或有机溶剂等。

生物气如 $CO_2$、$H_2$、$CH_4$，使油层增压并降低原油黏度，提高原油流动能力；溶解岩石中的碳酸盐，增加岩石的空隙度，提高原油的渗透率；使原油膨胀，体积增大，有利于驱动。同时，气泡的贾敏效应还会增加水流阻力，提高注入水波及体积。

表面活性剂如石油羧酸盐类、糖脂类和蛋白类表面活性剂，可以乳化残余油、降低油水界面张力，减少水驱油主管张力，提高驱替毛管数。同时，生物表面活性剂会改变油藏岩石的润湿性，从亲油变成亲水，使吸附在岩石表面上的油膜脱落，油藏残余饱和度降低，从而提高采收率。利用色谱-质谱仪分析表明，生物表面活性剂组分主要为十六碳烷酸、十七碳烷酸和十八碳烷酸三种。

微生物产生的酸主要是低相对分子质量的有机酸（甲酸、丙酸），也有部分无机酸（硫酸）。它们能溶解碳酸盐，一方面增加孔隙度，提高渗透率；另一方面，释放 $CO_2$，提高油层压力，降低原油黏度，提高原油流动能力。产生的醇、有机酯等有机溶剂，可以改变岩石表面性质和原油物理性质，使吸附在孔隙岩石表面的原油被释放出来，并易于采出地面。研究表明，微生物作用原油主要产生乙酸、丙酸，以及其他几种短链有机酸和两种未知醇类，它们有利于改善原油黏度，类似轻度酸化，增加岩石孔隙度，从而提高原油量。

微生物在油藏高渗透区生长繁殖及产生聚合物，能够有选择地堵塞大孔道，增大扫油系数和降低水油比。在水驱中增加水的黏度，降低水相的流动性，提高波及系数，增大扫油效率。在地层中产生的生物聚合物，能在高渗透地带控制流度比，调整注水油层的吸水剖面，增大扫油面积，提高采收率。

（3）微生物的自生作用

微生物通过在岩石颗粒表面生长繁殖并占据孔隙空间，用物理方法驱出石油，改变碳氢化合物的馏分，这种作用称为微生物的自生作用。微生物以石油烃类为唯一碳源在油藏内生长繁殖，为了自身生命活动的正常进行，微生物体向碳源（油/水界面）处运移。当到达界面附近时，微生物沿界面向岩石和油、水三相交界处运移，并聚集在岩石表面，在油膜下生长，最后把油膜推开，使油释放出来，从而有利于采油过程的顺利进行。

与其他三次采油技术相比，微生物采油成本低、应用油藏范围广，可通过生物生长繁殖在很长时间内起驱油作用，不污染环境。而且，微生物可以分解大分子烃类为短链小分子烃类，同时脱除硫和金属类物质，为采油后续步骤炼油节省了成本。当然，微生物采油还存在一些尚未解决的问题，例如微生物进入地层发生的聚集堵塞、吸附和变性，以及产生对设备和地层的腐蚀等一系列问题，需要做有效控制。随着生物技术的发展和各个学科的交叉发展，微生物采油技术将会呈现崭新的发展趋势，包括构建采油微生物“超级功能细菌”、可视化采油、开发预测微生物采油的数模软件。

### 17.1.3 油藏微生物

微生物采油技术应用成功的关键步骤是菌种筛选。许多学者研究发现，筛选 MEOR 菌种的原则是根据目标油藏特征选择能够适应油藏生活环境的菌种。要实现这个目标，菌种首先满足的条件是在油藏下能够生存、繁殖、运移并能产生足够量的对提高采收率有帮助的代谢产物（根据油藏一般为缺氧环境，一般所采用的菌种应该为厌氧菌或兼性厌氧菌）；其次，菌种应该以石油为唯一碳源，以节省采油成本。研究者根据生理生化特性将油藏微生物分类为发酵菌、硝酸盐还原菌、铁还原菌、硫酸盐还原菌和产甲烷古菌等。尽管有人从油井采出水中分离到了降解石油烃的好氧微生物，但在油藏这种特殊环境中，好氧微生物难以正常生长繁殖。因此，能够在这种环境中生长代谢的微生物，只能是以硝酸盐、硫酸盐、Fe(Ⅲ)、$CO_2$ 和有机酸等作为电子受体的营厌氧呼吸或发酵的厌氧菌。

(1) 发酵菌

发酵菌是一类能发酵糖、氨基酸、长链有机酸等复杂有机物产生 $H_2$、$CO_2$、乙酸等短链有机酸的细菌和古菌的总称。大部分发酵菌可以还原亚硫酸盐或硫产生 $H_2S$。发酵菌特别是嗜热发酵菌，在地下油藏中分布广泛。在不同油藏条件下可以分离出不同种属的发酵菌，但随着油藏温度升高，可分离出的菌株数随之降低。从各种油藏中分离的发酵菌主要包括热袍菌属（*Thermotogales*）、热球菌属（*Thermococcus*）、嗜热厌氧杆菌属（*Thermoanaerobacter*）、嗜盐厌氧菌属（*Haloanaerobium*）等。

热袍菌属细菌是一群独特的极端嗜热微生物，16S rDNA 序列分析表明，它们在净化树上是非常古老、进化缓慢的一个分支，具有特征性的鞘状结构。热球菌属都是嗜热古菌，主要分布在高温油藏中，生长温度 80～90℃，还原硫产物 $H_2S$，发酵产物为乙酸、丙酸和丁酸等短链有机酸，这也避免了产 $H_2$ 带来的反馈抑制作用。嗜热厌氧杆菌以硫代硫酸盐为电子受体，发酵葡萄糖产乙醇、乙酸、$H_2$ 和 $CO_2$。嗜盐厌氧菌是中度嗜盐的嗜温菌，乙酸、$H_2$ 和 $CO_2$ 为发酵葡萄糖的主要产物。

(2) 硝酸盐还原菌

从油藏分离到的硝酸盐还原菌大都为新属。*Garciella nitratireducens* 和 *Petrimonas sulfuriphila* 是专性厌氧菌，还原硝酸盐，也可以发酵若干种糖类化合物和有机酸。其他硝酸盐还原菌都是兼性菌，利用有机酸生长，如 *Petrobacter succinatimandens* 在厌氧或硝酸盐存在条件下，利用延胡索酸、丙酮酸、琥珀酸、甲酸、乙醇、酵母浸取液生长。油藏中硫酸盐还原菌生长产 $H_2S$，会导致油气品质降低。向油藏中注入硝酸盐和硝酸盐还原菌或激活土著硝酸盐还原菌，可以抑制硫酸盐还原菌的生长，并可以生物转化已存在的 $H_2S$。

(3) 铁还原菌

Fe（Ⅲ）的氧化物和氢氧化物广泛存在于地下，包括油藏中，它们的价态很容易发生改变。在厌氧环境中，铁还原菌可以利用它们作为电子受体。这类微生物一般靠近“进化树”的底部。研究者发现一株嗜热铁还原细菌（*Deferribacter thermophilus*），可利用乙酸盐等有机酸和 $H_2$ 作为电子供体，以 Fe（Ⅲ）和硝酸盐作为电子受体。从油藏中分离到另一株腐败希瓦菌（*Shewanella putrefaciens*），能以 $H_2$ 或甲酸盐作为电子供体，还原氢氧化铁。

(4) 硫酸盐还原菌

硫酸盐还原菌是一类以硫酸盐为电子受体、严格厌氧的细菌或古菌。它们能以硫酸盐、硫代硫酸盐、亚硫酸盐、单质硫等还原为硫化氢。从油藏中分离到的硫酸盐还原菌，可利用多种不同电子供体，主要包括：$H_2$、脂肪酸、极性有机副产物和石油烃。根据分子系统发育学，硫酸盐还原菌可以分为 4 类：$G^-$ 嗜温菌、$G^+$ 产芽孢硫酸盐还原菌、嗜热硫酸盐还原菌和嗜热硫酸盐还原古菌。

嗜盐脱硫肠状菌属（*Desulfotom aculumhalophilum*）产内生孢子，中度嗜盐（最适生长盐度 4%～6%），还原硫酸盐、亚硫酸盐和硫代硫酸盐产生 $H_2S$，不还原硫、延胡索酸和硝酸盐。嗜热硫酸盐还原古菌主要分布在古球状菌属（*Archaeoglobus*）。Stetter 等从油藏中发现了类似古球状菌的硫酸盐还原菌，在 85℃能在以原油为唯一碳源的富集培养基中生长，并推测在地下深层油藏可能存在超嗜热古菌。

(5) 产甲烷古菌

产甲烷古菌是一类极端厌氧古菌，广泛分布于淡水和海水沉积物、地热环境、土壤、动物肠胃及瘤胃、厌氧污泥消化器和传统的发酵酿酒窑池等厌氧环境中。产甲烷古菌和其他细菌形成一种特殊的互营关系，持续降解生物质并接受末端电子产生甲烷。从油藏中分离出的产甲烷古菌，按营养类型可分为以下几种。

氢营养型：氧化 $H_2$ 还原 $CO_2$ 产生甲烷，也包括能氧化甲酸的产甲烷古菌。

甲基营养型：利用甲基化合物（依赖或不依赖 $H_2$ 作为电子供体）产生甲烷。

乙酸营养型：利用乙酸产生甲烷。

处于厌氧生物链最末端的产甲烷古菌，其新陈代谢可以解除生物链的末端抑制，使得一系列的生化反应持续不断地进行。对微生物采油而言，油藏中产甲烷古菌的生长繁殖可以促使发酵菌等微生物更好地生长繁殖，其代谢活动可改变油层中的微环境，从而提高采油率。

根据产甲烷富集培养降解长链烷烃产甲烷和受石油烃污染的地下含水层烃的厌氧生物降解产甲烷作用，有人提出针对某些油田的开采难度，把油藏中残留的石油烃生物转化为 $CH_4$，以提高原油利用率。

当微生物采油法用于开采深层高温油井时，从自然界分离到的微生物很少能够满足所有的要求。因此，应当通过遗传操作来改造现有菌种及构建符合特殊要求的微生物菌株。

## 17.1.4 微生物采油工艺

(1) 单井周期注入微生物采油

单井周期注入法，又称单井吞吐法。

所筛选的采油微生物和其培养液、营养液从通过套管环空高压注入单口采油井油层。关井数日至数周，微生物在油层中生长繁殖，并产生代谢产物，微生物可运动到油井周围直径10m左右的储油岩层。通过微生物及其产物的作用，疏通被堵塞的油层孔隙通道，增加原油的流动性，提高原油的采收率。关井时间视微生物的生长繁殖情况而定，这主要取决于油层的温度。开井后，采油微生物可被反排出来，故称单井吞吐法。为了保持高产，待采油量降低后，需要再次循环注入采油微生物，整个过程3～6个月重复一次，微生物有机会进入更深的地层，作用于更多的残余油。

单井周期注入法微生物采油，增油期维持时间较短，一般为半年或数月。采油选井应注意以下几个问题：①产能低、渗透率低的油井不适应单井吞吐；②易出砂井，不宜采用单井吞吐；③黏土含量高的油层不宜采用；④高温、高压井不宜采用。微生物注入量、注入周期确定要合理，菌液用量与处理频率是否是最佳最优，是影响经济效益的重要因素，应根据具体情况调整，一般不宜超过六轮；建议在含水70%～90%时进行，有利于微生物生存、繁殖。单井周期注入法微生物采油连通状况差，适合地层温度低的“土豆”油藏。

(2) 微生物驱油

微生物驱油是指将筛选到的采油微生物与其营养物从注水井高压泵入储油层。微生物随注入水在油层内迁移，直至运动到储油层深部。微生物在油层内生长繁殖，并产生多种代谢产物。细胞和代谢产物分别作用于原油，发挥出各自的驱油功能，降低原油黏度，增加原油的流动性。驱替原油从油井中采出，从而提高原油采收率。

微生物驱油是所有的微生物采油方法中真正提高原油采收率并且效果最好，显效最长的微生物显油技术，是微生物采油技术发展的主要方向。对微生物的要求与单井吞吐相同，只是微生物及营养物的用量都比单井吞吐大得多。

我国大港油田 2001 年与俄罗斯合作，在孔店油田试验区块（62℃）进行内源微生物驱油现场试验，室内实验证明该内源菌能以原油为碳源，在生长代谢过程中乳化原油。胜利油田通过注水系统批量注入微生物，微生物驱油涉及井组甚至一个区块，最终在生产井见到增油或降水的效果。

(3) 激活油藏微生物群落驱油

油藏中存在着天然的微生物群落，但是由于某些营养物质的贫乏，使原先微生物的数量少，活性低。如果从注水井中将微生物生长缺乏的营养物注入油层，激活油藏内的天然微生物群落，使其生长繁殖，并产生多种代谢产物，作用于原油，提高原油的采收率，可以节约大量的成本。实践证明，在油藏条件下存在着本源微生物，本源微生物严格厌氧单独存在，从油藏种类的发展来看，由于微生物生理特性的作用，在矿场经历着自然的选择，也可能涉及它们进入地层的地质时期，这些厌氧微生物几乎总是与发酵、硫酸盐还原、甲烷细菌结合在一起。这类微生物可以利用原油中的烃碳作为碳源，从而使用微生物方法采油变得更加简单。

(4) 微生物选择性封堵

微生物封堵油层的机理是，将形体较大且产生表面黏稠物质的微生物菌种从注入井中注入，微生物可以送移到大孔道或有溶洞的储油岩层部位，通过微生物的生长繁殖和代谢作用，产生大菌体细胞和细胞分泌的表面黏稠物质，在地层的岩石表面形成一层生物膜，有效地封堵大孔道或溶洞，降低地层的渗透率。因为微生物胞外多糖对细胞的亲和力大于对裸露岩石的表面亲和力，所以注入的微生物细胞向封堵部位的生物膜聚集，形成更大的封堵层。细菌产生的机械封堵会使驱油液从高渗区转向未波及区，提高波及范围，防止注入水“指状”流动，提高原油采收率。另外，微生物注入水驱油层后，生长繁殖的菌体和代谢产物与重金属形成沉淀物，具有高效堵水作用，封堵率可达 99%（纯菌体的封堵效果只能达到 25%）。

(5) 微生物压裂液压裂

将在厌氧条件下大量产生有机酸的微生物及营养物高压注入孔隙度小、渗透率低的储油层，微生物生长过程中产生大量有机酸，可以溶解岩层使之形成缝隙，提高渗透率，利于原油流动，提高原油采收率。

利用微生物压裂液压裂地层技术施工时，需先将所用的菌株及营养物注入地下油层，再用凝胶填充油管和产层附近的空间，然后加压，当压裂后，油层的压力降低，并井数月后，再次开采，此时的产油量大大增加。

## 17.2 生物制油

生物制油（bio oil）是指利用各类生物资源，包括生物质和生物，结合现代提取技术，制备生物油的过程。生物油是一种水分和复杂含氧有机物组成的混合物，可以作为燃料直接燃烧使用，或经过精制加工后替代 0 号柴油作为内燃机燃料，也可作为化工原料提取或加工各种化工产品，包括生物乙醇和生物柴油。

生物柴油（biodiesel）是一种新兴的可再生生物质能，且可直接用于现有的柴油发动机，是一种良好的化石燃料替代物。2010 年，欧盟国家生产的生物柴油已经取代了 5.75% 的化石燃料市场，并计划到 2020 年时将生物柴油产业扩展至 10% 的市场份额。生物柴油以动植物为原料通过与甲醇等醇类进行酯交换反应制得，传统生产原料主要有菜籽油、向日葵油、大豆油和棕榈油，以及其他一些含油脂多的物种，如微藻、麻风树、黄连木等，此外还有动物脂肪和餐饮废弃油脂。

## 17.2.1 微藻制油

微藻（microalgae）是一类在水中生长、种类繁多且分布极其广泛的低等植物。

微藻是光合效率最高的原始植物，通过阳光驱动的细胞工厂高效的光合作用，吸收 $CO_2$，将光能转化为脂肪或淀粉等化合物的化学能，并放出 $O_2$。微藻也是自然界中生长最为迅速的一种低等植物，而且某些微藻可以生长在高盐、高碱环境的水体中，可充分利用滩涂、盐碱地、沙漠进行大规模培养，也可利用海水、盐碱水、工业废水等非农用水进行培养。

因此，微藻具有分布广、环境适应力强、生长迅速、油脂含量高等特点，是目前制取生物柴油最有希望和前途的原料。

（1）微藻油脂及其基本组成

微藻和高等植物一样，都是以脂肪酸三酰甘油的形式储存脂质。例如海藻油主要由甘油三酯（占脂质质量 90%～98%）、少量的甘油单酯和甘油二酯及游离脂肪酸（1%～5%）组成，此外还可能含有极少量残留的磷脂、叶绿素、胡萝卜素、生育酚和痕量的水分等。不同的微藻，其脂质和脂肪酸含量是不同的。如刚毛藻（*Cladophora fracta*）中饱和脂肪酸为 12.5%，单不饱和脂肪酸为 33.7%，多不饱和脂肪酸为 50.9%，游离脂肪酸为 3.6%；小球藻（*Chlorella protothecoides*）中饱和脂肪酸为 10.8%，单不饱和脂肪酸为 24.1%，多不饱和脂肪酸为 62.8%，游离脂肪酸为 2.6%。

微藻中的脂肪酸主要是 $C_{12}$～$C_{22}$ 的饱和脂肪酸和不饱和的脂肪酸（表 17-1）。从微藻生物柴油质量分析，含饱和脂肪酸和单不饱和脂肪酸高的微藻才是最佳的原料。因为不饱和脂肪酸氧化速率是与双键数目和位置密切相关，过多的不饱和脂肪酸会降低生物柴油氧化稳定性。

**表 17-1 微藻油脂的脂肪酸组成**

| 脂肪酸 | 碳链长度及双键 | 组成含量(质量/总脂)/% | 脂肪酸 | 碳链长度及双键 | 组成含量(质量/总脂)/% |
|---|---|---|---|---|---|
| 棕榈酸 | $C_{16:0}$ | 12～21 | 油酸 | $C_{18:1}$ | 58～60 |
| 棕榈油酸 | $C_{16:1}$ | 55～57 | 亚油酸 | $C_{18:2}$ | 4～20 |
| 硬脂酸 | $C_{18:0}$ | 1～2 | 亚麻酸 | $C_{18:3}$ | 14～30 |

（2）微藻制油基本工艺过程

微藻生物柴油制备是一个复杂的工艺过程，包括：微藻的筛选和培育，获得性状优良的高含油量藻种；微藻在光生物反应器中吸收阳光、$CO_2$ 等，生成微藻生物质；最后经过采收、加工，转化为生物柴油。其基本工艺过程如图 17-1 所示。

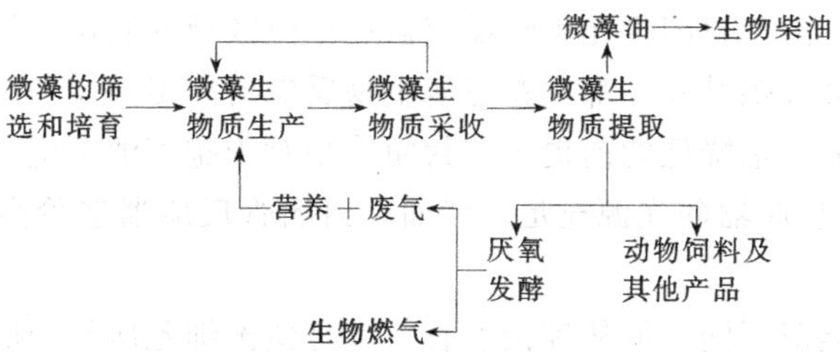


图 17-1 微藻制油工艺过程

① 微藻的筛选和培育 优良富油藻种的选育是微藻生物柴油效率提高与成本降低的首个关键环节，涉及微藻含油量、光合效率、生长速率的研究等，其影响因素包括微藻种类、温度、pH 值、盐碱度、光照等，N、Si、P、S 和微量元素等营养因子及基因工程改造等。一方面，从经济效益上看，较高水平的含油量是微藻生物柴油技术可行的必要条件；另一方面，快速的生长条件也是降低微藻生物柴油开发成本的必然要求。目前，葡萄藻（*Botryococcus braunii*）、裂殖壶藻（*Schizochytrium* sp.）等微藻含油量可达 50%以上，是自然界中含油量较多的典型藻种。

由于空气中的 $CO_2$ 只有 0.03%～0.06%，而环境中一定浓度的 $CO_2$ 含量又是微藻快速生长的基本条件，因此工业废气等非自然条件下的环境就成为了常见的选择。目前，已有较多的研究者对微藻生长条件进行了研究，部分微藻分别在耐受的 $CO_2$ 浓度、耐受温度以及产率等方面表现出较好的特性（表 17-2）。

**表 17-2 不同微藻的耐受性**

| 微藻 | $CO_2$/% | $t$/℃ | 微藻 | $CO_2$/% | $t$/℃ |
|---|---|---|---|---|---|
| *Chlorococcum littorale* | 40 | 30 | *Dunaliella* | 3 | 27 |
| *Chlorella kessleri* | 18 | 30 | *Haematococcus pluvialis* | 16～34 | 20 |
| *Chlorella* sp. UK001 | 15 | 35 | *Scenedesmus obliquus* | 空气 | — |
| *Chlorella vulgaris* | 15 |  | *Scenedesmus obliquus* | 空气 | — |
| *Chlorella vulgaris* | 空气 | 25 | *Botryococcus braunii* | — | 25～30 |
| *Chlorella vulgaris* | 空气 | 25 | *Scenedesmus obliquus* | 18 | 30 |
| *Chlorella* sp. | 40 | 42 | *Spirulina* sp. | 12 | 30 |

② 光生物反应器的研究 光生物反应器是指用于微藻培养的一类装置，与一般的生物反应器具有相似的结构，具有光、温度、溶解氧、$CO_2$、pH 值等培养因子的调节与控制系统。目前，研究者已经设计了多种形式的光生物反应器（表 17-3）。

**表 17-3 各种光反应器的优缺点**

| 光生物反应器 | 优点 | 缺点 |
|---|---|---|
| 跑道池 (raceway pond) | 成本相对较低、培养后易清理，大规模培养方便 | 光控制少、较难长时间培养、生产率低、占地面积大、只限于少数微藻、易污染 |
| 垂直柱 (vertical-column) | 大规模移动、混合好且剪应力低、宜大规模应用、易灭菌、适应范围广、易固定化微藻、光抑制和光氧化少 | 表面照射面积少、需精细材料、照射面积随规模扩大而减少 |
| 平板式 (flat-plate) | 大规模照射面积、易户外培养、易固定化微藻、光路径好、高生产率、成本相对较低、易清理 | 规模生产需大量支持材料、难控制温度、一定程度的壁生长、对微藻株的水力压 |
| 封闭管 (tubular) | 大面积照射、适于户外培养、相对高产、成本相对较低 | pH 梯度、管内溶解氧和 $CO_2$、污垢、一定程度的壁生长、需大量土地空间 |

从成本的角度看，由于封闭管光生物反应器在单位区域的利用面积、生物质浓度（如果浓度过低，采收成本会大幅升高）都比跑道池生物反应器高出至少一个数量级，因此在当前的微藻生物柴油成本需大幅降低的前提下，封闭管相对于跑道池更优。目前，封闭管的直径往往小于0.1m，以使反应器的光源充足。然而，封闭管反应器造价高，并且在应用中也存在受pH值限制等缺点。

尽管各种反应器类型不同，但从理论上看，都是微藻细胞所经历的光照射路径过程，以及在这个过程中所承受的剪应力和光/暗周期。光衰减模型（light attenuation model）和计算流体动力学（computational fluid dynamics）可用于评估光生物反应器的设计，从而使微藻单细胞的生长与光照、$CO_2$利用达到最优化。例如，典型的封闭管长度不超过80m，且通过连续不断的培养基补给以弥补夜间微藻消耗。在反应器的物理设计中，为了最大限度地利用阳光，封闭管的方向往往是南北方向，且反应器所处地面往往涂成白色，以增强反光。此外，由于机械泵易损伤微藻，因此，在进口处往往采用空气提升泵，而反应器每隔一段则设排气区以抑制反应过程中产生的溶解氧毒害，进口处和封闭管中设$CO_2$输入装置来控制pH值。

③ 微藻生物质采收、加工与转化技术　微藻生物质通过加工提炼与转化才能得到所需要的生物柴油，其成本可占约总成本的50%。目前，已经成熟的技术仍未很好地解决采收成本过高的难题，因此，发展新的采收方法是未来研究发展的必由之路。由于藻油提取也需大量耗能，不经过机械压榨或干燥而直接从微藻生物质中获取脂肪成为了目前主要的研究方向。藻体的收集方法主要有离心分离、絮凝、过滤、沉降、浮选和电泳。

微藻脂质的提取主要有氯仿-甲醇法、超声辅助法、冻融法和索式提取法。这些方法都需要用到大量的有机溶剂，提取的油脂得率与溶剂配比、提取时间和温度等相关。除了使用有机溶剂溶解细胞中的油脂外，还可以使用高压灭菌、球磨法、微波辅助声波降解和添加10% NaCl溶液等方法裂解细胞形成液体燃料直接用于酯交换。不同于常见的植物油脂，微藻生物柴油含有非常丰富的4个或更多双键的多不饱和脂肪酸，如二十碳五烯酸、二十二碳六烯酸，这些双键的存在会导致微藻生物柴油在储运的过程中被氧化而不稳定。因此，酯交换工艺的选择，对于微藻油脂的提取非常重要。

(3) 基因工程技术构建高油脂工程微藻

利用微藻制备生物柴油关键是提高细胞生长量和胞内脂肪酸含量。通过基因工程技术可以提高脂肪酸关键酶活性，从而实现构建高油脂工程微藻的目的。微藻中脂肪酸的生物合成在叶绿体中进行，通过产生$C_{16}$或$C_{18}$脂肪酸，然后合成细胞中的各种脂质，如细胞膜和三酰甘油。合成途径中最关键的一步是在乙酰辅酶A羧化酶的作用下乙酰辅酶A羧化，生成丙二酸单酰辅酶A。因此，提高乙酰辅酶A羧化酶活性就可以促进乙酰辅酶A高效表达，从而增加微藻细胞中脂类的积累。微藻细胞中*acc* Ⅰ基因是控制细胞编码合成乙酰辅酶A羧化酶的关键基因，其高效表达可促进脂类的积累，同时其活性可被硅元素含量与蛋白合成抑制剂所控制。例如，利用基因工程技术培育缺少ADP-葡糖焦磷酸化酶的变种莱茵衣藻（*Chlamydomonasreinhardtii*），该变种经过48h缺氮培养后，最终细胞中三酰甘油含量达到17ng/细胞，而同等条件下的野生型仅为10ng/细胞。

目前利用基因工程技术构建基因工程微藻都是基于脂质合成和代谢过程中特定酶的克隆和控制表达。脂质合成很复杂，外源目的基因的获得及其在藻体中的表达也是基因工程技术存在的一个瓶颈问题。因此，应用组学技术（如基因组学、蛋白质组学、代谢组学），进行脂肪酸合成酶的分离、修饰、基因诱变和设计，调控油脂脂肪酸组成，得到理想的油脂产品。

(4) 产油微藻的代谢调控

微藻的油脂合成与积累是一个复杂的代谢过程，关于油脂合成调控主要有生物化学工程、转录因子工程等方式。

① 生物化学工程方式 生物化学工程方式指通过控制营养或培养条件（例如温度、pH值、通气速率、光照和盐度等），把光合作用中积累的有机碳尽可能引入到油脂生物合成途径来达到增强微藻的油脂积累的方式。

氮缺失是迄今为止采用最为普遍的一种把微藻的代谢流引导至脂类生物合成的方式。在能源（例如光照）和碳源（例如 $CO_2$）极大丰富且细胞内光合作用活跃的时候，微藻在氮缺失的条件下会积累脂类作为存储物质。与此同时，磷和铁缺失也被报道能够引起细胞生长停止和脂肪或脂肪酸生物合成。这种方式的缺点是用以积累脂类的营养物质限制或者生理压力条件会减少细胞分裂。有研究发现，*Chlorella rulgaris* 和 *Chlorella emexronii* 两种微藻在低氮培养基中的生长，尽管两种微藻的脂类含量都有提高，然而其能量回收率却非常低。

针对这种缺点，有研究者建议采用两阶段培养法，即第一阶段在营养物质丰富的培养基中进行细胞生长和繁殖，第二阶段在营养物质限制或其他生理压力条件下进行脂类累积。然而，由于通常使用的限量营养物对微藻的光合作用是必需的，其缺少会严重阻碍光合作用的进行，使得用于脂类积累的光合作用代谢流减少，从而导致较低的脂类产生率。

② 转录因子工程方式 转录因子工程是一种通过超量表达转录因子来上调目标代谢物的合成路径，进而超量生产目标代谢物的崭新技术。转录因子是一些通过识别特定的 DNA 序列以及 DNA-蛋白质/蛋白质-蛋白质的相互作用来调控 DNA 转录的蛋白质。根据转录因子的保守结构和 DNA 结合域，它们可被划分为 50 多个家族。一般，一组转录因子可以调控一条代谢途径。与调控单个基因的基因工程方式相比较，转录因子工程方式影响多个参与多条代谢途径的基因，同时导致这些代谢途径的上调或下调。这种崭新的代谢工程方式已经被研究者证明可以提高一些代谢物的产量，是一种有前途的育种方式，其可能会为解决微藻三脂酰甘油生产成本高昂的问题带来突破。

利用转录因子工程方式提高微藻油脂含量的研究目前还处在初级发展阶段。在不同的生物中已经发现了不少转录因子可以提高目标代谢物的产量，在动物、植物和微生物中已经鉴定出各种调控脂类合成的转录因子。这些研究结果将会为利用转录因子工程方式提高微藻脂类产量的研究提供有益的借鉴。

### 17.2.2 微生物制油

某些微生物在一定条件下能将碳水化合物、烃类化合物和普通油脂等转化为菌体内大量储存的油脂，如果油脂含量超过细胞干重的 20%，则此类微生物称为产油微生物。从产油微生物中提取的油脂称为微生物油脂，又称为单细胞油脂。其中以甘油三酯（triacylglycerol，TAG）为主，约占 80%以上，磷脂约占 10%以上。TAG 具有比碳水化合物和蛋白质高的热值，是作为碳源和能源的储备化合物，另外还具有维持膜结构完整和正常功能的作用。

(1) 产油微生物

目前能够用于生产油脂的微生物种类有酵母菌、霉菌、细菌和藻类等，其中以酵母菌和霉菌类的真核微生物居多。

① 产油细菌　细菌在高葡萄糖时产生不饱和的甘油三酸酯，但大多细菌不产而是积累复杂的类脂，加之产生于细胞外膜上，提取困难，故产油细菌无工业意义。

② 产油霉菌和酵母　霉菌和酵母产的油脂为 $C_{16}$～$C_{18}$ 化合物，与许多植物油脂相似；而脂肪酸几乎都是不饱和的脂肪酸。自第二次世界大战期间发现高产油脂的斯达油脂酵母（*Lipomyces starkeyi*）、黏红酵母属（*Rhodotorula glutinis*）、曲霉属（*Aspergillus*）以及毛霉属（*Mucor*）等微生物以来，产油菌种方面取得突破，为后续形成生产力提供了依据。不同霉菌的脂肪酸组成有很大差别，如土曲霉的脂肪酸组成与食用植物油特别相近，还有的能产生特殊的脂肪酸。表 17-4 列举了几种典型产油微生物的脂肪酸组成情况。

**表 17-4　不同菌种的脂肪酸组成（质量分数）**　单位：%

| 脂肪酸 | 菌种 | | | | |
|---|---|---|---|---|---|
| | 黑曲霉 | 米曲霉 | 少根根酶 | 红酵母 | 酿酒酵母 |
| $C_{14:0}$ | 0.5 | 1.6 | 0.2 | 0.31 | |
| $C_{15:0}$ | 0.5 | | 0.5 | 0.71 | |
| $C_{16:0}$ | 19.3 | 23.3 | 18.0 | 10.40 | 7.60 |
| $C_{16:1}$ | | | | 1.68 | 50.14 |
| $C_{17:0}$ | | 4.2 | | 3.20 | 1.94 |
| $C_{18:0}$ | 6.9 | 8.3 | 6.6 | 10.84 | 3.08 |
| $C_{18:1}$ | 40.7 | 28.7 | 31.6 | 52.25 | 29.84 |
| $C_{18:2}$ | 31.6 | 30.8 | 32.84 | 2.94 | 1.94 |

(2) 微生物油脂的产生原理

甘油三酯（TAG）生物合成是生物界广泛存在的多酶催化过程，属于初级代谢的一部分。目前研究表明，TAG 的合成代谢中关键的两个中间产物是磷脂酸（PA）和甘油二酯（DAG）。酿酒酵母细胞中 PA 的合成与其他真核细胞中 PA 合成类似，存在两条合成途径，即 3-磷酸甘油（G-3-P）途径和磷酸二羟丙酮（DHAP）途径。磷脂酸在磷脂酸磷酸酶（PAP）作用下去磷酸化形成 DAG，这是 DAG 形成的主要途径。另外，DAG 也可由磷脂酶 C 催化水解磷脂得到。研究表明，DAG 转化为 TAG 时的酰基转移反应并不是由单一的脂肪酰基转移酶完成的。

微生物产生油脂的过程，本质上与动植物产生油脂的过程相似，都是从乙酰 CoA 羧化酶催化羧化的反应开始，然后经过多次链延长，或再经过去饱和作用等完成整个生化过程。在此过程中，有两个主要的催化酶，即乙酰 CoA 羧化酶和去饱和酶。其中乙酰 CoA 羧化酶能催化脂肪酸合成的第一步，它是第一个限速酶，此酶是由多个亚基组成的复合酶，结构中有多个活性位点，因此该酶能被乙酰 CoA、ATP 和生物素所激活。去饱和酶是微生物通过氧化去饱和途径生成不饱和酸的关键酶，这一过程称为脂肪酸氧化循环。20 世纪 70 年代中期，研究者就发现酵母微粒体中的去饱和酶系主要由 3 种酶组成，即 NADH-$Cytb_5$ 还原酶、$Cytb_5$ 和末端去饱和酶。NADH-$Cytb_5$ 还原酶是一种黄素蛋白，其催化作用是将电子从 NADH 传至 $Cytb_5$，$Cytb_5$ 只作为去饱和酶的电子供体，对去饱和并未起到实质性的作用，而末端去饱和酶才是产生不饱和酸的关键。

(3) 微生物油脂合成代谢调控

微生物高产油脂的一个关键因素是培养基中碳源充足，其他营养成分，特别是氮源缺乏时，微生物不再进行细胞繁殖，而是将过量的糖类转化为脂类。虽然阐明从脂肪酰 CoA 合成 TAG 的途径在油脂合成中非常重要，但该途径并不是产油微生物所特有的。事实上，产油微生物对油脂积累的重要调控元件是有关脂肪酸合成的一些因素。

目前，研究者对产油酵母和产油霉菌利用葡萄糖作为碳源积累 TAG 的代谢途径已有了比较深入的认识，图 17-2 简要说明了产油酵母中与 TAG 合成代谢调控相关的一些重要步骤。当产油微生物培养基中可同化氮源耗尽但可同化碳源丰富时，其 TAG 积累过程被激活。这个过程牵涉到微生物代谢和与代谢相关的一系列生理生化过程的变化。首先，当氮源枯竭时，产油微生物的腺苷一磷酸（AMP）脱氨酶活性增加，AMP 脱氨酶将 AMP 大量转化为肌苷一磷酸和氨，相当于微生物对缺氮的一种应激反应。通常产油酵母线粒体中异柠檬酸脱氢酶（ICDH）都是 AMP 依赖性脱氢酶，细胞内 AMP 浓度的降低将减弱甚至完全停止该酶的活性。因此，异柠檬酸不再被代谢为 2-酮戊二酸，三羧酸（TCA）循环陷入低迷状态，代谢路径发生改变。线粒体中积累的柠檬酸通过线粒体内膜上的苹果酸/柠檬酸转移酶转运进入细胞溶胶中，在 ATP-柠檬酸裂解酶（ACL）的作用下裂解生成乙酰 CoA 和草酰乙酸。这样，微生物在氮源枯竭、蛋白质合成停滞的情况下仍可将葡萄糖有效地代谢为乙酰 CoA，并在脂肪酸合成酶（FAS）的作用下完成脂肪酰 CoA 的合成。然而，在产油真菌 *M. circinelloides* 和 *M. alpina* 中 ICDH 的体外活性并不完全依赖于 AMP。当环境氮源耗竭后 AMP 的浓度降低，仍然会减量调节 ICDH 的活力，激活这些真菌的油脂积累代谢。在产油接合菌中，只有当无细胞抽提物中检测不出 ICDH 活性时，油脂的积累过程才会启动。如果能发展一种选择性抑制产油微生物 ICDH 的工具，也许可以在更宽松的培养基条件下使微生物在菌体内大量富集油脂。因此，研究者正以油脂酵母为模型，探索专一性调控 ICDH 体内活性的化学生物学方法。到目前为止，产油微生物在响应限氮条件时 AMP 脱氨酶的上游信号传导机制还很不明确。

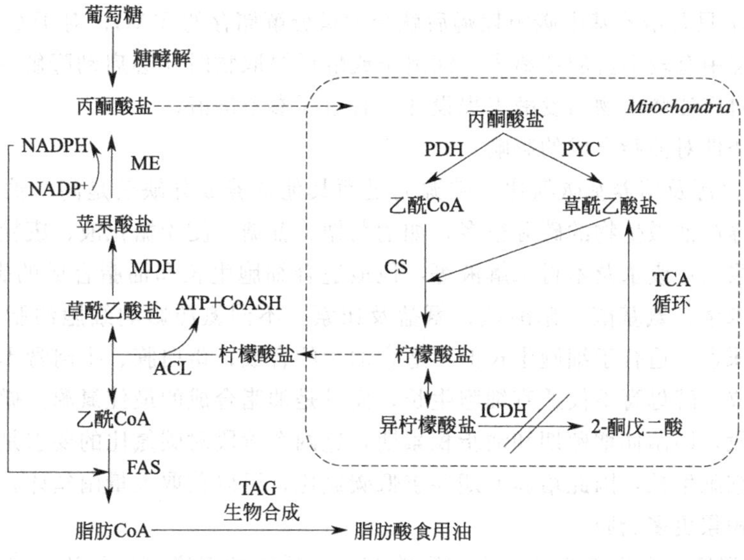


图 17-2　产油酵母油脂积累代谢调控途径简图

产油微生物油脂合成代谢调控中有两个关键酶，即柠檬酸裂解酶（ACL）和苹果酸酶（ME）。ACL 在细胞溶胶中催化柠檬酸裂解反应，提供油脂合成所需的乙酰 CoA。ACL 的活性与产油微生物的油脂积累的能力具有很强的相关性，还没有发现微生物能积累 TAG 超过其生物量的 20%却没有 ACL 活性的例子。然而有一小部分的酵母菌具有 ACL 活性，但油脂的积累仍然不会超过生物量的10%。因此，柠檬酸裂解酶是油脂积累的一个先决条件，但并不是有这种酶的微生物都是产油微生物。在不同酵母和真菌中也没有发现油脂积累程度和ACL活性具有明确的定量关系。

ACL催化反应的另一产物草酰乙酸首先由苹果酸脱氢酶（MDH）还原成苹果酸，再在ME作用下氧化脱羧得到丙酮酸，并释放NADPH。其中丙酮酸可透过线粒体膜进入线粒体，参与新一轮循环，而NADPH作为脂肪酸合成酶进行链延伸必不可少的辅助因子留在细胞溶胶中。线粒体中的丙酮酸既可以通过丙酮酸脱氢酶（PDH）产生乙酰CoA，又可在丙酮酸羧化酶（PYC）的作用下产生草酰乙酸。这两个产物在柠檬酸合成酶（CS）催化下合成柠檬酸，即ACL的底物，完成产油微生物TAG合成调控最重要的代谢循环。值得注意的是，线粒体中的乙酰CoA无法直接穿透线粒体内膜而进入细胞溶胶中参与脂肪酸合成。

脂肪酸合成不仅需要连续供给乙酰CoA用于碳链延伸，还需要提供足够的NADPH。每一个乙酰CoA单元在新生脂肪酸碳链上延伸时需消耗两当量的NADPH用于还原反应。研究表明，产油微生物油脂积累的多少与ME的代谢调控有关，如果ME受到抑制，则油脂积累下降。这是因为虽然微生物代谢途径中有许多生成NADPH的过程，但FAS几乎只能利用由ME产生的NADPH。因此，有人认为产油微生物中FAS和ME等可能有机地复合在一起，形成成脂代谢体。研究推测真菌 *M. circinelloides* 至少含有六个ME同工酶，在不同的时空范围内或不同的生长环境下同功酶的活性表现出对不同代谢途径的调控过程。但目前尚未见分离出产油微生物ME基因的报道。最近研究者以酿酒酵母为模型，利用基因工程方法成功实现对苹果酸酶表达量的调控。因此，如果能鉴定和分离产油微生物ME基因，就可以利用基因工程手段甚至化学生物学手段选择性调控苹果酸酶的活性，提高微生物产油能力。此外，当外界条件改变时产油微生物体内的TAG也可能被降解。例如，产油霉菌 *M. isabellina* 只要培养基中碳源耗竭后就会大量分解储存的TAG；对于 *C. echinulata* 则还需要培养环境中有较丰富的铁离子、镁离子或酵母提取物时才会启动降解储存TAG的机制。这些结果对产油微生物的发酵工程设计具有重要参考价值。

(4) 培养条件对油脂合成的影响

① 碳源、氮源及培养基碳氮比　碳源充足而其他营养成分缺乏是高产油脂的一个关键因素。用于培养产油微生物的碳源很多，如葡萄糖、蔗糖、淀粉糖化液、废糖蜜、乳糖、淀粉厂废水、纸浆工业废水及木材水解液等，但最适合细胞生长和油脂合成的碳源是葡萄糖。氮源主要有玉米浆、氨基酸、硝酸盐、氨盐及尿素。不同氮源影响细胞油脂合成的实验表明，硝酸铵、尿素等适合于细胞生长但不适合油脂的合成；蛋白胨、牛肉膏不适于细胞生长但利于油脂合成；酵母膏不仅适宜细胞生长，而且是油脂合成的最佳氮源。微生物生产油脂可分为两个阶段，即菌体增殖期和油脂积累期，这两个阶段对碳氮比的要求是不同的。氮源的作用是促进细胞生长，因此培养前期要求低碳氮比，可以获取大量菌丝体，产油阶段要求高碳氮比，以积累更多脂肪。

② 温度　温度对微生物合成油脂的影响较大。适宜的温度可以促进产油微生物对油脂的合成，而过高或过低的温度将会阻碍细胞油脂的合成。油脂生成的最适宜温度大多在25℃左右。温度可影响油脂的组成、含量，温度低时不饱和脂肪酸含量将会增加。

③ pH值　不同的微生物产生油脂的最适宜pH值不同，酵母为3.5～6.0，而霉菌为中性至偏碱性。构巢曲霉（*Aspergillus nidulans*）在pH值2.8～7.4培养时，随着pH值的上升，油酸含量增加。而培养油脂酵母的培养基最初pH值越接近中性，稳定期细胞油脂含

量越高。

④ 培养时间　细胞合成油脂的最佳时间与产油菌种、微生物所处生长阶段、培养时间长短都有关系，如黑曲霉、米曲霉、根霉、红酵母、酿酒酵母的最佳培养时间分别为 3d、7d、7d、5d、6d。油脂酵母含油量在生长对数期较少，在生长对数期末期急剧增加，至稳定期初期达到最多。培养时间不足，会因菌体总数少而影响油脂量；培养时间过长，细胞变形、自溶，油脂难以收集，同样影响油脂产量。

⑤ 无机盐和微量元素　适当增加无机盐和微量元素的使用量可提高真菌产油速率和产油量。国外有人对构巢曲霉的研究表明，在培养基中适当调整 $Na^{+}$、$K^{+}$、$Zn^{2+}$、$SO_4^{2-}$ 等离子的含量比，可使菌体油脂含量由 25%～26%（油脂生成率 6.7%～7.9%）提高到 51%（油脂生成率 17.2%）。而有人利用油脂酵母（*Lipomyces starkeyi*）生产油脂的实验证明，在培养基中增加 $Fe^{3+}$，可加快油脂合成速度；增加 $Zn^{2+}$，可提高油脂累积量。但需注意，任何无机盐及微量元素的增加剂量都是有限度的，不宜过多。

⑥ 其他因素　一般来说，产油微生物合成油脂都需要氧气参与，因此需供应充足的氧气。菌体生长期孢子数量过多，单细胞油脂产量反而下降。细胞内积存的油脂过多，又会使菌体失去增殖能力。因此，应使产油菌达到最佳孢子数量，以保持菌体的增殖能力和产油生理状态。添加某些中间物，如乙醇、乙酸盐、乙醛等也可增加油脂含量。

(5) 油脂提纯及生物柴油生产工艺

利用微生物油脂产生微生物柴油的基本原理是：高产脂微生物在培养发酵过程中，由于其代谢作用，在细胞内积累了大量的脂肪酸。将脂肪酸萃取，先纯化出 $\gamma$-亚麻酸、花生四烯酸等有功能的多不饱和脂肪酸，余下的大量脂肪酸经酯交换后分离出微生物柴油和甘油。微生物油脂提纯过程如图 17-3 所示。通过水化脱羟、碱炼、活性白土脱色和蒸汽脱臭对微生物毛油进行精炼，可得到品质较高的微生物油脂。

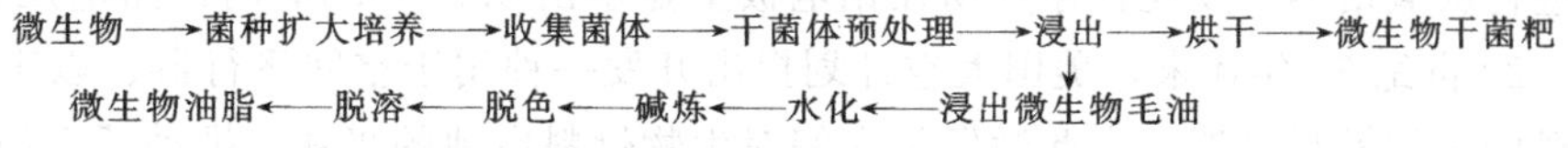


图 17-3　微生物油脂提纯过程

# 第18章　生物燃料电池

## 18.1　燃料电池

燃料电池（fuel cell）不同于常规意义上的电池，它是一种将存在于燃料（天然气、甲醇、石油、氢气等）与氧化剂中的化学能直接转化为电能的发电装置，借助电化学反应即可产生电力和热能。由于燃料电池按电化学方式直接将化学能转化为电能，不需要经过热机过程，因此不受卡诺循环的限制，能量转化效率高（40%～60%），对环境友好，几乎不排放氮氧化物和硫氧化物。而且，二氧化碳的排放量也比常规发电厂减少40%以上。正是由于这些突出的优越性，燃料电池的研究和开发备受各国政府的重视，燃料电池被认为是21世纪首选的洁净、高效的发电技术。按照所采用的电解质，燃料电池一般可分为碱性燃料电池、聚合物质子交换膜型燃料电池、磷酸型燃料电池、熔融碳酸盐燃料电池、甲醇燃料电池和生物燃料电池。

生物燃料电池（bio fuel cell，BFC）是一种利用酶或者微生物组织作为催化剂，将燃料的化学能转化为电能的发电装置，其中酶、蛋白质活细胞或微生物是该类电池结构的核心组成。生物燃料电池中，阳极和阴极上分别发生氧化和还原反应，反应过程中释放电子，电子经外电路由阳极流至阴极产生电流，通过生物代谢过程，不断向电解液里补充反应所需的各种离子，促进循环电路的电流不断产生。

最早的生物燃料电池是1910年英国植物学家Potter把酵母和大肠杆菌放入含葡萄糖的培养基中进行厌氧培养，发现代谢产物在铂电极上显示出0.3～0.5V的开路电压和0.2mA的低电流。20世纪50年代末，美国太空计划提出开发一种用于空间飞行器、以宇航员生活废物为原料的生物燃料电池，由此激发了人们对生物燃料电池的兴趣，推动了生物燃料电池的发展。21世纪初，生物燃料电池方面的研究得到世界各国重视，研究内容涵盖了生物体系、电极材料、膜材料和系统装置。

作为一种特殊的燃料电池，生物燃料电池不仅具有能量转化效率较高、无污染等优点，而且燃料来源广泛，反应条件温和。

## 18.2　生物燃料电池

### 18.2.1　工作原理

生物燃料电池以附着于阳极的酶或微生物作为催化剂，通过降解有机物（如葡萄糖、甲醇、乳酸盐和醋酸盐等）产生电子和质子。产生的电子传递到阳极，经外电路到达阴极产生外电流；产生的质子通过分隔材料（通常为质子交换膜、盐桥）或直接通过电解液到达阴极，在阴极与电子、氧化物发生还原反应，从而完成电池内部电荷的传递。图18-1为生物燃料电池的工作原理示意图。

因此，生物燃料电池产电过程由5个步骤组成。①基质（即燃料）的生物氧化，阳极室有机物在酶或微生物作用下被氧化，产生电子、质子及代谢产物；②阳极还原，有机物氧化产生的电子从酶或微生物细胞传递至阳极表面，使电极还原；③外电路电子传输，电子经由外电路到达阴极；④质子迁移，有机物氧化产生的质子从阳极室迁移到阴极室，到达阴极表面；⑤阴极反应，在阴极室中的氧化态物质即电子受体（如氧气等）与阳极传递来的质子和电子于阴极表面发生还原反应，氧化态物质被还原。电子的产生、传递、消耗形成电流，完成整个产电过程。

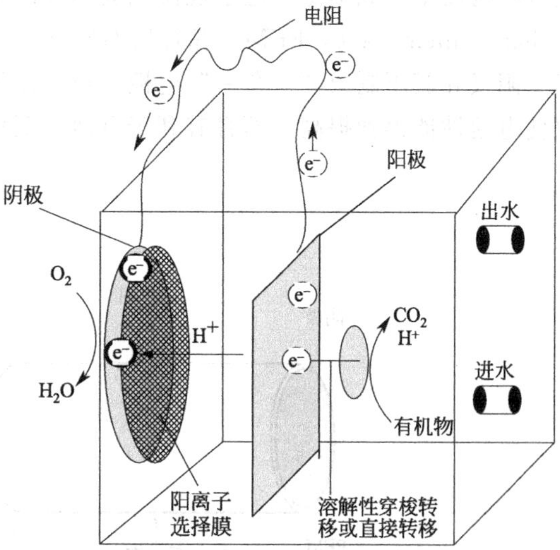


图 18-1　生物燃料电池工作原理示意图

按照使用催化剂形式的不同，生物燃料电池可以分为微生物燃料电池（microbial fuel cell，MFC）和酶燃料电池（enzymatic biofuel cell，EFC）。前者利用整体微生物中的酶，而后者对酶直接利用。尽管已经有在阴、阳两极同时使用生物催化剂的例子，但大多数生物燃料电池只在阳极使用生物催化剂，阴极部分与一般的燃料电池没有什么区别，因为生物燃料电池同样以空气中的氧气作为氧化剂。这样一来，在生物燃料电池领域的研究工作也多是针对电池阳极区的。

比较微生物电池和酶电池，前者主要以葡萄糖或蔗糖为原料，对燃料的氧化能力强，使用寿命长，但产生的能量浓度低，其原因是副反应较多；后者采用脱氢酶和氧化酶为主要催化剂，甲醇和葡萄糖是其常见的两种原料，产生的能量浓度高，但使用寿命短，对燃料的氧化能力没有微生物电池强。采用固定化技术，将酶固定在电极上或导电聚合物固定酶，可以延长电池寿命，增大电池电流。

根据电子转移方式的不同，生物燃料电池还可分类为直接生物燃料电池和间接生物燃料电池。直接生物燃料电池中，燃料在电极上氧化，电子从燃料分子直接转移到电极上，生物催化剂的作用是催化在电极表面上的反应；间接生物燃料电池中，燃料并不在电极上反应，而是在电解液中或其他地方反应，电子则由具有氧化还原活性的介体运载到电极上去。另外，也有人用生物化学方法生产燃料（如发酵法生产氢、乙醇等），再用此燃料供应给普通的燃料电池。这种系统有时也被称为间接生物燃料电池。

目前，直接型生物燃料电池非常少见，使用介体的间接型电池占据主导地位。氧化态的小分子介体可以穿过细胞膜或酶的蛋白质外壳到达反应部位，接受电子之后成为还原态，然后扩散到阳极上发生氧化反应，从而加速生物催化剂与电极之间的电子传递，达到提高工作电流密度的目的。理想的介体应具有下列特性：①能够被生物催化剂快速还原，并在电极上被快速氧化；②在催化剂和电极间能快速扩散；③氧化还原电势一方面要足以与生物催化剂相耦合，一方面又要尽量低以保证电池两极间的电压最大；④在水溶液系统中有一定的可溶性和稳定性。

### 18.2.2　生物燃料电池构型

生物燃料电池主要有三种结构类型，即单室结构、双室结构和填料式结构。

（1）单室结构

单室生物燃料电池（图 18-2）通常直接以空气中的氧气作为氧化剂，无需曝气，因而具有结构简单、成本低和适于规模化应用的优势。它是直接将阴极或与质子交换膜（proton exchange membrane，PEM）黏合后面向空气放入电池中，构成电池的一极室；也可以将阴极、阳极和膜压制成“三合一”电极。单室无隔膜电池结构采用均相混合溶液作为燃料，不仅使电池性能得到提高，而且有利于电池微型化。

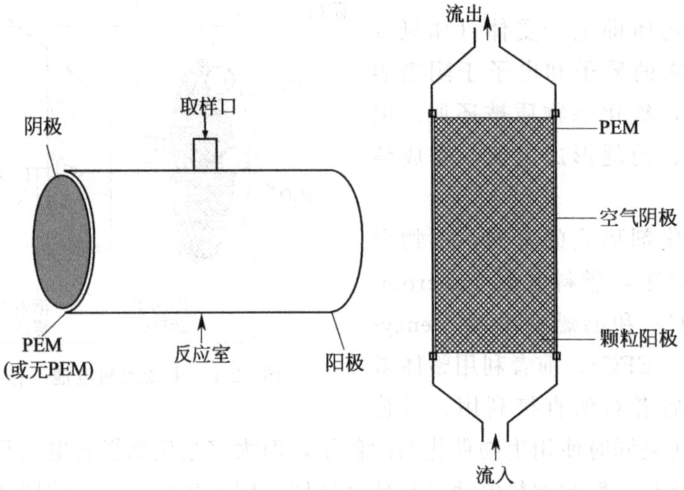


图 18-2 单室 MFC

（2）双室结构

生物燃料电池包含两个被质子交换膜分隔的反应室，即阳极室和阴极室（图 18-3）。隔膜的存在防止了两电极间反应物与产物相互干扰，但隔膜的使用会增加电池内阻，降低电池输出性能。

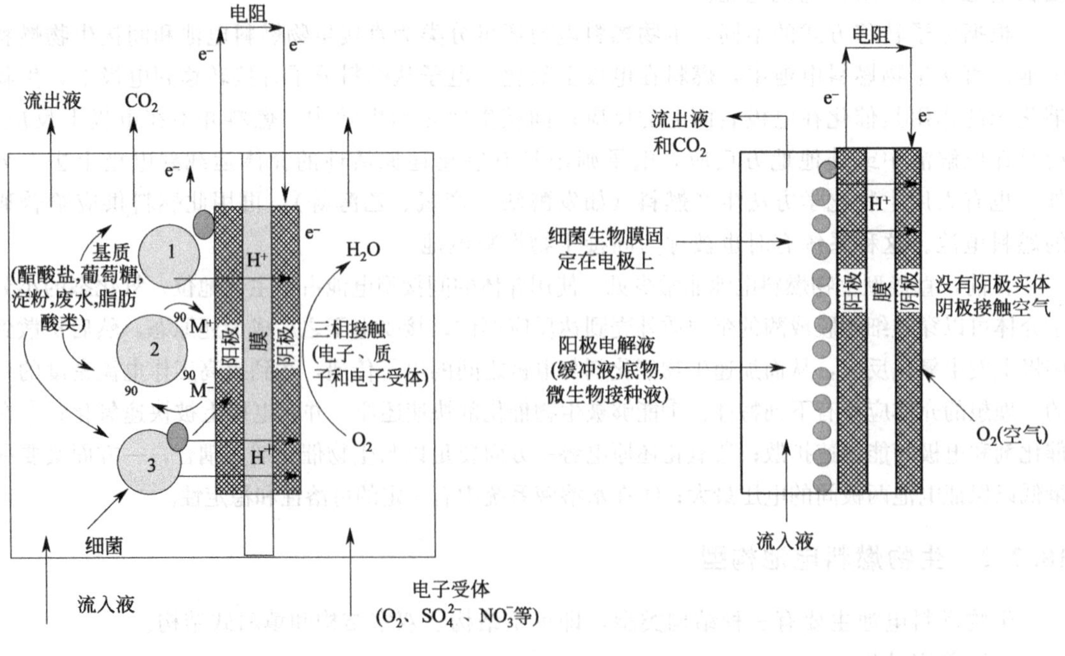


图 18-3 双室 MFC 及工作原理

(3) 填料式结构

填料式生物燃料电池类似于流化床反应器，填料式结构极大地增大了生物组织和电极的接触面积，促进了电子传输，降低了内阻，可以实现大规模污水处理。

# 18.3　影响生物燃料电池性能的因素

目前，生物燃料电池的性能比理想情况要低得多，输出功率与其他形式的燃料电池相比也很低。影响 MFC 性能的因素很多，其中包括微生物种类和数量、电极的材料和表面积、阴极催化剂、隔膜类型和大小、反应器结构、燃料类型和浓度、阴极电子受体及浓度、离子强度、pH 值、温度等。对于一个给定的生物燃料电池系统，通过操作条件优化，可以降低极化的影响，从而提高生物燃料电池性能。

## 18.3.1　阳极室的操作条件

阳极室内微生物的种类及数量、燃料的类型及浓度、进料速率等是影响 MFC 性能的重要因素。对于固定的微生物，功率密度随不同的燃料变化很大。

(1) 燃料浓度和进料速率

在 MFC 中，最大电流常随燃料浓度的变化而改变。研究表明在以 *S. putrefaciens* 为产电微生物、醋酸为燃料的单室 MFC 中，在醋酸浓度未过量（低于 200mmol/$L^3$）时，随醋酸浓度的增加，输出电流不断增大，功率密度也随着燃料浓度的增加而增大。有趣的是，MFC 的最大输出功率一般在相对低的进料速率下出现，这可能是因为进料速率较高时，混合菌中发酵菌的增长比电化学活性菌的增长速度快。然而，如果微生物是以生物膜的形式生长在电极表面，则提高进料速率未必会影响生物群。一个可能的原因就是高的进料速率可能引入其他的电子接受体与阳极竞争，从而导致输出的能量降低。

(2) 底物转化率

底物转化率主要受生物量的多少、营养物的混合与传递、微生物生长动力学与质子传递效率等因素的影响。首先，需要保证微生物生长的最适合条件，使之能在最短时间内积累足够多的生物量。其次，阳极液的充分混合也很关键，可以保证微生物与营养物的充分接触，产物的及时输出。由于 MFC 的阳极室为厌氧环境，可采用充入氮气的方法搅拌混合。

(3) 阳极室的溶解氧

质子交换膜对氧气也有一定的透过性，特别是无质子交换膜的单室 MFC，阴极的氧气会透过到阳极室，而对于阳极室的厌氧菌来说，氧的存在对其代谢是极为不利的，不仅提高了氧化还原电势，终止厌氧菌的代谢，严重时还会影响电池的性能。研究发现，半胱氨酸可以作为溶解氧的去除剂，使电能产率提高 14%左右，原因是半胱氨酸具有强的还原性，可与溶解氧反应生成胱氨酸。

(4) 阳极电解质和 pH 值

电解质 pH 值的选取十分关键，既要保证微生物生长处在最佳，又要保证质子能高效透过膜。阳极室最高的电流一般是在 pH 7～8 得到的，在 pH 高于 9 和低于 6 时电流减小。另外，电解质对质子交换膜不能有腐蚀作用。目前，最大的电流产生多是使用磷酸盐缓冲液和氯化钠作为电解液，最低的电流产生是单独使用氯化钠溶液作为电解液。电解质也是形成电池内阻的一部分，因此，应尽可能提高电解液的导电性即增大离子强度。

### 18.3.2 阴极室的操作条件

阴极电子受体的种类和浓度、阴极催化剂、阴极液 pH 值、操作温度和离子强度等都会影响 MFC 的性能。

(1) 阴极电子受体的浓度

阴极电子受体浓度的变化可以从能斯特方程和还原反应的动力学两方面进行考察。在一定范围内提高氧化剂的浓度可以提高电池的性能，如当阴极采用氧气为电子受体时，采用纯氧和适宜的供氧速率可以提高电池性能。

(2) 阴极液 pH 值、电解质和操作温度

阴极电解液采用适宜的离子强度和 pH 值可以提高电池的性能。MFC 操作温度的变化会影响反应动力学和物质、质子的传递。有研究表明，在无膜单室 MFC 中，操作温度由 20℃增加到 32℃时，电池的输出功率增加了 9%。但是，应当注意的是提高的温度应在微生物和催化剂能承受的范围内。

### 18.3.3 电池的外电阻

电池负载较高时，电流较低且较稳定，内耗较小，外电阻成为主要的电子传递限速因素，进而影响电流产生速率；电池负载较低时，内耗较大，电子消耗速率比电子传递速率低，但库仑效率较高。库仑效率的不同，可能是电子消耗在除阴极之外的其他载体上造成的。因此，不同大小的负载，应选择效率合适的 MFC。研究发现，电池的输出功率在外电阻和电池的内阻相等时最大。

## 18.4 生物燃料电池的应用

(1) 水质淡化

最新研究显示，细菌可将污浊的盐水变为饮用水并发电。研究人员发现，使用两片特制的塑料薄膜就可以利用这些微生物产生的能量。这种薄膜可以分离微生物产生的电子、离子或气体，让其分别流向阴极或阳极。阴极、阳极和薄膜组装在一个如同小纸巾盒一样的透明塑料盒中，在薄膜之间加入一杯盐水，细菌就开始工作，最终可以产生纯度达 90% 的水。水的纯度可以根据科学或商业需要进行调整，甚至可以达到饮用水标准。由于该过程能够减少电力消耗，因此还可以降低水质淡化成本。

(2) 生物传感器

由于电流或电量产出和电子供体量之间存在一定的关系，因此电流或电量可作为底物含量的衡量指标。研究者根据这一特性，研发了以生物电池为核心组件的生物传感器。其基本原理是：生物组织氧化有机物质时，它们将产生电子，这些电子将转移至电极并产生电流。但是当含有毒性的化学物质导入时，它将降低活性细菌的活性并干扰仪器的正常电子转移，从而显著改变电流值，达到指示作用。

(3) 便携电源

生物燃料电池能够利用广泛的底物产生电流或电量。这些底物无毒无害、绿色环保、容易获得、易于储藏，单位体积含有比其他底物更多的能量，便于使用。如果生物燃料电池能够发展成一种单位体积输出可用电能的产品，其应用将更加广泛。

(4) 人造器官的动力源

生物燃料电池具有很强的生物相容性，可以利用人体内的葡萄糖和氧气产生能量。作为人造器官的动力源，需要长期稳定的能量供给，而人体内源源不断的葡萄糖摄入恰好可以满足生物燃料电池作为这种动力源的燃料需要。

(5) 污水处理

生物燃料电池技术能够在处理废水的同时产生电能，这为污水处理系统的高耗能窘境提供了新的解决途径。污水中蕴含着巨大待挖掘的能量，这些能量以化学能的形式存在，其数量约为处理过程中所耗费的电能的 9．3 倍。因此，只要生物燃料电池技术达到一定的程度，从污水中回收的能量不仅可以实现污水处理系统的自维持状态，甚至可以产出额外的电能。分析认为，生物燃料电池发电效率可高达 40％～60％，综合利用率可达 80％，对环境影响极小，被认为是继火力、水力和原子能之后的第四大发电体系。

# 第19章　环境友好材料生物技术

## 19.1 概述

材料（materials）是人类生存和发展的基础，以此可把社会进步划分为石器时代、青铜器时代、青铁器时代和塑料时代。然而，材料的生产和发展是以开发和消耗资源能源为前提的，在给人类社会带来福利和进步的同时，也给环境带来了压力。近年来，在提倡构建"资源节约型、环境友好型"和谐社会的大背景下，"环境友好材料"应运而生。

环境友好材料也称生态环境材料或环境意识材料（environmental conscious materials，简称Ecomaterials），最初是由日本山本良一教授提出的。其主要特征是：①先进性，能为人类开拓更广阔活动范围和环境；②经济性，即性价比高，对资源耗用小；③环境协调性，同外部环境尽可能协调；④舒适性，能使人类生活环境更加优美、舒适。环境友好材料是相对于传统材料而言减少或消除对生态环境（生物圈）产生不利影响的一类材料，它不是一种全新的材料，而是原有材料的提升，具有相对性、时代性和区域性，任何一种材料都有可能通过技术或改变用途而成为环境友好材料。

环境友好材料学是通过研究材料对自然环境的作用以及自然环境对这种作用的消纳行为，寻求材料性能与环境负荷之间的合理平衡点，以开发性能或功能良好且环境负荷小、再循环利用率高的材料。因此，环境友好材料学就是应用环境理念，一方面改造传统材料，使其与环境有良好的协调性；另一方面，在开发新材料时，注重其与环境的协调性，采用低消耗、低污染、高产出、高功能、高再生的指导原则来开发和制备各种新型材料。

## 19.2　环境友好材料分类

环境友好材料一般可分为可再生天然材料、仿生材料、生物质材料、纳米材料、环境友好高分子材料、环境友好有色金属材料、生态建筑装饰材料、绿色包装材料和环境修复材料等九大类。下面介绍其中的主要三类。

### 19.2.1　可再生天然材料

可再生天然材料的应用意味着能减少不可再生资源和能源的消耗。天然材料源于自然，具有良好的环境消纳特性。常见的可再生天然材料主要有木材、竹材、稻壳、纤维素、甲壳素和壳聚糖、淀粉、天然漆等。

（1）木材

木材主要由管状细胞结构和软组织构成，主要成分是木质素、半纤维素和纤维素。木材是多种复杂有机物组成的生物细胞复合体，其中绝大部分是天然高分子有机物的混合物，平均含碳、氢、氧和氮的比例分别为50%、6.4%、42.6%和1%。

作为一种天然材料，木材的全生命周期都具有优异的环境性能，从树木的生长、材料的加工到使用以及废弃整个过程中对环境产生的影响都很小，甚至能改善环境。木材典型的环境特性主要有再生性、固碳作用、调湿性和可环境消纳性。每生长 1t 木材可吸收 1.47t $CO_2$，产生 1.07t $O_2$，这种固碳作用和造氧能力是其他材料所不能比拟的，对地球生物圈的生态平衡有着重要的作用。木材的调湿功能是其独具的特性之一。当周围环境湿度发生变化时，木材自身为获得平衡含水率，能吸收或放出水分，直接缓和周围空间湿度的变化。此外，废弃后的木质材料，在自然或人工条件下，能充分降解或水解成肥料和饲料，实现材料从源于自然到回归于自然的可环境消纳过程。

(2) 竹材

竹材也是一种天然高分子材料，是轻工业、农业、医药等各行业的重要原料，如以竹代木，1t 烘干竹片可生产胶合板 $1m^2$，2.3t 干竹片可生产 1t 人造纸浆，3.5t 干竹材可生产 1t 人造竹浆。竹类植物生长快、产量高，而且年年都可定量取伐，在经济发展中发挥了重要作用。中国是世界竹子中心产区之一，竹子在中国主要应用于造纸领域、化工生产领域和竹废料综合利用领域。

竹材纤维长，长宽比较大，是优质造纸和人造丝原料。作为造纸原料，竹类纤维仅次于木材纤维，优于一般草类纤维，基本上属长纤维原料，是优良的造纸原料。竹浆造纸有利于林业和造纸业的可持续发展，代表了未来造纸业发展的趋势和方向，具有广阔的市场前景。以竹为原料的纸浆一体化项目，可以充分利用竹子的再生能力进行合理砍伐，不但不会对生态造成破坏，还将极大地调动农民退耕还林的积极性，扩大生态恢复面积，实现社会经济、生态可持续发展。利用竹浆造纸，可有效利用中西部的丰富资源，与国家退耕还林政策相结合。

竹材废料主要指采伐剩余物和加工废料，如边角料、细刨花、竹枝丫、开花竹子、竹篓等。大型竹材加工废料已被广泛利用，如作为制浆和造纸的原料，老龄竹可烧制竹炭，作食品添加剂和保健用品。

(3) 纤维素

天然纤维素是一种高分子材料，天然棉纤维制成的衣物由于对人体亲和性好而为人们所喜爱。纤维素衍生物更是有着广泛的应用。

天然植物纤维突出的优点是具有生物可降解性和可再生性，在解决人类所面临的资源能源和环境问题方面有重要意义。通过衍生化技术和接枝改性技术，可以提高天然纤维素的特性，包括防火耐燃、耐微生物、耐磨损、耐酸及提高黏附力和对燃料的吸收性等。

纤维素在环境材料中的应用主要包括：①生产纤维素无纺布（主要用于工业用材和生活用品）；②生产海绵（主要用于医用和餐具洗涤）；③生产新的再生纤维素纤维；④高压蒸汽处理和超级纤维素纤维的开发以及模仿棉的高级结构的纤维；⑤生产纤维素分离净化膜。纤维素及其衍生物通过薄膜化，可制得各种分离膜，这些分离膜广泛应用于反渗透、超滤、气体分离等膜分离工艺中。如珠状纤维素由于具有良好的亲水性网络、大的比表面积和通透性以及很低的非特异性吸附，并且来源广泛，价格低廉，广泛用作吸附剂、离子交换剂、催化剂和氧化还原剂，也可用于处理含金属、有机物、色素废水，还可用于从海水中回收铀、金、铜等贵重金属。

(4) 甲壳素和壳聚糖

甲壳素是地球上含量仅次于纤维素的天然高分子化合物，广泛存在于各类细胞壁、昆虫和甲壳类动物的硬壳中。据估计，自然界每年生物合成的甲壳素将近 $1.0\times10^{10}$ t。甲壳素与纤维素的化学结构非常相似，两者的不同点在于甲壳素C2上有一个乙酰胺基($CH_3CONH—$)，甲壳素脱去乙酰基便得到壳聚糖。甲壳素不溶于水、稀酸、稀碱及一般的有机溶剂，应用受到限制。通过引入其他官能团进行化学改性，改善甲壳素和壳聚糖的溶解性和成型加工性，既可制备出新的功能材料，又可拓展其用途。

目前，甲壳素和壳聚糖在环境治理中的应用主要有：①吸附重金属离子和有机物；②作阳离子絮凝剂；③深度净化饮用水。

(5) 淀粉

淀粉是植物光合作用的产物，来源广泛，许多作物如大米、小麦、玉米、薯类，其干物质的主要成分都是淀粉。天然淀粉不仅是一种重要的能源物质，而且淀粉改性技术的迅猛发展使天然淀粉性质上原有不足之处得到改善，从而获得成百上千种变性淀粉。

变性淀粉作为环境友好材料，可广泛用于食品工业、造纸工业、纺织工业和塑料工业等，其中以塑料工业最为典型。以淀粉为原料的生物降解塑料的成功研制，解决了多年来困扰环境的“白色污染”问题。

(6) 天然漆

天然漆主要来自于漆树。天然漆除了其本身具有耐酸、耐热、防腐、漆膜坚硬且耐磨强度大、与其调配的色料经久不变等的物理性质外，还具有独特的环境可消融性。

天然漆主要应用于涂料生产和制备离子选择电极方面。新研制的黑抛光漆和传统漆在日用家具方面应用广泛，约占该领域生漆用量的60%；非涂料应用主要体现在以饱和漆酚冠醚作为离子选择电极的中性载体和气相色谱的固定液。以生漆为基体来制作离子选择电极，具有耐久、稳定、敏感度高等特点，目前日本已经研制出高氯酸根、硝酸根、亚硝酸根、硫酸氰根以及钾、钙、溴、碘等离子多种感应电极。

### 19.2.2 仿生材料

天然生物材料的基本组成普通，但具有适应环境及功能需要的复杂结构，表现出的优异韧性、功能适应性及损伤愈合能力，是传统人工合成材料无法比拟的。材料仿生学的思想即通过研究自然界中生物体的组织结构、化学成分、色彩、生态特征功能，在某些材料的设计和制造中加以模仿，制得高强度和多功能的新材料（即仿生材料）。

制备仿生材料的方法主要有两种：一种是制备与生物相似结构或者形态的材料，替代天然材料，如仿生人工骨材料、仿蜘蛛人造纤维；另一种则是直接模仿生物的独特功能，以获取人们所需要的新材料，如仿生荷叶。当前仿生材料的研究热点包括蜘蛛丝仿生材料、骨骼仿生材料、贝壳仿生材料、植物仿生材料、纳米仿生材料、仿生陶瓷薄膜等，它们都具有各自特殊的微观结构特征、组装方式及生物力学特征。

(1) 蜘蛛丝仿生材料

蜘蛛丝是庞大的天然生物材料中的一员，它是世界上最结实坚韧的纤维之一，比高强度钢或用来制作防弹服的凯夫拉尔纤维更坚韧，且更具有弹性，重量也轻。据科学家计算，一根铅笔粗细的蜘蛛丝束，能够使一架正在飞行的波音747飞机停下来。此外，蜘蛛丝还具有信息传导、反射紫外线等功能。

目前，美国杜邦公司已经开发成功利用人造基因制备具有蜘蛛丝特性（包括结构、强度、化学性能）的蛋白质分子。将这种蛋白质溶解在一种溶剂中，利用类似于蜘蛛吐丝的纺织技术制成纤维。这种新型纤维比尼龙和现有其他产品强度都高，在飞机、人造卫星等航天航空领域大有用武之地。加拿大科学家将人工合成的蜘蛛蛋白质基因植入山羊乳腺细胞中，通过山羊奶产出蜘蛛丝蛋白质，这种蛋白质能够制造出轻得令人难以置信的织物，其强度可挡住子弹，还可降解，被称为“生物钢”。

（2）骨骼仿生材料

动物长骨的外形特点为中间细长两端粗大，类似哑铃形状，这种结构增加了拉伸强度和断裂韧性，减缓压应力的冲击，有利于应力的传递，避免了应力集中；还可与肌肉相互配合，使肢体持重比提高。研究表明，把短纤维设计成哑铃状，增强效果比平直纤维高出一倍以上。采用仿骨骼材料代替金属作为骨折内固定材料，不仅弯曲强度、剪切强度和压缩强度均比人的自然骨高出 2～3 倍，而且无需二次手术取出，减轻了患者的痛苦。

（3）植物仿生材料

植物在复合材料力学性能方面，也有许多独特的魅力。在西瓜的启发下，人们研制了一种与西瓜纤维素构造相似的超吸水性树脂，它是用特殊设计的高分子材料制造的，能够吸收超越自身质量数百倍到数千倍的水分，现在已用于废油的回收，既经济又高效。

我国科学工作者基于著名的“荷叶自洁效应”发明了制造“仿生荷叶”技术，这项技术可广应用于生产建筑涂料、服装面料、厨具面板等需要耐脏的产品。依据具有自清洁特性的天然荷叶表面微结构，通过分子设计制备高分子表面微米-纳米双重结构，利用聚合物在溶剂蒸发过程中自聚集、曲面张力和相分离的原理，在室温和常压下一步法直接成膜，构筑类似荷叶微米-纳米双重结构的聚合物表面，得到了超疏水和疏油性质的仿生涂层，水和油的接触角可高达 166°和 140°，水珠在表面上可以自由滚动，具有与荷叶表面相似的自清洁效应，同时该仿生表面还具有类似荷叶的“自修复”功能，仿生表面最外层在被破坏的状况下仍然保持超疏水和自清洁的功能。这项研究可用于开发新一代的仿生表面材料和涂料。新型的“仿生荷叶薄膜”可以用于制造防水底片等防水产品，而用仿生荷叶涂料粉刷，墙体将不沾灰尘。

（4）纳米仿生材料

纳米材料以其“体积效应”和“表面效应”显著区别于一般颗粒和传统的块体材料，因而在电学、光学及磁学等领域有着巨大的应用潜力。纳米材料的仿生合成方法通常采用有机高分子在水溶液中形成的逆向胶束、微乳液、磷脂囊泡及表面活性剂囊泡作为无机底物材料的空间受体和反应界面，将无机材料的合成限制在有限的纳米级空间内，从而可控合成无机纳米材料。通常，人工有机模板的稳定性较差，直接采用生物体内的模板可克服上述缺点。例如铁蛋白是许多生物体内的一种可存储铁的蛋白质，它由一个球形的多肽壳和铁氧化物水铁矿的核心组成，内部的孔隙 8～9nm。采用原位的化学反应代替其核心即可形成一系列的纳米级氧化物矿物，如非晶氧化锰、磁铁矿等，在铁蛋白笼中形成的纳米材料粒径均匀，粒度可控制在 10nm 以内。

### 19.2.3　生物质材料

生物可降解性、生物相容性及生物安全性是环境友好材料的最重要一个特点。随着石油、煤炭等不可再生资源逐渐枯竭，许多研究者都把目光投向一种新型的材料——生物质。生物质是指来源于动物、植物等的可再生有机物质，是生物利用大气、水、土地等，通过光合作用而产生的各种有机体，它们会被微生物分解成 $H_2O$、$CO_2$ 以及热能。利用生物质制成的环境友好材料主要有可降解塑料、环保用酶制剂、生物农药和生物肥料等。

(1) 可降解塑料

可降解塑料是指在特定环境条件下，其化学结构发生明显变化，并被光、生物或水等分解，最终变成 $H_2O$、$CO_2$ 或 $CH_4$，进入生物链和碳循环过程，完全被环境消纳，不留任何聚合物的碎片。生物降解塑料所采用的原料大部分采用可再生的生物资源，降低了塑料制品对有限石油资源的依赖程度，发展前景十分巨大。

第一代生物降解塑料是在普通塑料中添加不等比例的淀粉，制成的产品在土壤中能较快地降解成小片，但塑料小片在土壤中仍难降解。第二代全降解塑料是采用可完全降解的物质原料，如淀粉、纤维素等在添加少量可降解化工助剂后，加工成与普通塑料特性相似的一种塑料。它们是真正意义上的可降解塑料，在一定条件下能够被微生物降解成 $H_2O$ 和 $CO_2$。国外一些著名的跨国公司如美国的伊士曼化学、杜邦，德国的拜尔、巴斯夫，日本的三井化学等，已在这一领域开展研究，一些产品已经开始规模化生产。

(2) 环保用酶制剂

酶制剂是指从生物中提取的具有酶特性的一类物质，主要作用是催化生物加工过程中各种化学反应，具有用量少、催化效率高、专一性强等特点，应用领域遍及轻工、食品、化工、医药、农业以及能源、环境保护等方面。总的来说，酶制剂可以使生产更安全、环保、减少设备投资，并且有助于提高生产效率。

环保用酶制剂主要用于洗涤剂工业、淀粉工业、乳制品工业、废水治理行业等。如过氧化物酶能催化 $H_2O_2$ 氧化酚类、芳香胺类物质的聚合反应，具有反应条件温和、选择性高、催化效率高等优点，在含酚废水处理方面具有广泛应用前景，相关研究已引起了国内外学者的普遍兴趣。

(3) 生物农药和生物肥料

生物农药是指利用生物工程技术将病虫害的“微生物天敌”筛选出来，培养加工成一般农药的形式，用以对付病虫害。生物农药具有对人畜无害、害虫不易产生抗性、杀虫效果稳定、不产生公害等优点，因此生物农药正在各国迅速崛起。

生物肥料是微生物肥料和生物有机肥料及菌肥的统称，具有不污染环境、肥效高、使用方便等优点，因此具有广阔的市场前景。目前，我国生物肥料的年产量约 $40\times10^4$t，广泛用于豆科植物、粮食作物和绿色蔬菜等。研究者正在用基因工程、细胞工程等现代生物技术开发生物肥料和生物固氮技术，推进相关产业的发展。

## 19.3 可降解塑料

### 19.3.1 可降解塑料定义

20 世纪 70 年代以来，塑料工业得到迅猛的发展，无论是工业、农业、建筑业，还是人们的日常生活，无不与塑料密切相关。但目前所使用的大部分塑料都是化学塑料，在自然环境中很难被分解，亦不会被腐蚀，燃烧处理又会产生有害气体，越来越多的塑料垃圾对环境造成了巨大的危害。因此，越来越多的学者提倡开发和应用可降解塑料，并将它看作是解决“白色污染”这一世界难题的理想途径。目前，世界发达国家积极发展可降解塑料，美国、日本、德国等发达国家都先后制定了限用或禁用非降解塑料的法规。

可降解塑料（degradable plastics）是指塑料制品的各项性能满足使用要求，在保存期内性能不变，而使用后在自然环境条件下能降解成对环境无害的物质。可降解塑料能减少白色污染，有显著的经济效益和社会效益。高效可降解塑料的研究开发已成为全球瞩目的研究热点。

可降解塑料按照降解机制可分为光降解塑料、生物降解塑料和光-生物双降解塑料。其中，生物降解塑料和光-生物双降解塑料能够被完全降解，是目前主要的研究发展方向。

### 19.3.2 光降解塑料

(1) 分类

光降解塑料是指在太阳光（主要是紫外线，波长 200～400μm）的照射下，引起光化学反应而使大分子链断裂和分解的塑料。其研发工作始于 20 世纪 70 年代，可简单地分为合成型和添加型两类。

合成型光降解塑料是通过共聚反应在塑料的高分子主链上引入羰基等感光基团而赋予其光降解特性的，并可以通过调节光敏基团的含量来控制光降解活性。现在已知的有乙烯-一氧化碳共聚物、乙烯酮-乙烯共聚物等。以一氧化碳或乙烯酮类为光敏单体与烯烃类单体共聚，可合成含羰基结构的聚乙烯（PE）、聚丙烯（PP）、聚氯乙烯（PVC）等光降解聚合物。一般来讲，通过调节 PE 分子链上引入羰基的含量来控制乙烯/一氧化碳（E/CO）共聚物的使用寿命。室外暴露试验表明，在 PE 中引入 0.5%的羰基时，E/CO 共聚物在 2～3 个月内被降解；引入 2%～3%时，E/CO 共聚物在一个月内被降解。

添加型光降解塑料是在聚乙烯、聚苯乙烯等通用塑料中添加光敏性添加剂，然后制成光降解塑料制品。在紫外线作用下，光敏剂可解离成具有活性的自由基，进而引发聚合物分子链断裂使其降解。常用的光敏剂有过渡金属络合物、多环芳香族碳氢化合物等，用量 1%～3%（质量分数）。过渡金属络合物包括氧化物、金属盐、有机金属化合物、硬脂酸盐等，如乙酰丙酮化合物、二硫代氨基甲酸化合物、二茂铁化物等，光敏化强度取决于过渡金属种类，一般强度顺序为 Co>Pe>Zn>Ni，乙酰丙酮化钴光敏化作用极强，其降解塑料不经暴晒也能快速脆化。多环芳香族碳氢化合物如蒽醌、菲等具有敏化聚烯烃塑料的光降解能力，当含有这些化合物的塑料在阳光中暴晒时，化合物中被激发的三线态氧能够把过剩氧传递给基态氧，使其成为高活性单线态氧，或者把能量传递给塑料分子中的羰基或不饱和基团，使得这些基团发生光氧化作用而被降解。

(2) 光降解过程及其影响因素

光降解是指塑料聚合物在吸收紫外线等辐射能后，形成电子激发态而产生光化学过程使聚合物破坏，若在大气环境中，聚合物往往还要同时受到氧的影响，同时发生光氧化反应。光降解塑料的整个光降解过程可分为三个阶段。

① 诱导期　光降解塑料的性能和普通塑料一样，抗张强度、韧性、冲击强度等均保持稳定，诱导期的长短与所使用的抗氧化剂和稳定剂等助剂量大小、材料厚度、地区气候等有关。

② 光降解期　在这个阶段，聚合物塑料迅速发生光催化、氧化反应，不断地脆化、碎化。在光降解塑料脆化时，用红外光谱仪可测到相当高浓度的羰基混合物，如羧酸和酯等，而且随着光照时间的延长，羰基的浓度增加很快。

③ 彻底矿化期　在助氧剂存在下，由于生物因素和非生物因素的共同作用，降解塑料迅速混合到土壤中，在土壤微生物的作用下，被逐步侵蚀，最后彻底转化为 $CO_2$ 和 $H_2O$。

影响光降解的主要因素有：塑料分子结构、光敏剂及浓度、光波长及环境因素等。一般地，塑料分子中含有下列基团时容易发生光解反应：—C═O、—N═N—NH—、—NH—NH、—S—、—O—、—C═N—、—CH═CH—。添加光敏剂可促进光降解，光敏剂在初期能延续其光化学反应，经诱导期后，被光激发能将其激发态能量转移给聚合物（即塑料），加速其光化学反应，使塑料发生降解和氧化。根据光量子理论，光波长越短，光量子所具有的能量越大，在290～400nm范围的紫外线所具有的光能量一般高于引起塑料高分子链上各种化学键断裂所需要的能量，但是各种高分子结构对光波波长的敏感性不同（见表19-1）。因此，紫外线的波长必须与塑料高分子断裂的敏感波长相匹配。此外，环境因素例如热、湿度会加速光降解。若升高温度，高分子热运动加剧，大分子碰撞次数增多，有利于与氧接触发生光氧化反应。

**表 19-1 各种塑料对紫外线照射的敏感区**

| 塑料 | 最大敏感波长/nm | 塑料 | 最大敏感波长/nm |
|---|---|---|---|
| 聚乙烯 | 290～320 | 乙烯-乙酸乙烯共聚物 | 322～264 |
| 聚丙烯 | 310 | 聚乙酸乙烯酯 | 280 |
| 聚氯乙烯 | 310 | 聚碳酸酯 | 295 |
| 聚苯乙烯 | 260～318 | 聚甲基丙烯酸甲酯 | 290～315 |
| 聚酯 | 325 | 硝酸纤维 | 310 |
| 聚甲醛 | 300～320 | 乙酸丁酯纤维素 | 295～298 |

（3）光降解塑料的用途

目前，光降解塑料主要用在包装材料和农业生产方面。

作为包装材料（特别是一次性使用的食品包装袋、饮料瓶等）使用的塑料制品大多使用光降解塑料，如Ecolyte系列树脂、E/CO树脂、Plastigone树脂等制成的包装用品，这些包装用品用过后可在自然环境中被光降解，故其废物不会造成环境污染。

光降解塑料制成的农用地膜与非降解塑料地膜作用一样，具有保温、保湿，减少土壤中养分流失和控制光照时间，防止杂草生长和虫害发生，保持土壤的疏松性等作用。使用光降解塑料地膜还会防止由于使用非降解塑料地膜而对环境和土壤造成的不良影响，如含羰基结构的PE和PVC、Ecolyte树脂、Plastigone树脂等制成的光降解塑料地膜，它们都将最终降解成$CO_2$和$H_2O$，不会对环境造成污染。

## 19.3.3 生物降解塑料

（1）生物降解塑料的分类

生物降解塑料是指在自然环境中通过微生物的生命活动能很快降解的高分子材料，主要有天然高分子材料、微生物合成高分子材料、人工合成高分子材料以及共混性高分子（添加型）材料4类。

天然高分子塑料是利用淀粉、纤维素、甲壳质、蛋白质等天然高分子材料制备的生物降解塑料。2001年5月，美国Bio-Corps公司生产出用热塑性淀粉材料制成的塑料杯，一上市就受到了人们的好评。微生物合成的完全生物降解塑料是微生物以某些有机物作为底物，通过代谢活动，合成高分子化合物。以聚羟基脂肪酸酯（PHA）类为多，其中最常见的有聚3-羟基丁酸酯（PHB）、聚羟基戊酸酯（PHV）及3-羟基丁酸和3-羟基戊酸的共聚物（PHBV，商品名为Biopol）。化学合成法合成的生物降解塑料大多是在分子结构中引入能被微生物降解的含酯基结构的脂肪族聚酯，目前具有代表性的产品有聚己内酯（PCL）、聚琥珀酸丁二醇酯（PBS）、聚乳酸（PLA）以及二氧化碳基生物降解塑料等。添加型生物降解高分子塑料是指在普通聚合物中添加易被细菌等微生物分解的物质而得到的高分子材料。美国 Agti-Tech 公司投资 1 亿美元建立了一条以玉米淀粉为基料的生产可降解塑料垃圾袋的成套生产线。日本、英国、意大利和俄罗斯等也在积极研发。

(2) 生物降解过程及其影响因素

生物降解塑料主要由三个过程组成：①初级生物降解阶段，是指塑料及其化合物在微生物的作用下，分子结构发生变化，使分子结构的完整性严重受损；在材料宏观上观察，呈现塑料褪色、溶胀、多孔化、碎裂等现象。②环境容许的生物降解阶段，是在微生物的作用下，塑料分子结构开始断裂，也就是通常说的毒性去除阶段；在宏观上观察，呈现材料或制品的碎裂和粉化等现象。③最终降解阶段，在此阶段中，塑料在微生物的作用下，由高分子化合物逐步转化为小分子有机化合物，最终被完全降解成 $CO_2$、$H_2O$ 和其他无机物，剩下部分则被同化为微生物的一部分。微生物细胞的生长繁殖对塑料材料起到物理性的机械破坏作用，而所含有的酶系构成了酶的催化活性中心，使被吸附塑料分子和氧分子的反应活化能降低，加速塑料的生物降解反应。

影响生物降解的主要因素有：聚合物分子结构、微生物种类和环境因素等。一般聚合物的化学键降解顺序为：脂肪族酯键、肽键、氨基甲酸酯键、脂肪族醚键、亚甲基键。聚合物降解酶主要有水解酶和氧化还原酶，水解酶存在于微生物细胞外，称胞外酶，易作用于聚合物；氧化还原酶多存在于细胞内，称胞内酶，不易作用于聚合物。通常，塑料中会加入各种添加剂以改善其性能，不同的添加剂和添加量对塑料的生物可降解性有不同的影响。一般有利于微生物繁殖和消化的添加剂能提高塑料的生物可降解性。此外，由于环境因素会影响微生物生长繁殖过程，进而影响微生物降解塑料的效果。环境条件合适的湿度、温度，合适的矿物质和碳源是微生物生长繁殖的必要条件，也是影响塑料生物降解的重要因素。例如霉菌在有氧、pH＞4.0、温度 20～40℃的条件下能迅速繁殖并对塑料产生降解作用。

(3) 几种典型的生物降解塑料

① 淀粉塑料　淀粉与其他可降解聚合物相比，具有来源广泛、价格低廉、易生物降解等优点，因而在生物可降解材料领域中具有重要的地位。淀粉主要分为两类：直链淀粉和支链淀粉。前者是由 $\alpha$-D-吡喃葡萄糖脱水缩合，通过 $\alpha$-1,4-糖苷键连接合成的线性大分子，后者也是均质多糖，葡萄糖残基除了通过 $\alpha$-1,4-糖苷键连接而成的糖链之外，还有 $\alpha$-1,6-葡萄糖苷键引出的分支。正是由于淀粉的结构及其特点，淀粉共聚物、淀粉/塑料共混合物及热塑性淀粉作为塑料材料得到了很大的发展。

全淀粉生物降解塑料的强度和膜量等力学性能比传统塑料差，如果将淀粉与某些共聚物混合，既可以降低淀粉中直链的含量，又可以改善产物的物理性能。淀粉填充型生物降解塑料是目前国内外研究最多的生物降解塑料，作为填充剂的淀粉可以是原淀粉、物理改性淀粉或化学改性淀粉，也可以是与单体反应形成的共聚物。可与淀粉共混的合成树脂有聚乙烯(PE)、聚乙烯醇（PVA)、聚氯乙烯（PVC)、聚苯乙烯（PS）等。由于 PVA 可以被土壤中的细菌完全分解，其结构又与淀粉有一定的相似性，因此 PVA 与淀粉共混可以较好地改善淀粉的物理机械性能，同时产物又具有可完全生物降解性。

② 聚羟基脂肪酸酯（PHA）　微生物发酵法生产的聚羟基脂肪酸酯（PHA）是重要的生物降解塑料之一，其中聚 3-羟基丁酸酯（PHB）及 3-羟基丁酸与 3-羟基戊酸的共聚物(PHBV) 是 PHA 家族中研究和应用最广的两种多聚体。PHA 作为一种有光学活性的聚酯，除具有高分子化合物的基本特征，更重要的是其还具有生物可降解性和生物可相容性。

已有研究表明，采用 PHA 制作的塑料瓶，在自然环境中 9 个月可基本上被完全降解，而同样用合成塑料制成的瓶子，完全降解时间需要 100 年。

一些微生物在一定条件下能在细胞内积累 PHA 作为碳源和能源的储存物。由于 PHA 具有低溶解性和高相对分子质量，它在胞内的积累不会引起渗透压的增加，因而，它们是一类理想的胞内储藏物，比糖原、多聚磷酸或脂肪更加普遍地存在于微生物中。

能产生 PHA 的微生物很多，包括光能和化能自养及异养菌共计 65 个属、近 300 种微生物。积累有 PHA 的微生物很容易通过苏丹黑或尼罗蓝染色来鉴别。目前，研究较多的用于 PHA 合成的微生物有产碱杆菌属、假单胞菌属、甲基营养菌、固氮菌属和红螺菌属等，它们能分别利用不同的碳源产生不同的 PHA。在多数情况下微生物是利用糖加丁酸或戊酸产生 PHBV 的，并可通过改变两者的配比控制共聚物中 HB 和 HV 的比例。但丁酸或戊酸价格较高，且对细菌有毒，因而在培养液中的浓度必须控制很低，产率及转化率都不高，这些都是生产上不利的因素。最近几年，在分类上属于红球菌属、诺卡菌属和棒杆菌属中的一些菌能利用葡萄糖或其他单一碳源产生含 HV 和 HB 的 PHA。这些发现不仅给 PHA 生物合成和调节机制的研究增加新的内容，而且开辟了一条探索从廉价的单一碳源产生 PHBV 的新途径。

PHA 的降解途径主要有胞内降解和胞外降解两条途径。这里以 PHB 为例。胞内 PHB 的代谢是个循环过程（如图 19-1 所示）。在这个代谢过程中，最关键的酶是 $\beta$-酮基硫酯酶。PHB 是受三羧酸循环两级调控的，PHB 的降解和合成的平衡就是 CoA 和乙酰 CoA 之间的平衡。PHB 的胞外降解有两种机制，一种是在无菌条件下通过水解进行的，这种机制对于 PHB 在医疗方面的应用特别重要。另外一种机制是酶降解机制。许多细菌和真菌可以分泌外解聚酶，有些甚至可以利用 PHB 作为唯一碳源生长。如粪产碱杆菌中有胞外聚体解聚酶，相对分子质量约 50000，既可降解 PHB，又可降解水溶性寡聚体，但对短链寡聚体活性较低，不能作用于二聚体，它作用于羟基端第二个酯键，产生二聚体和少量的单体。

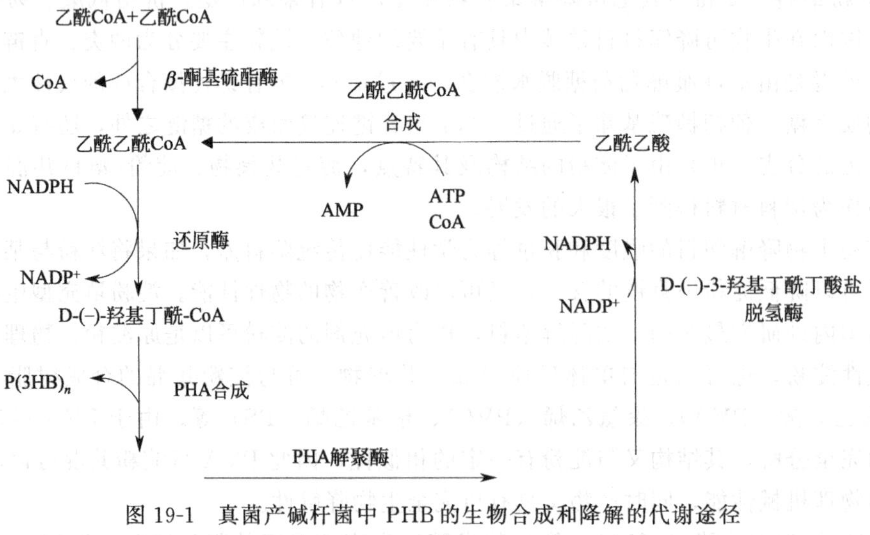


图 19-1 真菌产碱杆菌中 PHB 的生物合成和降解的代谢途径

影响 PHB 降解速率的因素较多，包括微生物种群及活力、环境因素（水分、温度等）、塑料制品的厚度、表面组织形态、孔隙度、制品中的第二组分等。通常情况下，PHB 厌氧降解比好氧降解快。厌氧条件下，主要代谢产物是乙酸和（$R$）-3-羟基丁酸，乙酰 CoA 转变成乙酸的同时产生 ATP。而在有氧情况下，乙酰 CoA 完全分解成 $CO_2$ 和 $H_2O$，产生 12 个 ATP，这是一种对 PHB 更为经济的利用。与 PHB 相比，有较长侧链的 PHA 在环境中降解速率较慢，因为低相对分子质量的有机化合物离子化速率比结构复杂的有机化合物要快，并且长侧链的重复单元增加了 PHA 的疏水性，抑制或阻碍了微生物在聚体表面的生长。因此可以通过改变重复单元、立体构象等来控制聚合物的生物降解速率。

③ 聚乳酸（PLA） 聚乳酸属于最容易生物降解的热塑料材料——脂肪族聚酯类化合物中的一种，是国内外近年来开发研究最活跃的生物可降解材料之一。聚乳酸是以淀粉、糖蜜等为原料，发酵制的乳酸，再通过化学方法合成的高分子材料。

乳酸聚合物在土壤掩埋条件下易被微生物降解，其过程按照 2 个阶段进行：一次降解和二次降解。一次降解是指微生物分泌分解酶并吸附到 PLA 材料表面，催化聚 L-乳酸的酯键水解、断链，使其相对分子质量从数十万降至数万以下，导致材料强度降低、脆崩、表面积增大，从而促进水解反应，使之进一步降解为低相对分子质量的乳酸。二次降解是指产物水解生成乳酸，经土壤中的微生物最终代谢为 $CO_2$ 和 $H_2O$。因此，乳酸聚合物在自然界中往复循环，不会给环境带来负面的污染效果。

(4) 生物降解塑料的用途

淀粉塑料目前主要应用在农用薄膜和包装材料上。可降解农用薄膜主要包括淀粉添加型和全淀粉型生物降解塑料薄膜两大类，这类薄膜经一个农业生产周期后会在土壤中的微生物侵蚀下发生分解。可降解包装材料主要包括变性淀粉制包装材料、原淀粉/蛋白膜包装材料两大类，主要用于食品包装和制作一次性餐具。日本和我国台湾地区已研制成功了以玉米为原料，经过塑化而成的“玉米淀粉树脂”制成的包装材料，它可以通过燃烧、生物分解和昆虫吃食等方式处理，从而可避免“白色污染”的危害。

PHA 纤维具有高拉伸强度，通常可以用做包装膜，主要用于购物袋和一次性用品，例如剃面刀、尿布、女性卫生用品、医疗器械手术服等。基于特殊的聚合物性能，不同结构和性能的 PHA 已作为生物塑料、纤维、生物医学植入材料及药物缓释载体等。美国 Nature Work 公司将 PHA 作为主要的生物塑料进行开发，从而推动了 PHA 的快速发展。从长远来看，PHA 的生产成本会不断地降低，主要是因为 PHA 的合成是在水相里完成，微生物可以利用任何碳源来进行发酵生产 PHA。同时，PHA 的聚合完全是个生物过程，聚合分子量很高，性能多样，应用也很广泛。

PLA 可制成农用薄膜、纸带用品、纸张塑料、包装薄膜、食品容器、化妆品的添加成分等。优良的透光性、力学性能、透气性和对直链大分子良好的抗性，使 PLA 具备成为包装材料的应用潜力。目前，欧美发达国家已经开发出多种以 PLA 为原料的包装材料。德国一家公司采用 PLA 作为原料，成功地开发出具有快速自然分解功能的绿色食品杯，解决了以往一次性塑料包装物难降解的问题。此外，PLA 经过改性后，其复合材料近年来也被广泛用于工程塑料中。

### 19.3.4 光-生物双降解塑料

光降解塑料和生物降解塑料都存在一定程度的缺陷，因为光降解塑料只有在较直接的强光照射下才能发生降解，当它埋入地下或与其他废物混合堆放时，由于得不到直接光照，就不能进行光降解；生物降解塑料的降解速率和降解程度与周围环境条件直接有关，如温度、湿度、微生物种类、微生物数量、土壤肥力、土壤酸碱性等，实际上生物降解的程度也不完全。为了提高可降解塑料制品的降解程度，近年来研究者将光降解和生物降解结合起来，制备光-生物双降解塑料，取得了较好效果。通常，制备这种塑料的方法是掺混法，就是将光敏剂、光稳定剂、光降解塑料和生物降解塑料混合，挤出成型或吹塑成膜，通过调节各组分的含量，调控降解速率和时间。理论上说，这种双降解塑料的降解效率要比光降解塑料或生物降解塑料高得多。

(1) 光-生物双降解机制

光-生物双降解塑料即是在光和生物双重作用下具有协同降解效果的塑料。这种塑料之所以能够同时被光和生物降解，关键决定于它的整体材料中加有两种诱发剂，既在材料中掺混有生物降解剂淀粉，又掺有诱发光化学反应的可控光降解的光敏剂或被人称为“定时器”的复配光敏剂及自动氧化剂等助降解剂等。其中可控光降解的光敏剂在规定的诱导期之前不使塑料降解，具有理想的可控光分解曲线，在诱导期内力学性能保持在80%以上，达到使用期后，力学性能迅速下降。它还可以通过调整其间的浓度比，使塑料定时分解成碎片，接着在自动氧化剂和微生物对淀粉的共同作用下，塑料将很快地被分解。此类产品的代表有Lawrence公司的Ecosear plas母料和ADM公司的Polyclean母料，这些材料制成的塑料无毒无害，易降解又可回收。

(2) 光-生物双降解塑料分类

通常，根据添加剂的不同，光-生物双降解塑料分为3种。

第一种，添加剂是单组分乙烯基甲酮聚合物。这种添加剂添加到基础树脂（如聚乙烯、聚苯乙烯）时，其比例要求为100份聚乙烯或聚苯乙烯中加5份或更多添加剂。对于被要求暴露在室外大约3个月即开始降解的塑料，采用这种添加剂适宜。

第二种，光降解添加剂是一种有机螯合的金属盐，如硬脂酸钙或硬脂酸铁。这类添加剂可强化紫外线的作用，使塑料在日光照射下迅速降解。

第三种，光降解添加剂采用的是Scott-Gilead专利技术，方法是使用一种稳定剂和一种加速剂混合在单组分母料中。这类添加剂可用于LDPE、HDPE、HMW-HDPE和PP。这一技术可以精确地控制光降解反应的开始时间，一旦诱导期（2周至12个月，时间不等，其间薄膜强度不变）结束，塑料就会迅速自动地发生不可逆降解反应，且母料的最终浓度为2%。这种添加剂在制作农用覆盖膜时特别有用。此外也可用于制作垃圾袋、肥料袋和零售品用袋。

## 19.4 微生物农药

### 19.4.1 微生物农药定义

农药是农业生产中必不可少的生产资料，在保护农作物及收获物免受有害生物危害、改善农作物的抗劣性能和促进农业增产方面起着重要的作用。自20世纪中叶以来，人们通过化学合成的方法大量研制、生产农药，对农业的发展做出了巨大的贡献。然而，由于人们长期不科学使用农药，特别是高毒、高残留农药的大量使用，严重污染了人类赖以生存的环境。随着社会的发展及人类对环境和生态认识的提高，人们逐渐意识到广泛使用化学农药会造成难以克服的弊病，如“3R”问题，即残留（residue）、抗性（resistance）、再发生（reoccurrence）。由于化学农药会造成环境污染、农产品农药残留及各种疾病等问题，发展生物农药成为了必然趋势。

微生物农药（microbial pesticide）兴起于 20 世纪下半叶，到 20 世纪 70 年代已受各国重视。1992 年“世界环境和发展大会”第 21 条决议提出“到 2000 年要在全球范围内控制化学农药的销售和使用，生物农药的产量达到 60%。”近十年，微生物农药的研究开发越来越受到各国的重视，我国政府也已将生物农药列为“中国 21 世纪议程”的优先项目。目前，微生物农药是生物农药中最重要的部分，占全世界生物农药产品的近 90%。随着微生物农药研究的深入和应用技术的发展，微生物农药的种类和数量越来越多，在促进农业可持续发展中发挥越来越重要的作用。

微生物农药是生物农药的一种，是指微生物及其微生物的代谢产物，以及由它加工而成的，具有杀虫、杀菌、除草、杀鼠或调节植物生长等活性的物质，包括保护生物活体的助剂、保护剂和增效剂，以及模拟某些杀虫毒素和抗生素的人工合成的制剂。微生物农药按照用途，可分为微生物杀虫剂、微生物杀菌剂、微生物除草剂等。

### 19.4.2　活体微生物杀虫剂

微生物杀虫剂是利用微生物的活体制成的。在自然界，存在着许多对害虫有致病作用的微生物，利用这种致病性来防治害虫是一种有效的生物防治方法。从这些病原微生物中筛选出施用方便、药效稳定、对人畜和环境安全的菌种，进行工业规模的生产开发，制成微生物杀虫剂。

（1）病毒杀虫剂

病毒杀虫剂是利用昆虫病毒的生命活动来控制那些直接或间接对人类和环境造成危害的昆虫。昆虫体内普遍存在病毒，目前已经发现有 1600 多种，主要包括核型多角体病毒（NPV）、颗粒体病毒（GV）和质型多角体病毒（CPV），其寄主昆虫主要属于鳞翅目，少数属于膜翅目、双翅目、鞘翅目和脉翅目。昆虫的幼虫感染病毒后容易死亡，成虫感染后不易死亡，但成为带毒者后对植物的危害会降低。

利用昆虫病毒来控制农林害虫和卫生害虫，具有一些独特的优点：①宿主特异性高，能杀死害虫而不影响害虫的天敌，从而引起主要害虫的再猖獗的可能性较小；②不会污染环境，对人畜安全，昆虫病毒是自然界本来存在的，特别是杆状病毒对河虾、牡蛎、蚌、蟹没有致病性，对两栖类、鱼类、鸟类及哺乳动物亦无任何毒性、致病性或异常变态反应；③后效作用明显，不仅病虫本身就是病毒的生产车间，而且在有些情况下病毒还可以经卵传染，杀灭次代害虫，这是任何化学农药所无法相比的；④昆虫病毒制剂生产容易、使用方便、成本低廉、适于推广。一般来说，病毒感染昆虫主要有两条途径：一是取食感染，二是经皮肤感染。昆虫被病毒感染后，一个显著的特征是在大多数感染病毒的昆虫细胞内形成特殊的蛋白质晶体颗粒，称为包含体。它对昆虫不具有致死性，只有完整的病毒粒子对昆虫才有致死性。一些杆状病毒粒子无法被蛋白质所封闭，而吸附在细胞核膜及核内的其他物质上，它们最后穿过细胞膜并离开被感染的细胞，进入体腔再感染邻近的细胞，进而导致昆虫死亡。

自从 1973 年第一个杆状病毒杀虫剂 HzSNPV 在美国批准注册以来，杆状病毒杀虫剂作为一种新型的生物农药已在世界各地推广应用。目前，世界上已有多种杆状病毒杀虫剂注册或商品化生产，如在美国、加拿大已注册或商品化生产了 7 种杆状病毒杀虫剂，并且这些杀虫剂已进行较大面积的田间或森林防治害虫的应用。在西欧，至少已有 4 种杆状病毒杀虫剂已商品化生产，但应用范围不是很大。在俄罗斯已有 8 种杆状病毒杀虫剂注册。我国已有几十种 NPV 进行了不同程度的大田应用实验和大面积推广实验，正式登记注册的病毒杀虫剂有斜纹夜蛾 NPV、菜青虫 GV、棉铃虫 NPV、甜菜夜蛾 NPV、苜蓿夜纹夜蛾 NPV、马尾松毛虫 CPV、茶尺蠖 NPV、蟑螂 DNV 8 种。世界上最为成功、防治面积最大的是巴西的 AgNPV（*Anticarsia gemmatalis* NPV）杀虫剂，其商品名为 Multigen，主要用于防治大豆害虫梨豆夜蛾（*Anticarsiagemmatalis*）。

尽管杆状病毒杀虫剂的研制与应用得到较大发展，但在应用上存在一个主要的缺陷是杀虫速率慢，从而限制了其推广与应用。据统计，生物杀虫剂在世界杀虫剂规模所占比例小于 1 %，杆状病毒杀虫剂仅占 0.2%，目前化学农药在害虫防治领域，仍占绝对优势。为了改善杆状病毒杀虫剂的杀虫速率，缩短病毒感染潜伏期，目前常采取两种措施：一是通过重组基因工程，在病毒基因组中插入昆虫特异性的蝎毒素基因、螨神经毒素基因等，获得杀虫速率较快的重组杆状病毒；二是在野生型病毒中添加各种增效剂，与病毒同时施用，可加快病毒杀虫速率，又不伤害天敌和不污染环境，具有良好的应用前景。

（2）细菌杀虫剂

细菌杀虫剂是利用对某些昆虫有致病或致死作用的昆虫病原细菌，经发酵制成含有杀虫活性成分或菌体本身，用于防治和杀死目标昆虫的生物杀虫制剂。目前已筛选的杀虫细菌有 100 余种，其中制成产品并大面积应用的主要有苏云金芽孢杆菌、日本金龟子芽孢杆菌、球形芽孢杆菌、缓死芽孢杆菌 4 种。

细菌杀虫剂主要是利用自身代谢产生的生物活性毒素对目标昆虫进行毒杀或通过营养体、芽孢在虫体内的繁殖等途径来杀死目标昆虫的。细菌杀虫剂具有以下特点：①具有一定的特异性及选择性的杀虫作用，不杀伤天敌和非昆虫目标；②易于和其他生物学手段相结合来进行害虫综合治理，维持生态平衡；③对人、畜安全；④由于杀虫活性毒素的多样性，昆虫不易产生抗性；⑤可以通过发酵法进行生产，具有相对较低的生产成本及产品登记费；⑥可通过生物技术途径构建综合性能优良的菌株来满足生产和应用所需等。

自 1901 年日本研究者在家蚕的染病幼虫体内发现了苏云金芽孢杆菌，1957 年成为第一个微生物杀虫剂上市销售，至今利用细菌杀虫已有 100 多年的历史。苏云金芽孢杆菌是当今研究最多、用量最大的细菌杀虫剂。防治对象包括 10 个目 600 多种农林和仓库害虫，应用于菜、烟、果等作物的害虫防治和医药研究。1901 年石渡首次从患猝倒病的家蚕中分离到苏云金芽孢杆菌猝倒亚种之后，至今已从世界各地分离到近 40000 株苏云金芽孢杆菌，72 个血清型，其间经历了起步、实用化、全面发展 3 个阶段。开发的制剂有粉剂、可湿性粉剂、浓水剂、片剂、缓释剂、生物包被剂等。针对应用中杀虫速率慢、残效期短、易受环境因素影响等问题，开发了非水性、紫外线保护等剂型并已应用。

目前，对细菌杀虫剂的研究利用主要集中三个方面：①是筛选自然界新的杀虫细菌菌株，以寻找更多、更新的杀虫资源；②是应用分子生物学原理和技术，构建杀虫谱更广、毒力更强的生防菌株；③是将杀虫基因转入到多种作物体内，形成抗虫的转基因作物。针对苏云金芽孢杆菌而言，目前的研究热点是通过遗传学手段克隆伴孢晶体蛋白基因，构建工程菌，进行转基因植物、杀虫机制、伴孢晶体形成以及基因表达调控等研究。

应用细菌杀虫剂防治害虫虽然已经取得了一定的成功，但目前在世界杀虫剂市场中以苏云金芽孢杆菌杀虫剂为主的整个细菌杀虫剂的销售额仅占极小的份额，不足 1%，且在应用上主要局限在棉花、蔬菜、水果以及林业等领域的虫害防治，而在其他作物上的使用较少。因此，一些细菌杀虫剂不断被改良，并且其上游技术、下游工艺技术也不断发展，使制剂性能大大提高，成本下降，尤其是现代遗传工程技术向细菌杀虫剂领域的不断渗透，给这一领域不断注入新的活力。

(3) 真菌杀虫剂

真菌杀虫剂以分生孢子附着于昆虫的皮肤，分生孢子吸水后萌发而长出芽管或附着孢子侵入昆虫体内，菌丝体在虫体内不断繁殖，从而造成宿主病变乃至死亡。自 19 世纪末以来，经过大量田间试验和对病原、寄主、环境条件的深入研究与实践，真菌杀虫剂从效果不稳定状况已达到工业化生产、大面积使用阶段。杀虫真菌的种类很多，已发现的杀虫真菌约有 100 属 800 种，具有可利用的优点，其中以白僵菌、绿僵菌、拟青霉应用最多。真菌杀虫剂和某些化学杀虫剂的触杀性能相似，杀菌广谱、残效长、扩散力强，缺点是作用较慢、侵染过程长、受环境影响大。目前，在中国、巴西、俄罗斯和欧美国家，真菌杀虫剂已广泛用于农林害虫和城市昆虫的防治。

根据 Benjamin 等（2004 年）研究结果，食虫真菌可以分为 2 个组：一组为活体营养真菌（*Biotrophic fungi*），这些真菌要求在活的寄主细胞生存，且其中一些和寄主是共生的，它们从昆虫肠道吸取营养，这类真菌虽然在各个区域广泛传播，但是并没有广泛用于害虫的防治，原因是它们在昆虫体内没有症状或引起的症状改变很难观察；另一组是腐生真菌，这些真菌生活在死的细胞中，在寄生之前必须杀死细胞，这组真菌在感染昆虫方面非常有效。也正是由于这个原因，它们当中的许多都是害虫防治的潜在的防治因子。它们可以有效地感染鞘翅目、鳞翅目、膜翅目、半翅目、直翅目、同翅目和双翅目昆虫的生活史各个阶段。目前，一些毒素化合物已从以下一些真菌中分离得到，这些真菌包括白僵菌（*Beauveria*）、金龟子绿僵菌（*Metarhizium*）、绿僵菌（*Nomuraea*）、曲菌（*Aspergillus*）、轮枝孢霉（*Verticillium*，*Paecilomyces*）、棒束孢（*Isaria*）、镰刀菌（*Fusarium*）、虫草属（*Cordyceps*）和虫霉属（*Entomophthora*）。

研究较为深入的毒素化合物之一就是白僵菌菌素（从白僵菌中分离得到的一种多肽，对蚊子的幼虫有活性）。白僵菌杀虫剂是发展历史最早、推广面积较大、应用最广的一种真菌杀虫剂，被大面积用于防治松毛虫、玉米螟和水稻叶蝉等害虫，并且在多种农林害虫的生物防治中都取得了明显成效。目前，虽然还未开发成功白僵菌制剂产品，但我国每年在南方地区防治林区松毛虫和东北地区防治玉米螟等应用白僵菌的面积已达 $7.0\times10^6 hm^2$ 以上。

真菌农药在植物病虫害的持续控制中具有巨大潜力，近年来对这方面的研究已成为生防制剂的热点。今后的研究重点主要在以下三个方面：①高效菌株的选育及目的基因改造，提高现有菌株活性；②真菌发酵生产工艺改进，实现真菌农药孢子母粉的生产自动化、标准化；③真菌农药制剂的研究，添加抗紫外线剂、稳定剂、渗透剂等助剂或与低毒化学制剂增效复配等。

(4) 昆虫病原线虫

昆虫病原线虫（*Entomopathogenic nematodes*）是昆虫的专化性寄生性天敌，能主动寻找寄主，因其侵染率高、致死力强、寄主广、对人畜及环境安全、可人工大量繁殖等优点，被广泛应用于防治农、林、牧草、卫生等行业的重要害虫。在工业化国家的生物农药市场中，昆虫病原线虫的销售额位居第二位。

用于防治农林害虫的昆虫病原线虫主要是指斯氏线虫科（Steinernematidae）和异小杆线虫科（Heterorhabditis）。多年的研究与应用证明，昆虫病原线虫是一种非常有潜能可持续控制害虫的生物防治因子。钻蛀性、土栖性害虫等隐蔽性害虫是公认的难防害虫类群，昆虫病原线虫防治这类害虫有其独特的优势。自20世纪30年代以来，昆虫病原线虫的应用发展至今已有80多年的历史，人们对其种群结构、种类鉴别、遗传改良、分类学和与共生菌的共生关系等方面有了更深刻的了解。

昆虫病原线虫以3龄侵染期幼虫随寄主食物或从昆虫的自然孔口（肛门、气孔）、伤口、节间膜等进入昆虫体内，然后穿过肠壁进入血腔，随后释放其体内携带的共生细菌，这些共生细菌迅速繁殖，使寄主昆虫患败血症于48h内死亡。线虫对细菌具有媒介、保护作用，细菌对线虫具有提供营养、抗菌作用，二者之间是典型的互惠共生关系。

昆虫病原线虫的侵染期幼虫对农药等化学药剂具有较高的抵抗能力，而且低浓度的药剂能使线虫兴奋。因此昆虫病原线虫和农药混合使用，一方面农药可以使害虫的抵抗力降低，便于线虫进入寄主；另一方面线虫可以搅乱寄主的耐药性，使药效得到更好的发挥，这样相辅相成，可以降低昆虫病原线虫和农药的使用量，减轻农药对环境的污染。将斯氏线虫与敌敌畏混合使用，有效地控制了菜粉蝶幼虫的密度，而且混合使用的效果比单独使用昆虫病原线虫或者农药效果好。

线虫、共生菌和昆虫寄主三者之间经过长期的选择和进化，形成了复杂的关系，互相依存而又相互制约。由于昆虫病原线虫对环境要求较高，特别是温度、湿度、紫外线的要求比较严格，主动寻找寄主的能力不是特别强，因而限制了它的应用。因此，应用现代生物工程技术对昆虫病原线虫进行遗传改良，是线虫及其共生菌的某些特征向更有利于发挥其对害虫生物防治的方向发展，提高其在生物防治中的应用潜能。遗传性状改良主要从两方面入手：一是从昆虫病原线虫本身出发，通过杂交育种或别的措施筛选对特定害虫的高毒力、抗低湿品种；二是从昆虫病原线虫所携带的共生菌出发，进行各种遗传改良，提高病原线虫的毒力和寄生范围。由于对昆虫病原线虫及其共生菌的致病机制还不是十分清楚，因此，关于昆虫病原线虫共生菌的改造还有很大的难度。但根据以往的经验，一方面可以把其他已知的杀虫基因转入到这些共生菌中，使之与线虫共生时具有更强的杀虫活性；另一方面，可通过DNA重组技术把共生菌的重要杀虫基因引入到其他细菌中，以创造更为优良的杀虫微生物。

### 19.4.3 微生物杀菌剂

微生物杀菌剂是指微生物及其代谢产物和由它们加工而成的具有抑制植物病害的生物活性物质。微生物杀菌剂主要抑制病原菌能量产生、干扰生物合成和破坏细胞结构，内吸性强、毒性低，有的兼有刺激植物生长的作用。微生物杀菌剂主要有农用抗生素、细菌杀菌剂、真菌杀菌剂等类型。

（1）农用抗生素

农用抗生素是指由微生物产生的、可用于抑制或杀灭作物的病、虫、草及调节作物生长发育的微生物次级代谢产物。目前农用抗生素按照用途可分为畜用抗生素和植物用抗生素两大类；按作用功能可分为杀菌抗生素、杀虫抗生素和除草抗生素三类。

20世纪40年代，英国、美国、苏联和日本等国先后研制出毛菌素、抗霉素和灰黄霉素等农用抗生素，在防治农作物病害上起到一定的作用。日本于1958年从灰色链霉菌中分离获得灭瘟素-S，并在1963年日本稻瘟病大流行中发挥了巨大的作用，随后基本上取代了高毒性的有机汞制剂在防治稻瘟病上的应用。杀稻瘟菌素的发现和工业化，使农用抗生素的开发研究进入了新时期。我国自20世纪50年代开始农用抗生素的开发研究，主要以筛选杀菌抗生素和植物生长调节剂为代表，先后研制并投入生产的农用抗生素有井冈霉素、农抗120、春日霉素、庆丰霉素、多抗霉素、公主岭霉素、中生菌素、武夷菌素、科生霉素等。其中，井冈霉素已成为我国农药杀菌剂和杀虫剂销售和使用量名列前茅的品种，它是1986年上海农药研究所在江西井冈山土壤中发现的一株链霉菌的代谢产物，由于其对水稻纹枯病有极强的抑制作用，至今仍是防治水稻纹枯病的主要品种，为我国水稻高产稳产作出了重大的贡献，每年使用面积达 $(0.1\sim0.13)\times10^8 hm^2$。

与医用抗生素一样，微生物仍然是农用抗生素的主要来源。在微生物中绝大多数都是由链霉菌及其近缘放线菌产生的，如井冈霉素、多氧霉素、武夷霉素、宁南霉素、农抗120和中生菌素等。扩大产生菌的来源一直是微生物药物筛选的一个关键问题。多年来，除链霉菌以外的稀有放线菌中筛选新抗生素获得了显著成绩。

农用抗生素的另一重要来源是植物。我国植物资源丰富，而且对植物源农用抗生素的利用具有较悠久的历史。古代人们就常利用天然产物防治病虫害，如用烟叶浸水后的汁液杀虫、用大蒜捣碎出汁杀菌和用草药防治农业病害等。目前我国植物源农用抗生素种类繁多，性能也各不相同，如除虫菊素、烟碱、鱼藤酮和薄芦碱等具有杀虫活性，藤黄具有杀菌活性，海藻酸钠能抗烟草花叶病，川糠和苦株具有使害虫拒食的功能，丁香油具有引诱果蝇的功能，香茅油有驱避蚊子的作用，油菜素内酯具有调节植物生长发育的作用和芝麻素具有杀虫剂的增效作用等。印楝素是从印株树种子中提取的一种生物杀虫农用抗生素，可防治200多种农、林、仓储和卫生害虫，是世界公认的广谱、高效、低毒、易降解和无残留的杀虫剂。我国已登记注册的植物源农用抗生素的制剂有鱼藤酮乳油、印稼素乳油、皂素烟碱可溶性乳剂和双素碱水剂等。

农用抗生素主要通过以下几种方式作用于微生物从而达到杀灭病原菌的目的：①作用于菌体细胞壁；②作用于菌体细胞膜；③作用于蛋白质合成系统；④作用于能量代谢系统；⑤抑制核酸合成；⑥作用于神经系统；⑦作用于呼吸代谢系统。

(2) 细菌杀菌剂

近年来，以细菌防治植物病毒病取得了较大的进步。国外用放射土壤杆菌k84菌系防治果树的根癌病就是最成功的例子，并且已商品化。有关细菌杀菌剂的报道有：用草生欧氏杆菌防治梨火疫病效果与链霉素相当，用来防治黄瓜及烟草炭疽病菌的地衣芽孢杆菌，防治甘蓝黑腐病的枯草芽孢杆菌，以及防治水稻纹枯病的假单胞菌等。由于细菌的种类多、数量大、繁殖速率快，且易于人工培养和控制，因此，细菌杀菌剂的研究和开发具有较大的前景。

用于杀菌剂的细菌以芽孢杆菌和假单胞菌为主，芽孢杆菌主要有枯草芽孢杆菌、解淀粉芽孢杆菌多粘芽孢杆菌、蜡状芽孢杆菌、地衣芽孢杆菌、巨大芽孢杆菌等，假单胞菌主要有铜绿假单胞杆菌、败血假单胞菌、荧光假单胞杆菌、恶臭假单胞菌等。

芽孢杆菌是土壤和植物微生态的优势微生物种群，具有很强的抗逆能力和抗菌防病作用，许多性状优良的天然分离株已成功地应用于植物病害的生物防治。芽孢杆菌抗菌防病机制主要包括竞争作用、拮抗作用和诱导植物抗病性。其中，核糖体合成的细菌素、几丁质酶和葡聚糖酶等抗菌蛋白以及次生代谢产生的抗生素与挥发性抗菌物质产生的拮抗作用是生物防治细菌的主要抗菌机制。在开发利用的芽孢杆菌种类中，枯草芽孢杆菌是研究和应用最多的。国内已开发成功并投入生产的枯草芽孢杆菌商品制剂有百抗、麦丰宁、纹曲宁、依天得、根腐消等，百抗主要有效成分是枯草芽孢杆菌B908，主要防治水稻纹秸病、三七根腐病、烟草黑胫病，大田应用对水稻纹枯病防效70%以上，其抑菌机制为营养竞争、位点占领等；麦丰宁是由枯草芽孢杆菌菌株 B3 制成的活体生物杀菌剂，对小麦纹枯病田间防效达50%～80%，其防病机制主要表现在产生抑制小麦纹枯病病菌菌丝生长、菌核形成和菌核萌发的抗菌物质。

假单胞杆菌属是一群极其多样化的微生物。在农业防治中，已有的应用包括：利用铜绿假单胞杆菌防治蚱蜢；利用败血假单胞杆菌防治双带黑蝗；利用绿色假单胞杆菌防治透翅蝗；利用荧光假单胞杆菌防治金龟子；利用恶臭假单胞杆菌防治金色假单胞杆菌等。另外，利用荧光假单胞杆菌还可以防治镰刀菌枯萎病、小麦全蚀病、棉花枯萎病等。假单胞杆菌抗菌防病机制主要包括营养位点竞争与定殖、抗生作用、大量分泌嗜铁素、诱导系统抗性等。

近期研究表明，芽孢杆菌和假单胞杆菌要在植物根际显示出其生物防治活性，需相对较高的种群密度，即要求产品的活菌数必须达到一定数量标准。另外还要注意施用过程中各种环境因素对其作用效果可能产生的影响。随着分子生物学向不同学科领域的广泛渗入，采用遗传工程加以改良已成为可能，如向生物防治活性的菌株中导入有益性状和抑病性状的超量表达。

(3) 真菌杀菌剂

真菌杀菌剂研究和应用最广泛的是木霉菌，其次是黏帚霉类。我国开发研制的灭菌灵，主要用于防治各种作物的霜霉病。此外，一些食线虫真菌可用来防治大豆孢囊线虫、根结线虫病害，如淡紫拟青霉用于防治香蕉穿孔线虫病、马铃薯金线虫病，并提高其产量。

木霉菌是一类普遍存在的真菌，广泛分布于土壤、空气、枯枝落叶及各种发酵物上，从植物根际周围、叶片及种子、球茎表面都可以分离到，是目前生产与应用最普遍的杀菌防病的真菌菌种。早在 1981 年，防治果树银叶病的木霉菌制剂已经在西欧国家商品化生产；在美国，利用哈次木霉菌夏季接种红枫树，可以保证红枫树在 21 个月内不受担子菌的危害。木霉菌对植物病原真菌的拮抗作用有竞争作用、重寄生作用及抗生作用等多种机制。木霉菌作为生物防治菌具有如下优势：①腐生性强，适应范围广，产孢量大，易于工业化生产；②寄生范围广，一药多用，能降低防治成本；③寄生的同时可以产生各种抗生素和溶解酶，降低病原菌的耐药性，加强抑菌强度；④木霉菌的几丁质酶基因可在细菌、真菌和植物上表达，因此可以利用基因工程技术获取抗病品种。

黏帚霉作为一种重寄生菌（又称菌寄生菌），可以寄生在多种植物的病原真菌的菌丝和菌核上，作为重寄生菌侵染、崩解病原菌菌核，进而杀死病原菌，达到生物防治的目的，具有生长速率快、寄主范围广、孢子产量大、寄生能力强、拮抗机制多样等优点，是拮抗微生物中最具潜力的植病生防微生物之一。早在 20 世纪 60 年代，黏帚霉因为其可合成蔷色胶枝菌素、玉米烯酮等新型霉菌毒素首先被应用于生物合成与生化工程领域。直到 20 世纪 90 年代，黏帚霉在生物防治上的价值才逐渐被人们所重视。重寄生菌作用机制包括寄主菌形态学上的畸变、对菌丝的附着生长、侵入并产生吸器、菌丝的溶解以及产生酶和抗生素等。黏帚霉属于好氧微生物，倍增时间短，繁殖代数多，生长速率快，吸收能力强，pH 值调节对其产孢能力影响大，这样的生物性状使它在液体深层发酵比其他微生物具有明显的优势，利用液体深层发酵制备黏帚霉菌剂可以减少发酵占地面积的使用、降低灭菌能量的耗费、节约生产成本。此外，菌种本身易于存放接种，菌丝抗机械压力强，能产生各种胞酶。

由于真菌类微生物的广谱性、广泛适应性及拮抗靶标的多样性，随着生物技术的日新月异，可以利用基因工程技术和原生质体技术构建生物防治工程菌，优化发酵条件，改良田间应用条件，并加强木霉菌、黏帚霉等与植物之间互作研究，提供木霉菌的生物防治效果，对于防治植物真菌病害、促进农业生产具有重要意义。

### 19.4.4 微生物除草剂

微生物除草剂，是利用植物病原微生物或其代谢产物，使目标杂草感病致死的一种微生物制剂。它具有两个显著的特点：一是经过人工大批量生产而获得大量生物接种体；二是淹没式应用，以达到迅速感染并在较短时间内杀灭杂草的目的。

利用微生物资源来开发新型除草剂具有许多潜在优势：①这类除草剂作用位点是现有除草剂未涉及到的，有利于杂草的抗性治理；②这些微生物天然代谢产物可以为新的合成方案提供线索；③在低浓度时微生物代谢产物比合成的化合物具有生物活性的可能性大；④微生物代谢产物在环境中的半衰期比合成农药短得多，易迅速降解或解毒，因此登记试验比化学农药所用的时间短、资金少；⑤植物细胞培养技术、发酵技术、分子遗传学和基因工程的不断发展，把生产昂贵的微生物代谢产物防除杂草变成了现实。

对生物除草剂的评价，从理论上说主要依据两条标准即有效性（药效）和专一性（安全性），其中，药效是最关键的因素。生物除草剂的药效包括控制杂草的水平、速率以及施用操作的难易度等，并且防效与环境因素相关。如露水持续时间与湿度直接影响真菌孢子及繁殖体的萌发、入侵、孢子产生及再侵染，从而影响真菌除草剂的防治效果。生物除草剂杀草机制涉及对防除对象的侵染能力、侵染速率以及对杂草的损害性等。侵染能力可以从侵染途径（如直接穿透表皮或者只经气孔）、侵染部位、侵入后在组织中感染能力等方面进行反映。不同的生物除草剂其除草机制也不尽相同。如 *Cornexistin* 是一种来源于嗜粪担子菌纲宛氏拟青霉的植物毒素，对单子叶和双子叶杂草具有良好的除草活性。*Cornexistin* 的作用机制可能是前体除草剂的作用机制，即它要被代谢为至少一种天冬氨酸氨基转移酶（AAT）的同工酶抑制剂才能起到除草作用。又比如 *Hydantocidin* 是吸水链霉菌的代谢产物，是一种强烈的腺苷酸琥珀酸合成酶抑制剂。

提高生物除草剂防效的途径之一是复配使用低量的化学除草剂或植物生长调节剂。通常，低量化学除草剂的存在可以削弱杂草的防御机制，降低生长势，有利于微生物的侵染，提高发病率，增强杀草效果。另外，通过基因工程或原生质体融合技术将强致病基因导入的方式，改善生物除草剂的药效。

（1）真菌除草剂

真菌除草剂是一类防治杂草的真菌性植物病原生物制剂，其有效成分是活的真菌繁殖体（孢子或菌丝体），加工成一定的剂型后使用。具有杂草生物防治的真菌主要集中在 9 个属：刺盘孢菌属（*Colleototrichum*）、疫霉属（*Phytophthora*）、镰刀菌属（*Fusarium*）、交链孢霉属（*Alternaria*）、柄锈菌属（*Puccinia*）、尾孢霉属（*Cercospora*）、叶黑粉菌属（*Entyloma*）、壳单孢菌属（*Ascochyta*）和核盘菌属（*Sclerotinia*）。其中以交链孢霉属（*Alernaria*）的研究报道最多。

国外对真菌防除杂草的研究很多，在对真菌除草剂的新菌株筛选以及商品化产品开发等方面的研究成果显著。第一个注册的真菌除草剂是 1981 年在美国登记的 Devine 制剂，它是将棕榈疫霉菌的厚垣孢子制成悬浮剂，用于土壤处理防治柑橘园莫伦藤和其他多年生作物田中的有害葡萄树，其防效达 96%。Collego 制剂是由美国开发的已商品化的最成功的茎叶处理真菌除草剂，它是将长孢状刺盘孢的孢子加工成可湿性粉剂，用以防除水田和大豆田中的弗吉尼亚田皂角，大田常规使用防效在 90%以上。日本 Tasmart 的活性成分为稗内脐蠕孢，用于防治水稻田中的稗草，该药剂为油状液和粉末的组合包装，在稗草二叶期时有效，该药剂对部分禾本科作物有影响。我国山东省农业科学院科技人员研制成功的真菌除草剂"鲁保一号"，是在大豆菟丝子上分离得到的一种寄生性病原菌——胶孢炭疽菌菟丝子专化型，适用于防治蔬菜、大豆、亚麻、瓜类等作物田中所发生的菟丝子。部分商品化的真菌除草剂如表 19-2 所示。

**表 19-2　部分已商品化的真菌除草剂**

| 真菌名称或商品名称 | 防除对象 | 真菌名称或商品名称 | 防除对象 |
|---|---|---|---|
| Devine | 莫伦藤 | 砖红镰孢(MYX-1200) | 大豆和棉花田的豆科杂草 |
| Collego | 水稻及大豆田内的田皂角 | F798 制剂 | 瓜列当 |
| Biomal | 锦葵属植物 | 单胞锈菌 | 皱叶酸模、矢车菊 |
| 鲁宝一号 | 大豆菟丝子 | 黑斑病菌 | 青麻 |
| 直喙镰孢菌菌丝体制剂 | 烟草、大麻、向日葵等上的列当 | 链格孢 | 南芥 |

限制真菌除草剂应用的主要因素有作用对象单一、受环境因素影响大、菌体产生较困难等。大多数真菌除草剂的寄主范围很窄，即对目标杂草的选择性强，因此，它们只能在特定的场合发挥出特有的作用，对于同一农田生态系统中的其他杂草没有杀伤能力。真菌除草剂中发挥作用的主体是活的微生物体，施用后对环境条件的要求比化学除草剂更加严格，例如田间的湿度、露水持续的时间、不同地区的温度和雨量等，这些都可能影响真菌孢子体或菌丝体的生长、发育，进而影响真菌除草剂的防治效果。此外，有些真菌很难繁殖、产孢量低或多代繁殖后其致病能力下降等原因，使得真菌除草剂的大量生产和商品化受到限制。因此，开发合适的菌剂制备技术，添加适当的助剂和改良剂，不仅能够促进或调节孢子萌发、提高致病力，而且还可以减少对环境的污染、增加防治效果。

(2) 细菌除草剂

从杂草根系土壤的微生物菌群中筛选出的具有除草活性的细菌也可以作为开发微生物除草剂的重要资源，正日益受到广泛的重视。具有除草潜能的根际细菌主要集中于 8 个属：假单胞菌属（*Pseudomonas*）、肠杆菌属（*Enterobacter*）、黄杆菌属（*Flavobacterium*）、柠檬酸细菌属（*Citrobacter*）、无色杆菌属（*Achromobacter*）、产碱杆菌属（*Alcalligenes*）、欧文菌属（*Erwinia*）和黄单胞菌属（*Xanthomonas*）。其中黄单胞菌属既是重要的植物病原菌，也是工业上应用较多的一类细菌。

细菌能够分泌多种代谢产物，其中有一些能够侵入宿主杂草破坏其内部结构，使其产生坏死和环状枯萎的病斑，导致致病性。这些活性成分通常称为植物毒素，大多数情况下它们为细菌的次代谢产物，具有控制杂草的作用。这些活性成分在化学结构和分子大小上有很大差异，一部分为聚合肽、萜烯、大环内酯类和酚类。大多数能产生植物毒素的细菌都呈革兰阴性，如假单胞菌属、欧文菌属、黄单胞菌属等。细菌活体除草机制研究近年来得到迅速发展，以根际细菌活体释放来实现除草目的，从最初的简单采集、分离和筛选植物病原菌到包括活体产品制剂、释放生物的生态学和流行病学，在组织学、生物化学和遗传学水平上植物病原菌的相互影响以及候选微生物除草剂基因操作等方面进行研究。

用于除草细菌具有种间特异性，对栽培植物危害少，对环境安全。另外，细菌生长期短，发酵工艺简单且易于控制，分泌次生代谢产物，残留也易于降解。某些根细菌的固氮作用能够减少施用化学肥料的费用，开发同时有固氮作用的细菌除草剂将会产生较大的经济效益。

# 19.5 微生物肥料

## 19.5.1 微生物肥料定义

肥料是农作物的“粮食”“营养”，直接关系到农作物的产量和质量。目前，国内外都在积极发展绿色农业（生态农业、有机农业），提倡生产安全无公害的绿色食品，即在生产过程中，要求不用或少用化学肥料、化学农药和其他化学物质。这就要求肥料首先能促进植物生长和提高产品质量；其次是不造成有害物质的生产和积累；再次是不污染环境和土壤。因此，绿色、有机物肥料的研发推广需求强烈。

微生物肥料（microbial fertilizer）又称细菌肥料或生物肥料，是指一类含有活体微生物的特定制品，应用于农业生产中，能获得特定的肥料效应，具有资源再利用、无毒、无害、无污染、成本低等特点。微生物肥料种类繁多，根据作用机制分为两类：一类是狭义的微生物肥料，指通过其中微生物的生命活动增加植物营养元素的供应量，包括土壤和生活环境中植物营养元素的供应量，如根瘤菌肥；另一类是广义的微生物肥料，它主要通过其中的微生物生命活动，不但能提高植物营养元素的供应量，还可以通过产生植物生长刺激素，促进植物对营养元素的吸收和对某些植物病原物的拮抗，进而达到减轻农作物病虫害，提高作物产量和改善作物品质的目的，如植物根际促生细菌（plant growth promoting rhizobacteria，PGPR）。根据制品中微生物的种类可以分为细菌肥料、放线菌肥料、真菌肥料等。根据制品中含有成分的复杂程度分为单一微生物肥料和复合微生物肥料等。

单一微生物肥料主要包括：①能将空气中的惰性氮素转化成植物可直接吸收的离子态氮素，它在保证植物的氮素营养上起着重要作用的微生物制品，属于这一类的有根瘤菌肥料、固氮菌肥、固氮蓝藻等；②能分解土壤中的有机质，释放出其中的营养物质供植物吸收的微生物制品；③能分解土壤中难溶性的矿物，并把它们转化成易溶性的矿质化合物，从而帮助植物吸收各种矿质元素的微生物制品，其中主要的是“硅酸盐”细菌肥料和磷细菌肥料；④对某些植物的病原菌具有拮抗作用，能防治植物病害，从而促进植物生长发育的微生物制品，如某些芽孢杆菌制剂和抗生菌肥料等；⑤菌根菌肥料。

复合微生物肥料由复合菌株和一些对植物生长具有重要作用的物质组成。它主要包括：①微生物-微量元素复合生物肥料；②联合固氮菌复合生物肥料；③固氮菌/根瘤菌/磷细菌和钾细菌复合生物肥料；④多菌株多营养生物复合肥料等。

## 19.5.2 微生物肥料的作用机制

微生物肥料核心是微生物，是一种包含微生物群体的菌剂。这类菌剂能够提供一种或多种对植物生长有益的微生物群落，因农业上常将菌剂和草炭、泥炭、有机肥料等有机质含量较高的基质混合在一起使用，故俗称“菌肥”。

微生物肥料的作用机制不同于化学肥料，是向植物提供对生长有益的“微生物群落”，而不是“营养元素”。这些有益的微生物施到土壤中后，通过细菌固定、分解、分泌等过程，影响土壤养分变化，进而影响生长在土壤中的植物生长。微生物的作用是“作用”于土壤中、“反应”在植物上，土壤原始养分是基础。例如：以固氮细菌为主的微生物肥料能通过细菌的活动，固定空气中的氮元素，供植物生长时吸收利用，即“固氮”作用；以解磷细菌为主的微生物肥料则通过细菌的活动，分解土壤中部分不能被植物吸收的磷元素，使磷从土壤中分解出来，供植物生长吸收利用，即“解磷”作用；以解钾细菌为主的微生物肥料主要作用是通过细菌的活动，分解土壤中部分不能被植物吸收的钾元素，使钾从土壤中分解出来，供植物生长吸收利用，即“解钾”作用。同时，微生物在土壤中的生命活动，可产生很多代谢产物或分泌物，有些分泌物对植物生长有刺激作用，有些分泌物则能抑制病虫害间接促进植物的生长。因此，微生物肥料的作用机制可以概括为 4 个：①直接为植物提供营养元素；②抑制病虫害间接促进植物生长；③活化并促进植物对营养元素的吸收；④产生生物活性物质调节刺激植物生长。具体作用体现在以下几个方面。

(1) 促进土壤形成

土壤是农作物生长的基础，由岩石风化而成。岩石经过物理、化学因素长时间的作用后变成岩石粉末，再形成“土”。土中有了有机物和微生物后，通过其中微生物的活动，土慢慢变成“壤”，让农作物能够生长，并提供丰富的矿质元素。在形成具有生物活性的土壤过程中，微生物担当了主力军的作用。可以这样说，没有微生物的作用，就不可能有供农作物生长的土壤的形成。

(2) 增加土壤肥力

这是微生物肥料的主要功效。所谓土壤肥力是指土壤供给农作物生长所需养料的能力。土壤是微生物的大本营，微生物在其代谢活动过程中不断分解土壤中的有机物，转化成腐殖质，促进土壤团粒结构形成，增加土壤肥力；同时，它们每一个细胞又是一个小小的化肥加工厂，直接“生产”各种“化肥”，供农作物吸收。例如，固氮微生物利用空气中分子态氮合成为农作物能吸收的铵，增加土壤中的氮素来源；多种溶磷、溶钾微生物，如一些芽孢杆菌、假单胞菌，可以将土壤中难溶的磷、钾释放出来转变为植物能吸收利用的化合物，增加植物生长过程中营养物质的供应；一些可以分解植物秸秆的制剂能够加速秸秆中纤维素和蛋白质等物质的分解，提高土壤中有机物的含量，增加土壤肥力。微生物细胞本身也富含营养，死亡后也被分解转化为农作物可吸收的营养基质。

(3) 转化并促进植物吸收营养

① 氮、磷、钾等大量元素　固氮菌类微生物肥料可以固定空气中的氮素，增加植物的氮素营养。人们从根瘤菌固氮研究中得到启示，采用转移结瘤基因、酶法和物理方法等处理手段，对根瘤菌能否扩大其宿主范围，尤其是对禾本科植物实现共生结瘤固氮的长远目标进行了尝试，并取得了一些重要进展。硅酸盐细菌类肥料能对土壤中云母、长石、磷灰石等含钾、磷的矿石进行分解，使难溶钾转化为有效钾，正是由于这种“解钾”作用，这类细菌也称为“钾细菌”。有人认为这种解钾作用与细菌胞外多糖的形成和低相对分子质量酸性代谢物有关；最近有学者认为硅酸盐细菌在培养液中与对照组相比有一定的解钾作用，但绝对量很小，有待于通过加强基础研究来证明。

② 其他营养元素　这方面的研究主要集中在微生物对铁元素营养的影响，认为在缺铁的环境下植物铁元素营养吸收的转运得益于一些细菌细胞膜的各种铁载体蛋白。如荧光假单胞菌中铁的转运依赖于高亲和性的铁螯合物绿脓菌红素、荧光菌素、水杨酸和低亲和性的绿脓杆菌敖铁蛋白。铁载体对植物铁元素营养的影响很复杂，与产生菌株、铁

载体类型、植物种类和土壤条件等有很大的关系。有研究表明某些微生物肥料可活化并促使矿物释放铁、锰等元素，氧化酶细菌可使单质硫氧化，降低土壤 pH，促进油菜对铁、硫、锰元素的吸收。

(4) 增强植物抗病和抗旱能力

某些微生物肥料能产生铁载体、抗生素、植物抗病相关蛋白和氰化物等多种物质能抑制植物病原菌对植物的危害，有的还能在产生多种植物生长调节物质的同时诱导植物产生系统抗性，达到促进植物生长的作用。有些微生物肥料的特殊微生物通过自身的代谢活动可以提高植物的抗旱性、抗盐碱性、抗极端温度和对重金属毒害的抵抗能力，提高宿主植物的逆境生存能力。如利用 VA 菌根真菌菌种接种白花三叶草后，在相当于田间持水量 20%的土壤水分条件下，虽然三叶草总生长量下降，但经过接种处理的植物地上部分干重仍然显著高于对照组，增幅达 25%～33%。

(5) 减少化肥用量和提高植物品质

使用微生物肥料后可以减少化肥的施用量。国内外许多研究者在根瘤菌肥料的应用研究中，经常设置减少肥料用量的对照组，用以说明根瘤菌的固氮效果。很多研究也表明，使用微生物肥料后可以有效提高植物品质，提高植物中蛋白质、糖类和维生素等的含量。在有些情况下，改善产品品质比提高产量的好处更大。

(6) 减少环境污染

由于滥用化肥、污水灌溉等不良行为造成土壤质量下降、环境污染、农产品安全受到了极大影响。而使用微生物肥料，不仅利用了城市生活垃圾和农业废物，还增加土壤肥力，改善土壤性能，减少环境污染。

### 19.5.3 重要的微生物肥料

(1) 氮肥

微生物氮肥主要包括固氮菌类肥料和根瘤菌类肥料。前者特指利用一些可以自生固氮的细菌或联合固氮的细菌作为菌种生产出来的能够固氮的微生物肥料，后者特指以一些根瘤细菌为菌种生产出来的能够固氮的微生物肥料。

① 固氮菌类肥料　自生固氮菌和联合固氮菌都具有固氮酶，可以在一定的条件下将氮转化为氨。这类微生物由于缺乏必要的氨同化系统，它们固定的氮素在保证本身需要后往往受细胞内氨浓度的抑制，使固氮作用停止。所以，与可以共生固氮的根瘤菌相比，其固氮能力较小，能够分泌到体外的氮素更少。因此，这类微生物固定氮素的数量与植物对氮素的需求之间存在很大差距，因此施用此类微生物肥料取代化肥的说法缺乏依据。

施用这类微生物肥料能够提高植物的产量，但是现在一般认为其作用机制除了能够固定一定数量的氮素之外，这些微生物的一些种类在代谢过程中能够产生多种对植物生长有促进作用的物质，如植物生长物质、维生素、氨基酸、多糖等。例如，用雀稗固氮菌培养物处理几种植物的幼苗和根部，结果发现其根和叶质量均增加；用巴西固氮螺菌接种植物也可以促进根系的生长。

已经发现超过 200 个种的细菌具有固氮作用，其中包括化能自养型、化能异养型、光能自养型和光能异养型等多种类型。目前正在使用和有利用价值的微生物类型如表 19-3 所示。正是由于这些细菌之间在生活环境、代谢类型以及对植物的影响等方面的差异，所以并非所有具有固氮酶活性的细菌都可以作为固氮菌肥料生产的菌种。

表 19-3 有利用价值的固氮菌类型

| 微生物属 | 微生物种类 |
| --- | --- |
| 固氮菌属 | 拜氏固氮菌、褐球固氮菌、亚美尼亚固氮菌、雀稗固氮菌、棕色固氮菌 |
| 氮单胞菌属 | 敏捷氮单胞菌、标记氮单胞菌 |
| 拜叶林克菌属 | 印度拜叶林克菌、德氏拜叶林克菌 |
| 芽孢杆菌属 | 多黏芽孢杆菌 |
| 克雷伯菌属 | 肺炎克雷伯菌、产气克雷伯菌、产酸克雷伯菌 |
| 固氮螺菌属 | 亚马逊河固氮螺菌、巴西固氮螺菌、生脂固氮螺菌 |
| 肠杆菌属 | 阴沟肠杆菌 |
| 红色假单胞菌属 | 沼泽红色假单胞菌 |
| 红螺菌属 | 莫氏红螺菌 |

② 根瘤菌类肥料　根瘤菌类肥料是以一些根瘤细菌为菌种生产出来的能够固氮的微生物肥料。这类肥料研究历史最长，研究最为深入，应用最广泛。由于根瘤菌可以与豆科植物形成共生固氮体系，因而保证了生物固氮的有序性、高效性和持久性。世界上目前发现的豆科植物大约有 2000 种，大约 95%的豆科植物可以形成根瘤，与农业相关的豆科植物几乎都包含在内。

一般来说，不同的根瘤菌具有不同的宿主范围，也就是一组根瘤菌菌株能够感染一组相关的豆科植物。正是由于这种现象存在，不同的固氮根瘤菌肥料具有不同的使用范围，例如豌豆根瘤菌微生物肥料只能用于豌豆和蚕豆，不能应用于大豆。目前，科研和生产中利用的根瘤菌菌株主要有两类：一是广谱性的根瘤菌菌株，这类菌株的品种专化性相对较弱，可以在多种豆科植物上应用；二是品种专化性较强的菌株，这类菌株只能在特定的品种上使用，容易在植物根部结瘤和固氮，排斥其他固氮能力低的菌系结瘤。

根瘤菌肥料的制备包括发酵培养、纯度检验、扩大培养以及载体吸附等步骤。对于根瘤菌肥料制备来说，保持菌种生长阶段的稳定性也是非常重要的，一般应该利用处于生长稳定期的根瘤菌制备产品。无论是哪种类型的根瘤菌，发酵后期每毫升发酵液中根瘤菌数都应该超过 $3\times10^9$ 个，并且还要经过纯度检验后才能扩大发酵或者载体吸附。常用的剂型包括固体粉剂、液体剂型、斜面培养物剂型、液体矿物油剂型以及固体颗粒剂型等。其中固体粉剂比较常见，它是利用载体吸附发酵液制成的。常用的载体为含有大量有机质的草炭，这种物质为根瘤菌的栖息提供了一个优越的环境，并且在一定条件下根瘤菌还能够继续增殖。

科学应用根瘤菌类微生物应该注意以下几点：注意宿主范围、选择最佳施用时机和选用正确的方法。另外在集中施用时，注意最好能和一定的微量元素复合施用以提高施用效果。

(2) 解磷微生物肥料和释钾微生物肥料

磷和钾是植物生长发育必需的元素，在植物的生长过程中具有重要的作用。土壤中磷的含量比较丰富，但是能被植物直接吸收的磷，即土壤有效磷相对不足，因此现代农业一般通过施用磷肥的方式供给植物磷。但磷肥中大部分磷被土壤固定，植物无法吸收这类磷。因此，利用一些微生物的作用分解土壤固定的磷对于植物的生长、农业的持续发展具有重要意义。在土壤颗粒组成中，60%为含钾硅酸盐矿物，自然风化极其缓慢。土壤中的矿物钾不能直接为植物利用，而中国南方各省土壤普遍缺钾。在化学钾肥供不应求的情况下，开辟新的效果好、成本低、又不污染环境的微生物肥料，挖掘土壤中的钾元素资源具有重要的科学意义和实际应用价值。

自然环境中能够转化土壤无效磷为有效磷的微生物很多，目前研究比较多的细菌菌属有芽孢杆菌属、假单胞菌属、硫杆菌属、节杆菌属等，真菌菌属主要有曲霉属等。磷微生物的解磷机制主要包括以下几种。①产生各类有机酸和无机酸，降低环境 pH，使难溶性磷酸盐降解为有效磷；某些有机酸可螯合闭蓄态 Fe、P、Al、Ca，使之释放有机磷。②产生胞外磷酸酶，催化磷酸酯或磷酸酐等有机磷水解为有效磷；磷酸酶是诱导物，微生物和植物根对磷酸酶的分泌与磷酸盐的缺乏程度呈正相关，缺磷时，其活性将成倍增加。③扩大吸收面积，VA 菌根真菌肥料重要的促生机制之一就是其与土壤的磷元素营养供应密切相关：一方面通过根外菌丝延伸可达几厘米，甚至十多厘米以增加吸收范围；另一方面提高其磷酸酶活性，同时还能产生草酸盐、柠檬酸盐结合 Fe、Al，使固定态磷酸盐释放有效磷。解磷微生物肥料主要为固体剂型，包括固体颗粒制剂和芽孢粉剂。应用过程中应该注意以下问题：了解解磷的范围和环境，一般是在有机质丰富但缺磷的环境中效果较好；与磷粉矿合用效果好；能结合堆肥使用，效果较好；混合使用没有拮抗作用的解磷微生物或者与一些微量元素混用效果好。

硅酸盐细菌是一类能够分解硅酸盐类矿物并释放可溶性钾到土壤溶液中为植物所利用的微生物，有时又称为钾细菌。用于生产硅酸盐细菌肥料的菌株有多个，其中胶质芽孢杆菌最为常用。同时，环状芽孢杆菌、凝结芽孢杆菌、球形芽孢杆菌也比较常见。最近发现，邻单胞菌属的一种细菌不仅具有解钾作用，而且还可以解磷和固氮，有望成为新型微生物肥料菌株。一般认为，硅酸盐细菌解钾作用机制有以下几点：①细菌与矿物接触后产生特殊的酶，能够破坏矿物的晶体结构并释放钾；②细菌产生一些有机酸，如草酸、柠檬酸等，通过酸溶解作用和有机酸络合作用使可溶性钾含量增加；③细菌代谢中产生氨基酸导致可溶性钾增加；④细菌与矿物接触后产生荚膜多糖，该物质提供质子和溶液中的离子形成复合物来提高分解矿物的能力。硅酸盐细菌肥料在我国已经有 20 多年的应用历史，在多种植物和多个地区都获得了较好的效果，但是稳定性不够。优化生产工艺，产出稳定合格的产品，同时在使用过程中应该根据不同地方土壤的特点，优化使用方法。

(3) 根际促生细菌类微生物肥料

根际促生细菌（PGPR）是指天然存在于土壤中，能够定殖于植物根部，刺激植物生长的微生物类群。属于 PGPR 类群的微生物种类很多，据不完全统计，已经发现包括假单胞菌和芽孢杆菌在内的 20 多个属的根际细菌具有防病促生作用，如醋杆菌属、产碱菌属、伯克菌属、黄色杆菌属、肠杆菌属等，其中以荧光假单胞菌研究得最多。

对 PGRP 的促生作用多认为是多种效应的综合结果，概括起来有以下几个方面。

① 产生植物促生物质　假单胞菌属、芽孢杆菌属和固氮菌属等 PGPR 菌株能产生吲哚乙酸、赤霉素和玉米素等植物生长激素，还能产生细胞分裂素和多种维生素、氨基酸。PGPR 通过产生这些对植物生长具有刺激作用的物质，可以提高植物种子的萌发率，增加植物品质和提高产量。

② 改善植物根际营养环境　PGPR 在植物根际聚集，它们旺盛的代谢作用加强了土壤中有机物质的分解，促进植物营养元素的矿化，增加了对植物营养的供给。

③ 对病害的生物调控　荧光假单胞菌的某些菌株和芽孢杆菌属的某些菌株效果最明显，用它们处理种子对防治水稻纹枯病、稻瘟病、小麦全蚀病、棉花枯萎病及蔬菜的根腐病有效。其控病机制主要包括：限制病原菌的增殖和传播；改变微生物环境平衡；促进植物生长；诱发植物产生抗病性；产生铁载体等。

近年来，在小麦、甘蔗、甜玉米、水稻、棉花等植物的健康植株中都发现了有内生细菌和真菌，研究者已将它们制成菌剂接种于小麦、水稻、玉米、甘蔗等禾本科植物，胡萝卜、黄瓜等蔬菜，或用它们处理种子和马铃薯种块等，都取得了显著地增产和生物防治效果。PGPR 菌株大多数聚集在根际表面，未能形成类似根瘤菌的稳定保护结构，受根际土壤土著菌的竞争及其他土壤环境因子的干扰等影响较大，因此，实际应用时效果差异大。

(4) 其他微生物肥料

① 分解植物秸秆微生物肥料　这类肥料能使有机物中的纤维素、半纤维素、木质素迅速解体，释放秸秆中存在的大量氮、磷、钾等元素和有机质并使之转变为能供植物吸收利用的有机质肥料，解决了秸秆就地还田的难题，使收获后残存的大量秸秆得以及时处理，既实现大面积以地养地，又避免了因焚烧秸秆带来的环境污染。制备微生物植物秸秆分解类肥料的菌种主要包括芽孢杆菌、纤维素分解细菌、高温放线菌以及钼酶等种类。

分解植物秸秆微生物肥料的使用方法有两种，一种是堆肥法，另一种是秸秆就地压杆法。近年来，工业固体发酵技术在分解植物秸秆制备微生物肥料中逐渐得到应用，将菌种与秸秆、鸡粪等有机物混合在特制的容器中进行控温发酵，利用特定的发酵装置工厂化生产微生物肥料。这种方法能制得的颗粒状高能有机肥，其优点是改善土质、利于吸收、降低成本，同时能避免环境污染。

② 复合微生物肥料　复合微生物肥料是指两种或者两种以上的微生物或者一种微生物与其他营养物质复配而成的肥料。研究者发现，将两种或两种以上作用机制和作用范围不同的微生物肥料混合使用，作用效果得到提高。

复合过程中，可以是同一微生物的不同株系，通过分别培养、发酵、混合吸附而成。例如将不同株系的根瘤菌混合后，可以在不同大豆基因型的地区使用。也可以是不同的微生物菌种，如解磷微生物和硅酸盐类微生物，通过分别培养、发酵、吸附时混合来增强接种效果。必须注意的是，复合微生物肥料中的各种微生物之间必须没有拮抗作用。也可以是一种微生物和其他营养物质复配，即在微生物肥料中加入一定的植物营养元素、一定量的有机物以及植物生长调节物质等。无论哪种复配方式，必须考虑复配物的质量，复配后制剂中的酸碱度以及盐浓度对微生物有无抑制作用。此外，还要考虑复配物本身对微生物存活的影响以及每种复配物本身对植物生长的作用等。

③ 丛枝菌根类微生物肥料　菌根是土壤中某些真菌侵染植物根部后与植物形成的菌-根共生体，主要功能之一就是能溶解、活化土壤养分，并具有强大的吸收能力，改善植物矿质营养，它们对植物水分代谢的有益作用已得到公认。丛枝菌根（AM）是一类重要的菌根，形成 AM 的真菌属于结合菌纲球囊霉目，目前全世界已报道的种约 170 个。陆地上 90%以上的高等植物，诸如粮食植物、油料植物、园艺植物等都具有丛生菌根。大量的试验结果表明，AM 菌根真菌能改善植物的水分状况，提高植物的抗旱能力。另外，AM 菌根在抗线虫方面的作用也十分明显，能不同程度地降低其危害。

AM 菌根推广应用的最大障碍是缺乏这类真菌的纯培养技术。尽管如此，国内外的研究者还是利用各种方法人为培养大量接种了 AM 菌根的植物根，然后以这些侵染了 AM 菌根的植物根段和具有大量活孢子的根际土壤接种植物，获得了很好的增产效果。

# 第 20 章 环境生物监测

## 20.1 概述

环境监测（environmental monitoring）是运用物理、化学和生物等一切可以表征环境质量的技术手段，对影响环境质量的代表值进行定性、定量和综合分析，以确定环境质量及其变化趋势。物理和化学监测可以快速而灵敏地对污染物的种类和浓度进行分析，必要时能实现连续监测，但多数情况仅反映采样瞬时的污染物浓度，不反映环境质量长期的变化。生物监测（biological monitoring）弥补了物理和化学监测的不足，更能确切反映污染因子对环境危害的综合影响。特别是当环境污染物浓度较低时，可以利用有些生物对特定污染物的敏感特性，实现危害的“早期诊断”。

### 20.1.1 生物监测原理和方法

（1）生物监测原理

生物监测技术诞生于 20 世纪初，经历了一个从生物整体水平到细胞水平、基因水平和分子水平的逐步发展过程。20 世纪 70 年代以来，水污染的生物监测成为了活跃的研究领域。1977 年美国试验和材料学会（ASTM）出版了《水和废水质量的生物监测会议论文集》，内容包括利用各类水生生物进行监测和生物测试技术，概括了这方面的成就和进展。20 世纪 90 年代，细胞生物学和分子生物学研究领域的迅速进步，加上信息科学技术的突飞猛进，使生物监测技术迈进了一个崭新的发展时期。

生物监测是通过生物（动物、植物及微生物）在环境中的分布、生长、发育状况及生理生化指标和生态系统的变化情况，研究环境污染情况，测定污染物毒性的一类监测方法。生态系统理论是生物监测的理论基础，污染物进入环境后会对生态系统在各级生物学水平上产生影响，引起生态系统固有结构和功能的变化（图 20-1）。

分子生物 → 细胞器、细胞、组织 → 器官、器官系统 → 个体、种群、群落 → 生态系统

图 20-1 生物的各级水平

在分子水平上，会诱导或抑制酶活性，抑制蛋白质、DNA、RNA 的合成。在细胞水平上，引起细胞膜结构和功能的改变，破坏线粒体、内质网等细胞器的结构和功能。在个体水平上，导致动物死亡，行为改变，抑制生长发育与繁殖等；对植物表现为生长速率减慢，发育受阻，失绿黄化及早熟等。在种群和群落水平上，引起种群数量密度的改变，结构和物种比例的变化，遗传基础和竞争关系的改变；群落中优势种、生物量、种的多样性等的改变。生物监测正是利用生命有机体对污染物的种种反应来直接地表征环境质量的好坏及所受污染的程度。由于环境变化的效应从根本上是对以人为主体的生物系统的影响，因此生物监测对环境素质的优劣更具有直接的指示作用。

(2) 生物监测方法

生物监测方法的建立是以环境生物学理论为基础的。根据监测生物系统的结构水平、监测指示及分析技术等，可以将生物监测的基本方法大致分为四大类，即生态学方法、生理学方法、毒理学方法及生物化学成分分析法。

生物监测主要是通过测定生物体内污染物含量，了解生物群落变化，观察生物受害状况。包括：①生态（群落生态和个体生态）监测；②生物测试（毒性测定、致突变测定）；③生物的生理、生化指标测定；④生物体内污染物残留量测定。

类比环境监测的目的，生物监测也可以分为监视性监测、研究性监测、特种目的监测三种；按监测对象，生物检测分为水污染生物监测、大气污染生物监测、土壤污染生物监测、生物污染监测、生态监测等。

### 20.1.2　生物监测特点

与常规监测相比，生物监测具有以下优点。

① 长期性、连续性　污染物在环境中含量及对环境改变强度随时间而变，这些变化与污染物的排放特性有关。生活在一定区域内的生物，能把一定时间内环境变化情况反映出来。

② 富集性　生物具有富集的特性。它富集的物质来源于环境，所以，测得生物体内的污染物的浓度，就可以知道当地的环境状况（图 20-2）。

水体 0.000003mg/L → 浮游生物 富集 7.3 万倍 → 食草类鱼 富集 14.3 万倍 → 食肉类鱼 富集 858 万倍 → 人类 富集 1000 万倍

图 20-2　生物的富集作用

③ 综合性　生物监测反映环境诸因子、多组分综合作用的结果，能够表明整个环境的状况。尤其对符合排放标准的污染物，生物监测可以反映其长期影响环境的后果。

### 20.1.3　指示生物

生物监测的指示生物是指能够对环境中污染物作出定性、定量反应的生物。主要包括敏感指示生物和耐性指示植物。

① 敏感指示生物　环境中污染物浓度含量很低，甚至低至化学方法无法测定时，一些生物能表现出某些灵敏的反应，这些生物就称为敏感指示生物。可以根据生物反应症状及反应程度进行定性、定量分析污染物浓度。如牵牛花对光化学烟雾很敏感。

② 耐性指示植物　这类植物在不良的环境中能表现出良好的生长势，也就是说污染的环境反而能促进这类植物的生长。如水体富营养化，蓝藻大量出现。

指示生物的选择方法主要有现场比较评比法、栽培（饲养）比较试验法、人工熏气法和浸蘸法等。表 20-1 比较了这些方法的异同。在这些方法中，栽培（饲养）比较试验法、人工熏气法和浸蘸法对敏感植物的筛选效率与准确性比现场比较评比法要高得多。

表 20-1 指示生物的选择方法

| 方法名称 | 定 义 |
|---|---|
| 现场比较评比法 | 对污染源影响范围内的各类生物进行观察记录。如对于指示植物来说,需注意叶片上出现的伤害症状特征与受害面积,比较后评比出各自的抗性等级 |
| 栽培(饲养)比较试验法 | 将各种预备的指示生物进行栽培或饲养,然后放置于监测区域内,观察并记录其生长发育状况与受害反应 |
| 人工熏气法 | 将被筛选的生物放置在人工控制条件的熏气室内,通入所确定的单一或混合气体与空气的混合均匀后的气体,按要求控制熏气的时间,从而能较准确地掌握生物体的反应症状 |
| 浸蘸法 | 浸蘸法适用于大量指示植物的选择。人工配置化学溶液,浸蘸生物的组织或器官,可产生与熏气相同的效果,具有简便、省时和快速的优点 |

## 20.2 水环境污染生物监测

随着工业和城市建设的不断发展，工业和生活污水排放不断增加，全球约有 14%以上水体因污染严重而无法使用。水环境污染的生物监测是对指示生物、水生生物群落结构和水污染生物数量等进行监测，从而反应水体的污染状况，它在环境保护领域具有十分重要的意义。

### 20.2.1 监测原理

水环境污染生物监测的生物学依据主要是：在一定条件下，水生生物群落和水环境之间存在着相互依存、相互制约的稳定平衡状态，一旦水体受到污染，水环境发生变化，各种生物就会对此产生不同的反应。水环境中进入的污染物质，必然作用于生物个体、种群和群落，影响生态系统中固有生物种群的数量、物种组成及其多样性、稳定性、生产力以及生理状况。根据生物的外在表现及体内某些物质含量的变化可显示水体中污染物的种类、污染物对水体的综合危害，甚至是污染程度。

《水环境生物监测技术规范》中规定了河流、湖泊、水库等淡水环境的生物监测项目、监测频率等。对于河流，应根据河流长度，至少设置三个断面（对照断面、污染断面和观察断面），采样点数视水面宽、水深、生物分布特点等确定；对于湖泊和水库，一般在入湖（库）区、中心区、出口区、最深水区、清洁区等处设置监测断面。表 20-2 概括了监测项目和监测频率。

### 20.2.2 水污染的生物监测手段和方法

(1) 生物监测手段

生物监测手段主要有：①生态监测，包括群落生态和个体生态监测，在有机物污染严重、溶解氧很低的水体中，水生生物群落的优势种只能由抗低溶解氧的种类组成，未受污染的水体，水生生物群落的优势种则必然是一些清水种类；②生物测试，包括毒性测试和致突变测试，利用水生生物受到污染物的毒害所产生的生理机能的变化，测试水质污染的状况，这种方法可以测定水体的单因素污染，对测定复合污染也能起到良好的效果；③生物的生理生化指标测定，利用指示生物来监测，如根据颤蚓、蛭等大型底栖无脊椎动物和摇蚊幼虫，以及某些浮游生物在水体中的出现和消失、数量的多少等来监测水体的污染状况；④生物体内污染物残留量测定。

**表 20-2 河流、湖泊和水库淡水生物监测项目及频率**

| 项目 | | 适用范围 | 监测频率/(次/年) |
|---|---|---|---|
| 名称 | 必(选)测 | | |
| 浮游植物 | 必测 | 湖泊、水库 | ≥2 |
| | 选测 | 河流 | ≥2 |
| 浮游动物 | 选测 | 湖泊、水库、河流 | ≥2 |
| 着生生物 | 必测 | 河流 | ≥2 |
| | 选测 | 湖泊、水库 | ≥2 |
| 底栖动物 | 必测 | 湖泊、水库、河流 | ≥2 |
| 水生维管束植物 | 选测 | 湖泊、水库、河流 | ≥2 |
| 叶绿素 a 测定 | 必测 | 湖泊、水库 | ≥2 |
| | 选测 | 河流 | ≥2 |
| 黑白瓶测氧 | 选测 | 湖泊、水库、河流 | ≥2 |
| 残毒 | 部分必测 | 湖泊、水库、河流、池塘等 | 参照《地表水监测技术规范》执行 |
| 细菌总数 | 必测 | 饮用水、水源水、地面水、废水 | 参照《地表水监测技术规范》执行 |
| 总大肠菌群 | 必测 | 饮用水、水源水、地面水、废水 | 参照《地表水监测技术规范》执行 |
| 粪大肠菌群 | 选测 | 饮用水、水源水、地面水、废水 | 参照《地表水监测技术规范》执行 |
| 沙门菌 | 选测 | 饮用水、水源水、地面水、废水 | 参照《地表水监测技术规范》执行 |
| 粪链球菌 | 选测 | 饮用水、水源水、地面水、废水 | 参照《地表水监测技术规范》执行 |
| 鱼类、藻类、毒性试验 | 选测 | 污染源 | 根据污染源监测需要确定 |
| Ames 试验 | | | 根据污染源监测需要确定 |
| 紫露草微核技术 | 选测 | 污染源 | 根据污染源监测需要确定 |
| 蚕豆根尖微核技术 | 选测 | 污染源 | 根据污染源监测需要确定 |
| 鱼类 SEC 技术 | 选测 | 污染源 | 根据污染源监测需要确定 |

(2) 生物监测方法

用水生生物监测研究水体污染状况的方法较多，主要有生物群落法、生产力测定法、水生生物毒性试验、细菌学检验法等。

① 生物群落法　生物群落中生活着各种水生生物，如浮游生物、着生生物、底栖生物、鱼类和细菌等。由于它们的群落结构、种类和数量的变化能反映水质污染状况，称为指示生物。如何评价水污染的状况，目前尚无统一的方法，比较有代表的方法是污水生物系统法和生物指数法。

② 细菌学检验法　当水体受到人畜粪便、生活污水或某些工农业废水污染时，细菌大量增加。在实际工作中，经常以检验细菌总数，特别是检验作为粪便污染的指示细菌，来间接判断水的质量状况。

③ 水生生物毒性试验　进行水生生物毒性试验可用鱼类、藻类等，其中以鱼类的试验应用比较广泛。鱼类毒性试验的主要目的是寻找某种毒物或工业废水对鱼类的半致死浓度或安全浓度，为制定水质标准和废水排放标准提供科学依据，检测水体的污染程度、水处理效果和水质标准的执行情况等。

④ 生产力测定法　生产力测定是通过测定水生植物中的叶绿素含量、光合作用能力、固氮能力等指标变化来反映水体的污染状况。另外，水生生物对污染物具有积累和放大作用，用理化检验方法测定其体内有害物质的含量和分布情况，可研究水体中污染物的积累、分布和转移规律。

⑤ 微型生物监测　微型生物群落监测方法（简称 PFU 法）是应用泡沫塑料块作为人工基质收集水体中微型生物群落，测定该群落结构与功能的各种参数，以评价水质污染情况的一种方法。此外用室内毒性试验方法，以预报工业废水和化学品对受纳水体中微型生物群落的毒性强度，为制定其安全浓度和最高允许浓度提出群落级水平的基准。

⑥ 分子生态毒理学方法　分子生态毒理学采用现代分子生物学方法与技术，研究污染物及代谢产物与细胞内大分子，包括蛋白质、核酸、酶的相互作用，找出作用的靶位或靶分子，并揭示其作用机制，从而能对在个体、种群、群落或生态系统水平上的影响作出预报，具有很大的预测价值。目前最常用的是把腺苷三磷酸酶作为生物学标志，测定体内腺苷三磷酸酶的活性，并以其活性强弱作为污染物胁迫的指标。

⑦ 硝化细菌测试法　硝化细菌为专性化能自养型细菌，包括氨氧化菌和亚硝酸氧化菌两个亚群。硝化过程由两个连续而又不同的阶段组成，第一阶段由氨氧化菌将氨氧化为亚硝酸；第二阶段由亚硝酸氧化为硝酸。硝化细菌通常生活在土壤和底泥中，在自然界的氮循环中起着决定性作用。鉴于硝化细菌对多种化学物质比较敏感，通过测定化学物质对硝化细菌硝化作用强度的影响，来表明化学物质毒性大小和对自然界中氮循环功能的影响程度，该方法检测污染物毒性具有简便、敏感、快速、廉价和定量等特性。

⑧ 幼虫变态实验　近年来对于以海洋无脊椎动物的胚胎和幼虫期毒性实验研究较为广泛，有关研究表明，浮游幼虫变态比现有生物个体水平的毒性实验指标更为敏感。海洋底栖无脊椎动物幼虫的变态期是生活史的关键阶段，变态期幼体对污染物的敏感性要高于其他阶段，幼虫的变态过程易于观察（受到外来信息物质的调控），且易受环境污染干扰。因此，与死亡率比较，能否在附着基表面顺利变态是监测污染物毒性更敏感的指标。

⑨ 发光细菌毒性检测法　发光细菌试验是环境样品毒性检测的生物测试技术，并已被列入德国国家标准（DIN 38412）和国际标准（ISO 11348）。发光细菌测试使用了具有发光特性的天然微生物，而毒性物质则将抑制发光，且毒性越强光抑制效果越明显。这一方法具有快速、简便、灵敏度高和可靠性好的特点。

### 20.2.3　生物群落监测法

（1）水污染指示生物

水污染指示生物，是指对水体中污染物产生各种定性、定量反应的生物。主要有：浮游生物、着生生物、底栖动物、鱼类和微生物等。利用它们的群落结构、种类和数量的变化能反映水质状况。

① 浮游生物　是指浮游在水体中的生物，可分为浮游动物和浮游植物两大类，其特点是个体小、游泳能力差，是水生食物链的基础，对环境变化反应敏感。浮游动物包括原生动物、轮虫、枝角类、桡足类等；浮游植物则包括藻类（以单细胞、群体或丝状体的形式存在）。

② 着生生物　是指附着在长期浸没于水中的各种基质（植物、动物、石头、人工）表

面上的有机体群落。包括许多生物类别，如细菌、真菌、藻类、原生动物、轮虫、甲壳动物、线虫、寡毛虫类、软体动物、昆虫幼虫、鱼卵和幼鱼等。

③ 底栖动物（亦称底栖大型无脊椎动物）是指栖息在水体底部淤泥内、石块或砾石表面的间隙中，以及附着在水生植物之间的肉眼可见的水生无脊椎动物，体长超过2mm。包括：水生昆虫、大型甲壳虫类、软体动物、环节动物、圆形动物、扁形动物等。其特点是移动能力差，故在比较稳定的水体环境中，种类比较多，个体数量适当，群落结构稳定；当水体受到污染后，其群落结构便发生变化。

④ 鱼类　代表最高营养水平。凡能影响浮游生物和大型无脊椎动物的水质因素，也能改变鱼类的种群。某些污染物对低等生物可能不会引起明显变化，但对鱼类影响明显。鱼类能够全面反映水质的总体水平。

⑤ 微生物　微生物对水体有机污染非常敏感，清洁水体中微生物的数量较少，有机污染物浓度增加，微生物的数量会成倍增加。

（2）生物群落监测方法

① 污水生物系统法　污水生物系统是由德国学者于20世纪初提出的，其原理基于将有机污染的河流按照污染程度和自净过程，划分为相互连续的河段，分别为多污带、α-中污带、β-中污带和寡污带，每一带都存在着各自独特的生物种群（指示生物）。根据每个带的物理、化学和生物学特征，可以对水体水质进行评价。表20-3列举了这些典型带的特征。

② 生物指数法　生物指数法是指运用数学公式计算出相应的指数，反映生物种群或群落结构的变化，评价环境质量的数值。主要的方法有：贝克生物指数、贝克-津田生物指数、生物种类多样性指数和硅藻生物指数。

**表 20-3　污水系统的部分生物学、化学特征**

| 项目 | 多污带 | α-中污带 | β-中污带 | 寡污带 |
|---|---|---|---|---|
| 化学过程 | 还原和分解作用明显开始 | 水和底泥里出现氧化作用 | 氧化作用更强烈 | 因氧化使无机化达到矿化阶段 |
| 溶解氧 | 没有或极微量 | 少量 | 较多 | 很多 |
| BOD | 很高 | 高 | 较低 | 低 |
| 硫化氢的生成 | 具有强烈的硫化氢臭味 | 没有强烈硫化氢臭味 | 无 | 无 |
| 水中有机物 | 蛋白质、多肽等高分子物质大量存在 | 高分子化合物分解产生氨基酸、氨等 | 大部分有机物已完成无机化过程 | 有机物全分解 |
| 底泥 | 常有黑色硫化铁存在，呈黑色 | 硫化铁氧化成氢氧化铁，底泥不呈黑色 | 有$Fe_2O_3$存在 | 大部分氧化 |
| 水中细菌 | 大量存在，每毫升可达100万个以上 | 细菌较多，每毫升在10万个以上 | 数量减少，每毫升10万以下 | 数量少，每毫升100以下 |

贝克生物指数是贝克在1955年首次提出的，它将从采样点采到的底栖大型无脊椎动物分成两类，一类是不耐有机污染物的敏感种，另一类为耐有机污染物的耐污种，通过公式进行简单计算。

$$生物指数(BI)=2A+B$$

$$贝克生物指数(BI)=2nA+nB$$

式中，$A$ 为敏感底栖动物种类数；$B$ 为耐污底栖动物种类数；$n$ 为动物的个数。

BI=0 时，属严重污染区域，BI=1～6 时，为中等有机物污染区域，BI=10～40 时，为清洁水区。

1974 年，日本津田松苗在贝克的基础上发展了用生物多样性评价水质的贝克-津田生物指数方法，该方法是将评价区或评价河段的所有底栖大型无脊椎动物尽量采集到，再用贝克公式进行计算，所得数值与水质的关系为：BI≥20 为清洁水；BI=10～20 为轻度污染水；BI=6～10 为中等污染水；BI=0～6 为严重污染水域。

生物种类多样性指数由马格利夫、沙农、威尔姆等人提出，该指数的特点是能够定量反映群落中生物的种类、数量及种类组成比例变化等信息。清洁环境中，生物种类极其多样，但由于竞争，各种生物仅以有限的数量存在，相互制约而维持动态平衡。水体受到污染后，不能适应的生物或死亡淘汰或逃离，能适应的生物生存下来，竞争生物减少，生存下来的少数生物种类个体数大大增加。$d$ 指数分为 3 类：$d<1.0$ 属于严重污染；$d$ 为 1.0～3.0 属于中等污染；$d>3.0$ 为清洁。

$$d=-\sum_{i=1}^{S}\frac{n_i}{N}\log_2\frac{n_i}{N} \tag{20-1}$$

式中，$N$ 为单位面积样品中收集到的各类动物的总个数；$n_i$ 为单位面积样品中第 $i$ 种动物的个数；$S$ 为收集到的动物种类数。

硅藻生物指数。利用水中硅藻相对多少来评价水质的好坏，称为硅藻指数，它的计算公式如下：

$$\text{硅藻指数}=\frac{2A+B-2C}{A+B-C}\times 100 \tag{20-2}$$

式中，$A$ 为不耐污染的藻类的种类数；$B$ 为光谱性藻类的种类数；$C$ 为仅在污染水域中才出现的藻类种类数。

硅藻指数的分类如下：0～50 为多污带；50～100 为 α-中污带；100～150 为 β-中污带；150～200 为寡污带。

### 20.2.4 细菌学检验法

水的细菌学检验，特别是肠道细菌的检验，在卫生学上具有重要意义。在实际工作中，经常以检验细菌总数，特别是检验作为粪便污染的指示细菌，如总大肠菌群、粪大肠菌群、粪链球菌、沙门氏菌（肠道病菌）等，来间接判断水的卫生学质量。细菌学检验法包括水样的采集、细菌总数的测定和总大肠菌群的测定。

① 水样的采集　采样瓶、采样器必须严格按照无菌操作要求进行；防止在运送过程中被污染，并应迅速进行检验。一般从采样到检验不宜超过 2h；在 10℃以下冷藏保存不得超过 6h。

② 细菌总数的测定　细菌总数是指 1mL 水样在营养琼脂培养基中，在 37℃下培养 24h 后，所生长的细菌菌落总数。它是判断饮用水、水源水、地表水等污染程度的标志。

③ 总大肠菌群的测定　大肠菌群在水体中容易存活，且对氯具有很强的抵抗能力，可作为水体粪便污染的指示菌。总大肠菌群是指那些能在 35℃、48h 之内使乳糖发酵产酸、产气、需氧及兼性厌氧的、革兰阴性的无芽孢杆菌，主要包括：大肠埃希菌属、柠檬酸杆菌属、肠杆菌属等。以每升水样中所含有的大肠菌群的数目来表示。

测定总大肠菌群有多管发酵法和滤膜法两种。多管发酵法适用于各种水样（包括底泥），但操作较繁、需要时间长（2d）；滤膜法操作简便、快速，但不适用于浑浊水样，主要适用于杂质较少的水样，操作简单快速。

## 20.2.5 生物测试法

生物测试法是利用生物受到污染物毒害后所发生的反应或生理机能变化，来评价水体的污染状况，从而确定毒物安全浓度的方法。主要有静水生物测试和流水生物测试两种，测试时间有短期（4d）的急性试验和长期（数月或数年）的慢性试验，测试工作可以在实验室内进行，也可以在野外污染水体中进行。

进行水生生物毒性试验可用鱼类、溞类、藻类等，其中以鱼类毒性试验应用较为广泛。鱼类对水环境的变化反应十分灵敏，当水体中的污染物达到一定浓度或强度时就会引起一系列的中毒反应，如行为异常、生理功能紊乱，组织细胞病变，直至死亡。鱼类毒性试验的主要目的是寻找某种毒物或工业废水对鱼类的半致死浓度与安全浓度，为制定水质标准和排放标准提供依据，测试水体污染程度，检查废水处理效果。

根据试验水所含毒物浓度的高低和暴露时间的长短，毒性试验可分为急性试验和慢性试验。慢性试验是指在实验室中进行的低毒物浓度、长时间的毒性试验，观察毒物与生物反应之间的关系，验证急性毒性试验结果，估算安全浓度或最大容许浓度。急性试验是受试鱼种在短时间内显示中毒反应或死亡的毒性试验，所用毒物浓度高，持续时间短，一般是 4d 或 7～10d，其目的是在短时间内获得毒物或废水对鱼类的致死浓度范围。

另外，按水流状态，毒性试验方法可分为静水式试验和流水式试验两大类，具体分类如下。

① 静止试验法　将毒物或废水配成各种浓度，放在玻璃缸中，整个试验过程中不换水，时间 4～7d，每缸放相等数量、相近大小的鱼若干尾，定时观察、记录。

② 半静止试验法　同静止试验，定期更换同浓度试液，至少 24h 换一次，对易挥发样品 8h 或 6h 换一次，时间 15～90d。

③ 恒流试验　连续不断地更新试验用水，适用于 BOD 负荷高、毒物挥发性大或不稳定水样。试验过程中 DO 含量充足，毒物浓度稳定，可将代谢产物连续排出。恒流试验的优点接近于鱼类所习惯的自然生活条件，适用于慢性毒性研究，其缺点是需复杂设备、试验水消耗大。

④ 现场试验法　该方法在天然河流中进行，把鱼放在笼子里或网箱中，试验过程中每天记录 DO、pH 及水温等。DO 不少于 5mg/L，pH 6.5～8.5，温水鱼 20～28℃，冷水鱼 12～18℃。

## 20.2.6 发光细菌毒性检测法

发光细菌是一种非致病性的普通细菌，具有发光能力，正常条件下，经培养后能发出肉眼可见绿色光，响应波长为 490nm。凡是干扰或损害细菌呼吸或生理过程的任何因素都能使细菌的发光强度立即发生改变，并随毒物浓度增加，发光强度减弱。这一特性可用于污水和地面水中污染物毒性测定，具有较高灵敏度和重现性，特别是测定综合毒性，如重金属、$CN^-$、农药、酚类化合物、抗生素等对其发光过程具有毒害作用。

发光细菌毒性检测法主要有三类：新鲜发光细菌培养物测定法、发光细菌与海藻混合测定法和冷冻干燥发光细菌制剂测定法。

① 新鲜发光细菌培养物测定法　将发光细菌液体在发光培养基中培养至对数生长期，稀释至适当菌浓度后，加入测试管中，再加入试液作用 10～20min 后，读出并记录对照管和样品管发光强度变化数据。

② 发光细菌与海藻混合测定法　利用有毒物质对发光细菌没有直接毒害作用，而对藻类有毒害作用的特点，把培养好的发光细菌悬浮液和培养好的藻类悬浮液混合后加入测试管，光照一段时间后再测定发光强度的变化。因为毒物的作用使藻类放氧能力下降，发光细菌发光能力也随之下降。

③ 冷冻干燥发光细菌制剂测定法　将已培养至对数生长期的发光细菌制成干燥粉剂，在冰箱中冷藏，使用时取出，加入缓冲液保温平衡 10～15min，恢复到干燥前的生理状态进行试验。

### 20.2.7　其他方法

用生物监测水体污染程度和毒性的方法还有水生植物生产力的测定、生物体内残毒的测定、致突变试验等。

(1) 水生植物生产力测定（初级生产力测定）

通过测定水生植物中叶绿素含量、光合作用能力等指标来反应水体的污染状况。

① 叶绿素 a 的测定　一般浮游藻类中叶绿素 a 占有机物干重的 1%～2%，是估算藻类生物量的一个良好指标，也是湖泊、水库生物监测时必测项目。

② 黑白瓶测氧法　浮游植物、附表植物等通过光合作用将 $CO_2$ 合成有机物，同时释放出 $O_2$，当水体被污染时，这种能力将发生变化。这种测试方法通常在晴天进行。

生产力测定常常反映湖泊水库等富营养状况，主要是通过生产力的减少来估计污染程度，也是湖泊、水库生物监测时必测项目。

(2) 致突变、致癌物质检测

致突变和致癌物质也称诱变剂，测定方法主要有：微核测定、艾姆斯（Ames）试验等。

微核测定是利用细胞减数分裂四分体时期出现的微核来指示环境污染的方法。细胞分裂过程中染色体进行复制时，如果受到外界诱变因子作用，就会产生一些游离的染色体片断，形成包膜，变成大小不等的小球体，这就是微核。

艾姆斯试验原理是用遗传学方法培殖一种不能自行制造组氨酸的鼠伤寒沙门菌的变异体，这种菌株在无组氨酸的培养基中不能生长。如果将这种菌株与化学致癌物一起培养，则可使其 DNA（脱氧核糖核酸）再次突变，恢复到能制造组氨酸的原型（野生型），即在无组氨酸的培养基中也能生长。利用这一特征性变化来测试化学物质有无致突变作用，并根据生长的菌落数目还可以判定其致癌性的强弱，从而反映水体环境所受到的化学品污染。

## 20.3　空气污染生物监测

利用生物对存在于大气中污染物的反应，监测有害气体的成分和含量，以确定大气的环境质量水平。监测大气污染的生物可以用动物，也可以用植物，但由于动物监测比较困难，目前尚未形成比较完整的方法，而植物分布范围广、容易管理，当遭受污染物侵袭时，有不少种植物会显示出明显受害症状，因此广泛用于大气污染监测。

### 20.3.1 植物监测

植物能有效地作为大气污染的生物监测器，是因为在生物体系中植物更易遭受大气污染的伤害，与动物相比对大气污染物的反应更加灵敏。植物能以庞大的叶面积与空气接触进行气体交换，缺乏动物的循环系统来缓冲外界的影响，具有固定生长的特点使其无法避开污染物的危害。因此，在某些特定的污染条件下，植物的叶片会产生特征性伤害症状，通过叶片的受伤程度、光合作用能力、长势、生物量大小、酶和新陈代谢的改变以及元素的富集等来显示该地区的大气污染状况。植物监测与传统的化学分析法相比，克服了后者分析的局限性和连续取样的烦琐，能比较准确地了解毒物积累和不同剂量的毒物对生物体的危害。

利用植物进行生物监测最常见的方法是观察叶子受伤程度和定量测定特定植物体内的元素积累情况，尤其是测定低浓度污染（包括单一污染物质和混合污染物质）环境下长期暴露后的元素富集情况。这是任何仪器分析方法无法比拟的，因此可作为环境质量的指示植物。指示植物不但能反应污染物的存在，而且能反映污染物的量。如地衣的存在、种群组成与环境污染的总体水平有密切关系。一些高等植物如唐菖蒲、紫花苜蓿、烟草分别对氟化物、二氧化硫和臭氧特别敏感，在低浓度下植物便出现可见症状，可作为污染的指示植物。植物体内污染物的积累可作为污染程度的指标，还可作为对污染物历史情况的见证者。

（1）指示植物及受害症状

① 指示植物　指示植物是指对污染反应灵敏的植物，用以指示和反映污染状况。指示生物的基本特征：a. 对干扰作用反应敏感且健康；b. 具有代表性；c. 对干扰作用的反应个体间的差异小、重现性高；d. 具有多功能。可选择草本植物、木本植物及地衣、苔藓等。受害症状的共同特点是：叶绿素被破坏、细胞组织脱水、进而发生叶面失去光泽，出现不同颜色（黄色、褐色或灰白色）的斑点，叶片脱落，甚至全株枯死。

常用的指示生物：紫花苜蓿、地衣和苔藓、菜豆、烟草、矮牵牛花、马唐、花生、马铃薯、洋葱、萝卜、丁香、牡丹、白菜、菠菜、韭菜、葱、菜豆、向日葵、木棉、落叶松等。

② 指示植物在污染环境中的受害症状

a. $SO_2$ 污染的危害症状。一般其叶脉间叶肉最先出现淡棕红色斑点，经过一系列的颜色变化，最后出现漂白斑点，危害严重时叶片边缘及叶肉全部枯黄，仅留叶脉仍为绿色。敏感植物主要有紫花苜蓿、棉株、元麦、大麦、小麦、大豆、芝麻、荞麦、辣椒、菠菜、胡萝卜、烟草、百日菊、麦秆菊、玫瑰、苹果树、雪松、马尾松、白杨、白桦、杜仲、腊梅等。

b. 硫酸雾危害症状。受害较轻时，叶面上呈现分散的浅黄色透光斑点；受害严重时则成孔洞，这是由于硫酸雾以细雾状水滴附着于叶片上所致。

c. $NO_x$ 污染的危害症状。$NO_x$ 对植物构成危害的浓度要大于 $SO_2$ 等污染物。它往往与 $O_3$ 或 $SO_2$ 混合在一起显示危害症状，首先在叶片上出现密集的深绿色水浸蚀斑痕，随后这种斑痕逐渐变成淡黄色或青铜色。损伤部位主要出现在较大的叶脉之间，但也会沿叶缘发展。敏感植物主要有烟草、番茄、秋海棠、向日葵、菠菜等。

d. 氟化物污染的危害症状。先在植物的特定部位呈现伤斑，例如，单子叶植物和针叶树的叶尖，双子叶植物和阔叶植物的叶缘等。开始这些部位发生萎黄，然后颜色转深形成棕色斑块，在发生萎黄组织与正常组织之间有一条明显分界线，随着受害程度的加重，黄斑向叶片中部及靠近叶柄部分发展，最后，使叶片大部分枯黄，仅叶主脉下部及叶柄附近仍保持绿色。敏感植物主要有唐菖蒲、金荞麦、葡萄、玉簪、杏梅、榆树叶、郁金香、山桃树、金丝桃树、慈竹等。

e. 光化学氧化剂污染的危害症状。首先在叶片上出现分布较均匀、细密点状斑，呈棕色或褐色，随后这种斑痕逐渐变成黄褐色或灰白色，并连成一片。敏感植物主要有烟草、矮牵牛花、马唐、花生、马铃薯、洋葱、萝卜、丁香、牡丹、长叶莴笋、瑞士甜菜及早熟禾等。

(2) 植物监测方法

① 盆栽植物监测法　该方法是将指示植物在没有污染的环境中盆栽培植，待生长到适宜大小时，移至监测点，观测它们受害症状和程度。如利用唐菖蒲监测大气中的氟化物，先在非污染区将其栽培在直径 20cm，高 10cm 的花盆中，待长出 3～4 片叶后，放在污染源主导风向下风侧不同距离的地方，定期观察受害情况。几天后如发现叶片尖端和边缘产生淡棕黄色伤斑，且伤斑与正常组织间有一明显界线，说明这些地方受到严重的氟污染。根据预先试验获得的氟化物浓度和伤害程度之间的关系，估计出大气中氟化物浓度。

还可以利用如图 20-3 所示的植物监视器来监测大气污染物对植物的伤害程度。图 20-3 中 A 室为测量室，B 室为对照室，管路中接活性炭净化器，获净化空气。A、B 两室中通入同流量污染空气，放同样大小的指示植物。经过一段时间后，即可根据 A 室内指示植物出现的受害症状和预先确定的与污染物浓度的相关关系估计空气中污染物的浓度。

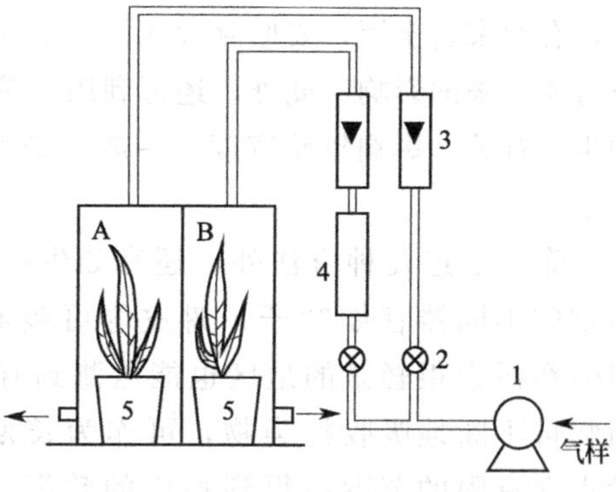


图 20-3　植物监测器示意图

1—气泵；2—针型阀；3—流量计；
4—活性炭净化器；5—盆栽指示植物

② 现场调查法　选择监测区内现有植物作为大气污染的指示植物。首先要知道现场生长植物对有害气体的抗性等级。如要敏感植物叶部出现受害症状，表明大气已经受到轻度污染；如果抗性中等植物出现部分受害症状，表明大气已经受到中度污染；如抗性中等植物出现明显受害症状，抗性较强植物也出现受害症状，则表明已经受到严重污染。现场调查法有植物群落调查法、调查地衣和苔藓法以及调查树木的年轮法。

调查现场植物群落中各种植物受害症状和程度，估测大气污染的情况。选择监测区内现有植物作为大气污染的指示植物，先通过调查和试验，确定群落中不同种植物对污染物的抗性等级，将其分为敏感、抗性中等和抗性强三类。如果敏感植物叶部出现受害症状，表明大气已经受到轻度污染；如果抗性中等植物出现部分受害症状，表明中度污染；如抗性中等植物出现明显受害症状，抗性较强植物也出现受害症状，则表明严重污染。如某排放 $SO_2$ 废气工厂附近植物群落受害情况见表 20-4。

地衣和苔藓等低等植物，分布广泛，对某些污染物反应敏感。如 $SO_2$ 年均浓度在 0.015～0.105mg/m$^3$ 范围内就可以使地衣绝迹，浓度达 0.017mg/m$^3$，大多数苔藓植物便不能生存，因此可根据地衣的天然种属分布来判断污染情况。通过调查树干上的地衣和苔藓的种类与数量，便可估计大气污染程度。在工业城市，通常距市中心越近，地衣的种类越少，重污染区内一般仅有少数壳状地衣分布，随着污染程度的减轻，便出现枝状地衣；在轻污染地区，叶状地衣数量最多。选择的树种，各调查点尽可能一致，选同一树种或选树皮性质相似的树种，如落叶阔叶林和常绿阔叶林，差别不大，但针叶树和阔叶树间的差别很大。

表 20-4　排放 $SO_2$ 的某化工厂附近植物群落受害情况

| 植　物 | 受 害 情 况 |
|---|---|
| 悬铃木、加拿大白杨 | 80%～100%叶片受害，甚至脱落 |
| 桧柏、丝瓜 | 叶片有明显大块伤斑，部分植株枯死 |
| 向日葵、葱、玉米、菊、牵牛花 | 50%左右叶面积受害，叶片脉间有点、块状伤斑 |
| 月季、蔷薇、枸杞、香椿、乌柏 | 30%左右叶面积受害，叶脉间有轻度点、块状伤斑 |
| 葡萄、金银花、构树、马齿苋 | 10%左右叶面积受害，叶片上有轻度点状斑 |
| 广玉兰、大叶黄杨、栀子花、腊梅 | 无明显症状 |

树木是多年生植物，年轮是不同年份形成的，年轮中所积累的污染物可反映相应年代的污染状况。由于多数污染物在木材中常形成不溶性化合物，并沉积在木材中，难于运输至其他部位，因此，剖析树木的年轮，可以了解所在地区大气污染的历史，特别是在一个地区历史资料检测不全的情况下更有参考价值。如监测铅污染状况，Smith 等利用叶片和树皮分析研究了公路两侧铅污染生态系统的状况，得到了十分有用的资料。木材中的元素有的来自大气，有的来自土壤，要监测大气污染情况，需要了解土壤中有关元素的情况，以区别土壤状况可能带来的影响。此外，还可利用年轮宽度的变化来了解污染情况，因为污染程度与木材的生长有关，影响年轮宽度。一般污染严重或气候条件恶劣年份树木的年轮较窄，木质密度小。

除了上述几种方法外，还有如生产力测定法、指示植物中污染物质含量测定法等。植物的不同器官如叶子、树皮等可吸收和积累有关污染物，植物有高度富集的作用，即使在污染很轻微的地区也能监测到有关资料。因此常被用作大气监测的材料。此外，植物可不断地吸收污染物，可作为长期平均浓度的采样器，而自动监测仪器只能通过设点在有限的范围内得到相应的数据。在仪器监测的基础上，结合植物监测将能得到更全面的资料。

（3）植物监测影响的因素

采用植物监测大气污染物时，应注意以下影响其受害程度的因素：①在污染源下风向的植物受害程度比上风向的植物重，并且受害植株往往呈带状或扇形分布；②植物受害程度随离污染源距离增大而减轻，即使在同一植株上，面向污染源一侧的枝叶比背向污染源一侧明显，无建筑物等屏障阻挡处的植物比有屏障阻挡处的植物受害程度重；③对大多数植物来说，成熟叶片及老龄叶片较新长出的嫩叶容易受害；④植物受到两种或两种以上有害物质同时作用时，受危害程度可能具有相加、相减或相乘等不同作用。

## 20.3.2　动物监测

利用动物监测空气污染虽然由于受到客观条件的限制，应用不多，但也有不少学者开展了研究。例如，人们很早就用金丝雀、老鼠、鸡等动物的异常反应（不安、死亡）来探测矿井瓦斯毒气。美国多诺拉事件调查表明，金丝雀对 $SO_2$ 最敏感，其次是狗。日本学者则利用鸟类与昆虫来反映空气质量的变化。保加利亚一些矿区用蜜蜂监测空气中金属污染物的浓度等。

在一个区域内，利用动物种群数量的变化，特别是对污染物敏感动物种群数量的变化，也可以监测区域空气污染的状况。如一些大型哺乳动物、鸟类、昆虫等迁移，不易直接接触污染物的潜叶性昆虫、体表有蜡质的蚧类等数量增加，都能说明该地区空气污染严重。

### 20.3.3 微生物监测

空气微生物是空气污染的重要因子，它与气溶胶、颗粒物等一起散布并污染环境、左右疾病发生与传播。监测空气微生物状况是掌握其活动和作用的必要前提。空气微生物的监测主要分为室内空气微生物监测和室外空气微生物监测。

(1) 室内空气微生物监测

室内环境是人们生活、工作的主要场所。室内空气污染物种类繁多，有颗粒物、$SO_2$、$NO_2$、微生物及放射性物质等。某医院的空气微生物监测 163 份标本，合格 88 份，合格率仅 54%，表明空气微生物的污染与医院感染密切相关。

室内空气监测依据是 GB/T 18883—2002《室内空气质量标准》和 GB 50325—2010《民用建筑工程室内环境污染控制规范》。

(2) 室外空气微生物监测

辽宁省某市空气微生物区系分布与环境质量关系研究表明，空气中微生物的数量随着人群和车辆流动的增加而增多，繁华的中街微生物数量最多，其次是交通路口，居民小区；郊区某公园和农村空气中细菌最少。

2001 年和 2002 年山东省某海滨城市空气微生物监测发现，该市空气微生物检出率高，空气处于微生物中度污染状态。其中东部、居住区空气污染较重，南部、西部和风景游览区空气污染较轻。滨海区空气陆源细菌少于内陆区，真菌较多。

## 20.4 土壤污染的生物监测

### 20.4.1 植物监测

土壤受到污染后，污染物对植物产生各种反应“信号”，主要是：产生可见症状，如叶片上出现伤斑；生理代谢异常，如蒸腾率降低、呼吸作用加强，生长发育受抑；植物成分发生变化，由于吸收污染物质，使植物体中的某些成分相对于正常情况下发生改变。

(1) 根据植物形态异常变化判定土壤污染

研究发现，当土壤中 Cu 过量时，罂粟植株矮化；Ni 过量时，白头翁的花瓣变为无色；Mn 过量时，植物叶片畸形、茎呈金黄色；而土壤中 Mn、Fe、S 超量时，石竹、紫宛、八仙花花色分别呈深紫色、无色（原玫瑰色）和天蓝色（原玫瑰色）。

(2) 根据植物生态习性判定土壤污染

研究证实，有些植物具有超量积累重金属能力，通常分布于重金属过量土壤中，根据此生态习性可判断土壤重金属污染与否。如萱麻能在含 Hg 丰富的土壤上生长；早熟禾、裸柱菊、北美独行菜能在 Cu 污染土壤上生存；北美车前、蚊母草、早熟禾、裸柱菊则能在 Gd 污染土壤上存活。

(3) 根据植物体内污染物含量判定土壤污染

苔藓对 Pb 有很强的富集能力，其体内的重金属浓度随土壤浓度的增大而增大。许多蕨类植物也可用于土壤环境污染的监测。目前关于土壤环境的植物监测法主要用于重金属污染，而有关有机物污染土壤的植物监测尚未见报道。

### 20.4.2 动物监测

土壤动物在土壤有机质分解、养分循环、改善土壤结构、影响健康和植物演替中具有重要的作用。由于土壤动物的主要种类与生态系统不同方面的信息相互联系，因此土壤动物可以作为土壤污染的生态指标。以往的研究工作将土壤理化性状、有机质、土壤微生物量等作为反映土壤健康的重要指标加以研究。直到最近几年，有关土壤无脊椎动物对土壤健康的研究才受到重视。

美国有学者指出线虫群落可以作为土壤污染的指示生物，祝栋林等报道铅和镉是蚂蚁的土壤环境敏感元素。德国学者 Goralczyk 也认为线虫群落对沿海地区沙丘土壤生态演替过程具有很好的生物指示作用。澳大利亚学者等报道食菌原生动物、土壤中型动物（弹尾目、螨类）、蚯蚓等可作为土壤健康生物指示作用指标。

土壤原生动物作为指示生物广泛应用于土壤污染的监测等研究中。例如，研究人员对工业区土壤的检测发现，污染土壤中原生动物的生物量很低，鞭毛虫的数量显著（$P<0.001$）低于对照土壤。农药的大量使用导致土壤中敏感物种减少或消失，耐污种数量相对增加。土壤原生动物也是农药污染的敏感指示生物，对评价农药（如杀虫剂、杀真菌剂和除草剂等）污染方面起到重要作用。王健等研究表明化工厂周围土壤存在明显的 Cr 污染，污染区甲螨种群数量和滋生密度明显增加，且与 Cr 污染程度密切相关，甲螨可作为土壤污染监测的指示生物。

### 20.4.3 微生物监测

通过对土壤中异养菌（主要是细菌、放线菌和霉菌）的分离和计数，观察和了解受测土壤中微生物群系的结构和数量的改变，从而评价土壤被污染的状况及程度。澳大利亚学者报道可以选择细菌、真菌、放线菌总数、假单胞菌总数、纤维素分解细菌和真菌、菌根真菌、植物根病原菌、土壤酶活性（肽酶、磷酸酶、硫酸酯酶）等土壤微生物学特性指标作为土壤健康生物指示的指标。我国目前应用的微生物监测主要是监测农药和重金属对土壤环境的影响。

(1) 根据微生物种群结构的变化判定土壤污染

有研究报道了甲胺磷在 5 种不同浓度下对土壤中细菌、放线菌和固氮菌群的生长具有不同程度的抑制作用，而对真菌却有一定的刺激作用；草甘膦在 5 种不同浓度下对土壤微生物的种群数量具有一定的抑制作用，并随药剂浓度的升高抑制作用逐渐增强；甲基对硫磷对土壤微生物数量的影响随甲基对硫磷添加的浓度、微生物类群和培养时间的不同而变化。

(2) 根据微生物功能的变化判定土壤污染

研究报道甲胺磷对脱氢酶和 3 种磷酸酶的活性均有不同程度的抑制，其抑制强度和作用时间随浓度升高而加剧和延长；甲基对硫磷长期污染的微生物生态效应研究结果表明：与对照土壤相比，污染土壤呼吸作用下降 29.93%，而氨化作用和硝化作用则增强。

前人研究土壤污染的微生物监测技术主要通过监测土壤中微生物群落的结构与功能的变化来反映土壤受到污染的状况，而关于应用敏感微生物生物学特性作为土壤污染的监测指标的研究目前还未见报道，这将是今后的研究方向之一。

# 20.5　生物污染监测

## 20.5.1　基本概念

生物污染监测是指应用各种检测手段测定生物体内的有害物质，及时掌握和判断生物被污染的情况和程度，采取措施保护和改善生物的生存环境。生物污染监测对促进和维持生态平衡，保护人体健康具有十分重要的意义。生物污染的监测方法与水体、土壤污染的监测方法大同小异。

生物污染监测的步骤：

生物样品的采集⟶生物样品的制备⟶预处理⟶污染物的测定。

## 20.5.2　生物对污染物的吸收及在体内分布

(1) 生物污染的途径

生物受污染的途径主要有表面附着、生物吸收和生物浓缩三种形式。

① 表面附着　表面附着是指污染物附着在生物体表面的现象。例如，施用农药或大气中的粉尘降落时，部分农药或粉尘以物理的方式黏附在植物表面上，其附着量与植物的表面积大小、表面性质及污染物的性质、状态有关。附着在植物表面上的污染物，可因蒸发、风吹或随雨水流失而脱离植物表面，还可通过生物体表面的蜡质或表面渗入组织内部，被吸收、输导分布到体内。

② 生物吸收　大气、水体和土壤中的污染物，可经生物体各器官的主动吸收和被动吸收进入生物体。

主动吸收即代谢吸收，是指细胞利用生物特有的代谢作用所产生的能量进行的吸收作用。细胞利用这种吸收能把浓度差逆向的外界物质引入细胞内。如水生植物和水生动物将水体中的污染物质吸收，并成百倍、千倍甚至数万倍地浓缩，就是依靠这种代谢吸收。

被动吸收即物理吸收，这是一种依靠外液与原生质的浓度差，通过溶质的扩散作用而实现的吸收过程，不需要供应能量。此时，溶质的分子或离子借助分子扩散运动由浓度高的外液通过生物膜流向浓度低的原生质，直至浓度达到均一为止。植物吸收主要通过叶面和根系吸收。动物吸收是指环境中的污染物一般通过呼吸道、消化道、皮肤等途径进入动物体内；水和土壤中的污染物质主要通过饮用水和食物摄入，经消化道被吸收；脂溶性污染物质通过皮肤吸收后进入动物肌体。

有毒气态物质和直径很小颗粒状污染物能被肺泡吸收进入血液对各器官造成危害，有些则停留在肺部直接导致病变。直径不超过 3μm 颗粒物能到达肺泡，直径大于 10μm 颗粒物大部分停留在呼吸道、气管、支气管黏膜上。水溶性较大污染物如 $Cl_2$、$SO_2$，被呼吸道黏膜溶解而刺激上呼吸道，极少进入肺泡；水溶性较小气态物质 $NO_2$，绝大部分能到达肺泡主要途径。甲基汞、Cd 等金属污染物和许多有机污染物都易被消化道吸收，肝脏解毒后，通过血液输送到体内各部。有些污染物经皮肤吸收侵入体内或直接造成皮肤病变。如脂溶性有毒物，四乙基铅、有机汞化合物和有机农药等。无机金属化合物（如 $Cr^{6+}$、Hg、CO 等化合物）可渗透通过皮肤进入体内，造成严重危害。

③ 生物浓缩　污染物可以通过生物代谢进入微生物体内而被浓缩，还可以通过食物链进行传递和富集，这种现象称为生物浓缩或生物富集。某种物质或元素在生物体的浓度与生物生长环境（水、土壤、空气）中该物质或元素浓度之比称浓缩系数或富集系数。如美国明湖水中 DDT 浓度为 0.0006mg/L，石斑鱼体内为 1.6mg/kg，浓缩系数 2600 倍。表 20-5 列举了一些生物的浓缩或富集系数。

**表 20-5　部分生物的浓缩或富集系数**

| 生物 | 浓度/(mg/L) | 浓缩系数 |
|---|---|---|
| 海水汞 | 0.0001 | |
| 植物含汞 | 0.01～0.02 | 100～200 |
| 低等动物 | 0.02～0.05 | 200～500 |
| 小鱼 | 0.1～0.3 | 1000～3000 |
| 肉食性鱼 | 1～2 | 10000～20000 |

(2) 污染物在生物体内的分布和积累

污染物通过各种途径进入生物体后，传输分布到生物机体的不同部位，并在体内进行积累。

① 污染物在植物体内的分布　污染物被植物吸收后，在植物体内各部位的分布规律与吸收污染物的途径、植物品种、污染物的性质等因素有关。吸收途径不同，污染物在植物各部分的分布也不同。例如从土壤和水体中吸收污染物的植物，一般分布规律和残留量的顺序为：根＞茎＞叶＞穗＞壳＞种子；而从空气中通过叶面吸收，则叶面的残留量最大。

污染物的性质不同，在植物中的分布也有不同。例如一般农药喷洒后，水果表皮的残留量较大，果肉中的残留量较少，而脂溶性的农药，其渗透性比较大，更容易渗透到果肉中。植物内污染物的分布见表 20-6 和表 20-7。

**表 20-6　成熟期水稻各部位中的含铬量**

| 植株部位 | | 放射性计数/[脉冲/(min · $g_{干样}$)] | 含镉量/($\mu g/g_{干样}$) | 分配百分数/% | |
|---|---|---|---|---|---|
| | | | | 不同部位 | 合计 |
| 地上部位 | 叶、叶鞘 | 148 | 0.67 | 3.5 | |
| | 茎秆 | 357 | 1.70 | 9.0 | |
| | 穗轴 | 44 | 0.20 | 1.1 | 15.2 |
| | 穗壳 | 37 | 0.16 | 0.8 | |
| | 糙米 | 35 | 0.15 | 0.8 | |
| 根系部分 | | 3540 | 16.12 | 84.4 | 84.8 |

**表 20-7　氟污染区蔬菜不同部位的含氟量**　　单位：μg/g

| 品种 | 叶片 | 根 | 茎 | 果实 |
|---|---|---|---|---|
| 番茄 | 149 | 32.0 | 19.5 | 2.5 |
| 茄子 | 107 | 31.0 | 9.0 | 3.8 |
| 黄瓜 | 110 | 50.0 | — | 3.6 |
| 菜豆 | 164 | — | 33.0 | 17.0 |
| 菠菜 | 57.0 | 18.7 | 7.3 | — |
| 青萝卜 | 34.0 | 3.8 | — | — |
| 胡萝卜 | 63.0 | 2.4 | — | — |

② 污染物在动物体内的分布　动物吸收污染物质后，主要通过血液和淋巴系统传输到全身各组织。按照污染物性质和进入动物组织的类型不同，大体有以下五种分布规律。

第一，能溶解于体液的物质，如钠、钾、锂、氟、氯、溴等离子，在体内分布比较均匀。

第二，镧、锑、钍等三价和四价阳离子，水解后生成胶体，主要蓄积于肝或其他网状内皮系统。

第三，与骨骼亲和性较强的物质，如铅、钙、钡、锶、镭、铍等二价阳离子在骨骼中含量较高。

第四，对某一种器官具有特殊亲和性的物质，则在该种器官中蓄积较多，如碘对甲状腺，汞、铀对肾脏有特殊亲和性。

第五，脂溶性物质，如有机氯化合物（六六六、DDT 等），易蓄积于动物体内的脂肪中。

上述五种分布类型之间彼此交叉，比较复杂。往往一种污染物对某一种器官有特殊亲和作用，但同时也分布于其他器官。例如，铅离子除分布在骨骼中外，也分布于肝、肾中；砷除分布于肾、肝、骨骼中外，也分布于皮肤、毛发、指甲中。同一种元素，由于价态和存在形态不同，在体内蓄积的部位也有差异。水溶性汞离子很少进入脑组织，但烷基汞不易分解，呈脂溶性，可通过脑屏障进入脑组织。

③ 污染物在动物体内的转化和排泄　污染物进入动物体内，绝大部分要经过酶的代谢作用，进行一系列的氧化还原、水解和结合反应，转化为化学形态和结构不同的化合物，有的经代谢过程转化为水溶性的或比原有毒性小的惰性物质后被排出体外，有的经代谢过程转化为比原有毒性更强的物质留在体内。

动物对污染物的排泄途径主要通过肾脏、消化道和呼吸道，也有少量随汗液、唾液、乳汁等分泌液排出。例如：汞、铅、镉、铬、砷及苯等的代谢产物大多经过肾脏进入尿液排出体外，所以通过测定尿液中污染物的含量可以间接了解生物体受污染的情况。进入体内的许多金属（锰、铅、镉等）经过消化道吸收，进入肝脏被代谢转化，污染物及其代谢产物进入胆汁由肠道粪便排出。气体或挥发性的污染物（CO、醇、醚、苯类物、汽油等）可以通过呼吸道经呼出气排出体外。

④ 污染物在生物体内的积累　污染物经过各种途径进入生物体内并随着生物的生长、发育不断地浓缩的现象称为生物积累。任何生物在任何时候，机体内某种物质的高低由摄取和吸收过程的速率及消除（排泄）过程的速率来决定，如果摄取或吸收的量大于消除的量，就会发生生物积累。

### 20.5.3　生物样品的采集和制备

（1）植物样品的采集和制备

对植物样品的要求是代表性、典型性和适时性。

① 植物样品的采集　首先，选择有代表性的地块。根据污染类型、植物的特征、地形地貌、灌溉出入口等因素进行综合考虑，选择合适的地段作为采样区，再在采样小区划分若干小区，采用适宜的布点方法，确定代表性的植株。避开田埂、地边及距田埂、地边 2m 以内的植株。

其次，布点方法：梅花形或交叉间隔布点（图 20-4）。

再者是采样方法。在每个采样点上分别采集 5～10 处植株的根、茎、叶、果实等，或可以整株采集后带回实验室再按部位分开处理。将同部位样混合，组成一个混合样；采集样品量要能满足需要，一般经制备后，至少有 20～50g 干重样品。

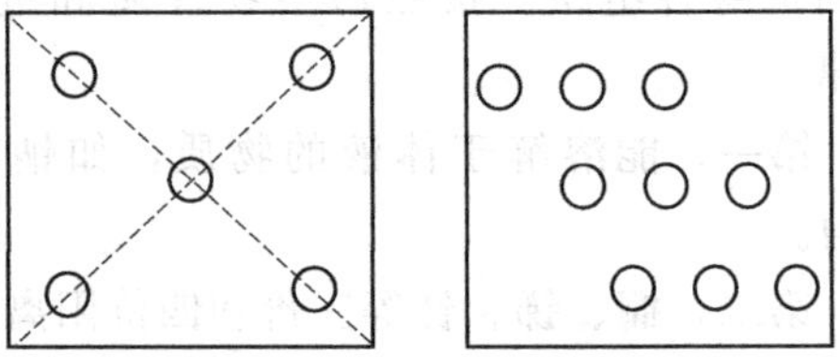


图 20-4　植物采样布点方法

② 植物样品的制备　鲜样的制备。主要用于分析植物中容易挥发、转化或降解的污染物（如挥发酚、氰、亚硝酸盐等）、营养成分（如维生素、氨基酸、糖、植物碱等）以及多汁的瓜、果、蔬菜等样品。将新鲜样品用清水、去离子水洗净，晾干或擦干，用剪刀剪碎混匀，称取 100g 于组织捣碎机或研钵中加水或石英砂捣碎或磨成匀浆。

干样的制备。分析植物中稳定的污染物，如金属元素或非金属元素、有机农药等，一般用风干样品。将样品放在干燥通风处风干或在 40～60℃ 干燥箱内烘干，将样品剪碎、磨碎（或先剪碎再烘干），过 1mm 或 0.25mm 的筛孔，储存于玻璃瓶或聚乙烯瓶中备用。

(2) 动物样品的采集和制备

动物的尿液、血液、唾液、胃液、乳液、粪便、毛发、指甲、骨骼和组织等均可作为检验样品。

① 尿液　采样器具先用稀酸浸泡，再用蒸馏水清洗，并烘干备用。

② 血液　盛装血样器皿、硬质玻璃试管，先用普通水洗净，再用 3%～5% $HNO_3$ 或 5%乙酸铵处理，再用重蒸馏水洗净、烘干。注射器抽血样 10mL 于试管，冷藏。

③ 毛发和指甲　蓄积在指甲和毛发中的时间较长，即使与污染物脱离接触，或停止摄入污染食品后，血液、尿液中毒物含量已下降，但毛发和指甲中仍可以检出。采样后，用中性洗涤剂处理，用去离子水冲洗，最后用乙醚或丙酮洗净，室温下充分晾干后保存备用。

(3) 水产样品制备

① 鱼类　洗净后，沥去水分，去鳞、鳍、内脏、皮等，取一侧或全部可食部分约 200g，切细混匀或用组织捣碎器捣碎，立即分析或冰箱中储存。

② 贝类、甲壳类　洗净沥干后，剥去外壳，取可食部分 100～200g，制成混合样品。

③ 海藻类　数条海带，冲洗干净后，沿中央筋剪开，各取一半，剪碎混匀，按四分法缩分至 100～200g，备用。

## 20.5.4　生物样品的预处理

(1) 消解和灰化

① 湿法消解　酸-氧化，如 $HNO_3$-$H_2SO_4$、$HNO_3$-$HClO_4$ 等。

② 灰化法　称取一定量的样品，放入合适的坩埚中，在高温电炉内，控制一定温度（约 500℃）加热至灰化完全。由于灰化样品的种类和质量不同，灰化控制的温度也有所

差异。

通常生物样品在灰化过程中不加入其他试剂，但有时为了促进分解或抑制一些元素的挥发损失，常加入一些辅助灰化剂，如镁、钙、钠、钾的硝酸盐、硫酸盐、碳酸盐、氧化镁、氧化钠、氧化钙等。

(2) 提取、分离和浓缩

① 提取法　包括振荡浸取、组织捣碎提取、脂肪提取器（索氏提取器）、直接球磨等。

② 分离法　主要有液-液萃取法、蒸馏法、色谱法等，其中柱状色谱法在处理生物样品中应用较多。柱色谱法的原理是提取液通过色谱柱，则提取物吸附在吸附剂上；再用适当的淋洗液淋洗，则被吸附物质按照一定顺序淋洗出来。吸附力小的组分先流出，吸附力大的组分后流出。表 20-8 概括了硅酸镁-乙醚-石油醚色谱体系分离的农药种类。

**表 20-8　硅酸镁-乙醚-石油醚色谱体系分离的农药**

| 吸附剂 | 淋洗溶液 | 能分离出来的农药 |
|---|---|---|
| 硅酸镁 | 6%乙醚-石油醚 | 艾氏剂、六六六各种异构体、$p,p'$-DDT、$p,p'$-DDD、$p,p'$-DDE、七氯、多氯联苯等 |
| 硅酸镁 | 15%乙醚-石油醚 | 狄氏剂、异狄氏剂、地亚农、杀螟硫磷、对硫磷、苯硫磷等 |
| 硅酸镁 | 50%乙醚-石油醚 | 强碱农药、马拉硫磷等 |

③ 浓缩法　主要有蒸馏或减压蒸馏、K-D 浓缩器浓缩、旋转蒸发器法等。

# 20.6　生态监测

## 20.6.1　生态监测定义

生态监测是以生态学理论为基础，运用可比的方法，在时间或空间对一定区域范围内的生态系统或生态组合体的类型、结构和功能及其组成要素进行系统的测定和观察，从生态系统层次上，研究系统各组分，特别是有生命组分的质量变化规律和相互关系，以及人为作用下结构和功能的变化情况，从而评价环境质量的优劣以及预测人类活动对生态系统的影响，为合理利用资源、改善生态环境和自然保护提供决策依据。

生态监测是一个动态的连续观察、测试的过程，少则一个或几个生态变化周期，多则几十个、几百个生态变化周期。在时间上少则几年，多则几十年或更长一段时间。生态监测的目的是：①了解所研究地区生态系统的现状及其变化；②根据现状及变化趋势为评价已开发项目对生态环境的影响和计划开发项目可能的影响提供科学依据；③提供地球资源状况及其可利用数量。

## 20.6.2　生态监测的类型及方法

(1) 生态监测的类型

① 宏观生态监测　宏观监测地域面积至少应在一定区域范围之内，对一个或若干个生态系统进行监测，最大范围可扩展至一个国家、一个地区甚至全球。宏观生态监测的对象是区域范围内各类生态系统的组合方式、镶嵌特征、动态变化和空间分布格局等及其在人类活动影响下的变化。主要依赖于遥感技术和地理信息系统。监测的主要内容是监测区域范围内

具有特殊意义的生态系统的分布及面积的动态变化，如热带雨林生态系统、沙漠化生态系统、湿地生态系统等。

② 微观生态监测　微观监测指对一个或几个生态系统内各生态要素指标进行物理、化学、生态学方面的监测。监测的对象是某一特定生态系统或生态系统聚合体的结构和功能特征及其在人类活动影响下的变化。

根据监测的目的，微观监测一般可分为：干扰性生态监测、污染性生态监测、治理性生态监测和环境质量现状评价监测。干扰性生态监测是指人类特定生产活动所造成的生态干扰监测。如砍伐森林所造成的森林生态系统的结构和功能、水文过程和物质迁移规律的改变；草场过牧引起的草场退化、生产力降低；湿地的开发引起的生态型的改变及生活污染的排放对水生生态系统的影响等。污染性生态监测则主要是对农药及重金属污染物等在生态系统中食物链的传递及富集的监测。治理性生态监测主要是指对被破坏的生态系统经人类的治理后生态平衡恢复过程的监测。如对侵蚀劣地的治理与植物重建过程的监测；对沙漠化土地治理过程的监测等。

(2) 生态监测方法

生态监测采用的方法主要分为地面监测、空中监测（直升机、航片）和卫星监测（遥感图片）。

### 20.6.3　生态监测指标体系

生态体系分自然陆地（森林、草原、荒漠）、农业、淡水（河流、湖泊和湿地）和海洋四大生态体系。

(1) 自然陆地生态监测指标

① 森林生态系统的指标类型包括大气、土壤、水体、植物、动物和景观。大气的监测指标有 $SO_2$、酸雨、$O_3$、$NO_x$、TSP、林间 $CO_2$ 浓度等；土壤的监测指标有土壤质量、土壤盐基饱和度、pH 值等；水体的监测指标有 pH 值、DO 值、浊度、$F^-$、$Cl^-$ 等；植物的监测指标有森林生长量、林冠状况、病虫害、火灾、树叶中养分（N、P、K、Ca、Mg 等）、植被结构、树叶中的化学污染物（$SO_2$ 等）、生态系统多样性等；动物的监测指标有鸟类丰度、鸟鸣声频度、蚯蚓丰度等；景观的监测指标有地面覆盖情况、土地利用情况、水土流失强度等级等。

② 荒漠生态系统的监测指标主要有 18 种，其中 14 种为自然指标，4 种为人为指标。自然指标包括多年生植被覆盖度（%）、生物量（干重）[$mg/(hm^2 \cdot a)$]、生长量[$t/(hm^2 \cdot a)$]、生物种类数（$sp/hm^2$）、优势种数（$sp/hm^2$）、优势度（%）、正常平面上的土壤风蚀率[$t/(hm^2 \cdot a)$]、正常平面上的砂土沉积率[$t/(hm^2 \cdot a)$]、一年内沉积的土层厚度（cm）、一年内风蚀带走土层厚度（cm）、沙暴频度（10 年间有沙暴年数）、一年内沙暴日数（d）、一年内沙暴时数（h）和 2m 高处最大风速（m/s）。人为指标包括人口概况、资源利用状况、产业结构和经济发展水平。

(2) 农业系统生态监测指标

农业系统生态监测指标归纳起来为 3 大类、12 组、74 个指标，如表 20-9 所示。

(3) 淡水系统生态监测指标

淡水系统包括河流湖泊生态系统和湿地生态系统两大类，前者分为 3 大类、20 组，后者分为 3 大类、13 组，如表 20-10 和表 20-11 所示。

**表 20-9 农业系统生态监测指标**

| 指标类型 | 指标组 | 监测指标 |
|---|---|---|
| 生境资源类 | 气候 | 温度、日照时数、雨量、无霜期、气候灾害、蒸发量 |
| | 土地 | 面积、土地利用类型、地形、坡度、土地侵蚀状况、地面景观 |
| | 土壤 | 土壤类型、土层厚度、土壤营养、土壤营养障碍、土壤质地、土壤湿度、土壤元素背景值 |
| | 水文 | 年径流量、地面水储量、水深、水温、透明度、含盐量、地下水位和变幅、地下水流向、水质背景值 |
| | 非主体生物 | 生物种类、生物数量、与主体生物间的关系、植被状况、植被结构、物种多度、生物多样性指数、作为天敌的生物种类数量和活动强度、土壤生物种类和数量、环境指示生物状况 |
| 主体生物类 | 农植物 | 种类与品种、产量与生产率、光能利用率 |
| | 家畜家禽 | 种类与品种、产量与生产率、饲料转化率 |
| | 鱼类 | 种类与品种、产量与生产率、饲料转化率 |
| 人类社会影响类 | 人口 | 人口总数、人口密度、人口素质、人口从业状况 |
| | 经济与技术 | 工业和农业产量与产值、区域经济类型、城市化程度、人均产值、人均收入、经济产投比、单位面积投入物质量和能源量、土地耕作与经营方式 |
| | 生态破坏 | 水土流失量、土地沙化或盐渍化程度与数量、土地肥力减退情况、病虫害猖獗程度、植被破坏情况、生物多样性变化、气候状况变化 |
| | 化学污染 | 土壤污染、水源污染、大气污染、农牧渔产品污染 、野生生物生境污染、污染对生物及其生境的影响 |

**表 20-10 河流湖泊生态系统监测指标**

| 指标类型 | 指标组 | 监测指标 |
|---|---|---|
| 生物类 | 大型水草 | 种类、数量、优势种、覆盖率、分布 |
| | 浮游动物 | 轮虫和夹壳虫种的丰度、不同种的丰度比例 |
| | 浮游植物 | 种类、数量、优势种 |
| | 底栖无脊椎动物 | 浮游目/责翅目/毛翅目数量、比例、丰度 |
| | 沉积性硅藻 | 种类、丰度 |
| | 周丛生物 | 种类、丰度 |
| | 微生物 | 细菌总数、大肠杆菌数 |
| | 鱼类 | 种类、丰度、年龄、大小结构、敏感种百分数、外来种百分数、外部变异性 |
| | 鸟类 | 种类、丰度 |
| 生境资源类 | 物理状况 | 温度、色度、透明度、浊度、悬浮物 |
| | 水质状况 | Na、K、Ca、Mg、Si、$SO_4^{2-}$、$NO_3^-$、$Cl^-$、$CO_3^{2-}$、硬度、pH、COD、BOD、DO、Mn、Fe、*Eh* 等 |
| | 营养状况 | 叶绿素 a、可溶性有机碳、$NO_3^-$-N、$NH_3$-N、TN、TP、正磷酸盐 |
| | 有毒污染物 | CN、农药类、As、Cr、Cd、Cu、Pb、Hg、Se、Zn |
| | 岸边情况 | 植被的类型和数量 |
| | 水体性状 | 面积、最大深度、平均深度、水体体积、水面波动 |
| | 生境复杂性 | 水深、流速、底质构成 |
| 社会经济影响类 | 土地利用和覆盖 | 农业、城市、采矿、放牧、造林等的强度和构成百分数 |
| | 人口、畜禽密度 | 数量和密度 |
| | 与产业结构污染物负荷 | 点源和非点源排放量 |
| | 水产养殖和鱼种 | 种类和数量 |

表 20-11 湿地生态系统监测指标

| 指标类型 | 指标组 | 监测指标 |
|---|---|---|
| 生物类 | 植被 | 植被类型、植被覆盖度、植被群落结构及功能、植物生产量、植物季相变化 |
| | 动物 | 动物种群、动物数量、迁徙动物种类和数量、土壤微生物、种类和数量 |
| 生境资源类 | 气象 | 降水量、气温、空气湿度、风、蒸发量、日照、辐射 |
| | 土壤 | 湿度、冻结与减冻、呼吸强度、理化性状 |
| | 水文与水质 | 地表与地下水位、流向、水质（Na、K、Ca、Mg、Si、$SO_4^{2-}$、$NO_3^-$、$CO_3^{2-}$、$Cl^-$、硬度、pH、COD、BOD、DO、Mn、Fe、*Eh* 等） |
| | 大气 | 贴地气层 $CO_2$、$CH_4$、$SO_2$、$NO_x$、降尘等 |
| | 湿地状况 | 面积改变 |
| 社会经济影响类 | 人口 | 数量、从业状况 |
| | 产业状况 | 工农业构成与发展水平、产业开发对湿地及湿地生物的影响 |
| | 污染 | 污染物排放种类及数量、污染影响 |
| | 其他 | 地表径流量与水质改变、海岸带开发利用情况 |
| | 污染物 | 油类、六六六、DDT、多氯联苯、硫化物、挥发物、氰化物、放射性核素、As、Cr、Cd、Cu、Pb、Hg、Se、Zn |
| | 渔业活动 | 近海养殖、海洋捕捞、海岸带开发 |

（4）海洋生态监测指标

海洋生态监测指标分为 2 大类、11 组指标类型，具体见表 20-12。

表 20-12 海洋生态监测指标

| 指标类型 | 指标组 | 监测指标 |
|---|---|---|
| 生物类 | 浮游植物群落 | 细胞总数量、种类数、优势种/优势度、甲藻数量/硅藻数量 |
| | 浮游动物群落 | 生物量（或个体总数量）、种类数、优势种/优势度 |
| | 底栖动物群落 | 生物量、种类数、优势种/优势度、种类丰度 |
| | 潮间带生物群落 | 生物量、种类数、优势种/优势度 |
| | 微生物 | 异养细菌总数、石油降解菌数、化能无机菌数、异常细菌数 |
| | 渔业生态 | 渔获总量、渔获物种类、渔获鱼类年龄组成、增养殖种类的存活率、肥满率 |
| | 生产率 | 叶绿素 a、初级生产力 |
| 非生物类 | 常规水质 | pH、SS、TOC、浊度、DO、COD、BOD |
| | 常规底质 | 有机质、硫化物、粒度、氧化还原电位 |
| | 营养盐类 | $NO_3^-$-N、$NH_3$-N、$NO_2^-$-N、磷酸盐、硅酸盐 |
| | 水文要素 | 水深、水温、盐度、海流、海浪、透明度、水色、海冰 |

## 20.6.4 生态监测方案

（1）监测方案的编制

一般监测方案包括以下内容：监测目的、监测的方法及使用设备、监测场地描述（土壤类型、植被、海拔、经纬度、面积）、监测频度、监测起止时间（周期）、数据的整理（观测数据、实验分析数据、统计数据、文字数据、图形数据、图像数据等）以及对监测人员及监测要求。

（2）监测仪器的选择

宏观生态监测仪器属大型监测设备，如遥感、地理信息系统、地理图像系统；而微观生态监测选择小型仪器。一般的测试系统，应由传感器、中间变换设备、传输设备、数据处理设备、显示记录设备等几部分组成。

# 20.7　生物传感器

目前，在工农业生产、环境保护、医疗诊断和食品工业等领域，每时每刻都有大量的样品需要分析和检验。这些样品要求在很短的时间内完成检测，有时甚至要求在线或在活体内直接测定。

由于酶蛋白具有高度的分子识别功能，固定化酶柱或酶管又具有能被重复使用的优点，因而可以被广泛地应用于生产分析和临床化学检测。自 20 世纪 60 年代酶电极问世以来，生物传感器获得了巨大的发展，已成为酶法分析的一个日益重要的组成部分。生物传感器是一种由生物学、医学、电化学、光学、热学及电子技术等多学科相互渗透而成长起来的分析检测装置，具有选择性高、分析速率快、操作简单、价格低廉等特点，而且又能进行连续测定、在线分、活体分析，因此引起了世界各国的极大关注。

## 20.7.1　生物传感器的原理

生物传感器（biosensor）是用生物活性物质做敏感器件，配以适当的换能器所构成的分析工具（或分析系统）。它的工作原理为：待测物质经扩散作用进入固定化生物敏感膜层，经分子识别，发生生物化学反应，产生的信息继而被相应的物理或化学换能器转化为可定量和可处理的电信号，再经仪表的放大和输出，便可知道待测物的浓度（图 20-5）。

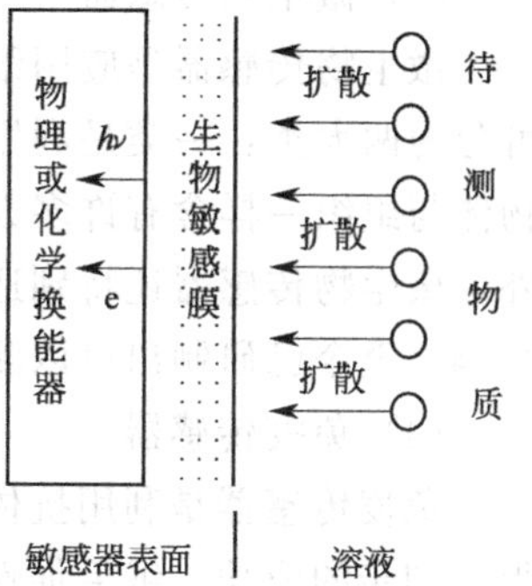

图 20-5　生物传感器工作原理示意图

生物敏感膜又称分子识别元件，是生物传感的关键元件。它是由对待测物质（底物）具有高选择性分子识别能力的膜构成的，因此直接决定了传感器的功能和质量。例如葡萄氧化酶能从各种糖类中识别出葡萄糖，并把它迅速氧化，那么这种葡萄糖氧化酶则可作为生物敏感膜的材料。根据所选材料不同，生物敏感膜可以是酶膜、细胞膜、免疫膜、细胞器膜等。

在生物传感器内，生物活性材料是固定在换能器上的，为了将分子或器官固定化，已经发展了各种技术。常用的方法有 6 种：夹心法、包埋法、吸附法、共价结合法、交联法和微胶囊法。但无论使用何种方法，都应尽可能不破坏生物材料的活性。理想的固定化方法，应能延长材料的活性。一般情况下，用常规方法嵌入的酶，其活性可维持 3～4 周或 50～200 次测定；而以化学方式结合的酶，其活性常能提高到 1000 次测定。

生物化学反应过程中产生的多元化的，它可以是化学物质的消耗或产生，也可以是光和热的产生，因而对应的换能器的种类也是多样的。目前生物传感器中研究得最多的是电化学生物传感器，在这类传感器中，换能器主要有电流型和电位型两类。例如尿素传感器属电位型传感器，它的分子识别元件是含有尿素酶的膜，而换能器是电位型平面 pH 电极。酶膜是紧贴在电极表面的氨透性膜上的，当尿素在感应器内遇到尿素酶时，尿素酶立即被分解成氨。这种新生成的氨透过氨透膜到达 pH 电极的表面，使 pH 值上升，从 pH 值上升的程度可以求出尿素的浓度。

### 20.7.2　生物传感器的分类

生物传感器在最近十余年来发展非常迅速，按敏感元件的不同大致可分为5大类：酶传感器、微生物传感器、免疫传感器、组织传感器和场效应晶体管生物传感器。

(1) 酶传感器

酶传感器是问世最早、成熟度最高的一类生物传感器。它是利用酶的催化作用，在常温常压下将糖类、醇类、有机酸、氨基酸等生物分子氧化或分解，然后通过换能器将反应过程中化学物质的变化转变为电信号记录下来，进而推出相应的生物分子浓度。因此，酶传感器是间接型传感器，它不是直接测定待测物质，而是通过对反应有关物质的浓度测定来推断底物的浓度。目前国际上已研制成功的酶传感器有20余种，其中最为成熟的传感器是葡萄糖传感器。使用时，将酶电极浸入样品溶液中，当溶液中的葡萄糖扩散进入酶膜后，便被膜中的葡萄糖氧化酶氧化生成葡萄糖酸，同时消耗氧，使得氧浓度降低。再由氧电极测定氧浓度的变化，即可推知样品中葡萄糖的浓度。

(2) 组织传感器

组织传感器是利用动植物组织中多酶系统的催化作用来识别分子。由于所用的酶存在于天然组织内，无需进行人工提取纯化，因而比较稳定，制备成的传感器寿命较长。例如可将猪肾组织切片覆盖在氨气敏电极上制成可测定谷氨酰胺的传感器。这是因为猪肾组织内含有丰富的谷氨酰胺酶，这种电极的稳定性可保持一个月以上。至今已研制出利用猪肝、兔肝、鼠脑、鼠肠、鸡肾、鱼肝、大豆、马铃薯、生姜、马兰等动植物组织的各类传感器。

(3) 微生物传感器

微生物传感器是应用细胞固定化技术，将各种微生物固定在膜上的生物传感器。它主要可分为两大类：一类是利用微生物的呼吸作用，另一类是利用微生物内所含的酶。微生物生物体与组织一样含有许多天然的生物分子，能对酶起协同作用，因此传感器寿命也较长。此外，微生物传感器还特别适用于发酵过程中物质的测定，因为它不受发酵液中酶干扰物质的影响。至今已研制出可以测定葡萄糖、酒精、氨、谷氨酸、生化耗氧量等微生物传感器。

(4) 免疫传感器

免疫传感器是利用抗体与抗原之间的高选择特性而研制的。目前有几种免疫传感器已获得了初步的成功。绒毛促性腺激素（HCG）传感器便是其中的一种，HCG是鉴定怀孕与否的主要化合物。其传感器的制备是将HCG抗体固定在二氧化钛电极的表面制成工作电极，通过它与固定尿素的参比电极之间形成一定的电位差，电解加入含HCG的抗原时，工作电极的电位立即发生变化，从电位变化则可求出HCG的浓度。

(5) 场效应晶体管（FET）生物传感器

场效应晶体管技术是将生物技术与晶体管工艺结合的第三代生物传感器。它具有所需酶或抗体量小的优点，但由于器件的成品率很低，目前实际应用不多。现以青霉素传感器为例来说明其工作原理：将青霉素酶固定在场效应管的栅极上，当遇到青霉素时，产生水解生成青霉素唑酸，这是一种比较强的酸，因此pH值下降，并在仪表上显示出来，从而可以求出青霉素的浓度。

### 20.7.3　生物传感器在环境监测中的应用

与传统分析方法相比，生物传感器是由选择性好的生物材料构成的分子识别元件，因此一般不需要样品的预处理，它利用优异的选择性把样品中的被测组分的分离和检测统一为一体，测定时一般不需要加入其他试剂。生物传感器体积小，可以实现连续在线监测；响应快，样品用量少，且由于敏感材料是固定化的，可以反复多次使用。因而，生物传感器在环境监测中的应用越来越广泛。

(1) BOD 生物传感器

目前国内外普遍采用的 BOD 测定方法是：在（20±1)℃培养 5d，分别测定样品培养前后的溶解氧量，二者之差即为五天生化需氧量（$BOD_5$）。这种方法操作复杂，重现性差，且不宜现场监测。生物传感器测 BOD 只涉及初始氧化速率，两者之间的相关性可以通过对标准溶液的测定获得，可以将测定时间缩短到 15min 左右，且重现性大大提高。

国外普遍采用的 BOD 生物传感器，一般是将微生物夹膜固定在溶解氧探头上，当样品溶液通过传感器检测系统时，渗透过多孔膜的有机物被固定化的微生物吸收，消耗氧，引起膜周围溶解氧减少，使氧电极电流随时间急剧减小。通过对电流的测定，与标准曲线对比来测定 BOD 值。但这种方法不仅装膜困难，且溶解氧探头测量的不是反应液中真实的溶解氧含量，而是扩散通过生物膜的氧量。这样溶解氧电信号就减弱了 3～6 个数量级，这需要极其精确的溶解氧仪的支持。

目前，研究人员将分离获得的酵母菌种固定在玻璃电极上构成微生物传感器，用于测量 BOD，其重复性误差为±10%。该传感器用于纸浆厂污水中 BOD 的测定，其测量最小值可达 2mg/L，所用时间为 5min。如用耐高渗透压的酵母菌种作为敏感材料制作成微生物传感器，可以在高渗透压下正常工作，并且其菌株可长期干燥保存，浸泡后即恢复活性，为海水中 BOD 的测定提供了快捷简便的方法。

BOD 微生物传感器电极一个尚未解决的问题就是微生物细胞在测定废水中有毒物质时“中毒”。中毒的微生物会错误地将污染水指示为“清洁”水，因此有必要用一标准校正溶液来监视电极的性能。此外，由于一种微生物不可能对各种废水中的有机物都降解，因此，目前研制的各种 BOD 微生物传感器只适用于部分类型的废水，淡水体系 BOD 测定仪已商品化，海水 BOD 现场快速测定仪正处于开发中。

(2) 酚类微生物传感器

酚类属高毒物质，主要通过工业废水进入天然水体。酚类污染物涉及的领域非常广泛，是环境监测中十分重要的指标，各国普遍采用 4-氨基安替比林光度法分析这一类高毒物质，但硫化物、油类、芳香胺类等干扰其测定。应用微生物传感器干扰反应少、简单快速，能检测复杂环境样品，准确度高。

酚类微生物传感器是以微生物电极、酶电极和植物电极为传感器测定的。反应机理见式(20-3) 和式(20-4)。

$$\text{苯酚} + O_2 + 2H^+ + \text{酪氨酸酶} \longrightarrow \text{邻苯二酚} \tag{20-3}$$

$$\text{邻苯二酚} + O_2 + \text{酪氨酸酶} \longrightarrow \text{邻苯二醌} \tag{20-4}$$

当酚类物质与 $O_2$ 一起扩散进入微生物膜时，由于微生物对酚的同化作用而耗氧，致使进入氧电极的 $O_2$ 速率下降，传感器输出电流减小，并在几分钟内达到稳态。在一定的浓度范围内，电流降低值 $\Delta I$ 与酚的浓度之间呈线性关系，由此来测定酚的浓度。由于此反应需要的酪氨酸酶可以从真菌、马铃薯等物种中获得。

(3) 农药残留的生物传感器

利用生物传感器可直接、快速又方便地检测出各类杀虫剂（如有机磷和氨基甲酸酯类）和除草剂的残留物。生物基质不但可以测定残留物的浓度，还可以测定其毒性，这是传统的分析检测技术所达不到的。

早期的生物传感器是乙酰胆碱酯酶（AChE）传感器，近十几年来，用于农药测定的生物传感器种类越来越多，固定化手段亦多种多样。基于乙酰胆碱酯酶（AChE）活性抑制效应的电化学传感器主要有电位型和安培型。

AChE 催化底物乙酰胆碱水解为胆碱和乙酸，见式(20-5)。

$$\text{乙酰胆碱} + H_2O \longrightarrow \text{胆碱} + \text{乙酸} \tag{20-5}$$

产生的 pH 变化可由电位型传感器测出。电位型生物传感器通过将 AChE 固定在玻璃电极、氧化锑电极、离子场效应管 pH 电极或其他金属氧化物电极的表面而制得。安培传感器中 AChE 通常固定在铂或石墨电极的表面。酶的活力受到有机磷（OPs）（如马拉硫磷、对硫磷等）和氨基甲酸酯杀虫剂（如西维因、涕灭威）的抑制。

为实现多种农药污染物的同时测定，可在 AChE 酶电极的敏感膜中同时添加胆碱酯酶，AChE 催化乙酰胆碱水解生成胆碱，胆碱可进一步被胆碱酯酶催化氧化，见式(20-6)。

$$\text{胆碱} + 2O_2 + H_2O \longrightarrow \text{乙酸三甲铵内盐} + H_2O_2 \tag{20-6}$$

通过在该反应中生成的过氧化氢或消耗的氧量来测定胆碱，从而间接测定有机磷。

丁酰胆碱酯酶（BChE）也是利用抑制效应测定农药时常见的一种酶，多用在电位型和安培型的生物传感器中。对于电位型的传感器，BChE 催化丁基胆碱水解生成胆碱和丁酸。这些电位型的生物传感器总体上灵敏度不高。如果在敏感材料中添加氧化-还原型的中介体(如戊二醛)，制成安培型的传感器，灵敏度能够迅速提高。

基于酶抑制效应的传感器所利用的酶，除常用的 AChE 和 BChE 外，还有乙酰乳酸合成酶（acetolactatesynthase，ALS）、醛脱氢酶（aldehydedehydrogenase，ADH）、酸性磷酸酯酶（acidphosphatase，AP）、酪氨酸酶（tyrosinase，Tyr）等。例如，依据“一元酚＋$O_2$ ⟶苯醌＋$H_2O$”反应，研究者以酪氨酸酶抑制作用制作了安培型酶生物传感器，并用于 3,4-二氯草酚、莠去净和氨基甲酸类农药的检测。

除酶传感器外，用于农药残留物测定的还有细胞传感器和免疫传感器。细胞传感器是将取自有机体的富含酶的细胞或含该种细胞的组织固定在原电极的表面制成，细胞或组织中含有大量有用酶，酶活性和寿命往往高于分离酶，其作用机制有两种情形：①利用农药对细胞或组织中酶的抑制作用；②利用农药对绿色植物细胞光合作用的拮抗作用。如利用聚球蓝细菌细胞作为生物基质的生物传感器可以用于检测水体中的除草剂，通过检测细胞中光合成电子传输系统，当有污染物存在时，会对传输系统产生干扰。该方法简单方便，可迅速提供污染信息，适于在线监测。这种传感器可连续检测麦绿隆、利谷隆等，检测限可达 200μg/mL。

免疫传感器是以抗体作为生物化学检测器，对化合物、酶或蛋白质等物质进行定性和定量分析的生物传感器。世界粮农组织（FAO）已向许多国家推荐此项技术，美国化学学会将免疫分析技术、色谱分析技术共同列为农药残留分析的主要技术，其检测的结果具有法律效应。免疫分析法具有特异性强、灵敏度高（检出限可达 1～1000ng/L）、方便快捷、分析容量大、检测成本低、安全可靠等优点。到目前为止已有 60 多种农药可用于酶免疫法分析，其中最多的是除草剂和杀虫剂，少部分为杀菌剂。其检测的灵敏度不尽相同，检测样品从水、土壤浸出液到食品或果实抽提物。用于农药残留免疫分析反应的类型绝大多数是抗体或抗原竞争型反应。目前常见的免疫传感器是光学检测型，监测的农药包括除草剂如 2,4-D、百草枯、扑草净、莠去津、阿特拉津、扑灭津、甲草胺等几十种，杀虫剂如有机磷杀虫剂、有机氯杀虫剂、氨基甲酸酯杀虫剂、拟除虫菊酯杀虫剂，杀菌剂如三唑类杀菌剂、克菌丹、特克多等。

(4) 空气和废气监测生物传感器

① $SO_2$ 传感器　$SO_2$ 是酸雨酸雾形成的主要原因，传统的检测方法很复杂。用亚细胞类脂类（含亚硫酸盐氧化酶的肝微粒体）和氧电极制成安培型生物传感器，可对 $SO_2$ 形成的酸雨酸雾样品溶液进行检测。将固定有类脂质的醋酸纤维素膜附着在氧电极两层 Telflon 气体渗透层之间，当样品溶液经过氧电极表面时，微粒体氧化样品，消耗氧，使氧电极电流随时间延长而急剧减小，10min 达稳定。在 $SO_3^{2-}$ 的浓度小于 $3.4\times10^{-4}$ mol/L 时，电流与 $SO_3^{2-}$ 浓度呈线性关系，检测限为 $0.6\times10^{-4}$ mol/L。该方法重现性好，准确度高，但类脂质在 37℃ 只能使用和保存 2d，供 20 次分析用。新的生物传感器以硫杆菌属和氧电极制作，更为稳定，硫杆菌被固定在两片硝化纤维之间，由于亚硫酸盐存在时微生物的呼吸作用会增加，相应溶解氧的下降即可被测出。

② $NO_2$ 的传感器　$NO_2$ 不仅是造成酸雨酸雾的原因之一，同时也是光化学烟雾的罪魁祸首。用多孔气体渗透膜、固定化硝化细菌和氧电极组成的微生物传感器来测定样品中亚硝酸盐含量，从而推知空气中 $NO_x$ 的浓度。由于硝化细菌以硝酸盐作为唯一的能源，故其选择性和抗干扰性相当高，不受挥发性物质如乙酸、乙醇、胺类（二乙胺、丙胺、丁胺）或不挥发性物质如葡萄糖、氨基酸、离子（$K^+$、$Na^+$）的影响，同样通过氧电极电流与硝化细菌耗氧之间的线性关系来推知亚硝酸盐的浓度。当亚硝酸盐的浓度低于 0.59mmol/L 时，有良好的线性响应。

③ 甲烷传感器　甲烷是一种清洁燃料，但空气中甲烷含量在 5%～14%时具有爆炸性。从自然界中分离培养并进行纯培养的甲烷氧化细菌，如鞭毛甲基单胞菌，利用甲烷作为唯一碳源进行呼吸。将鞭毛甲基单胞菌用琼脂固定在醋酸纤维素膜上，制备出固定化微生物反应器用以测定甲烷。该生物传感器由固定化微生物传感器、控制反应器和两个氧电极构成。当含甲烷的样品气体传输到固定化细菌池时，甲烷被微生物吸收，同时微生物消耗氧，使得反应器中溶解氧的浓度降低，电流开始下降；当微生物消耗的氧与氧从样品气到固定化细菌的扩散之间达到平衡时，电流下降会达到平衡状态，稳态电流的大小取决于甲烷的浓度。当空气通过反应池时，传感器电流在 1min 内恢复到初始状态，分析甲烷气总共需要 2min。当甲烷浓度低于 6.6mmol/L 时，电极间的电流差与甲烷浓度呈线性关系，最小检测浓度为 13.1μmol/L。

(5) 硫化物传感器

焦化、选矿、造纸、印染、制革等工业废水通常含有硫化物，包括溶解性的 $H_2S$、$HS^-$ 和 $S^{2-}$，酸溶性的金属硫化物等。硫化物毒性较大，且易产生硫化氢，可危害细胞色素、氧化酶，造成细胞组织缺氧，甚至危及生命；它还腐蚀金属设备和管道，并可被微生物氧化成硫酸而加剧腐蚀性。因此，硫化物是水体污染的重要指标。研究者从潮湿煤粉和硫铁矿附近酸性土壤中分离筛选出的氧化硫硫杆菌作为分子识别元件，研制了一种测定硫化物的微生物电极。将该微生物电极插入温度、体积、pH 及溶解氧浓度均恒定的缓冲溶液中，当膜内微生物的内源呼吸活性一定时，溶液中的氧分子通过微生物膜扩散进入氧电极的速率也一定。将含有 $S^{2-}$ 的溶液加入缓冲溶液，$S^{2-}$ 扩散进入微生物膜，并被膜内硫杆菌同化而耗氧，使氧分子扩散进入氧电极的速率降低，导致电极输出电流下降。通过对电流变化值的记录，可检测出 $S^{2-}$ 的浓度。试验证明，硫化物微生物电极具有良好的准确度和精密度，测试设备简单，操作方便，成本低，是一种具有实用意义的生物传感器。

(6) 测定土壤重金属的生物传感器

基于抑制作用的酶生物传感器测定环境样品中污染物浓度的研究近年来备受关注，土壤中污染物的检测也主要是基于这一原理。二价汞离子可作为葡萄糖氧化酶的一种抑制剂，在pH 较低的酸性环境中，能与酶活性中心的某些位点结合而抑制酶的活性，从而引起响应电流的下降，产生可测定信号。研究者由此提出了一种用于测定土壤样品中二价汞离子的葡萄糖氧化酶生物传感器。该法克服了传统的冷原子吸收分光光度法、高锰酸钾-过硫酸钾消解双硫腙分光光度法等方法中预处理过程复杂、费用高、不能实地检测的缺点。该传感器对汞离子的检出限为 0.49ng/mL，抑制率和汞离子浓度的自然对数值在 0.49～783.21ng/mL 和 783.21ng/mL～25.55μg/mL 内分别呈良好的线性关系，酶电极在抑制后可以完全恢复活性。

(7) DNA 生物传感器

基于生物（酶、微生物等）催化和免疫原理的生物传感器已在环境领域中获得了广泛应用，而利用核酸探针为敏感元件的传感器在环境监测中的开发应用尚处于起步阶段。分子生物学与生物技术的发展为研究 DNA 生物传感器提供了可能。与酶和抗体不同，核酸识别十分稳定，并且易于合成或再生以供重复使用。DNA 传感器除可用于受感染微生物的核酸序列分析、微量污染物的监测外，还可用于研究污染物与 DNA 之间的相互作用，为解释污染物的毒性作用（“三致”效应）机制提供了可能。

核酸杂交生物传感器的理论基础是 DNA 碱基配对原理。DNA 杂交生物传感器由高度专一性的 DNA 杂交反应与高灵敏度的电化学检测器相结合形成。在 DNA 杂交生物传感器检测过程中，形成的杂交体通常置于电化学活性指示剂（如氧化-还原活性阳离子金属络合物）溶液中，指示剂可强烈地但可逆地结合到杂交体上，由于指示剂与形成的杂交体结合，产生的信号可以用电化学法检测。例如一种 DNA 传感器来检测芳香族化合物，采用固定化的双链 DNA 分子层作为识别元件，当目标污染物芳香化合物存在时，溴化乙锭指示剂流动的响应信号就会减弱。研究者利用污染物与 DNA 在核酸修饰碳电极表面的相互作用来检测环境中的有毒物质。

DNA 内在响应的变化还可用于检测 DNA 的物理损伤。近年来，DNA 辐射损伤的方法越来越引人注意。目前，一些研究者正在致力于利用阴极 DNA-鸟嘌呤的信号改变来开发微结构传感器芯片，用于检测辐射损伤。

DNA 生物传感器应用于环境污染监测有着广阔的前景。DNA 生物传感器为生物传感器家族中添加了新的成员，DNA 传感器的实现需要正确地选择核酸探针及其固定化和 DNA 识别信号的有效转换与检测。毫无疑问，随着该项技术的不断深入研究和日臻成熟，DNA 生物传感器将成为环境污染监测领域中的一个重要手段。

### 20.7.4 生物传感器的发展前景

尽管近几年来，生物传感器的研制和开发得到显著进展，但它们与嗅觉器官、味觉器官那样的生物感受系统相比还相距甚远。生物传感器在未来十年内的主要目标是以生物感受系统水平为主攻方向，同时结合分子电学和生物电子学，以期制作各种更灵敏的新颖的生物传感器，如产业化的生物传感器、微型生物传感器、集成式生物传感器、生物相容性的生物传感器、生物可理解的生物传感器、智能化生物传感器等。

随着具有实用价值的半导体技术、压电晶体技术等新传导技术的应用，生物传感器将向微型化、便携化、实用化发展。但目前一些生物传感器还存在诸多不足。例如，除酶传感器有高选择性外，其他大多数生物传感器在选择性方面还有待改进；一些生物传感器寿命短，容易失活，难批量重复生产。另外，迄今为止研究的品种甚多，但真正推广使用的只有其中的一小部分。这些都是今后需要解决的问题。

# 参 考 文 献


[1] Tchobanoglous G，Theisen H，Vigil S. Integrated Solid Wase Management-Solid Wastes：Engineering Principles and Management Issues McGraw-Hill Inc，2000.

[2] 郑集，陈钧辉．普通生物化学．北京：高等教育出版社，2000.

[3] 陈坚，任洪强，堵国成，华兆哲．环境生物技术应用与发展．北京：中国轻工业出版社，2001.

[4] 陈石根，周润琦．酶学．上海：复旦大学出版社，2001.

[5] Rittmann B C，McCarty P L．Environmental Biotechnology：Principles and Applications（影印版）．北京：清华大学出版社，麦格劳-希尔教育出版集团，2002.

[6] 张玉静．分子遗传学．北京：科学出版社，2002.

[7] 张景来，王剑波，常冠钦，刘平．环境生物技术及应用．北京：化学工业出版社，2002.

[8] 布鲁斯·艾伯茨等著．基础细胞生物学——细胞分子生物学入门．赵寿元等译．上海：上海科学技术出版社，2002.

[9] 杨柳燕．环境微生物技术．北京：科学出版社，2003.

[10] 陈立民．环境学原理．北京：科学出版社，2003.

[11] 胡纪萃．废水厌氧生物处理理论与技术．北京：中国建筑工业出版社，2003.

[12] 陈欢林．环境生物技术与工程．北京：化学工业出版社，2003.

[13] 陈玉成．污染环境生物修复工程．北京：化学工业出版社，2003.

[14] 杨慧芬，张强．固体废弃物资源化技术．北京：化学工业出版社，2003.

[15] 马放，冯玉杰，任南琪．环境生物技术．北京：化学工业出版社，2003.

[16] Smith J E. Biotechnology. 4th. Cambridge University Press，2004.

[17] 李建政，任南琪．环境工程微生物学．北京：化学工业出版社，2004.

[18] 韩阳，李雪梅，朱延姝等．环境污染与植物功能．北京：化学工业出版社，2005.

[19] 洪坚平，来航线．应用微生物学．北京：中国林业出版社，2005.

[20] 郭勇．酶工程原理与技术．北京：高等教育出版社，2005.

[21] 吴建平．简明基因工程与应用．北京：科学出版社，2005.

[22] 乐毅全，王士芬．环境微生物学．北京：化学工业出版社，2005.

[23] 沈耀良．废水生物处理新技术——理论与应用．北京：中国环境科学出版社，2006.

[24] 罗九甫，李志勇．生物工程原理与技术．北京：科学出版社，2006.

[25] 殷士学．环境微生物学．北京：机械工业出版社，2006.

[26] 李宏煦．硫化铜矿的生物冶金．北京：冶金工业出版社，2007.

[27] 李艳．发酵工程原理与技术．北京：高等教育出版社，2007.

[28] 袁勤生．现代酶学．上海：华东理工大学出版社，2007.

[29] 田洪涛．现代发酵工艺原理与技术．北京：化学工业出版社，2007.

[30] Scarselli M. 基因组学、转录组学与代谢组学．北京：科学出版社，2007.

[31] 王建龙，文湘华．现代环境生物技术．北京：清华大学出版社，2008.

[32] 陈声明．生态保护与生物修复．北京：科学出版社，2008.

[33] 冯雨峰，孔繁德．生态恢复与生态工程技术．北京：中国环境科学出版社，2008.

[34] 贺淹才．基因工程概论．北京：清华大学出版社，2008.

[35] 陈洪章．秸秆资源生态高值化理论与应用．北京：化学工业出版社，2009.

[36] 张建安，刘德华．生物质能源利用技术．北京：化学工业出版社，2009.

[37] Wiesman U. 废水生物处理原理．盛国平，王曙光译．北京：科学技术出版社，2009.

[38] 徐虹，欧阳平凯．生物高分子——微生物合成的原理与实践．北京：化学工业出版社，2010.

[39] 王国惠．环境工程微生物学——原理与应用．北京：化学工业出版社，2010.

[40] 杨传平，姜颖，郑国香，李永峰等．环境生物技术原理与应用．哈尔滨：哈尔滨工业大学出版社，2010.

[41] 李海滨，袁振宏，马晓茜等．现代生物质能利用技术．北京：化学工业出版社，2012.